中国国家标准汇编

2010年修订-9

中国标准出版社　编

中国质检出版社
中国标准出版社
北　京

图书在版编目（CIP）数据

中国国家标准汇编：2010年修订．9/中国标准出版社编．—北京：中国标准出版社，2011

ISBN 978-7-5066-6513-1

Ⅰ．①中…　Ⅱ．①中…　Ⅲ．①国家标准-汇编-中国-2010　Ⅳ．①T-652.1

中国版本图书馆CIP数据核字(2011)第187940号

中国质检出版社
中国标准出版社 出版发行

北京市朝阳区和平里西街甲2号(100013)
北京市西城区三里河北街16号(100045)

网址：www.spc.net.cn
总编室：(010)64275323　发行中心：(010)51780235
读者服务部：(010)68523946

中国标准出版社秦皇岛印刷厂印刷
各地新华书店经销

*

开本 880×1230 1/16　印张 38.75　字数 1 033 千字
2011年12月第一版　2011年12月第一次印刷

*

定价 220.00 元

出 版 说 明

1.《中国国家标准汇编》是一部大型综合性国家标准全集。自1983年起，按国家标准顺序号以精装本、平装本两种装帧形式陆续分册汇编出版。它在一定程度上反映了我国建国以来标准化事业发展的基本情况和主要成就，是各级标准化管理机构，工矿企事业单位，农林牧副渔系统，科研、设计、教学等部门必不可少的工具书。

2.《中国国家标准汇编》收入我国每年正式发布的全部国家标准，分为"制定"卷和"修订"卷两种编辑版本。

"制定"卷收入上一年度我国发布的、新制定的国家标准，顺延前年度标准编号分成若干分册，封面和书脊上注明"20××年制定"字样及分册号，分册号一直连续。各分册中的标准是按照标准编号顺序连续排列的，如有标准顺序号缺号的，除特殊情况注明外，暂为空号。

"修订"卷收入上一年度我国发布的、修订的国家标准，视篇幅分设若干分册，但与"制定"卷分册号无关联，仅在封面和书脊上注明"20××年修订-1,-2,-3,……"字样。"修订"卷各分册中的标准，仍按标准编号顺序排列（但不连续）；如有遗漏的，均在当年最后一分册中补齐。需提请读者注意的是，个别非顺延前年度标准编号的新制定的国家标准没有收入在"制定"卷中，而是收入在"修订"卷中。

读者配套购买《中国国家标准汇编》"制定"卷和"修订"卷则可收齐上一年度我国制定和修订的全部国家标准。

3.由于读者需求的变化，自1996年起，《中国国家标准汇编》仅出版精装本。

4.2010年我国制修订国家标准共2846项。本分册为"2010年修订-9"，收入新制修订的国家标准36项。

中国标准出版社

2011年8月

目　　录

ICS 75.100
E 34

中华人民共和国国家标准

GB/T 8028—2010
代替 GB/T 8028—1994

汽油机油换油指标

Criteria for changing of gasoline engine oil

2011-01-10 发布　　　　2011-05-01 实施

中华人民共和国国家质量监督检验检疫总局
中国国家标准化管理委员会　发布

前　言

本标准代替 GB/T 8028—1994《汽油机油换油指标》。

本标准与 GB/T 8028—1994 相比主要变化如下：

——删除了 L-EQB、L-EQC、L-EQD 产品，修改 L-EQE 产品名称为 SE，增加了 SF、SG、SH、SJ(SJ/GF-2)、SL(SL/GF-3)产品序列(见 3.1,1994 年版的 3.1)；

——删除了资料性附录“参考换油里程”(见 1994 年版的附录 A)；

——删除了开口闪点项目(见 1994 年版的 3.1)；

——增加了闪点(闭口)、燃油稀释、碱值、铜元素、铝元素和硅元素控制项目(见 3.1)；

——铁含量测试方法增加了 GB/T 17476 和 ASTM D 6595，取消了 SH/T 0197(见 3.1,1994 年版的 3.1)；

——正戊烷不溶物控制指标修改为大于 1.5%(见 3.1,1994 年版的 3.1)；

——增加了汽油机油换油指标使用的详细说明(见附录 A)。

本标准的附录 A 为资料性附录。

本标准由全国石油产品和润滑剂标准化技术委员会(SAC/TC 280)提出。

本标准由全国石油产品和润滑剂标准化技术委员会润滑油换油指标分技术委员会(SAC/TC 280/SC 6)归口。

本标准由中国石油化工股份有限公司润滑油研发(上海)中心、中国石油股份有限公司润滑油兰州研发中心负责起草。

本标准主要起草人：杨慧青、李桂云、俞巧珍、李静、郑金花。

本标准所代替标准的历次版本发布情况：

——GB/T 8028—1987、GB/T 8028—1994。

汽油机油换油指标

1 范围

本标准规定了汽油机油在使用过程中的换油指标。

本标准适用于汽车汽油发动机和固定式汽油发动机所用汽油机油在使用过程中的质量监控和换油要求。

2 规范性引用文件

下列文件中的条款通过本标准的引用而成为本标准的条款。凡是注日期的引用文件，其随后所有的修改单(不包括勘误的内容)或修订版均不适用于本标准，然而，鼓励根据本标准达成协议的各方研究是否可使用这些文件的最新版本。凡是不注日期的引用文件，其最新版本适用于本标准。

GB/T 260 石油产品水分测定法

GB/T 261 闪点的测定 宾斯基-马丁闭口杯法(GB/T 261—2008,ISO 2719:2002,MOD)

GB/T 265 石油产品运动黏度测定法和动力黏度计算法

GB/T 7304 石油产品和润滑剂酸值测定法(电位滴定法)

GB/T 8926 用过的润滑油不溶物测定法

GB/T 11137 深色石油产品运动粘度测定法(逆流法)和动力粘度计算法

GB/T 17476 使用过的润滑油中添加剂元素、磨损金属和污染物以及基础油中某些元素测定法(电感耦合等离子体发射光谱法)

SH/T 0077 润滑油中铁含量测定法(原子吸收光谱法)

SH/T 0251 石油产品碱值测定法(高氯酸电位滴定法)

SH/T 0474 用过汽油机油中稀释汽油含量测定法(气相色谱法)

ASTM D 6595 使用过的润滑油及液压油中磨损金属及污染物含量测定法(旋转圆盘电极原子发射光谱法)

3 要求和试验方法

3.1 汽油机油换油指标的技术要求和试验方法见表1，当使用中的油品有一项指标达到换油指标时应更换新油。

表1 汽油机油换油指标技术要求和试验方法

项目		换油指标		试验方法
		SE、SF	SG、SH、SJ(SJ/GF-2)、SL(SL/GF-3)	
运动黏度变化率(100℃)/%	>	±25	±20	GB/T 265 或 GB/T 11137[a] 和本标准的 3.2
闪点(闭口)/℃	<	100		GB/T 261

表 1（续）

项　目	换油指标		试验方法
	SE、SF	SG、SH、SJ(SJ/GF-2)、SL(SL/GF-3)	
(碱值-酸值)(以 KOH 计)/(mg/g)　＜	—	0.5	SH/T 0251 GB/T 7304
燃油稀释(质量分数)/%　＞	—	5.0	SH/T 0474
酸值(以 KOH 计)/(mg/g) 增加值　＞	2.0		GB/T 7304
正戊烷不溶物(质量分数)/%　＞	1.5		GB/T 8926 B 法
水分(质量分数)/%　＞	0.2		GB/T 260
铁含量/(μg/g)　＞	150	70	GB/T 17476[a] SH/T 0077 ASTM D 6595
铜含量/(μg/g) 增加值　＞	—	40	GB/T 17476
铝含量/(μg/g)　＞	—	30	GB/T 17476
硅含量/(μg/g) 增加值　＞	—	30	GB/T 17476

注 1：执行本标准的汽油发动机技术状况和使用情况正常。

注 2：本标准 3.1 中涉及的项目参见附录 A。

[a] 此方法为仲裁方法。

3.2　运动黏度变化率 η(%)按式(1)计算：

$$\eta=\frac{\upsilon_2-\upsilon_1}{\upsilon_1}\times 100 \qquad \cdots\cdots(1)$$

式中：

υ_1——新油运动黏度实测值，单位为平方毫米每秒(mm^2/s)；

υ_2——使用中油运动黏度实测值，单位为平方毫米每秒(mm^2/s)。

4　取样

4.1　取样应在发动机处于热状态怠速运转时，从发动机主油道取样，或在油标尺口抽取油面中下部的油样。

4.2　取样前 200 km 或运转 4 h 内不得向机油箱内补加新油。

4.3　每次取样量以满足分析项目要求为准。

4.4　取样容器要求清洁、干燥。

附 录 A
（资料性附录）
汽油机油换油指标说明

A.1 运动黏度变化率(100 ℃)

运动黏度是衡量油品油膜强度、流动性的重要指标，而运动黏度变化率反映了油品的油膜强度、流动性的变化情况。

在用油运动黏度的变化反映了油品发生深度氧化、聚合、轻组分挥发生成油泥以及受燃油稀释、水污染和机械剪切的综合结果。黏度的增长会增加动力消耗，过高的黏度增长甚至会带来泵送困难，从而影响润滑造成事故。黏度的下降则会造成发动机油油膜变薄，润滑性能下降，机件磨损加大，黏度大幅下降往往会造成拉缸的后果。

A.2 燃油稀释

车辆在使用过程中，因种种原因燃料会部分窜入机油油底壳，污染发动机油，甚至会造成拉缸的严重后果。通常只有发动机活塞间隙变大或发生不正常磨损等异常情况发生时，燃油才会大量的进入润滑油中。

A.3 闪点(闭口)

汽油机油的闪点反映出油品馏分的组成，是确保油品安全运输、储存的重要数据。润滑油在使用中其闪点如显著下降，可能发生燃油稀释等，需引起重视。由于在用油中不可避免存在燃油稀释，采用闭口杯法能更有效地检测燃油稀释对油品闪点的影响。

A.4 水分

发动机在做功过程中，燃料燃烧生成的水汽以及通过油箱呼吸孔吸入的水汽，会进入发动机油中带来污染。油中的水分会导致油品乳化变质，并造成发动机零部件表面的锈蚀、腐蚀。由于在工作中发动机油始终处于相对较高的温度(>80 ℃)下，正常情况下油中的水含量均较低。

A.5 酸值增加和碱值的变化

油品在使用中受温度、水分或其他因素的影响，油品会逐渐老化变质。随着油品老化程度增加，产生较多的酸性物质，使油品酸值增加，较大量的酸性物质对设备造成一定程度的腐蚀，并在金属的催化作用下继续加速油品的老化状况，影响发动机正常运行。

油品的碱值是用于中和燃烧生成的强酸性物质及油品自身氧化产生的有机酸，因此碱值的下降直接反映了油品中添加剂有效组分的消耗、使用性能的下降。

A.6 正戊烷不溶物

正戊烷不溶物是反映油品容污能力的一个指标。在用油正戊烷不溶物含量达到一定值后，油品黏度增大、流动性变差，油品中的不溶物聚集成团，堵塞油路，造成润滑不良等严重后果。

A.7 铁、铜、铝磨损金属含量

发动机的主要磨损件为缸套、曲轴、活塞环等，因此油品的抗磨损性能和在行驶过程中机件的磨损情况可通过定期分析试油中 Fe、Cu、Al 等金属含量的变化来评价。

A.8 硅含量

在用油中硅元素的来源主要与车辆的行驶环境有关，当车辆行驶于尘土飞扬的恶劣环境中或空气滤清器不正常，都会造成油中硅含量的大量增加，造成发动机零部件的磨料磨损。

ICS 75.140
E 49

中华人民共和国国家标准

GB/T 8029—2010
代替 GB/T 8029—1987

柴油机喷油泵校泵油

Calibration fluid for diesel injection pump

(ISO 4113:1988,Road vehicles—Calibration fluid for diesel injection equipment,NEQ)

2010-09-02 发布 2010-12-01 实施

中华人民共和国国家质量监督检验检疫总局
中国国家标准化管理委员会 发布

前　言

本标准与 ISO 4113:1988《道路车辆　柴油机喷射设备的标定液》标准的一致性程度为非等效。

本标准代替 GB/T 8029—1987《柴油机喷油泵校泵油》。

本标准与 GB/T 8029—1987 相比主要变化如下：

——增加了一个产品品种，不同产品的质量指标差异主要在于密度、闪点、贮存安定性试验、湿热试验和色度；

——JB-1 的色度指标修改为不大于 2.5，检验方法用 GB/T 6540 替代 SH/T 0168；

——JB-1 的液相锈蚀指标修改为“无锈”；

——参照 ISO 4113:1988 修改 JB-1 的馏程表述方式，指标与 ISO 4113:1988 的馏程指标一致；

——JB-1 取消了产品水溶性酸或碱技术指标；

——湿热试验按 GB/T 2361 要求，以 10 号钢片替代 45 号钢片；

——腐蚀试验按 GB/T 5096 要求，以 T_2Cu 替代 T_3Cu；

——JB-2 技术指标与 ISO 4113:1988 相同。

本标准由全国石油产品和润滑剂标准化技术委员会(SAC/TC 280)提出。

本标准由全国石油产品和润滑剂标准化技术委员会石油燃料和润滑剂分技术委员会(SAC/TC 280/SC 1)归口。

本标准起草单位：中国石油化工股份有限公司润滑油研发(上海)中心。

本标准主要起草人：张志东、涂劲松、邓象贤。

本标准于 1987 年首次发布，本次为第一次修订。

柴油机喷油泵校泵油

1 范围

本标准规定了以精制矿物油馏分为基础油，加入防锈、抗氧等多种添加剂调制而成的柴油机喷油泵校泵油的技术要求和试验方法、检验规则及标志、包装、运输和贮运。

本标准所属产品适用于柴油机喷油泵的调试、校验和标定，也适用于喷油泵调试前的清洗和调试后的短期防锈。

2 规范性引用文件

下列文件中的条款通过本标准的引用而成为本标准的条款。凡是注日期的引用文件，其随后所有的修改单(不包括勘误的内容)或修订版均不适用于本标准，然而，鼓励根据本标准达成协议的各方研究是否可使用这些文件的最新版本。凡是不注日期的引用文件，其最新版本适用于本标准。

GB/T 261 闪点的测定 宾斯基-马丁闭口杯法(GB/T 261—2008,ISO 2719:2002,MOD)

GB/T 265 石油产品运动粘度测定法和动力粘度计算法

GB/T 511 石油产品和添加剂机械杂质测定法(重量法)

GB/T 1884 原油和液体石油产品密度实验室测定法(密度计法)(GB/T 1884—2000，eqv ISO 3675:1998)

GB/T 1885 石油计量表(GB/T 1885—1998,eqv ISO 91-2:1991)

GB/T 2361 防锈油脂湿热试验法

GB/T 4756 石油液体手工取样法(GB/T 4756—1998,eqv ISO 3170:1988)

GB/T 5096 石油产品铜片腐蚀试验法

GB/T 6536 石油产品蒸馏测定法

GB/T 6540 石油产品颜色测定法

GB/T 11143 加抑制剂矿物油在水存在下防锈性能试验法

GB/T 12579 润滑油泡沫特性测定法(GB/T 12579—2002,eqv ISO 6247:1998)

SH 0164 石油产品包装、贮运及交货验收规则

SH/T 0179 轻质石油产品浊点和结晶点测定法

SH/T 0185 直馏润滑油氧化安定性测定法

SH/T 0238 柴油贮存安定性测定法

SH/T 0725 石油基绝缘油碳型组成计算法

3 产品定义和分类

3.1 产品定义

柴油机喷油泵校泵油是油嘴油泵行业作为柴油机喷油泵的流量校验以及喷油嘴的密封喷雾试验时的设备标定专用油。

3.2 产品分类

本标准所属产品包括 JB-1 和 JB-2 两个柴油机喷油泵校泵油。

4 要求和试验方法

4.1 喷油泵使用本产品校泵后不清洗，在正常情况下存放 1 年期间，仍有正常的性能。

4.2 本产品不应含有浓度足以对正常皮肤引起刺激的成分。

4.3 柴油机喷油泵校泵油产品的技术要求和试验方法见表1。

5 检验规则

5.1 检验分类和检验项目

5.1.1 出厂检验

出厂批次检验项目包括:密度、闪点、运动黏度、馏程、抗泡沫性、色度、水分、机械杂质、腐蚀试验和湿热试验。

出厂周期检验项目包括:浊点每半年测试一次;液相锈蚀、芳香烃组分含量(C_A)和贮存安定性试验每年测试一次。

5.1.2 型式检验

型式检验项目为表1技术要求规定的所有检验项目。

在下列情况下进行型式检验:

a) 新产品投产或产品定型鉴定时;

b) 原材料、工艺等发生较大变化,可能影响产品质量时;

c) 出厂检验结果与上次型式检验结果有较大差异时。

5.2 组批

在原材料、工艺不变的条件下,产品每生产一罐或釜为一批。

5.3 取样

取样按GB/T 4756进行,每批产品取样3 L作为检验和留样用。

5.4 判定规则

出厂检验和型式检验结果符合表1的技术要求,则判定该产品合格。

5.5 复验规则

如出厂批次检验和出厂周期检验结果中有不符合表1要求的规定时,按GB/T 4756的规定自同批产品中重新抽取双倍量样品,对不合格项目进行复验。复检结果如仍不符合要求,则判定该批产品为不合格。

6 标志、包装、运输和贮存

标志、包装、运输和贮存及交货验收按SH 0164进行。

7 有关说明事项

需方如有要求,可与供方协商在购货合同中增加控制指标或增加产品检验频次。

表1 柴油机喷油泵校泵油的技术要求和试验方法

项目		质量指标		试验方法
牌号		JB-1	JB-2	
密度(15 ℃)/(g/cm³)		0.815～0.830	0.820～0.830	GB/T 1884 GB/T 1885
闪点(闭口)/℃	不低于	65	75	GB/T 261
运动黏度(40 ℃)/(mm²/s)		2.45～2.75		GB/T 265
馏程 210 ℃馏出体积分数/% 360 ℃馏出体积分数/%	 不大于 不小于	 5 95		GB/T 6536

表 1（续）

项　　目		质量指标		试验方法
牌号		JB-1	JB-2	
贮存安定性试验/(mg/100 mL)	不大于	1	—	SH/T 0238
氧化安定性试验 沉淀物(质量分数)/% 氧化后总酸值[a]/(mgKOH/g)	 不大于 不大于	 — —	 0.05 0.7	SH/T 0185
浊点/℃	不高于	−10		SH/T 0179
湿热试验(10 号钢片,49±1 ℃,A 级)/d	不小于	5	2	GB/T 2361
腐蚀试验(T_2 铜片,100 ℃,3 h)/级	不大于	1		GB/T 5096
水分		不含游离水		目测
芳香烃组分含量(C_A)/%	不大于	12		SH/T 0725
抗泡沫性(24 ℃)/mL 泡沫倾向 泡沫稳定性	 不大于 不大于	 50 0		GB/T 12579
色度/号	不大于	2.5	2.0	GB/T 6540
机械杂质(质量分数)/%		无		GB/T 511
液相锈蚀(蒸馏水法)		无锈		GB/T 11143

[a] 氧化后总酸值是指挥发性酸值和可溶性酸值的总和。

ICS 65.020.20
B 21

GB

中华人民共和国国家标准

GB 8080—2010
代替 GB 8080—1987

绿肥种子

Seed of green manure crops

2011-01-14 发布　　　　2012-01-01 实施

中华人民共和国国家质量监督检验检疫总局
中国国家标准化管理委员会　发布

前　言

本标准的全部技术内容为强制性。

本标准代替 GB 8080—1987《绿肥种子》。

本标准与 GB 8080—1987 相比，主要变化如下：

——明确了适用范围；

——修订了术语和定义；

——取消了绿肥种子质量分级；

——修订了质量要求；

——修订了检验方法；

——增加了检验规则。

本标准由中华人民共和国农业部提出。

本标准由全国农作物种子标准化技术委员会(SAC/TC 37)归口。

本标准起草单位：全国农业技术推广服务中心、江西省种子管理局、安徽省种子管理总站、陕西省种子管理站。

本标准主要起草人：金石桥、吴国昌、黄亚平、刘青、盛海平、张英、李建红、王弘。

本标准所代替标准的历次版本发布情况为：

——GB 8080—1987。

绿 肥 种 子

1 范围

本标准规定了紫云英(*Astragalus sinicus* L.)、毛叶苕子(*Vicia villosa* Roth)、光叶苕子(*Vicia villosa* Roth var. *glabresens* Koch)、蓝花苕子(*Vicia cracca* L.)和白香草木樨(*Melilotus albus* Desr.)、黄香草木樨[*Melilotus officinalis*(L.)Pallas]种子的质量要求、检验方法和检验规则。

本标准适用于中华人民共和国境内生产、销售的上述绿肥作物种子,涵盖包衣种子和非包衣种子。

2 规范性引用文件

下列文件中的条款通过本标准的引用而成为本标准的条款。凡是注日期的引用文件,其随后所有的修改单(不包括勘误的内容)或修订版均不适用于本标准,然而,鼓励根据本标准达成协议的各方研究是否可使用这些文件的最新版本。凡是不注日期的引用文件,其最新版本适用于本标准。

GB/T 3543(所有部分) 农作物种子检验规程

GB 20464 农作物种子标签通则

3 术语和定义

下列术语和定义适用于本标准。

3.1

原种 basic seed

用育种家种子繁殖的第一代至第三代,经确认达到规定质量要求的种子。

3.2

大田用种 qualified seed

用原种繁殖的第一代至第三代或杂交种,经确认达到规定质量要求的种子。

4 质量要求

4.1 总则

种子质量要求由质量指标和质量标注值组成。质量指标包括品种纯度、净度、发芽率和水分;质量标注值应真实,并符合4.2的规定。

4.2 质量标准

4.2.1 紫云英

紫云英种子质量应符合表1的最低要求。

表 1 %

作物种类	种子类别	品种纯度 不低于	净度(净种子) 不低于	发芽率 不低于	水 分 不高于
紫云英	原种	99.0	97.0	80	10.0
	大田用种	96.0			

4.2.2 苕子

苕子种子质量应符合表2的最低要求。

表 2

%

作物种类	种子类别	品种纯度 不低于	净度(净种子) 不低于	发芽率 不低于	水 分 不高于
毛叶苕子	原种	99.0	98.0	80	12.0
	大田用种	96.0			
光叶苕子	原种	99.0	98.0	80	12.0
	大田用种	96.0			
蓝花苕子	原种	99.0	98.0	80	12.0
	大田用种	96.0			

4.2.3 草木樨

草木樨种子质量应符合表 3 的最低要求。

表 3

%

作物种类	种子类别	品种纯度 不低于	净度(净种子) 不低于	发芽率 不低于	水 分 不高于
白香草木樨	原种	99.0	96.0	80	11.0
	大田用种	94.0			
黄香草木樨	原种	99.0	96.0	80	11.0
	大田用种	94.0			

5 检验方法

净度分析、发芽试验、水分测定、真实性和品种纯度检测应执行 GB/T 3543 的规定。

6 检验规则

6.1 扦样

扦样方法和种子批的确定应执行 GB/T 3543 的规定。

6.2 质量判定规则

质量判定规则应执行 GB 20464 的规定。

ICS 25.160.30
J 64

中华人民共和国国家标准

GB/T 8118—2010
代替 GB/T 8118—1995

电弧焊机通用技术条件

The general specification for arc welding machines

2010-11-10 发布 2011-05-01 实施

中华人民共和国国家质量监督检验检疫总局
中国国家标准化管理委员会 发布

前言

本标准修订并代替 GB/T 8118—1995《电弧焊机通用技术条件》。

本标准与 GB/T 8118—1995 相比主要变化如下：

——适用范围中明确提出本标准不适用于限制负载的手工金属弧焊电源。同时，将原标准中的“不适用于负载持续率为 20%、焊接电流小于或等于 200 A 的弧焊变压器”之处取消。

——对引用标准进行了增减和更新。

——对额定最小焊接电流的限值做了修改。

——对使用条件做了修改。

——对焊机的焊接电流、负载电压、送丝速度、焊接速度调节方式、电流或电压的控制指示做了修改，并增加了调节装置的标记要求。

——对冷却系统和气路系统的试验压力做了修改。

——增加了“送丝装置”、“焊炬(枪)”、“电焊钳”和“使用说明书和标识”要求。

——增加了功率因数的要求及其测定方法。

——增加了电磁兼容性(EMC)要求。

——增加了手工电弧焊机的空载电流限值。

——取消了约定焊接电流和负载电压的关系式、型号编制的要求以及无线电干扰限值、焊机保护性导体接线端、保用期限等要求。

本标准由中国电器工业协会提出。

本标准由全国电焊机标准化技术委员会(SAC/TC 70)归口。

本标准起草单位：杭州凯尔达电焊机有限公司、上海正特焊接器材制造有限公司、成都华远电器设备有限公司、上海东升焊接集团有限公司、无锡汉神电气有限公司、深圳市瑞凌实业股份有限公司、浙江肯得焊接设备有限公司、成都熊谷电器工业有限公司、上海电焊机厂、深圳市佳士科技发展有限公司、成都三方电气有限公司、成都高鑫焊接设备有限公司、上海沪通焊接电器制造有限公司、河北渤海机电设备制造有限公司、成都电气检验所、成都西南焊接设备制造有限责任公司。

本标准主要起草人：褚华、项挺、袁荣勤、胡成平、何晓阳、邱光、朱宣辉、肖介光、季元明、潘磊、萧波、杨庆轩、吴剑、张通淼、陈福全、邢军、王巍、陈本林。

本标准所代替标准的历次版本发布情况为：

——GB/T 8118—1987、GB/T 8118—1995。

电弧焊机通用技术条件

1 范围

本标准规定了电弧焊机的通用技术要求、检验方法及验收规则。

本标准适用于为工业和专业用途而设计的由不超过 GB/T 156 标准中表 1 规定的电压供电或由机械设备驱动的电弧焊机(以下简称焊机)。

本标准不适用于为非专业人员使用的限制负载的手工电弧焊电源。

各类焊机如有特殊要求时,可在本标准的基础上加以补充。

2 规范性引用文件

下列文件中的条款通过本标准的引用而成为本标准的条款。凡是注日期的引用文件,其随后所有的修改单(不包括勘误的内容)或修订版均不适用于本标准,然而,鼓励根据本标准达成协议的各方研究是否可使用这些文件的最新版本。凡是不注日期的引用文件,其最新版本适用于本标准。

GB/T 156 标准电压(GB/T 156—2007,IEC 60038:2002,MOD)

GB/T 2423.3 电工电子产品环境试验 第 2 部分:试验方法 试验 Cab:恒定湿热试验(GB/T 2423.3—2006,IEC 60068-2-78:2001,IDT)

GB/T 2900.22 电工名词术语 电焊机

GB 5226.1 机械电气安全 机械电气设备 第 1 部分:通用技术条件(GB 5226.1—2008,IEC 60204-1:2005,IDT)

GB/T 13165 电弧焊机噪声测定方法

GB 15579.1 弧焊设备 第 1 部分:焊接电源(GB 15579.1—2004,IEC 60974-1:2000,IDT)

GB/T 15579.5 弧焊设备安全要求 第 5 部分:送丝装置(GB/T 15579.5—2005,IEC 60974-5:2002,IDT)

GB/T 15579.7 弧焊设备安全要求 第 7 部分:焊炬(枪)(GB/T 15579.5—2005,IEC 60974-7:2000,IDT)

GB 15579.10 弧焊设备 第 10 部分:电磁兼容性(EMC)要求(GB 15579.10—2008,IEC 60974-10:2007,IDT)

GB 15579.11 弧焊设备安全要求 第 11 部分:电焊钳(GB 15579.11—1998,eqv IEC 60974-11:1992)

GB 15579.12 弧焊设备安全要求 第 12 部分:焊接电缆耦合装置(GB 15579.12—1998,eqv IEC 60974-12:1992)

GB/T 16935.1 低压系统内设备的绝缘配合 第 1 部分:原理、要求和试验(GB/T 16935.1—2008,IEC 60664-1:2007,IDT)

3 术语和定义

GB/T 2900.22、GB 5226.1、GB 15579.1、GB/T 15579.5、GB/T 15579.7、GB 15579.11、GB 15579.12和 GB/T 16935.1 确立的以及下列术语和定义适用于本标准。

4 基本参数

4.1 额定电流等级

焊机额定电流等级，100 A 以上推荐按 R10 优先数系分等；100 A 以下推荐按 R5 优先数系分等；2 000 A 以上由制造厂与用户商议。推荐的额定电流分档如下(A)：

10 16 25 40 63 100 125 160 200 250 315 400 500 630 800 1 000 1 250 1 600 2 000

4.2 额定负载持续率(%)

20 35 60 80 100

注：螺柱焊机不受此限制。

4.3 工作周期

10 min 或连续。

5 使用条件

5.1 环境条件

应符合 GB 15579.1 的有关规定。

5.2 供电电源

供电电源应符合 GB/T 156 的规定。供电电网品质应达到下列要求：

a) 电压波形应为实际的正弦波；

b) 电网电压的波动不超过额定值的±10%；

c) 电网电压频率的波动不超过额定值的±1%；

d) 三相电压允许不平衡度≤±4%。

6 技术条件

6.1 焊接电流或负载电压的冷、热态变化率

在额定状态下，焊机的焊接电流或负载电压在冷、热态时的变化率应不大于±5%。

6.2 焊接电流或负载电压在供电电压波动时的变化率

在额定状态下，焊机的焊接电流或负载电压在供电电压波动±10%时的变化率应不大于±5%。

注：无反馈控制的焊机不受此限制。

6.3 送丝速度、焊接速度在供电电压波动时的变化率

在额定状态下，焊机的送丝速度、焊接速度在供电电压波动±10%时的变化率由产品标准规定。

6.4 效率

焊机的效率应符合有关的电焊机能效标准的规定。

6.5 功率因数

焊机的功率因数等输入电能质量指标应符合有关的电焊机能效标准的规定。

6.6 空载电流

在额定状态下，手工电弧焊机的空载电流不应大于额定输入电流的 10%，其他焊机的空载电流限值由产品标准规定。

6.7 焊接适应性

焊机应具有良好的静态和动态特性，在整个调节范围内，应能保证引弧容易和电弧稳定。

6.8 冷却系统

采用液体冷却的焊机，冷却液应符合相应标准。如采用水冷却，则冷却水的水质应符合工业用水水质标准。冷却系统在规定的进口压力下应能正常工作，且无漏水或渗水现象。

6.9 气路系统

焊机的气路系统在规定的进气压力下应能正常工作，且无漏气现象。

6.10 送丝装置牵引力

送丝装置的牵引力应保证均匀送丝，牵引力大小由产品标准规定。

6.11 控制系统

对于自动和半自动焊机的控制系统应能保证焊机工作参数的设置和调整，并具有使焊机正常工作所必须的程序和动作，焊接参数的指示器应便于观察。

6.12 机械结构

6.12.1 焊机中未涂漆的黑色金属零部件，其表面除摩擦配合部分外应有防护层。

6.12.2 焊机涂层应光滑平整，厚度均匀，无裂纹、气泡及皱痕脱皮现象。

6.12.3 固定安装的焊机应有安装孔，并在相应文件或图样中标出安装尺寸。

6.13 输出调节

6.13.1 调节形式

焊机的焊接电流、负载电压、送丝速度、焊接速度调节方式可以是无级的、有级的或混合调节的。

采用分档连续调节时，各档之间应无空档。

6.13.2 调节装置的标记

见 GB 15579.1 的有关要求。

6.13.3 电流或电压的控制指示

见 GB 15579.1 的有关要求。

6.14 电流调节范围

6.14.1 额定最小焊接电流

6.14.1.1 手工电弧焊机

a) 额定焊接电流在 300 A 及其以下时，额定最小焊接电流应不大于 60 A。

b) 额定焊接电流超过 300 A 时，额定最小焊接电流应不大于 20%额定焊接电流。

6.14.1.2 TIG 焊机

额定最小焊接电流应不大于 20%额定焊接电流。

6.14.1.3 其他焊机

额定最小焊接电流由产品标准规定。

6.14.2 额定最大焊接电流

应不小于 100%额定焊接电流。

6.15 噪声

焊机在正常使用条件下运行时，应无异常的噪声。

焊机中的焊接电源在额定焊接电流时的 A 计权声功率级的噪声限值应符合表 1 的规定。

表 1 噪声限值

dB(A)

额定焊接电流/A		100	125	160	200	250	315	400	500	630
噪声限值	不带风机的静止式弧焊电源	70	72	75	80	82	85	87	90	93
	带风机的静止式弧焊电源	73	75	80	83	85	87	90	93	97
注：大于 630 A 的焊机，其噪声限值与用户协商确定。										

机械驱动的弧焊电源在额定状态下用声级计网络测定机组噪声，其噪声限值按声功率级为配套内燃机的噪声值增加 3 dB 或 5 dB(额定焊接电流大于等于 315 A 的机组增加 5 dB，小于 315 A 的增加 3 dB)。

6.16 湿热

焊机中的焊接电源应具有适应湿热环境的能力，经湿热试验后，能承受 GB 15579.1 规定的介电强度试验电压的 70% 电压值考核，应无击穿或闪络现象发生。

介电强度试验前，先测量绝缘电阻作为参考。绝缘电阻不应低于 GB 15579.1 的规定值。

6.17 电磁兼容性(EMC)要求

焊机设备电源端子骚扰电压限值、电磁辐射骚扰电压限值、谐波电流限值、电压波动与闪烁的限值和抗干扰能力等应符合 GB 15579.10 的有关规定。

6.18 焊机的成套性

焊机的成套性由各产品标准规定。

6.19 焊接电源

焊机的焊接电源的安全要求应符合 GB 15579.1 的规定。

6.20 送丝装置

应符合 GB/T 15579.5 的规定。

6.21 焊炬(枪)

应符合 GB/T 15579.7 的规定。

6.22 电焊钳

应符合 GB 15579.11 的规定。

6.23 焊接电缆耦合装置

应符合 GB 15579.12 的规定。

6.24 焊机的装箱、贮存、运输

由各产品标准规定。

6.25 使用说明书和标识

应符合 GB 15579.1 的相关要求。

7 检验方法

7.1 检验条件

见 GB 15579.1 的相关要求。

7.2 一般外观检查

试验前应对焊机的装配质量进行检查，如紧固用的螺钉、螺栓及螺母是否旋紧；冷却用的风机、各种调节装置及推动滚轮是否转动灵活；各种标志是否符合图样要求；铭牌上的数据是否齐全、正确；保护性导体接线端的连接是否可靠。

7.3 焊接电流和负载电压冷、热态变化率测定

7.3.1 试验应在额定位置上进行，其相应的负载电压应符合 GB 15579.1 的有关规定。

7.3.2 试验时，保持输入为额定电压和额定频率，调节焊接电流至规定的数值，按相应的负载持续率运行至热稳定状态；

试验过程中应记录输入电流、电压和功率以及输出端的焊接电流和负载电压；且每隔 30 min 记录一次，直至热平衡；

试验可参考温升试验的方法接线，同温升试验时一样，将热电偶温度计分别置于温升较高的各绕组上，各温度计数值每 1 h 不超过 2 K 时则认为热平衡；

待热态电流测量完毕后，将电源冷却至冷状态。对于下降特性电源，测量其冷态电流，此时调节负载电阻，使负载电压符合 GB 15579.1 的有关规定，对于平特性电源，测量其冷态负载电压，此时调节负载电阻，使焊接电流符合 GB 15579.1 的有关规定。

7.3.3 焊接电流冷、热态变化率按下式计算：

$$\Delta I_{ch}=\frac{I_{2c}-I_{2h}}{I_{2c}}\times 100\%$$

式中：

I_{2c}——电源冷状态时的焊接电流，单位为安培(A)；

I_{2h}——电源热稳定后的焊接电流，单位为安培(A)；

ΔI_{ch}——冷、热态焊接电流变化率。

7.3.4 负载电压冷、热态变化率按下式计算：

$$\Delta U_{ch}=\frac{U_{2c}-U_{2h}}{U_{2c}}\times 100\%$$

式中：

U_{2c}——电源冷状态时的负载电压，单位为伏特(V)；

U_{2h}——电源热稳定后的负载电压，单位为伏特(V)；

ΔU_{ch}——冷、热态负载电压变化率。

7.4 供电电压波动时焊接电流和负载电压变化率测定

7.4.1 试验应在温升试验后进行。供电电压为额定值的90%、100%、110%三种情况下，测定下降特性电源的焊接电流和平特性电源的负载电压。

7.4.2 焊接电流变化率按下式计算：

$$\Delta I_2=\frac{I_2-I_{2N}}{I_{2N}}\times 100\%$$

计算结果取绝对值较大者。

式中：

I_2——供电电压波动时，焊接电流测量值，单位为安培(A)；

I_{2N}——额定状态下的焊接电流值，单位为安培(A)；

ΔI_2——焊接电流变化率。

7.4.3 负载电压变化率按下式计算：

$$\Delta U_2=\frac{U_2-U_{2N}}{U_{2N}}\times 100\%$$

计算结果取绝对值较大者。

式中：

U_2——供电电压波动时，负载电压测量值，单位为伏特(V)；

U_{2N}——额定状态下的负载电压值，单位为伏特(V)；

ΔU_2——焊接电压变化率。

7.5 送丝速度变化率

7.5.1 送丝速度变化率在不焊接的情况下进行。送丝装置和焊炬(枪)之间的软管保持平直状态。

7.5.2 试验在供电电压为额定值的90%、100%、110%三种情况下，分别对下列两种状态进行测量。

a) 最大送丝速度和最小焊丝直径；

b) 最小送丝速度和最大焊丝直径。

在不少于10 s时间内测量焊丝通过送丝装置的长度。

7.5.3 送丝速度变化率按下式计算：

$$\Delta V_0=\frac{V_0-V_{0N}}{V_{0N}}\times 100\%$$

计算结果取绝对值较大者。

式中：

V_{0N}——额定电压时的送丝速度；

V_0——供电电压为额定值的90%、110%时的送丝速度；

ΔV_0——送丝速度变化率。

$$送丝速度\ V_0 = L/T$$

式中：

L——焊丝送出长度，单位为米(m)；

T——时间，单位为秒(s)。

7.6 焊接速度变化率

7.6.1 焊接速度变化率在不焊接情况下进行。焊机行走机构导轨应为水平或实际使用状态。

7.6.2 试验在供电电压为额定值的90%、100%、110%三种情况下进行。在不少于30 s时间内测量行走机构所通过的距离。

7.6.3 焊接速度变化率按下式计算：

$$\Delta V_t = \frac{V_t - V_{tN}}{V_{tN}} \times 100\%$$

计算结果取绝对值较大者。

式中：

V_{tN}——额定电压时的焊接速度；

V_t——供电电压为额定值的90%、110%时的焊接速度；

ΔV_t——焊接速度变化率。

$$V_t = S/T$$

式中：

S——行走机构所通过的距离，单位为米(m)；

T——时间，单位为秒(s)。

7.7 效率

效率测定在热平衡下进行。

电源的实测效率等于额定状态下的输出功率与输入有功功率之比值。测试仪表的功能应满足本标准测量要求。

7.8 功率因数

功率因数的测定，应在额定最大输出状态下进行。测定时，应保持输入电压为近似正弦波，输入电压和频率为额定值。测试仪表的功能应满足本标准测量要求。

焊接电源的功率因数等于输入有功功率与输入视在功率之比值。

a) 焊接电源输入电流为近似正弦波形时，功率因数和$\cos\varphi$值相等。

b) 焊接电源输入电流为非正弦波形时，功率因数PF的计算公式为：

$$PF = \frac{U \times I_1 \times \cos\varphi}{U \times I} = \frac{I_1}{I} \times \cos\varphi = k_d \times k_\varphi$$

或

$$PF = \frac{1}{\sqrt{1 + (THD)^2}} \times \cos\varphi$$

式中：

U——输入电压的有效值；

I_1——输入电流基波的有效值；

φ——基波电压与基波电流的相位差；

I——输入电流有效值；

k_d——畸变因数，表示基波电流相对值(以非正弦波电流有效值 I 为基值)

$$k_d = \frac{I_1}{\sqrt{I_1^2 + I_2^2 + \cdots + I_n^2 + \cdots}}$$

k_φ——位移因数，$k_\varphi = \cos\varphi$；

THD——电源输入电流的总谐波畸变率。

$$\mathrm{THD} \approx \sqrt{\sum_{n=2}^{40}\left(\frac{I_n}{I_1}\right)^2}$$

I_n——第 n 次谐波电流有效值。

7.9 空载试验

7.9.1 将焊机调节在额定输出位置，在输出端不接负载、输入为额定状态的条件下进行空载试验。

型式检验中的空载电流测定应在热状态下进行。例行检验中的空载电流测定可在冷状态下进行。

7.9.2 试验时，应测量输入端的电压、电流和功率。若输入为三相时，所测量的空载电流值，应取其算术平均值作为焊机的空载电流实际值。

7.9.3 空载电流百分比按下式计算：

$$I_0 = \frac{I_{0N}}{I_{1N}} \times 100\%$$

式中：

I_{0N}——额定位置时的空载电流，单位为安培(A)；

I_{1N}——额定位置时的额定输入电流，单位为安培(A)。

7.10 焊接适应性试验

7.10.1 静外特性测定

静外特性的测定，应在额定最大、铭牌额定最小、额定位置三种输出状态下进行，测定时，应保持输入电压、频率为额定值。

7.10.1.1 下降特性电源，应调节负载电阻，使其输出端自空载至短路，测量点数不少于 8 点，记录每一位置时的输出电压和电流，据此绘制静外特性曲线。静外特性曲线中斜率发生突变的点必须测出。

当额定最大焊接电流等于额定焊接电流时，还需在 50%额定电流输出状态下进行测定。

7.10.1.2 平特性电源，应调节负载电阻，使其输出端自空载至额定值，测量点数不少于 8 点，记录每一位置时的输出电压和电流，据此绘制静外特性曲线。静外特性曲线中斜率发生突变的点必须测出。

7.10.1.3 测定应在热状态下进行。

7.10.2 手工弧焊电源动态特性测定

动态特性测定条件如下：

a) 在测定过程中，应保持输入为额定电压、额定频率。

b) 测定应在额定焊接电流和 20%额定焊接电流两点进行，此时负载电压应按 GB 15579.1 的有关规定。额定焊接电流在 300 A 及其以下时，动态特性测定条件由产品标准规定。

c) 焊机输出端接电缆后应由足够容量的接触器直接短路，其外接电路的电阻应为 0.008～0.01 Ω。如需对二台或二台以上焊机的动态特性进行比较时，则应在相同的外接电阻下进行。

d) 测定应在热状态下进行。

e) 示波图应包括电压、电流、时标三线及相应的标定值。

7.10.3 焊接试验

焊接试验的试验方法、规范等由产品标准规定。

7.11 冷却系统的密封性试验

以 0.5 MPa 压力的冷却液通向冷却系统，持续 1 min，观察有无漏冷却液的现象。试验在冷却液的出孔堵塞的情况下进行。

7.12 气路密封性试验

将压缩空气通入气路中，使其压力达到0.5 MPa，持续时间1 min，观察有无漏气现象。试验应在出气口堵塞的情况下进行。

7.13 送丝装置牵引力测定

7.13.1 在摘除送丝软管的情况下，以最大焊丝直径和最小送丝速度进行送丝装置牵引力测定。

7.13.2 用送丝轮提升静载荷的方法进行测定时，在送丝电机的电枢电路中接入电流表，当电枢电流不超过其额定值时，若送丝轮提升均匀，无打滑现象，则此时的载荷重量，即为焊机送丝装置的牵引力。

7.14 电流及电压调节范围、级差及指示精度测定

7.14.1 焊接电源的输入端应保持额定电压、额定频率，相应的负载电压按GB 15579.1的有关规定。

型式检验时，焊接电源应在热状态下进行。例行检验时，可在冷状态下进行。

7.14.2 电流及电压调节范围应测定焊接电源的最大输出、最小输出两点，并同时记录焊接电流及负载电压。

7.14.3 电流及电压为有级调节时，其级差应测量相邻两级的差值，并按下式计算：

$$\text{级差}=\frac{\text{较大级值}-\text{较小级值}}{\text{较大级值}}\times 100\%$$

7.14.4 电流及电压刻度指示值的精度按下式计算：

$$\text{指示精度}=\frac{\text{指示值}-\text{实测值}}{\text{指示值}}\times 100\%$$

计算结果取绝对值较大者。

7.15 噪声测试

焊机的噪声试验方法，应按GB/T 13165的规定进行。

7.16 湿热试验

试验按GB/T 2423.3的规定进行，并作下述细则规定；

a) 焊机试验前应经过本标准要求的绝缘电阻和介电强度检测；

b) 焊机不包装、不通电，按正常使用状况放置；

c) 湿热室的温度为(40±2)℃，相对湿度为(93±3)%，试验周期48 h；

d) 试验时，不进行电性能检测；

e) 试验结束时，焊机应在正常大气条件下恢复1 h～2 h；

注：正常大气条件为：温　度　15 ℃～35 ℃；
相对湿度　45%～75%；
气　压　86 kPa～106 kPa。

f) 试验后用清洁布揩去表面潮气；

g) 焊机经恢复处理后，再进行绝缘电阻测量和介电强度试验。

7.17 成套性检查

应检查随机技术文件，装箱清单，焊机出厂合格证明书，使用说明书以及各种备件配套件是否齐全。

8 检验规则

8.1 总则

焊机需经制造厂检验合格后方能出厂，并应附有证明焊机合格或等级的文件。

8.2 检验分类

焊机的检验分为：

a） 例行检验；

b） 型式检验。

8.3 例行检验项目

每台焊机在出厂前均应进行例行检验，例行检验项目至少应包括 GB 15579.1 规定的例行检验项目，其他检验项目由产品标准规定。

8.4 型式检验项目

型式检验项目应包括本标准所规定的所有检验项目。

ICS 27.020
J 90

中华人民共和国国家标准

GB/T 8190.1—2010/ISO 8178-1:2006
代替 GB/T 8190.1—1999

往复式内燃机 排放测量 第1部分:气体和颗粒排放物的试验台测量

Reciprocating internal combustion engines—Exhaust emission measurement—Part 1:Test-bed measurement of gaseous and particulate exhaust emissions

(ISO 8178-1:2006,IDT)

2010-11-10 发布 2011-03-01 实施

中华人民共和国国家质量监督检验检疫总局
中国国家标准化管理委员会 发布

前　言

GB/T 8190《往复式内燃机　排放测量》分为11个部分：

——第1部分：气体和颗粒排放物的试验台测量；

——第2部分：气体和颗粒排放物的现场测量；

——第3部分：稳态工况排气烟度的定义和测量方法；

——第4部分：不同用途发动机的稳态试验循环；

——第5部分：试验燃料；

——第6部分：测量结果和试验报告；

——第7部分：发动机系族的确定；

——第8部分：发动机系组的确定；

——第9部分：压燃式发动机瞬态工况排气烟度的试验台测量用试验循环和测试规程；

——第10部分：压燃式发动机瞬态工况排气烟度的现场测量用试验循环和测试规程；

——第11部分：非道路移动机械用发动机瞬态工况下气体和颗粒排放物的试验台测量。

本部分是GB/T 8190的第1部分。

本部分等同采用ISO 8178-1:2006《往复式内燃机　排放测量　第1部分：气体和颗粒排放物的试验台测量》(英文版)。

本部分等同翻译ISO 8178-1:2006。

为便于使用，本部分作了如下编辑性修改：

——"本国际标准"一词改为"本部分"；

——删除了国际标准前言；

——对本部分中采用的其他国际标准，凡是被采用为我国标准的，用我国标准代替相应的国际标准；未被采用为我国标准的，仍直接采用国际标准；

——由于正文中没有引用GB/T 6072.1、ISO 31-0和ISO 16183标准，因此在第2章规范性引用文件清单中删除了这些标准，ISO 9096在正文中不是规范性引用，因此改为参考文献。

本部分是对GB/T 8190.1—1999的修订，本部分与GB/T 8190.1—1999的主要区别是：

——增加了"定容取样(CVS)全流稀释系统的校正"一章；

——增加了"排气质量流量计算程序表示例"、"燃料特定参数"和"碳流量检查"这三个资料性附录；

——删除了原版本中"发动机功率测试所需安装的设备和附件"、"非甲烷碳氢截断器测量法的效率和修正"和"13.4中系数u、v、w的计算公式"这三个规范性附录。

本部分自发布之日起代替GB/T 8190.1—1999。

本部分的附录A和附录F为规范性附录，附录B、附录C、附录D和附录E为资料性附录。

本部分由中国机械工业联合会提出。

本部分由全国内燃机标准化技术委员会(SAC/TC 177)归口。

本部分起草单位：上海内燃机研究所、上海柴油机股份有限公司、北汽福田汽车股份有限公司、广西玉柴机器股份有限公司、潍柴动力股份有限公司、雪龙集团有限公司、江苏江淮动力股份有限公司。

本部分主要起草人：谢亚平、计维斌、庄国钢、陆子平、崔华标、李云强、张佩莉、张丽丽、王宏、苏怀林、张超建、瞿俊鸣。

本部分所代替标准的历次版本发布情况：

——GB/T 8190.1—1987，GB/T 8190.1—1999。

往复式内燃机 排放测量 第1部分:气体和颗粒排放物的试验台测量

1 范围

GB/T 8190 的本部分(以下简称本部分)规定了往复式内燃机稳态工况下气体和颗粒排放物的试验台测量和评定方法,以确定每种排气污染物的加权值。各种发动机负荷和转速的组合反映了发动机的不同用途(见 GB/T 8190.4)。

本部分适用于移动运输和固定用往复式发动机,但不包括主要用于道路行驶的车用发动机。GB/T 8190 的本部分适用于诸如土方机械、发电机组和其他用途的发动机。

在限定情况下,发动机可在试验台上按照 GB/T 8190.2 现场试验标准进行试验。但这只能在有关各方商定的情况下进行。应该承认在这些条件下获得的数据不可能与以前或将来按 GB/T 8190 的本部分试验所获得的数据完全相同。因此建议,只有对产量非常有限的诸如极大型船用或发电机组用发动机才选用这种方案。

对于有附加要求(例如职业卫生、安全条例、电厂规程)的机械用发动机,可能需要补充另外的试验条件和特殊的评定方法。

对于无法使用试验台或要求了解发动机在使用中的实际排放状况时,使用 GB/T 8190.2 中规定的现场试验规程和计算方法则比较合适。

2 规范性引用文件

下列文件中的条款通过 GB/T 8190 的本部分的引用而成为本部分的条款。凡是注日期的引用文件,其随后所有的修改单(不包括勘误的内容)或修订版均不适用于本部分,然而,鼓励根据本部分达成协议的各方研究是否可使用这些文件的最新版本。凡是不注日期的引用文件,其最新版本适用于本部分。

GB/T 6379.1—2004 测量方法与测量结果的准确度(正确度与精密度) 第1部分:总则与定义(ISO 5725-1:1994,IDT)

GB/T 6379.2—2004 测量方法与测量结果的准确度(正确度与精密度) 第2部分:确定标准测量方法重复性与再现性的基本方法(ISO 5725-2:1994,IDT)

GB/T 8190.4 往复式内燃机 排放测量 第4部分:不同用途发动机的稳态试验循环(GB/T 8190.4—2010,ISO 8178-4:2007,IDT)

GB/T 8190.5—2005 往复式内燃机 排放测量 第5部分:试验燃料(ISO 8178-5:1997,IDT)

GB/T 8190.6—2006 往复式内燃机 排放测量 第6部分:测量结果和试验报告(ISO 8178-6:2000,IDT)

GB/T 19000—2008 质量管理体系 基础和术语(ISO 9000:2005,IDT)

GB/T 21404—2008 内燃机 发动机功率的确定和测量方法 一般要求(ISO 15550:2002,IDT)

GB/T 21405—2008 往复式内燃机 发动机功率的确定和测量方法 排气污染物排放试验的附加要求(ISO 14396:2002,IDT)

ISO 5167-1:2003 用差压计插入全流圆形截面管道测量流体流量 第1部分:一般原则和要求

SAE J 1088:1993 小型多用途发动机气体污染物排放测量用试验规程

SAE J 1151:1991　气体色谱仪的甲烷测量

3　术语和定义

下列术语和定义适用于本部分。

3.1

颗粒物　particulates

用清洁过滤空气稀释排气，使在紧靠主滤纸上游处测得的气体温度大于 315 K(42 ℃)和小于或等于 325 K(52 ℃)时，在规定的过滤介质上所采集到的物质。

注1：颗粒物主要由碳、凝结的碳氢化合物、硫酸盐及缔合水所组成。

注2：本部分定义的颗粒物，在组分和重量方面与用热过滤法(例如 ISO 9096)直接从未稀释排气中取样的颗粒或尘埃有本质上的不同。业已证明，本部分所述颗粒物测量只对含硫量小于 0.8%的燃料有效。

注3：为了反映美国和欧盟的最新法规要求，对 GB/T 8190.1—1999 要求的过滤纸温度进行了修改，但目前按照 GB/T 8190.1—1999 要求制造的装置仍可使用。

3.2

部分流稀释法　partial flow dilution method

从总排气流中分离出部分原排气，与适量稀释空气混合后通入颗粒取样过滤纸的过程。

注：见 17.2.1，图 10～图 18。

3.3

全流稀释法　full-flow dilution method

用稀释空气与总排气流混合后，分离出部分稀释排气进行分析的过程。

注：在许多全流稀释系统中，通常都对这部分预稀释排气进行二次稀释，使在颗粒过滤纸处达到合适的样气温度(见 17.2.2，图 19)。

3.4

等动态取样　isokinetic sampling

保持探头处的平均样气速度等于排气流的平均速度，以控制排气样气流量的过程。

3.5

非等动态取样　non-isokinetic sampling

控制排气样气流量，使其与排气流速度无关的过程。

3.6

多对滤纸法　multiple-filter method

每单个试验循环工况使用一对过滤纸的过程。

注：工况加权系数在取样后的试验数据评定阶段进行考虑。

3.7

单对滤纸法　single-filter method

所有试验循环工况均使用一对过滤纸的过程。

注：工况加权系数须在试验循环颗粒取样阶段用调整样气流量和/或取样时间进行考虑。该方法要求密切注意取样持续时间和流量。

3.8

比排放　specific emissions

以克/(千瓦·小时)表示的质量排放。

注：GB/T 8190 的本部分所述范围内的许多机型，在制造或认证时尚不知道发动机在使用时所要安装的辅助装置。当不宜按 GB/T 21405 规定的条件进行发动机试验时(例如，若发动机和变速箱组成一体)，发动机只能用其他所装辅助装置进行试验。在这种情况下，测功器应按 5.3 和 12.5 的规定进行调整。辅助装置的损耗应不超过最大实测功率的 5%。如超过 5%，则须经有关各方同意后方可进行试验。

3.9

有效功率　brake power

当发动机只装有在试验台上运行所必需的标准辅助装置时在曲轴或其相当零件处所测得的功率。

3.10

辅助装置　auxiliaries

GB/T 21405 中所列设备和装置。

4　符号和缩略语

4.1　一般符号

符号	术　语	单　位
A/F_{st}	理想空燃比	1
A_p	等动态取样探头的横截面积	m^2
A_r	原子质量	g
A_x	排气管横截面积	m^2
C_c	本底修正浓度	ppm%(V/V)
C_d	稀释空气浓度	ppm%(V/V)
C_x	排气浓度(下标表示组分)	ppm%(V/V)
D	稀释系数	1
E_{CO_2}	NO_x 分析仪的 CO_2 熄光	%
E_E	乙烷效率	%
E_{H_2O}	NO_x 分析仪的水熄光	%
E_M	甲烷效率	%
E_{NO_x}	NO_x 转化器效率	%
e_{PT}	颗粒排放	g/(kW·h)
e_X	气体排放(下标表示组分)	g/(kW·h)
λ	过量空气系数(A/F_{st}),kg(干空气)/kg(燃料)	1
λ_{Ref}	基准状况下的过量空气系数	1
f_a	实验室大气系数	1
f_c	碳系数	1
f_{fd}	干基排气流量计算用燃料特定系数	1
f_{fh}	干-湿基浓度计算用燃料特定系数	1
f_{fw}	湿基排气流量计算用燃料特定系数	1
H_a	进气绝对湿度,g(水)/kg(干空气)	g/kg
H_d	稀释空气绝对湿度,g(水)/kg(干空气)	g/kg
i	表示某单个工况的下标	1
k_f	碳平衡计算用燃料特定系数	1
k_{hd}	柴油机 NO_x 的湿度修正系数	1
k_{hp}	汽油机 NO_x 的湿度修正系数	1

符号	术　语	单　位
k_p	颗粒的湿度修正系数	1
k_{wa}	进气的干-湿基修正系数	1
k_{wd}	稀释空气的干-湿基修正系数	1
k_{we}	稀释排气的干-湿基修正系数	1
k_{wr}	原排气由干基至湿基的修正系数	1
M	发动机在试验转速时扭矩对最大扭矩的百分数	%
M_r	克分子质量	g
m_d	通过颗粒取样过滤器的稀释空气样气质量	kg
$m_{f,d}$	采集的稀释空气中颗粒样品质量	mg
m_f	采集的颗粒样品质量	mg
m_{sep}	通过颗粒取样过滤器的稀释排气样气质量	kg
p_A	泵出口处的绝对出口压力	kPa
p_a	发动机进气空气的饱和蒸汽压力	kPa
p_b	总气压	kPa
p_d	稀释空气的饱和蒸汽压力	kPa
p_r	冷却器后的水蒸气压	kPa
p_s	干气压	kPa
P	未修正的有效功率	kW
P_{aux}	试验安装的、但并非 GB/T 21405 所要求的辅助装置所吸收的标定总功率	kW
P_m	在试验条件下(见 12.5),发动机试验转速时的最大实测或标定功率	kW
q_{mad}	干基进气空气质量流量	kg/h
q_{maw}	湿基进气空气质量流量	kg/h
q_{mdw}	湿基稀释空气质量流量	kg/h
q_{medf}	湿基当量稀释排气质量流量	kg/h
q_{mew}	湿基排气质量流量	kg/h
q_{mf}	燃料质量流量	kg/h
q_{mdew}	湿基稀释排气质量流量	kg/h
q_{mgas}	某一气体排放的质量流量	g/h
q_{mPT}	颗粒质量流量	g/h
r_d	稀释比	1
r_a	等动态探头与排气管的横截面积之比	1
R_a	进气相对湿度	%
R_d	稀释空气相对湿度	%
r_h	火焰离子化检测器(FID)响应系数	1
r_m	甲醇的 FID 响应系数	1

符号	术　语	单　位
r_x	亚音速喉口与进口绝对静压之比	1
r_y	亚音速喉口直径 d 与进口管内径之比	1
ρ	密度	kg/m^3
S	测功器设定值	kW
T_a	进气绝对温度	K
T_d	绝对露点温度	K
T_{ref}	绝对基准温度(燃烧空气:298 K)	K
T_c	中冷空气绝对温度	K
T_{cref}	中冷空气绝对基准温度	K
V_m	摩尔容积	1
W_f	加权系数	1
W_{fe}	有效加权系数	1

4.2 燃料成分符号

w_{ALF}　燃料含 H 量,%质量

w_{BET}　燃料含 C 量,%质量

w_{GAM}　燃料含 S 量,%质量

w_{DEL}　燃料含 N 量,%质量

w_{EPS}　燃料含 O 量,%质量

α　(H/C)摩尔比

β　(C/C)摩尔比

γ　(S/C)摩尔比

δ　(N/C)摩尔比

ε　(O/C)摩尔比

注：质量含量与摩尔比之间的转换见附录 A 的公式(A.3)～公式(A.12)。

4.3 化学组分符号和缩略语

ACN　乙腈

C1　碳 1 当量碳氢化合物

CH_4　甲烷

C_2H_6　乙烷

C_3H_8　丙烷

CH_3OH　甲醇

CO　一氧化碳

CO_2　二氧化碳

DNPH　二硝基苯肼

DOP　邻苯二甲酸二辛脂

HC　碳氢化合物

HCHO　甲醛

H_2O　水

NH_3　氨

NMHC	非甲烷碳氢化合物
NO	一氧化氮
NO_2	二氧化氮
NO_x	氮氧化物
N_2O	一氧化二氮
O_2	氧
RME	菜子油甲脂
SO_2	二氧化硫
SO_3	三氧化硫

4.4 缩略语

CFV	临界流量文丘里管
CLD	化学发光检测器
CVS	定容取样
ECS	电化学传感器
FID	火焰离子化检测器
FTIR	傅里叶变换式红外线分析仪
GC	气相色谱
HCLD	加热型化学发光检测器
HFID	加热型火焰离子化检测器
HPLC	高压液相色谱
NDIR	不分光红外线分析仪
NMC	非甲烷截断器
PDP	容积泵
PMD	顺磁检测器
PT	颗粒物
UVD	紫外线检测器
ZRDO	二氧化锆传感器

5 试验条件

5.1 发动机试验状况

5.1.1 试验状况参数

应测量发动机进气绝对温度 T_a（以 K 表示）和干气压 p_s（以 kPa 表示），并按下列规定确定参数 f_a：

a) 压燃式发动机

自然吸气和机械增压式发动机

$$f_a = \left(\frac{99}{p_s}\right) \times \left(\frac{T_a}{298}\right)^{0.7} \qquad (1)$$

带或不带进气中冷的涡轮增压式发动机

$$f_a = \left(\frac{99}{p_s}\right)^{0.7} \times \left(\frac{T_a}{298}\right)^{1.5} \qquad (2)$$

b) 火花点燃式发动机

$$f_a = \left(\frac{99}{p_s}\right)^{1.2} \times \left(\frac{T_a}{298}\right)^{0.6} \qquad (3)$$

注：式(1)～式(3)与联合国欧洲经济委员会(ECE)、欧洲经济共同体(EEC)和美国环保局(EPA)排放法规中的公式相同，但和 ISO 的功率修正公式不同。

5.1.2 试验有效性

参数 f_a 应在如下范围内方可认为试验有效：

$$0.93 \leqslant f_a \leqslant 1.07 \quad \cdots\cdots(4)$$

试验应在参数 f_a 为 0.96～1.06 之间时进行。

5.2 增压中冷发动机

应记录增压空气温度，该温度在标定功率转速和全负荷时，应在制造厂规定的最高增压空气温度±5 K 之内。冷却介质温度至少为 293 K(20 ℃)。

如果使用试验室装置或外部鼓风机，则在标定功率转速和全负荷时，增压空气温度应调定在制造厂规定的最大增压空气温度±5 K 之内。上述调定点的增压空气冷却器的冷却液温度和冷却液流量在整个试验循环内均不得改变。

增压空气冷却器的容量应根据良好的工程惯例和车辆/机械的典型用途来确定。

5.3 功率

比排放测量是以 GB/T 21405 所规定的不修正的有效功率为基础。

发动机应带有运行所必需的辅助装置(如风扇、水泵等)。如果在试验台架上无法或不宜安装这些辅助装置时，应确定这些辅助装置所吸收的功率，并从实测发动机功率中予以扣除。

试验时应拆除某些仅因机器运行需要而安装在发动机上的辅助设备。诸如：

——制动用空气压缩机；

——动力转向用压缩机；

——空调压缩机；

——液压驱动泵。

详见 3.9 和 GB/T 21405。

如未拆除辅助装置，则为了按 12.5 计算测功器的设定值，应确定其在试验转速时所吸收的功率，除非这些辅助装置与发动机组成一体(比如风冷发动机的冷却风扇)。

5.4 具体试验条件

5.4.1 发动机进气系统

应使用发动机进气系统或试验室装置，当采用清洁空气滤清器，在标定功率转速和全负荷时，进气阻力应在制造厂规定的最大值±300 Pa 范围内。

如果发动机装有与其组成一体的进气系统，则试验时应使用该系统。

注：进气阻力应在标定转速和全负荷时调定。

5.4.2 发动机排气系统

应使用发动机排气系统或试验室装置，在标定功率转速和全负荷时，排气背压应在制造厂规定的最大值±650 Pa 范围内。排气系统应符合 7.5.4、17.2.1 和 17.2.2 中对排气管(EP)规定的排气取样要求。

如果发动机装有与其组成一体的排气系统，则试验时应使用该系统。

如果发动机装有排气后处理装置，排气管直径应与使用时相同，至少为装有后处理装置的膨胀段开始进口处上游管径的 4 倍。从排气歧管法兰或涡轮增压器出口至排气后处理装置的距离应与在车辆上的布置相同或在制造厂规定的距离范围内。排气背压或阻力应符合上述要求，并可用阀门加以调节。在模拟试验和发动机特性试验期间可拆除后处理容器，用装有无活性催化剂支架的相当容器来代替。

注：排气阻力在标定转速和全负荷时调定。

5.4.3 冷却系统

应使用具有足够容量的发动机冷却系统，使发动机保持在制造厂规定的正常工作温度。

5.4.4 润滑油

应记录试验用润滑油的规格，并随试验结果一起写入报告。

5.4.5 可调化油器

对于装有有限可调化油器的发动机，发动机应在两极限位置进行试验。

5.4.6 曲轴箱呼吸器

当作为发动机总排放的一部分而要求测量开式曲轴箱系统的曲轴箱排放时，应将曲轴箱排放引入排气系统后处理装置(如有)的下游和取样点的上游。并应保持足够距离，以确保曲轴箱排放与发动机排气能进行充分混合。

6 试验燃料

燃料特性影响发动机排气污染物的排放。因此，应确定试验用燃料特性、记录并随试验结果写进试验报告。当使用GB/T 8190.5中指定的燃料作为基准燃料时，应提供该燃料代码和性能分析；对于所有其他燃料，应记录的特性见GB/T 8190.5中相应通用性能分析数据表上所列的项目。

燃料温度应按制造厂的推荐。燃料温度应在喷油泵进口处或按制造厂的规定进行测量，并记录测量位置。

试验用燃料按试验目的进行选择。除非有关各方另有商定，燃料应按表1选定。当不能提供合适基准燃料时，可使用性能与基准燃料非常接近的燃料并应说明该燃料的特性。

表1 燃料选择

试验目的	有关方面	燃料选择
定型试验 (认证)	1. 认证机构 2. 制造厂或供应商	基准燃料，如已指定； 商用燃料，如未指定基准燃料
验收试验	1. 制造厂或供应商 2. 用户或检测单位	按制造厂规定的商用燃料[a]
研究/开发	下列一个或几个单位：制造厂、研究机构、燃料和润滑油供应商等	按试验目的选用
[a] 用户和检测单位应注意，使用商用燃料进行排放试验时不必符合使用基准燃料时所规定的限值。		

7 测量设备和待测数据

7.1 总则

送试发动机所排放的气体和颗粒组分，应按第16章和第17章所述方法进行测量。这两章叙述了推荐的气体排放分析系统(见第16章)和颗粒稀释及取样系统(见第17章)。

如能得到等效结果，也可采用其他系统和分析仪。系统的等效性应根据所考虑的系统与本部分已认可的一种系统用7对(或更多)样气作比对研究后确定。“结果”系指具体循环的加权排放值。比对试验应在同一试验室的同一试验单元内、在同一发动机上，按同一时间进行。所用试验循环应是GB/T 8190.4中的适当循环或C1循环。样气对平均值的等效性应由在上述试验单元内和发动机试验条件下所测得的F-检验和t-检验的统计值确定(见附录D)，离群值除外。比对试验所用系统应在试验前说明，并经有关各方同意。

当在标准系统中采用新系统时，应按GB/T 6379.1和GB/T 6379.2所述，根据再现性和重复性的计算确定等效性。

发动机在测功器上进行排放试验时，应使用下列设备。GB/T 8190的本部分不包括流量、压力和温度测量设备的细节，只在7.4中给出这些设备进行排放试验时所必需的准确度要求。

7.2 测功器技术要求

所用发动机测功器，其特性应能完成GB/T 8190.4中所述的相应试验循环。

测量扭矩和转速用的测试设备应使轴功率的测量准确度保持在给定的限值范围内。可能需要进行附加的计算。测量设备的准确度应不超过7.4中所给出的最大公差值。

7.3 排气流量

7.3.1 总则

排气流量应按7.3.2～7.3.6中所述方法之一测定。

7.3.2 直接测量法

排气流量可用诸如下列设备直接测量：

——压差计，如流量喷嘴(见ISO 5167)；

——超声波流量计；

——涡街流量计。

应注意避免测量误差影响排放值的误差。诸如应根据仪器制造商的建议和良好的工程惯例将测试设备仔细安装到发动机排气系统中。尤其是测试设备的安装不得影响发动机的性能和排放。流量计应满足7.4规定的准确度要求。

7.3.3 空气和燃料测量法

本法涉及空气流量和燃料流量的测量。

所用空气流量计和燃料流量计的准确度应符合7.4的规定。排气流量计算如式(5)：

$$q_{mew} = q_{maw} + q_{mf} \qquad \cdots\cdots (5)$$

7.3.4 燃料流量和碳平衡法

本法系采用碳平衡法，按照下列公式，由燃料消耗量、燃料组分和排气浓度计算排气质量(见A.3.2.3.1)：

$$q_{mew} = q_{mf} \times \left\{ \left[\frac{\dfrac{w_{BET} \times w_{BET} \times 1.4}{\left(\dfrac{1.4 \times w_{BET}}{f_c} + w_{ALF} \times 0.089\,36 - 1\right) \times \dfrac{1}{1.293} + f_{fd}}}{f_c \times f_c} + w_{ALF} \times 0.089\,36 - 1 \right] \times \left(1 + \frac{H_a}{1\,000}\right) + 1 \right\} \qquad \cdots\cdots (6)$$

式中：

f_{fd}——根据公式(A.20)～公式(A.23)求得；

H_a——每kg干空气对应的水量g，单位为克每千克(g/kg)；

f_c——根据公式(A.64)求得：

$$f_c = (c_{CO_2d} - c_{CO_2ad}) \times 0.544\,1 + \frac{c_{COd}}{18\,522} + \frac{c_{HCw}}{17\,355} \qquad \cdots\cdots (7)$$

式中：

c_{CO_2d}——原排气中干CO_2浓度，%；

c_{CO_2ad}——环境空气中干CO_2浓度，%；

c_{COd}——原排气中干CO浓度，单位为ppm；

c_{HCw}——原排气中湿HC浓度，单位为ppm。

注：也可选用氧平衡法，见A.3.3。

7.3.5 示踪测量法

本法涉及排气中示踪气浓度的测量。

将已知量的惰性气体(如：纯氦气)作为示踪剂注入排气流中。该示踪气经混合后被排气所稀释，但不会在排气管中发生反应。然后从排气样气中测取示踪气。

为了保证示踪气能充分混合，排气取样探头应位于示踪气注入处下游至少1 m或30倍排气管径处，以较大值为准。当示踪气从发动机上游注入时，如果将示踪气浓度与基准浓度比较后证实已完全混合，则可将取样探头位置靠近示踪气注入处。

应将示踪气流量调定到使混合后的示踪气浓度位于示踪气分析仪的满刻度以内。

排气流量计算如下：

$$q_{meW}=\frac{q_{rt}\times\rho_{eW}}{60\times(c_{mix}-c_a)} \qquad \cdots\cdots(8)$$

式中：

q_{meW}——排气质量流量，单位为千克每秒(kg/s)；

q_{rt}——示踪气流量，单位为立方厘米每分钟(cm^3/min)；

c_{mix}——示踪气混合后的浓度，单位为 ppm；

ρ_{eW}——排气密度，单位为千克每立方米(kg/m^3)；

c_a——进气空气中示踪气的本底浓度，单位为 ppm。

示踪气本底浓度 c_a 可由试验开始前和试验结束后立即测得的本底浓度的平均值确定。

当本底浓度低于最大排气流量时示踪气混合后浓度 c_{mix} 的 1%时，该本底浓度可忽略不计。

整套测量系统应满足对排气流量的准确度要求，并应按 8.6 进行校正。

7.3.6 空气流量和空-燃比测量法

本法是利用空气流量和空-燃比来计算排气质量。瞬时排气质量流量的计算如下：

$$q_{meW}=q_{maW}\times\left(1+\frac{1}{A/F_{st}\times\lambda}\right) \qquad \cdots\cdots(9)$$

式中：

$$A/F_{st}=\frac{138.0\times\left(\beta+\frac{\alpha}{4}-\frac{\varepsilon}{2}+\gamma\right)}{12.011\times\beta+1.00794\times\alpha+15.9994\times\varepsilon+14.0067\times\delta+32.065\times\gamma} \qquad \cdots(10)$$

$$\lambda=\frac{\beta\times\left(100-\frac{c_{CO}\times10^{-4}}{2}-c_{HC}\times10^{-4}\right)+\left[\frac{\alpha}{4}\times\frac{1-\frac{2\times c_{CO}\times10^{-4}}{3.5\times c_{CO_2}}}{1+\frac{c_{CO}\times10^{-4}}{3.5\times c_{CO_2}}}-\frac{\varepsilon}{2}-\frac{\delta}{2}\right]\times(c_{CO_2}+c_{CO}\times10^{-4})}{4.764\times\left(\beta+\frac{\alpha}{4}-\frac{\varepsilon}{2}+\gamma\right)\times(c_{CO_2}+c_{CO}\times10^{-4}+c_{HC}\times10^{-4})} \qquad \cdots\cdots(11)$$

式中：

A/F_{st}——理想空-燃比，单位为千克每千克(kg/kg)；

λ——过量空气系数；

c_{CO_2}——干 CO_2 浓度，%；

c_{CO}——干 CO 浓度，单位为 ppm；

c_{HC}——HC 浓度，单位为 ppm。

注：燃料组分为 $C_\beta H_\alpha S_\gamma N_\delta O_\varepsilon$ 时，$\beta=1$。对于不含碳的燃料(如：氢)，不能使用公式(10)和公式(11)。

空气流量计应满足 7.4 中规定的准确度要求，所用 CO_2 分析仪应满足 7.5.3.3 中规定的技术要求，整套系统应满足对排气流量的准确度要求。

凡能满足 7.5.3.13 要求的空-燃比测量设备，诸如氧化锆型传感器等，均可用于过量空气系数的测量。

7.3.7 总稀释排气流量

当采用全流稀释系统时，应用 PDP 或 CFV(见 17.2.2)来测量总稀释排气(q_{mdeW})流量。准确度应符合 9.2 之规定。

7.4 准确度

所有测量仪器的校正应能溯源至国家(国际)标准，并符合表 2 和表 3 中规定的要求。

注：分析仪的校正要求见 8.5。

应按仪器制造商或 GB/T 19000 的要求，根据内部审核程序对仪器进行校正。表 2 和表 3 中规定的偏差系指包括数据采集系统在内的最终记录值。

表 2 测量发动机相关参数用仪器的允许偏差

序号	测量仪器	允许偏差
1	发动机转速	读数的±2%或发动机最高转速值的±1%，以较大值为准
2	扭矩	读数的±2%或发动机最大扭矩值的±1%，以较大值为准
3	燃料消耗量[a]	发动机最大燃料消耗量的±2%
4	空气消耗量[a]	读数的±2%或发动机最大空气消耗量的±1%，以较大值为准
5	排气流量[a]	读数的±2.5%或发动机最大排气流量的±1.5%，以较大值为准

[a] 本部分所述排气污染物排放计算，在某些情况下是基于不同的测量和/或计算方法。由于排气污染物排放计算的总允差是限定的，所以，用于相应公式中的某些参数项的允许值必须小于 GB/T 21404—2008 表 4 所规定的允差。

表 3 测量其他基本参数用仪器的允许偏差

序号	参数	允许偏差
1	温度≤600 K	±2 K 绝对值
2	温度>600 K	读数的±1%
3	排气压力	±0.2 kPa 绝对值
4	进气空气负压	±0.05 kPa 绝对值
5	大气压力	±0.1 kPa 绝对值
6	其他压力	±0.01 kPa 绝对值
7	相对湿度	±3%绝对值
8	绝对湿度	读数的±5%
9	稀释空气流量	读数的±2%
10	稀释排气流量	读数的±2%

7.5 气体组分的确定

7.5.1 分析仪一般技术要求

7.5.1.1 一般技术要求

分析仪的量程应与测量排气组分浓度所要求的准确度相适应(见 7.5.1.2)。分析仪在使用时应使所测浓度位于满刻度的 15%和 100%之间。

如果满刻度为 155 ppm(或 ppmC)或以下，或如果使用的读数装置(计算机、数据记录器)在小于满刻度 15%的情况下仍具有足够的准确度和分辨率，则在小于满刻度 15%时的浓度也是可接受的。在这种情况下，应进行附加校正以确保校正曲线的准确度。

设备的电磁兼容性(EMC)应使附加误差达到最小。

7.5.1.2 准确度

分析仪在整个量程内(0 除外)的值不得比名义校正点的值大读数的±2%或满刻度的±0.3%，以较大值为准。准确度应根据 8.5.5 所规定的校正要求确定。

注：本部分中的准确度是指分析仪读数与使用校正气时的名义校正值(=真值)的偏差。

7.5.1.3 精密度

精密度是指对一定校正气或量距气的 10 次重复响应的 2.5 倍标准偏差，当每次所用量程大于

100 ppm(或 ppmC)时,不得大于满刻度浓度的±1%,或用于 100 ppm(或 ppmC)以下时,应小于每次量程的±2%。

7.5.1.4 噪声

在整个使用量程内,分析仪在任何 10 s 时间内对零气和校正气或量距气的峰-峰响应值应不超过满刻度的 2%。

7.5.1.5 零点漂移

零点响应是指在 30 s 时间间隔内对零气的平均响应(包括噪声在内)。零点响应在 1 h 时间内的漂移在最小使用量程时应小于满刻度的 2%。

7.5.1.6 量距漂移

量距响应的定义为在 30 s 时间间隔内对量距气的平均响应(包括噪声在内)。量距响应在 1 h 内的漂移在最小使用量程时应小于满刻度的 2%。

7.5.2 气体干燥

排气可能在湿或干的状态下测量。如果使用气体干燥装置,则该装置对所测气体组分的影响应最小。不能采用化学干燥剂除去样气中的水分。

7.5.3 分析仪

7.5.3.1 总则

7.5.3.2～7.5.3.12 规定了所使用的测量规则。测量系统的详细说明见第 16 章。应使用下列仪器来分析待测气体。对于非线性分析仪允许使用线性化电路。

7.5.3.2 一氧化碳(CO)分析

一氧化碳分析仪应是不分光红外线(NDIR)吸收型。

7.5.3.3 二氧化碳(CO_2)分析

二氧化碳分析仪应是不分光红外线(NDIR)吸收型。

7.5.3.4 氧(O_2)分析

氧分析仪应是顺磁检测器(PMD)、二氧化锆(ZRDO)或电化学传感器(ECS)型。

对诸如稀薄燃烧火花点燃式发动机,当 HC 和 CO 浓度较高时,不要使用二氧化锆传感器。

电化学传感器应补偿 CO_2 和 NO_x 干扰。

7.5.3.5 碳氢化合物(HC)分析

碳氢化合物分析仪应是加热型火焰离子化检测器(HFID),检测器、阀、管路系统等需要加热,以保持气体温度在 463 K±10 K(190 ℃±10 ℃)范围内。对甲醇燃料发动机,应符合 7.5.3.12.3 的温度要求。对于气体燃料发动机或火花点燃式发动机的稀释试验,碳氢化合物分析仪也可选用非加热型火焰离子化检测器(FID)。

7.5.3.6 非甲烷碳氢化合物(NMHC)分析

7.5.3.6.1 总则

这种方法取决于甲烷(CH_4)的浓度,它对气体燃料比对液体燃料更合适。

7.5.3.6.2 气体色谱(GC)法

从根据 7.5.3.5 测得的碳氢化合物中减去用气体色谱仪(GC)在 423 K(150 ℃)条件下分析出的甲烷来测定非甲烷碳氢化合物。

7.5.3.6.3 非甲烷截止(NMC)法

用与 7.5.3.5 所述火焰离子化检测器(FID)相同的方法操作 NMC,减去碳氢化合物中的甲烷来测定非甲烷成分。

7.5.3.7 氮氧化物(NO_x)分析

如果按干基测量,氮氧化物分析仪应为带 NO_2/NO 转换器的化学发光检测器(CLD)或加热型化学发光检测器(HCLD)。如果按湿基测量,若能满足水熄光检查(见 8.9.3.2),应使用 HCLD,且转换器温度应保持在 328 K(55 ℃)以上。对于 CLD 和 HCLD,在进行干基测量时通向转换器和在湿基测量时通向分析仪的采样通道壁面温度均应保持在 328 K～473 K(55 ℃～200 ℃)范围内。

7.5.3.8　二氧化硫(SO_2)分析

二氧化硫排放应根据所用燃料的含硫量来计算。因为经验表明,对二氧化硫使用直接测量法不能得到较精确的结果:

$$q_{mSO_2} = q_{mf} \times w_{GAM} \times 20 \qquad (12)$$

注:对二氧化硫采用计算法是假定硫 100%转化,并且只限于不带后处理系统的发动机。在此情况下,二氧化硫可按仪器供应商的使用说明进行测量。由于测量二氧化硫相当困难,而且尚未完全证实可适用于排气测量,因此,需事先征得有关各方同意。

7.5.3.9　氨(NH_3)分析

氨应按 7.5.3.7 所述的化学发光检测器(CLD),用两只不同转换器来测量。对于 NO_x 和 NH_3 的总量应采用 973 K(700 ℃)的高温转换器。

当仅测量 NO_x 时,应采用 573 K(300 ℃)的低温转换器。两测量结果之差就是氨浓度。这种方法的响应时间较长(大约 10 min)。

另外,可按仪器供应商的使用说明使用傅立叶变换式红外线(FTIR)分析仪或不分光紫外线谐振分析仪(NDUVR)。由于这一技术尚未完全证实适用于排气测量,因此,需事先征得有关各方同意。这种方法的响应时间比双转换器法要短得多。

7.5.3.10　一氧化二氮(N_2O)分析

可按仪器供应商的使用说明使用傅立叶变换式红外线(FTIR)分析仪或不分光红外线分析仪。由于这一技术尚未完全证实适用于排气测量,因此,需事先征得有关各方同意。

7.5.3.11　甲醛(HCHO)分析

测定甲醛时应将排气样气,最好按稀释排气,通过一装有乙腈(ACN)溶液和二硝基苯肼试剂(DNPH)的冲击器,或通过涂有 2.4-DNPH 的二氧化硅滤筒。采集的样气应使用高压液相色谱(HPLC)法用紫外线在 365 nm 波段检测分析。

也可按照仪器供应商的使用说明,用傅立叶变换式红外线(FTIR)分析仪测量。

7.5.3.12　甲醇(CH_3OH)分析

7.5.3.12.1　总则

可按仪器供应商的使用说明使用傅立叶变换式红外线(FTIR)分析仪。由于这一技术尚未完全证实适用于排气测量,因此,需事先征得有关各方同意。

7.5.3.12.2　气相色谱(GC)法

测定甲醇时应将排气样气通过一装有去离子水的冲击器。样气应采用气相色谱(GC)法用火焰离子化检测器(FID)进行分析。

7.5.3.12.3　加热型火焰离子化检测(HFID)法

应在 385 K±10 K(112 ℃±10 ℃)时用丙烷校正加热型火焰离子化检测器(HFID)。甲醇响应系数须按 8.8.5 规定在样气浓度范围内按几种浓度确定。

7.5.3.13　空-燃比测量

按照 7.3.6 规定用于确定排气流量的空-燃比测量设备应是宽量程的空-燃比传感器或氧化锆型的 λ 传感器。

传感器应直接安装在排气温度足够高的位置,以防止产生凝结水。

内装电子元器件的传感器,其准确度应符合下列要求:

$\lambda < 2$	读数的±3%
$2 \leqslant \lambda < 5$	读数的±5%
$5 \leqslant \lambda$	读数的±10%

为了达到上述规定的准确度，应按仪器制造商的规定对传感器进行校正。

7.5.4 气体排放物的取样

气体排放物的取样探头应安装在距排气系统出口上游至少 0.5 m 或 3 倍排气管径处，以较大值为准，并应靠近发动机，以确保探头处的排气温度至少为 343 K(70 ℃)。

在装有分岔式排气歧管的多缸机的情况下，探头进口应位于足够远的下游处，以确保样气能代表所有气缸的平均排放量。对于装有分组式排气歧管的多缸机，诸如"V"型发动机的布置，允许从每组歧管单独取样，然后计算平均排放量。也可使用业已证明与上述方法有对应关系的其他方法。在计算排放量时应使用总排气质量流量。

如果排气后处理系统影响排气组分，则应在该装置下游处抽取排气样气。

对于火花点燃式发动机，排气取样探头应位于消声器的高压侧，而尽可能远离排气口。为确保发动机排气在抽样前能充分混合，可在消声器出口与取样探头间插入一混合箱。混合箱内腔容积应不小于试验发动机气缸排量的 10 倍，且其长、宽、高尺寸应大致相等。混合箱应尽可能小，并尽可能接近发动机。从混合箱出来的排气管应至少伸出取样探头位置外 610 mm，并且管径应足够大以使背压达到最小。混合箱的内表面温度应高于排气露点，建议最低温度为 65 ℃。

对于船用发动机，探头进口位置应避免吸入用于冷却、调节或降噪而喷入排气系统的水分。

当采用全流稀释系统测定颗粒物时，也可测定稀释排气中的气体排放物。取样探头应靠近稀释通道中的颗粒取样探头(见 17.2.2，图 19，DT 和 PSP)。

对于压燃式发动机，应从稀释通道中直接取样来测量 HC 和 NO_x 排放。而 CO 和 CO_2 排放则可选用直接测量或将样气引入取样袋中、然后测量取样袋中的浓度来确定。

对于火花点燃式发动机和气体燃料发动机，所有排放组分都可选用直接从稀释通道中测量或将样气引入取样袋中、然后测量取样袋中的浓度来测定。

7.6 颗粒物的测定

7.6.1 总则

颗粒物测定需要采用稀释系统。应使用部分流稀释系统或全流稀释系统进行稀释。稀释系统的流量应大到足以能完全消除稀释和取样系统中的凝结水，并使紧靠过滤器座上游处的稀释排气温度保持在 315 K(42 ℃)～325 K(52 ℃)之间。允许在进入稀释系统前对稀释空气进行湿度控制；如果稀释空气的湿度较大，除湿将特别有用。稀释空气在紧靠稀释通道进口附近的温度应高于 288 K(15 ℃)。

目前按 GB/T 8190.1—1999 建立的系统不必符合上述对过滤器的温度要求。

对于部分流稀释系统，应按 7.5.4 规定，根据 17.2.1 图 10～图 18 中排气管(EP)和取样管(SP)的布置，将颗粒取样探头安装在靠近气体取样探头的上游处。

部分流稀释系统是从发动机排气气流中抽取一部分原排气样气，然后将稀释空气引入样气中，测量已稀释样气中的颗粒排放物。因此必须非常精确地测定稀释比。可采用不同的取样方法，而所用取样型式则决定了所要采用的硬件和程序(见 17.2.1)。

为了确定颗粒物质量，要求配置颗粒取样系统、颗粒取样过滤器、微克级天平以及可控制温度和湿度的称重室。对于颗粒物取样，可采用下列两种方法。

多对滤纸法，要求对试验循环的每个工况使用一对滤纸(见 7.6.2.3)，该方法允许采用不太严格的取样程序，但使用的滤纸较多。

单对滤纸法，对试验循环的全部工况只使用一对滤纸(见 7.6.2.3)。试验取样阶段应特别注意取样时间和流量，但试验循环只需要一对滤纸。

7.6.2 颗粒取样过滤器

7.6.2.1 过滤器技术要求

要求采用碳氟化合物涂层的玻璃纤维滤纸或碳氟化合物薄膜滤纸。所有各类滤纸对 0.3 μm 的邻二甲酸二辛酯(DOP)的采集效率在气体迎面速度为 35 cm/s 时至少应为 95%，在迎面速度为 100 cm/s

时，至少应为99%。当在实验室与实验室之间或制造商与管理机构之间进行比对试验时，应使用相同性质的滤纸。

7.6.2.2 滤纸尺寸

颗粒物过滤纸的最小直径为47 mm(污染直径为37 mm)。允许采用较大直径的滤纸(见7.6.2.5)。

7.6.2.3 主滤纸和副滤纸

试验过程中如果采集效率大于99%(见7.6.2.1)，用一张滤纸；如果采集效率在95%和99%之间，则用一对串联布置的滤纸(一张为主滤纸，一张为副滤纸)对稀释排气进行取样。副滤纸应放置在主滤纸下游不超过100 mm处，但不应与主滤纸接触。滤纸可单独称重或把两张滤纸的污染面相向放置、成对进行称重。

7.6.2.4 滤纸迎面速度

通过滤纸的气体迎面速度应达到35 cm/s～100 cm/s，从试验开始至结束，压力降的增加应不大于25 kPa。

7.6.2.5 滤纸荷重

对于单对滤纸法，滤纸荷重应为0.338 μg/mm² 滤纸面积。要求的最小滤纸荷重为0.065 μg/mm² 滤纸面积。表4列出了最常用的滤纸尺寸。

对于多对滤纸法，所有滤纸的总荷重为上述相应值与总工况数平方根的乘积。

表4 最小滤纸荷重

滤纸直径/mm	推荐荷重/mg	要求最小荷重/mg
47	0.6	0.11
70	1.3	0.25
90	2.1	0.41
110	3.2	0.62

7.6.3 称重室和分析天平的技术要求

7.6.3.1 称重室条件

在对所有滤纸进行调温和称重期间，用于对颗粒滤纸进行调温和称重的称重室(房)的温度应保持在295 K±3 K(22 ℃±3 ℃)，湿度保持在露点282.5 K±3 K(9.5 ℃±3 ℃)和相对湿度应为45%±8%。

7.6.3.2 基准滤纸称重

在颗粒滤纸稳定化过程中，称重室内应无任何大气污染物(诸如灰尘等)沉积在滤纸上。允许称重室偏离7.6.3.1所列要求，只要偏离持续时间不超过30 min即可。只有当称重室达到所需技术要求后，才能允许工作人员进入称重室。在对取样滤纸称重的4 h内，至少还应对两张不用的基准滤纸或基准滤纸对进行称重(最好同时进行)。基准滤纸的尺寸和材料应与取样滤纸相同。

如果基准滤纸(或基准滤纸对)的平均质量在取样滤纸两次称重之间的变化超过10 μg+5%实际试验时的颗粒物荷重，绝对上限值为40 μg，则所有取样滤纸应作废，并要重做排放试验，或者选择对该滤纸重复进行循环，使其在基准滤纸公差相应较大时，达到较高的颗粒物荷重。

如果称重室不符合7.6.3.1提出的稳定性要求，但基准滤纸(对)的称重符合上述要求，则发动机制造商可认为取样滤纸的质量合格，或否定该试验，在调整称重室控制系统后，再重做试验。

7.6.3.3 分析天平

用来测定所有滤纸质量的分析天平的精密度(标准差)应为20 μg和分辨率为10 μg(1位数=10 μg)。对于直径小于70 mm的滤纸，精密度和分辨率应分别为2 μg和1 μg。

7.6.3.4 静电效应的消除

为了消除静电效应，滤纸应在称重前进行中和处理，例如用钋中和器或有类似作用的装置。

7.6.4 对颗粒物测量的附加要求

在稀释系统和从排气管到过滤器座之间的取样系统中，所有与原排气或稀释排气接触的零件，务须能使颗粒物沉降和变异最少。所有零件应使用与排气组分不起反应的导电材料制成，并应接地，以防产生静电效应。

8 分析仪的校正

8.1 一般要求

每种分析仪应根据需要经常进行校正，以满足本部分的准确度要求。以下所述为7.5.3中所述分析仪应使用的校正方法。

8.2 校正气

8.2.1 总则

应遵守所有校正气的储存期限。

应记录制造商规定的校正气失效期。

8.2.2 纯气

各种气体要求的纯度由下列给定的杂质限值所规定。操作时应备有下列气体：

——纯氮(杂质≤1 ppmC，≤1 ppmCO，≤400 ppmCO_2，≤0.1 ppmNO)；

——纯氧(纯度>99.5%体积 O_2)；

——氢-氦混合气(40%±2%氢，其余为氦)(杂质≤1 ppmC，≤400 ppmCO)；

——纯合成气(杂质≤1 ppmC，≤1 ppmCO，≤400 ppmCO_2，≤0.1 ppmNO)(氧含量为18%～21%体积)。

8.2.3 校正气和量距气

应备有下列化学成分的混合气：

——C_3H_8 和纯合成空气(见8.2.2)；

——CO 和纯氮；

——NO_x 和纯氮(在该校正气中所含 NO_2 的量应不超过 NO 含量的5%)；

——O_2 和纯氮；

——CO_2 和纯氮；

——CH_4 和纯合成空气；

——C_2H_6 和纯合成空气。

注：只要各气体互不反应，允许使用其他气体组合。

校正气和量距气的实际浓度必须在标称值的±2%以内。所有校正气浓度均以体积为基准(体积百分数或体积 ppm)。

8.2.4 气体分配器的使用

用作校正和量距的气体也可借助精密的混合装置(气体分配器)，用纯氮气或纯合成空气稀释的方法来获得。混合装置的准确度应使混合后的校正浓度准确至±2%以内。这一准确度意味着用于混合的原始气浓度的准确度应至少在±1%以内(可溯源至国家或国际气体标准)。对每次使用混合装置时的校正均应在15%至50%满刻度之间进行检验。

混合装置也可选用具有线性特性的仪器来检查，例如，使用NO气体的化学发光检测器(CLD)。调节仪器的量距值时应将量距气直接连在仪器上，在原有的设定值下检查混合装置，并将标称值与仪器的实测浓度进行比较。使每一点的偏差均在标称值的±1%以内。但是，气体分配器的线性度不能用原先就是用该气体分配器进行线性化处理的气体分析仪来检验。

8.2.5 氧干扰气体

氧干扰检验气应含有350 ppmC±75 ppmC碳氢化合物的丙烷。其浓度值应使用总碳氢化合物+

杂质的色谱分析法或动态混合法按校正气公差来确定。氮气是主要的稀释剂，其余为氧气。表5列出了汽油机和柴油机试验所需的混合气：

表5　氧干扰检验气

适用范围	O_2 浓度/%	余量
柴油机	21(20～22)	氮气
柴油机和汽油机	10(9～11)	氮气
柴油机和汽油机	5(4～6)	氮气
汽油机	0(0～1)	氮气

8.3　分析仪和取样系统的操作程序

分析仪的操作程序应按照仪器制造商的起动和使用说明书的规定进行。并应包括8.4～8.9所规定的最低要求。对于诸如GC和HPLC等实验室仪器仅需符合8.5.4的要求。

8.4　泄漏试验

应对系统进行泄漏试验。将探头从排气系统拆下，用塞子堵住端部，起动分析仪取样泵。在初步稳定以后，所有流量计读数应为零。如不为零，应检查取样管路并排除故障。

真空侧的最大允许泄漏量应为系统受检部分在用流量的0.5%。在用流量可用分析仪流量和旁通流量来估算。

另一种方法是采用浓度分步改变法，在取样管开始处将转换开关由零气转换到量距气，假如经过适当时间后读数显示浓度低于输入浓度，则表示需要校正或有泄漏问题。

8.5　校正程序

8.5.1　仪器总成

校正仪器总成并用标准气检验校正曲线，所用气体流量应与排气取样时相同。

8.5.2　预热时间

预热时间应按制造商的推荐，如无规定，推荐分析仪的预热时间至少为2 h。

8.5.3　不分光红外线分析仪(NDIR)和加热型火焰离子化检测器(HFID)

必要时可对NDIR分析仪进行调节，并使HFID分析仪的燃烧火焰达到最佳(见8.8.1)。

8.5.4　气相色谱仪(GC)和高压液相色谱仪(HPLC)

按照良好的实验室惯例和制造商的推荐值对这两种仪器进行校正。

8.5.5　校正曲线的绘制

a)　应校正每一常用工作量程。

b)　使用纯合成空气(或氮气)将CO、CO_2、NO_x和HC分析仪调至零位。

c)　将适宜校正气通入分析仪，记录读数值，并绘制校正曲线。

d)　分析仪的校正曲线应在整个工作量程范围内至少用6个大致均匀分布的校正点(零除外)来绘制。最高标称浓度应等于或大于满刻度的90%。

e)　校正曲线用最小二乘法计算。可使用最佳拟合线或非线性方程。

f)　校正点与最小二乘最佳拟合线之差不得大于读数的±2%或满刻度的±0.3%，以较大值为准。

g)　必要时，应重新检验零位设定，并重复校正程序。

8.5.6　代用校正方法

如能证明代用技术(例如计算机、电控量程开关等)能提供同样准确度，则可使用这些代用方法。

8.5.7　校正的检验

在每次分析前均应按下列程序对每一常用工作量程进行检验。

应使用零气和标称值大于80%满刻度量程的量距气来检验校正。

若所考虑的两点其实测值与标定基准值之差不大于满刻度的±4%，可修改调整参数。如若不然，则应检验量距气或按 8.5.5 确定新的校正曲线。

8.6 排气流量测量用示踪气分析仪的校正

示踪气浓度测量用分析仪应用标准气进行校正。

校正曲线应在整个工作量程范围内至少用 6 个大致均匀分布的校正点(零除外)来确定。最高标称浓度应等于或大于满刻度的 90%。校正曲线由最小二乘法求得。

校正点与最小二乘最佳拟合线之差不得大于读数的±2%或满刻度的±0.3%,以较大值为准。

试验运行前,应用零气和标称值大于分析仪 80%满刻度的量距气对分析仪进行调零和量距。

8.7 NO_x 转换器的效率试验

8.7.1 引言

用于将 NO_2 转换成 NO 的转换器的效率按 8.7.2～8.7.9 的规定进行试验(见图 1)。

8.7.2 试验装置

利用图 1 所示试验装置(参见 7.5.3.7)及以下程序,用臭氧发生器试验转换器的效率。

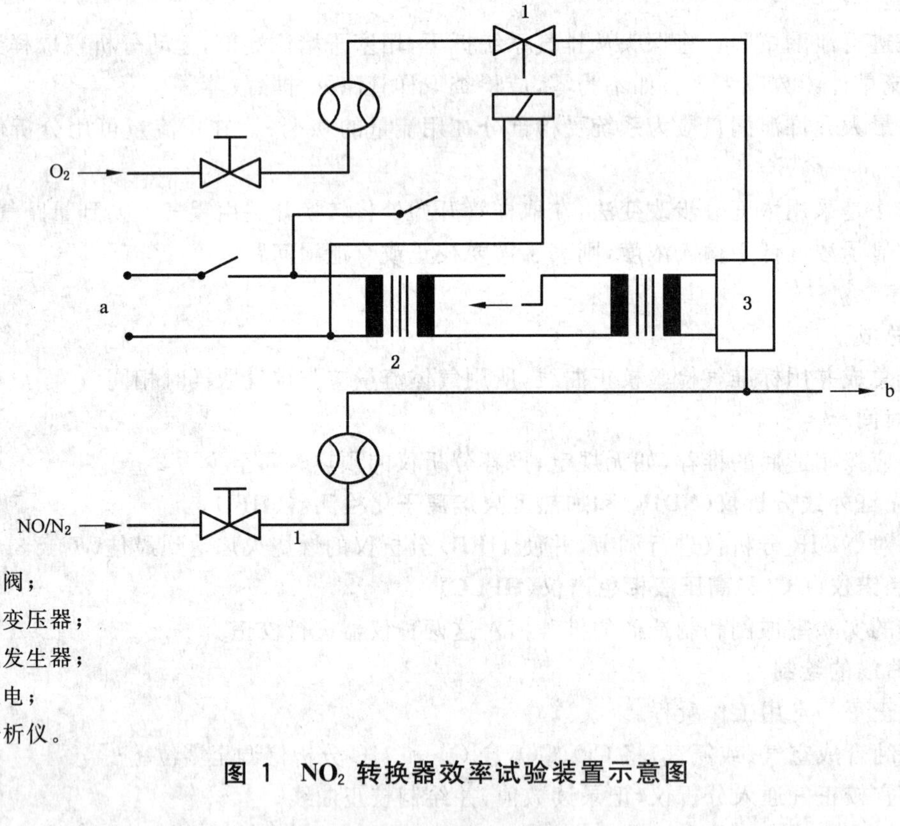

1——电磁阀;
2——自耦变压器;
3——臭氧发生器;
a——交流电;
b——至分析仪。

图 1 NO_2 转换器效率试验装置示意图

8.7.3 校正

应根据制造商的技术规范,使用零气和量距气(量距气的 NO 含量必须达到工作量程的 80%左右,混合气中 NO_2 浓度须小于 NO 浓度的 5%)在最常用工作量程范围内校正化学发光检测器(CLD)和加热型化学发光检测器(HCLD)。NO_x 分析仪应置于 NO 模式,以使量距气不通过转换器。记录指示浓度。

8.7.4 计算

NO_x 转换器的效率按式(13)计算:

$$E_{NO_x} = \left(1 + \frac{a-b}{c-d}\right) \times 100 \qquad \cdots\cdots(13)$$

式中:

a——按 8.7.7 所测 NO_x 浓度;

b——按 8.7.8 所测 NO_x 浓度;

c——按 8.7.5 所测 NO 浓度；

d——按 8.7.6 所测 NO 浓度。

8.7.5 加氧

通过三通阀，将氧气或零空气连续通入气流，直到指示浓度比 8.7.3(分析仪置于 NO 模式)所给定的指示校正浓度小 20%左右时为止。

记录指示浓度(*c*)。在整个过程中臭氧发生器始终处于停激状态。

8.7.6 激活臭氧发生器

激活臭氧发生器以产生足够的臭氧，使 NO 浓度降低到 8.7.3 中给定的校正浓度的 20%左右(最低 10%)。记录指示浓度(*d*)(分析仪置于 NO 模式)。

8.7.7 NO_x 模式

然后将 NO 分析仪转换到 NO_x 模式，使混合气(由 NO、NO_2、O_2 和 N_2 组成)通过转换器。记录指示浓度(*a*)(分析仪置于 NO_x 模式)。

8.7.8 停激臭氧发生器

停止激活臭氧发生器，将 8.7.7 所述混合气通过转换器进入检测器。记录指示浓度(*b*)(分析仪置于 NO_x 模式)。

8.7.9 NO 模式

在停激臭氧发生器的情况下将分析仪转换到 NO 模式，并切断氧或合成空气的气流。分析仪的 NO_x 读数不得偏离按 8.7.3 所测值的±5%以上(分析仪置于 NO 模式)。

8.7.10 试验间隔期

在每次校正 NO_x 分析仪前均应测试转换器的效率。

8.7.11 效率要求

转换器的效率应不低于 90%，但推荐最好高于 95%。

在分析仪最常用量程范围内，如 NO_x 转换器不能按 8.7.3 要求使 NO 浓度由 80%降低到 20%，则应使用所能降低的最大量程范围。

8.8 火焰离子化检测器(FID)的调整

8.8.1 检测器响应的最佳化

应按仪器制造商的规定调节 FID。可使用丙烷-空气量距气，使最常用工作量程范围内的响应最佳化。

在制造商推荐的燃料和空气流量的情况下，将 350 ppmC±75 ppmC 量距气通入分析仪，根据量距气响应与零气响应之差确定出一定燃料流量下的响应。燃料流量应在高于和低于制造商技术要求的范围内进行渐增调节。记录这些燃料流量下的量距气响应和零气响应。然后将量距气响应与零气响应之差绘制成曲线，并将燃料流量调整到曲线的高响应区。这仅仅是对流量的初步调定，其后可能还需要根据 8.8.2 和 8.8.3 中碳氢化合物响应系数和氧干扰检验的结果使其进一步最佳化。

如果氧干扰或碳氢化合物响应系数不能满足下列技术要求，则应按 8.8.2 和 8.8.3 要求，对每种流量在高于和低于制造商技术要求的范围内对空气流量进行渐增调节。

也可选择按美国汽车工程师学会(SAE)论文 770141(见参考文献)中规定的程序进行优化。

8.8.2 碳氢化合物响应系数

分析仪应按 8.5 用丙烷-空气和纯合成空气进行校正。

分析仪在启用前或大修期后应测定响应系数。某种碳氢化合物的响应系数(r_h)等于 FID 的 C1 读数与以 ppmC1 表示的气瓶气体浓度之比。

试验气体的浓度应足以使响应值达到约 80%满刻度的程度。该浓度在按重量标准以体积表示时的准确度应为±2%。另外应预先将气瓶置于 298 K±5 K(25 ℃±5 ℃)温度下调温处理 24 h。

所用试验气体和推荐的相对响应系数范围如下：

——甲烷和纯合成空气：1.00≤r_h≤1.15。

——丙烯和纯合成空气：0.90≤r_h≤1.1。

——甲苯和纯合成空气：0.90≤r_h≤1.1。

以上各值均以丙烷和纯合成空气的 $r_h=1$ 为准。

8.8.3 氧干扰检验

分析仪在启用前和大修期后应进行氧干扰检验。

选择量程范围时应使氧干扰检验气落在上半个50%以内。试验时应按要求调定加热炉温度。氧干扰检验气按8.2.5的规定。

a) 将分析仪调零。

b) 对于汽油机，用混有0%氧气的量距气对分析仪进行量距；对于柴油机，则用混有21%氧气的量距气对分析仪进行量距。

c) 重新检验零气响应。如果变化大于满刻度的0.5%，则重复步骤a)和b)。

d) 通入5%和10%氧干扰检验气。

e) 再次检验零气响应。如果变化大于满刻度的±1%，则重新进行试验。

f) 计算步骤d)中每种混合气的氧干扰(%O_2 干扰)如下：

$$\%O_2\text{ 干扰}=\frac{(B-\text{分析仪响应})}{B}\times 100 \qquad \cdots\cdots(14)$$

式中：

$$\text{分析仪响应}=\frac{A}{\text{在 }A\text{ 时的 }\%\text{ 满刻度}}\times\text{在 }B\text{ 时的 }\%\text{ 满刻度}$$

式中：

A——步骤b)所用量距气的碳氢化合物浓度，以百万分之C计(微升/升)；

B——步骤d)所用氧干扰检验气的碳氢化合物浓度(ppmC)。

$$(\text{ppmC})=\frac{A}{D} \qquad \cdots\cdots(15)$$

式中：

D——分析仪对 A 响应的满刻度百分数。

g) 试验前所有要求的氧干扰检验气的氧干扰百分数(%O_2 干扰)应小于±3%。

h) 如果氧干扰大于±3%，应对每一流量重复8.8.1的步骤，在高于和低于制造商技术要求的范围内渐增调节空气流量。

i) 如果在调整空气流量后氧干扰仍大于±3%，应改变燃料流量和取样流量，并对每一新设定值重复8.8.1的步骤。

j) 如果氧干扰仍大于±3%，则应在试验前修理或更换分析仪、FID燃料或燃烧器空气。用修理或更换过的仪器或气体重复a)～i)的步骤。

8.8.4 非甲烷截止器(NMC)的效率

8.8.4.1 总则

NMC是通过氧化除甲烷以外的所有碳氢化合物，以去除样气中的非甲烷碳氢化合物(NMHC)。理想情况是，对甲烷的转换率为0%，而以乙烷为代表的碳氢化合物的转换率为100%。

为了精确测量NMHC，应测定这两种转换效率，并用于计算NMHC排放的质量流量(见14.4)。

8.8.4.2 甲烷效率

使甲烷校正气在旁通和流过NMC时流经火焰离子化检测器(FID)，记录这两种情况下的浓度。按式(16)确定甲烷效率：

$$E_M=1-\frac{C_{\text{有截止器}}}{C_{\text{无截止器}}} \qquad \cdots\cdots(16)$$

式中：

$C_{有截止器}$——CH_4 流过 NMC 时的 HC 浓度；

$C_{无截止器}$——CH_4 旁通 NMC 时的 HC 浓度。

8.8.4.3 乙烷效率

使乙烷校正气在旁通和流过 NMC 时流经 FID，记录这两种情况下的浓度。按式(17)确定乙烷效率：

$$E_E = 1 - \frac{C_{有截止器}}{C_{无截止器}} \qquad \cdots\cdots (17)$$

式中：

$C_{有截止器}$——C_2H_6 流过 NMC 时的 HC 浓度；

$C_{无截止器}$——C_2H_6 旁通 NMC 时的 HC 浓度。

8.8.5 甲醇响应系数

当要使用 FID 分析仪分析含甲醇的碳氢化合物时，应先确定分析仪的甲醇响应系数(r_m)。

用微升注射器将已知量的甲醇(a，单位为 mL)注入隔片注射器的加热混合区内[395 K(122 ℃)]，蒸发后用已知量的零级空气(b，单位为 m^3)将其吹入特脱拉袋内。空气量应达到使袋中的甲醇浓度能反映排气样气中的浓度范围。

用 FID 分析取样袋中样气，并按式(18)计算响应系数：

$$r_m = \frac{x_{FID}}{c_{SAM}} \qquad \cdots\cdots (18)$$

式中：

r_{FID}——FID 读数，单位为 ppmC；

c_{SAM}——取样袋中甲醇浓度，单位为 ppmC，由 a 和 b 求得：

$$c_{SAM} = 594 \times a/b。$$

8.9 CO、CO_2、NO_x、O_2、NH_3 和 N_2O 分析仪的干扰作用

8.9.1 总则

除所分析的那种气体外，其他气体也会以多种方式干扰读数。在不分光红外线分析仪(NDIR)和顺磁检测器(PMD)仪器中出现的正干扰，会使干扰气体产生与被测气体相同的作用，但影响程度较小。在 NDIR 仪器中出现的负干扰系由干扰气体扩大了被测气体的吸收带所致。而在化学发光检测器(CLD)仪器中出现的负干扰则是由干扰气体的熄光作用所产生。分析仪在启用前或大修期后须按 8.9.2 和 8.9.3 所述进行干扰检验，但每年至少应检验一次。

8.9.2 CO 分析仪的干扰检验

水和 CO_2 会干扰 CO 分析仪的性能。因此，应在室温下，使试验时所用最大工作量程为 80%～100%满刻度浓度的 CO_2 量距气从水中冒泡流出，并记录分析仪的响应值。当量程等于或大于 300 ppm 时，分析仪的响应值应不大于满刻度的 1%，而当量程小于 300 ppm 时应不大于 3 ppm。

8.9.3 NO_x 分析仪的熄光检验

与化学发光检测器(CLD)[和加热型化学发光检测器(HCLD)]分析仪有关的两种气体是 CO_2 和水蒸气。这些气体的熄光响应与其浓度成正比，因此需要使用试验方法来测定按照试验经验在最高预期浓度下的熄光值。

8.9.3.1 CO_2 熄光检验

将最大工作量程为 80%～100%满刻度浓度的 CO_2 量距气通入 NDIR 分析仪，记录 CO_2 值作为 A。然后用 NO 量距气将其稀释到约 50%，并通入 NDIR 和(H)CLD，分别记录 CO_2 和 NO 值，作为 B 和 C。然后切断 CO_2，只让 NO 量距气通过(H)CLD，记录 NO 值，作为 D。

按公式(19)计算熄光值：

$$E_{CO_2}=\left[1-\left(\frac{(C\times A)}{(D\times A)-(D\times B)}\right)\right]\times 100 \qquad (19)$$

式中：

A——用 NDIR 测定的未稀释 CO_2 浓度，%；

B——用 NDIR 测定的稀释 CO_2 浓度，%；

C——用(H)CLD 测定的稀释 NO 浓度，单位为 ppm；

D——用(H)CLD 测定的未稀释 NO 浓度，单位为 ppm。

也可选用诸如动态混合/掺混等其他方法来稀释和量化 CO_2 和 NO 量距气的值。

8.9.3.2 水熄光检验

这种检验只适用于湿气体浓度的测量。水熄光计算必须考虑用水蒸气稀释 NO 量距气并使混合气的水蒸气浓度接近预计的试验浓度。

将常用工作量程为 80%～100%满刻度浓度的 NO 量距气通过(H)CLD，记录 NO 值，作为 D。然后使 NO 量距气在温度为 298 K±5 K(25 ℃±5 ℃)的水中冒泡流出，通入(H)CLD，记录 NO 值，作为 C。测定并记录水温。测定与起泡器水温(F)相对应的混合气饱和蒸汽压力，记录为 G。计算混合气的水蒸气浓度(H，单位为%)如式(20)：

$$H=100\times\left(\frac{G}{p_b}\right) \qquad (20)$$

按式(21)计算预期的稀释 NO 量距气(在水蒸气中)的浓度(D_e)：

$$D_e=D\times\left(1-\frac{H}{100}\right) \qquad (21)$$

对于柴油机排气，预期试验时排气中最大水蒸气浓度(单位为%)应按照燃料原子 H∶C 为 1.8∶1 的假设，根据排气中最大 CO_2 浓度 A 估算如式(22)：

$$H_m=0.9\times A \qquad (22)$$

记录 H、D_e 和 H_m。

水熄光值按式(23)计算：

$$E_{H_2O}=100\times\left(\frac{D_e-C}{D_e}\right)\times\left(\frac{H_m}{H}\right) \qquad (23)$$

式中：

D_e——预期稀释的 NO 浓度，单位为 ppm；

C——稀释的 NO 浓度，单位为 ppm；

H_m——最大水蒸气浓度，%；

H——实际水蒸气浓度，%。

注：由于在熄光计算中未考虑 NO_2 在水中的吸收，所以对该检验来说很重要的是要使 NO 量距气中所含的 NO_2 浓度应尽量最低。

8.9.3.3 最大允许熄光值

最大允许熄光值如下：

——对于所有干式 CLD 分析仪，应证实对预期的最高水蒸气浓度(即本节后面计算的"%H_2O 预期")，脱水技术可使 CLD 湿度保持小于或等于 5 g 水/kg 干空气(或约 0.008%H_2O)，即在 3.9 ℃和 101.3 kPa 时的相对湿度(RH)为 100%。这一湿度要求也相当于在 25 ℃和 101.3 kPa 时的相对湿度(RH)约为 25%。这可通过测量加热式除湿器出口处的温度或测量紧靠 CLD 上游处的湿度来证实。如果只有除湿器的气流流入 CLD，则也可测量 CLD 的排气湿度。

——对于原排气测量，按 8.9.3.1 的 CO_2 熄光值为满刻度的 2%。

——按 8.9.3.2 的水熄光值为满刻度的 3%。

——对于稀释排气测量，CO_2 和水的综合熄光值为 2%。

8.9.4 O_2 分析仪干扰

除氧气外，其他气体对顺磁检测器(PMD)分析仪产生的仪器响应比较弱。通常排气组分的氧当量见表6所示。

表6 氧当量

气体	氧当量/%
二氧化碳(CO_2)	−0.623
一氧化碳(CO)	−0.354
一氧化氮(NO)	+44.4
二氧化氮(NO_2)	+28.7
水(H_2O)	−0.381

如要进行高精度测量，则要用式(24)修正实测的氧浓度：

$$干扰=\frac{(氧当量\ \%\times实测浓度)}{100} \quad \cdots\cdots(24)$$

对二氧化锆传感器(ZRDO)和电化学传感器(ECS)分析仪，除氧以外其他气体所产生的仪器干扰应按仪器供应商的使用说明和良好的工程惯例进行补偿。

8.9.5 用红外(IR)和紫外(UV)测量技术对 NH_3 和 N_2O 测量通道的交叉干扰检验补偿

8.9.5.1 确定 NH_3 分析仪(NDUVR 方法)交叉干扰的修正程序

一氧化氮(NO)和二氧化氮(NO_2)存在交叉干扰。如果交叉干扰超过满刻度的2%，则应用测量设备测量两种组分，并对分析仪读数进行补偿。

8.9.5.2 交叉干扰的检验

向分析仪输入 NO 和 NO_2 校正气，以进行交叉干扰补偿。对每种组分，要在从零至最高预期干扰气浓度之间按照相同间隔，至少用5种不同的校正气浓度进行补偿检验。NH_3 读数与零气读数的最大偏差在常用量程范围内应小于满刻度的±2%。如果偏差较大，应对响应的干扰组分制定新的修正曲线，然后用于分析仪读数。可使用单混气体，也可使用含有两种或两种以上干扰气的混合气。

8.9.5.3 交叉干扰修正曲线的制定程序

8.9.5.3.1 NO 交叉干扰

将测量过程中所用 NO 分析仪量程上均匀分布的至少5种不同 NO 浓度的校正气通入 NH_3 分析仪。记录 NO 标称值及 NH_3 实测浓度。用最小二乘法拟合作为相应的拟合函数(例如多项式拟合函数)$f(NO)$，求出用于补偿 NO 交叉干扰的修正曲线。拟合点数至少须比拟合参数多2个(例如对于4阶多项式至少需有7个拟合点)。修正值 $NH_{3\text{-已补偿}}=NH_{3\text{-未补偿}}-f(NO)$ 在分析仪零气读数范围内应不超过满刻度的±1%。

8.9.5.3.2 NO_2 交叉干扰

NO_2 的交叉干扰检验程序与 NO_2 量距气的程序相同。结果得到修正曲线 $f(NO_2)$。

用于确定交叉干扰补偿曲线的校正气应该是单混气。不允许使用含有两种或两种以上干扰气的混合气来绘制交叉干扰补偿曲线。

应用测量系统完成下列补偿计算：$NH_{3\text{-已补偿}}=NH_{3\text{-未补偿}}-f(N=)-f(NO_2)$

补偿曲线确定以后，应按8.9.5.2规定的程序来检验交叉干扰补偿。

8.9.5.4 确定 NO_2 分析仪交叉干扰的修正程序[不分光红外线分析法(NDIR)]

CO_2、CO 和 NO 存在交叉干扰，而某些碳氢化合物的干扰则较小。

8.9.5.5 检验交叉干扰

将 CO、CO_2、NO 和 C_3H_8 用校正气通入分析仪中，以进行交叉干扰补偿。对于每种组分，要在从零至最高预期干扰气浓度之间按照相同间隔至少用5种不同的校正气浓度进行补偿检验。NO_2 读数与零气读数的最大偏差在常用量程范围内应小于满刻度的±2%。如果偏差较大,应对相应的干扰组分制定新的修正曲线,然后用于分析仪读数。允许使用单混气,也可使用含有两种或两种以上干扰气的混合气。

8.9.5.6 交叉干扰修正曲线的制定程序

8.9.5.6.1 CO 交叉干扰

将测量过程中所用 CO 分析仪量程上均匀分布的至少 5 种不同 CO 浓度的校正气通入 N_2O 分析仪。记录 CO 标称值及实测 N_2O 浓度。用最小二乘法拟合作为相应的拟合函数(例如多项式拟合函数)$f(CO)$,求出用于补偿 CO 交叉干扰的修正曲线。拟合点数至少须比拟合参数多 2 个(例如对于 4 阶多项式至少需有 7 个拟合点)。

修正值 $N_2O_{已补偿}=N_2O_{未补偿}-f(CO)$ 在分析仪零气读数范围内应不超过满刻度的±1%。

8.9.5.6.2 CO_2、NO 和 C_3H_8 的交叉干扰

对 CO_2、NO 和 C_3H_8 用相同程序进行交叉干扰检验。结果分别得到修正函数 $f(CO_2)$、$f(NO)$ 和 $f(C_3H_8)$。

用于确定交叉干扰补偿曲线的校正气应该是单混气。不允许使用含有两种或两种以上干扰气的混合气来绘制交叉干扰补偿曲线。

应用测量系统完成下列补偿计算:

$$N_2O_{已补偿}=N_2O_{未补偿}-f(CO_2)=-f(CO)-f(NO)-f(C_3H_8)$$

补偿曲线确定以后,应按 8.9.5.5 规定的程序来检验交叉干扰补偿。

8.10 校正间隔期

应按 8.5 规定至少每 3 个月,或当系统经检修或更换后可能影响校正时对分析仪进行校正。

9 颗粒测量系统的校正

9.1 总则

为了达到 GB/T 8190 的本部分所要求的准确度,应经常对测量系统各元器件进行校正。本章叙述了对 7.6 和第 17 章中所述各元器件所需使用的校正方法。

9.2 校正程序

9.2.1 流量测量

气体流量计或流量测量仪的校正应可溯源至国际和/或国家标准。

如果气体流量用差压流量测量法测定,最大差值误差应使 q_{medf} 的准确度在±4%以内(参见 17.2.1,图 10～图 18 下的排气分析仪说明)。该值可用各仪器误差的均方根进行计算。

9.2.2 排气分析仪

如果稀释比是通过测量 CO_2 或 NO_x 浓度来确定,则排气分析仪应按 8.5.5 进行校正。

9.2.3 碳流量检验

为了检查测量和控制问题,并检验部分流稀释系统的运行状态,极力推荐用实际排气进行碳流量检验。至少每当安装新的发动机或试验室布局有重大改变时都应进行碳流量检验。

发动机应在最大扭矩和转速或其他能产生 5%以上 CO_2 的稳定工况下运行。部分流取样系统应在稀释系数大约为 15∶1 的状况下运行。

若要进行碳流量检验,应使用附录 F 所规定的程序。碳流量应根据公式 F.1、F.2 和 F.3 进行计算。所有碳流量宜一致,误差在 6%以内。

9.3 检验部分流状况

应根据 17.2.1 中图 10～图 18 下方对排气管说明的要求,如适用,检验和调整排气速度和压力波动范围。

9.4 校正间隔期

应至少每年一次或当系统经检修或更换后可能影响校正时对流量测量仪进行校正。

10 定容取样(CVS)全流稀释系统的校正

10.1 总则

应使用精确的流量计和节流装置来校正CVS系统。测量在不同的节流设定值下通过该系统的流量,并测量系统的控制参数以及与流量的关系。

可使用各种类型的流量计,例如已校正过的文丘里管、层流流量计和涡轮流量计等。

10.2 容积泵(PDP)的校正

10.2.1 总则

应同时测量所有与泵有关的参数、以及与泵串联的校正用文丘里管的相关参数。绘制计算流量(在泵进口处绝对压力和温度下的流量,单位为 m^3/min),随泵参数具体组合值的相关函数的变化图。确定泵流量和相关函数的线性方程。如果CVS是多速驱动,则应对所使用的每种流量范围进行校正。

校正期间应保持温度的稳定性。

校正用文丘里管与CVS泵之间的所有管道及连接处的泄漏应低于最低流量点(最大节流和最低泵速点)的0.3%。

10.2.2 数据分析

应采用按制造商规定方法测得的流量计数据计算每个节流设定值(至少6个)时的空气流量(Q_s),单位为 m^3/min。然后按下列公式将空气流量转换成在泵进口处绝对温度和压力下的泵流量(V_0),单位为 m^3/r。

$$V_0=\frac{Q_s}{n}\times\frac{T}{273}\times\frac{101.3}{p_A} \qquad \cdots\cdots(25)$$

式中:

Q_s——标准状况(101.3 kPa,273 K)下的空气流量,单位为立方米每秒(m^3/s);

T——泵进口处温度,单位为开(K);

p_A——泵进口处绝对压力,单位为千帕(kPa);

n——泵转速,单位为转每秒(r/s)。

考虑到泵压力变化和泵滑移率之间的相互影响,应按式(26)计算泵转速、泵进出口压差和泵出口绝对压力之间的相关函数(X_0):

$$X_0=\frac{1}{n}\times\sqrt{\frac{\Delta p_p}{p_A}} \qquad \cdots\cdots(26)$$

式中:

Δp_p——泵进出口压差,单位为千帕(kPa);

p_A——泵出口绝对压力,单位为千帕(kPa)。

用最小二乘法线性拟合得到下列校正公式:

$$V_0=D_0-m\times(X_0) \qquad \cdots\cdots(27)$$

D_0 和 m 分别表示回归线的截距和斜率常数。

对于多速CVS系统,不同泵流量范围内所绘制的校正曲线应该大致互相平行,而且截距值(D_0)随泵流量范围的减小而增加。

根据公式所得计算值应在 V_0 实测值的 $\pm0.5\%$ 以内。m 值将随泵的不同而改变。颗粒物的超时流入将使泵的滑移减少,致使 m 值降低。因此,在泵投入使用、大修后、以及系统总体检验显示滑移率发生变化时均应进行校正。

10.3 临界流量文丘里管(CFV)的校正

10.3.1 总则

CFV 的校正以临界流量文丘里管的流量方程为基础。气体流量(Q_s)是进口压力和温度的函数:

$$Q_s = \frac{k_v \times p_A}{\sqrt{T}} \quad \cdots\cdots(28)$$

式中:

k_v——校正系数;

p_A——文丘里管进口处的压力,单位为千帕(kPa);

T——文丘里管进口处的温度,单位为开(K)。

10.3.2 数据分析

应采用按制造商规定方法测得的流量计数据计算每个节流设定值(至少 8 个)时的空气流量(Q_s),单位为 m^3/min。根据每个设定值的校正数据计算校正系数如下:

$$k_v = \frac{Q_s \times \sqrt{T}}{p_A} \quad \cdots\cdots(29)$$

式中:

Q_s——标准状况(101.3 kPa,273 K)下的空气流量,单位为立方米每秒(m^3/s);

T——文丘里管进口处温度,单位为开(K);

p_A——文丘里管进口处绝对压力,单位为千帕(kPa)。

为了确定临界流量范围,应绘制 k_v 随文丘里管进口处压力的变化图。对于临界(阻流)流量,k_v 有一相对恒定值。当压力降低(真空度增加)时,文丘里管不再阻流,并使 k_v 降低,这表明 CFV 是在允许范围外运行。

应计算临界流量区域内最少 8 点处的平均 k_v 值和标准差。标准差不得超过平均 k_v 值的±0.3%。

10.4 亚音速文丘里管(SSV)的校正

10.4.1 总则

SSV 的校正以亚音速文丘里管的流量方程为基础。气体流量(Q_{SSV})是进口压力和温度以及 SSV 进口和喉口间压力降的函数,如下所示:

$$Q_{SSV} = A_0 d^2 C_d p_A \sqrt{\left[\frac{1}{T}(r_x^{1.4286} - r_x^{1.7143})\left(\frac{1}{1 - r_y^4 r_x^{1.4286}}\right)\right]} \quad \cdots\cdots(30)$$

式中:

A_0——常数和单位转换的集合,$A_0 = 0.006\ 111$,SI 单位为 $\left[\frac{m^3}{min}\right]\left[\frac{K^{\frac{1}{2}}}{kPa}\right]\left[\frac{1}{mm^2}\right]$;

d——SSV 的喉口直径,单位为米(m);

C_d——SSV 的流出系数;

p_A——文丘里管进口处绝对压力,单位为千帕(kPa);

T——文丘里管进口处温度,单位为开(K);

r_x——SSV 喉口与进口绝对静压之比,$r_x = 1 - (\Delta p / p_A)$;

r_y——d 与进口管子内径(D)之比,$r_y = d/D$。

10.4.2 数据分析

应采用按制造商规定方法测得的流量计数据计算每个节流设定值(至少 16 个)的空气流量(q_{vSSV}),单位为 m^3/min。然后根据每个设定值的校正数据计算流出系数(C_d)如下:

$$C_d = \frac{q_{vSSV}}{d^2 p_A \sqrt{\left[\frac{1}{T}(r_x^{1.4286} - r_x^{1.7143})\left(\frac{1}{1 - r_y^4 r_x^{1.4286}}\right)\right]}} \quad \cdots\cdots(31)$$

式中：

q_{vSSV}——标准状况(101.3 kPa,273 K)下的空气流量,单位为立方米每分钟(m^3/min)；

T——文丘里管进口处温度,单位为开(K)；

d——SSV 的喉口直径,单位为米(m)；

r_x——SSV 喉口与进口绝对静压之比,$r_x=1-(\Delta p/p_A)$；

r_y——d 与进口管子内径(D)之比,$r_y=d/D$。

为了确定亚音速流量,应绘制 SSV 喉口处的流出系数(C_d)随雷诺数(Re)的变化图。用下列公式计算 SSV 喉口处的雷诺数(Re)：

$$Re=A_1\frac{q_{vSSV}}{d\mu} \quad\cdots\cdots(32)$$

式中：

A_1——常数和单位转换的集合,$A_1=25.551\ 52\left(\frac{1}{m^3}\right)\left(\frac{min}{s}\right)\left(\frac{mm}{m}\right)$；

q_{vSSV}——标准状况(101.3 kPa,273 K)下的空气流量,单位为立方米每秒(m^3/s)；

d——SSV 的喉口直径,单位为米(m)；

μ——气体的绝对黏度或动力黏度,单位为千克每米秒(kg/m·s),按式(33)计算：

$$\mu=\frac{bT^{\frac{3}{2}}}{S+T}=\frac{bT^{\frac{1}{2}}}{1+\frac{S}{T}} \quad\cdots\cdots(33)$$

式中：

b——经验常数$=1.458\times10^6\ \frac{kg}{msK^{\frac{1}{2}}}$；

S——经验常数$=110.4$ K。

由于 Q_{SSV} 是雷诺数 Re 公式中的输入项,因此,开始计算时,应首先设定校正用文丘里管的 Q_{SSV} 或 C_d 的初始值,然后重复计算直至 Q_{SSV} 收敛。判断收敛的方法是应精确到每一点的 0.1%或更好。

对于亚音速流量区域内的最少 16 个点,由求得的校正曲线拟合方程所计算的 C_d 值应位于每个校正点实测 C_d 值的±0.5%以内。

10.5 系统总体检验

10.5.1 总则

应在正常运行状况下向系统输入已知质量的污染气体,确定 CVS 取样系统和分析系统的总准确度。然后对污染物进行分析,并按 14.5 计算其质量,但丙烷要用系数 0.000 472 来代替 HC 的 0.000 479。应使用下列两种技术之一进行测量。

10.5.2 用临界流量孔板计量

将已知量的纯气(一氧化碳或丙烷)通过已校正的临界流量孔板输入 CVS 系统。如果进口压力足够高,则用临界流量孔板调节的流量与孔板出口压力无关(临界流动)。将 CVS 系统按常规排放试验方式运行约 5 min～10 min。用常用设备(取样袋或积分法)分析样气,并计算气体质量。如此测定的质量应在已知注入气体质量的±3%以内。

10.5.3 用重量法计量

测定装有一氧化碳或丙烷气的小筒质量,精度保持在±0.01 g 以内。使 CVS 系统按常规排放试验方式运行约 5 min～10 min,同时将一氧化碳或丙烷注入该系统。用微分称重法测定流出的纯气量。用常用设备(取样袋或积分法)分析样气,并计算气体质量。如此测定的质量应在已知注入气体质量的±3%以内。

11 运行工况(试验循环)

见 GB/T 8190.4。

12 试验运行

12.1 取样滤纸的制备

应在试验前至少1 h将每张(对)滤纸放在一个盖住但不密封的培替氏培养皿里,置于称重室内进行稳定化处理。在稳定化过程结束时,称取每张(对)滤纸的重量并记录其自重。然后将该张(对)滤纸存放在盖住的培替氏培养皿或滤座中,供试验时使用。如该张(对)滤纸从称重室取出后的8 h内没有使用,则必须在使用前重新称重。

12.2 测试设备的安装

仪器和取样探头应按要求安装。当采用全流稀释系统稀释排气时,应将尾管接在系统上。

12.3 起动稀释系统和发动机

起动并预热稀释系统和发动机,使全部温度和压力在全负荷、标定转速时达到稳定(稳定化准则见GB/T 21404—2008中6.2.4.3.2)。

12.4 稀释比的调整

起动颗粒取样系统,对单对滤纸法应按旁通方式运行(对多对滤纸法可任选)。稀释空气的颗粒本底值可将稀释空气通入颗粒过滤器来测定。若用已经过滤的稀释空气,则可在试验前、中或后的任何时间内测定一次。若稀释空气未经过滤,则须至少在循环开始、结束和接近中间的三个时间测定,并取其平均值。

调整稀释空气,使滤纸在每个工况时的最高表面温度不超过325 K(52 ℃)。总稀释比不小于4。

对CO_2或NO_x浓度控制系统,应在每次试验开始和结束时,测定稀释空气的CO_2或NO_x含量。试验前后所测稀释空气的CO_2或NO_x的本底浓度应分别在100 ppm或5 ppm以内。

当使用稀释排气分析系统时,应在整个试验程序中将抽取的稀释空气注入取样袋中,以测定各气体组分的相关本底浓度。至少可在循环开始、结束和接近中间的三个时候测取连续(无取样袋)本底浓度,然后确定平均值。如发动机制造商要求,也可略去本底浓度的测量。

12.5 试验点的确定

应按5.4.1和5.4.2将进气阻力和排气背压的设定值调整到制造商规定的上限值。

为了计算规定试验工况时的扭矩值,应通过实验测定在规定试验转速下的最大扭矩值。对不是在全负荷扭矩曲线的某一转速范围内运行的发动机,应由制造商标定在试验转速下的最大扭矩。

发动机在每个试验工况的设定值应用式(34)计算:

$$S=\left((P_{\mathrm{m}}+P_{\mathrm{aux}})\times\frac{M}{100}\right)-P_{\mathrm{aux}} \qquad (34)$$

式中:

S——测功器设定值,单位为千瓦(kW);

P_{m}——试验工况下(由制造商规定),发动机在试验转速时的最大实测或标定功率,单位为千瓦(kW);

P_{aux}——试验安装的,但并非GB/T 21405所要求的辅助装置所吸收的标定总功率,单位为千瓦(kW);

M——试验工况规定的扭矩,%。

12.6 分析仪的检查

将排放分析仪置零并进行量距。

12.7 试验循环

试验循环按GB/T 8190.4规定。该循环考虑了发动机的大小和用途的变化。

12.7.1 试验顺序

发动机应按GB/T 8190.4中相应试验循环的每个工况进行运行。

以下所示公差仅适用于排放数据采集期内、颗粒物和气袋取样期间。

a) 对采用测功器转速控制试验型测试的发动机

在初始过渡期后试验循环的每个工况期间，规定转速应保持在标定转速的±1%或±3 r/min以内，以较大值为准，但低怠速时应保持在制造商规定的公差范围内。规定扭矩则应保持在使整个测量期间的平均扭矩处在试验转速下最大扭矩值的±2%以内。

b) 对采用测功器负荷控制试验型测试的发动机

在初始过渡期后试验循环的每个工况期间，规定转速应保持在标定转速的±2%或±3 r/min以内，以较大值为准，但在任何情况下都应保持在±5%以内，而低怠速时应保持在制造商规定的公差范围内。

在要求扭矩为试验转速下最大扭矩的50%或以上的试验循环工况期间，在数据采集期间的规定平均扭矩应保持在要求扭矩值的±5%以内。在要求扭矩为试验转速下最大扭矩的50%以下的工况期间，在数据采集期间的规定平均扭矩应保持在要求扭矩值的±10%或±0.27 N·m以内，以较大值为准。

12.7.2 分析仪响应

至少应在每工况的最后3 min期间使排气流过分析仪，将分析仪的输出记录在纸带记录仪上或用等效的数据采集装置进行测量。若用气袋取样测定稀释CO和CO_2(见7.5.4)，则应在每工况的最后3 min期间将样气送入袋中，然后对袋内样气进行分析和记录。

12.7.3 颗粒取样

可用单对滤纸法或多对滤纸法进行颗粒取样(见7.6)。

由于两种方法的结果可能稍有差别，因此在测量结果中应说明所使用的方法。

对单对滤纸法，在考虑试验循环程序中所规定的工况加权系数时，应使抽取的样气与每循环工况的排气质量流量成正比。这可通过适当调整样气流量、取样时间和/或稀释比来达到，以符合15.6中有效加权系数的准则。

取样应尽可能在每工况的最后进行。每工况的取样时间，对单对滤纸法至少为20 s；对多对滤纸法至少为60 s。有关试验工况持续时间的补充说明见GB/T 8190.4。对于没有旁通功能的系统，每工况的取样时间，对单对滤纸法和多对滤纸法都应至少为60 s。

12.7.4 发动机工况

待发动机稳定后，应测量每工况的转速和负荷、进气温度、燃料流量和空气或排气流量。

如果不可能测量排气流量或燃烧空气时，则可用碳-氧平衡法来计算这些参数(见7.3.6和附录A)。

应记录计算所需的一切补充数据(见第13章)。

12.8 重验分析仪

排放试验后，应使用零气和相同量距气来重验分析仪。若两次测量结果之差小于2%，则可认为试验合格。

12.9 试验报告

试验报告应包括GB/T 8190.6所指定的数据。

13 气体和颗粒排放物的数据评定

13.1 气体排放物

为评定气体排放物，应求出每工况最后60 s内记录纸的平均读数值，并根据记录纸的平均读数和相应的校正数据确定每工况内HC、CO、CO_2、NO_x、O_2、NMHC(NMC法)、NH_3和CH_3OH(FID法)的平均浓度。如使用取样袋，则应根据取样袋读数和相应的校正数据确定取样袋中的平均浓度。如能保证数据采集等效，也可使用不同的记录形式。

如需测定平均本底浓度，则应根据取样袋的稀释空气读数或根据平均连续(无取样袋)本底读数和相应的校正数据求出。

当对 HCHO 和 CH_3OH 使用冲击器或吸收盒取样法时，则应根据 GC 和 HPLC 分析法所测冲击器或吸收盒(见图 7 和图 8)内 $HCHO/CH_3OH$ 的数量和通过冲击器或吸收盒的样气总体积测定其浓度和本底浓度(如用)。

13.2 颗粒排放物

为评定颗粒物，应记录每工况通过滤纸的总样气质量(m_{sep})。

应将滤纸放回称重室至少调温处理 1 h，但不得超过 80 h，然后称重。记录滤纸总重并减去其自重(见 12.1)。

如需本底修正，应记录通过滤纸的稀释空气质量(m_d)和颗粒物质量($m_{f,d}$)。如进行多次测量，则应计算每次测量的 $m_{f,d}/m_d$ 的商，并取其平均值。

14 气体排放物的计算

14.1 总则

图 2 列出了各种可能的若干排放计算导则。

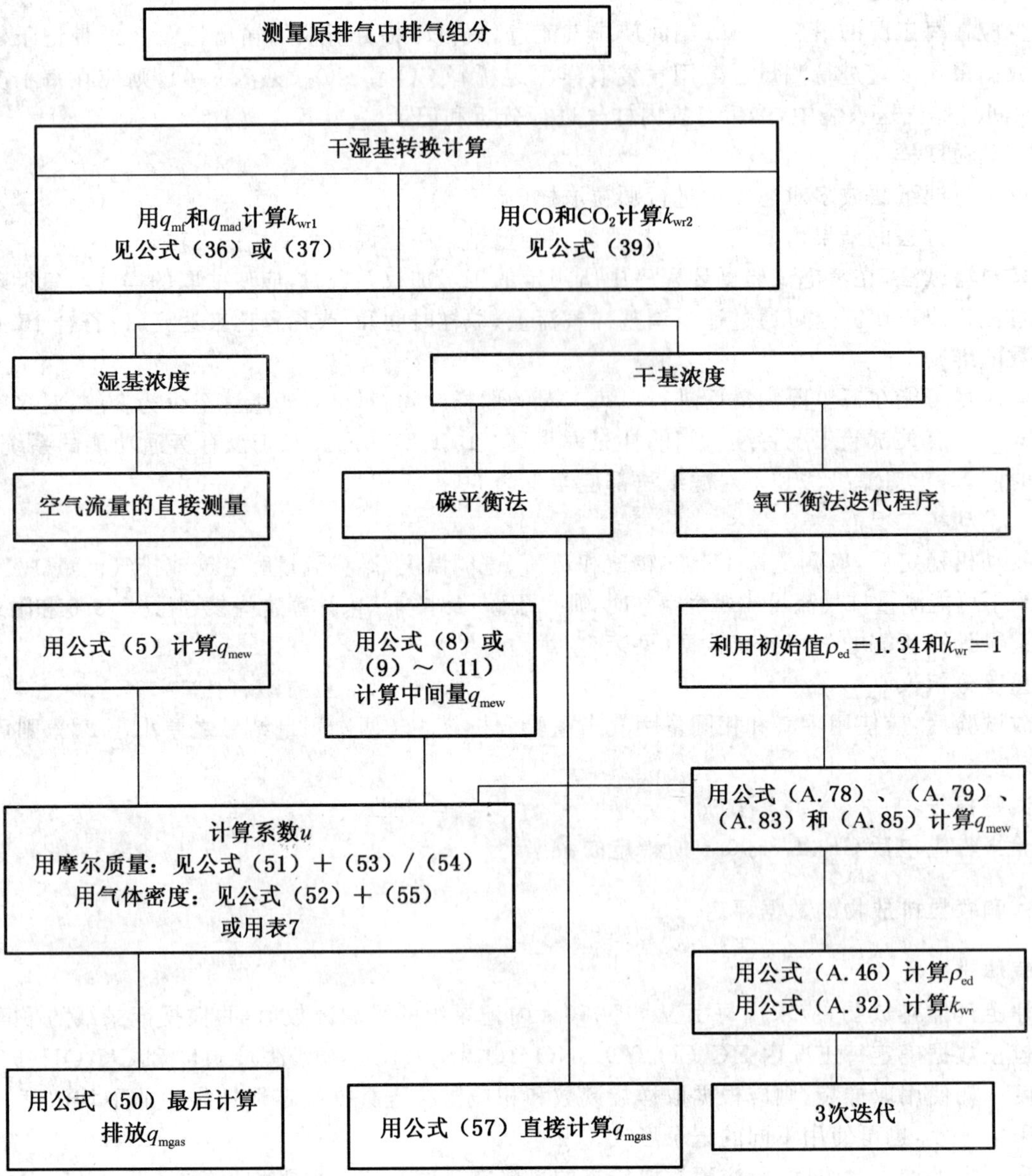

图 2 原排气中排气组分的测量

14.2 排气流量的确定

应根据7.3.2～7.3.7确定每工况的排气流量(q_{mew})。

当用全流稀释系统时,应根据7.3.7确定每工况的总稀释排气流量(q_{mdew})。

14.3 干/湿基修正

若排放不是按湿基测得,则应按下列公式之一将实测浓度转换到湿基值。公式推导见附录A。

$$c_w = k_w \times c_d \qquad (35)$$

a) 对于原排气

1) 完全燃烧

$$k_{wr1} = \left(1 - \frac{1.244\,2 \times H_a + 111.19 \times w_{ALF} \times \frac{q_{mf}}{q_{mad}}}{773.4 + 1.244\,2 \times H_a + \frac{q_{mf}}{q_{mad}} \times f_{fw} \times 1\,000}\right) \times 1.008 \qquad (36)$$

或

$$k_{wr1} = \left(1 - \frac{1.244\,2 \times H_a + 111.19 \times w_{ALF} \times \frac{q_{mf}}{q_{mad}}}{773.4 + 1.244\,2 \times H_a + \frac{q_{mf}}{q_{mad}} \times f_{fw} \times 1\,000}\right) \div \left(1 - \frac{p_r}{p_b}\right) \qquad (37)$$

$$f_{fw} = 0.055\,594 \times w_{ALF} + 0.008\,002\,1 \times w_{DEL} + 0.007\,004\,6 \times w_{EPS} \qquad (38)$$

2) 不完全燃烧

当存在相当数量未燃烧或部分燃烧的组分(CO,H_2)时,应使用下列公式求出(推导见附录A):

$$k_{wr2} = \frac{1}{1 + \alpha \times 0.005 \times [c_{CO_2d} + c_{COd}] - 0.01 \times c_{H_2d} + k_{w2} - \frac{p_r}{p_b}} \qquad (39)$$

以及

$$c_{H_2d} = \frac{0.5 \times \alpha \times c_{COd} \times (c_{COd} + c_{CO_2d})}{c_{COd} + 3 \times c_{CO_2d}} \qquad (40)$$

注:公式(39)和(40)中CO和CO_2浓度以百分数(%)表示。

b) 对于稀释排气

$$k_{we1} = \left(1 - \frac{\alpha \times c_{CO_2w}}{200}\right) - k_{w1} \qquad (41)$$

或

$$k_{we2} = \left(\frac{(1 - k_{w1})}{1 + \frac{\alpha \times c_{CO_2d}}{200}}\right) \qquad (42)$$

c) 对于稀释空气

$$k_{wd} = 1 - k_{w1} \qquad (43)$$

$$k_{w1} = \frac{1.608 \times \left[H_d \times \left(1 - \frac{1}{D}\right) + H_a \times \left(\frac{1}{D}\right)\right]}{1\,000 + \left\{1.608 \times \left[H_d \times \left(1 - \frac{1}{D}\right) + H_a \times \left(\frac{1}{D}\right)\right]\right\}} \qquad (44)$$

d) 对于进气空气(若不同于稀释空气)

$$k_{wa} = 1 - k_{w2} \qquad (45)$$

$$k_{w2} = \frac{1.608 \times H_a}{1\,000 + (1.608 \times H_a)} \qquad (46)$$

式中：

H_a、H_d——进气空气和稀释空气的绝对湿度，单位为克每千克(g/kg)。

注：H_a、H_d 可用通用公式由相对湿度、露点、蒸汽压或干/湿球的测量值求得。

14.4 NO_x 的湿度和温度修正

因 NO_x 排放与大气状况有关，应采用下列公式中给出的系数对 NO_x 浓度进行大气温度和湿度修正，当湿度在 0 g/kg 和 25 g/kg 之间时这些系数方才有效。

若经有关各方同意，也可使用其他湿度基准值代替 10.71 g/kg，并应随同计算结果一起写入报告。

若能证明正确或有效，经有关各方同意，也可使用上述湿度范围以外的其他修正公式。在下述公式中，T_a表示在空气滤清器入口处的大气温度，H_a 表示在空气滤清器入口处的大气湿度。

将水或蒸汽喷入增压器中(空气增湿)被认为是一种排放控制手段，因此在湿度修正时不予考虑，增压中冷器内的凝结水会改变增压空气的湿度，因此在湿度修正时应予考虑。

a) 压燃式发动机

$$k_{hd}=\frac{1}{1-0.018\,2\times(H_a-10.71)+0.004\,5\times(T_a-298)} \quad \cdots\cdots\cdots\cdots(47)$$

式中：

T_a——空气温度，单位为开(K)；

H_a——进气空气湿度，单位为克每千克(g/kg)。

b) 增压中冷压燃式发动机，可用下列替代公式：

$$k_{hd}=\frac{1}{1-0.012\times(H_a-10.71)-0.002\,75\times(T_a-298)+0.002\,85\times(T_{SC}-T_{SCRef})} \quad \cdots\cdots\cdots\cdots(48)$$

式中：

T_{SC}——中冷空气温度；

T_{SCRef}——制造商规定的中冷空气基准温度。

注 1：其他变量的说明见 a)。

c) 点燃式发动机

$$k_{hp}=0.627\,2+44.030\times10^{-3}\times H_a-0.862\times10^{-3}\times H_a^2 \quad \cdots\cdots\cdots\cdots(49)$$

注 2：变量说明见 a)。

14.5 排放质量流量计算

14.5.1 原排气

应根据污染物的原浓度、表 7 中的 u 值和按照 14.5.1.1 求得的排气质量流量计算每工况的排放质量流量。如果按干基测量浓度，则应先按 14.3 对浓度值进行干-湿基修正然后再作进一步计算。

另外事先如经有关各方同意，也可选用 14.5.1.2 中的精确公式计算质量排放。若试验所用燃料不是表 7 所规定的燃料，则在燃用多种燃料运行或有异议时必须采用精确公式。

14.5.1.1 基于表列值的计算方法

应采用以下公式：

$$q_{mgas}=u_{gas}\times c_{gas}\times q_{mew} \quad \cdots\cdots\cdots\cdots(50)$$

式中：

q_{mgas}——某一组分的气体排放质量流量；

u_{gas}——排气组分密度与排气密度之比；

c_{gas}——原排气中各组分浓度，单位为 ppm；

q_{mew}——排气质量流量，单位为千克每小时(kg/h)。

为了计算 NO_x，应使用按 14.4 确定的湿度修正系数 k_{hd} 或 k_{hp}，若适用。

如果未按湿基进行测量，则应按 14.3 将所测浓度转换成湿基浓度。

表 7 列出了基于理想气体性质下各种燃料所选排气组分的 u 值。

14.5.1.2 基于精确公式的计算方法

使用公式(50)计算质量排放，应用下列公式代替表列值计算 u_{gas}。并假设在下列公式中公式(50)中的浓度 c_{gas} 的测量单位或转换后的单位为 ppm。

$$u_{gas}=\frac{M_{rgas}}{M_{r,e}\times 1\ 000} \qquad (51)$$

或

$$u_{gas}=\frac{\rho_{gas}}{\rho_{e}\times 1\ 000} \qquad (52)$$

式中：

$\rho_{gas}=M_{rgas}/22.414$ 或从表 7 中选用(基于理想气体性质)。

表 7 给出了若干排气组分的密度 ρ_{gas} 值。在假定为完全燃烧情况下可求得一般燃料组分 $C_\beta H_\alpha O_\varepsilon N_\delta S_\gamma$ 的排气克分子质量 $M_{r,e}$ 如下：

$$M_{r,e}=\frac{1+\dfrac{q_{mf}}{q_{maw}}}{\dfrac{q_{mf}}{q_{maw}}\times\dfrac{\dfrac{\alpha}{4}+\dfrac{\varepsilon}{2}+\dfrac{\delta}{2}}{12.011\times\beta+1.007\ 94\times\alpha+15.999\ 4\times\varepsilon+14.006\ 7\times\delta+32.065\times\gamma}+\dfrac{\dfrac{H_a\times 10^{-3}}{2\times 1.007\ 94+15.999\ 4}+\dfrac{1}{M_{r,a}}}{1+H_a\times 10^{-3}}} \qquad (53)$$

或对于不完全燃烧：

$$M_{r,e}=\frac{M_{rHC}\times c_{HCw}}{10^6}+\frac{28.01\times c_{COw}}{10^6}+\frac{44.01\times c_{CO_2w}}{10^2}+\frac{46.01\times c_{NO_xw}}{10^6}+\frac{32\times c_{O_2w}}{10^2}+\frac{2.016\times c_{H_2w}}{10^2}+18.01\times(1-k_{wr})+\frac{28.01}{100}\times\left[100-\frac{c_{HCw}}{10^4}-\frac{c_{COw}}{10^4}-c_{CO_2w}-\frac{c_{NO_xw}}{10^4}-c_{O_2w}-c_{H_2w}-100\times(1-k_{wr})\right] \qquad (54)$$

求得排气密度 ρ_e 如下：

$$\rho_e=\frac{1\ 000+H_a+1\ 000\times\left(\dfrac{q_{mf}}{q_{mad}}\right)}{773.4+1.243\ 4\times H_a+f_{fw}\times 1\ 000\times\left(\dfrac{q_{mf}}{q_{mad}}\right)} \qquad (55)$$

式中：

$$f_{fw}=0.055\ 594\times w_{ALF}+0.008\ 002\ 1\times w_{DEL}+0.007\ 004\ 6\times w_{EPS} \qquad (56)$$

当用碳平衡法时：

$$q_{mgas}=\frac{M_{rgas}\times c_{gas}\times q_{mf}}{M_{rf}\times\left[(c_{CO_2w}-c_{CO_2aw})+\dfrac{c_{COw}+c_{HCw}}{10^4}\right]\times 10} \qquad (57)$$

式中 c_{CO} 和 c_{HC} 单位为 ppm，c_{CO_2} 单位为百分比体积。

公式(58)的推导见 A.2.2.2。

$$M_{rf}=\alpha\times A_{rH}+\beta\times A_{rC}+\gamma\times A_{rS}+\delta\times A_{rN}+\varepsilon\times A_{rO} \qquad (58)$$

14.5.2 稀释排气

应根据污染物的稀释浓度、表 8 中的 u 值和稀释排气质量流量计算每工况的排放质量流量如下。

如果按干基测量浓度，则应先按14.3对浓度值进行干/湿基修正，然后再作进一步计算。

$$q_{mgas} = u_{gas} \times c_{gas,c} \times q_{mdew} \quad (59)$$

式中：

u_{gas}——排气组分密度与稀释排气密度(相当于空气密度)之比；

$c_{gas,c}$——稀释排气中各组分的本底修正浓度，单位为ppm；

q_{mdew}——稀释排气质量流量，单位为千克每秒(kg/s)。

表8列出了基于理想气体性质下各种燃料所选排气组分的u值。

$$c_c = c - c_d \times \left[1 - \frac{1}{D}\right] \quad (60)$$

$$D = \frac{FS}{c_{CO_2} + (c_{CO} + c_{HC}) \times 10^{-4}} \quad (61)$$

或

$$D = \frac{FS}{c_{CO_2}} \quad (62)$$

式中：

$$FS = 100 \times \frac{1}{1 + \frac{\alpha}{2} + \gamma + 3.76\left(1 + \frac{\alpha}{4} - \frac{\varepsilon}{2} + \gamma\right)} \quad (63)$$

α,γ,ε是指燃料$CH_\alpha O_\varepsilon S_\gamma$的组成。

对于柴油，FS=13.4。

表7 原排气的系数u_{gas}和燃料特定参数

燃料和对应 ρ_e/(kg/m³)		气体							
		NO_x	CO	HC	CO_2	O_2	CH_4	HCHO	CH_3OH
		ρ_{gas}/(kg/m³)							
		2.053	1.250	[a]	1.963 6	1.427 7	0.716	1.340	1.430
		系数 u_{gas} [b]							
柴油	1.294 3	0.001 586	0.000 966	0.000 479	0.001 517	0.001 103	0.000 553	0.001 035	0.001 104
菜子油甲脂	1.295 0	0.001 585	0.000 965	0.000 536	0.001 516	0.001 102	0.000 553	0.001 035	0.001 104
甲醇	1.261 0	0.001 628	0.000 991	0.001 133	0.001 557	0.001 132	0.000 568	0.001 062	0.001 134
乙醇	1.275 7	0.001 609	0.000 980	0.000 805	0.001 539	0.001 119	0.000 561	0.001 050	0.001 121
天然气[c]	1.266 1	0.001 621	0.000 987	0.000 558[d]	0.001 551	0.001 128	0.000 565	0.001 058	0.001 129
丙烷	1.280 5	0.001 603	0.000 976	0.000 512	0.001 533	0.001 115	0.000 559	0.001 046	0.001 116
丁烷	1.283 2	0.001 600	0.000 974	0.000 505	0.001 530	0.001 113	0.000 558	0.001 044	0.001 114
汽油	1.297 7	0.001 582	0.000 963	0.000 481	0.001 513	0.001 100	0.000 552	0.001 032	0.001 102

a 与燃料有关。

b 当λ=2，干空气，273 K，101.3 kPa时。

c 对于质量组成C=66%～76%；H=22%～25%；N=0%～12%，u值精确至0.2%以内。

d 基于$CH_{2.93}$的NMHC值(对于总HC，应使用CH_4的u_{gas}系数)。

表 8 稀释排气的系数 u_{gas} 和燃料特定参数

燃料 (ρ_e=1.293 kg/m³)		气体							
		NO_x	CO	HC	CO_2	O_2	CH_4	HCHO	CH_3OH
		ρ_{gas}/(kg/m³)							
		2.053	1.250	[a]	1.963 6	1.427 7	0.716	1.340	1.430
		系数 u_{gas} [b]							
柴油		0.001 588	0.000 967	0.000 480	0.001 519	0.001 104	0.000 553	0.001 036	0.001 106
菜子油甲脂		0.001 588	0.000 967	0.000 537	0.001 519	0.001 104	0.000 553	0.001 036	0.001 106
甲醇		0.001 588	0.000 967	0.001 105	0.001 519	0.001 104	0.000 553	0.001 036	0.001 106
乙醇		0.001 588	0.000 967	0.000 795	0.001 519	0.001 104	0.000 553	0.001 036	0.001 106
天然气[c]		0.001 588	0.000 967	0.000 584[d]	0.001 519	0.001 104	0.000 553	0.001 036	0.001 106
丙烷		0.001 588	0.000 967	0.000 507	0.001 519	0.001 104	0.000 553	0.001 036	0.001 106
丁烷		0.001 588	0.000 967	0.000 501	0.001 519	0.001 104	0.000 553	0.001 036	0.001 106
汽油		0.001 588	0.000 967	0.000 483	0.001 519	0.001 104	0.000 553	0.001 036	0.001 106

a 与燃料有关。

b 假定稀释排气密度=空气密度。

c 对于质量组成 C=66%～76%;H=22%～25%;N=0%～12%,u 值精确至 0.2%以内。

d 基于 $CH_{2.93}$ 的 NMHC 值(对于总 HC,应使用 CH_4 的 u_{gas} 系数)。

14.5.3 非甲烷碳氢化合物(NMHC)浓度的确定

c_{NMHC} 的确定取决于所用方法(见 16.5)。在两种情况下都应确定 CH_4 浓度并从 HC 浓度中减去如下:

a) 气相色谱法(GC)

$$c_{NMHC}=c_{HC}-c_{CH_4} \qquad (64)$$

b) 非甲烷截止器(NMC)法

$$c_{NMHC}=\frac{c_{HC(无截止器)}\times(1-E_M)-c_{HC(有截止器)}}{E_E-E_M} \qquad (65)$$

式中:

$c_{HC(有截止器)}$——样气流过 NMC 时的 HC 浓度;

$c_{HC(无截止器)}$——样气从 NMC 旁通时的 HC 浓度;

E_M——按 8.8.4.2 确定的甲烷效率;

E_E——按 8.8.4.3 确定的乙烷效率。

14.6 比排放计算

按下列方法计算所有各组分的排放:

$$gas_x=\frac{\sum_{i=1}^{n}(q_{mgasi}\times W_{fi})}{\sum_{i=1}^{n}(P_i\times W_{fi})} \qquad (66)$$

式中：

q_{mgasi}——某一组分气体的排放质量流量。

$$P = P_m + P_{aux} \quad (67)$$

式中：

P_m——各工况下的实测功率；

P_{aux}——各工况下安装在发动机上的辅助装置所消耗的功率。

上述计算中所用加权系数和工况数(n)按 GB/T 8190.4 的规定。

15 颗粒排放物的计算

15.1 颗粒物的湿度修正系数

由于柴油机的颗粒物排放与大气状况有关，因此颗粒物浓度应用下式中给出的系数 k_p 对大气湿度进行修正。

若经有关各方同意，也可用其他湿度基准值代替 10.71 g/kg，并应随同计算结果一起写入报告。

若能证明正确或有效，也可使用其他修正公式。

$$k_p = \frac{1}{[1 + 0.0133 \times (H_a - 10.71)]} \quad (68)$$

式中：

H_a——进气空气湿度，单位为克每千克(g/kg)。

15.2 部分流稀释系统

应按下列步骤确定最终所需报告的颗粒物排放试验结果。由于可使用各种方式控制稀释比，因而需使用不同方法计算 q_{medf}。所有计算均以取样期间各工况的平均值为基础。

15.2.1 等动态系统

见 17.2.1 图 10 和图 11。

$$q_{medf} = q_{mew} \times r_d \quad (69)$$

而：

$$r_d = \frac{q_{mdw} + (q_{mew} \times r_a)}{q_{mew} \times r_a} \quad (70)$$

式中 r 相当于等动态探头横截面积 A_p 与排气管横截面积 A_T 之比：

$$r_a = \frac{A_p}{A_T} \quad (71)$$

15.2.2 带 CO_2 或 NO_x 浓度测量的系统

见 17.2.1 图 12、图 14～图 16。

对于 q_{medf}，使用公式(69)和

$$r_d = \frac{c_{Ew} - c_{Aw}}{c_{Dw} - c_{Aw}} \quad (72)$$

式中：

c_{Ew}——原排气中示踪气的湿基浓度；

c_{Dw}——稀释排气中示踪气的湿基浓度；

c_{Aw}——稀释空气中示踪气的湿基浓度。

应按 14.3 将所测干基浓度转换成湿基浓度。

15.2.3 带 CO_2 测量和使用碳平衡法的系统

见 17.2.1 图 13。

用下列公式计算 q_{medf}：

$$q_{\mathrm{medf}}=\frac{k_{\mathrm{f}}\times q_{\mathrm{mf}}}{c_{(\mathrm{CO_2})\mathrm{D}}-c_{(\mathrm{CO_2})\mathrm{A}}} \qquad (73)$$

式中：

$c_{(\mathrm{CO_2})\mathrm{D}}$——稀释排气中 CO_2 浓度；

$c_{(\mathrm{CO_2})\mathrm{A}}$——稀释空气中 CO_2 浓度。

浓度以湿基的体积百分数表示。

因此，

$$r_{\mathrm{d}}=\frac{k_{\mathrm{f}}\times q_{\mathrm{mf}}}{q_{\mathrm{mew}}\times\left[c_{(\mathrm{CO_2})\mathrm{D}}-c_{(\mathrm{CO_2})\mathrm{A}}\right]} \qquad (74)$$

在上述公式中，k_{f} 可根据 A.4 用下述最终公式确定：

$$k_{\mathrm{f}}=w_{\mathrm{BET}}\times 2.412\,9 \qquad (75)$$

15.2.4 带流量测量的系统

见 17.2.1 图 17 和图 18。

对于 q_{medf} 见公式(69)。

$$r_{\mathrm{d}}=\frac{q_{\mathrm{mdew}}}{q_{\mathrm{mdew}}-q_{\mathrm{mdw}}} \qquad (76)$$

15.3 全流稀释系统

颗粒排放试验报告中的结果按下列步骤确定。所有计算均以取样期间各工况的平均值为基础。对于全流稀释系统，用 q_{mdew} 作为 q_{medf}。

15.4 颗粒物质量流量的计算

计算颗粒物质量流量如下：

a) 对于单对滤纸法

$$q_{\mathrm{mPT}}=\frac{m_{\mathrm{f}}}{m_{\mathrm{sep}}}\times\frac{\overline{q_{\mathrm{medf}}}}{1\,000} \qquad (77)$$

$$\overline{q_{\mathrm{medf}}}=\sum_{i=1}^{n}q_{\mathrm{medf}i}\times W_{\mathrm{f}i} \qquad (78)$$

$$m_{\mathrm{sep}}=\sum_{i=1}^{n}M_{\mathrm{sep}i} \qquad (79)$$

$i=1,\cdots,n$

b) 对于多对滤纸法

$$q_{\mathrm{mPT}i}=\frac{M_{\mathrm{f}i}}{m_{\mathrm{sep}i}}\times\frac{q_{\mathrm{medf}i}}{1\,000} \qquad (80)$$

$i=1,\cdots,n$

PT_{mass} 系在整个试验循环内由取样期间各工况的平均值累加求得。

可对颗粒物质量流量进行如下本底修正(见 12.4)。

c) 对采用本底修正的单对滤纸法

$$q_{\mathrm{mPT}}=\left\{\frac{m_{\mathrm{f}}}{m_{\mathrm{sep}}}-\left[\frac{m_{\mathrm{f,d}}}{m_{\mathrm{d}}}\times\sum_{i=1}^{n}\left(1-\frac{1}{D_i}\right)\times W_{\mathrm{f}i}\right]\right\}\times\frac{\overline{q_{\mathrm{medf}}}}{1\,000} \qquad (81)$$

d) 对采用本底修正的多对滤纸法

$$q_{\mathrm{mPT}i}=\left\{\frac{m_{\mathrm{f}i}}{m_{\mathrm{sep}i}}-\left[\frac{m_{\mathrm{f,d}}}{m_{\mathrm{d}}}\times\left(1-\frac{1}{D}\right)\right]\right\}\times\frac{q_{\mathrm{medf}i}}{1\,000} \qquad (82)$$

式中 D 根据公式(61)和(62)计算而得。如果没有测量稀释 CO_2 浓度，也可用根据15.2.1～15.2.4确定的稀释比 r_d 来代替部分流稀释系统的 D。

如果进行多次测量，则应用 $\overline{\frac{m_{f,d}}{m_d}}$ 来代替 $\frac{m_{f,d}}{m_d}$。

15.5 比排放的计算

颗粒物比排放按下列方法计算。

a) 对于单对滤纸法

$$e_{PT}=\frac{q_{mPT}}{\sum_{i=1}^{n}P_i\times W_{fi}} \quad \cdots\cdots(83)$$

b) 对于多对滤纸法

$$e_{PT}=\frac{\sum_{i=1}^{n}q_{mPTi}\times W_{fi}}{\sum_{i=1}^{n}P_i\times W_{fi}} \quad \cdots\cdots(84)$$

式中：

$$P_i=P_{mi}+P_{auxi} \quad \cdots\cdots(85)$$

参见GB/T 8190.1—1999公式(39)。

15.6 有效加权系数

对于单对滤纸法，各工况的有效加权系数 W_{fei} 按下列方法计算：

$$W_{fei}=\frac{m_{sepi}\times\overline{q_{medf}}}{m_{sep}\times q_{medfi}} \quad \cdots\cdots(86)$$

$i=1,\cdots,n$

有效加权系数值应在GB/T 8190.4所列加权系数的±0.005(绝对值)以内。

16 气体排放物的测定

16.1 总则

16.2～16.6和图3～图10详细叙述了推荐的取样和分析系统。由于各种布置都能得到相同的结果，因此无需与这些插图完全一致。也可增加一些部件，诸如仪表、阀门、电磁阀、泵和开关等，以提供更多的数据和协调各部件系统的功能。但对无法保持某些系统准确度的其他部件，则可根据良好的技术判断予以删除。

16.2 主要排气组分 CO、CO_2、HC、NO_x、O_2

对测定原排气或稀释排气中气体排放物的分析系统，根据以下使用方法进行叙述：

——用HFID或FID测定碳氢化合物；

——用NDIR测定一氧化碳和二氧化碳；

——用HCLD、CLD或等效仪器测定氮氧化物；

——用PMD、ECS或ZRDO测定氧气。

对于原排气(见图3)，可用一个取样探头或用紧靠在一起而内部分流至不同分析仪的两个取样探头抽取所有组分的样气。必须注意在分析系统的任何位置都不得使排气组分出现凝结(包括水和硫酸)。

对于稀释排气(见图4)，应使用与抽取其他组分不同的取样探头来抽取碳氢化合物样气，除非所有分析仪都使用一个公用取样泵，并且取样管路系统是根据良好的工程惯例来设计。必须注意在分析系统的任何位置都不得使排气组分出现凝结(包括水和硫酸)。

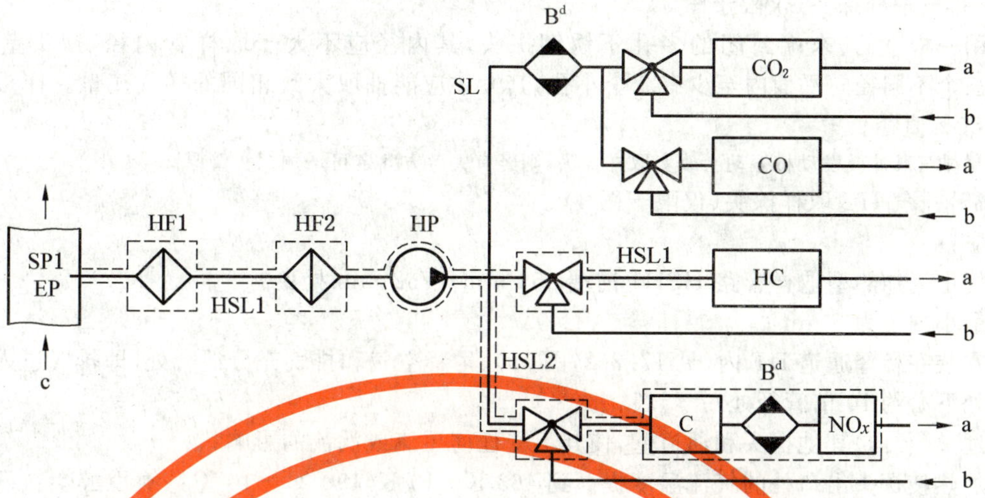

a——出口；
b——零气、量距气；
c——排气；
d——任选。

图3 用于分析原排气中 CO、CO_2、NO_x、HC 和 O_2 的系统流程图

a——出口；
b——零气、量距气；
c——稀释排气；
d——任选。

图4 用于分析稀释排气中 CO、CO_2、NO_x、HC 和 O_2 的系统流程图

图3和图4部件：

总则——必须使取样路径内的所有部件保持在各系统所规定的温度范围内。

EP——排气管(仅限于图3)

DT——稀释通道(仅限于图4)

详见17.2.2。

SP1——原排气取样探头(仅限于图3)

推荐用一根直的、末端封闭的多孔不锈钢探头,其内径应不大于取样管内径,探头壁厚不大于1 mm,在三个不同径向平面内至少有3个小孔,其大小应能抽取大致相同的样气流量。探头应至少伸入排气管80%直径。

注:如果排气脉冲或发动机振动会改变取样探头,则经有关各方商定可增加探头壁厚。

SP2——稀释排气HC取样探头(仅限于图4)

探头应:

——规定为加热型取样管路HSH1前端254 mm~762 mm处;

——最小内径为5 mm;

——安装在稀释通道DT内(见17.2.2,图19)、稀释空气和排气充分混合处(即排气进入稀释通道处下游约10倍管径处);

——远离(径向)其他探头和通道壁,使其不受任何尾流或涡流的影响;

——加热使探头出口处的气流温度提高到463 K±10 K(190 ℃±10 ℃);对甲醇燃料发动机应达到385 K±10 K(112 ℃±10 ℃);

——若用FID进行测量,则不加热(冷态)。

SP3——稀释排气CO、CO_2、NO_x取样探头(仅限于图4)

探头应:

——与SP2处于同一平面;

——远离(径向)其他探头和通道壁,使其不受任何尾流或涡流的影响;

——对整个长度进行加热和保温,使温度不低于328 K(55 ℃),以免水分凝结。

HSL1——加热型取样管

取样管路将样气从单只探头处输送到分流点和HC分析仪。

取样管路应:

——最小内径为5 mm,最大内径为13.5 mm;

——由不锈钢或聚四氟乙烯(PTFE)制成。

a) 对于非甲醇燃料发动机

若取样探头处排气温度等于或低于463 K(190 ℃),则在每个单独控制的加热部位测量时,应使壁温保持在463 K±10 K(190 ℃±℃);

若取样探头处排气温度高于463 K(190 ℃),应使壁温高于453 K(180 ℃);

在紧靠加热型过滤器F2和HFID之前,应使气体温度保持在463 K±10 K(190 ℃±10 ℃)。

b) 对于甲醇燃料发动机

若取样探头处排气温度等于或低于385 K(112 ℃),则在每个单独控制的加热部位测量时,应使壁温保持在385 K±10 K(112 ℃±10 ℃);

若取样探头处排气温度高于463 K(190 ℃),应使壁温高于375 K(102 ℃);

在紧靠加热型过滤器F2和HFID之前,应使气体温度保持在385 K±10 K(112 ℃±10 ℃)。

HSL2——加热型NO_x(和NH_3)取样管路

取样管路应:

——当使用冷却槽B时,在转换器C之前、当不用冷却槽B时在分析仪之前,应使管壁温度保持在328 K~473 K(55 ℃~200 ℃);

——由不锈钢或聚四氟乙烯(PTFE)制成。

注:由于取样管路的加热仅用于防止水分和硫酸的凝结,故取样管路的温度将取决于燃料的含硫量。

SL——CO,(CO_2、O_2)取样管路

应由聚四氟乙烯(PTFE)或不锈钢制成。可以是加热型或不加热型。

BK——本底气袋(任选;仅限于图4)

用于本底浓度的测量。

BG——取样袋(任选;仅限于图 4,CO 和 CO_2)

用于样气浓度的测量。

HF1——加热型预过滤器(任选)

温度应与 HSL1 或 HSL2 相同。

HF2——加热型过滤器

用于在分析仪前滤除样气中的固体颗粒物,其温度应与 HSL1 或 HSL2 相同,需要时,可更换过滤器。

HP——加热型取样泵

应将泵加热到 HSL1 或 HSL2 的温度。

HC

测定碳氢化合物的加热型火焰离子化检测器(HFID),对于非甲醇燃料发动机,温度应保持在 453 K～473 K(180 ℃～200 ℃);而对于甲醇燃料发动机,温度应保持在 375 K～395 K(102 ℃～122 ℃)。

CO、CO_2

用 NDIR 分析仪测定一氧化碳和二氧化碳。

NO

用 CLD 或 HCLD 分析仪测定氮氧化物。若使用 HCLD 分析仪,则应使温度保持在 328 K～473 K(55 ℃～200 ℃)。

C——转换器

在用 CLD 或 HCLD 进行分析前,先用转换器将 NO_2 催化剂还原成 NO。

O_2

用 PMD、ZRDO 或 ECS 分析仪测定氧气。

B——冷却槽

用于将排气样气冷却后析出水分。应用冰或制冷器使冷却槽温度保持在 273 K～277K(0 ℃～4 ℃)。不管分析仪是否如 8.9.2 和 8.9.3 所确定的那样受水蒸气干扰,冷却槽均可任选。如用冷凝法除水,应在水分离器内或其下游处监测样气的温度或露点。样气温度或露点应不高于 280 K(7 ℃)。不得使用化学干燥剂去除样气中的水分。

16.3 氨分析

如果排气中(例如来自 SCR——选择性催化还原——设备中的 NH_3 气源)存在氨(NH_3),推荐采用图 5 所述测量系统。高温转换器 C1 将 NH_3 氧化成 NO,测得的“C”值是 NH_3 和 NO_x 的总和。低温转换器 C2 不会氧化 NH_3,而是将 NO_2 还原成 NO。测得的“A”值是 NO_x。C 和 A 的差相当于 NH_3 值。通过再增加一个转换器及连接管路可将该系统整合为 16.2 中图 3 和图 4 所述的分析系统。计算程序与其他排气组分相同,见 14.5 所述。

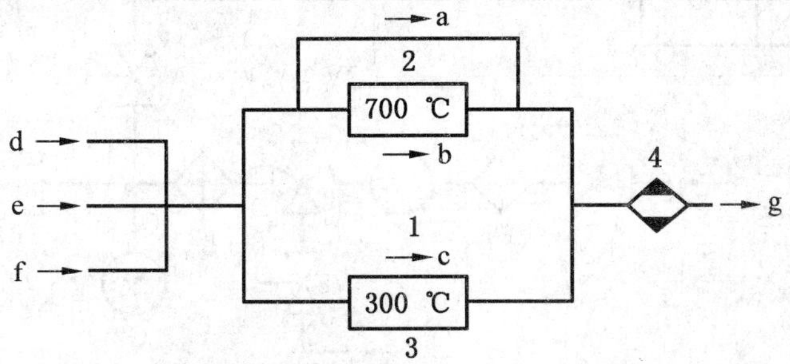

1——HSL2;
2——C1;
3——C2;
4——B(任选);
a——B(NO 测量);
b——C(NO_x+NH_3 测量);
c——A(NO_x 测量);
d——样气;
e——零气;
f——量距气;
g——至分析仪。

注:$A-B$=NO_2 含量;$C-A$=NH_3 含量。

图 5 测量 NO_x/NH_3 用转换器系统流程图

图 5 部件：

C1——高温转换器

C1 温度应保持在 953 K～993 K(680 ℃～720 ℃)。

C2——低温转换器

C2 温度应保持在 553 K～593 K(280 ℃～320 ℃)。

B——冷却槽(任选)

用于将排气样气冷却后析出。应用冰或制冷器使冷却槽温度保持在 273 K～277 K(0 ℃～4 ℃)。不管分析仪是否如 8.9.2 和 8.9.3 所确定的那样受水蒸气干扰，冷却槽均可任选。不得使用化学干燥剂去除样气中的水分。

16.4 甲烷分析

甲烷(CH_4)分析有两种方法。

16.4.1 气相色谱(GC)法(图 6)

具体方法详见 SAE J 1151。

当使用 GC 法时，将少量所测样气在惰性载气的冲扫下注入分析柱。分析柱根据样气各组分的沸点将其分离后，按不同时间从分析柱洗提出来。然后通过检测器，根据不同浓度发出电信号。这是一种非连续分析技术。

对于 CH_4，应使用带 FID 的自动化 GC 装置。将抽取的排气样气通入样袋内，从中抽取一部分样气将其注入 GC 内。样气在波拉帕克(Porapark)色谱柱内被分离成两部分(CH_4/空气/CO 和 NMHC/CO_2/H_2O)。分子筛柱将空气和 CO 中的 CH_4 分离出来后通入 FID。从一次注入样气到下次注入样气的一个完整循环可在 30 s 内完成。

图 6 表示用于常规测定 CH_4的典型 GC 流程图。

根据良好的技术判断，也可使用其他气相色谱法。

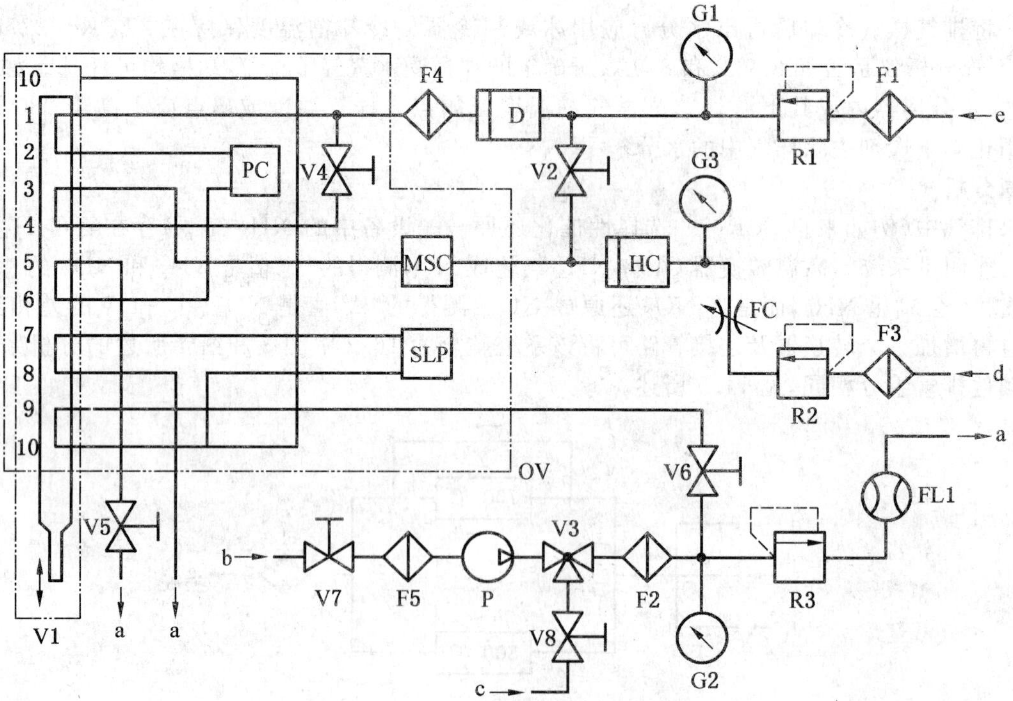

a——出口；

b——样气；

c——量距气；

d——空气进口；

e——燃料进口。

图 6　甲烷分析(GC 法)用流程图

图 6 部件：

PC——波拉帕克色谱柱

波拉帕克数 *N* 为 180/300 μm(50/80 目)，柱长 610 mm×内径 2.16 mm。初次使用前应使用载气在 423 K(150 ℃)下至少调温处理 12 h。

MSC——分子筛柱

13X 型，250/350 μm(45/60 目)，柱长 1 220 mm×内径 2.16 mm。初次使用前应使用载气在 423 K(150 ℃)下至少调温处理 12 h。

OV——保温炉

用于在分析仪工作时使各色谱柱和阀门保持稳定温度，并在 423 K(150 ℃)下对各色谱柱进行调温处理。

SLP——样气圈

具有足够长度、使容积可达约 1 cm^3 的不锈钢管。

P——泵

将气样送达气相色谱仪。

D——干燥器

内装分子筛，用以除去载气中可能存在的水分和其他杂质。

HC——火焰离子化检测器(FID)

用于测定甲烷浓度。

V1——样气注入阀

用于注入样气。应具有余隙容积小、气密性好并可加温到 423 K(150 ℃)的特点。

V3——切换阀

用于切换量距气、样气，或截流。

V2、V4、V5、V6、V7、V8——针阀

用于调定系统中各流量。

R1、R2、R3——压力调节器

用于分别控制燃料(即载气)、样气和空气流量。

FC——流量毛细管

用于控制流进 FID 的空气流量。

G1、G2、G3——压力表

用于分别监测燃料(即载气)、样气和空气流量。

F1、F2、F3、F4、F5——过滤器

烧结型金属过滤器以防止砂粒进入泵或仪表。

FL1——流量表

用于测量样气旁通流量。

16.4.2 非甲烷截止器(NMC)法(见图 7)

截止器将除 CH_4 以外的所有碳氢化合物氧化成 CO_2 和 H_2O，以便样气通过 NMC 时，使 HFID 只检测出 CH_4。通常 HC 取样管路(见 16.2，图 3 和图 4)应配备有气流切换装置，使气流能交替地通过或绕过截止器。进行非甲烷试验时，应在 FID 上观测这两个数值，并作好记录。

试验工作开始前应在等于或高于 600 K(327 ℃)的温度下，确定出截止器在代表排气流状况的含水量时对 CH_4 和 C_2H_6 催化作用的特征值。应该了解取样排气流的露点和含 O_2 量。不用对原先所采(袋装)样气中的非甲烷部分进行评定。记录 FID 对 CH_4 的相对响应。

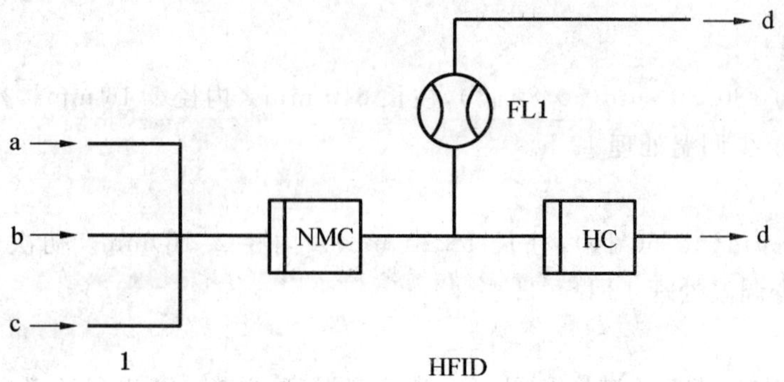

1——HSL1；

a——零气；

b——量距气；

c——样气；

d——出口。

图7 甲烷分析(NMC法)流程图

图7部件：

NMC——非甲烷截断器

用于氧化除甲烷以外的所有碳氢化合物。

HC

加热型火焰离子化检测器(HFID)，用于测定HC和CH_4浓度。其温度应保持在453 K～473 K(180 ℃～200 ℃)。

FL1——流量表

用于测量样气旁通流量。

16.5 甲醇分析

在7.5.3.12所述甲醇分析法中，本节叙述气相色谱(GC)法(见图8)。

将排气样气通入两只串联的、用冰冷却、含有去离子水的冲击器。取样时间和流量应使初级冲击器内的CH_3OH至少达到1 mg/L的推荐浓度。在二级冲击器内CH_3OH浓度应不超过总采集量的10%。这些要求不适用于本底测量。

根据已制定的气相色谱程序，试验后最好在24 h内将冲击器内的样气注入GC仪内。若不能在24 h内进行分析，则在分析前应将样气存放在277 K～283 K(4 ℃～10 ℃)阴凉处。将CH_3OH从其他组分中分离出来后用FID进行检测。用已知量的CH_3OH标准气校正色谱仪。

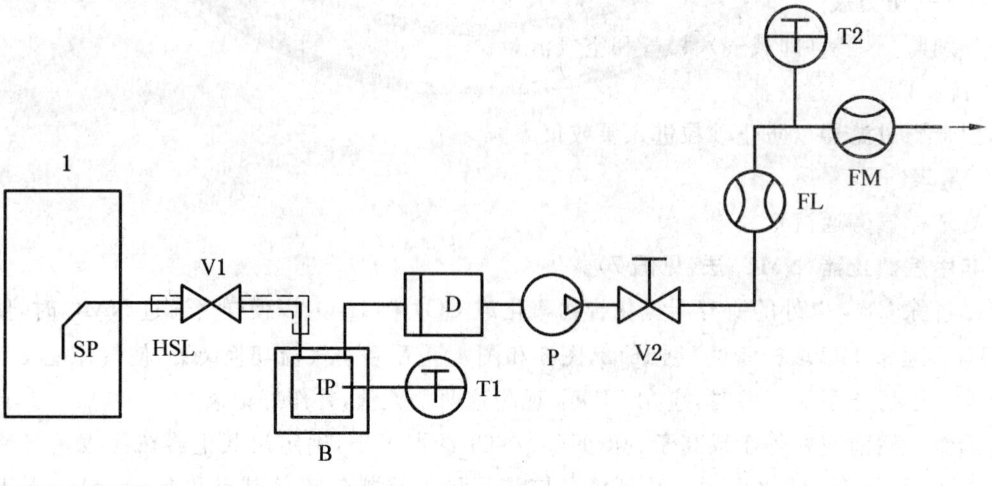

1——排气管或稀释通道。

图8 甲醇分析用流程图

16.6 甲醛分析

见图 9。

当使用高压液相色谱(HPLC)时,将少量所测样气在惰性液体的压力冲扫下注入分析柱。按照与气相色谱(GC)法相同的一般规则,对样气组分进行分离、洗提和检测。与气相色谱法一样,这不是一种连续分析技术。

将排气样气通入两只串联的、用冰冷却、装有二硝基苯肼(DNPH)试剂的乙腈(ACN)溶液的冲击器或通过涂有 2,4-二硝基苯肼衍生物(2,4-DNPH)的二氧化硅盒。推荐采集器内甲醛(HCHO)浓度至少为 1 mg/L。

试验后,最好在 24 h 内将采集器内的样气注入 HPLC 仪内。若不能在 24 h 内进行分析,则在分析前应将样气存放在 277 K～283 K(4 ℃～10 ℃)阴凉处。用梯度洗提法(图 9)将甲醛(HCHO)从其他羰基化合物中分离出来后,用 365 nm 紫外线(UV)检测器进行检测。高压液相色谱(HPLC)仪的校正则用 CHO-DNPH 衍生物的标准样品进行。

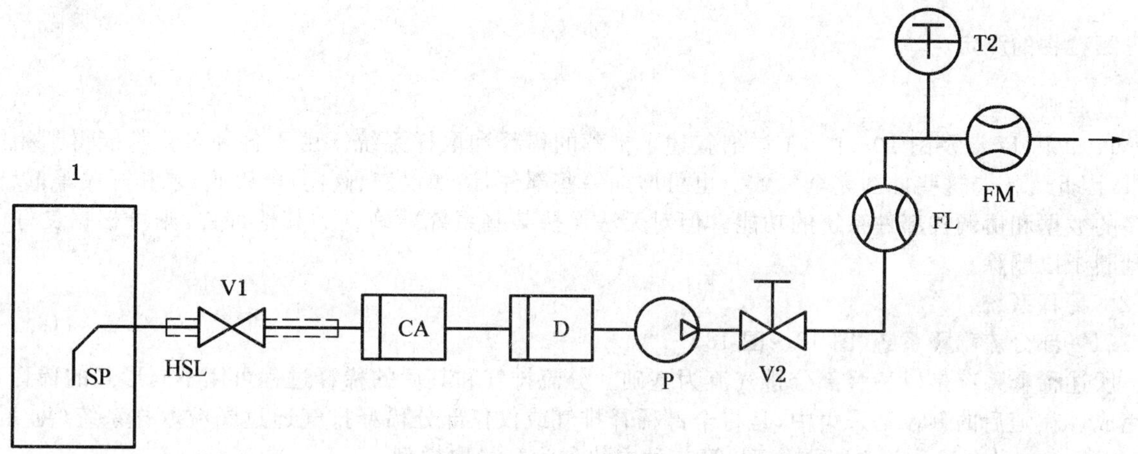

1——排气管或稀释通道。

图 9 甲醛分析用流程图

图 8 和图 9 部件:

SP——取样探头

对于原排气,推荐使用一根直的、末端封闭的多孔不锈钢探头,其内径应不大于取样管内径,探头壁厚不大于 1 mm,在三个不同径向平面上至少有 3 个小孔,其大小应能抽取大致相同的样气流量。探头应至少伸入排气管 80%直径。按照 7.5.4 之规定,探头应靠近 HC/CO/NO_x/CO_2/O_2 取样探头。

对于稀释排气,探头应与 HC、CO/NO_x/CO_2 及颗粒取样探头一样,位于稀释通道 DT 同一平面(见 17.2.2,图 19),但应与其他探头保持足够距离,并使通道壁不受尾流或涡流的影响。

HSL——加热型取样管

HSL 的温度应在混合气最大露点和 394 K(121 ℃)之间。只要样气采集装置(IP)紧靠取样探头(SP),不致因 HSL 内的冷凝而损失样气,则可省去加热 HSL。

IP——冲击器(对甲醛可任选)

用于采集样气中的甲醇或甲醛。冲击器应用冰或制冷器冷却。

CA——盒式采集器(限于甲醛,任选)

用于采集样气中的甲醛。

B——冷却槽

用于冷却冲击器。

D——干燥器(任选)

用于去除样气中的水分。

P——取样泵

V1——电磁阀

用于将样气导入采集装置。

V2——针阀

用于调节通过采集装置的样气流量。

T1——温度传感器

用于监测冷却槽的温度。

T2——温度传感器(任选)

用于监测样气温度。

FL——流量表(任选)

用于测量通过采集装置的样气流量。

FM——流量测量装置

气体流量表或其他流量仪,用于在取样期间测量流过采集装置的流量。

17 颗粒物的测定

17.1 总则

17.2和17.3及图10～图21详细叙述了推荐的稀释和取样系统。由于各种布置都能得到相同的结果,因此无需与这些插图完全一致。也可增加一些部件,诸如仪表、阀门、电磁阀、泵和开关等,以提供更多的数据和协调各部件系统的功能。但对无法保持某些系统准确度的其他部件,则可根据良好的技术判断予以删除。

17.2 稀释系统

17.2.1 部分流稀释系统(图10～图18)

所述稀释系统是以稀释部分排气流为基础。分流排气和其后的稀释过程可用不同形式的稀释系统来完成。在随后的颗粒物采集中,是将全部稀释排气或仅仅部分稀释排气通过颗粒取样系统(见17.3,图20)。第一种方法称为总量取样型,第二种方法称为分量取样型。

稀释比的计算取决于所用系统的形式,推荐使用下列形式:

等动态系统(图10和图11)

该系统流入输送管的气流与总排气流在气体流速和/或压力上应相匹配,因此要求取样探头处的排气流应均匀、无扰动。通常可使用一只共振器和在取样点上游安置一根直的引流管来达到。然后就可根据诸如管径这类容易测量的值计算分流比。应该指出的是,等动态仅仅用于和气流状况相匹配而不是和粒径分布相匹配。后者一般并无必要,因为颗粒尺寸很小,能随流体流线流动。

带浓度测量的流量控制系统(图12～图16)

这种系统是通过调整稀释空气流量和总稀释排气流量,从总排气流中采集样气。根据发动机中自然存在的示踪气,诸如CO_2或NO_x的浓度来确定稀释比。稀释排气和稀释空气中的示踪气浓度是实测的,而原排气中的浓度既可直接测定,也可在已知燃料组分的情况下,根据燃料流量和碳平衡公式确定。这种系统可用已计算的稀释比(图12和图13)或用流入输送管(图14～图16)的流量来控制。

带流量测量的流量控制系统(图17～图18)

这种系统是通过设定稀释空气流量和总稀释排气流量,从总排气流中采集样气。根据这两个流量之差来确定稀释比。要求准确校正两只流量表的相对流量值,因为两流量的相对值在高稀释比(15及以上)时会产生很大的误差。控制流量非常简单,需要时可用保持稀释排气流量不变,而只改变稀释空气流量的办法控制流量。

注:推荐使用部分流稀释系统,不仅仅是因为它比全流稀释系统经济有效,还由于对“大、中型”发动机,在台架和现场试验时都不可能实现全流稀释,并且对其他发动机来说,还受到现场种种条件的限制。

为了发挥部分流稀释系统的优点,必须注意避免在输送管内可能存在颗粒损失的问题,以保证从发动机排气中采集到具有代表性的样气,并测定分流比。

以上所述系统均需考虑这些关键方面。

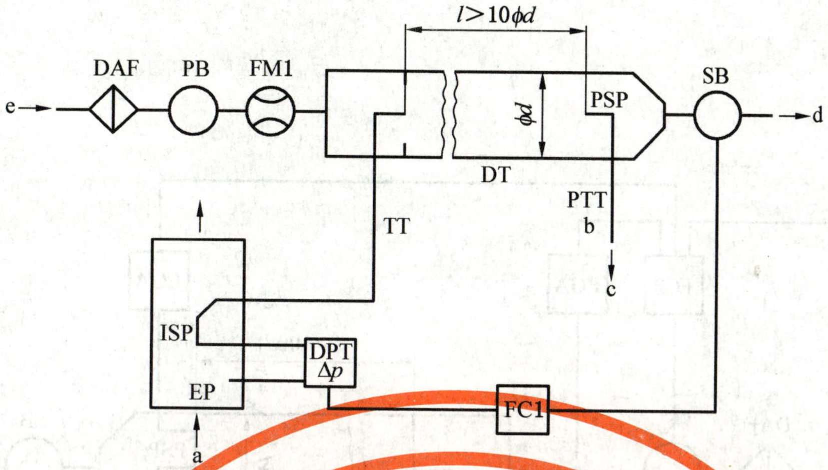

a——排气；

b——见图 20；

c——至颗粒取样系统；

d——出口；

e——稀释空气。

排气管 EP 中的原排气，通过等动态取样探头 ISP 和输送管 TT 输送至稀释通道 DT。用差压传感器 DPT 测量排气管和探头入口间的排气差压。将该信号输送至流量控制器 FC1，以控制抽气泵 SB，使探头顶部的差压为零。在这种条件下，EP 和 ISP 内的排气流速均相同，并且流过 ISP 和 TT 的气流是排气流量中的一个恒定分数(分流)。分流比用 EP 和 ISP 的横截面积来确定。稀释空气流量用流量测量装置 FM1 测定。然后根据稀释空气流量和分流比计算稀释比。

图 10　带等动态探头和分量取样的部分流稀释系统(SB 控制)

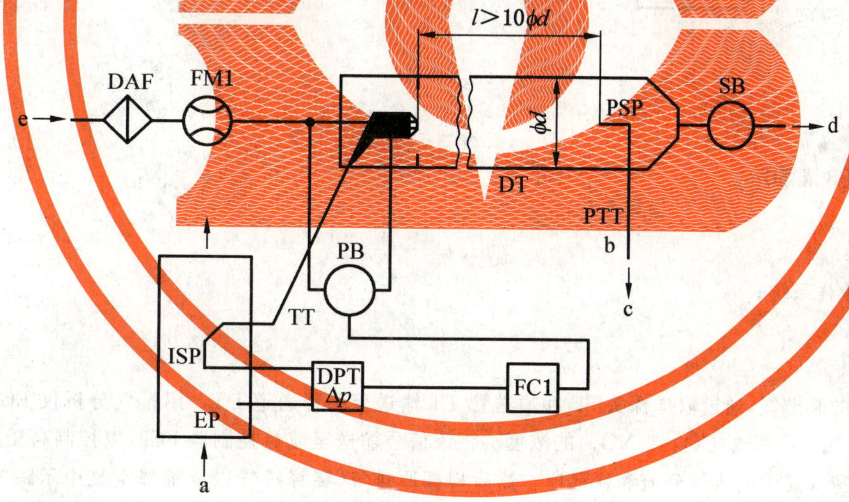

a——排气；

b——见图 20；

c——至颗粒取样系统；

d——出口；

e——稀释空气。

排气管 EP 中的原排气，通过等动态取样探头 ISP 和输送管 TT 输送至稀释通道 DT。用差压传感器 DPT 测量排气管和探头入口间的排气差压。将该信号输送至流量控制器 FC1，以控制抽气泵 SB，使探头顶部的差压为零。这可通过采集一小部分稀释空气来实现，该稀释空气流量已经用流量测量装置 FM1 测定，然后用风动量孔输送至 TT。在这种条件下，EP 和 ISP 内的排气流速均相同，并且流过 ISP 和 TT 的气流是排气流量的一个恒定分数(分流)。分流比用 EP 和 ISP 的横截面积来确定。稀释空气由抽气泵 SB 抽吸并经 DT 吸入，在 DT 进口处用 FM1 测量流量。然后根据稀释空气流量和分流比计算稀释比。

图 11　带等动态探头和分量取样的部分流稀释系统(PB 控制)

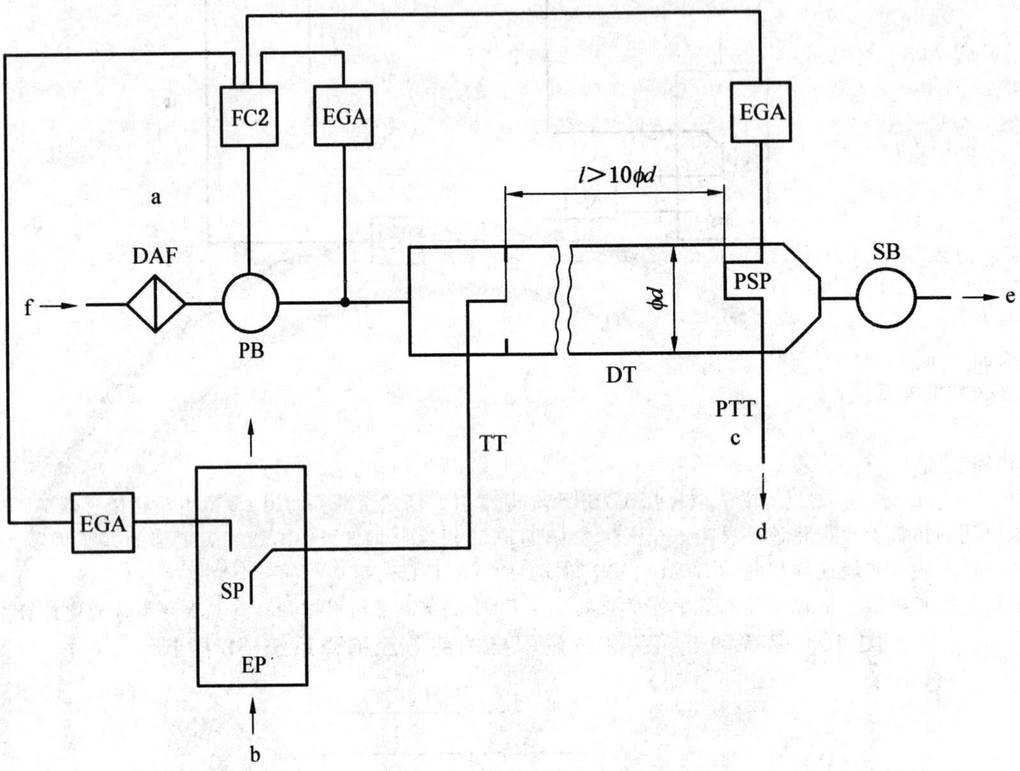

a——任选至 PB 或 SB；

b——排气；

c——见图 20；

d——至颗粒取样系统；

e——出口；

f——稀释空气。

排气管 EP 中的原排气，通过取样探头 SP 和输送管 TT 输送至稀释通道 DT。用排气分析仪 EGA 测量原排气、稀释排气以及稀释空气中示踪气(CO_2 或 NO_x)的浓度。将该信号输送至流量控制器 FC2，以控制高压鼓风机 PB 或抽气泵 SB，使 DT 中保持所要求的排气分流和稀释比。然后根据原排气、稀释排气以及稀释空气中示踪气的浓度来计算稀释比。

图 12　带 CO_2 或 NO_x 浓度测量和分量取样的部分流稀释系统

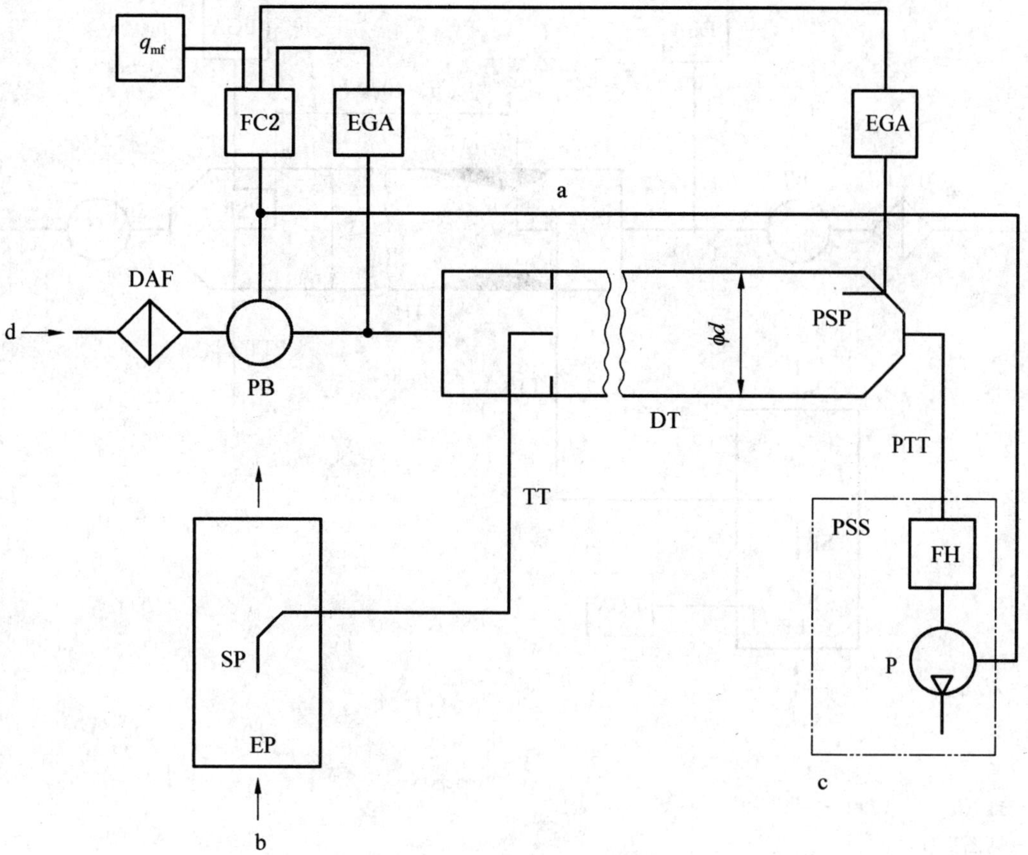

a——任选至 P；

b——排气；

c——见图 20；

d——稀释空气。

排气管 EP 中的原排气，通过取样探头 SP 和输送管 TT 输送至稀释通道 DT。用排气分析仪 EGA 测量稀释排气及稀释空气中 CO_2 的浓度。将 CO_2 和燃料流量 q_{mf} 信号输送至流量控制器 FC2 或颗粒取样系统(见图 20)的流量控制器 FC3。FC2 控制高压鼓风机 PB，FC3 控制取样泵 P(见图 20)，从而调节进出系统的流量，使 DT 中保持所要求的排气分流和稀释比。然后利用碳平衡假设，根据 CO_2 浓度和燃料流量 q_{mf} 计算稀释比。

图 13　带 CO_2 浓度测量、碳平衡和总量取样的部分流稀释系统

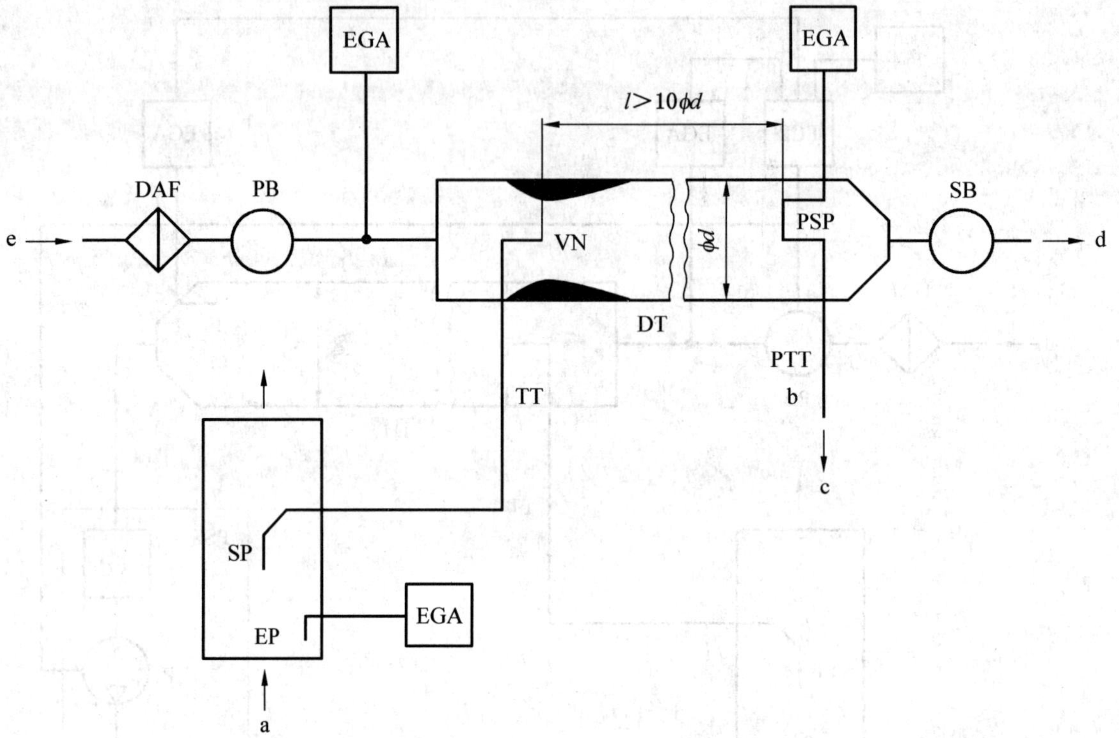

a——排气；

b——见图 20；

c——至颗粒取样系统；

d——出口；

e——稀释空气。

排气管 EP 中的原排气，受稀释通道 DT 中文丘里管产生负压的作用，通过取样探头 SP 和输送管 TT 输送至稀释通道 DT。通过 TT 的气体流量取决于文丘里管区域的动量交换，因此受到 TT 出口处气体绝对温度的影响。所以，对于一定通道流量下的排气分流不是恒定不变，低负荷时的稀释比要稍低于高负荷时的稀释比。用排气分析仪 EGA 测量原排气、稀释排气以及稀释空气中示踪气(CO_2 或 NO_x)的浓度，然后根据所测值来计算稀释比。

图 14 带单文丘里管、浓度测量和分量取样的部分流稀释系统

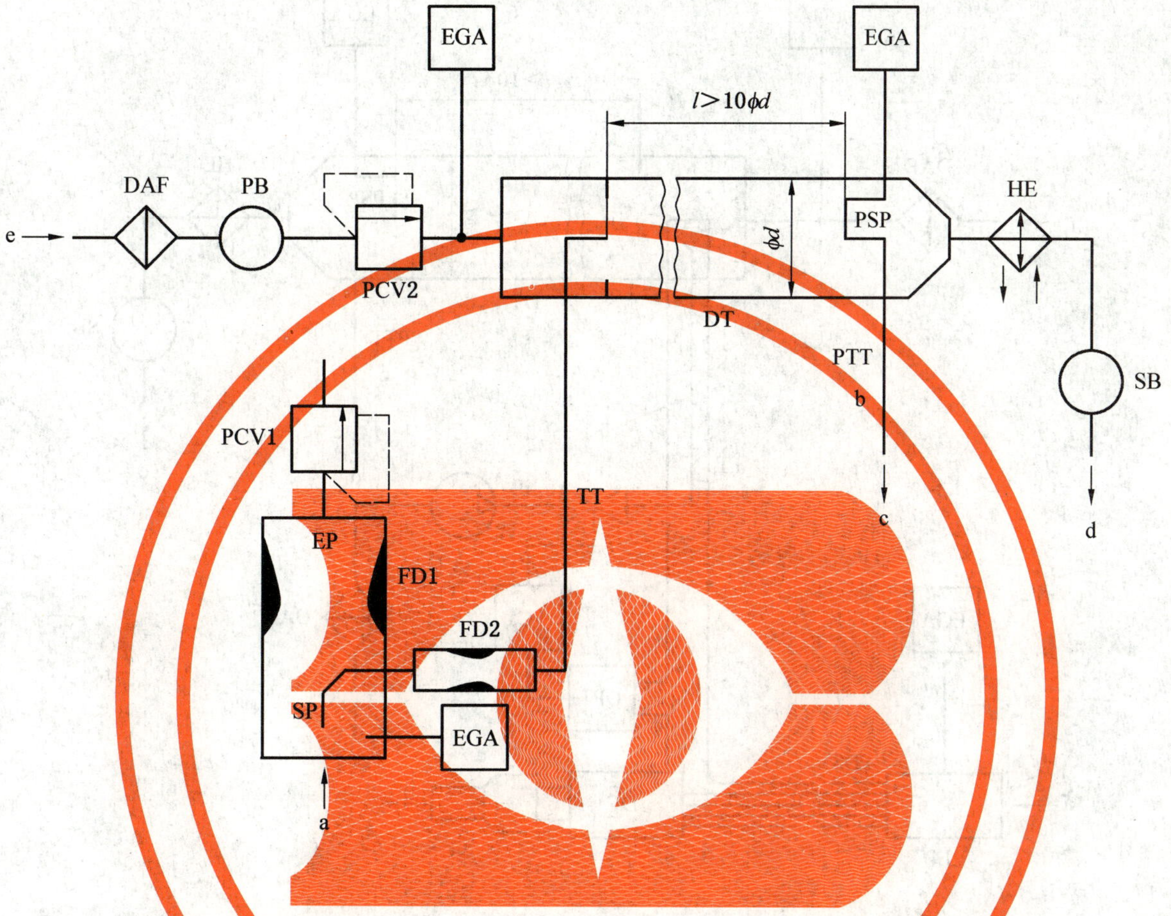

a——排气；

b——见图 20；

c——至颗粒取样系统；

d——出口；

e——稀释空气。

排气管 EP 中的原排气，通过取样探头、输送管 TT 以及装有一套喷管或文丘里管的流量分流器输送至稀释通道 DT。第一个流量分流器(FD1)位于 EP 中，第二个流量分流器(FD2)位于 TT 中。此外，必须有两只压力控制阀(PCV1 和 PCV2)，以便通过控制 EP 背压和 DT 中的压力来保持排气分流恒定。PCV1 位于 EP 中 SP 的下游，PCV2 位于高压鼓风机 PB 和 DT 之间。用排气分析仪 EGA 测量原排气、稀释排气和稀释空气示踪气(CO_2 或 NO_x)的浓度。这些浓度对于检查排气分流是必需的，并可用以调节 PCV1 和 PCV2，以便对分流进行精确控制。然后根据示踪气浓度来计算稀释比。

图 15　带双文丘里管或双喷管、浓度测量和分量取样的部分流稀释系统

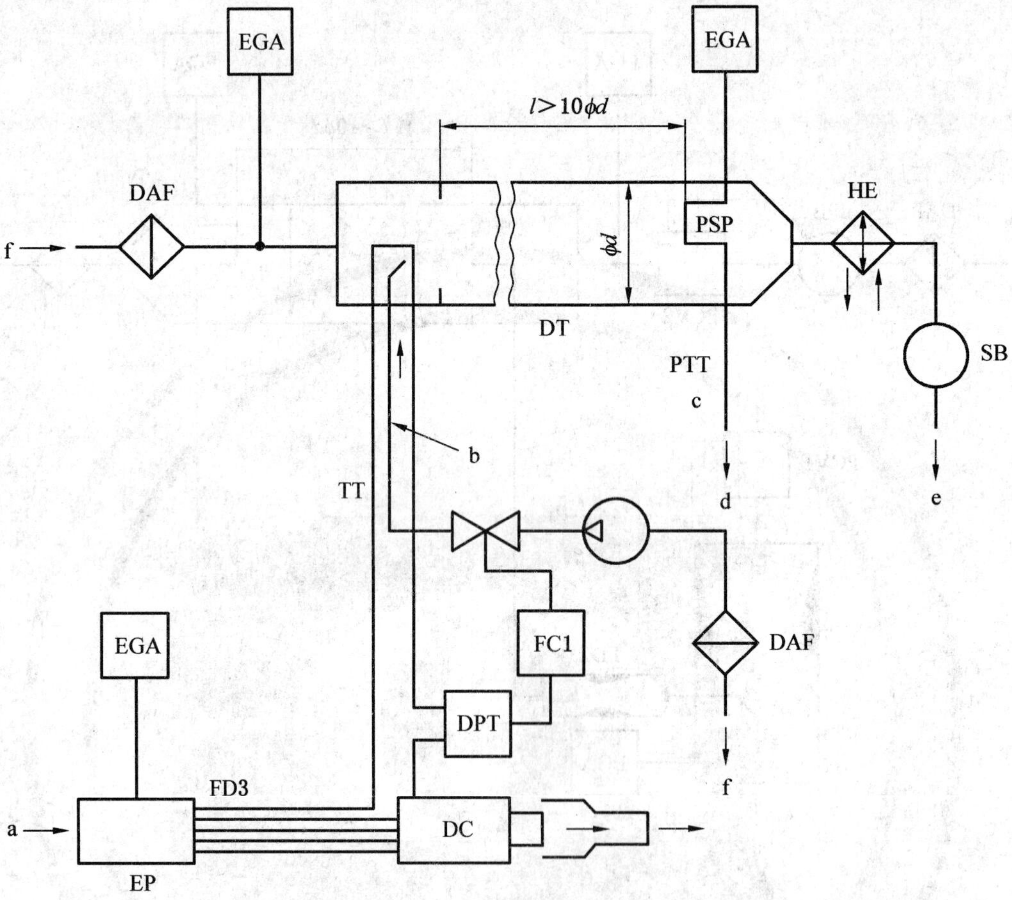

a——排气；

b——新鲜空气喷入；

c——见图 20；

d——至颗粒取样系统；

e——出口；

f——稀释空气。

排气管 EP 中的原排气，利用由许多安装在 EP 中具有相同尺寸（相同直径、长度和弯曲半径）的管子组成的流量分流器 FD3，通过输送管 TT 输送至稀释通道 DT。排气通过其中一根管子导入 DT，而通过其余管子的排气则流入缓冲室 DC。因此，可由总管数来确定排气分流。为了控制恒定分流，要求缓冲室 DC 和输送管 TT 出口间用差压传感器 DPT 测定的差压为零。通过在输送管 TT 出口处将新鲜空气喷入稀释通道 DT 可使差压为零。用排气分析仪 EGA 测量原排气、稀释排气和稀释空气示踪气（CO_2 或 NO_x）的浓度。这些浓度对于检查排气分流是必需的，并可用以控制喷射空气流量，以便对分流进行精确控制。然后根据示踪气浓度来计算稀释比。

图 16　带多管分流、浓度测量和分量取样的部分流稀释系统

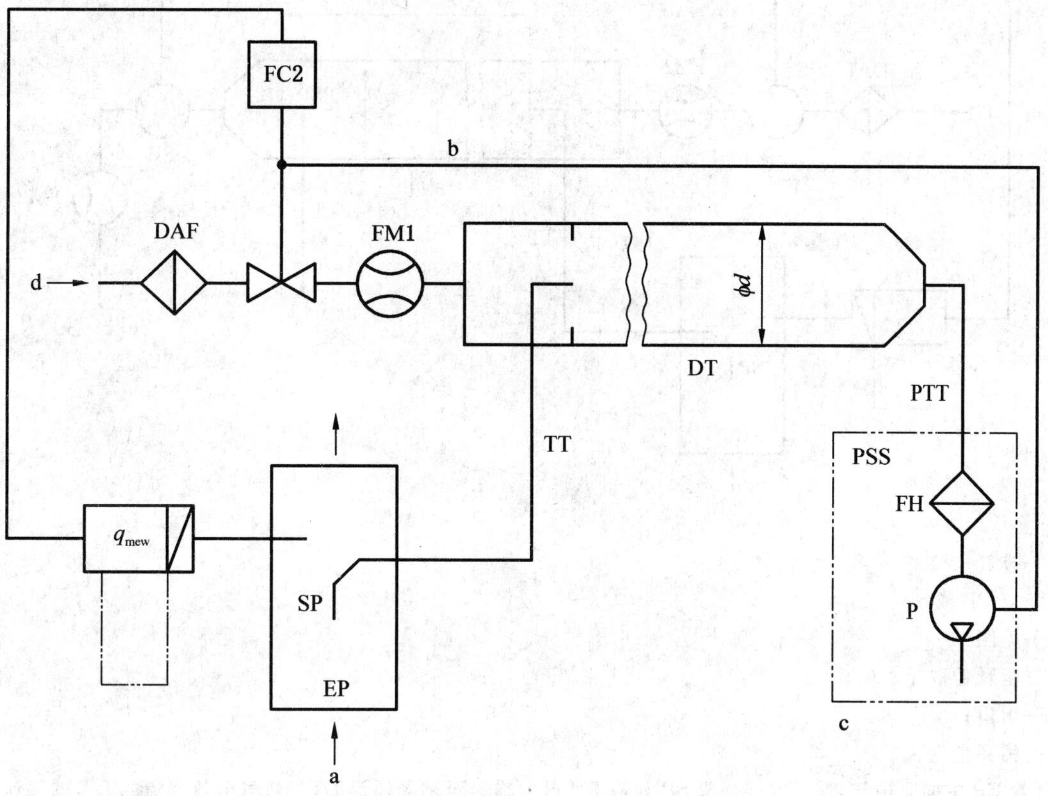

a——排气；

b——任选 P(PSS)；

c——见图 20；

d——稀释空气。

排气管 EP 中的原排气，通过取样探头 SP 和输送管 TT 输送至稀释通道 DT。用颗粒取样系统中的流量控制器 FC3 和取样泵 P(见图 20)调节通过稀释通道的总气流。流量控制器 FC2 可用 q_{mew}、q_{maw} 或 q_{mf} 作指令信号控制稀释空气流量，以达到所要求的排气分流。流入 DT 的样气流量是总流量与稀释空气流量之差。用流量测量仪 FM1 测量稀释空气流量，用颗粒取样系统中的流量测量仪 FM3(见图 20)测量总流量。然后根据这两个流量计算稀释比。

图 17　带流量控制和总量取样的部分流稀释系统

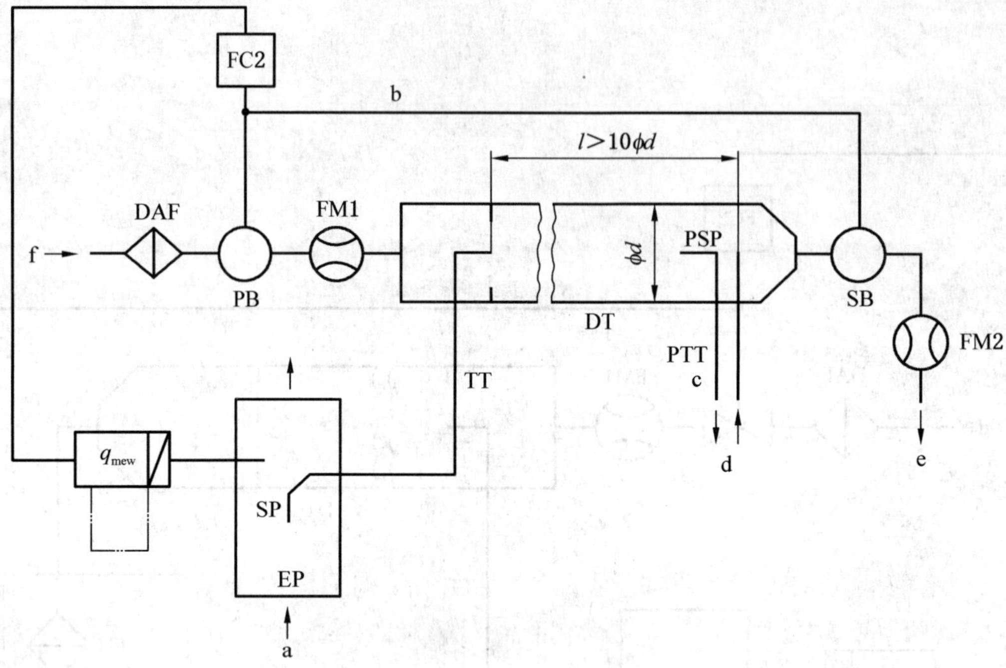

a——排气；

b——至 PB 或 SB；

c——见图 20；

d——至颗粒取样系统；

e——出口；

f——稀释空气。

排气管 EP 中的原排气，通过取样探头 SP 和输送管 TT 输送至稀释通道 DT。排气分流和流入 DT 的气流由调节高压鼓风机 PB 和抽气泵 SB 流量(或转速)的流量控制器 FC2 进行控制。这种控制之所以有可能是因为由颗粒取样系统采集的样气会返回到 DT 内。q_{mew}、q_{maw} 或 q_{mf} 可用作 FC2 的指令信号。用流量测量仪 FM1 测量稀释空气流量，用流量测量仪 FM2 测量总流量。然后根据这两个流量计算稀释比。

图 18　带流量控制和分量取样的部分流稀释系统

图 10～图 18 部件：

EP——排气管

排气管可隔热。为了减少排气管的热惯量，推荐排气管壁厚与直径之比不大于 0.015。所用柔性管段的长度与直径之比应限制在 12 以下。为减少惯性沉降，应尽量减少弯管数。若系统中设有试验台消声器，则也可将该消声器隔热。

对于等动态系统，在距离取样探头顶端上游至少 6 倍管径和下游至少 3 倍管径范围内，排气管应无弯头、弯管和管径突变。除怠速工况外，取样区域的气体流速应高于 10 m/s。排气压力波动应不超过平均值的±500 Pa。除了采用底盘型排气系统(包括消声器和后处理装置)外，任何减少压力波动的措施均不应改变发动机的性能或使颗粒产生沉降。

对于不使用等动态探头的系统，建议在距离取样探头顶端上游 6 倍管径至下游 3 倍管径处为直管段。

SP——取样探头(图 12～图 18)

最小内径应为 4 mm。排气管与探头的直径比最小应为 4。探头应是一沿排气管中心线、面向排气上游的开口管子，或如 16.2 图 3 中所述的 SP1 多孔探头。

ISP——等动态取样探头(图 10 和图 11)

等动态取样探头应安装在排气管中心线上，面向排气上游，以符合 EP 段的气流状况，并能提供一定比例的原排气。其最小内径应为 12 mm。

等动态排气分流需要一控制系统，以保持 EP 与 ISP 的差压为零。在这些条件下，EP 和 ISP 中的排气流速完全相同，并且通过 ISP 的质量流量是排气流量的一个恒定分数。ISP 应与差压传感器 DPT 连接。利用流量控制器 FC1 控制 EP 与 ISP 之间的差压为零。

FD1、FD2——分流器(图 15)

在排气管 EP 和输送管 TT 中分别装有一套文丘里管或喷管，以提供一定比例的原排气样气。为了实现比例分流，需要采用一个由两只压力控制阀 PCV1 和 PCV2 组成的控制系统控制 EP 和 DT 中的压力。

FD3——分流器(图 16)

在排气管 EP 中装有一组管子(多管组件)，用以提供一定比例的原排气样气。其中一根管子将排气输入稀释通道 DT，而其他管子将排气送至缓冲室 DC。这些管子应具有相同的尺寸(直径、长度、弯曲半径相同)以使排气分流取决于总管数。为了实现比例分流，需要采用一控制系统，以保持多管组件进入 DC 的出口端与 TT 出口端的压差为零。在这些条件下，EP 与 FD3 中的排气流速均成比例，并且 TT 中的流量是排气流量的一个恒定分数。这两个出口端应与差压传感器 DPT 连接。利用流量控制器 FC1 控制差压为零。

EGA——排气分析仪(图 12～图 16)

可使用 CO_2 或 NO_x 分析仪(CO_2 分析仪只能采用碳平衡法)。这些分析仪应像测定气体排放物的分析仪那样进行校正。可使用一台或几台分析仪确定浓度差。

测量系统的准确度应能使 q_{medf_i} 的准确度在±4%以内。

TT——输送管(图 10～图 18)

输送管应做到：

——尽可能短，且其长度不大于 5 m；

——直径等于或大于探头直径，但不大于 25 mm；

——出口端位于稀释通道中心线上并指向下游。

若管长为 1 m 以下，应使用最高导热系数为 0.05 W/(m · K)的材料来隔热，其径向绝热厚度应与探头直径相当。若管长大于 1 m，则应隔热并加热，使管壁最低温度为 523 K(250 ℃)。

另外，所需输送管壁温也可通过附录 C 所示的标准传热计算来确定。

DPT——差压传感器(图 10、图 11 和图 16)

差压传感器应有±500 Pa 或以下的量程。

FC1——流量控制器(图 10、图 11 和图 16)

对于等动态系统(图 10 和图 11)，需要采用流量控制器来保持 EP 和 ISP 之间的差压为零。其调节方法如下：

a) 在每个工况期间，控制抽气泵 SB 的转速或流量，并使压力鼓风机 PB 的转速或流量保持恒定(图 10)；或

b) 调节抽气泵 SB 使稀释排气的质量流量为一恒定值，并控制压力鼓风机 PB 的流量，从而控制输送管 TT 末端区域的排气样气流量(图 11)。

在压力控制系统中，控制回路内的误差应不超过±3 Pa，稀释通道内的压力波动应不超过平均值的±250 Pa。

对于多管系统(图 16)，为了达到比例分流，需要用流量控制器使多管组件出口与输送管出口之间的差压为零。这可通过控制输送管 TT 出口处喷入稀释通道 DT 的空气流量来调节。

PCV1、PCV2——压力控制阀(图 15)

对双文丘里管/双喷管系统，为了达到比例分流需要采用两只压力控制阀，以控制 EP 背压和 DT 中的压力。这些阀应位于 EP 中 SP 的下游和 PB 与 DT 之间。

DC——缓冲室(图 16)

应将缓冲室安装在多管组件的出口处，以使排气管 EP 中的压力波动降到最小。

VN——文丘里管(图 14)

文丘里管安装在稀释通道 DT 内,以使输送管 TT 的出口区产生一负压。通过 TT 的气体流量由喉管区内的动量转换确定,并且基本上与压力鼓风机 PB 的流量成正比,从而得到恒定的稀释比。由于动量转换受 TT 出口处温度和 EP 与 DT 间压差的影响,所以低负荷时的实际稀释比要比高负荷时稍低。

FC2——流量控制器(图 12、图 13、图 17 和图 18;任选)

流量控制器可用来控制压力鼓风机 PB 和/或抽气泵 SB 的流量。它可与排气、进气或燃料流量信号和/或 CO_2 或 NO_x 的压差信号相连接。

当使用增压空气时(图 17),FC2 可直接控制空气流量。

FM1——流量测量装置(图 10、图 11、图 17 和图 18)

气体流量计或其他流量仪系用于测量稀释空气的流量。若将压力鼓风机 PB 校正后用来测量流量,则 FM1 可任选。

FM2——流量测量装置(图 18)

气体流量计或其他流量仪用于测量稀释空气的流量。若将抽气泵 SB 校正后用来测量流量,则 FM2 可任选。

PB——压力鼓风机(图 10～图 15 和图 18)

用于控制稀释空气流量。PB 可连接到流量控制器 FC1 或 FC2 上。当使用蝶形阀时,就不要用 PB。如经过校正,则 PB 可用于测量稀释空气流量。

SB——抽气泵(图 10～图 12、图 15、图 16 和图 18)

仅用于分量取样系统。若经过校正,则 SB 可用来测定稀释排气流量。

DAF——稀释空气过滤器(图 10～图 18)

建议将稀释空气进行过滤和炭洗,以消除本底碳氢化合物。稀释空气的温度应高于 288 K (15 ℃),并可除湿。如发动机制造厂要求,可根据良好的工程惯例抽取稀释空气样气来测定本底颗粒水平,然后将其从稀释排气的实测值中减去(见 12.4)。

DT——稀释通道(图 10～图 18)

稀释通道:

——应有足够长度,以使排气和稀释空气能在紊流条件下充分混合;

——应由不锈钢制成;

——对于分量取样式,其直径至少应为 75 mm;

——对于总量取样式,其直径至少应为 25 mm;

——在排气进入稀释通道前,如空气温度不超过 325 K(52 ℃),可采用直接加热或预热稀释空气的方法使壁温不大于 325 K(52 ℃);

——可隔热。

发动机排气应与稀释空气充分混合。对于分量取样系统,在系统投入使用后,应在发动机运转时用通道的 CO_2 分布图来检查混合质量(至少 4 个等间距的测点)。如果需要,可使用一混合喷管。

注:若稀释通道(DT)附近大气温度低于 293 K(20 ℃),应采取预防措施避免颗粒失落在稀释通道的冷壁上。因此,推荐按上面给出的温度范围对通道进行加热和/或隔热。

在发动机高负荷时,可采用诸如循环风扇那样不太剧烈的方法来冷却稀释通道,只要冷却介质的温度不低于 293 K(20 ℃)。

HE——热交换器(图 15 和图 16)

热交换器应有足够的容量,以使抽气泵(SB)入口处的温度保持在试验期间实测平均工作温度的 ±11 K 以内。

17.2.2 全流稀释系统

见图 19。

这是一种基于采用定容取样(CVS)原理稀释全部排气的稀释系统。应测量排气与稀释空气混合气的总容积。可使用 PDP 或 CFV 系统进行测量。

将稀释排气样气通入颗粒取样系统(见 17.3,图 20 和图 21),随后进行颗粒采集。若直接进行采集,就称为单级稀释。若将样气通入第二稀释通道内再次进行稀释,则称为双级稀释。当用单级稀释不能使滤纸表面温度达到要求时,则可用双级稀释。虽然双级稀释系统是稀释系统的一部分,但由于它具有典型颗粒取样系统的大多数部件,因而在 17.3 图 21 中称之为颗粒取样系统的一种变型。

气体排放物也可在全流稀释系统的稀释通道内测定。因此,图 19 中表示了气体组分的取样探头但没有图示说明。对主要排气组分、甲醇和甲醛的有关要求,分别在 16.2、16.5 和 16.6 中说明。

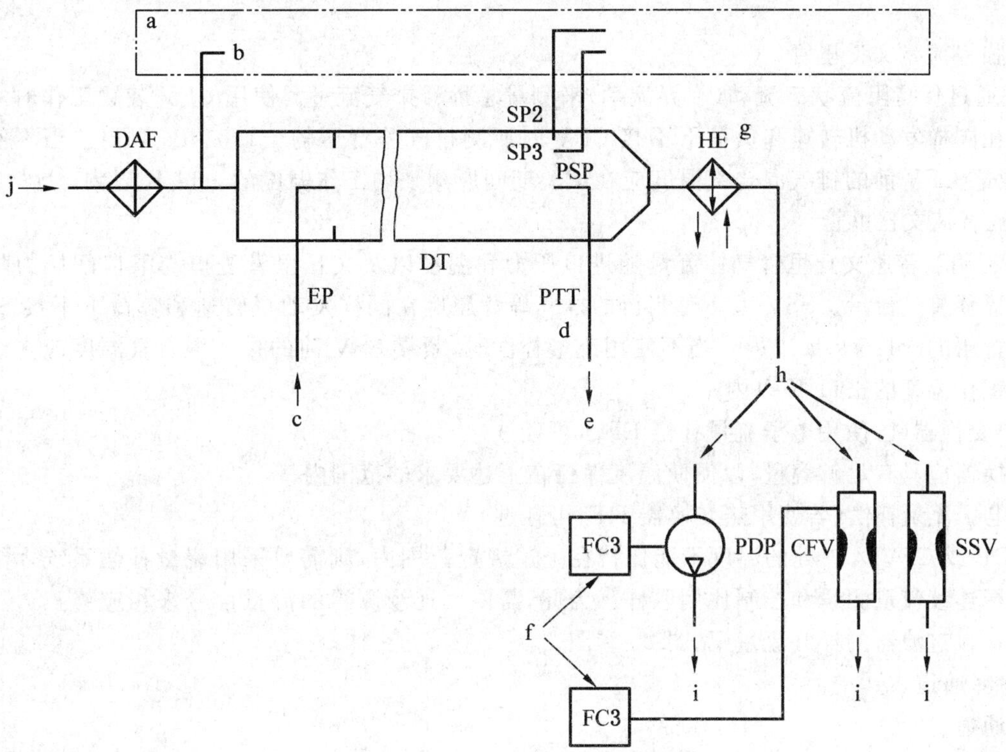

a——分析仪系统,见图 4;
b——本底;
c——排气;
d——见图 20;
e——至颗粒取样系统,见图 20,或至 DDS,见图 21;
f——若使用电子流量补偿 EFC;
g——任选;
h——或;
i——出口;
j——稀释空气。

全部原排气与稀释空气在稀释通道 DT 内混合。稀释排气的流量用容积泵 PDP 或临界流量文丘里管 CFV 测量。热交换器 HE 或电子流量补偿器 EFC 可用作比例颗粒取样和流量测定。由于颗粒质量的测定是以总稀释排气流量为基础。因此无需计算稀释比。

图 19 全流稀释系统

图 19 部件:

EP——排气管

从发动机排气歧管、涡轮增压器出口或后处理装置到稀释通道的排气管长度应不大于 10 m。如果该系统长度超过 4 m,则超出的全部管路应予隔热。但如果使用管系式烟度计,则烟度计可除外。隔热层径向厚度至少应为 25 mm。隔热材料在 673 K 时的导热系数应不大于 0.1 W/(m·K)。为了减少排气管的热惯量，推荐排气管壁厚与直径之比不大于 0.015。所用柔性管段的长度与直径之比应限制在 12 以下。

PDP——容积泵

PDP 容积泵根据泵的转数和泵的排量计量总稀释排气流量。不应用容积泵或稀释空气进气系统人为降低排气系统背压。当使用 PDP 系统工作时，所测排气静背压应在同样发动机转速和负荷下不接 PDP 时所测排气静背压的±1.5 kPa 以内。当不使用流量补偿时，紧靠 PDP 前的排气混合气温度应在试验期间所测平均工作温度的±6 K 以内。只有当 PDP 入口处温度不超过 325 K(50 ℃)时，才可使用流量补偿。

CFV——临界流量文丘里管

CFV 通过保持阻流状态流动(临界流动)来测量总稀释排气流量。使用 CFV 装置工作时所测排气静背压应在同样发动机转速和负荷下不接 CFV 时所测排气静背压的±1.5 kPa 以内。当不使用流量补偿时，紧靠 CFV 前的排气混合气温度应在试验期间所测平均工作温度的±11 K 以内。

SSV——亚音速文丘里管

SSV 利用亚音速文丘里管气体流量随进口压力和温度以及文丘里管进口与喉口间压力降的变化来测量总稀释排气流量。SSV 工作时测得的排气静背压应在同样发动机转速和负荷下不接 SSV 时所测排气静背压的±1.5 kPa 以内。当不使用流量补偿时，紧靠 SSV 前的排气混合气温度应在试验期间所测平均工作温度的±11 K 以内。

HE——热交换器(若使用电子流量补偿 EFC，可任选)

热交换器应具有足够容量，以便使温度保持在上述要求的范围内。

EFC——电子流量补偿(若使用热交换器 HE，可任选)

若 PDP 或 CFV 入口处的温度不能保持在上述规定范围内，则需要采用流量补偿系统才能在颗粒系统中进行连续流量测量和控制比例取样。为此，需要用连续测得的流量信号来相应修正通过颗粒取样系统内颗粒过滤器的样气流量(见图 20 和图 21)。

DT——稀释通道

稀释通道：

——直径应小到可产生紊流(雷诺数大于 4 000)，长度应大到能使排气和稀释空气充分混合。可使用混合喷管；

——直径应至少为 75 mm；

——可隔热。

应将发动机排气引向稀释通道进口下游，并使之与空气充分混合。

当采用单级稀释时，来自稀释通道的样气被输送到颗粒取样系统(见 17.3，图 20)。PDP 或 CFV 的气流容量应足以使紧靠主颗粒过滤器前的稀释排气温度保持在 315 K(42 ℃)～325 K(52 ℃)之间。

当采用双级稀释时，来自稀释通道的样气被输送到二次稀释通道，经进一步稀释后，通入取样过滤器(17.3，图 21)。PDP 或 CFV 的气流容量应足以使 DT 内的稀释排气流在取样区的温度保持小于或等于 464 K(191 ℃)。二次稀释系统应提供足够的二级稀释空气以使紧靠在颗粒过滤器前的二次稀释排气流温度保持在 315 K(42 ℃)～325 K(52 ℃)之间。

DAF——稀释空气过滤器

建议将稀释空气进行过滤和炭洗，以消除本底碳氢化合物。稀释空气的温度应为 288 K(15 ℃)，并可除湿。如发动机制造厂要求，可根据良好的工程惯例从稀释空气中抽取样气来测定本底颗粒水平，然后可将其从稀释排气的测量值中减去(见 12.4)。

PSP——颗粒取样探头

探头是 PTT 的前端部分。

——应面向气流上游、安装在稀释空气与排气充分混合处，即安装在稀释系统稀释通道 DT 的中心线上(见 17.2)，距排气进入稀释通道部位下游约 10 倍管径处；

——内径至少应为 12 mm；

——可采用直接加热或预热稀释空气的方法使壁温加热到不大于 325 K(52 ℃)，只要在排气进入稀释通道前空气温度不超过 325 K(52 ℃)；

——探头可隔热。

17.3 颗粒取样系统

见图 20 和图 21。

需要用颗粒取样系统将颗粒采集到颗粒过滤器上。在部分流稀释、总量取样的情况下，当稀释排气的全部样气均流经过滤器时，稀释系统(见 17.2.1，图 13 和图 17)和取样系统通常组成一整体装置。在部分流稀释或全流稀释、分量取样的情况下，当仅有部分稀释排气流经过滤器时，稀释系统(见 17.2.1，图 10～图 12、图 14～图 16 和图 18，17.2.2，图 19)和取样系统通常成为两个不同装置。在 GB/T 8190 的本部分中，可把全流稀释系统的两级稀释系统(见图 21)看作是典型颗粒取样系统的一种变型(见图 20)。该两级稀释系统具有颗粒取样系统的全部主要部件，如过滤器座和取样泵，以及还有一些稀释装置，如稀释空气输气管和二次稀释通道。

为了避免对控制回路产生任何影响，建议在整个试验过程中都要开动取样泵。对单对滤纸法，应采用一旁通系统使样气在预定时间通入取样过滤器。应尽量减少切换过程对控制回路的干扰。

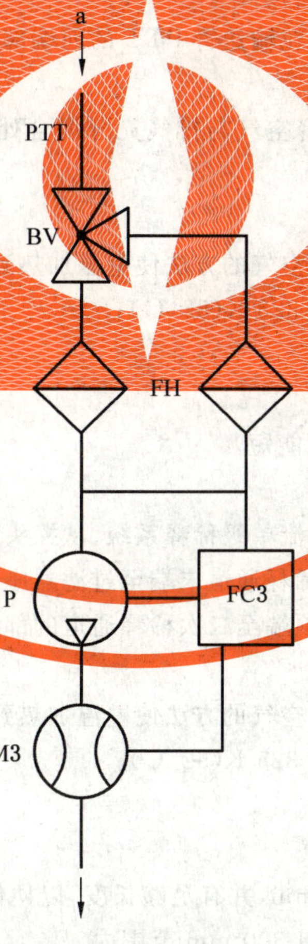

a——来自稀释通道 DT(见图 10、图 16、图 18 和图 19)。

用取样泵 P 通过颗粒取样探头 PSP 和颗粒输送管 PTT 从部分流或全流稀释系统的稀释通道 DT 中抽取稀释排气样气。样气通过装有颗粒取样滤纸的过滤器座 FH。用流量控制器 FC3 控制样气流量。若采用电子流量补偿 EFC(见图 19)，则用稀释排气流量作为 FC3 的指令信号。

图 20 颗粒取样系统

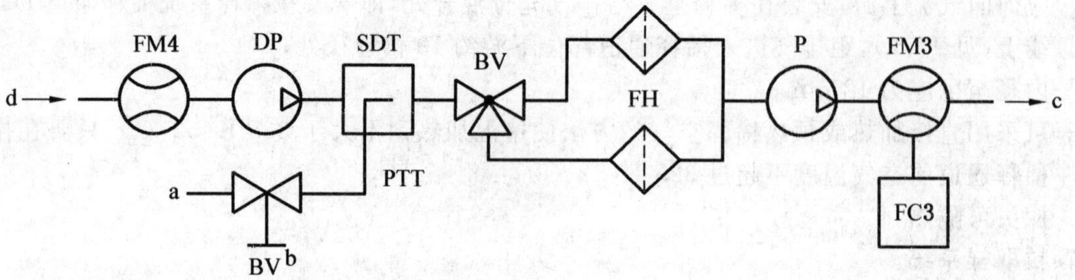

a——来自稀释通道 DT(见图 19)；

b——任选；

c——出口；

d——稀释空气。

稀释排气样气从全流稀释系统的稀释通道 DT 经颗粒取样探头 PSP 和颗粒输送管 PTT 被输送到二次稀释通道 SDT,作再次稀释。然后样气通入装有颗粒取样滤纸的过滤器座 FH。稀释空气流量通常是恒定的,而样气流量由流量控制器 FC3 控制。若采用电子流量补偿 EFC(见图 19),则用总稀释排气流量作为 FC3 的指令信号。

图 21 两级稀释和颗粒取样系统(仅限于全流稀释系统)

图 20 和图 21 部件：

PSP——颗粒取样探头

颗粒取样探头,图中未示出,是颗粒输送管 PTT 的前端部分。

探头：

——应面向气流上游、安装在稀释空气与排气充分混合处(见 17.2),距排气进入稀释通道部位下游约 10 倍通道管径处；

——内径至少应为 12 mm；

——可采用直接加热或预热稀释空气的方法使壁温加热到不大于 325 K(52 ℃),只要在排气进入稀释通道前空气温度不超过 325 K(52 ℃)；

——可隔热。

PTT——颗粒输送管

长度不得超过 1 020 mm,应尽可能短。

该尺寸适用于：

——部分流稀释分量取样型和全流单级稀释系统、从探头顶端至过滤器座的部分；

——部分流稀释总量取样型、从稀释通道末端至过滤器座的部分；

——全流两级稀释系统、从探头顶端至二次稀释通道的部分。

颗粒输送管：

——可采用直接加热或预热稀释空气的方法使壁温加热到不大于 325 K(52 ℃),只要在排气进入稀释通道前空气温度不超过 325 K(52 ℃)；

——可隔热。

SDT——二次稀释通道(仅限于图 21)

二次稀释通道管径至少应为 75 mm,并有足够长度,以便使二次稀释样气至少有 0.25 s 的滞留时间。主过滤器座 FH 应位于 SDT 出口 300 mm 范围内。

二次稀释通道：

——可采用直接加热或预热稀释空气的方法使壁温加热到不大于 325 K(52 ℃),只要在排气进入稀释通道前空气温度不超过 325 K(52 ℃)；

——可隔热。

FH——过滤器座

应满足 7.6.2.3 的要求。

过滤器座：

——可采用直接加热或预热稀释空气的方法使壁温加热到不大于 325 K(52 ℃)，只要在排气进入稀释通道前空气温度不超过 325 K(52 ℃)；

——可隔热。

对于主过滤器和备用过滤器，如果使用，可采用单只过滤器壳或分开的过滤器壳。

P——取样泵

若不采用 FC3 进行流量修正，颗粒物取样泵应位于离通道足够远的地方，以便使进气温度保持恒定(±3 K)。

DP——稀释空气泵(仅限于图 21)

稀释空气泵的安装位置应能以 298 K±5 K(25 ℃±5 ℃)的温度提供二次稀释空气。

FC3——流量控制器

在无其他措施时，应使用流量控制器对颗粒样气流量在样气通路中的温度和背压变化进行补偿。若采用电子流量补偿 EFC(见图 19)，则需用流量控制器。

FM3——流量测量装置

若不采用 FC3 进行流量修正，则用于测量颗粒样气流量的气量计或流量表应位于离取样泵 P 足够远的地方，以便使进入的气体温度保持恒定(±3 K)。

FM4——流量测量装置(仅限于图 21)

测量稀释空气流量用的气量计或流量表的安装位置应能使进气温度保持恒定(±3 ℃)。

BV——球阀(任选)

球阀内径应不小于颗粒输送管 PTT 的内径，其切换时间小于 0.5 s。

注：若 PSP、PTT、SDT 和 FH 附近的环境温度低于 293 K(20 ℃)，应采取预防措施避免颗粒失落在这些部件的冷壁上。因此，建议对这些部件进行加热或隔热，使它们的温度保持在各自推荐的范围内。

在发动机高负荷时，可采用诸如循环风扇那样不剧烈的方法来冷却上述部件，只要冷却介质温度不低于 288 K(15 ℃)。

附 录 A
（规范性附录）
排气质量流量和/或燃烧空气质量流量的计算

注：附录 A 中的公式没有转换成 SI 符号。

A.1 通则

附录 A 中给出的公式适用于理想化学计算以及由排气和燃料组分进行的排气质量流量计算。

所有与体积有关的量纲均按标准状况(0 ℃,101.32 kPa)确定。

附录 A 中所用符号与正文部分相同。

CO_2、O_2、H_2O 和 N_2 组分所用浓度单位为体积百分比,其他则用 ppm。

附录 A 中所用符号和缩略语(第 4 章中给出的除外)见表 A.1。

表 A.1 符号和缩略语

符 号	术 语	单 位
q_v	体积流量	m^3/h
q_{vew}	湿排气体积流量	m^3/h
q_{vaw}	湿进气空气体积流量	m^3/h
q_{ved}	干排气体积流量	m^3/h
q_{vad}	干进气空气体积流量	m^3/h
q_{mgas}	各种气体排放的质量流量	g/h
w_{ox}	干进气空气的氧含量	%mass
w_{inert}	干进气空气的惰性气体含量	%mass

A.2 燃料燃烧的理想化学计算;燃料特定系数

A.2.1 理想化学计算的基本数据

本附录公式中的基本数据尽可能用原子质量、摩尔质量和摩尔体积等表示。这些数据的具体数值通常仅在最后的公式中列出。这样做的好处是可更容易地理解公式的推导过程。而且,用一般公式而不是用具体数值表示,还可更好地适应由于所用数据手册不同而使数据略有差异的事实。基本数据的具体数值见表 A.2。

表 A.2 原子质量、摩尔质量和摩尔体积

名 称	符 号	数 值	单 位
氢原子质量	A_{rH}	1.007 94	g/atom
碳原子质量	A_{rC}	12.011	g/atom
硫原子质量	A_{rS}	32.065	g/atom
氮原子质量	A_{rN}	14.006 7	g/atom
氧原子质量	A_{rO}	15.999 4	g/atom
水摩尔质量	M_{rH_2O}	18.015 34	g/mol
二氧化碳摩尔质量	M_{rCO_2}	44.01	g/mol

表 A.2（续）

名称	符号	数值	单位
一氧化碳摩尔质量	M_{rCO}	28.011	g/mol
氧气摩尔质量	M_{rO_2}	31.998 8	g/mol
氮气摩尔质量	M_{rN_2}	28.011	g/mol
一氧化氮摩尔质量	M_{rNO}	30.008	g/mol
二氧化氮摩尔质量	M_{rNO_2}	46.01	g/mol
二氧化硫摩尔质量	M_{rSO_2}	64.066	g/mol
水摩尔体积	V_{mH_2O}	22.401	L/mol
二氧化碳摩尔体积	V_{mCO_2}	22.262	L/mol
一氧化碳摩尔体积	V_{mCO}	22.408	L/mol
氧气摩尔体积	V_{mO_2}	22.392	L/mol
氮气摩尔体积	V_{mN_2}	22.390	L/mol
一氧化氮摩尔体积	V_{mNO}	22.391	L/mol
二氧化氮摩尔体积	V_{mNO_2}	21.809	L/mol
二氧化硫摩尔体积	V_{mSO_2}	21.891	L/mol

假设不存在可压缩性效应，可将发动机进气/燃烧/排气过程中的所有气体都看作是理想气体，并且此后的体积计算均以该假设为基础。因此，根据阿伏加德罗假设，这些气体的摩尔体积都为 22.414 L/mol（见表 A.3）。

注 1：气体的摩尔体积是分子间碰撞时相互作用的函数。理想气体分子间的碰撞仅仅是物理撞击，而真实气体分子间在碰撞时还有冯-德-华尔兹(Van-der-Waals)力的相互作用。这一作用会减少真实气体的摩尔体积。在混合气中，比较理想的气体与比较真实的气体之间也会发生碰撞，这些碰撞具有非常理想的特性。对于废气排放来说，几乎完全是理想气体的氮气的浓度最高，因此，真实气体分子间只有极少的碰撞发生。

表 A.3　GB/T 8190 的本部分中所用摩尔体积

名称	符号	数值	单位
水摩尔体积	V_{mH_2O}	22.414	L/mol
二氧化碳摩尔体积	V_{mCO_2}	22.414	L/mol
一氧化碳摩尔体积	V_{mCO}	22.414	L/mol
氧气摩尔体积	V_{mO_2}	22.414	L/mol
氮气摩尔体积	V_{mN_2}	22.414	L/mol
一氧化氮摩尔体积	V_{mNO}	22.414	L/mol
二氧化氮摩尔体积	V_{mNO_2}	22.414	L/mol
二氧化硫摩尔体积	V_{mSO_2}	22.414	L/mol

对于燃烧的理想化学计算，假设干进气空气的组分如下：

a)　惰性气体浓度

$$w_{inert} = 76.8\% \text{mass}, 79.0\% \text{vol}.$$

注 2：惰性气体中的 CO_2，其质量浓度为 0.061%，体积浓度为 0.04%。

b)　氧气浓度

$$w_{ox} = 23.2\% \text{mass}, 21.0\% \text{vol}$$

A.2.2 通用公式

A.2.2.1 与组分有关的公式

根据组分的体积浓度[ppm]计算质量浓度 c_{mgas}[mg/m³]：

$$c_{\mathrm{mgas}} = c_{\mathrm{vgas}} \times \rho_{\mathrm{gas}} \qquad \text{(A.1)}$$

式中：

ρ_{gas}——组分的气体密度[kg/m³]。

气体密度 ρ_{gas}[kg/m³]可根据基本数据分子质量 M_{rgas}[g/mol]和摩尔体积 V_{mgas}[L/mol]来计算：

$$\rho_{\mathrm{gas}} = \frac{M_{\mathrm{rgas}}}{V_{\mathrm{mgas}}} \qquad \text{(A.2)}$$

A.2.2.2 与燃料有关的公式

燃料的化学式可写成 $C_\beta H_\alpha S_\gamma N_\delta O_\varepsilon$。燃料组分数据 $\alpha,\beta,\gamma,\delta,\varepsilon$ 被定义为 H、C、S、N 和 O 相对于 C 的摩尔比（燃料化学式 $CH_\alpha S_\gamma N_\delta O_\varepsilon$ 相当于每个分子有一个碳原子）。使用每个分子有一个碳原子的关系是因为对实际燃料每个平均燃料分子的实际碳原子数是不可知的。这一关系不适用于非碳燃料。燃料组分数据 w_{ALF}，w_{BET}，w_{GAM}，w_{DEL} 和 w_{EPS} 定义为 H、C、S、N 和 O 的质量百分比(%)。下列公式给出了两组数据之间的转换关系（当 $\beta=1$ 时）：

$$\alpha = \frac{\dfrac{w_{\mathrm{ALF}}}{A_{\mathrm{rH}}}}{\dfrac{w_{\mathrm{BET}}}{A_{\mathrm{rC}}}} = 11.916\,4 \times \frac{w_{\mathrm{ALF}}}{w_{\mathrm{BET}}} \qquad \text{(A.3)}$$

$$\beta = \frac{\dfrac{w_{\mathrm{BET}}}{A_{\mathrm{rC}}}}{\dfrac{w_{\mathrm{BET}}}{A_{\mathrm{rC}}}} = 1 \qquad \text{(A.4)}$$

$$\gamma = \frac{\dfrac{w_{\mathrm{GAM}}}{A_{\mathrm{rS}}}}{\dfrac{w_{\mathrm{BET}}}{A_{\mathrm{rC}}}} = 0.374\,64 \times \frac{w_{\mathrm{GAM}}}{w_{\mathrm{BET}}} \qquad \text{(A.5)}$$

$$\delta = \frac{\dfrac{w_{\mathrm{DEL}}}{A_{\mathrm{rN}}}}{\dfrac{w_{\mathrm{BET}}}{A_{\mathrm{rC}}}} = 0.857\,52 \times \frac{w_{\mathrm{DEL}}}{w_{\mathrm{BET}}} \qquad \text{(A.6)}$$

$$\varepsilon = \frac{\dfrac{w_{\mathrm{EPS}}}{A_{\mathrm{rO}}}}{\dfrac{w_{\mathrm{BET}}}{A_{\mathrm{rC}}}} = 0.750\,72 \times \frac{w_{\mathrm{EPS}}}{w_{\mathrm{BET}}} \qquad \text{(A.7)}$$

$$w_{\mathrm{ALF}} = \frac{\alpha \times A_{\mathrm{rH}} \times 100}{M_{\mathrm{rf}}} \qquad \text{(A.8)}$$

$$w_{\mathrm{BET}} = \frac{\beta \times A_{\mathrm{rC}} \times 100}{M_{\mathrm{rf}}} \qquad \text{(A.9)}$$

$$w_{\mathrm{GAM}} = \frac{\gamma \times A_{\mathrm{rS}} \times 100}{M_{\mathrm{rf}}} \qquad \text{(A.10)}$$

$$w_{\mathrm{DEL}} = \frac{\delta \times A_{\mathrm{rN}} \times 100}{M_{\mathrm{rf}}} \qquad \text{(A.11)}$$

$$w_{\mathrm{EPS}} = \frac{\varepsilon \times A_{\mathrm{rO}} \times 100}{M_{\mathrm{rf}}} \qquad \text{(A.12)}$$

式中：

M_{rf}——平均燃料分子 $C_\beta H_\alpha S_\gamma N_\delta O_\varepsilon$ 的分子质量。

$$M_{\mathrm{rf}} = \alpha \times A_{\mathrm{rH}} + \beta \times A_{\mathrm{rC}} + \gamma \times A_{\mathrm{rS}} + \delta \times A_{\mathrm{rN}} + \varepsilon \times A_{\mathrm{rO}} \qquad \text{(A.13)}$$

A.2.2.3 与饱和蒸汽压有关的公式

根据联邦年鉴(Federal Register)计算以温度 t[℃]为函数的饱和蒸汽压 p_a[kPa]：

$$p_a = \exp[-12.150\,799\times\ln(t)-8\,499.22\times t^{-2}-7\,423.186\,5\times t^{-1}+96.163\,514\,7+0.024\,917\,646\times t-1.316\,011\,9\times10^{-5}\times t^2-1.146\,045\,4\times10^{-8}\times t^3+2.170\,128\,9\times10^{-11}\times t^4-3.610\,258\times10^{-15}\times t^5+3.850\,451\,9\times10^{-18}-1.431\,7\times10^{-21}\times t^7] \quad\cdots\cdots(A.14)$$

下列简化公式可得出相同结果：

$$p_a = (4.856\,884+0.266\,008\,9\times t+0.016\,889\,19\times t^2-7.477\,123\times10^{-5}\times t^3+8.105\,25\times10^{-6}\times t^4-3.115\,221\times10^{-8}\times t^5)\times\frac{1\,013.2}{760} \quad\cdots\cdots(A.15)$$

A.2.2.4 与碳烟浓度有关的公式

利用米拉-相关法(MIRA-Correlation)，由波许烟度值 SN 计算碳烟浓度 c_{Cw}[mg/m³，湿排气中]：

$$c_{Cw} = (0.009\,769\,83\times SN+0.023\,441\,6\times SN^2-0.007\,283\,58\times SN^3+0.001\,646\,18\times SN^4-0.000\,089\,546\,4\times SN^5)\times1\,000 \quad\cdots\cdots(A.16)$$

A.2.3 燃料理想化学燃烧的反应方程和公式

A.2.3.1 总则

A.2.3 叙述了含有 H、C、S、N 和 O 的燃料燃烧时的理想化学计算。按气体化合物的标准体积，计算反应物之间的质量关系。对于每个已燃烧元素，给出了最终增加的体积(排气体积－空气体积)。这些增加的体积之和就是增加的总体积 f_{fw}。

在此基础上，进一步推导出与排气相关数据的公式(干-湿基转换系数，理想化学燃烧空气需要量和燃料特定系数 f_{fd})。

A.2.3.2 氢燃烧

$$\text{H(燃料)}+1/4O_2\text{(空气)}\rightarrow1/2H_2O\text{(排气)}$$

$$1\ \text{kgH}+M_{rO_2}/(4\times A_{rH})[\text{kg}O_2]\rightarrow M_{rH_2O}/(2\times A_{rH})[\text{kg}H_2O] \quad \text{质量}$$

$$V_{mO_2}/(4\times A_{rH})[m^3O_2]\rightarrow V_{mH_2O}/(2\times A_{rH})[m^3H_2O] \quad \text{体积}$$

燃烧产生的附加体积：

$$(2\times V_{mH_2O}-V_{mO_2})/(4\times A_{rH})=(2\times22.414-22.414)/(4\times1.007\,94)=5.559\,4[m^3/\text{kgH}]$$

A.2.3.3 碳燃烧

$$\text{C(燃料)}+O_2\text{(空气)}\rightarrow CO_2\text{(排气)}$$

$$1\ \text{kgC}+M_{rO_2}/A_{rC}[\text{kg}O_2]\rightarrow M_{rCO_2}/A_{rC}[\text{kg}CO_2] \quad \text{质量}$$

$$V_{mO_2}/A_{rC}[m^3O_2]\rightarrow V_{mCO_2}/A_{rC}[m^3CO_2] \quad \text{体积}$$

燃烧增加的体积：

$$(V_{mCO_2}-V_{mO_2})/A_{rC}=(22.414-22.414)/12.011=0 \quad [m^3/\text{kgC}]$$

A.2.3.4 硫燃烧

$$\text{S(燃料)}+O_2\text{(空气)}\rightarrow SO_2\text{(排气)}$$

$$1\ \text{kgS}+M_{rO_2}/A_{rS}[\text{kg}O_2]\rightarrow M_{rSO_2}/A_{rS}[\text{kg}SO_2] \quad \text{质量}$$

燃烧增加的体积：

$$(V_{mSO_2}-V_{mO_2})/A_{rS}=(22.414-22.414)/32.065=0[m^3/\text{kgS}] \quad \text{体积}$$

A.2.3.5 氮反应

$$\text{N(燃料)}\rightarrow N_2\text{(排气)}$$

$$1\ \text{kgN}\rightarrow1\ \text{kg}N_2 \quad \text{质量}$$

$$\to V_{mN_2}/M_{rN_2}[m^3 N_2] \quad 体积$$

燃烧增加的体积：

$$V_{mN_2}/M_{rN_2}=22.414/28.01=0.800\ 21 \quad [m^3/kgN]$$

A.2.3.6 燃料氧的考虑

由于上述公式中其他燃料元素的燃烧是以消耗空气氧来计算，无需用燃料氧进行燃烧，因此可认为燃料氧是以气态分子的形式释放到排气中：

$$O(燃料)\to O_2(排气)$$

$$1\ kgO\to 1\ kgO_2 \quad 质量$$

$$\to V_{mO_2}/M_{O_2}[m^3 O_2] \quad 体积$$

燃烧增加的体积：

$$V_{mO_2}/M_{rO_2}=22.414/31.998\ 8=0.700\ 46 \quad [m^3/kg]$$

A.2.3.7 增加的总体积 f_{fw}[m^3/kg 燃料]

进一步用燃料-特定常数 f_{fw}[m^3，每 kg 燃料从燃烧空气到湿排气的体积变化]和干排气的相应值 f_{fd} 计算干-湿基的修正系数和排气密度(见 A.2.4 和 A.2.5)。加上 A.2.3.2～A.2.3.6 中给出的燃料元素燃烧所增加的体积可计算出 f_{fw}：

$$f_{fw}=0.055\ 594\times w_{ALF}+0.008\ 002\ 1\times w_{DEL}+0.007\ 004\ 6\times w_{EPS} \quad \cdots\cdots(A.17)$$

由此可计算排气体积流量 V_{ew} 如下：

$$q_{vew}=q_{vaw}+q_{mf}\times q_{fw} \quad \cdots\cdots(A.18)$$

f_{fw} 也可用于计算湿排气密度 ρ_{ew} 和干-湿基系数 k_{wr}。

A.2.3.8 由 f_{fw} 计算系数 f_{fd}

可用系数 f_{fd} 计算干排气体积流量如式(A.19)：

$$q_{ved}=q_{vad}+f_{fd}\times q_{mf} \quad \cdots\cdots(A.19)$$

f_{fd} 始终是负值，这就是说干排气的体积总是小于进气空气的体积。

根据(A.19)，可推导出公式(A.20)：

$$f_{fd}=\frac{q_{ved}-q_{vad}}{q_{mf}} \quad \cdots\cdots(A.20)$$

应从燃烧($q_{mf}\times f_{fw}$)所产生的总体积变化中除去燃烧产生的水蒸气体积，该体积计算如下：

$$\frac{w_{ALF}\times q_{mf}\times V_{mH_2O}}{100\times 2\times A_{rH}}$$

$$f_{fd}=\frac{q_{vad}+q_{mf}\times f_{fw}-\dfrac{w_{ALF}\times q_{mf}\times V_{mH_2O}}{100\times 2\times A_{rH}}-q_{vad}}{q_{mf}} \quad \cdots\cdots(A.21)$$

$$f_{fd}=f_{fw}-\frac{w_{ALF}\times V_{mH_2O}}{200\times A_{rH}}=f_{fw}-w_{ALF}\times 0.111\ 18 \quad \cdots\cdots(A.22)$$

$$f_{fd}=-0.055\ 593\times w_{ALF}+0.008\ 002\times w_{DEL}+0.007\ 004\ 6\times w_{EPS} \quad \cdots\cdots(A.23)$$

A.2.3.9 理想化学燃烧空气需要量 A/F_{st}

根据 A.2.3.2～A.2.3.6 所述燃料元素反应，可按下式计算理想化学燃烧的空气需要量(即 1 kg 燃料燃烧所需空气质量)：

$$A/F_{st}=\left(\frac{w_{BET}}{A_{rC}}+\frac{w_{ALF}}{4\times A_{rH}}+\frac{w_{GAM}}{A_{rS}}-\frac{w_{EPS}}{2\times A_{rO}}\right)\times\frac{M_{rO_2}}{w_{ox}} \quad \cdots\cdots(A.24)$$

利用值 $1/w_{ox}$ 可将所需氧气质量换算成所需空气质量，从而也就考虑了空气中的惰性气体组分。

具体数值为：

$$A/F_{st}=\left(\frac{w_{BET}}{12.011}+\frac{w_{ALT}}{4.031\ 76}+\frac{w_{GAM}}{32.06}-\frac{w_{EPS}}{31.998\ 8}\right)\times 1.382 \quad \cdots\cdots(A.25)$$

A.2.4 干-湿基修正系数 k_{wr} 的计算

A.2.4.1 理想化学燃烧

利用干-湿基修正系数 k_{wr} 将实测干基浓度换算成湿基基准状况下的浓度。k_{wr} 也是干、湿基排气体积流量之商：

$$k_{wr}=\frac{c_{gasw}}{c_{gasd}}=\frac{q_{ved}}{q_{vew}}=1-\frac{q_{vH_2O}}{q_{vew}} \qquad \cdots\cdots(A.26)$$

下标"gas"是指各种气体组分(例如 CO)。此处的 q_{vH_2O} 应理解为是排气中在气体分析系统的冷却槽中冷凝后、在测量前从排气中去除掉的水分。将进气空气中的水分加上燃烧生成的水分、再减去冷却槽后仍然存在的水分，即可计算 q_{vH_2O}。

$$q_{vH_2O,进气空气}=\frac{q_{mad}\times H_a\times V_{mH_2O}}{1\,000\times M_{rH_2O}} \quad [m^3/h] \qquad \cdots\cdots(A.27)$$

$$q_{vH_2O,燃烧形成}=\frac{w_{ALF}\times q_{mf}\times V_{mH_2O}}{100\times 2\times A_{rH}} \quad [m^3/h] \qquad \cdots\cdots(A.28)$$

$$q_{vH_2O,冷却槽后剩余}=\frac{q_{mad}}{1.293}\times\frac{p_r}{p_b} \quad [m^3/h] \qquad \cdots\cdots(A.29)$$

式中：

p_r——冷却槽后的水蒸气分压；

p_r/p_b——水蒸气的摩尔分量(=冷却器后水蒸气的体积分量)；

干空气的密度为 1.293 kg/m³。

$$q_{vew}=q_{vaw}+q_{mf}\times f_{fw} \qquad \cdots\cdots(A.30)$$

$$k_{wr}=1-\frac{\dfrac{q_{mad}\times H_a\times V_{mH_2O}}{1\,000\times M_{rH_2O}}+\dfrac{w_{ALF}\times q_{mf}\times V_{mH_2O}}{100\times 2\times A_{rH}}-\dfrac{q_{mad}\times p_r}{1.293\times p_b}}{\dfrac{q_{mad}\times H_a\times V_{mH_2O}}{1\,000\times M_{rH_2O}}+\dfrac{q_{mad}}{1.293}+q_{mf}\times f_{fw}} \qquad \cdots\cdots(A.31)$$

将分子和分母除以 $1\,000/q_{mad}$，并代入摩尔体积、分子质量和原子质量的已知值，则可导出如下公式：

$$k_{wr}=1-\frac{1.244\,2\times H_a+111.187\times w_{ALF}\times\dfrac{q_{mf}}{q_{mad}}-773.4\times\dfrac{p_r}{p_b}}{773.4+1.244\,2\times H_a+\dfrac{q_{mf}}{q_{mad}}\times f_{fw}\times 1\,000} \qquad \cdots\cdots(A.32)$$

注 1：在 GB/T 8190.1—1999 中，干-湿基系数 k_{wr} 按公式(A.33)用中间的燃料特定常数 f_{fh} 计算。

$$f_{fh}=\frac{111.119\times w_{ALF}}{773.4+\dfrac{q_{mf}}{q_{mad}}\times f_{fw}\times 1\,000} \quad 并且\ k_{wr}=\left(1-f_{fh}\times\frac{q_{mf}}{q_{mad}}\right)-k_{w2}+\frac{p_r}{p_b} \qquad \cdots\cdots(A.33)$$

注 2：不用 f_{fh} 概念是因为 f_{fh} 不仅与燃料，而且也与 λ 有关，并且还因为公式(A.31)或(A.32)有更好的精度。

A.2.4.2 不完全燃烧

排气中的水含量和干-湿基系数 k_{wr} 可根据排气组分按下述方法进行计算。

考虑到 H/C 比 α(假定 $\beta=1$)和一个水分子含有两个氢原子的事实，水浓度(单位为%)可直接由 CO_2 和 CO 浓度求得。此外，对于排气中的氢含量，则应将其减去，因为燃料中相应的那部分氢不会形成水。而且还必须考虑到进气空气中的水分和气体冷却器后仍然存在的水分。

$$c_{H_2O,燃烧,d}=0.5\times\alpha\times\left(c_{CO_2d}+\frac{c_{COd}}{10^4}\right)-c_{H_2d} \qquad \cdots\cdots(A.34)$$

$$k_{wr}=\frac{q_{ved}}{q_{vew}}=\frac{q_{ved}}{q_{ved}+q_{vH_2O,燃烧,d}+q_{vH_2O,a}-q_{vH_2O,冷却器后}} \qquad \cdots\cdots(A.35)$$

式中 H_2O、H_2 和 CO_2 浓度用百分比表示，CO 浓度用 ppm 表示。

$$k_{wr}=\frac{1}{1+\frac{q_{vH_2O,燃烧,d}}{q_{ved}}+\frac{q_{vH_2O,ad}}{q_{ved}}-\frac{q_{vH_2O,冷却器后}}{q_{ved}}} \quad \cdots\cdots(A.36)$$

$$k_{wr}=\frac{1}{1+\frac{c_{H_2O,燃烧,d}}{100}+\frac{c_{H_2O,ad}}{100}-\frac{c_{H_2O,冷却器后}}{100}} \quad \cdots\cdots(A.37)$$

$$k_{wr2}=\frac{1}{1+\alpha\times 0.005\times\left[c_{CO_2d}+\frac{c_{COd}}{10\ 000}\right]-0.01\times c_{H_2d}+k_{w2}-\frac{p_r}{p_b}} \quad \cdots\cdots(A.38)$$

式中：

k_{w2}——进气空气中水分，可由式(A.39)求得：

$$k_{w2}=\frac{1.608\times H_a}{1\ 000+(1.608\times H_a)} \quad \cdots\cdots(A.39)$$

式中：

H_a——进气空气湿度，单位为 g 水/kg 干空气。

根据 SAE J 1088 用下列公式由水气平衡原理推算出氢的浓度：

$$c_{H_2d}=\frac{0.5\times\alpha\times\frac{c_{COd}}{10^4}\times\left(\frac{c_{COd}}{10^4}+c_{CO_2d}\right)}{\frac{c_{COd}}{10^4}+3\times c_{CO_2d}} \quad \cdots\cdots(A.40)$$

或

$$c_{H_2[\%vol.]}=\frac{0.5\times\alpha\times c_{CO[\%vol.]}\times(c_{CO[\%vol.]}+c_{CO_2[\%vol.]})}{c_{CO[\%vol.]}+3\times c_{CO_2[\%vol.]}} \quad \cdots\cdots(A.41)$$

这种计算 k_{wr} 的方法尤其适用于浓燃料-空气混合气(高 CO 值)的情况，而且也适用于不直接测量空气流量的排放测量，因为用公式(A.32)计算 k_{wr} 时是假设为理想化学燃烧，并且需要有 q_{mad} 的数据。

A.2.5 利用 f_{fw} 和 f_{fd} 计算干、湿排气密度

排气密度可由排气质量流量除以排气体积流量求得：

$$\rho_{ew}=\frac{q_{mew}}{q_{vew}}=\frac{q_{maw}+q_{mf}}{q_{vaw}+f_{fw}\times q_{mf}} \quad [kg/m^3] \quad \cdots\cdots(A.42)$$

$$\rho_{ew}=\frac{q_{mad}+\frac{H_a\times q_{mad}}{1\ 000}+q_{mf}}{\frac{q_{mad}}{1.293}+\frac{q_{mad}\times H_a\times V_{mH_2O}}{1\ 000\times M_{rH_2O}}+f_{fw}\times q_{mf}} \quad \cdots\cdots(A.43)$$

$$\rho_{ew}=\frac{1\ 000+H_a+1\ 000\times\frac{q_{mf}}{q_{mad}}}{773.4+1.243\ 4\times H_a+1\ 000\times f_{fw}\times\frac{q_{mf}}{q_{mad}}} \quad \cdots\cdots(A.44)$$

计算干排气的密度：

$$\rho_{ed}=\frac{q_{med}}{q_{ved}}=\frac{q_{mad}+q_{mf}\times\left(1-\frac{w_{ALF}}{100}\times\frac{M_{rH_2O}}{2\times A_{rH}}\right)}{q_{vad}+f_{fd}\times q_{mf}} \quad [kg/m^3] \quad \cdots\cdots(A.45)$$

$$\rho_{ed}=\frac{q_{mad}+q_{mf}\times\left(1-\frac{w_{ALF}}{100}\times\frac{M_{rH_2O}}{2\times A_{rH}}\right)}{\frac{q_{mad}}{1.293}+f_{fd}\times q_{mf}}=\frac{q_{mad}+q_{mf}\times(1-w_{ALF}\times 0.089\ 36)}{\frac{q_{mad}}{1.293}+f_{fd}\times q_{mf}} \quad \cdots\cdots(A.46)$$

A.3 由排气组分计算排气质量流量(对含C、H、S、N和O元素的燃料采用碳氧平衡法)

A.3.1 引言

本附录采用碳氧平衡法计算排气质量流量,以便能在不测量空气流量和排气流量的情况下进行排放计算。在GB/T 8190.1附录A的本版本中计算公式与干排气中的浓度有关,而GB/T 8190.1—1999中的计算公式与湿排气有关。之所以进行这种转换,是因为采用干基方法可使排气质量流量的计算有较高的精度,尤其对不完全燃烧比较严重的情况更是如此(小型汽油机)。

排气质量流量的计算也可用于对实测质量流量的比较,以便为试验结果的可信度提供检验方法。

空气流量的实测值与计算值之间的偏差较小表明CO_2或O_2值正确(取样系统无泄漏)、空气流量测量正确(发动机与空气流量测量装置间的联接管路无泄漏)和燃料测量正确。

空气流量的实测值与计算值之间有差异表明存在以下差错。

a) 实测空气流量比碳平衡法的计算值低:
——排气取样系统有泄漏(可能性最大);或
——空气测量设备有泄漏(可能性居中);或
——燃料流量值太高(可能性较小,怠速工况除外)。

b) 实测空气流量比碳平衡法的计算值高:
——排气分析仪的校正错误;或
——空气测量设备的校正错误;或
——燃料流量值太低。

注:b)中三种情况的可能性比a)中三种情况要小。

当用碳或氧平衡法进行排放计算时,排气取样系统的泄漏对结果不会有严重影响。这是因为排气浓度太低被排气质量流量的计算值相应太高所补偿,致使这些影响互相抵消。

对于A.3.2和A.3.3的运算,是假设燃料消耗、燃料组分和排气组分浓度均为已知。这适用于H、C、S、O和N元素按已知比例组成的燃料。

A.3.2 根据碳平衡法计算排气质量流量

A.3.2.1 总则

本节中给出了两种形式的碳平衡法:迭代计算(多步)法和一步计算法。在GB/T 8190.1的本版本中增加了一步法,因为它使用起来要比多步法容易。

A.3.2.2 碳平衡:迭代计算法

如下一节所述,q_{med}的计算需要有ρ_{ed}和k_{wr}值,其本身与q_{mad}值有关,从而就与q_{med}的计算结果有关。因此,在下述方法中将应用迭代(或多步)计算法。利用ρ_{ed}和k_{wr}的初始值(例如1.34 kg/m^{3}和1)计算q_{med}值;由此计算q_{mad}值,再由这些值计算ρ_{ed}和k_{wr}值。根据这些几乎已经很精确的ρ_{ed}和k_{wr}值,在利用相同公式进行下面迭代计算时,所有数据值就已足够精确,因此在大多数情况下就不必再进行第三次迭代计算。

A.3.2.2.1 排气质量流量计算公式

根据碳平衡法可用下列公式计算排气质量流量:

$$q_{med}=\frac{q_{mf}\times w_{BET}\times \rho_{ed}\times 10^4}{A_{rC}\times\left\{\left[\frac{(c_{CO_2d}-c_{CO_2,a})\times 10^4}{V_{mCO_2}}+\frac{c_{COd}}{V_{mCO}}\right]\times\frac{1}{1-\frac{p_r}{p_b}}+\left(\frac{c_{HCw}}{V_{mHC}}+\frac{c_{Cw}}{A_{rC}}\right)\times\frac{1}{k_{wr}}\right\}} \quad \cdots\cdots(A.47)$$

$$q_{mad}=q_{med}-q_{mf}\times\left(1-\frac{w_{ALF}}{100}\times\frac{M_{rH_2O}}{2\times A_{rH}}\right)=q_{med}-q_{mf}\times(1-w_{ALF}\times 0.089\ 36) \quad \cdots\cdots(A.48)$$

$$q_{\mathrm{med}}=q_{\mathrm{mad}}\times\left(1+\frac{H_{\mathrm{a}}}{1\ 000}\right)+q_{\mathrm{mf}} \qquad \text{(A.49)}$$

将具体数值代入公式(A.47)，得出以下不完全燃烧用计算公式：

$$q_{\mathrm{med}}=\frac{q_{\mathrm{mf}}\times w_{\mathrm{BET}}\times\rho_{\mathrm{ed}}\times 832.57}{\left\{\left[(c_{\mathrm{CO_2}}-c_{\mathrm{CO_2,a}})\times 446.1+\frac{c_{\mathrm{COd}}}{22.414}\right]\times\frac{1}{1-\frac{p_{\mathrm{r}}}{p_{\mathrm{b}}}}+\left(\frac{c_{\mathrm{HCw}}}{22.414}+\frac{c_{\mathrm{Cw}}}{12.011}\right)\times\frac{1}{k_{\mathrm{wr}}}\right\}} \qquad \text{(A.50)}$$

而对完全燃烧：

$$q_{\mathrm{med}}=q_{\mathrm{mf}}\times\frac{\rho_{\mathrm{ed}}\times 1.866\ 3}{(c_{\mathrm{CO_2 d}}-c_{\mathrm{CO_2,a}})} \qquad \text{(A.51)}$$

将公式(A.50)、(A.48)和(A.49)合并成一个公式，并进行一些简化[忽略未燃烧的碳烟和假设冷却器温度固定为4 ℃，即$1/(1-p_{\mathrm{r}}/p_{\mathrm{b}})=1.008$]，得出如下比较容易使用的湿排气质量流量计算公式：

$$q_{\mathrm{mew}}=q_{\mathrm{mf}}\times\left\{\left[\left[\frac{w_{\mathrm{BET}}\times\rho_{\mathrm{ed}}}{(c_{\mathrm{CO_2 d}}-c_{\mathrm{CO_2,a}})\times 0.540+\frac{c_{\mathrm{COd}}+\frac{c_{\mathrm{HCw}}}{k_{\mathrm{wr}}}}{10\ 000}\times 0.540}+w_{\mathrm{ALF}}\times 0.089\ 36-1\right]\times\left(1+\frac{H_{\mathrm{a}}}{1\ 000}\right)\right]+1\right\} \qquad \text{(A.52)}$$

对于典型柴油燃料燃烧$w_{\mathrm{BET}}=86.2\%$质量和$\rho_{\mathrm{ed}}=1.329$(过量空气系数为2)，可得出下列更简化的公式：

$$q_{\mathrm{mew}}=q_{\mathrm{mf}}\times\left\{\left[\left[\frac{1}{(c_{\mathrm{CO_2 d}}-c_{\mathrm{CO_2,a}})\times 0.004\ 71+\frac{c_{\mathrm{COd}}+\frac{c_{\mathrm{HCw}}}{k_{\mathrm{wr}}}}{10\ 000}\times 0.004\ 71}+w_{\mathrm{ALF}}\times 0.089\ 36-1\right]\times\left(1+\frac{H_{\mathrm{a}}}{1\ 000}\right)\right]+1\right\} \qquad \text{(A.53)}$$

A.3.2.2.2 公式推导

由燃料输入发动机的碳(g/h)是

$$q_{\mathrm{mf}}\times w_{\mathrm{BET}}\times 10 \qquad \text{(A.54)}$$

由进气空气输入发动机的碳(g/h)是$q_{\mathrm{mCO_2,a}}$(见公式A.57)。

从发动机输出的碳(单位为g/h)是

$$q_{\mathrm{mCO_2}}\times\frac{A_{\mathrm{rC}}}{M_{\mathrm{rCO_2}}}+q_{\mathrm{mCO}}\times\frac{A_{\mathrm{rC}}}{M_{\mathrm{rCO}}}+q_{\mathrm{mHC}}\times\frac{A_{\mathrm{rC}}}{M_{\mathrm{rHC}}}+q_{\mathrm{mC}} \qquad \text{(A.55)}$$

利用下列公式可计算各气体组分，单位为g/h：

$$q_{\mathrm{mCO_2}}=\frac{M_{\mathrm{rCO_2}}\times 10}{V_{\mathrm{mCO_2}}\times\rho_{\mathrm{ed}}}\times\frac{c_{\mathrm{CO_2 d}}}{1-\frac{p_{\mathrm{r}}}{p_{\mathrm{b}}}}\times q_{\mathrm{med}} \qquad \text{(A.56)}$$

在公式(A.56)中，CO_2质量排放量由其体积乘以该气体密度的商(CO_2/干排气)求得。CO_2气体密度以分子量/分子体积的形式给出。同样其他组分也可按类似方法采用这些主要公式计算：

$$q_{\mathrm{mCO_2,a}}=\frac{M_{\mathrm{rCO_2}}\times 10}{V_{\mathrm{mCO_2}}\times\rho_{\mathrm{ed}}}\times\frac{c_{\mathrm{CO_2,a}}}{1-\frac{p_{\mathrm{r}}}{p_{\mathrm{b}}}}\times q_{\mathrm{med}} \qquad \text{(A.57)}$$

$$q_{\mathrm{mCO}}=\frac{M_{\mathrm{rCO}}}{V_{\mathrm{mCO}}\times\rho_{\mathrm{ed}}\times 1\ 000}\times\frac{c_{\mathrm{COd}}}{1-\frac{p_{\mathrm{r}}}{p_{\mathrm{b}}}}\times q_{\mathrm{med}} \qquad \text{(A.58)}$$

$$q_{\mathrm{mHC}}=\frac{M_{\mathrm{rHC}}}{V_{\mathrm{mHC}}\times\rho_{\mathrm{ed}}\times 1\ 000}\times\frac{c_{\mathrm{HCw}}}{k_{\mathrm{wr}}}\times q_{\mathrm{med}} \qquad \text{(A.59)}$$

$$q_{\mathrm{mC}}=\frac{1}{\rho_{\mathrm{ed}}\times 1\,000}\times\frac{c_{\mathrm{Cw}}}{k_{\mathrm{wr}}}\times q_{\mathrm{med}} \qquad \cdots\cdots(\mathrm{A}.60)$$

达到平衡状态时(输入碳=输出碳)得出：

$$q_{\mathrm{mf}}\times w_{\mathrm{BET}}\times 10=\frac{q_{\mathrm{med}}\times A_{\mathrm{rC}}}{\rho_{\mathrm{ed}}\times 1\,000}\times\left[\frac{(c_{\mathrm{CO_2d}}-c_{\mathrm{CO_2,a}})\times 10^4}{V_{\mathrm{mCO_2}}\times\left(1-\frac{p_{\mathrm{r}}}{p_{\mathrm{b}}}\right)}+\frac{c_{\mathrm{COd}}}{V_{\mathrm{mCO}}\times\left(1-\frac{p_{\mathrm{r}}}{p_{\mathrm{b}}}\right)}+\frac{c_{\mathrm{HCw}}}{V_{\mathrm{mHC}}\times k_{\mathrm{wr}}}+\frac{c_{\mathrm{Cw}}}{A_{\mathrm{rC}}\times k_{\mathrm{wr}}}\right] \qquad \cdots\cdots(\mathrm{A}.61)$$

公式(A.61)可转换成公式(A.62)，以便根据碳平衡计算 q_{med}：

$$q_{\mathrm{med}}=\frac{q_{\mathrm{mf}}\times w_{\mathrm{BET}}\times\rho_{\mathrm{ed}}\times 10^4}{A_{\mathrm{rC}}\times\left[\frac{\frac{(c_{\mathrm{CO_2d}}-c_{\mathrm{CO_2,a}})\times 10^4}{V_{\mathrm{mCO_2}}}+\frac{c_{\mathrm{COd}}}{V_{\mathrm{mCO}}}}{1-\frac{p_{\mathrm{r}}}{p_{\mathrm{b}}}}+\frac{c_{\mathrm{HCw}}}{k_{\mathrm{wr}}\times V_{\mathrm{mHC}}}+\frac{c_{\mathrm{Cw}}}{k_{\mathrm{wr}}\times A_{\mathrm{rC}}}\right]} \qquad \cdots\cdots(\mathrm{A}.62)$$

A.3.2.3 碳平衡：一步计算法

由于采用多步计算法不是太方便，本节中将两次迭代步骤合并成一个最终公式来计算排气质量流量，这样就能实现一步计算法。对于所有受试燃料组分，一步法的计算结果在多步法的±0.2%以内。

A.3.2.3.1 公式的应用

可用下列一步法公式计算湿排气的质量流量：

$$q_{\mathrm{mew}}=q_{\mathrm{mf}}\times\left\{\left[\frac{\frac{w_{\mathrm{BET}}\times w_{\mathrm{BET}}\times 1.4}{\left(\frac{1.4\times w_{\mathrm{BET}}}{f_{\mathrm{c}}}+w_{\mathrm{ALF}}\times 0.089\,36-1\right)\times\frac{1}{1.293}+f_{\mathrm{fd}}}}{f_{\mathrm{c}}\times f_{\mathrm{c}}}+w_{\mathrm{ALF}}\times 0.089\,36-1\right]\times\left(1+\frac{H_{\mathrm{a}}}{1\,000}\right)+1\right\} \qquad \cdots\cdots(\mathrm{A}.63)$$

式中：

$$f_{\mathrm{c}}=(c_{\mathrm{CO_2d}}-c_{\mathrm{CO_2,a}})\times 0.544\,1+\frac{c_{\mathrm{COd}}}{18\,522}+\frac{c_{\mathrm{HCw}}}{17\,355} \qquad \cdots\cdots(\mathrm{A}.64)$$

也可用下列更简单的公式：

$$q_{\mathrm{mew}}=q_{\mathrm{mf}}\times\left[\frac{w_{\mathrm{BET}}\times w_{\mathrm{BET}}\times 1.4}{(1.082\,8\times w_{\mathrm{BET}}+f_{\mathrm{fd}}\times f_{\mathrm{c}})\times f_{\mathrm{c}}}\times\left(1+\frac{H_{\mathrm{a}}}{1\,000}\right)+1\right] \qquad \cdots\cdots(\mathrm{A}.65)$$

注：公式(A.65)是公式(A.63)的简化形式，不会明显影响计算精度。

A.3.2.3.2 公式推导

a) 用公式(A.50)计算 $q_{\mathrm{mad}}/q_{\mathrm{mf}}$ 的商，并将公式(A.50)改写为(A.66)。

$$q_{\mathrm{med}}=\frac{q_{\mathrm{mf}}\times w_{\mathrm{BET}}\times\rho_{\mathrm{ed}}\times 832.57}{\left\{\left[(c_{\mathrm{CO_2}}-c_{\mathrm{CO_2,a}})\times 446.1+\frac{c_{\mathrm{COd}}}{22.414}\right]\times\frac{1}{1-\frac{p_{\mathrm{r}}}{p_{\mathrm{b}}}}+\left(\frac{c_{\mathrm{HCw}}}{22.414}+\frac{c_{\mathrm{Cw}}}{12.011}\right)\times\frac{1}{k_{\mathrm{wr}}}\right\}} \qquad \cdots\cdots(\mathrm{A}.66)$$

当 $p_{\mathrm{b}}=1\,013$ mbar、$p_{\mathrm{r}}=7.5$ mbar(冷却器温度为 4 ℃)，或 $1/(1-p_{\mathrm{r}}/p_{\mathrm{b}})=1.008$、$k_{\mathrm{wr}}=0.93$ 和 $c_{\mathrm{Cw}}=0$ 时，上述公式可简化为：

$$q_{\mathrm{med}}=\frac{q_{\mathrm{mf}}\times w_{\mathrm{BET}}\times\rho_{\mathrm{ed}}}{(c_{\mathrm{CO_2d}}-c_{\mathrm{CO_2,a}})\times 0.544\,1+\frac{c_{\mathrm{COd}}}{18\,522}+\frac{c_{\mathrm{HCw}}}{17\,355}}=\frac{q_{\mathrm{mf}}\times w_{\mathrm{BET}}\times\rho_{\mathrm{ed}}}{f_{\mathrm{c}}} \qquad \cdots\cdots(\mathrm{A}.67)$$

式中：

$$f_{\mathrm{c}}=(c_{\mathrm{CO_2d}}-c_{\mathrm{CO_2,a}})\times 0.544\,1+\frac{c_{\mathrm{COd}}}{18\,522}+\frac{c_{\mathrm{HCw}}}{17\,355}; \qquad \cdots\cdots(\mathrm{A}.68)$$

$$q_{\mathrm{mad}}=q_{\mathrm{med}}-q_{\mathrm{mf}}\times\left(1-\frac{w_{\mathrm{ALF}}}{100}\times\frac{M_{\mathrm{rH_2O}}}{2\times A_{\mathrm{rH}}}\right)=q_{\mathrm{med}}-q_{\mathrm{mf}}\times(1-w_{\mathrm{ALF}}\times 0.089\,36); \qquad \cdots\cdots(\mathrm{A}.69)$$

$$\frac{q_{mad}}{q_{mf}}=\frac{w_{BET}\times \rho_{ed}}{f_c}+0.08936\times w_{ALF}-1 \qquad \text{(A.70)}$$

b) 利用公式(A.70)的 q_{mad}/q_{mf} 比值计算干排气密度 ρ_{ed}。

将公式(A.46)稍加转换，

$$\rho_{ed}=\frac{q_{mad}+q_{mf}\times\left(1-\frac{w_{ALF}}{100}\times\frac{M_{rH_2O}}{2\times A_{rH}}\right)}{\frac{q_{mad}}{1.293}+f_{fd}\times q_{mf}}=\frac{\frac{q_{mad}}{q_{mf}}+1-0.08936\times w_{ALF}}{\frac{q_{mad}}{1.293\times q_{mf}}+f_{fd}} \qquad \text{(A.71)}$$

再将公式(A.70)代入得到：

$$\rho_{ed}=\frac{\frac{w_{BET}\times\rho_{ed,p}}{f_c}+0.08936\times w_{ALF}-1+1-0.08936\times w_{ALF}}{\left(\frac{w_{BET}\times\rho_{ed,p}}{f_c}+0.08936\times w_{ALF}-1\right)\times\frac{1}{1.293}+f_{fd}} \qquad \text{(A.72)}$$

最后得到

$$\rho_{ed}=\frac{\frac{w_{BET}\times\rho_{ed,p}}{f_c}}{\left(\frac{w_{BET}\times\rho_{ed,p}}{f_c}+0.08936\times w_{ALF}-1\right)\times\frac{1}{1.293}+f_{fd}} \qquad \text{(A.73)}$$

在此公式中，$\rho_{ed,p}$ 是干排气密度的初始值(推荐值：$\rho_{ed,p}=1.34$)，在此经过精确计算求得最终值 ρ_{ed}，供下一步继续使用。

c) 在计算排气质量流量中使用 ρ_{ed}。

将公式(A.48)和(A.49)合并得到：

$$q_{mew}=q_{mad}\times\left(1+\frac{H_a}{1000}\right)+q_{mf}=[q_{med}-q_{mf}\times(1-w_{ALF}\times0.08936)]\times\left(1+\frac{H_a}{1000}\right)+q_{mf} \qquad \text{(A.74)}$$

用下式代入：

$$q_{med}=\frac{q_{mf}\times w_{BET}\times\rho_{ed}}{f_c} \qquad \text{(A.75)}$$

进一步转换为：

$$q_{mew}=q_{mf}\times\left\{\left[\frac{w_{BET}\times\rho_{ed}}{f_c}-(1-w_{ALF}\times0.08936)\right]\left(1+\frac{H_a}{1000}\right)+1\right\} \qquad \text{(A.76)}$$

将公式(A.73)中的 ρ_{ed} 代入该公式就得到 A.3.2.3.1 中给出的最终公式。

A.3.3 氧平衡，迭代计算法

A.3.3.1 总则

与理论排气质量流量相比，氧平衡法的偏差要稍大一些(可达 1%，而碳平衡法小于 0.2%)。因此应优先采用碳平衡法。但氧平衡法可作为其他方法的一种单独检验。

A.3.3.2 公式应用

根据氧平衡法可用下式计算排气质量流量。

$$q_{med}=q_{mf}\times\left\{\frac{\left(1-\frac{w_{ALF}}{100}\times\frac{M_{rH_2O}}{2\times A_{rH}}\right)\times w_{ox}\times10+10\times f2-10\times w_{EPS}}{w_{ox}\times10-\frac{f1}{1000\times\rho_{ed}}}\right\} \qquad \text{(A.77)}$$

经过置换可转化为下列公式：

$$q_{med}=q_{mf}\times\frac{(1-0.08936\times w_{ALF})\times w_{ox}+f2-w_{EPS}}{w_{ox}-\frac{f1}{10000\times\rho_{ed}}} \qquad \text{(A.78)}$$

$$q_{mew}=q_{mad}\times\left(1+\frac{H_a}{1000}\right)+q_{mf} \qquad \text{(A.79)}$$

公式(A.77)和(A.78)中所用的 $f1$ 和 $f2$ 规定如下：

$$f1=\left(10\,000\times\frac{M_{rO_2}\times c_{CO_2d}}{V_{mO_2}}-\frac{A_{rO}}{V_{mCO}}\times c_{COd}\right)\times\frac{1}{1-\frac{p_r}{p_b}}+\frac{\left(\frac{A_{rO}}{V_{mNO}}\times c_{NOw}+\frac{2\times A_{rO}}{V_{mNO_2}}\times c_{NOw}-\frac{3\times A_{rO}}{V_{mHC}}\times c_{HCw}-\frac{2\times A_{rO}}{A_{rC}}\times c_{Cw}\right)}{k_{wr}} \quad\cdots\cdots(A.80)$$

和

$$f2=w_{ALF}\times\frac{A_{rO}}{2\times A_{rH}}+w_{BET}\times\frac{2\times A_{rO}}{A_{rC}}+w_{GAM}\times\frac{2\times A_{rO}}{A_{rS}} \quad\cdots\cdots(A.81)$$

当完全燃烧时可简化为：$f^{1}_{完全}=\left(10\,000\times\frac{M_{rO_2}}{V_{mO_2}}\times c_{O_2d}\right)\Big/\left(1-\frac{p_r}{p_b}\right)$ ……（A.82）

代入具体数值后为：

$$f1=\frac{14\,276\times c_{O_2d}-0.713\,8\times c_{COd}}{1-\frac{p_r}{p_b}}+\frac{0.713\,8\times c_{NOw}+1.427\,6\times c_{NO_2w}-2.141\,4\times c_{HCw}-2.664\,1\times c_{Cw}}{k_{wr}} \quad\cdots(A.83)$$

当完全燃烧时可简化为：

$$f1=\frac{14\,276\times c_{O_2d}}{1-\frac{p_r}{p_b}} \quad\cdots\cdots(A.84)$$

$$f2=w_{ALF}\times 7.936\,7+w_{BET}\times 2.664\,1+w_{GAM}\times 0.997\,9 \quad\cdots\cdots(A.85)$$

A.3.3.3 公式推导

由空气和燃料输入发动机的氧[g/h]为

$$q_{mad}\times w_{ox}\times 10+q_{mf}\times w_{EPS}\times 10 \quad\cdots\cdots(A.86)$$

通过计算各含氧排气组分的氧含量，可由下式得出发动机输出的总氧量（自由氧和化学结合氧）

$$q_{mO_2}+q_{mCO_2}\times\frac{2\times A_{rO}}{M_{rCO_2}}+q_{mCO}\times\frac{A_{rO}}{M_{rCO}}+q_{mNO}\times\frac{A_{rO}}{M_{rNO}}+q_{mNO_2}\times\frac{2\times A_{rO}}{M_{rNO_2}}+q_{mSO_2}\times\frac{2\times A_{rO}}{M_{rSO_2}}+q_{mH_2O}\times\frac{A_{rO}}{M_{rH_2O}} \quad\cdots\cdots(A.87)$$

利用下列公式可计算各气体组分，单位为 g/h。

$$q_{mO_2}=\frac{M_{rO_2}\times 10}{V_{mO_2}\times\rho_{ed}}\times\frac{c_{O_2d}}{1-\frac{p_r}{p_b}}\times q_{med} \quad\cdots\cdots(A.88)$$

$$q_{mCO}=\frac{M_{rCO}}{V_{mCO}\times\rho_{ed}\times 1\,000}\times\frac{c_{COd}}{1-\frac{p_r}{p_b}}\times q_{med} \quad\cdots\cdots(A.89)$$

$$q_{mNO}=\frac{M_{rNO}}{V_{mNO}\times\rho_{ed}\times 1\,000}\times\frac{c_{NOw}}{k_{wr}}\times q_{med} \quad\cdots\cdots(A.90)$$

$$q_{mNO_2}=\frac{M_{rNO_2}}{V_{mNO_2}\times\rho_{ed}\times 1\,000}\times\frac{c_{NO_2w}}{k_{wr}}\times q_{med} \quad\cdots\cdots(A.91)$$

$$q_{mCO_2}=\frac{M_{rCO_2}}{A_{rC}}\times q_{mf}\times w_{BET}\times 10-q_{mCO}\times\frac{M_{rCO_2}}{M_{rCO}}-q_{mHC}\times\frac{M_{rCO_2}}{M_{rHC}}-q_{mC}\times\frac{M_{rCO_2}}{A_{rC}} \quad\cdots(A.92)$$

$$q_{mH_2O}=\frac{M_{rH_2O}}{2\times A_{rH}}\times q_{mf}\times w_{ALF}\times 10-q_{mHC}\times\frac{M_{rH_2O}}{M_{rHC}} \quad\cdots\cdots(A.93)$$

$$q_{mSO_2} = \frac{M_{rSO_2}}{A_{rS}} \times q_{mf} \times w_{GAM} \times 10 \quad \cdots\cdots (A.94)$$

$$q_{mHC} = \frac{M_{rHC}}{V_{mHC} \times \rho_{ed} \times 1\,000} \times \frac{c_{HCw}}{k_{wr}} \times q_{med} \quad \cdots\cdots (A.95)$$

$$q_{mC} = \frac{1}{\rho_{ed} \times 1\,000} \times \frac{c_{Cw}}{k_{wr}} \times q_{med} \quad \cdots\cdots (A.96)$$

由平衡状态(输入氧=输出氧)得出：

$$q_{mad} \times w_{ox} \times 10 + q_{mf} \times w_{EPS} \times 10 = \frac{q_{med}}{1\,000 \times \rho_{ed}} \times$$

$$\left\{ \frac{\dfrac{M_{rO_2} \times c_{O_2d} \times 10\,000}{V_{mO_2}} - \dfrac{A_{rO} \times c_{COd}}{V_{mCO}}}{1 - \dfrac{p_r}{p_b}} + \frac{\dfrac{A_{rO} \times c_{NOw}}{V_{mNO}} + \dfrac{2 \times A_{rO} \times c_{NO_2w}}{V_{mNO_2}} - \dfrac{3 \times A_{rO} \times c_{HCw}}{V_{mHC}} - \dfrac{2 \times A_{rO} \times c_{Cw}}{A_{rC}}}{k_{wr}} \right\} +$$

$$10 \times q_{mf} \times \left(w_{ALF} \times \frac{A_{rO}}{2 \times A_{rH}} + w_{BET} \times \frac{2 \times A_{rO}}{A_{rC}} + w_{GAM} \times \frac{2 \times A_{rO}}{A_{rS}} \right) \quad \cdots\cdots (A.97)$$

通过确定以下系数：

$$f1 = \frac{\dfrac{M_{rO_2} \times c_{O_2d} \times 10\,000}{V_{mO_2}} - \dfrac{A_{rO} \times c_{COd}}{V_{mCO}}}{1 - \dfrac{p_r}{p_b}} + \frac{\dfrac{A_{rO} \times c_{NOw}}{V_{mNO}} + \dfrac{2 \times A_{rO} \times c_{NO_2w}}{V_{mNO_2}} - \dfrac{3 \times A_{rO} \times c_{HCw}}{V_{mHC}} - \dfrac{2 \times A_{rO} \times c_{Cw}}{A_{rC}}}{k_{wr}}$$

$$\cdots\cdots (A.98)$$

$$f2 = \left(w_{ALF} \times \frac{A_{rO}}{2 \times A_{rH}} + w_{BET} \times \frac{2 \times A_{rO}}{A_{rC}} + w_{GAM} \times \frac{2 \times A_{rO}}{A_{rS}} \right) \quad \cdots\cdots (A.99)$$

并利用公式(A.48)，则可将公式(A.97)转换成下列公式：

$$q_{med} = q_{mf} \times \left\{ \frac{\left(1 - \dfrac{w_{ALF}}{100} \times \dfrac{M_{rH_2O}}{2 \times A_{rH}}\right) \times w_{ox} \times 10 + 10 \times f2 - 10 \times w_{EPS}}{w_{ox} \times 10 - \dfrac{f1}{1\,000 \times \rho_{ed}}} \right\} \quad \cdots\cdots (A.100)$$

该公式与开头给出的公式(A.77)相同。

A.4 燃料特定系数的推导

下列公式是部分流颗粒测量系统采用碳平衡法所必需的(见15.2.3)。

$$q = \frac{k_f \times q_{mf}}{q_{mew} \times (c_{CO_2d} - c_{CO_2,a})} \quad \cdots\cdots (A.101)$$

和

$$q_{medf} = \frac{k_f \times q_{mf}}{c_{CO_2d} - c_{CO_2,a}} \quad \cdots\cdots (A.102)$$

q_{medf}是指在相当全流稀释通道(相同稀释比)中稀释排气的质量流量。

该碳平衡法假设由燃料输入发动机的碳为：

$$q_{mf} \times w_{BET} \times 10 [g/h] \quad \cdots\cdots (A.103)$$

等于在稀释排气中输出的碳，后者可用下列方法由稀释排气中的CO_2浓度(减去稀释空气中的CO_2浓度)求得：

$$\frac{q_{medf}}{\rho_{ew,d}} \times (c_{CO_2d} - c_{CO_2,a}) \times \frac{A_{rC} \times 10}{V_{mCO_2}} \quad \cdots\cdots (A.104)$$

连同公式A.102可将平衡状态(输入=输出)转换成下列k_f的计算公式：

$$k_f = \frac{w_{BET} \times V_{mCO_2} \times \rho_{ew,d}}{A_{rC}} \quad \cdots\cdots (A.105)$$

稀释排气密度 $\rho_{ew,d}$ 可由干稀释空气密度(1.293 kg/m³)及稀释空气中的水分求得：

$$\rho_{ew,d} = 1.293 \times k_{we} + \frac{M_{rH_2O}}{V_{mH_2O}} \times (1 - k_{we}) \quad \cdots\cdots\cdots\cdots (A.106)$$

系数 k_{we} 由 14.3 确定。

当在干稀释空气和高稀释比($\rho_{ew,d} = 1.293$ kg/m³)以及 $V_{mCO_2} = 22.414$ 和 $A_{rC} = 12.011$ 时，可得出下列简化公式：

$$k_f = w_{BET} \times 2.4129 \quad \cdots\cdots\cdots\cdots (A.107)$$

图 A.1 给出了在各种不同可能情况下，排气污染物排放计算公式的使用指南。

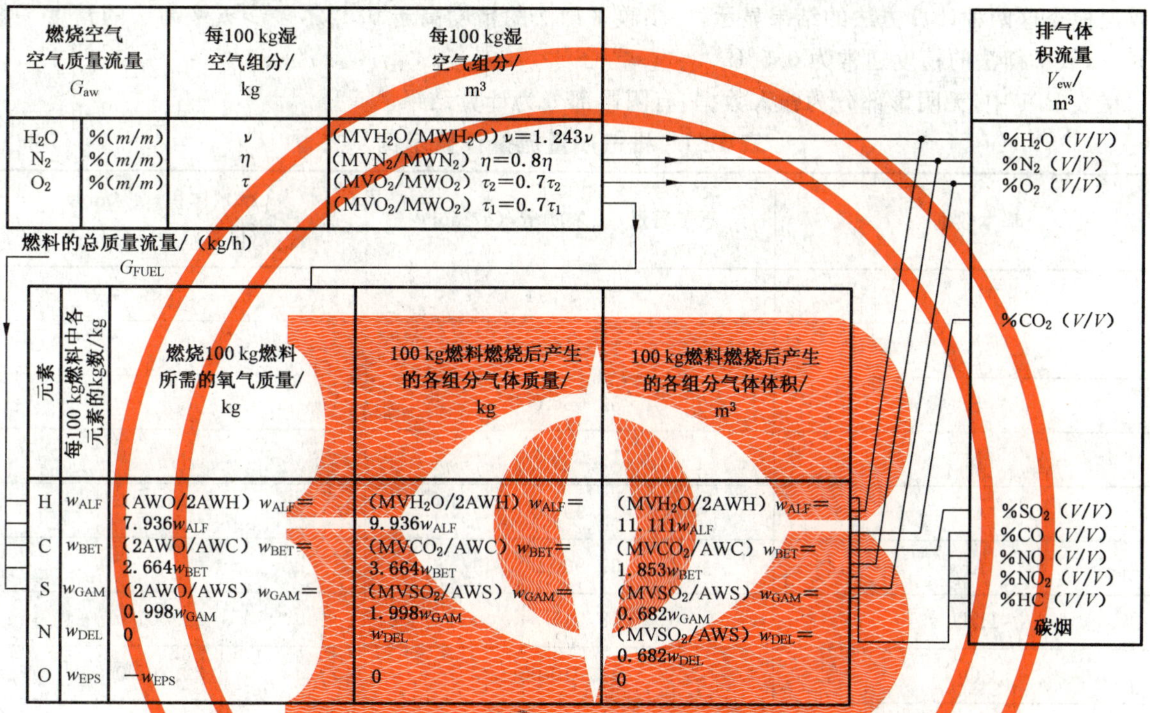

图 A.1 空气-燃料-排气

附 录 B
（资料性附录）
排气质量流量计算程序表示例

根据附录A由排气和燃料组分计算排气质量流量的程序表示例见表B.1。

可利用本程序表按附录A的规定由燃料组分、进气空气组分(包括湿度)和排气组分来计算排气质量流量。计算采用碳和氧平衡法。碳平衡法有一步法(新方法)和多步法(旧方法)两种。用完全燃烧所得数据检查这两种计算方法的结果显示,一步碳平衡法的精度高于0.1%,多步碳平衡法的精度一般为0.12%,氧平衡法的精度通常为0.5%。

在表B.1中,无阴影部分为输入数据,有阴影部分为计算结果。

表 B.1 排气质量流量计算示例

基本数据	原子质量/摩尔质量/(g/mol)	摩尔体积/(L/mol) (O,C,1 013 mbar)
H	1.007 94	
C	12.011 00	
S	32.060 00	
N	14.006 70	
O	15.999 40	
Ar	39.900 00	
H_2O	18.015 34	22.401 0
CO_2	44.010 00	22.262 0
O_2	31.998 80	22.392 0
NO_2	46.008 00	21.809 0
惰性气体	28.145 40	22.390 1

燃料组分	%质量	以C计的摩尔比	进气空气组分	氧	τ干	%质量	23.20
氢	13.45	1.852 9		惰性气体	η干	%质量	76.80
碳	86.50	1.000 0	燃料特定系数	A/F_{st}		kg/kg	14.567 8
硫	0.05	0.000 2		f_{fw}			0.738 2
氮	0.00	0.000 0		f_{fd}			−0.757 8
氧	0.00	0.000 0		k_f			207.30
				M_{rf}		g	
发动机类型(1为柴油机,2为汽油机)	1						

表 B.1（续）

测量参数	符号	单位	公式	数值									
总大气压	p_b	kPa		1 013.0	1 013.0	1 013.0	1 013.0	1 013.0	1 013.0	1 013.0	1 013.0	1 013.0	1 013.0
进气空气相对湿度	R_a	%		30.0	30.0	30.0	30.0	30.0	30.0	30.0	30.0	30.0	30.0
进气空气温度	T_{AYD}	℃		25.0	25.0	25.0	25.0	25.0	25.0	25.0	25.0	25.0	25.0
冷却槽温度	$T_{冷却器}$	℃		3.0	3.0	3.0	3.0	3.0	3.0	3.0	3.0	3.0	3.0
CO 干	COD	ppm		0	0	0	0	0	0	0	0	0	0
NO_x 干	NO_xD	ppm		0	0	0	0	0	0	0	0	0	0
NO_x 湿	NO_xW	ppm		0	0	0	0	0	0	0	0	0	0
HC 湿	HCW	ppmC1		0	0	0	0	0	0	0	0	0	0
CO_2 干	CO_2D	%体积		15.171	7.341	4.851	3.627	2.900	2.418	2.075	1.818	1.619	1.460
O_2 干	O_2D	%体积		0.000	10.768	14.192	15.874	16.875	17.538	18.010	18.362	18.636	18.855
波许(滤纸式)烟度值	SN			0.000	0.000	0.000	0.000	0.000	0.000	0.000	0.000	0.000	0.000
燃料质量流量	q_{mf}	kg/h		10.000	10.000	10.000	10.000	10.000	10.000	10.000	10.000	10.000	10.000
进气空气的饱和蒸汽压	p_a	mbar	A.14	31.69	31.69	31.69	31.69	31.69	31.69	31.69	31.69	31.69	31.69
进气空气湿度	H_a	g/kg	38	5.89	5.89	5.89	5.89	5.89	5.89	5.89	5.89	5.89	5.89
冷却器后的水蒸气压	p_r	mbar	A.14	7.58	7.58	7.58	7.58	7.58	7.58	7.58	7.58	7.58	7.58
碳烟浓度	c_{Cw}	mg/m^3		0.00	0.00	0.00	0.00	0.00	0.00	0.00	0.00	0.00	0.00

表 B.1（续）

碳平衡法（一步程序）	符号	单位	公式	数值									
系数 *C*	f_c		A.64	8.223 6	3.967 9	2.614 7	1.949 7	1.554 4	1.292 4	1.105 9	0.966 5	0.858 2	0.771 8
排气质量流量（湿基）	q_{mew}	kg/h	A.63	156.47	302.98	449.66	596.37	743.10	889.85	1 036.61	1 183.38	1 330.15	1 476.94
排气质量流量（湿基）	q_{mew}	kg/h	A.65	156.55	302.93	449.55	596.24	742.96	889.69	1 036.44	1 183.20	1 329.96	1 476.74
空气质量流量（湿基）	q_{maw}	kg/h		146.47	292.98	439.66	586.37	733.10	879.85	1 026.61	1 173.38	1 320.15	1 466.94
空气质量流量（干基）	q_{mad}	kg/h	A.48	145.61	291.27	437.08	582.93	728.81	874.70	1 020.60	1 166.50	1 312.42	1 458.35
排气密度（干基）	ρ_{ed}	kg/m³	A.46	1.367 1	1.328 7	1.316 5	1.310 6	1.307 0	1.304 6	1.303 0	1.301 7	1.300 7	1.299 9
排气密度（湿基）	ρ_{ew}	kg/m³	A.44	1.292 4	1.290 5	1.289 8	1.289 5	1.289 3	1.289 1	1.289 0	1.288 9	1.288 9	1.288 8
干-湿基修正系数	k_{wr}			0.874 7	0.934 4	0.955 2	0.965 7	0.972 1	0.976 4	0.979 5	0.981 8	0.983 6	0.985 0
NO_x 湿度修正系数（柴油机）	k_{hd}			0.974 7	0.928 5	0.914 0	0.906 9	0.902 7	0.900 0	0.898 0	0.896 5	0.895 4	0.894 5
NO_x 湿度修正系数（汽油机）	k_{hp}			0.856 7	0.856 7	0.856 7	0.856 7	0.856 7	0.856 7	0.856 7	0.856 7	0.856 7	0.856 7
CO 质量流量	q_{mCO}	g/h		0.00	0.00	0.00	0.00	0.00	0.00	0.00	0.00	0.00	0.00
HC 质量流量	q_{mHC}	g/h		0.00	0.00	0.00	0.00	0.00	0.00	0.00	0.00	0.00	0.00
NO_x 质量流量	q_{mNO_x}	g/h		0.00	0.00	0.00	0.00	0.00	0.00	0.00	0.00	0.00	0.00
CO_2 质量流量	q_{mCO_2}	g/h		31538.79	31568.53	31648.11	31734.05	31821.70	31910.00	31998.60	32087.36	32176.20	32265.10

附　录　C
（资料性附录）
热计算（输送管）

C.1　输送管加热示例

输送管（TT）中的温度损失会引起载热体的沉降。沉降量可用奇特尔森（Kittelson）给出的公式来计算。

$$\left(\frac{c_e}{c_i}\right)=\left(\frac{T_e}{T_i}\right)^{0.38} \quad \cdots\cdots(C.1)$$

式中：

c_e——出口颗粒浓度；

c_i——进口颗粒浓度；

T_e——出口气体温度；

T_i——进口气体温度。

后面公式（C.2）中所用参数如下。

a——热适应系数；

A_w——输送管壁面面积（表面）；

c_g——输送管中气体速度（平均）；

c_p——比热（恒压下），单位为焦耳每千克开（J/kg·K）；

d——输送管直径；

l——输送管长度；

m'——质量流量，单位为千克每秒（kg/s）；

Nu——努塞特（Nusselt）数；

p——气体压力，单位为千克平方米每秒（kg·m²/s）；

Pr——普朗德（Prandtl）数；

Q'——气流热损失，单位为瓦（W）；

Re——雷诺数；

T_b——气体（平均）温度；

T_w——壁面温度；

ν——黏度，单位为平方米每秒（m²/s）；

λ——气体的导热系数，单位为瓦每米开[W/(m·K)]；

ρ——气体密度，单位为千克每立方米（kg/m³）；

ϕ——通过壁面的热流量，单位为瓦每平方米（W/m²）。

可用公式（C.2）计算输送管中的热流量。并假设输送管的横截面不变。

$$Nu=\frac{(a\times d)}{\lambda}=0.023\times Re^{0.8}\times Pr^{0.4}\text{[第塔斯-波尔特(Dittus Boelter)方程]} \quad \cdots(C.2)$$

式中：

$$Re=\frac{(c_g\times d)}{\nu} \quad \cdots\cdots(C.3)$$

$$Pr=\frac{(\nu\times p\times c_p)}{\lambda} \quad \cdots\cdots(C.4)$$

利用这些公式可计算热适应系数 a。

此外，考虑到输送管中的质量流量为：

$$m' = p \times c_g \times d^2 \times p/4 \qquad \cdots\cdots(C.5)$$

输送管输入与输出之间气体的热损失为：

$$Q' = m' \times c_p \times (T_i - T_e) \qquad \cdots\cdots(C.6)$$

由能量平衡，通过壁面的热流量必等于气体的能量损失。亦即

$$\phi = Q'/A_w \qquad \cdots\cdots(C.7)$$

利用努塞特(Nusselt)数的另一个定义，可确定壁面温度与气体温度的差。

$$Nu = \frac{\phi \times d}{(T_w - T_b) \times l} \qquad \cdots\cdots(C.8)$$

在下面示例中，假设载热体的沉降量小于5%，并根据下列条件进行计算。

$$c_e/c_i \geqslant 0.95$$

$$T_e/T_i \geqslant 0.872$$

$$T_e \geqslant T_i \times 0.872$$

C.2 传热计算

假设完全紊流流动、管子光滑平顺；

排气温度＝600 K＝T_{b1}(进口体积平均温度)。

当载热体沉降为5%时，样气最低许用出口温度：

$$T_{b2} = 600\ \text{K} \times (0.872) = 523.2\ \text{K}$$

$$\text{平均}\ T_{b2} = \frac{600 + 523}{2} = 561.5\ \text{K}$$

在体积平均温度(561.5 K)状况下：

ρ——密度＝0.63 kg/m^3

c_p＝1 043 J/(kg·K)

λ＝0.044 5 W/(m·K)

Pr＝0.68

c_g＝52 m/s

η＝4.4×10^{-5} m^2/s

附加数据：

输送管直径 d＝0.012 73 m

输送管长度 l＝1.524 m

输送管管壁面积 A_w＝0.060 9 m^2

输送管横截面积 A＝0.127 2×10^{-3} m^2

通过输送管的质量流量：

$$m' = \mathrm{d}m/\mathrm{d}t = p \times c_g \times A_w = 0.63 \times 52 \times 0.000\ 127\ 2 = 0.004\ 167\ \text{kg/s}$$

$$Re = \frac{c_g \times d}{\nu} = \frac{52 \times 0.012\ 73}{4.4 \times 10^{-6}} = 15\ 044.5$$

$$Nu = \frac{a \times l}{\lambda} = 0.023 \times Re^{0.8} \times Pr^{0.4} = 0.023 \times (15\ 044.5)^{0.8} \times (0.68)^{0.4} = 43.31$$

通过壁面的热损失计算如下：

$$T_b = \frac{(T_{b2} - T_{b1})}{2}$$

$$Q' = (\mathrm{d}m/\mathrm{d}t) \times c_p \times T_b = 0.004\ 167 \times (1\ 043) \times (523 - 600) = -334.65\ \text{W}$$

$$Q' = (Q) \times (A_w) = -334.65\ \text{W}$$

$$T_w - T_b = \frac{Q \times d}{Nu \times \lambda}$$

$$T_w - T_b = \frac{(-5\ 495.17) \times (0.123\ 73)}{(43.31) \times (0.044\ 5)} = -36.29$$

$$T_w = -36.29 + 523.2 = 486.91\ \text{K}$$

因此，在这一质量流量下，管壁温度应保持在 487 K 或以上。

推荐最高排气温度与输送管最低管壁温度间的关系如表 C.1。

表 C.1 最高排气温度与输送管最低管壁温度间的推荐关系

最高排气温度		最低管壁温度	
K	℃	K	℃
548	275	473	200
723	450	623	350
873	600	748	475

应在气体开始流过输送管之前确定管壁温度。推荐在任何排气温度下载热体的最大可能沉降量为 5%。这就要求输送管出口（至稀释通道）的排气样气流温度不得低于取样探头进口处排气温度的 87%。

附　录　D
（资料性附录）
系统等效性的确定

根据7.1的规定，其他系统或分析仪（待选）如能得出相同结果，也可采用。系统等效性应根据7对样气（或更多）在待选系统和本标准所认可的某一基准系统之间，用适宜的试验循环进行比对试验后确定。所采用的等效性准则应是F-检验和双方专家的t-检验。

本统计方法的假设检验是，用基准系统测得的排放值的总体标准差和平均值应与用待选系统测得的排放值的标准差和总体平均值无差异。该假设检验以F值和t值的5%显著性水平为依据。表D.1给出了7～10对样本的临界F值和t值。如果按下列公式计算的F值和t值大于临界F值和t值，则该待选系统不等效。

应按照下列程序进行系统等效性的判定。下标R和C分别指基准系统和待选系统。

a) 待选系统和基准系统最好同时平行进行至少7次试验，试验次数用n_R和n_C表示。

b) 计算平均值x_R和x_C以及标准差s_R和s_C。

c) 按下列公式计算F值：

$$F=\frac{s^2_{较大值}}{s^2_{较小值}}（较大标准差应为分子）。$$

d) 按下列公式计算t值：

$$t=\frac{|x_C-x_R|}{\sqrt{(n_C-1)\times s_C^2+(n_R-1)\times s_R^2}}\times\sqrt{\frac{n_C\times n_R\times(n_C+n_R-2)}{n_C+n_R}}。$$

e) 将计算的F值和t值与表D.1中所列各种试验数所对应的临界F值和t值进行比较。如果要选择更大的样本数，可查阅5%显著性水平（95%置信度）的统计表。

f) 按下列公式确定自由度（df）：

对于F-检验：$df=\frac{n_R-1}{n_C-1}$；

对于t-检验：$df=n_C+n_R-2$。

表D.1　所选样本数的F值和t值

样本数	F-检验		t-检验	
	df	$F_{临界}$	df	$t_{临界}$
7	6/6	4.284	12	2.179
8	7/7	3.787	14	2.145
9	8/8	3.438	16	2.120
10	9/9	3.179	18	2.101

g) 按如下规则确定等效性：

——如果$F<F_{临界}$且$t<t_{临界}$，则待选系统与GB/T 8190的本部分所述基准系统等效；

——如果$F\geqslant F_{临界}$且$t\geqslant t_{临界}$，则待选系统与GB/T 8190的本部分所述基准系统不等效。

附　录　E
（资料性附录）
燃料特定参数

表 E.1　燃料特定参数

燃料		组分		与过量空气系数(EAF)无关的燃料特定参数		EAF	干进气空气值				
		%质量	摩尔比				排气密度 kg/m³（湿）	排气密度 kg/m³（干）	k_{wr}	M_{rew}/(g/mol)	f_{fh}
柴油	H	13.50	1.860 0	A/F_{st}	14.550 7	1.00	1.295 5	1.365 7	0.882 5	29.023	1.818 4
	C	86.49	1.000 0	f_{fw}	0.750 5	1.35	1.294 8	1.345 9	0.913 5	29.009	1.848 3
	S	0.01	0.000 0	f_{fd}	−0.750 4	2.00	1.294 3	1.328 1	0.943 2	28.996	1.877 0
	N	0.00	0.000 0	k_f	208.691 7	3.00	1.293 8	1.316 1	0.964 3	28.987	1.897 4
	O	0.00	0.000 0	M_{rf}	13.887 2	4.00	1.293 6	1.310 3	0.975 1	28.982	1.907 8
						5.00	1.293 5	1.306 8	0.981 6	28.979	1.914 1
菜子油	H	12.00	1.852 3	A/F_{st}	12.504 8	1.00	1.296 8	1.369 2	0.879 3	29.053	1.601 1
	C	77.20	1.000 0	f_{fw}	0.742 8	1.35	1.295 9	1.348 5	0.910 9	29.032	1.631 3
	S	0.00	0.000 0	f_{fd}	−0.591 4	2.00	1.295 0	1.329 9	0.941 3	29.012	1.660 4
	N	0.00	0.000 0	k_f	186.275 9	3.00	1.294 3	1.317 4	0.963 0	28.997	1.681 1
	O	10.80	1.105 0	M_{rf}	15.558 3	4.00	1.294 0	1.311 2	0.974 0	28.990	1.691 6
						5.00	1.293 8	1.307 5	0.980 7	28.985	1.698 0
甲醇	H	12.50	3.972 1	A/F_{st}	6.427 3	1.00	1.234 6	1.364 0	0.775 6	27.661	1.483 9
	C	37.50	1.000 0	f_{fw}	1.045 2	1.35	1.247 7	1.344 6	0.827 7	27.954	1.553 9
	S	0.00	0.000 0	f_{fd}	−0.344 6	2.00	1.261 0	1.327 2	0.888 07	28.252	1.625 1
	N	0.00	0.000 0	k_f	90.483 8	3.00	1.271 0	1.315 5	0.920 4	28.475	1.678 3
	O	50.00	1.001 0	M_{rf}	32.029 3	4.00	1.276 2	1.309 8	0.941 2	28.592	1.706 3
						5.00	1.279 4	1.306 4	0.954 0	28.664	1.723 5
乙醇	H	13.10	2.993 4	A/F_{st}	8.972 2	1.00	1.260 6	1.363 7	0.882 9	28.243	1.651 0
	C	52.15	1.000 0	f_{fw}	0.971 7	1.35	1.268 2	1.344 3	0.866 4	28.413	1.705 3
	S	0.00	0.000 0	f_{fd}	−0.484 8	2.00	1.275 7	1.327 1	0.909 4	28.581	1.759 0
	N	0.00	0.000 0	k_f	125.832 7	3.00	1.281 2	1.315 4	0.940 8	28.704	1.798 2
	O	34.75	0.500 2	M_{rf}	23.031 6	4.00	1.284 1	1.309 7	0.957 0	28.768	1.818 5
						5.00	1.285 8	1.306 3	0.966 9	28.806	1.830 9

表 E.1（续）

燃料	组分		与过量空气系数（EAF）无关的燃料特定参数		干进气空气值					
	% 质量	摩尔比			EAF	排气密度 kg/m³（湿）	排气密度 kg/m³（干）	k_{wr}	M_{rew}/（g/mol）	f_{fh}
天然气 H	19.30	3.795 2	A/F_{st}	13.479 5	1.00	1.242 1	1.341 0	0.823 1	27.829	2.479 9
C	60.60	1.000 0	f_{fw}	1.231 9	1.35	1.254 3	1.327 7	0.867 1	28.100	2.549 8
S	0.00	0.000 0	f_{fd}	−0.913 9	2.00	1.266 1	1.315 9	0.910 4	28.366	2.618 2
N	18.20	0.257 5	k_f	146.221 7	3.00	1.274 8	1.308 0	0.941 7	28.559	2.667 9
O	1.90	0.023 5	M_{rf}	19.820 1	4.00	1.279 2	1.304 2	0.957 8	28.658	2.693 4
					5.00	1.281 9	1.301 9	0.967 6	28.718	2.708 9
丙烷 H	18.30	2.669 2	A/F_{st}	15.642 3	1.00	1.268 9	1.354 4	0.852 2	28.429	2.425 3
C	81.70	1.000 0	f_{fw}	1.017 4	1.35	1.274 8	1.337 4	0.890 2	28.560	2.475 1
S	0.00	0.000 0	f_{fd}	−1.017 2	2.00	1.280 5	1.322 3	0.927 0	28.687	2.523 2
N	0.00	0.000 0	k_f	197.133 9	3.00	1.284 5	1.312 3	0.953 2	28.778	2.557 6
O	0.00	0.000 0	M_{rf}	14.701 3	4.00	1.286 6	1.307 4	0.966 6	28.824	2.575 1
					5.00	1.287 9	1.304 4	0.974 8	28.852	2.585 8
丁烷 H	17.30	2.492 8	A/F_{st}	15.415 0	1.00	1.274 1	1.356 6	0.858 1	28.545	2.300 0
C	82.70	1.000 0	f_{fw}	0.961 8	1.35	1.278 7	1.339 1	0.894 8	28.648	2.345 4
S	0.00	0.000 0	f_{fd}	−0.961 6	2.00	1.283 2	1.323 5	0.930 1	28.748	2.389 2
N	0.00	0.000 0	k_f	199.546 8	3.00	1.286 4	1.313 0	0.955 4	28.819	2.420 5
O	0.00	0.000 0	M_{rf}	14.523 6	4.00	1.288 0	1.307 9	0.968 3	28.855	2.436 5
					5.00	1.289 0	1.304 9	0.976 1	28.877	2.446 1
汽油 H	12.20	1.694 4	A/F_{st}	13.940 1	1.00	1.302 1	1.369 0	0.889 3	29.173	1.647 1
C	85.80	1.000 0	f_{fw}	0.692 3	1.35	1.299 9	1.348 3	0.918 7	29.122	1.673 3
S	0.00	0.000 0	f_{fd}	−0.664 1	2.00	1.297 7	1.329 8	0.946 8	29.073	1.698 3
N	0.00	0.000 0	k_f	207.026 8	3.00	1.296 2	1.317 3	0.966 8	29.038	1.716 1
O	2.00	0.017 5	M_{rf}	13.998 8	4.00	1.295 4	1.311 1	0.976 9	29.021	1.725 2
					5.00	1.294 9	1.307 4	0.983 0	29.010	1.730 6

表 E.1（续）

燃料		组分 % 质量	组分 摩尔比	与过量空气系数(EAF)无关的燃料特定参数		EAF	干进气空气值 排气密度 kg/m³（湿）	排气密度 kg/m³（干）	k_{wr}	M_{rew}/(g/mol)	f_{fh}
氢气	H	100.00		A/F_{st}	34.209 8	1.00	1.099 7	1.257 1	0.659 3	24.639	11.872 8
	C	0.00		f_{fw}	5.559 4	1.35	1.143 1	1.268 2	0.737 6	25.610	12.432 5
	S	0.00		f_{fd}	−5.558 6	2.00	1.187 2	1.277 2	0.817 1	26.598	13.001 6
	N	0.00		k_f	0.000 0	3.00	1.220 1	1.282 8	0.876 6	27.336	13.427 1
	O	0.00		M_{rf}	2.015 9	4.00	1.237 4	1.285 5	0.907 8	27.723	13.650 5
						5.00	1.248 1	1.287 1	0.927 0	27.962	13.788 2

表 E.2　进气空气湿度对燃料特定参数的影响

	EAF			进气空气湿度，H_a/(g/kg 干空气) 0.0	2.0	4.0	6.0	8.0	10.0	10.7	12.0
柴油	2.0	排气密度湿	kg/m³	1.294 4	1.292 9	1.291 4	1.289 9	1.288 4	1.286 9	1.286 4	1.285 4
		k_{wr}		0.943 4	0.940 4	0.937 5	0.934 6	0.931 8	0.928 9	0.927 9	0.926 1
		M_{rew}	g/mol	28.999	28.854	28.708	28.564	28.421	28.278	28.228	28.137
	4.0	排气密度湿	kg/m³	1.293 7	1.292 2	1.290 6	1.289 1	1.287 6	1.286 1	1.285 6	1.284 6
		k_{wr}		0.979 0	0.975 9	0.972 9	0.969 8	0.966 8	0.963 8	0.962 7	0.960 8
		M_{rew}	g/mol	28.983	28.835	28.688	28.542	28.396	28.251	28.200	28.108
菜子油	2.0	排气密度湿	kg/m³	1.295 0	1.293 4	1.291 9	1.290 4	1.289 0	1.287 5	1.287 0	1.286 0
		k_{wr}		0.941 3	0.938 4	0.935 5	0.932 6	0.929 8	0.926 9	0.925 9	0.924 1
		M_{rew}	g/mol	29.012	28.866	28.722	28.578	28.436	28.294	28.244	28.153
	4.0	排气密度湿	kg/m³	1.294 0	1.292 5	1.290 9	1.289 4	1.287 9	1.286 4	1.285 9	1.284 9
		k_{wr}		0.977 9	0.974 8	0.971 7	0.968 7	0.965 7	0.962 7	0.961 6	0.959 7
		M_{rew}	g/mol	28.990	28.842	28.695	28.549	28.404	28.259	28.208	28.116
甲醇	2.0	排气密度湿	kg/m³	1.261 0	1.259 7	1.258 4	1.257 1	1.255 8	1.254 5	1.254 0	1.253 2
		k_{wr}		0.877 4	0.874 8	0.872 2	0.869 6	0.867 0	0.864 5	0.863 6	0.861 9
		M_{rew}	g/mol	28.252	28.119	27.987	27.855	27.724	27.594	27.548	27.465
	4.0	排气密度湿	kg/m³	1.276 2	1.274 8	1.273 3	1.271 9	1.270 5	1.269 1	1.268 6	1.267 7
		k_{wr}		0.944 9	0.942 1	0.939 2	0.936 4	0.933 5	0.930 7	0.929 7	0.927 9
		M_{rew}	g/mol	28.592	28.450	28.310	28.170	28.031	27.893	27.845	27.756

表 E.2（续）

	EAF			进气空气湿度，H_a/(g/kg 干空气)							
				0.0	2.0	4.0	6.0	8.0	10.0	10.7	12.0
乙醇	2.0	排气密度湿	kg/m³	1.275 7	1.274 3	1.272 9	1.271 5	1.270 1	1.268 7	1.268 3	1.267 4
		k_{wr}		0.908 0	0.905 2	0.902 5	0.899 8	0.897 0	0.894 3	0.893 4	0.891 7
		M_{rew}	g/mol	28.581	28.442	28.304	28.167	28.030	27.894	27.846	27.759
	4.0	排气密度湿	kg/m³	1.284 1	1.282 6	1.281 1	1.279 6	1.278 2	1.276 7	1.276 2	1.275 3
		k_{wr}		0.960 8	0.957 9	0.954 9	0.952 0	0.949 0	0.946 1	0.945 1	0.943 2
		M_{rew}	g/mol	28.768	28.623	28.479	28.337	28.195	28.054	28.004	27.913
天然气	2.0	排气密度湿	kg/m³	1.266 1	1.264 7	1.263 4	1.262 0	1.260 6	1.259 2	1.258 8	1.257 9
		k_{wr}		0.908 4	0.905 5	0.902 8	0.900 0	0.897 2	0.894 5	0.893 5	0.891 7
		M_{rew}	g/mol	28.366	28.227	28.089	27.951	27.814	27.678	27.630	27.543
	4.0	排气密度湿	kg/m³	1.279 2	1.277 7	1.276 2	1.274 8	1.273 3	1.271 9	1.271 4	1.270 4
		k_{wr}		0.961 6	0.958 6	0.955 6	0.952 7	0.949 7	0.946 8	0.945 8	0.943 9
		M_{rew}	g/mol	28.658	28.513	28.369	28.226	28.084	27.943	27.893	27.803
丙烷	2.0	排气密度湿	kg/m³	1.280 5	1.279 0	1.277 6	1.276 1	1.274 7	1.273 2	1.272 7	1.271 8
		k_{wr}		0.926 2	0.923 3	0.920 4	0.917 6	0.914 8	0.912 0	0.911 0	0.909 2
		M_{rew}	g/mol	28.687	28.544	28.402	28.260	28.210	27.980	27.931	27.841
	4.0	排气密度湿	kg/m³	1.286 6	1.285 1	1.283 6	1.282 1	1.280 6	1.279 1	1.278 6	1.277 7
		k_{wr}		0.970 5	0.967 5	0.964 4	0.961 4	0.958 4	0.955 5	0.954 4	0.952 5
		M_{rew}	g/mol	28.824	28.677	28.532	28.387	28.243	28.099	28.049	27.957
丁烷	2.0	排气密度湿	kg/m³	1.283 2	1.281 7	1.280 2	1.278 8	1.277 3	1.275 9	1.275 4	1.274 5
		k_{wr}		0.929 5	0.926 6	0.923 8	0.920 9	0.918 1	0.915 3	0.914 3	0.912 5
		M_{rew}	g/mol	28.748	28.604	28.461	28.319	28.178	28.038	27.988	27.898
	4.0	排气密度湿	kg/m³	1.288 0	1.286 5	1.285 0	1.283 5	1.282 0	1.280 5	1.280 0	1.279 0
		k_{wr}		0.972 2	0.969 1	0.966 1	0.963 0	0.960 0	0.957 1	0.956 0	0.954 1
		M_{rew}	g/mol	28.855	28.708	28.562	28.417	28.272	28.129	28.078	27.986
汽油	2.0	排气密度湿	kg/m³	1.297 7	1.296 2	1.294 7	1.293 1	1.291 6	1.290 1	1.289 6	1.288 7
		k_{wr}		0.946 9	0.944 0	0.941 1	0.938 2	0.935 3	0.932 4	0.931 4	0.929 6
		M_{rew}	g/mol	29.073	28.927	28.781	28.636	28.492	28.349	28.299	28.207
	4.0	排气密度湿	kg/m³	1.295 4	1.293 8	1.292 3	1.290 8	1.289 2	1.287 7	1.287 2	1.286 2
		k_{wr}		0.980 8	0.977 7	0.974 6	0.971 6	0.968 5	0.965 5	0.964 4	0.962 5
		M_{rew}	g/mol	29.021	28.872	28.725	28.578	28.432	28.287	28.236	28.144

表 E.2（续）

	EAF			进气空气湿度，H_a/(g/kg 干空气)							
				0.0	2.0	4.0	6.0	8.0	10.0	10.7	12.0
氢气	2.0	排气密度湿	kg/m³	1.187 2	1.186 1	1.184 9	1.183 9	1.182 8	1.181 7	1.181 3	1.180 6
		k_{wr}		0.800 7	0.798 2	0.795 6	0.793 1	0.790 7	0.788 2	0.787 3	0.785 7
		M_{rew}	g/mol	26.598	26.472	26.348	26.224	26.101	25.978	25.935	25.856
	4.0	排气密度湿	kg/m³	1.237 4	1.236 1	1.234 8	1.233 5	1.232 2	1.230 9	1.230 5	1.229 6
		k_{wr}		0.911 6	0.908 8	0.906 0	0.903 3	0.900 5	0.897 8	0.896 9	0.895 1
		M_{rew}	g/mol	27.723	27.586	27.450	27.315	27.180	27.046	26.999	26.913

附 录 F
（规范性附录）
碳流量检验

F.1 引言

排气中几乎只有极小部分的碳来自于燃料，而这部分碳又只有极少部分在排气中以 CO_2 形式出现。这就是根据 CO_2 测量对系统进行验证检查的基础。

由燃料流量可确定进入排气测量系统的碳流量。气体排放和颗粒取样系统中各取样点的碳流量可根据这些点的 CO_2 浓度和气体流量来确定。

从这一意义上来说，发动机提供了一个已知来源的碳流量，观测该碳在排气管中和部分流颗粒取样系统出口处的流量就可检验泄漏程度和流量测量的准确度。这种检验的优点是各元器件都在发动机实际试验温度和流量条件下运行。

图 F.1 所示为用于检验碳流量的取样点。F.2～F.4 给出了各取样点碳流量的具体公式。

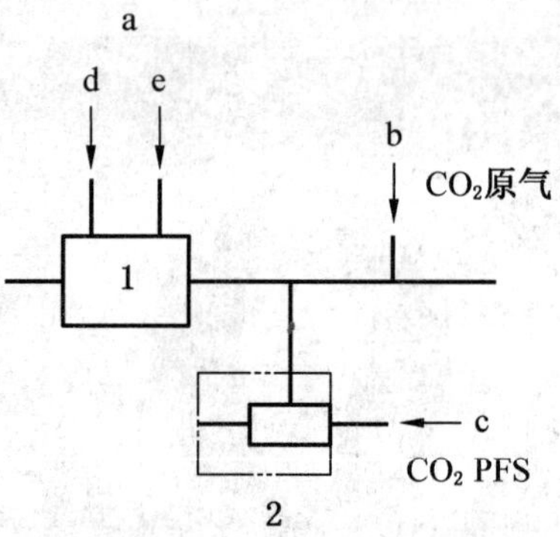

1——发动机；
2——部分流系统；
a——位置 1；
b——位置 2；
c——位置 3；
d——空气；
e——燃料。

图 F.1 碳流量检验用测量点

F.2 进入发动机的碳流量(位置 1)

对于分子式为 $C_\beta H_\alpha O_\varepsilon$ 的燃料，进入发动机的碳质量流量由式(F.1)确定：

$$q_{mCf}=\frac{12\beta}{12\beta+\alpha+16\varepsilon}\times q_{mf} \qquad \cdots\cdots(F.1)$$

式中：

q_{mf}——燃料的质量流量，单位为千克每秒(kg/s)。

F.3 原排气(位置 2)中的碳流量

发动机排气管中的碳质量流量由原排气中的 CO_2 浓度和排气质量流量确定：

$$q_{mCe}=\left(\frac{c_{CO_2,r}-c_{CO_2,a}}{100}\right)\times q_{mew}\times\frac{12}{M_{r,e}} \qquad \cdots\cdots(F.2)$$

式中：

$c_{CO_2,r}$——原排气中的湿 CO_2 浓度，%；

$c_{CO_2,a}$——环境空气中的湿 CO_2 浓度，%，约为 0.04%；

q_{mew}——湿基排气质量流量，单位为千克每秒(kg/s)；

$M_{r,e}$——排气分子质量。

如果测得的 CO_2 浓度为干基浓度，应按 14.3 将其转化为湿基浓度。

F.4 部分流稀释系统中的碳流量(位置 3)

对于部分流稀释系统，须考虑分流比。碳流量由稀释 CO_2 浓度、排气质量流量和样气流量确定：

$$q_{mCp} = \left(\frac{c_{CO_2,d} - c_{CO_2,a}}{100}\right) \times q_{mdew} \times \frac{12}{M_{r,e}} \times \frac{q_{mew}}{q_{mp}} \qquad \text{(F.3)}$$

式中：

$c_{CO_2,d}$——稀释通道出口处稀释排气中的湿 CO_2 浓度，%；

$c_{CO_2,a}$——环境空气中的湿 CO_2 浓度，%，约为 0.04%；

q_{mew}——湿基排气质量流量，单位为千克每秒(kg/s)；

q_{mp}——进入部分流稀释系统的排气样气流量，单位为千克每秒(kg/s)；

$M_{r,e}$——排气的分子质量。

如果测得的 CO_2 为干基浓度，则应按 14.3 将其转化为湿基浓度。

参 考 文 献

[1] GB/T 1883.1—2005 往复式内燃机 词汇 第1部分:发动机设计和运行术语(ISO 2710-1:2000,IDT).

[2] GB/T 1883.2—2005 往复式内燃机 词汇 第2部分:发动机维修术语(ISO 2710-2:1999,IDT).

[3] GB/T 8190.1—1999 往复式内燃机 排放测量 第1部分:气体和颗粒排放物的试验台测量.

[4] GB/T 8190.2—1999 往复式内燃机 排放测量 第2部分:气体和颗粒排放物的现场测量(idt ISO 8179-2:1996).

[5] GB/T 8190.3—2003 往复式内燃机 排放测量 第3部分:稳态工况排气烟度的定义和测量方法(ISO 8178-3:1994).

[6] GB/T 8190.7—2003 往复式内燃机 排放测量 第7部分:发动机系族的确定(ISO 8178-7:1996,IDT).

[7] GB/T 8190.8—2000 往复式内燃机 排放测量 第8部分:发动机系组的确定(ISO 8178-8:1996,IDT).

[8] ISO 1585:1992 道路车辆 发动机试验规范 净功率.

[9] ISO 2534:1998 道路车辆 发动机试验规范 总功率.

[10] ISO/TR 3313:1998 封闭管道中流体流量的测量 流动颤动对流量测量仪的影响导则.

[11] ISO 5167-1:2003 用差压计插入全流圆形截面管道测量流体流量 第1部分:一般原则和要求.

[12] ISO 5167-2:2003 用差压计插入全流圆形截面管道测量流体流量 第2部分:孔板.

[13] ISO 5167-3:2003 用差压计插入全流圆形截面管道测量流体流量 第3部分:喷嘴和文丘里喷嘴.

[14] ISO 5167-4:2003 用差压计插入全流圆形截面管道测量流体流量 第4部分:文丘里管.

[15] ISO 5168:2005 流体流量测量 不确定性的评估程序.

[16] ISO/TR 7066-1:1997 流量测量仪使用和校正中不确定性的评估 第1部分:线性校准关系.

[17] ISO 7066-2:1988 流量测量仪使用和校正中不确定性的评估 第2部分:非线性校准关系.

[18] ISO 8178-9:2000 往复式内燃机 排放测量 第9部分:瞬态工况压燃式发动机排气烟度排放试验台测量的试验循环和试验程序.

[19] ISO 8178-9:2000/Amd.1:2004 往复式内燃机 排放测量 第9部分:瞬态工况压燃式发动机排气烟度排放试验台测量的试验循环和试验程序 修订1.

[20] ISO 8178-10:2000 往复式内燃机 排放测量 第10部分:瞬态工况压燃式发动机排气烟度排放现场测量的试验循环和试验程序.

[21] ISO 8178-11:2006 往复式内燃机 排放测量 第11部分:瞬态工况非道路移动机械用发动机气体和颗粒排放物的试验台测量.

[22] ISO 8665:1994 小型船舶 船用推进发动机和系统 功率测量和标定.

[23] ISO 9096:2003 固定源排放 颗粒物质量浓度的人工确定.

[24] ISO 9249:1989 土方机械 发动机试验规范 净功率.

[25] ISO 10054:1998 内燃压缩点燃发动机 发动机稳态工况烟度测量仪 滤纸式烟度计.

[26] ISO 11614:1999 往复压燃式发动机 测量排气消光度和确定排气光吸收系数的仪器.

[27] CARB,法规制定,对非道路压燃式发动机法规的修订:2000年及其以后年份排放标准,合格要求和试验程序.

[28] ICOMIA 标准号 34-88:1984 船用发动机排气排放测量的试验程序.

[29] MARPOL1) 73/78:1998 附件Ⅵ,船舶空气污染防止法规和 NO_x 技术规范.

[30] SAE J 244:1992 柴油机进气和排气的流量测量.

[31] SAE 论文 770141,汽车稀释排气中碳氢化合物测定用火焰离子化检测器的优化.

[32] UN-ECE R24:1986 统一规定关于:Ⅰ:关于压燃式(C.I.)发动机可见污染物的批准;Ⅱ:关于安装了已型式批准过的C.I.发动机的车辆批准;Ⅲ:关于安装有C.I.发动机的车辆其发动机产生的可见污染物排放的批准;Ⅳ:C.I.发动机的功率测量.

[33] UN-ECE R49:2000 关于压燃式(C.I.)、天然气(NG)发动机及点火点燃式(P.I.)液化石油气(LPG)发动机、以及安装了(C.I.)式NG发动机和P.I.式LPG发动机的车辆的污染物排放之统一规定.

[34] US 美国联邦注册,CFR 第86部分第345章,道路用发动机,非道路移动用发动机气体和颗粒排放物的控制.

[35] US 美国联邦注册 第Ⅱ部分 EPA 40,CFR 第89、90、91部分,空气污染控制;火花点燃式船用汽油机;新的非道路用压燃式和火花点燃式发动机,Exemtions;法规.

[36] US 美国联邦注册,CFR 第96部分,非道路移动用发动机气体和颗粒排放物的控制.

[37] US 美国联邦注册第Ⅲ部分,CFR 第89部分等,37kW及以上新型船用压燃式发动机空气污染物排放的控制;最终法规.

[38] UN ECE R96 关于安装在农业和林业拖拉机上压燃式发动机(C.I.)其污染物排放批准的统一规定.

[39] 88/77/EEC:1988 关于各成员国对车用柴油机采取相应措施的近似法律的理事会指令.

[40] 97/68/EC:1998 欧盟议会和理事会1997年12月16日97/68/EC指令,关于各成员国对非道路移动机械用内燃机气体和颗粒物排放采取相应措施的统一法律.

ICS 27.020;13.040.50
J 90

中华人民共和国国家标准

GB/T 8190.4—2010/ISO 8178-4:2007
代替 GB/T 8190.4—1999

往复式内燃机　排放测量
第4部分:不同用途发动机的稳态试验循环

Reciprocating internal combustion engines—Exhaust emission measurement—Part 4: Steady-state test cycles for different engine applications

(ISO 8178-4:2007,IDT)

2010-11-10 发布　　　　2011-03-01 实施

中华人民共和国国家质量监督检验检疫总局
中国国家标准化管理委员会　发布

前　言

GB/T 8190《往复式内燃机　排放测量》分为11个部分：

——第1部分：气体和颗粒排放物的试验台测量；

——第2部分：气体和颗粒排放物的现场测量；

——第3部分：稳态工况排气烟度的定义和测量方法；

——第4部分：不同用途发动机的稳态试验循环；

——第5部分：试验燃料；

——第6部分：测量结果和试验报告；

——第7部分：发动机系族的确定；

——第8部分：发动机系组的确定；

——第9部分：压燃式发动机瞬态工况排气烟度的试验台测量用试验循环和测试规程；

——第10部分：压燃式发动机瞬态工况排气烟度的现场测量用试验循环和测试规程；

——第11部分：非道路移动机械用发动机瞬态工况下气体和颗粒排放物的试验台测量。

本部分是GB/T 8190的第4部分。

本部分代替GB/T 8190.4—1999《往复式内燃机　排放测量　第4部分：不同用途发动机的试验循环》，与GB/T 8190.4—1999相比主要技术变化如下：

——修改了中间转速的定义（见6.2，1999年版第6章）；

——补充了对试验循环实施的要求（见8.2，1999年版8.1.2）；

——增加了“雪地车”试验循环H（见8.8）；

——规定了不同用途发动机的排放控制区（见第9章）。

本部分等同采用ISO 8178-4:2007《往复式内燃机　排放测量　第4部分：不同用途发动机的稳态试验循环》（英文版）。

为便于使用，本部分做了下列编辑性修改：

——“GB/T 8190的本部分”代替“ISO 8178的本部分”；

——删除了国际标准的前言；

——修改了表7试验循环F中的加权系数和附录A试验循环F中的加权系数并补充图3b)［1999年版图3］（见国际标准化组织内燃机技术委员会排放测量分技术委员会（ISO/TC 70/SC 8）2009年上海年会的决议）；

——本部分对ISO 8178-4:2007中采用的其他国际标准，凡已被采用为我国标准的，用我国标准代替相应的国际标准。

本部分附录B为规范性附录，附录A为资料性附录。

本部分由中国机械工业联合会提出。

本部分由全国内燃机标准化技术委员会（SAC/TC 177）归口。

本部分起草单位：潍柴动力股份有限公司、上海内燃机研究所、中国船舶工业综合技术经济研究院、广西玉柴机器股份有限公司、上海柴油机股份有限公司、浙江新柴股份有限公司、无锡开普动力有限公司。

本部分主要起草人：佟德辉、计维斌、李军、王建平、罗志坚、王耀清、郭华、凌君旸、杜海明、林旭光、陆寿域、瞿俊鸣、钱丽玉。

本部分所代替标准的历次版本发布情况为：

——GB/T 8190.4—1999。

引　言

与道路用发动机相比，非道路用发动机具有非常宽广的功率范围和结构形式，并可用于许多不同的用途。

本标准旨在合理制定非道路用发动机的试验规程，以便为控制气体和颗粒物排放，使制定法规、编制发动机技术条件和认证发动机的工作得以简化和经济有效。

为达到上述目的，本部分采用三项基本原则：

第一原则：按发动机的相似工作特性划分用途，以便将试验循环数减至最少，但又要保证这些试验循环能代表发动机的实际运转情况。选定的试验循环工况应使大多数试验循环能成为一个通用试验循环的子循环。

第二原则：排放测量结果根据 GB/T 8190.1—2010 中 3.9 所规定的有效功率来表示，这可以保证当发动机用途改变时不必重复进行试验。

第三原则：引入发动机系族的概念。在该系族中，具有相似排放特性和相似结构的发动机可以用该系族中排放最高的发动机来代表。

往复式内燃机　排放测量
第4部分:不同用途发动机的稳态试验循环

1　范围

GB/T 8190 的本部分规定了用于测量和评定与测功器连接的往复式内燃机气体和颗粒排放物的试验循环。GB/T 8190 的本部分也可用于现场测量。试验用代表规定用途的试验循环在稳态工况下进行。GB/T 8190 的本部分适用于移动、运输和固定用往复式内燃机,但不包括主要为道路运输设计的车用发动机。本部分也可适用于诸如土方机械、发电机组等其他用途的发动机。

对于有其他附加要求(如职业卫生、安全条例、电厂规程)的机械设备用发动机可能需要补充附加的试验条件和特殊的评定方法。

2　规范性引用文件

下列文件中的条款通过 GB/T 8190 的本部分的引用而成为本部分的条款。凡是注日期的引用文件,其随后所有的修改单(不包括勘误的内容)或修订版均不适用于本部分,然而,鼓励根据本部分达成协议的各方研究是否可使用这些文件的最新版本。凡是不注日期的引用文件,其最新版本适用于本部分。

GB/T 2820.1　往复式内燃机驱动的交流发电机组　第1部分:用途、定额和性能(GB/T 2820.1—2009,ISO 8528-1:2005,IDT)

GB/T 8190.1—2010　往复式内燃机　排放测量　第1部分:气体和颗粒排放物的试验台测量(ISO 8178-1:2006,IDT)

GB/T 8190.2　往复式内燃机　排放测量　第2部分:气体和颗粒排放物的现场测量(GB/T 8190.2—1999,idt ISO 8178-2:1996)

GB/T 8190.3　往复式内燃机　排放测量　第3部分:稳态工况排气烟度的定义和测量方法(GB/T 8190.3—2003,ISO 8178-3:1994,IDT)

GB/T 8190.5　往复式内燃机　排放测量　第5部分:试验燃料(GB/T 8190.5—2005,ISO 8178-5:1997,IDT)

GB/T 8190.6　往复式内燃机　排放测量　第6部分:测量结果和试验报告(GB/T 8190.6—2006,ISO 8178-6:2000,IDT)

GB/T 8190.7—2003　往复式内燃机　排放测量　第7部分:发动机系族的确定(ISO 8178-7:1996,IDT)

GB/T 8190.8　往复式内燃机　排放测量　第8部分:发动机系组的确定(GB/T 8190.8—2003,ISO 8178-8:1996,IDT)

GB/T 21405　往复式内燃机　发动机功率的确定和测量方法　排气污染物排放试验的附加要求(GB/T 21405—2008,ISO 14396:2002,IDT)

3　术语和定义

下列术语和定义适用于本部分。

3.1

试验循环　test cycle

一系列由各种规定转速、扭矩和加权系数组成的发动机的试验工况。加权系数仅在试验结果用 g/(kW·h)表示时采用。

3.2

发动机的预调整　preconditioning of the engine

按照制造厂的推荐，为稳定发动机参数，在负荷大于80%状况下所进行的暖机。

注：在预调整阶段还应防止上次试验残留在排气系统中的沉积物对实际测量的影响。试验工况中还应包括一段稳定期，以便尽量减少试验点与试验点之间的影响。

3.3

工况　mode

用转速和扭矩(或功率)表征的发动机的运行点。

3.4

工况持续时间　mode length

从离开前一工况的转速和/或扭矩，或从预调整阶段起到下一工况开始之间的时间。

注：其中包括转速和/或扭矩改变的时间和每一工况开始时的稳定时间。

3.5

额定转速　rated speed

按照制造厂规定，发动机在发出额定功率时的转速。

注：详见GB/T 21405。

3.6

中间转速　intermediate speed

考虑到扭矩曲线调控的要求，由制造厂标定的转速。

注：见6.2。

3.7

低转速　low speed

发动机在发出50%额定功率(或基本功率)时的最低转速。

3.8

高转速　high speed

发动机在发出70%额定功率(或基本功率)时的最高转速。

3.9

发动机系族　engine family

制造厂通过其设计，可望具有相似排放特性的一类发动机，在该系族中所有发动机均须符合所适用的排放限值。

[GB/T 8190.7—2003，定义2.1]

4　符号和缩略语

应用GB/T 8190的本部分，应使用GB/T 8190.1、GB/T 8190.2、GB/T 8190.3、GB/T 8190.5、GB/T 8190.6、GB/T 8190.7、GB/T 8190.8中所规定的符号和缩略语。

其余见表1。

表 1 GB/T 8190 的本部分所用基本单位

符　号	术　语	单　位
n	发动机转速	r/min
M	扭矩	N·m
P	功率	kW
W_F	加权系数	1

5 扭矩

5.1 试验循环中给出的扭矩值表示在某一给定试验工况下所需扭矩与该给定转速时的最大可能扭矩(C1、C2、E1、E2、F、G1、G2、G3 和 H),或与相应于按 GB/T 2820.1 所规定的持续额定功率(或基本额定功率)时的扭矩(D1、D2)之比的百分数(见 GB/T 8190.1—2010 中 12.5)。图 1 表示发动机按非螺旋桨特性曲线运行的扭矩比例。

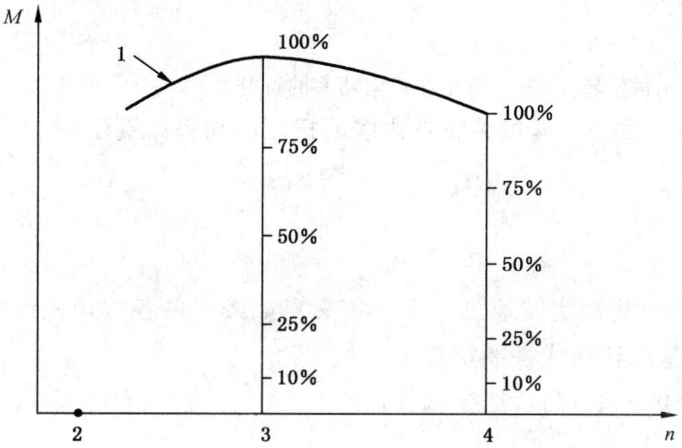

1——全负荷扭矩曲线；

2——低怠速；

3——中间转速；

4——额定转速。

图 1 扭矩比例——发动机各种转速时的全负荷扭矩百分数

5.2 试验循环 E3 的功率值为额定转速时最大额定功率的百分数。该循环以无限长船舶驱动用重载发动机的理论螺旋桨特性曲线为依据。

试验循环 E4 的扭矩值为额定功率时扭矩的百分数。该循环以典型游艇用火花点燃式发动机的理论螺旋桨特性曲线为依据。

试验循环 E5 的功率值为额定转速时最大额定功率的百分数。该循环以长度小于 24 m 的小艇驱动用柴油机的理论螺旋桨特性曲线为依据。

注：还有其他螺旋桨特性曲线。

图 2 表示由 ISO/TC 70/SC 8 选定的两条代表性曲线。

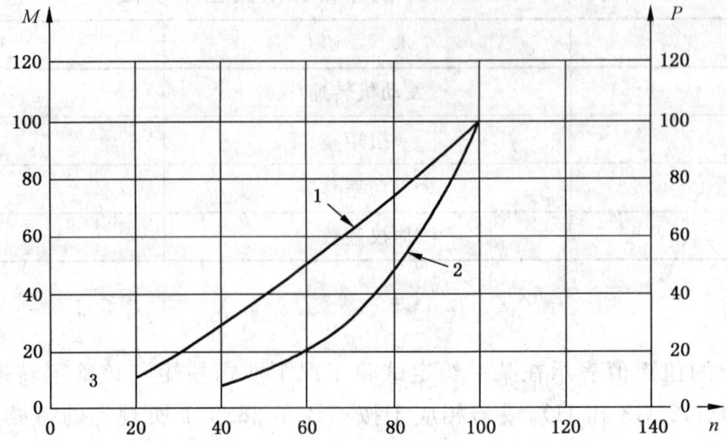

1——扭矩 E4；

2——功率 E3；

3——怠速。

注：n、M 和 P 值分别表示额定转速、最大扭矩和最大功率的百分数。

图 2　螺旋桨特性曲线的扭矩和功率比例示例

6　试验转速

6.1　额定转速

GB/T 8190 的本部分所述额定转速见 3.5 中定义。如经有关各方预先商定，在按第 8 章所列试验循环运行时，也可用下列基准转速代替额定转速。

基准转速＝低转速＋0.95×(高转速－低转速)

其中：

低转速＝发动机在发出 50％额定功率或基本功率时的最低转速；

高转速＝发动机在发出 70％额定功率或基本功率时的最高转速。

如实测基准转速在制造厂标定的基准转速的±3％以内，应使用标定的基准转速。如超出该公差，则应使用实测的基准转速。

6.2　中间转速

6.2.1　对用于在全负荷扭矩曲线的某一转速范围内运行的发动机，如标定的最大扭矩转速在 60％和 75％额定转速之间，而试验发动机在标定中间转速时的实测扭矩不小于在 60％和 75％额定转速之间的标定最大扭矩的 96％，则中间转速为标定的最大扭矩转速。

如标定的最大扭矩转速低于 60％的标定额定转速，则中间转速为 60％的额定转速。

如标定的最大扭矩转速高于 75％的标定额定转速，则中间转速为 75％的额定转速。

如在标定中间转速时的实测扭矩小于在 60％和 75％额定转速之间的标定最大扭矩的 96％，则中间转速为实测的最大扭矩转速。

6.2.2　对不是在全负荷扭矩曲线的某一转速范围内稳定运行的发动机，中间转速一般在 60％和 70％额定转速之间。

6.2.3　对根据 8.5 规定用于推进有固定螺距螺旋桨的船用发动机，其中间转速按第 8 章的规定。

6.2.4　对按循环 G1 试验的发动机，则中间转速为 85％的额定转速。

7　有关试验准备的资料

见表 2。

表2 参数

序号	参数	GB/T 8190.1—2010 章条号	GB/T 8190.2—1999 章条号
7.1	试验工况	5	5.2
7.2	功率;有效功率	3.9、5.3	3.9、5.3
7.3	发动机进气系统	5.4.1	5.4
7.4	发动机排气系统	5.4.2	5.5
7.5	试验燃料;基准燃料(GB/T 8190.5)	6	6
7.6	测量设备和待测数据	7	7
7.7	测量仪器准确度	7.4	7.3
7.8	排气流量测定	7.3	7.2
7.9	气体组分测定	7.5、12.4	7.4、15[a]
7.10	颗粒物测定	7.6、17	7.5、16[a]
7.11	分析仪的校正		
7.11.1	校正程序	8	8[a]
7.11.2	校正的检验	8.5	8[a]
7.12	NO_x 转换器的效率试验	8.7	8[a]
7.13	HFID 碳氢响应检查	8.8.2	8[a]
7.14	校正周期	8.10、9.4	8[a]
7.15	颗粒测量系统的校正	9	9[a]
7.16	试验实施	12	11[a]
7.17	气体和颗粒排放物的数据评定	13	12[a]
7.18	气体排放物的计算	14	13[a]
7.19	颗粒排放物的计算	15	14[a]
7.20	气体排放物的测定	16	15[a]
7.21	颗粒排放物的测定	17	16[a]

[a] 序号 7.9~7.21 所述各参数,在 GB/T 8190.2 的执行条款中均列有 GB/T 8190.1 的适用章条号。在有些情况下,现场条件存在不可避免的差异,详见 GB/T 8190.2。

8 试验循环工况和加权系数

8.1 总则

排气污染排放物应按 8.3~8.8 大体所述的用途,选用合适的试验循环进行测量和评定。在有关各方预先商定的情况下,可以使用附录 B 所述的通用试验循环,用适宜的加权系数(见附录 A)计算各种用途下的排放值。对于未列出的特殊用途,应作出适当的选择并应征得有关各方的同意。下列大多数试验循环均来自联合国欧洲经济委员会 UN-ECE R49[17]法规中的 13 工况稳态试验循环,并遵循其相同法则。

颗粒排放物可以根据 GB/T 8190.1—2010 中 13.2 的规定用多对滤纸法或单对滤纸法进行测量。用多对滤纸法评定颗粒物排放必须测量发动机在稳定工况下每一试验工况的颗粒物浓度和颗粒物排放质量。发动机达到稳定状态所需的时间取决于发动机的大小和环境状况。

GB/T 8190.1—2010 和 GB/T 8190.4—2010 所规定的试验设备和试验循环也可用于测量火花点燃式发动机的颗粒排放物。

8.2 要求

每次试验应按某一试验循环给出的试验工况顺序进行。除循环 G 外(见 8.7.3),试验工况最短持续时间的标准值为 10 min。必要时,可以延长工况的持续时间,例如为了采集足够的颗粒试样质量或使大型发动机达到稳定状况。

应记录工况持续时间并将其写入报告中。

除试验循环 G 外(见 8.7.3),应在发动机稳定达到每种工况所要求的转速和扭矩后,在该工况的任何区段,至少测量和记录 3 min 内的气体污染物排放浓度值。只有这 3 min 时间的最后 60 s 才可按照 GB/T 8190.1—2010 中 13.2 的规定供排放计算用。

颗粒取样应按制造厂规定在发动机达到稳定状态后开始,并且最好与气体污染物排放测量同时进行。对于单对滤纸法,颗粒取样应在气体污染物排放测量完成的±5 s 内结束。

只有采用多对滤纸法,只要达到所要求的转速和扭矩,就可在工况期内重复进行颗粒取样和气体污染物排放测量,直到取得有效试样为止。

只要将发动机按前一工况预调至稳定状态,就可重复试验工况。在进行任何循环的第一工况时,应按 GB/T 8190.1—2010 中 12.3 的要求将发动机预调至稳定状态。如在一个工况结束到另一工况开始的延误时间超过 20 min 而少于 4 h,应将发动机按前一工况预调至稳定状态。如时间超过 4 h,则应按 GB/T 8190.1—2010 中 12.3 的要求将发动机预调至稳定状态。

如在试验工况的任何时间,试验设备失灵或发动机转速和负荷不符合 GB/T 8190.1—2010 中 12.7.1 的要求,则该试验工况应为无效,可予取消。然后再按前一工况将发动机预调至稳定状态,重新开始该试验工况。

8.3 试验循环 C“非道路车辆和工业装备”

8.3.1 循环 C1“非道路车辆、柴油机驱动的非道路工业装备”

8.3.1.1 试验工况和加权系数

见表 3。

表 3 循环 C1 的试验工况和加权系数

工况号	1	2	3	4	5	6	7	8
转速[a]	额定转速				中间转速			低怠速
扭矩[a]/%	100	75	50	10	100	75	50	0
加权系数	0.15	0.15	0.15	0.1	0.1	0.1	0.1	0.15

a 见 GB/T 8190.1—2010 中 12.5 和 GB/T 8190.4—2010 的 3.5、3.6 及第 5 章和第 6 章。

8.3.1.2 试验实施

试验应按循环 C1 工况号递增的顺序进行。

应考虑 8.2 的规定。

8.3.1.3 本试验适用准则

典型实例有:

——工业钻井装置、压气机等;

——工程机械,包括轮式装载机、推土机、履带式拖拉机、履带式装载机、卡车式装载机、自动倾卸车、液压挖掘机等;

——农用机械、旋耕机;

——林业机械;

——自行式农用车辆(包括拖拉机);

——材料装卸机械;

——叉车;

——修路机(平路机、压路机、沥青平整机);
——扫雪机;
——扫雪拖拉机;
——机场辅助设备;
——架空升降机;
——移动式起重机。
尚未列尽。

注1:拟用于8.7.4(试验循环G)所列用途、额定功率一般小于20 kW的柴油机可按8.3(试验循环C)给定的试验循环进行试验。

注2:带液压或液力传动、在额定转速的±15%范围内工作且低怠速运转时间少于总时间15%的柴油机,可按试验循环D2(见8.4)进行试验。

8.3.2 循环C2"非道路车辆、火花点燃式发动机驱动的非道路工业装备",功率大于20 kW

8.3.2.1 试验工况和加权系数

见表4。

表4 循环C2的试验工况和加权系数

工况号	1	2	3	4	5	6	7
转速[a]	额定转速	中间转速				低怠速	
扭矩[a]/%	25	100	75	50	25	10	0
加权系数	0.06	0.02	0.05	0.32	0.30	0.10	0.15
[a] 见GB/T 8190.1—2010中12.5和GB/T 8190.4—2010的3.5、3.6及第5章和第6章。							

8.3.2.2 试验实施

试验应按循环C2工况号递增的顺序进行。

应考虑8.2的规定。

8.3.2.3 本试验适用准则

典型实例有:
——叉车;
——机场辅助设备;
——材料装卸机械;
——修路机;
——农用机械。
尚未列尽。

8.4 试验循环D"恒速"

8.4.1 用途

——循环D1:发电厂;
——循环D2:间歇负载发电机组。

8.4.2 试验工况和加权系数

见表5。

表5 循环D的试验工况和加权系数

工况号(循环D1)	1	2	3				
转速[a]	额定转速					中间转速	低怠速
扭矩[a]/%	100	75	50				
加权系数	0.3	0.5	0.2				

表 5（续）

工况号(循环 D2)	1	2	3	4	5		
转速[a]	额定转速					中间转速	低怠速
扭矩[a]/%	100	75	50	25	10		
加权系数	0.05	0.25	0.3	0.3	0.1		

[a] 见 GB/T 8190.1—2010 中 12.5 和 GB/T 8190.4—2010 的 3.5、3.6 及第 5 章和第 6 章。

8.4.3 试验实施

试验循环 D1 和 D2 应分别按循环 D1 和循环 D2 工况号递增的顺序进行。

应考虑 8.2 的规定。

试验循环 D1 的扭矩值为相应于 GB/T 2820.1 规定的额定持续功率时的扭矩百分数。

试验循环 D2 的扭矩值为相应于 GB/T 2820.1 规定的额定基本功率时的扭矩百分数。

8.4.4 本试验适用准则

典型实例有：

循环 D1：

——发电厂。

循环 D2：

——压气机；

——排灌泵；

——间歇负载发电机组，包括船用和机车用(非主机用)发电机组、制冷装置、电焊机组；

——草地维护、风镐、除雪设备、清扫机。

尚未列尽。

注 1：拟用于 8.7.4(试验循环 G)所列用途的、额定功率一般小于 20 kW 的柴油机可按 8.4(试验循环 D)给定的试验循环进行试验。

注 2：带液压或液力传动和负荷传感器装置的柴油机可按 8.4(试验循环 D2)给定的循环进行试验，参见 8.3.1.3。

8.5 试验循环 E"船用"

8.5.1 用途

有五种试验循环：

——循环 E1：长度小于 24 m 的小艇用柴油机；

——循环 E2：船舶推进用重载恒速发动机；

——循环 E3：重载船用发动机(螺旋桨特性)；

——循环 E4：长度小于 24 m 的游艇用火花点燃式发动机；

——循环 E5：长度小于 24 m 的小艇用柴油机(螺旋桨特性)。

8.5.2 试验工况和加权系数

见表 6。

表 6 循环 E 的试验工况和加权系数

工况号(循环 E1)	1	2					3	4			5
转速[a]	额定转速					中间转速					低怠速
扭矩[a]/%	100	75					75	50			0
加权系数	0.08	0.11					0.19	0.32			0.3
工况号(循环 E2)	1	2	3	4							
转速[a]	额定转速					中间转速					低怠速
扭矩[a]/%	100	75	50	25							
加权系数	0.2	0.5	0.15	0.15							

表 6（续）

工况号（循环 E3）	1	2	3	4	
转速[a]/%	100	91	80	63	
功率/%	100	75	50	25	
加权系数	0.2	0.5	0.15	0.15	
工况号（循环 E4）	1	2	3	4	5
转速[a]/% 扭矩[a]/% 加权系数	100 100 0.06	80 71.6 0.14	60 46.5 0.15	40 25.3 0.25	低怠速 0 0.40
工况号（循环 E5）	1	2	3	4	5
转速[a]/% 功率/% 加权系数	100 100 0.08	91 75 0.13	80 50 0.17	63 25 0.32	低怠速 0 0.3

[a] 见 GB/T 8190.1—2010 中 12.5 和 GB/T 8190.4—2010 的 3.5、3.6 及第 5 章和第 6 章。

8.5.3　试验实施

试验循环 E1、E2、E3、E4 或 E5 应按相应循环工况号递增的顺序进行。

应考虑 8.2 的规定。

对长度小于 24 m 的小艇用柴油机，可根据与实际运行相接近的程度选用试验循环 E1 或 E5。

对恒速船用发动机可采用 E2 循环。对可变螺距螺旋桨机组，可根据与实际运行相接近的程度选用循环 E2 或 E3，通常其工况更接近于恒速运行（循环 E2）。

对长度小于 24 m 的小艇用火花点燃式发动机，可采用试验循环 E4。

8.5.4　本试验适用准则

典型实例有：

——循环 E1：长度小于 24 m 的小艇用柴油机。拖轮和推轮用除外；

——循环 E2：无限长船舶推进用重载恒速发动机；

——循环 E3：无限长船舶推进用按螺旋桨特性工作的重载发动机；

——循环 E4：长度小于 24 m 的小艇用火花点燃式发动机，拖轮和推轮用除外；

——循环 E5：长度小于 24 m、按螺旋桨特性工作的小艇用柴油机，拖轮和推轮用除外。

尚未列尽。

8.6　试验循环 F“轨道牵引”

8.6.1　试验工况和加权系数

见表 7。

表 7　循环 F 的试验工况和加权系数

工况号	1	2	3
转速[a]	额定转速	中间转速	低怠速
扭矩[a]/%	100	50	0
加权系数	0.15	0.25	0.6

[a] 见 GB/T 8190.1—2010 中 12.5 和 GB/T 8190.4—2010 的 3.5、3.6 及第 5 章和第 6 章。

8.6.2　试验实施

试验应按循环 F 工况号递增的顺序进行。

应考虑8.2的规定。

注：对采用非连续控制系统(即分级式操纵器)的发动机，工况2规定为按最接近工况2或35%额定功率级位置运行。

8.6.3 本试验适用准则

典型实例有：

——机车；

——轨道车；

——调度机车。

尚未列尽。

注：轨道车用柴油机可按8.3.1.1(C1)给定的循环进行试验。

8.7 试验循环G“多用途、草坪和园艺”，功率一般小于20 kW

8.7.1 用途

有三种试验循环：

——循环G1：非手提式中间转速用；

——循环G2：非手提式额定转速用；

——循环G3：手提式额定转速用。

8.7.2 试验工况和加权系数

见表8。

表8 循环G的试验工况和加权系数

工况号(循环G1)						1	2	3	4	5	6
转速[a]	额定转速					中间转速					低怠速
扭矩[a]/%						100	75	50	25	10	0
加权系数						0.09	0.20	0.29	0.30	0.07	0.05
工况号(循环G2)	1	2	3	4	5						6
转速[a]	额定转速					中间转速					低怠速
扭矩[a]/%	100	75	50	25	10						0
加权系数	0.09	0.20	0.29	0.30	0.07						0.05
工况号(循环G3)	1										2
转速[a]	额定转速					中间转速					低怠速
扭矩[a]/%	100										0
加权系数	0.85										0.15

[a] 见GB/T 8190.1—2010中12.5和GB/T 8190.4—2010的3.5、3.6及第5章和第6章。

8.7.3 试验实施

试验循环G1、G2或G3应按相应循环工况号递增的顺序进行。

应考虑8.2的规定。

对火花点燃式发动机，当只测量气体污染物排放时，每工况时间应为3 min，气体污染物排放浓度值应在各试验工况的最后2 min内进行测量和记录。

对火花点燃式发动机，气体排放只能按具体的循环G1、G2或G3之一进行测量，不允许根据试验循环B计算排放结果。

8.7.4 本试验适用准则

8.7.4.1 选择适当的试验循环

如果已知发动机机型的最终主要用途，则可以根据8.7.4.2给出的实例选择试验循环。如果不能确定发动机机型的最终主要用途，则可以根据发动机规格选择合适的试验循环。压燃式和火花点燃式发动机两者均可按三种循环中的任一循环进行试验，以最适宜者为准。

注：拟用于其他试验循环所列用途的任何额定功率的柴油机，可按该循环（例如循环 D 和 C1）进行试验。

8.7.4.2 示例

典型实例有：

循环 G1：

——手扶旋转式或滚筒式草坪剪草机；

——发动机前置或后置式草坪剪草机；

——旋耕机；

——修边机；

——草坪清扫机；

——废物清除机；

——喷雾机；

——扫雪机；

——高尔夫球车。

循环 G2：

——移动式发电机、水泵、电焊机和压气机；

——也可以包括发动机在额定转速时工作的草地和园艺设备。

循环 G3：

——修边机；

——弦线修剪机；

——鼓风机；

——吸尘器；

——链锯；

——手提锯。

尚未列尽。

8.8 试验循环 H“雪地车”

8.8.1 试验工况和加权系数

见表 9。

表 9 循环 H 的试验工况和加权系数

工况号	1	2	3	4	5
转速[a]	100	85	75	65	低怠速
扭矩[a]/%	100	51	33	19	0
加权系数	0.12	0.27	0.25	0.31	0.05

[a] 见 GB/T 8190.1—2010 中 12.5 和 GB/T 8190.4—2010 的 3.5、3.6 及第 5 章和第 6 章。

8.8.2 试验实施

试验循环 H 应按循环 H 工况号递增的顺序进行。

应考虑 8.2 的规定。

8.8.3 本试验适用准则

典型实例有：

——雪地车。

9 发动机排放控制区

9.1 总则

排气污染排放物可以按照8.3～8.8的要求用相应的试验循环进行测量。因此排放结果将表示各种用途下的典型值。此外,某些管理机构还需了解受控发动机在试验循环未涵盖区的排放状况。虽然GB/T 8190的本部分并未规定这些区域的排放限值,但是根据9.2～9.4所述发动机的运行状况规定了发动机的排放控制区。

9.2 多速发动机

本节一般适用于由试验循环C1、C2、E1和H所涵盖的发动机。图3所示控制范围规定如下:

——转速范围:转速 A～高转速;

——扭矩范围:30%～100%;

其中:

——转速 A=低转速+15%(高转速-低转速);

——转速 B=低转速+50%(高转速-低转速);

——转速 C=低转速+75%(高转速-低转速);

而

低转速=发动机在发出50%额定功率或基本功率时的最低转速;

高转速=发动机在发出70%额定功率或基本功率时的最高转速。

如发动机的实测转速 A、B 和 C 处在制造厂标定转速的±3%以内,则使用发动机的标定转速。如任何试验转速超出该公差,则应使用发动机的实测转速。

下列转速和扭矩点不在控制区内:

——30%最高功率以下点;

——仅对颗粒物而言,当 C 转速低于2 400 r/min时,在 B 转速时的30%最大扭矩点或30%最高功率点(取其中较大者),与在高转速时的70%最高功率点的连线的右侧或下方各点处;

——仅对颗粒物而言,当 C 转速高于2 400 r/min时,在 B 转速时的30%最大扭矩点或30%最高功率点(取其中较大者),与在2 400 r/min时的50%最高功率点及在高转速时的70%最高功率点的连线的右侧各点处。

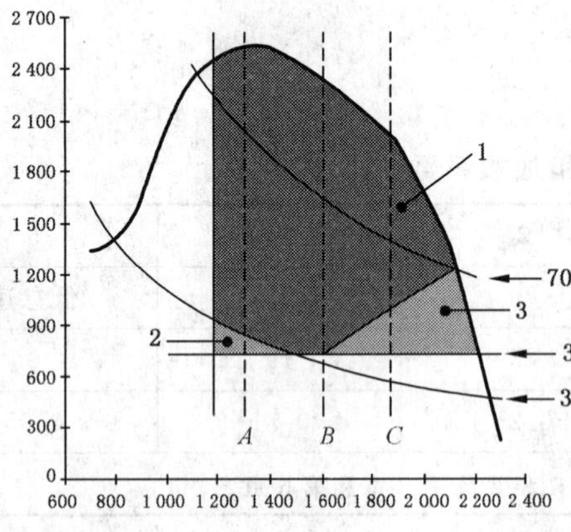

a)

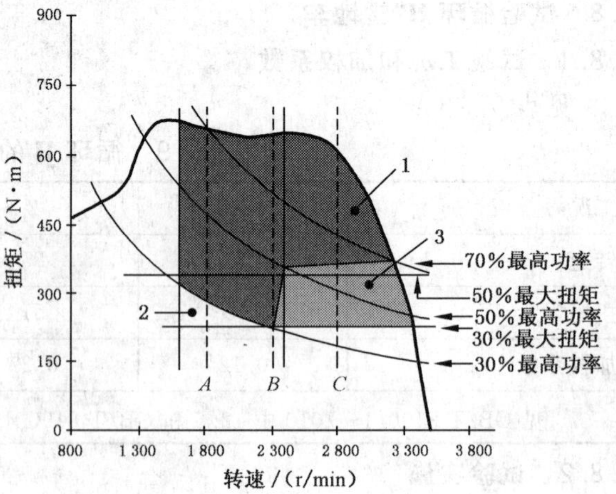

b)

1——控制区;

2——所有排气污染物非控制区;

3——颗粒物非控制区。

图3 多速发动机的排放控制区

9.3 恒速发动机

本节一般适用于由试验循环 D1、D2、E2、G1、G2 和 G3 所涵盖的发动机。由于这些发动机的主要运行区极其靠近设计运行转速，因此控制区规定为：

——转速：在按发动机制造厂规定的调速率公差范围内的运行转速；

——负荷：50%～100%。

9.4 按螺旋桨特性曲线运行的发动机

9.4.1 压燃式发动机

本节一般适用于由试验循环 E3、E5 和 F 所涵盖的发动机。由于这些发动机主要沿螺旋桨特性曲线上下或恒速运行，因此控制区与螺旋桨特性曲线有关(见图 4)，并规定如下，其中 a、b、c、x 和 y 是确定控制区边界的数学方程式的指数。

对采用试验循环 E3 的船用发动机：

低转速极限：63%；

低功率极限：在控制区 A 为 45%；在控制区 B 为 25%。

对单缸排量小于 5 L 的船用发动机：

$a=1.15$；$b=0.85$；$c=1$；$x=2$；$y=4$。

对单缸排量大于等于 5 L 的船用发动机：

$a=1.04$；$b=0.76$；$c=0.9$；$x=2$；$y=4$。

对采用试验循环 F 的机车发动机：

$a=1.15$；$b=0.85$；$c=1$；$x=2.5$；$y=4$。

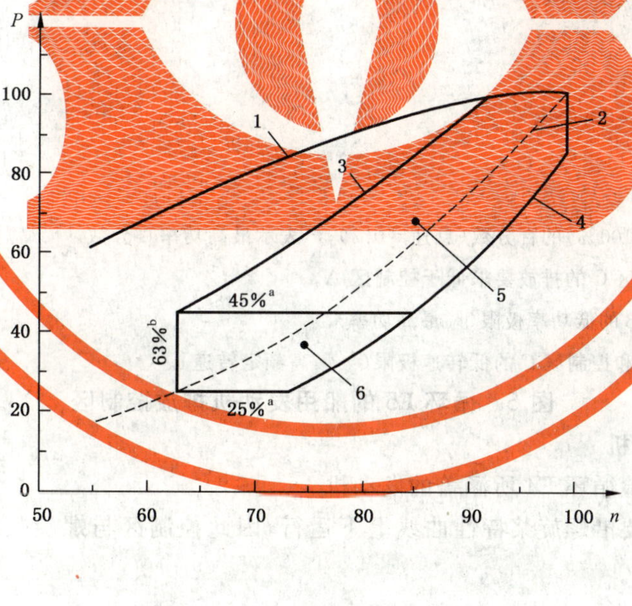

1——功率曲线；

2——$c \times n^3$；

3——$a \times n^x$；

4——$b \times n^y$；

5——控制区 A；

6——控制区 B。

注：n 表示额定转速(100%)的百分数(怠速＝0%)；P 表示最高功率的百分数。

[a] 控制区 A 和控制区 B 的低功率极限(%最高功率)。

[b] 低转速极限(%最高额定转速)。

图 4 循环 E3 的船用发动机排放控制区

对单缸排量小于 5 L、采用试验循环 E5 的船用发动机，如图 5 所示：

——低转速极限：在控制区 A 和控制区 B 为 63%；在控制区 C 为 95%；

——低功率极限：在控制区 A 为 45%；在控制区 B 为 25%；

——$a=1.15$；$b=0.85$；$c=1$；$x=2$；$y=4$。

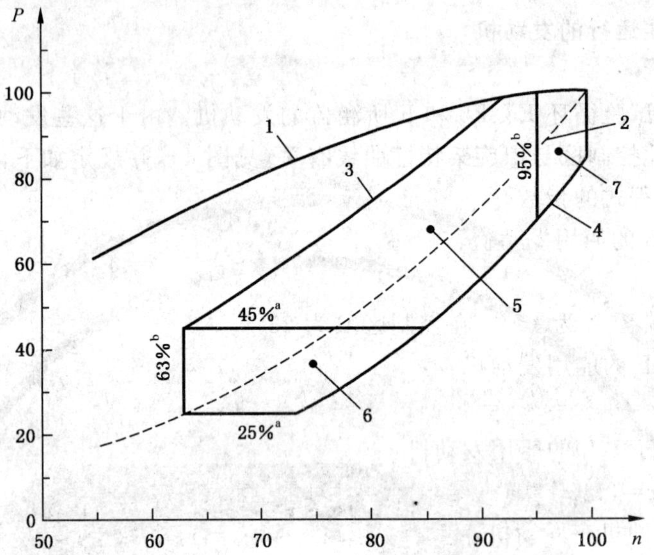

1——功率曲线；

2——$c\times n^3$；

3——$a\times n^x$；

4——$b\times n^y$；

5——控制区 A；

6——控制区 B；

7——控制区 C。

注 1：n 表示额定转速（100%）的百分数（怠速=0%）；P 表示最高功率百分数。

注 2：控制区 B 和控制区 C 的排放要求低于控制区 A。

[a] 控制区 A 和控制区 B 的低功率极限（%最高功率）。

[b] 控制区 A、控制区 B 和控制区 C 的低转速极限（%最高额定转速）。

图 5　循环 E5 的船用发动机排放控制区

9.4.2　火花点燃式发动机

本节一般适用于试验循环 E4 所涵盖的发动机。

由于这些发动机主要沿螺旋桨特性曲线上下运行，因此控制区与螺旋桨特性曲线有关，如图 6 所示，并规定如下：

——低转速极限：40%；

——低扭矩极限：25%；

——螺旋桨曲线上部边界：$1.5n-0.16$；

——螺旋桨曲线下部边界：$n^{1.5}-0.08$。

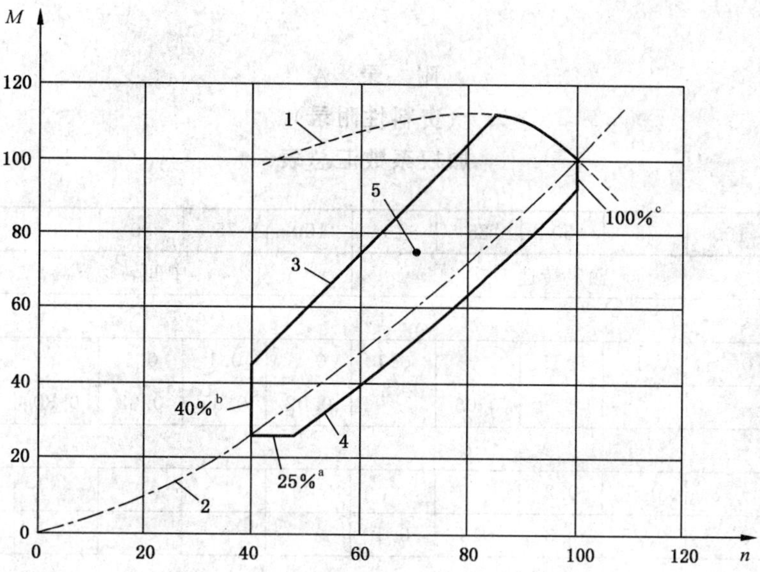

1——扭矩曲线；

2——n^3（螺旋桨特性曲线）；

3——$1.5\times n-0.16$；

4——$n^{1.5}-0.08$；

5——控制区。

注：n 表示额定转速(100％)的百分数(怠速＝0％)；M 表示最大扭矩的百分数。

[a] 控制区的低扭矩极限(％额定转速的最大扭矩)。

[b] 控制区的低转速极限(％额定转速)。

[c] 控制区的高转速极限(％额定转速)。

图 6　火花点燃式船用发动机的排放控制区

附 录 A
（资料性附录）
加权系数汇总表

扭矩	100	75	50	25	10	100	75	50	25	10	0	章条号
转速	额定转速					中间转速					低怠速	
非道路车辆												
循环 C1	0.15	0.15	0.15		0.1	0.1	0.1	0.1			0.15	8.3.1
循环 C2				0.06		0.02	0.05	0.32	0.30	0.10	0.15	8.3.2
恒速												
循环 D1	0.3	0.5	0.2									8.4
循环 D2	0.05	0.25	0.3	0.3	0.1							8.4
机车												
循环 F	0.15							0.25			0.6	8.6
多用途、草坪和园艺												
循环 G1						0.09	0.2	0.29	0.3	0.07	0.05	8.7
循环 G2	0.09	0.2	0.29	0.3	0.07						0.05	8.7
循环 G3	0.85										0.15	8.7
船用												
循环 E1	0.08	0.11					0.19	0.32			0.3	8.5
循环 E2	0.2	0.5	0.15	0.15								8.5
船用（螺旋桨特性）												
工况号 E3			1				2		3	4		
功率/%			100				75		50	25		8.5
转速/%			100				91		80	63		8.5
加权系数			0.2				0.5		0.15	0.15		8.5
工况号 E4			1				2		3	4	5	8.5
转速/%			100				80		60	40	低怠速	8.5
扭矩/%			100				71.6		46.5	25.3	0	8.5
加权系数			0.06				0.14		0.15	0.25	0.40	8.5
工况号 E5			1				2		3	4	5	
功率/%			100				75		50	25	0	8.5
转速/%			100				91		80	63	低怠速	8.5
加权系数			0.08				0.13		0.17	0.32	0.3	8.5
雪地车												
工况号 H			1				2		3	4	5	8.8
转速/%			100				85		75	65	低怠速	
扭矩/%			100				51		33	19	0	
加权系数			0.12				0.27		0.25	0.31	0.05	

附 录 B
（规范性附录）
通用试验循环

除循环 E3、E4、E5 和 H 按螺旋桨特性曲线计算的试验工况外，其他循环的试验工况均可合并成无加权系数的通用循环。根据该循环每工况的排放数据，可以用各用途相应的加权系数计算其他循环每工况的排放值。这样，就能避免同一发动机在用于不同用途时重复进行试验。通用试验循环见表 B.1。

表 B.1 通用试验循环

工况号	1	2	3	4	5	6	7	8	9	10	11
转速[a]	额定转速					中间转速					低怠速
扭矩[a]/%	100	75	50	25	10	100	75	50	25	10	0
加权系数[b]											

a 见 GB/T 8190.1—2010 中 12.5 和 GB/T 8190.4—2010 的 3.5、3.6 及第 5 章和第 6 章。

b 对预定用途，按 8.3～8.7 使用。

参 考 文 献

[1] GB/T 1883.1 往复式内燃机 词汇 第1部分:发动机设计和运行术语(GB/T 1883.1—2005,ISO 2710-1:2000,IDT).

[2] GB/T 1883.2 往复式内燃机 词汇 第2部分:发动机维修术语(GB/T 1883.2—2005,ISO 2710-2:2000,IDT).

[3] GB/T 6072.1 往复式内燃机 性能 第1部分:功率、燃料消耗和机油消耗的标定及试验方法 通用发动机的附加要求(GB/T 6072.1—2008,ISO 3046-1:2002,IDT).

[4] GB/T 6072.3 往复式内燃机 性能 第3部分:试验测量(GB/T 6072.3—2008,ISO 3046-3:2006,IDT).

[5] GB/T 17805 柴油机进排气流量的测量.

[6] ISO 1585:1992 Road Vehicles—Engine Test Code—Net Power.

[7] ISO 2288:1997 Agricultural tractors and machines—Engine test code—Net power.

[8] ISO 2534:1998 Road vehicles—Engine test code—Gross power.

[9] ISO/TR 3313:1998 Measurement of fluid flow in closed conduits—Guidelines on the effects of flow pulsations on flow-measurement instruments.

[10] ISO 5168:2005 Measurement of fluid flow—Procedures for the evaluation of uncertainties.

[11] ISO/TR 7066-1:1997 Assessment of uncertainty in calibration and use of flow measurement devices—Part 1:Linear calibration relationships.

[12] ISO 7066-2:1998 Assessment of uncertainty in the calibration and use of flow measurement devices—Part 2:Non-linear calibration relationships.

[13] ISO 8665:2006 Small craft—Marine propulsion reciprocating internal combustion engines—Power measurements and declarations.

[14] ISO 9249:1997 Earth-moving machinery—Engine test code—Net power.

[15] ISO 10054:1998 Internal combustion compression-ignition engines—Measurement apparatus for smoke from engines operating under steady-state conditions—Filter-type smokemeter.

[16] ISO 11614:1999 Reciprocating internal combustion compression-ignition engines—Apparatus for measurement of the opacity and for determination of the light absorption coefficient of exhaust gas.

[17] UN-ECE R24:1986,Uniform provisions concerning the approval of Ⅰ diesel engines with regard to the emission of visible pollutants;Ⅱ motor vehicles with regard to the installation of diesel engines of an approved type;Ⅲ vehicles equipped with diesel engines with regard to the emission of visible pollutants by the engine;Ⅳ method of measuring the power of compression ignition engines.

[18] UN-ECE R49,Uniform provisions concerning the approval of diesel engines with regard to the emission of gaseous pollutants.

[19] 88/77 EEC:1988,Council directive on the approximation of the laws of the Member States relating to the measures to be taken against the emission of gaseous pollutants from diesel engines for use in vehicles.

[20] 91/542/EEC:1991,Council directive of 1 October 1991 amending Directive 88/77/EEC on the approximation of the laws of the Member States relating to the measures to be taken against the emission of gaseous pollutants from diesel engines for use in vehicles.

［21］ SAE J1088:1993, Test Procedure for the Measurement of Gaseous Exhaust Emissions from Small Utility Engines.

［22］ Code UIC[1)] 623-1, Approval procedures for the diesel engines of motive power units.

［23］ ICOMIA[2)] standard No. 34—88, Test Procedure for the Measurement of Exhaust Emissions from Marine Engines.

［24］ ICOMIA standard No. 36—88, Marine Engine Duty Cycle.

1） UIC——国际铁路联盟(法国,巴黎)。

2） ICOMIA——国际船舶工业协会理事会(英国,韦布里奇)。

ICS 27.020
J 90

中华人民共和国国家标准

GB/T 8190.9—2010/ISO 8178-9:2000

往复式内燃机　排放测量
第9部分:压燃式发动机瞬态工况排气烟度的试验台测量用试验循环和测试规程

**Reciprocating internal combustion engines—
Exhaust emission measurement—
Part 9: Test cycles and test procedures for test-bed measurement of exhaust gas smoke emissions from compression ignition engines operating under transient conditions**

(ISO 8178-9:2000,IDT)

2010-11-10 发布　　2011-03-01 实施

中华人民共和国国家质量监督检验检疫总局
中国国家标准化管理委员会　发布

前　言

GB/T 8190《往复式内燃机　排放测量》分为11个部分：

——第1部分：气体和颗粒排放物的试验台测量；

——第2部分：气体和颗粒排放物的现场测量；

——第3部分：稳态工况排气烟度的定义和测量方法；

——第4部分：不同用途发动机的稳态试验循环；

——第5部分：试验燃料；

——第6部分：测量结果和试验报告；

——第7部分：发动机系族的确定；

——第8部分：发动机系组的确定；

——第9部分：压燃式发动机瞬态工况排气烟度的试验台测量用试验循环和测试规程；

——第10部分：压燃式发动机瞬态工况排气烟度的现场测量用试验循环和测试规程；

——第11部分：非道路移动机械用发动机瞬态工况下气体和颗粒排放物的试验台测量。

本部分是GB/T 8190的第9部分。

本部分等同采用ISO 8178-9:2000/Amd1:2004《往复式内燃机　排放测量　第9部分：压燃式发动机瞬态工况排气烟度的试验台测量用试验循环和测试规程》(英文版)。

本部分等同翻译ISO 8178-9:2000/Amd1:2004。为便于使用，本部分做了如下编辑性修改：

——"本国际标准"一词改为"本部分"；

——删除了国际标准的前言；

——用小数点"."代替作为小数点的逗号","。

本部分对ISO 8178-9:2000中采用的其他国际标准，凡已被采用为我国标准的，用我国标准代替相应的国际标准；未被采用为我国标准的，仍直接采用国际标准。

本部分的附录A、附录B、附录E和附录F为规范性附录，附录C和附录D为资料性附录。

本部分由中国机械工业联合会提出。

本部分由全国内燃机标准化技术委员会(SAC/TC 177)归口。

本部分起草单位：上海内燃机研究所、广西玉柴机器股份有限公司、上海柴油机股份有限公司、常州出入境检验检疫局。

本部分主要起草人：陈云清、林铁坚、计维斌、邹强、岳晓平、瞿俊鸣、庄国钢、陆寿域、谢亚平、宋国婵。

引　言

目前世界上存在许多不同的烟度测量规程。有些烟度测量规程是为试验台测试设计的，用以认证或型式认证；另一些是为现场试验而设计的，用于监测和维修检测。不同的烟度测量规程并存能满足各种管理机构和工业部门的要求。烟度测量采用的两种典型方法是滤纸式烟度计法和消光烟度计法。

GB/T 8190 的本部分尽最大可能融合了现存烟度测量规程的主要技术特点。GB/T 8190 的第 4 部分规定了若干种确定非道路用发动机气体和颗粒排放的试验循环。GB/T 8190 第 4 部分中的试验循环是针对各类非道路机械的不同工作特征而设计的。同样，不同的烟度试验循环适用于不同类型的非道路用发动机和机械。在 GB/T 8190.4 中，允许用不同的稳态工况来表征和控制非道路用发动机的气体和颗粒排放。为了正确表征和控制各种用途发动机的烟度排放，需要采用瞬态试验循环。

GB/T 8190 的本部分用于压燃式发动机的烟度测量。本部分适用于转速或负荷或两者同时随时间变化的在瞬态工况下运行的发动机。应指出的是，保养完好的典型自然吸气发动机瞬态工况下的排气烟度通常与其稳态工况下的排气烟度相同。

只有消光烟度计可以用于 GB/T 8190 本部分规定的烟度测量，允许使用全流式或部分流式消光烟度计，本部分考虑了这两种类型消光烟度计响应时间的差异，但未考虑取样区温度不同而引起的任何差异。

附录 E 规定的试验循环代表了 GB/T 8190.4 中 E1、E2、E3 和 E5 循环所述用途的发动机。

附录 F 规定的试验循环代表了 GB/T 8190.4 中 F 循环所述用途的发动机。

往复式内燃机　排放测量
第9部分:压燃式发动机瞬态工况排气烟度的试验台测量用试验循环和测试规程

1　范围

GB/T 8190 的本部分规定了在试验台上评定压燃式发动机排气烟度的试验循环和测试规程。

对于瞬态烟度试验循环应使用按消光原理工作的烟度计测量烟度。本部分旨在规定烟度试验循环以及测量和分析烟度的方法。采用消光原理测量烟度的详细规定可参见 ISO 11614:1999。本部分第1章～第11章规定的试验规程和测量方法适用于往复式内燃机。但每种用途的发动机只能使用本部分规定的一种试验循环进行评定。附录A、附录B、附录E和附录F各包含一种只适合于该附录范围所列特定用途的发动机。附录中规定的烟度试验循环亦可用于 GB/T 8190.4—2010 指定的发动机和机械类型。

对于某些非道路用发动机,必需进行现场烟度试验而不必进行试验台烟度试验。对于有附加要求(如职业健康和安全法规)的机械所用发动机,可能需要附加试验条件和专用评价方法。

2　规范性引用文件

下列文件中的条款通过 GB/T 8190 的本部分的引用而成为本部分的条款。凡是注日期的引用文件,其随后所有的修改单(不包括勘误的内容)或修订版均不适用于本部分,然而,鼓励根据本部分达成协议的各方研究是否可使用这些文件的最新版本。凡是不注日期的引用文件,其最新版本适用于本部分。

GB/T 2820.1　往复式内燃机驱动的交流发电机组　第1部分:用途、定额和性能(GB/T 2820.1—2009,ISO 8528-1:2008,IDT)

GB/T 2820.5　往复式内燃机驱动的交流发电机组　第5部分:发电机组(GB/T 2820.5—2009,ISO 8528-5:2005,IDT)

GB/T 6072.3　往复式内燃机　性能　第3部分:试验测量(GB/T 6072.3—2008,ISO 3046-3:2006,IDT)

GB/T 8190.1—2010　往复式内燃机　排放测量　第1部分:气体和颗粒排放物的试验台测量(ISO 8178-1:2006,IDT)

GB/T 8190.4—2010　往复式内燃机　排放测量　第4部分:不同用途发动机的稳态试验循环(ISO 8178-4:2007,IDT)

GB/T 8190.5　往复式内燃机　排放测量　第5部分:试验燃料(GB/T 8190.5—2005,ISO 8178-5:1997,IDT)

GB/T 8190.6　往复式内燃机　排放测量　第6部分:测量结果和试验报告(GB/T 8190.6—2006,ISO 8178-6:2000,IDT)

GB/T 8190.7—2003　往复式内燃机　排放测量　第7部分:发动机系族的确定(ISO 8178-7:1996,IDT)

GB/T 8190.8　往复式内燃机　排放测量　第8部分:发动机系组的确定(GB/T 8190.8—2003,ISO 8178-8:1996,IDT)

ISO 11614:1999　往复压燃式发动机　不透光测量仪器和排气光吸收系数的确定

3 术语和定义

下列术语和定义适用于 GB/T 8190 的本部分。

3.1

排烟 exhaust gas smoke

由燃烧或热解产生的悬浮在排气中的可见固体和/或液体颗粒。

注：黑烟(碳烟)主要由碳粒组成；蓝烟通常是由燃料或润滑油不完全燃烧产生的液滴形成的；白烟通常是由凝结水和/或液体燃油形成的；黄烟则由 NO_2 形成。

3.2

透光度 transmittance

τ

光源射出的光线经过一段被烟气遮挡的通道后到达观察者或光检测器的那部分光线，用百分数表示。

3.3

消光度 opacity

N

光源射出的光线经过一段被烟气遮挡的通道后未能到达观察者或光检测器的那部分光线，用百分数表示。

注：$N=100-\tau$。

3.4 光通道长度

3.4.1

光通道有效长度 effective optical path length

L_A

光源与光检测器之间被烟气遮挡的光通道长度，用 m 表示，该长度需要对由密度梯度和边缘效应引起的不均匀性进行修正。

注：光源到光检测器的总光通道长度中未被烟气遮挡的那部分光通道长度不计入光通道有效长度。

3.4.2

标准光通道有效长度 standard effective optical path length

L_{AS}

用于确保与规定消光度值进行有效比较的测量值。

注：确定 L_{AS} 值见 10.1.4。

3.5

光吸收系数 light absorption coefficient

k

度量烟柱或含烟样气遮挡光线能力的基本单位。

注：通常，光吸收系数用米的倒数(m^{-1})表示。光吸收系数是单位容积气体所含烟颗粒数、烟颗粒尺寸分布以及颗粒光吸收和光分散特性的函数。在没有蓝烟、白烟、黄烟或灰尘的情况下，所有柴油机排气样气的碳颗粒尺寸分布和光吸收/分散特性是相同的，所以光吸收系数主要是烟颗粒密度的函数。

3.6

比尔-朗伯特定律 Beer-Lambert law

描述光吸收系数(k)、烟度参数透光度(τ)和光通道有效长度 L_A 之间物理关系的数学公式。

注：由于不能直接测量光吸收系数(k)，所以在已知消光度(N)或透光度(τ)和光通道有效长度 L_A 时，可以用比尔-

朗伯特定律计算光吸收系数(k),见式(1)和式(2):

$$k=\frac{-1}{L_A}\ln\left(\frac{\tau}{100}\right) \quad\cdots\cdots(1)$$

$$k=\frac{-1}{L_A}\ln\left(1-\frac{N}{100}\right) \quad\cdots\cdots(2)$$

3.7

消光烟度计　opacimeter

利用透光度法测量烟气特性的仪器。

3.7.1

全流式消光烟度计　full-flow opacimeter

所有排气都通过烟气测量室的仪器。

3.7.1.1

管端型全流式消光烟度计　full-flow end-of-line opacimeter

在排气管出口处测量全部排烟消光度的仪器。

注:这种消光烟度计的光源和光检测器位于靠近排气管开口端的烟气两侧。使用这种烟度计时,光通道有效长度由排气管结构决定。

3.7.1.2

管内型全流式消光烟度计　full-flow in-line opacimeter

在排气管内测量全部排烟消光度的仪器。

注:这种消光烟度计的光源和光检测器位于烟气两侧,并靠近排气管外壁。使用这种烟度计时,光通道有效长度由测量仪器决定。

3.7.2

部分流式消光烟度计　partial-flow opacimeter

从总排气流中采集一部分具有代表性的气样使之通过测量室的仪器。

注:这种消光烟度计的光通道有效长度是其设计结构的函数。

3.7.3　消光烟度计响应时间

3.7.3.1

消光烟度计物理响应时间　opacimeter physical response time

t_p

在小于 0.01 s 的时间内改变所测排气的光吸收系数时,原始 k 信号达到满量程 10% 和满量程 90% 的时间差。

注:部分流式消光烟度计的物理响应时间取决于取样探头和输送管。关于物理响应时间的更多信息见 ISO 11614:1999 中 8.2.1 和 11.7.2 的规定。

3.7.3.2

消光烟度计电路响应时间　opacimeter electrical response time

t_e

在小于 0.01 s 的时间内,当光源被遮挡或完全熄灭时,仪器记录器输出信号或显示器达到满刻度 10% 和满刻度 90% 的时间差。

注:有关电路响应时间的更多信息见 ISO 11614:1999 中 6.2.6.2 的规定。

4　符号和单位

见表 1。

表 1 GB/T 8190 本部分所用的符号和单位

符　号	术　语	单　位
B	贝赛尔功能常数	1
C	贝赛尔功能常数	1
D	贝赛尔功能常数	1
E	贝赛尔常数	1
f_a	大气系数	1
f_c	贝赛尔滤波器截止频率	s^{-1}
k	光吸收系数	m^{-1}
k_{corr}	经环境修正的光吸收系数	m^{-1}
k_{obs}	实测光吸收系数	m^{-1}
K	贝赛尔常数	1
K_s	烟度的环境修正系数	1
L_A	光通道有效长度	m
L_{AS}	标准光通道有效长度	m
N	消光度	%
N_A	光通道有效长度的消光度	%
N_{AS}	标准光通道有效长度的消光度	%
p_{me}	平均有效压力	kPa
p_s	干空气压力	kPa
P	发动机功率	kW
S_i	瞬态烟度值	m^{-1}或%
t_{Aver}	总响应时间	s
t_e	消光计电路响应时间	s
t_F	贝赛尔功能的滤波器响应时间	s
t_p	消光烟度计物理响应时间	s
Δt	相邻烟度数据之间的时间(=1/采样速率)	s
T_a	发动机进气温度	K
X	预定的总响应时间	s
Y_i	贝赛尔平均烟度值	m^{-1}或%
ρ	干空气密度	kg/m^3
τ	透光度	%
Ω	贝赛尔常数	1

5 试验条件

5.1 试验的环境条件

5.1.1 试验状态参数

应测量发动机以 K 计的进气绝对温度 T_a 和以 kPa 计的干空气压力 p_s，由公式(3)到公式(5)确定大气系数 f_a。

自然吸气和机械增压压燃式发动机及废气旁通阀作用的压燃式发动机：

$$f_a=\left(\frac{99}{p_s}\right)\times\left(\frac{T_a}{298}\right)^{0.7} \qquad \cdots\cdots(3)$$

注：式(3)也适用于废气旁通阀只在试验循环段起作用的情况。若废气旁通阀在试验循环的任何时间段都不起作

用,则应根据进气冷却的方式选用公式(4)或公式(5)。

不带增压空气冷却器或带空/空增压空气冷却器的涡轮增压压燃式发动机:

$$f_a=\left(\frac{99}{p_s}\right)^{0.7}\times\left(\frac{T_a}{298}\right)^{1.2} \qquad \cdots\cdots(4)$$

带水/空空气冷却器的涡轮增压压燃式发动机:

$$f_a=\left(\frac{99}{p_s}\right)^{0.7}\times\left(\frac{T_a}{298}\right)^{0.7} \qquad \cdots\cdots(5)$$

5.1.2 试验有效性判定——试验条件

大气系数 f_a 应在如下范围内方可认为试验有效:

$$0.93\leqslant f_a\leqslant 1.07 \qquad \cdots\cdots(6)$$

注:推荐在 f_a 为 0.96 到 1.06 之间的条件下进行试验。

附加有效性判定按 7.3.2.3 和 A.3.2.2 的规定。

5.2 功率

试验时,应拆除安装在发动机上的仅为配套机械工作所需的辅助设备。诸如:

——制动用空气压缩机;

——动力转向泵;

——空调压缩机;

——液压驱动泵。

详见 GB/T 8190.1—2010 中的 5.3。

5.3 发动机进气系统

试验发动机所装进气系统,在使用清洁空气滤清器和发动机按相应用途的最大空气流量运行时,其进气阻力应在制造厂规定的上限值±10%以内。

5.4 发动机排气系统

试验发动机所装排气系统,在发动机按相应用途的最大标定功率运行时,其排气背压应在制造厂规定的上限值±10%以内。试验时可以带消声器,这将减少影响烟度测量的排气脉冲。因此采用消声器能使试验台烟度测量与现场烟度试验的相关性更好。消声器的结构(即容积)应代表试验发动机实际使用时的典型结构。

5.5 冷却系统

发动机所使用的冷却系统应具有足够冷却能力,以保证发动机在制造厂规定的正常工作温度范围内运转。

5.6 润滑油

应记录试验所用润滑油的规格,并写入试验报告内。

5.7 带增压空气冷却的发动机

应记录冷却介质温度和增压空气温度。

冷却系统应在制造厂规定的发动机转速和负荷下进行调整。进气温度和冷却器压力降应分别保持在制造厂规定值±4 K 和±2 kPa 以内。

5.8 试验燃料温度

试验燃料温度应符合制造厂的推荐值。若制造厂没有规定燃料温度,则燃料温度应为 311 K±5 K。除使用重油的情况外,制造厂的规定温度应不大于 316 K。除非制造厂另有规定,燃料温度应在喷油泵入口处测量,并应记录测量位置。

6 试验燃料

燃料特性会影响发动机的烟气排放。因此,应测定和记录试验燃料的特性,并写入试验结果报告。

若使用 GB/T 8190.5 指定的燃料作为基准燃料，则应提供基准燃料的代号和分析。若使用其他燃料，则要记录 GB/T 8190.5 相应数据表中所列的特性。

应根据试验目的选择试验燃料。除非经有关各方同意，燃料应按表 2 选定。在没有合适基准燃料的情况下，可使用性能非常接近于基准燃料的替代燃料。替代燃料的特性应予以说明。

表 2 燃料选择

试验目的	有关方	燃料选择
定型试验(认证)	认证机构 制造厂或供应商	基准燃料，如已指定。 商用燃料，如未指定基准燃料
验收试验	制造厂或供应商 用户或检验员	按制造厂规定的商用燃料[a]
研究/开发	一个或几个： —制造厂； —研究机构； —燃料和润滑油供应商等	要适合试验的目的

[a] 用户和检验员应注意，使用商用燃料进行排放试验不一定符合使用基准燃料时的规定限值。验收试验所用燃料的规格应在发动机制造厂技术文件的许用范围内。

7 测量设备和精度

7.1 通则

发动机在测功器上进行烟度试验时应使用下列设备。GB/T 8190 的本部分未包括压力和温度测量装置的详细内容，只在 7.4 中给出了进行烟度试验时所必需的这些装置的精度要求。

7.2 测功器技术规格

所用发动机测功器的特性应能进行附录 A、附录 B、附录 E 和附录 F 所述的试验循环。试验循环的线性度要求只适用于使用电力测功器进行的试验。测量扭矩和转速的仪器应使运行试验循环所需的测量精度保持在附录 A、附录 B、附录 E 和附录 F 规定的限值范围以内。转速和扭矩的取样频率至少应为 1 Hz。测量设备的精度应不超过表 3 中给出的最大允许偏差。可以用能满足上述要求的其他发动机驱动设备来代替测功器。

7.3 烟度测量仪器

7.3.1 基本要求

瞬态烟度试验应使用消光型烟度计。允许使用的消光烟度计有三种类型：管内型全流式消光烟度计、管端型全流式消光烟度计和部分流式消光烟度计。这三种消光烟度计的技术规格见 GB/T 8190 本部分的第 11 章以及 ISO 11614:1999 的第 6 章和第 7 章。温度修正对瞬态烟度的有效性尚未得到确认，因此，GB/T 8190 的本部分未包括烟度测量结果的温度修正。

表 3 发动机有关参数测量仪器的允许偏差

测量参数	允许偏差 (基于发动机最大值的百分数) 按 GB/T 6072.3 的规定	标定间隔期/ 月
发动机转速	±2%	3
扭矩	±2%或±5 N·m[a]	3
功率	±3%	不要求

[a] 取较大者。

7.3.2 消光烟度计的技术规格

7.3.2.1 通则

烟度试验所用的烟度测量和数据处理系统应包括三个功能单元。这三个单元既可以是组合为一体的组件,也可以是由各单元相互连接而成的系统。这三个功能单元是:

——满足本章要求的全流式或部分流式消光烟度计。详细技术规格见第11章和ISO 11614:1999;

——能执行10.2、10.3和附录D所述功能的数据处理单元;

——记录和输出附录A、附录B、附录E和附录F规定烟度值的打印机和/或电子存储单元。

7.3.2.2 线性度

线性度是指烟度计测量值与标定装置的基准值之差。线性度应不超过2%消光度。

7.3.2.3 零点漂移

1 h内或整个烟度测量试验期间(取其中时间较小者)的零点漂移应不超过1%消光度。

7.3.2.4 消光烟度计的显示及其范围

为同时显示消光度和光吸收系数,消光烟度计应具有能准确测量被试发动机烟度的测量范围;其分辨率至少应为满刻度的0.1%。

烟度计所选的光通道长度应与被测烟度水平相适应,使标定、测量和计算的误差减至最小。

7.3.2.5 仪器响应时间

消光烟度计的物理响应时间应不超过0.2 s,电路响应时间应不超过0.05 s。

7.3.2.6 部分流式消光烟度计的取样要求

取样条件应符合11.3的要求。

7.3.2.7 光源

光源应符合11.2和11.3的要求。

7.3.2.8 中密度滤光片

标定和检查消光烟度计所用中密度滤光片的读值应精确到±1%消光度,滤光片标称值应至少每年检查一次,其标定应可追溯至国家标准或国际标准。

注:中密度滤光片是精密装置,使用时容易损坏,应尽可能减少操作次数,必需时,应小心使用以避免弄脏或擦伤。

7.4 精度

所有测量仪器的标定都应可追溯至国际标准或国家标准(无国际标准时),并应符合表3的要求。

8 消光烟度计的标定

8.1 通则

消光烟度计应经常标定,以满足GB/T 8190本部分的精度要求。标定方法应按8.2的规定。

8.2 标定程序

8.2.1 预热

应按制造厂的建议预热消光烟度计使之达到稳定状态。如消光烟度计装有防止光学器件免受碳烟污染的吹气系统,应激活该系统并按制造厂建议进行调整。

8.2.2 线性度响应确定

在消光烟度计的消光度读数模式下,将光束无遮挡时,读数调整到0%±1%消光度。

在消光烟度计的消光度读数模式下,遮挡所有光线使之不到达光检测器,读数调整到100%±1%消光度。

采用消光度读数模式时,应按制造厂推荐定期校验消光烟度计的线性度。将一片符合7.3.2.8的要求并且消光度在30%到60%之间的中密度滤光片插入消光烟度计,记录读数值。仪器读数与中密度滤光片的消光度标称值之差应不大于±2%。试验前应对线性度超过上述规定值的消光计进行修正。

9 试验运行

9.1 安装测量仪器

应按照仪器制造厂规定的程序将消光烟度计和取样探头安装在消声器或任何后处理装置的后面。并应符合 ISO 11614:1999 第 10 章的要求。

9.2 校验消光烟度计

校验零点和满刻度前,应按制造厂推荐预热消光烟度计使之达到稳定状态。若消光烟度计装有防止光学器件免受碳烟污染的吹气系统,应激活该系统并按制造厂推荐进行调整。

应在消光度读数模式下校验零点和满刻度,因为消光度刻度提供了两个确定的标定点 0%消光度和 100%消光度。然后,根据实测的消光度和仪器制造厂提供的 L_A 正确计算出光吸收系数,这时仪器返回至 k 读数模式。

光束无遮挡的情况下,将读数调整到 0%±1%消光度。在所有光线被遮挡而不到达光检测器时,将读数调整到 100%±1%消光度。

9.3 试验循环

发动机在考虑附录 C 指出的情况下,按附录 A、附录 B、附录 E 和附录 F 中规定的试验循环运转。

9.4 光通道有效长度(L_A)的确定

光源到光检测器通道长度中未被烟气遮挡的那部分光通道长度不计入光通道有效长度。如果烟度计光束离排气出口很近(在 0.07 m 内),则通过消光烟度计的烟柱横截面实质上与沿光束轴线方向的排气管出口尺寸相同。通常,可以通过直接测量排气管出口尺寸来确定光通道有效长度。为了获得准确到±2%消光度的烟度修正结果,应以±6%的准确度来确定 L_A(消光度的最大误差出现在约 60%消光度处,在较小和较大消光度时,允许以稍低的准确度来确定 L_A)。对于最小的标准光通道有效长度(0.038 m),准确度为±6%时 L_A 等于 0.002 m。

对于许多发动机来说,特别是现场试验时,通常很难接近和直接测量排气管出口。因此,如发动机制造厂无异议,可以用长度为 3 倍至最大 30 倍管径的套管来延长排气管。这种情况下,需要使接头处保持适当的密封,以避免空气稀释排气。

对于许多常用的排气管结构,由较易测量的排气系统外形尺寸来确定 L_A 可以达到足够的准确度。

10 数据评定和计算

10.1 数据评定

10.1.1 消光烟度计的一般要求

烟度取样频率最小应为 20 Hz。报告烟度值应采用消光度(N)或光吸收系数(k)。应根据需要将测得的烟度值(透光度)换成相应的烟度单位,并按光通道长度修正烟度测量值(见 10.1.2、10.1.3 和 10.1.4)。若需要,对光吸收系数进行空气密度修正(见 10.3)。然后按 10.2 和附录 D 规定用贝赛尔算法对烟度数据进行处理。

取样管长度应不影响烟度迹线产生(见 11.3)。但是,即使取样管长度不影响烟度迹线的形状,它可能会引起烟度产生时间与测量时间之间的延迟。烟度迹线分析应考虑到与排气系统内烟气输送相关的任何延迟。

烟度值计算按附录 A 的规定。

10.1.2 比尔-朗伯特关系式

比尔-朗伯特定律规定了透光度、光吸收系数和光通道有效长度 L_A 之间的关系,见公式(7)。

$$\frac{\tau}{100}=e^{-kL_A} \qquad (7)$$

根据透光度和消光度的定义,两者的关系可用公式(8)表示。

$$N=100-\tau \qquad (8)$$

由公式(7)和(8)可得出关系式(9)和(10)：

$$N_{AS}=100\times\left[1-\left(1-\frac{N_A}{100}\right)^{\frac{L_{AS}}{L_A}}\right] \qquad (9)$$

$$k=-\frac{1}{L_A}\times\ln\left(1-\frac{N_A}{100}\right) \qquad (10)$$

10.1.3 数据换算

将实测烟度值换算成相应的报告烟度单位分两步进行。由于所有消光烟度计的基本测量单位都是透光度，所以第一步是用公式(8)将透光度(τ)转换成测量用光通道有效长度下的消光度(N_A)。对于大多数消光烟度计，这一步是在其内部进行的，用户看不到。

第二步是将 N_A 换算成报告所需单位：

若试验结果以消光度为单位，应利用公式(9)将测量用光通道有效长度下的消光度(N_A)换算成标准光通道有效长度下的消光度(N_{AS})。

注：测量用光通道有效长度和标准光通道有效长度相同时，N_{AS} 等于 N_A，不需要进行第二步换算。

若试验结果以光吸收系数为单位，应利用公式(10)进行换算。

10.1.4 光通道有效长度输入值

运用公式(10)时，需要用测量用光通道有效长度 L_A。运用公式(9)时，需要同时用到 L_A 和标准光通道有效长度 L_{AS}。

对于管端型全流式消光烟度计，L_A 为发动机排气管结构的函数。对于圆形横截面的直排气管，L_A 等于排气管内径。

对于部分流式(取样)消光烟度计和管内型全流式消光烟度计，L_A 是仪器测量室和吹气系统结构的固定函数。使用这种类型烟度计时，应采用仪器制造厂提供的技术规格数据来确定相应的 L_A 值。

通常，L_A 需要精确到 0.002 m 以内，以保证所得修正烟度值的准确度在 2% 消光度以内。

消光度读数取决于仪器的光通道有效长度。由于限值都是以消光度百分数为单位的，因此必须以限值适用的标准光通道有效长度来表示。为进行有效的烟度数据比较，应按表 4 规定的标准光通道有效长度(L_{AS})报告排烟消光度结果。但可以在非标准光通道有效长度下测量排烟的消光度。

使用表 4 时不需要测量发动机功率。发动机功率可由发动机标签、用户手册或由发动机认证或型式认证的资料中获知。在发动机功率不确定的情况下，不能评定发动机是否符合以百分数表示的消光度限值。

表 4　标准光通道有效长度

发动机功率 P/ kW	标准光通道有效长度 L_{AS}/ m
$P<37$	0.038
$37\leqslant P<75$	0.05
$75\leqslant P<130$	0.075
$130\leqslant P<225$	0.1
$225\leqslant P<450$	0.125
$P\geqslant 450$	0.15

10.2 贝赛尔算法

10.2.1 基本原理

贝赛尔算法用来由瞬时烟度读数计算其平均值。该算法既适用于以消光度计的烟度值也适用于以光吸收系数计的烟度值。但是,如果消光度低于40%,该算法用于消光度时可能会有很小的误差。该算法模拟了一种低通二级滤波器,使用时需要通过迭代计算来确定各种系数。这些系数是消光计系统响应时间和采样频率的函数。因此,每当系统响应时间和/或采样频率发生变化时应重复进行10.2.2的计算。

10.2.2 滤波器响应时间和贝赛尔常数的计算

要求的滤波器响应时间(t_F)是消光计系统物理响应时间和电路响应时间(见3.7.3的定义)以及预定总响应时间 X 的函数,可用公式(11)计算:

$$t_F = \sqrt{X^2 - (t_p^2 + t_e^2)} \qquad \cdots\cdots (11)$$

式中:

t_p——物理响应时间,单位为秒(s);

t_e——电路响应时间,单位为秒(s)。

假如 t_p 和 t_e 都远小于 X(见7.3.2.5),且 t_p 和 t_e 均远小于瞬态试验的持续时间,可以用公式(11)将不同消光烟度计调整到某一通用的响应时间。

计算滤波器截止频率(f_c)以小于0.01 s从0到1的阶跃输入为基础(见附录D)。响应时间的定义是贝赛尔输出达到该阶跃输入的10%(t_{10})到该阶跃输入的90%(t_{90})的时间。必须通过迭代计算,直到 $t_{90} - t_{10} \cong t_F$。用公式(12)进行 f_c 的第一次迭代计算:

$$f_c = \frac{\pi}{(10 \times t_F)} \qquad \cdots\cdots (12)$$

贝赛尔常数 E 和 K 用公式(13)和公式(14)计算。

$$E = \frac{1}{1 + \Omega \times \sqrt{3 \times D} + D \times \Omega^2} \qquad \cdots\cdots (13)$$

$$K = 2 \times E \times (D \times \Omega^2 - 1) - 1 \qquad \cdots\cdots (14)$$

式中:

$D = 0.618\,034$;

$\Delta t = \frac{1}{\text{采样速率}}$;

$\Omega = \frac{1}{[\tan(\pi \times \Delta t \times f_c)]}$。

用 E 和 K 值,按式(15)计算阶跃输入 S_i 对应的贝赛尔响应时间 X:

$$Y_i = Y_{i-1} + E \times (S_i + 2 \times S_{i-1} + S_{i-2} - 4 \times Y_{i-2}) + K \times (Y_{i-1} - Y_{i-2}) \qquad \cdots\cdots (15)$$

式中:

$S_{i-2} = S_{i-1} = 0$;

$S_i = 1$;

$Y_{i-2} = Y_{i-1} = 0$。

时间 t_{10} 和 t_{90} 采用内插法确定。t_{90} 与 t_{10} 的差确定了该 f_c 值的响应时间 t_F。如果该响应时间不够接近预定响应时间,应继续进行迭代计算直到实际响应时间与预定响应时间之差在1%以内为止,即:

$$|(t_{90} - t_{10}) - t_F| = 0.01 t_F \qquad \cdots\cdots (16)$$

第一次和第二次迭代计算的示例见附录D。

10.2.3 贝赛尔平均烟度的计算

按10.2.2计算出相应的贝赛尔常数 E 和 K 后,按公式(15)用贝赛尔算法计算瞬态烟度曲线。

由于贝赛尔算法实质上是递归法，因此开始计算时需要 S_{i-1}、S_{i-2} 的初始输入值和 Y_{i-1}、Y_{i-2} 的初始输出值。假定这些值都为 0。

然后，用得出的贝赛尔平均烟度值计算附录 A 规定的相应烟度值。

10.3 环境修正

10.3.1 通则

发动机型式认证(认证)时，大气系数 f_a 应在 0.98～1.02 范围内(见 5.1.2)。由于烟度与大气条件有较大关系，如 f_a 在 0.93～1.07 范围内，烟度值用公式(19)进行修正。但是，在 f_a 在 0.98～1.02 时可以不进行修正。

注：本章提供的空气密度修正公式反映了被试发动机/车辆对空气密度的常规敏感性。有些发动机对该修正公式预测的空气密度变化的敏感度较大，而有些发动机的敏感性则较小。因此将该修正公式应用于某些对空气密度敏感性不明确的发动机/车辆时，修正结果只能认为是近似值。建议管理机构在强制项目中采用此修正时要考虑：个别被试发动机/车辆对空气密度敏感性不十分明确，可能会与常规修正公式指出的敏感性有所不同。

10.3.2 基准条件

10.3.3 的修正系数是由发动机进气干空气密度确定的。在基准温度为 298 K 和基准压力为 99 kPa (见 5.1.1)时基准干空气密度为 1.157 5 kg/m³。

10.3.3 烟度的空气密度修正

该修正适用于以光吸收系数或“k”表示的烟度值。该修正适用于贝赛尔平均峰值烟度，而不适用于原始烟度值。消光度值必须用公式(10)转换成 k，修正后可以再换算回消光度单位。这时，要用到公式(17)。

$$K_s = \frac{1}{19.952\rho^2 - 48.259\rho + 30.126} \quad \cdots\cdots(17)$$

$$\rho = \frac{p_s \times 10^3}{287 \times T_a} \quad \cdots\cdots(18)$$

利用公式(17)，按公式(19)将附录 A 和附录 B 中的烟度值由以光吸收系数计的“实测值”计算出“修正值”。

$$k_{corr} = K_s \times k_{obs} \quad \cdots\cdots(19)$$

10.4 试验报告

试验报告应包含 GB/T 8190.6 所规定的数据。

11 烟度测定

11.1 通则

11.2、11.3 和图 1、图 2 详细描述了推荐的消光烟度计系统。由于不同的结构能产生相当的结果，因而不要求完全符合图 1 和图 2 的结构。可以采用诸如仪表、阀门、电磁阀、泵和开关等附加部件来提供附加信息和协调部件系统的功能。非系统精度要求所必须的其他部件可以根据合理的工程判断不予安装。

测量原理是：使光线通过某一规定长度的被测烟气，用到达光检测器的入射光线比例来评定烟气的遮光特性。视装置的结构而定，可以在排气管系中(管内型全流式消光计)、排气管端(管端型全流式消光计)或从排气管中采集部分样气(部分流式消光计)进行。为了烟度测量时由消光度确定光吸收系数，仪器制造商应提供仪器的光通道长度。

11.2 全流式消光烟度计

可采用两种通用型全流式消光烟度计，见图 1。采用管内型消光烟度计时，测量的是排气管内整个排气烟粒的消光度，这种消光计的光通道有效长度是消光计结构的函数。

采用管端型消光烟度计时，测量的是排气管出口处整个排气烟粒的消光度。这种消光烟度计的光通道有效长度是排气管结构和消光计与排气管尾端距离的函数。

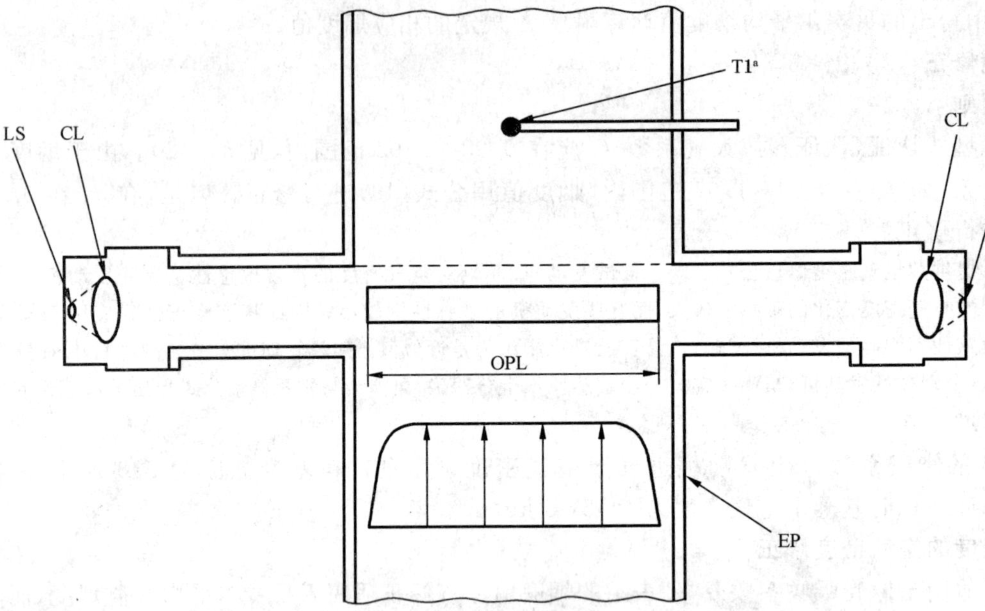

[a] 可选件。

图 1　全流式消光烟度计

图 1 中的零部件：

EP：排气管

采用管内型消光计时，在测量区域前后 3 倍排气管直径的长度范围内排气管直径应无变化。若测量区的直径大于排气管直径，推荐在测量区前加接一段收缩的管子。

采用管端型消光计时，排气管尾端 0.6 m 范围内其横截面应为圆形并应无弯头。排气管端口应光滑。消光烟度计应沿烟柱中心安装在离排气管端口 25 mm±5 mm 处。

OPL：光通道长度

消光计光源和光检测器之间被烟气遮挡的光通道长度，该长度需要对由密度梯度和边缘效应引起的不均匀性进行修正。光通道长度应由仪器制造商提供，并应考虑到采取阻挡碳粒措施（如吹气）的测量情况。若不知道光通道长度，应按 ISO 11614：1999 中 11.6.5 的规定来确定光通道长度。为正确确定光通道长度，要求排气流速最小应为 20 m/s。

LS：光源

光源应为色温在 2 800 K～3 250 K 范围内的白炽灯，或光谱峰值在 500 nm～570 nm 之间的绿色发光二极管。应采取措施使光源免受碳烟污染，这些措施不得影响制造商规定的光通道长度。

LD：光检测器

光检测器应为光电池或光电二极管（必要时可带滤光片）。采用白炽灯作为光源时，光检测器的峰值光谱响应特性应与人眼的光适应曲线相似，其最大响应的范围应为 550 nm～570 nm，在波长小于 430 nm 和大于 680 nm 时，其响应必须小于最大响应的 4%。应采取措施使光源免受碳烟污染，这些措施不得影响制造商规定的光通道长度。

CL：准直透镜

应将射出的光线准直成最大直径为 30 mm 的光束。光束射线应与光轴平行，平行度允差为 3°以内。

T1：温度传感器（可选）

用于监测试验时的排气温度。

11.3 部分流式消光烟度计

采用部分流式消光烟度计(图 2)时，要从排气管中抽取一部分具有代表性的样气使之经输送管流到测量室。这种消光烟度计的光通道有效长度是其结构的函数。11.2 中规定的响应时间适用于仪器制造商规定的消光烟度计最小流量。

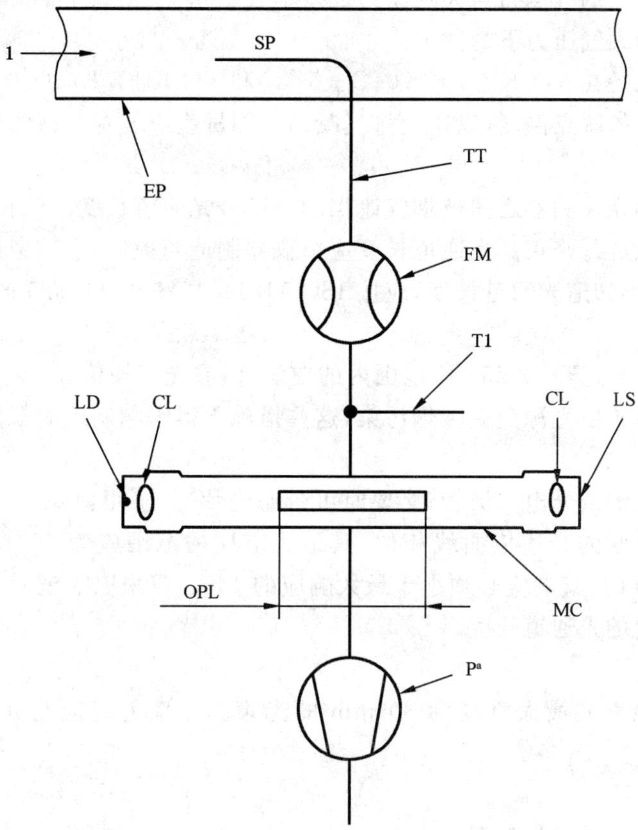

1——排气。

[a] 可选件。

图 2 部分流式消光烟度计

图 2 中的零部件：

EP:排气管

取样探头上游 6 倍管径与下游 3 倍管径长度范围内的排气管应为直管段。

SP:取样探头

取样探头应为一根开口端向排气上游的管子。它应大致位于排气管中心线，与排气管壁的间隙不得小于 5 mm。探头内径应确保获得具有代表性的排气气样，并使之有足够的流量通过消光烟度计。

TT:输送管

输送管应具有以下特性：

——尽可能短，并确保烟度计测量室入口处的烟气温度为 373 K±30 K(100 ℃±30 ℃)；

——管壁温度远高于排气的露点温度，以避免排气凝结；

——在整个长度范围内管径与取样探头管径相等；

——在仪器最小流量时，输送管的响应时间为 3.7.3 确定的物理响应时间 t_p 的一部分，应小于 0.05 s；

——对峰值烟度无明显影响。

FM:流量监测装置

用于监测进入测量室的流量。最大和最小流量应由仪器制造商规定，并应满足输送管 TT 响应时间的要求及光通道长度规格的要求。如使用流量检测装置，可靠近取样泵P安装。

MC：测量室

测量室应具有无反射的内表面或等效的光学环境。应使测量室内由内部反射或散射作用产生的漫反射光对检测器的影响减至最少。

应确保流入测量室的烟气压力与大气压力之差不大于0.75 kPa。当设计不能达到该要求时，应将消光烟度计读数换算到大气压力下的数值。

测量室的壁温应保持在343 K±5 K(70 ℃±5 ℃)和373 K±5 K(100 ℃±5 ℃)之间，并应在所有情况下使之远高于排气的露点温度，以避免排气凝结。测量室应装有合适的温度测量装置。

OPL：光通道长度

消光烟度计光源和光检测器之间被烟气遮挡的那部分光通道长度。该长度需要对由密度梯度和边缘效应引起的不均匀性进行修正。光通道长度应由仪器制造商提供，它应考虑到采取阻挡碳粒措施(如吹气)的测量情况。若不知道光通道长度，应按ISO 11614：1999中11.6.5的规定来确定。

LS：光源

光源应为色温在2 800 K～3 250 K范围内的白炽灯，或光谱峰值在500 nm～570 nm之间的绿色发光二极管。应采取措施使光源免受碳烟污染，这些措施不得影响制造商规定的光通道长度。

LD：光检测器

光检测器应为光电池或光电二极管(必要时可带滤光片)。采用白炽灯作为光源时，光检测器的峰值光谱响应特性应与人眼的光适应曲线相似，其最大响应的范围应为550 nm～570 nm，在波长小于430 nm和大于680 nm时，其响应必须小于最大响应的4%。应采取措施使光源免受碳烟污染，这些措施不得影响制造商规定的光通道长度。

CL：准直透镜

应将射出的光线准直成最大直径为30 mm的光束。光束射线应与光轴平行，平行度允差为3°以内。

T1：温度传感器

用于监测测量室进口处的排气温度。

P：取样泵(可选件)

可以在测量室的下游加装一只取样泵，用它将样气送入测量室。

附 录 A
（规范性附录）
非道路用变速运行发动机的试验循环

A.1 范围

本附录规定的烟度试验循环包括两部分：自由加速试验循环和加载加速试验循环。本烟度循环适用于GB/T 8190.4—2010中所述的C1类变速运行发动机。

瞬态烟度循环是稳态排放测量的补充，两者一起能用于控制所有工况下的烟度排放。此外，烟度试验旨在提供一种方法来确定发动机安装某种机械时的排放特性，它适用于制造厂和现场条件下的烟度测量。

GB/T 8190.4—2010中所述的C1类发动机主要用于非道路车辆和柴油机驱动的非道路用工业装备。本附录范围所指的C1类发动机包括下列典型用途，但不限于此：

——工业钻探装置，压缩机等；

——工程机械，包括轮式装载机、推土机、履带式拖拉机、履带式装载机；

——卡车式装载机、非公路卡车、液压挖掘机等；

——农业机械、旋耕机；

——林业机械；

——自行式农用车辆（包括拖拉机）；

——材料装卸机械；

——叉车；

——修路机械（汽车平路机、压路机、沥青平整机）；

——扫雪机；

——机场辅助设备；

——架空升降机；

——移动式起重机。

本附录所述瞬态烟度试验涉及的加速度可能并非所有发动机都能达到，或者可能不适用于某些用途的发动机。本附录范围所述发动机的最大标定功率达1 500 kW。单缸或双缸发动机运行本试验循环时可能会特别困难。另外，单缸或双缸发动机可能会出现妨碍烟度可靠测量的排气脉冲，除非采用一个缓冲容积（消声器）。如经有关各方协商同意，特定的用途可采用特殊的试验规程。

A.2 术语和定义

A.2.1

自由加速试验 free acceleration test

使发动机克服其自身内部惯量包括飞轮的惯量从低怠速加速至高怠速的运转过程。

A.2.2

自由加速时间 free acceleration time

FAT

自由加速试验时发动机从高于低怠速5%加速到95%标定转速所需的时间，以s表示。该时间是瞬态加载试验时加速时间的基准。

A.2.3

自由加速烟度　free acceleration smoke

FAS

A.3.2.1e)所述一次自由加速试验所得的1 s最大贝赛尔平均烟度值和A.3.2.1e)所述三次自由加速试验结果的平均值。

A.2.4

瞬态加载试验　loaded transient test

使发动机按照由加载加速工况标定转速、全负荷工况和加载减速工况组成的明确规定的循环进行运转的过程。

注：要采用3×FAT,6×FAT和9×FAT三种不同的加载加速时间。

A.2.5

峰值烟度　peak smoke value

PSV

瞬态加载试验时，三次加速工况中每一次加速工况的1 s最大贝赛尔平均烟度值，PSV有三个数值，对应的加速时间分别为3×FAT、6×FAT和9×FAT。

A.2.6

加载减速烟度值　lug smoke value

LSV

瞬态加载试验时，加载减速工况期间1 s最大贝赛尔平均烟度值和三个试验值的平均值。

注：三次加载减速工况(3×FAT、6×FAT和9×FAT加速的终点)是相同的，因此，预料会产生相同的结果。

A.2.7

中间转速　intermediate speed

瞬态加载试验时加载减速工况的端点，其定义见GB/T 8190.4—2010中3.6。

A.3　试验循环

本试验规程采用了自由加速时间与9倍自由加速时间之间的多倍加速时间。这样做允许将烟度试验划分成若干种自由加速速率，它们是发动机在配套机械中经受自由加速时出现的典型自由加速速率，并且这样做还能将配套机械运行时出现的具有代表性的发动机加载加速率包括在内。采用多个加速时间能提供不同工况下的烟度值，便于采用GB/T 8190.7—2003和GB/T 8190.8中包含的系族和系组概念。不同的加速时间可能更适用于某些发动机和某些特定用途，如经有关各方同意，可以采用不同的加速时间。

A.3.1　发动机预热

发动机应在标定功率下预热，以保证发动机参数稳定在制造商推荐值范围内。

注：预热阶段还应确保实际测量不受前次试验排气系统中沉积物的影响。

A.3.2　自由加速试验

A.3.2.1　通则

自由加速试验是本附录所述用途发动机试验循环的第一部分。发动机按A.3.1预热后，应立即进行自由加速试验。自由加速试验是使发动机克服其自身内部惯量和飞轮产生的惯量从低怠速加速至高怠速的运转过程。受试发动机应装有飞轮和其他旋转部件以提供一个相当于被试发动机额定惯量范围下限的惯量。这样将能达到发动机与实际运行时出现的最快加速的FAT值，因此能控制最宽广条件下的烟度。自由加速试验应在发动机与测功器脱开的情况下进行。

注：允许用离合器使发动机与测功器脱开，只要随发动机一起旋转的那部分离合器的惯量不超过发动机总惯量的25%。若用测功器模拟零惯量，则允许发动机与测功器连接。经有关各方同意，自由加速试验亦可在连接测功器的情况下进行。

自由加速试验的基本步骤如下,如图 A.1 所示。

a) 发动机在低怠速下稳定运转 15 s±5 s。

b) 将调速手柄快速移动到全开位置,并保持在该位置直到发动机达到调速器控制的高怠速(无负荷)。

c) 将调速手柄移回到关闭位置,使发动机回复到低怠速。

d) 重复上述步骤两次完成预运转,以清除排气系统的残余碳烟。

e) 在 3 次预运转后,应重复上述各步骤直到 3 次连续的运转满足 A.3.2.2 规定的判据。

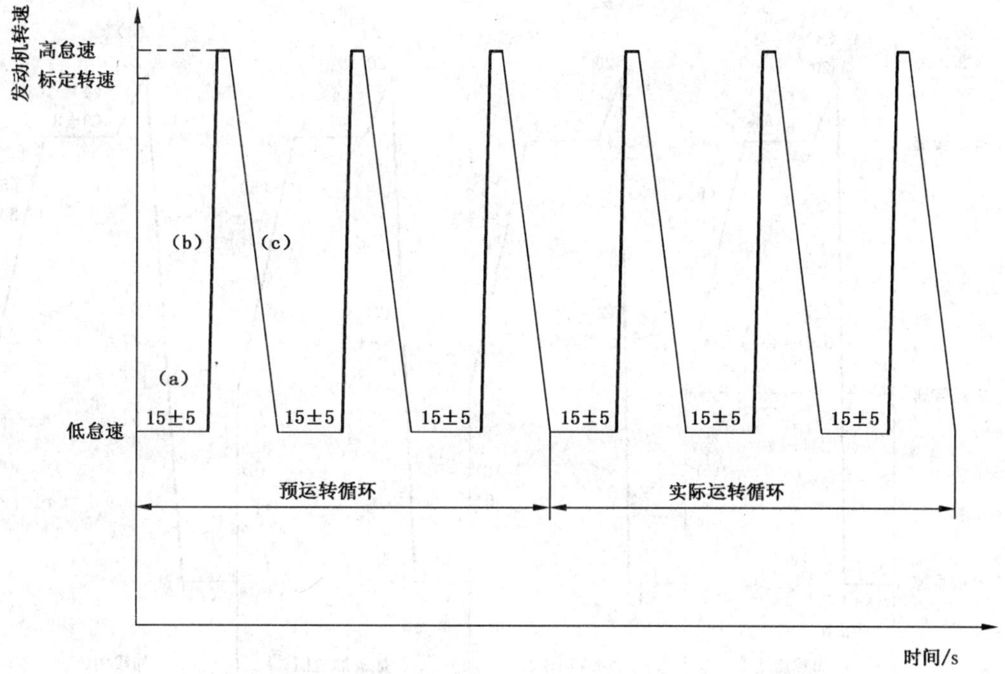

——油门关闭

——油门全开

(a)、(b)和(c)见 A.3.2.1 中各节的说明。

图 A.1 自由加速试验

A.3.2.2 自由加速试验有效性的判定

只有满足以下试验循环的要求时,自由加速试验的结果方可认为有效。

三次连续自由加速试验的 1 s 最大贝赛尔平均烟度的最大值与最小值的算术差不超过 5%消光度。

试验有效性的其他判据按 5.1.2 环境(大气)条件有效性判据和 7.3.2.3(消光烟度计零点漂移)的规定。

A.3.2.3 自由加速时间(FAT)的确定

FAT 是加载加速时间的基准(A.3.4.2)。A.3.2.1 步骤 e)中每次自由加速时的自由加速时间是指发动机转速从高于低怠速 5%加速到 95%标定转速的时间。FAT 是 A.3.2.1 步骤 e)三次自由加速时间的平均值。

A.3.3 发动机再预热

将发动机重新与测功器相连接。使发动机在标定功率下预热,以使发动机的参数稳定在制造商推荐值范围内。

注:再预热阶段还应确保实际测量不受前次试验排气系统中沉积物的影响。

A.3.4 瞬态加载试验

A.3.4.1 通则

瞬态加载试验是本试验循环的第二部分,其试验的步骤按 A.3.4.3 的规定。应在发动机再预热后立即进行瞬态加载试验。试验顺序如图 A.2 所示。

A.3.4.2 瞬态加载试验时间

瞬态加载试验的加速时间是 A.3.2.3 规定的自由加速时间的倍数。发动机瞬态加载试验所用的加速时间为 3×FAT、6×FAT 和 9×FAT。各个(FAT)时间是指发动机从高于低怠速 5%加速到 95%标定转速的时间。3×FAT、6×FAT 和 9×FAT 的值可圆整到秒。

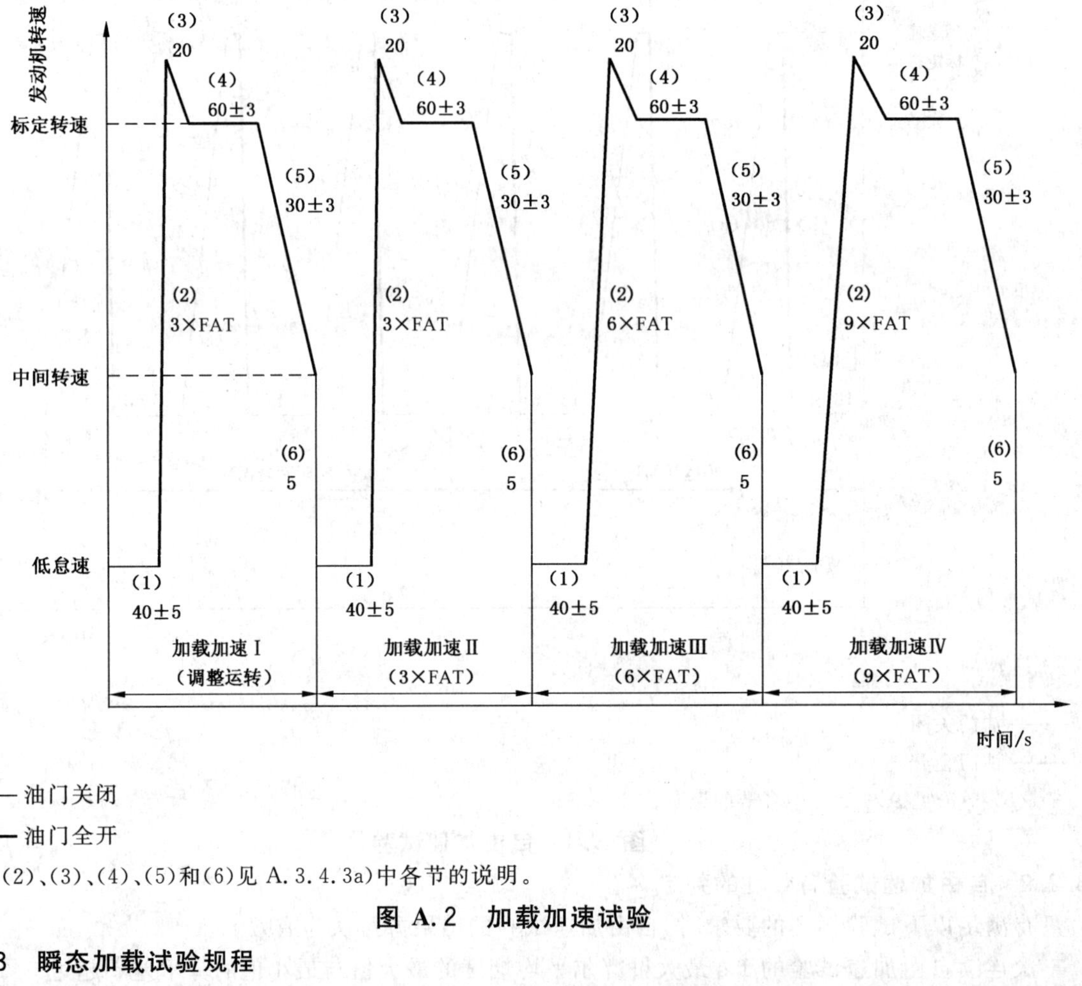

(1)、(2)、(3)、(4)、(5)和(6)见 A.3.4.3a)中各节的说明。

图 A.2 加载加速试验

A.3.4.3 瞬态加载试验规程

为提高试验结果的重复性,瞬态加载试验开始时要进行一次预运转循环。在预运转循环后随即进行三次加载加速循环,这三次循环间只是加载加速率有所不同。在加载加速后随即进行标定转速全负荷稳定运转。下面步骤 2)中的线性度规定只适用于电力测功器,旨在确保发动机不致在不正常状态下运行而产生较低的烟度值。另外,不允许倒拖发动机。瞬态加载试验步骤如下:

a) 预运转循环

1) 将转速控制手柄置于关闭位置,使发动机在低怠速下运转 40 s±5 s。

2) 将转速控制手柄从低怠速快速移到全开位置,并保持在该位置。发动机从高于低怠速 5%加速到 95%标定转速的时间应为 3×FAT 秒。发动机转速与高于低怠速 5%到 95%标定转速之间应保持线性关系,其误差应在 ±100 min^{-1} 或标定转速的 ±5%以内,取较大者。

3) 在发动机达到95%标定转速点20 s后，施加必要的测功器负荷使发动机在标定转速全负荷稳定工况下运转。

4) 使标定转速全负荷运行状态保持60 s±5 s。

5) 按需要调节测功器，使发动机在全负荷条件下减速至中间转速。转速应保持线性变化，从加载减速开始至达到中间转速的时间应为30 s±3 s。

6) 在发动机达到中间转速后5 s内，将转速控制手柄移回到关闭位置，使发动机回复到低怠速。

b) 3×FAT 加载加速

重复1)～6)。

c) 6×FAT 加载加速

用6×FAT代替步骤2)中的加载加速时间重复1)～6)。

d) 9×FAT 加载加速

用9×FAT代替步骤2)中的加载加速时间重复1)～6)。

重复上述步骤直到发动机转速、时间和线性度满足本条的要求，除非加速时间小于0.5 s。

A.3.4.4 瞬态加载试验的替代规程

可以用三次"两循环"试验代替A.3.4.3所述的单次"四循环"试验来进行瞬态加载试验。这样就能在两次试验之间改变惯量，因而可以不使用计算机控制的测功器。每次试验只要按A.3.4.3规定的步骤1)～6)运行两遍。第一次试验时两个步骤的加载加速时间表均为3×FAT。第二次试验时两个步骤的加载加速时间表均为6×FAT。第三次试验时两个步骤的加载加速时间表均为9×FAT。

A.4 结果分析

A.4.1 通则

本章规定了自由加速试验和瞬态加载试验结果的分析方法。按照10.2所述的算法，本试验所用的许多消光计的烟度输出信号为$X=0.5$ s贝赛尔平均烟度值。对于这些烟度计，需要对信号作进一步处理以产生"$X=1$ s"的烟度值，10.2.2中公式(11)所用的($t_p^2+t_e^2$)值为0.25。原始烟度结果分析时，对于那些未按0.5 s贝赛尔算法处理的原始烟度结果，分析时应采用代表该消光计的系统的($t_p^2+t_e^2$)值。

报告烟度值还应按10.3的规定进行环境修正。

A.4.2 峰值烟度(PSV_F、PSV_3、PSV_6、PSV_9)

应计算由自由加速的峰值烟度(PSV_F)和三次加载加速的峰值烟度(PSV_3、PSV_6、PSV_9)。这些烟度值是加速过程中出现的$X=1$ s贝赛尔平均烟度的最大值。务必确保所分析的烟度数据与加速过程中出现的时间相对应(见10.1.1)。A.3.2.1的步骤b)为自由加速过程。A.3.4.3中b)、c)和d)或A.3.4.4中相当的步骤2)分别为加载加速的过程。

计算贝赛尔平均值的方法见10.2的规定。对于峰值烟度，公式(11)中的X值为1 s。

A.4.3 加载减速烟度(LSV)

应计算三次瞬态加载试验中每次加载减速段的峰值烟度(LSV_3、LSV_6、LSV_9)。这些烟度值是加载减速过程中出现的$X=1$ s贝赛尔平均烟度的最大值。务必确保所分析的烟度数据与加载减速过程出现的时间相对应(见10.1.1)。A.3.4.3中的b)、c)和d)的(或A.3.4.4中相当的步骤5)分别为加载减速过程。

计算贝赛尔平均值的方法见10.2的规定。对于加载减速烟度值，公式(11)中的X值为1 s。

报告加载减速烟度(LSV)值为LSV_3、LSV_6、LSV_9的平均值。

A.5 结果报告

应报告下列烟度值：PSV_F、PSV_3、PSV_6、PSV_9和LSV。

附 录 B
（规范性附录）
非道路用恒速运行发动机的试验循环

B.1 范围

本附录范围内所述的发动机都不能或不会以变速方式运行。但是，有些恒速运行发动机可以经受快速而明显的负荷变化，由此可导致明显的烟度排放过程。

瞬态烟度试验循是稳态排放测量的补充，两者一起能用于控制所有工况下的烟度排放。此外，本烟度试验旨在提供一种方法来确定发动机安装在某种机械上的排放特性，它适用于在制造厂和现场条件下的烟度测量。

发动机（GB/T 8190.7—2003 中 5.2 规定的发动机系族中的基本型发动机）以最大燃油量进行试验意在产生最差的烟度排放。

本附录适用于 GB/T 8190.4—2010 第 8 章规定的 D2、G1 和 G2 类发动机，发动机的标定功率最大可达 1 500 kW。

典型用途如下，但不限于此：

a) D2 类

——气体压缩机；

——间歇负载发电机组，包括船舶和机车用（非推进用）发电机组；

——草地养护机械；

——风凿；

——除雪设备；

——清扫机。

b) G1 类

——手扶旋转式或滚筒式草坪剪草机；

——前置或后置发动机草坪剪草机；

——旋耕机；

——修边机；

——草坪清扫机；

——废物清除机；

——喷雾机；

——扫雪机；

——高尔夫球车。

c) G2 类

——移动式发电机、水泵、电焊机组和空气压缩机；

——在发动机额定转速下工作的草地和园艺设备。

B.2 术语和定义

B.2.1

烟度试验 smoke test

在某一恒定的发动机转速下快速加载的试验。

B.2.2

峰值烟度　peak smoke value

PSV

加载试验时所得的三个最大的 1 s 贝赛尔平均烟度的平均值。

B.2.3

稳态烟度值　steady-state smoke value

SSSV

发动机稳态运行时记录的最大烟度值。

B.3　试验循环

B.3.1　发动机加载步骤

本条规定了如何计算发动机要施加的阶跃负荷。该阶跃负荷是标称功率下平均有效压力(p_{me})的函数。恒速运行发动机用于发电机组时，标称功率应为发电机标定功率时的发动机功率，见 GB/T 2820.1 的规定。对于发电机组以外其他用途发动机，标称功率为制造厂规定的发动机标定功率。

发动机的 p_{me}按式(B.1)和式(B.2)计算：

四冲程发动机

$$p_{me}=\frac{P\times 2\ 000}{V_d\times N} \qquad \text{(B.1)}$$

二冲程发动机

$$p_{me}=\frac{P\times 1\ 000}{V_d\times N} \qquad \text{(B.2)}$$

式中：

p_{me}——平均有效压力，单位为千帕(kPa)；

P——标称功率，单位为千瓦(kW)；

V_d——排量，单位为升(L)；

N——发动机转速，单位为转每秒(r/s)。

图 B.1 和图 B.2 规定了发动机应施加的负荷量(标称功率的百分数)与发动机 p_{me}的关系。考虑到大多数恒速运行发动机的用途是发电机组，发动机施加的阶跃负荷就是 GB/T 2820.5 中对发电机规定的负荷。图 B.1 适用于四冲程发动机，图 B.2 适用于二冲程发动机。图 B.1 或图 B.2 给出的负荷即为 B.3.3步骤 c)要施加的负荷。

B.3.2　发动机预热

发动机应在标定功率下预热，以保证发动机参数稳定在制造商推荐值范围内。

注：预热阶段还应确保实际测量不受前次试验排气系统中沉积物的影响。

B.3.3　烟度试验规程

a)　发动机预热运转后，立即以油量限定功率运转 40 s±5 s，并记录烟度。

b)　使发动机以 10%标称功率运转 40 s±5 s。

c)　快速施加 B.3.1 规定的阶跃负荷。

注：发动机接受阶跃负荷的时间取决于其用途。

d)　使发动机在该负荷下运转 40 s±5 s。

e)　重复步骤 b)～d)，完成三次运转循环。

B.4　结果分析

B.4.1　通则

本章规定了烟度试验结果的分析方法。按照 10.2 规定的算法，本试验所用的许多烟度计的烟度输

出信号为 X=0.5 s 的贝赛尔平均烟度。对于这些消光烟度计，需要对信号作进一步处理以产生"X=1 s"的烟度结果，10.2.2 中公式(11)所用的($t_p{}^2+t_e{}^2$)值为 0.25。对于那些未按 0.5 s 贝赛尔算法处理的原始烟度结果，分析时应使用代表该消光计系统的($t_p{}^2+t_e{}^2$)值。

报告烟度值还应按 10.4 的规定进行环境修正。

B.4.2 稳态烟度值(SSSV)

SSSV 为 B.3.3 中步骤 a)试验期间记录的最大烟度。稳态烟度值不需要进行贝赛尔平均。

B.4.3 峰值烟度(PSV)

确定 B.3.3 步骤 c)三次重复运行期间出现的最大 1 s 贝赛尔平均烟度值。务必确保分析的烟度数据与施加负荷过程中出现的时间相对应(见 10.1.1)。PSV 为施加负荷试验期间测得的三个最大 1 s 贝赛尔平均烟度值的平均值。

B.5 结果报告

应报告下列烟度值：PSV 和 SSSV。

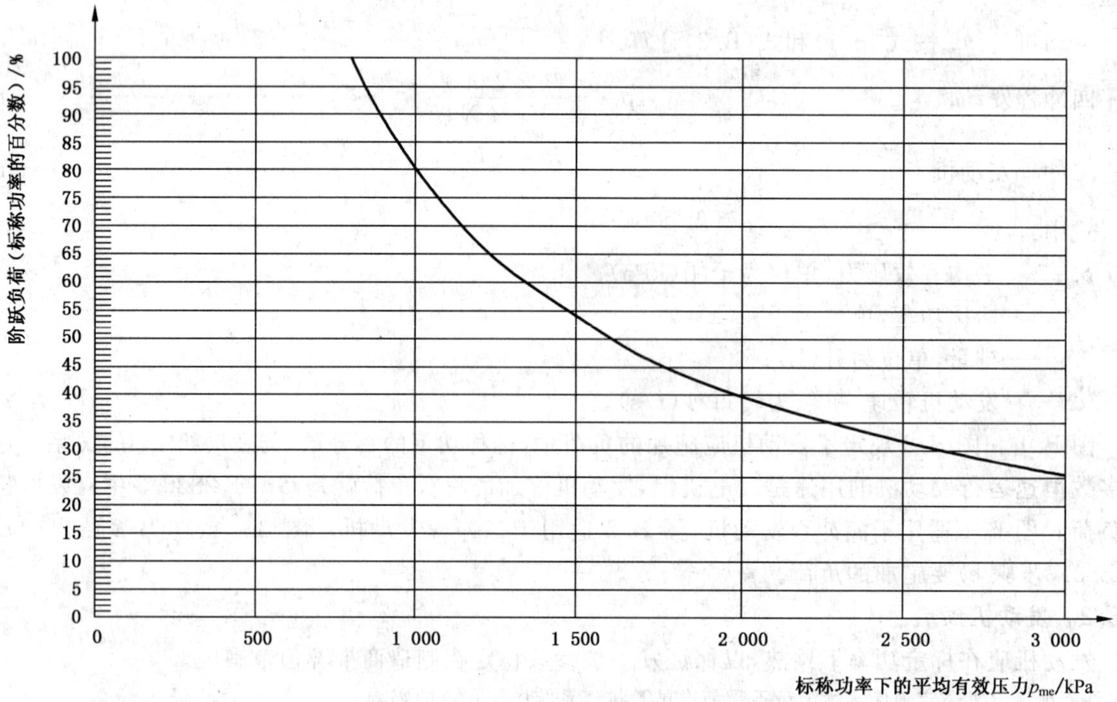

图 B.1 四冲程发动机施加的阶跃负荷

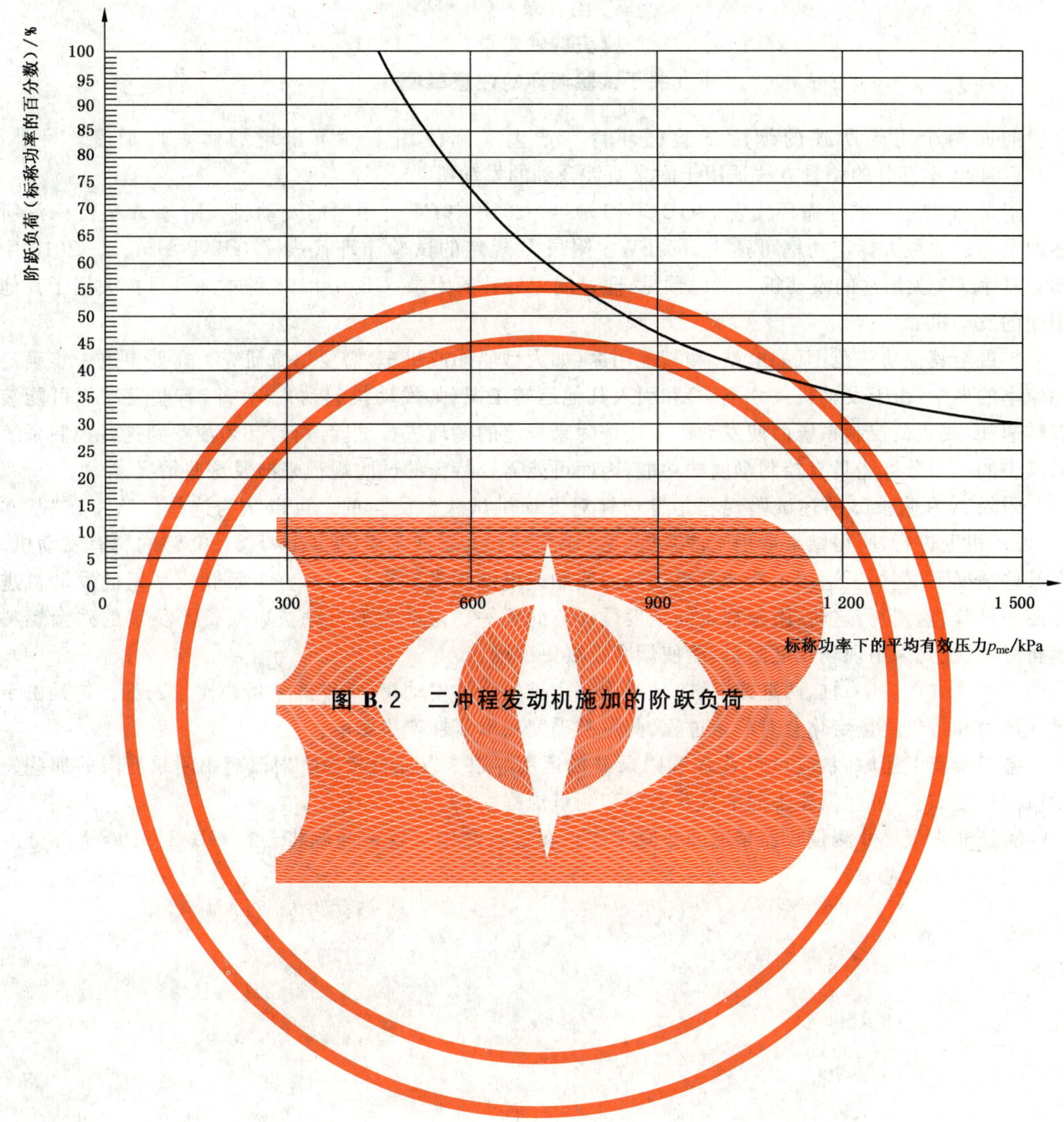

图 B.2　二冲程发动机施加的阶跃负荷

附 录 C
（资料性附录）
关于试验循环的注意事项

前面两个附录所述的烟度试验循环旨在产生实际使用条件下出现的代表性烟度。另外，GB/T 8190 本部分的测量方法适用于附录所涉及到的发动机。

附录 A 规定的试验循环代表了 GB/T 8190.4—2010 中 C1 类用途的发动机。附录 A 范围一章所述的发动机的最大标定功率可达 1 500 kW。附录 B 规定的试验循环代表了 GB/T 8190.4—2010 中 D2、G1 和 G2 类用途的发动机。可以预见，通过制定另外的附录，GB/T 8190 的本部分可扩大用于其他用途的发动机。

扩展至其他功率范围（如电站）和其他用途（如大型船舶或机车）需要慎重研究。需要更进一步确定加速率的界限（由于发动机尺寸不同）和引入其他运转工况（如发动机起动）。另外，有些发动机可能装有转速和/或负荷控制系统而使发动机无法按附录规定的循环进行试验运行，必须注意到这些控制系统或其中的一部分可能具有控制烟度的功能，因而可能需要特殊的试验规程来涉及这些情况。

附录 A 和附录 B 所述试验规程是专门针对发动机试验台测量的。可以认为这些试验将在“基本型”发动机上进行，所得结果适用于该系族（见 GB/T 8190.7）或系组（见 GB/T 8190.8）的所有发动机。在某些情况下（例如不适用系族或系组试验的船舶或电站用发动机），应对整个系族或系组的发动机进行逐一试验（监测）。这时，附录规定的烟度循环与此无关。这些大型发动机以质量不稳定的残余燃料运行时，宜优先采用现场烟度测量，能使烟度控制更准确。

对于汽缸数少（一缸、两缸或三缸）且共用一个排气管的发动机，烟度测量将会比较困难。这是由于排气压力和排气流量变化会对测量过程、测量准确度和重复性产生影响。

鉴于所有上述原因，应对附录 A 和附录 B 的运用界限予以充分考虑。对于超出附录界限的那些发动机的烟度试验，可能需要不同的试验循环和测量规程。

验证非常规尺寸测量仪器精度的研究工作正在进行之中。这一问题将会在 GB/T 8190 本部分的未来版本中予以考虑。

附 录 D
（资料性附录）
计算程序示例

D.1 范围

鉴于贝赛尔算法应用于滤波器是一种确定烟度的新平均方法。本附录对于贝赛尔滤波器作了说明，并给出了贝赛尔算法的设计示例和最终烟度值的计算示例。

贝赛尔算法的一些常数只与消光烟度计的结构和数据采集系统的采样速率有关。建议消光计生产厂提供不同采样速率的贝赛尔常数，并建议用户使用这些常数来设计贝赛尔算法和计算烟度值。

D.2 贝赛尔滤波器的一般说明

由于高频失真，原始消光度信号常会出现高离散迹线。为了消除高频失真，烟度试验需要用一种贝赛尔滤波器。贝赛尔滤波器本身是一种递归的二级低通滤波器，它能确保最快产生信号且无过冲。

各种消光烟度计对排气管中的某一原始烟气会显示出有延后的和各不相同的实测消光度迹线。消光度迹线的迟后及幅度主要取决于消光计测量室（包括排气取样管）的几何形状和消光计电路处理信号所需的时间。表征这两种影响的数值称之为作物理响应时间和电路响应时间，相当于每种型式的消光计有一个单独的滤波器。采用贝赛尔滤波器的目的是保证所有的消光计系统有一个统一的总滤波特性，包括：

——消光计物理响应时间（t_p）；

——消光计电路响应时间（t_e）；

——所用贝赛尔滤波器的滤波器响应时间（t_F）。

系统总响应时间（X）由下式给出：

$$X=\sqrt{t_F^2+{t_p}^2+{t_e}^2}$$

各种类型消光计的系统总响应时间必须相同，以得出相同的烟度值。因此，贝赛尔滤波器应能使滤波器响应时间（t_F）与各种消光计的物理响应时间（t_p）和电路响应时间（t_e）一起产生一个要求的总响应时间（X）。由于 t_p 和 t_e 由各消光计给定，且在 GB/T 8190 的本部分中将 X 规定为 1 s（见 A.2.5 和 A.2.6），因此 t_F 可按下式计算：

$$t_F=\sqrt{X^2-t_p^2-t_e^2}$$

由定义可知，滤波器响应时间 t_F 为滤波后的输出信号从阶跃输入信号的 10%升高到 90%的上升时间。因此，贝赛尔滤波器的截止频率必须迭代到使贝赛尔滤波器的响应时间与要求的上升时间相符合。图 D.1 所示为阶跃输入信号和贝赛尔滤波后输出信号的迹线以及贝赛尔滤波器的响应时间（t_F）。

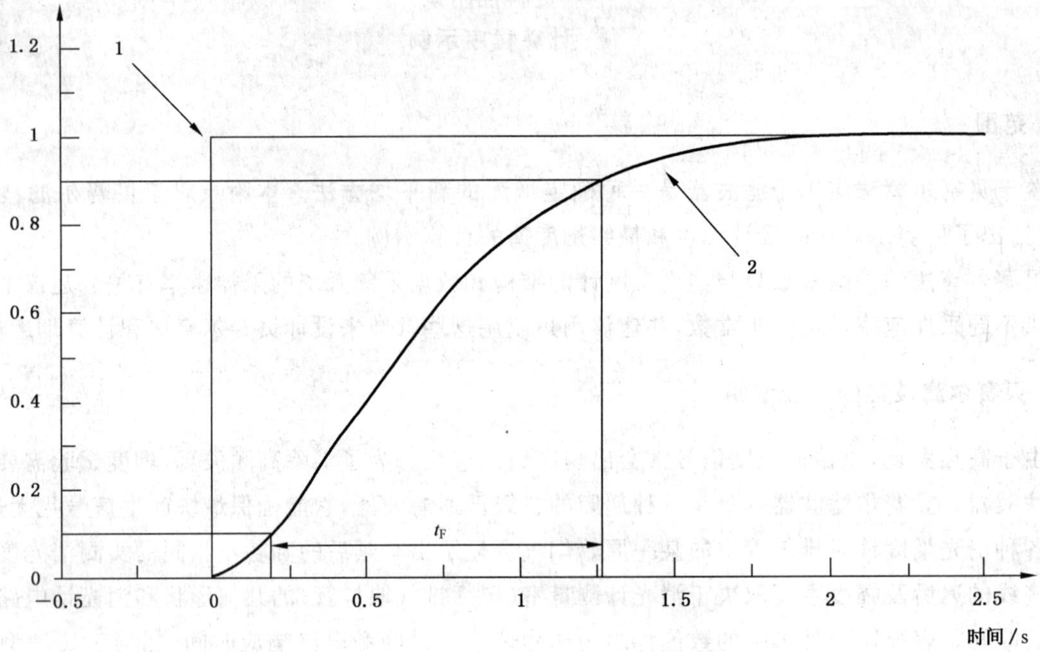

1——阶跃输入信号；

2——贝赛尔滤波后输出信号。

图 D.1 阶跃输入信号和滤波后输出信号的迹线

D.3 贝赛尔算法的计算

D.3.1 通则

设计最终的贝赛尔滤波器算法是一个需要进行多次迭代循环的多步骤过程。根据第 10 章所述的迭代程序流程图如图 D.2 所示。

下面的示例中，在图 D.2 所示迭代程序的若干步骤中，贝赛尔算法是针对峰值烟度（PSV，见 A.4.2）设计的。LSV 的迭代程序与之完全相同。

对于消光计和数据采集系统，假设下列特征值为：

——物理响应时间 t_p：0.15 s；

——电路响应时间 t_e：0.05 s；

——总响应时间 X：1 s（按 PSV 确定）；

——采样速率：150 Hz。

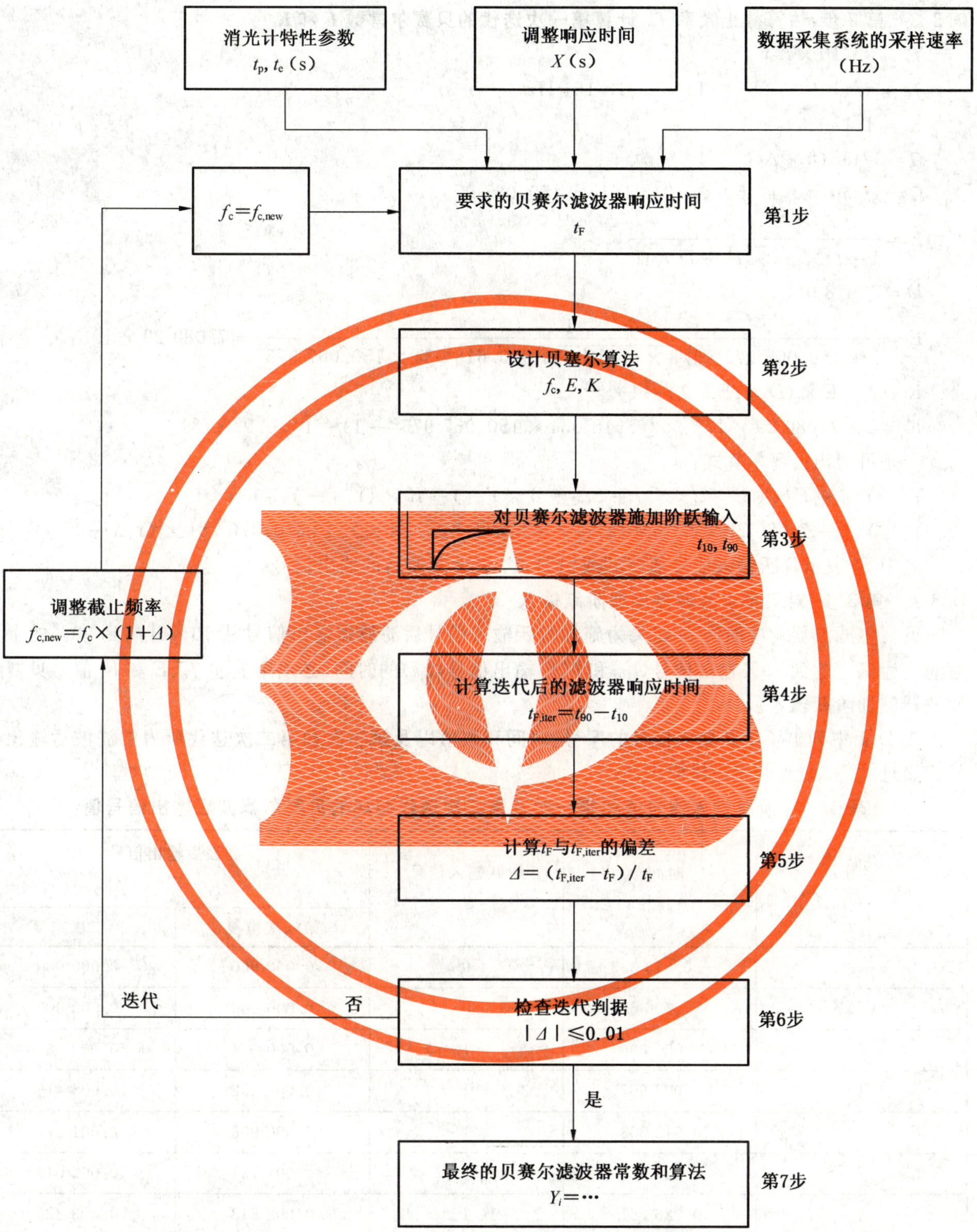

图 D.2　贝赛尔滤波器算法的迭代流程图

D.3.2　第 1 步：要求的贝赛尔滤波器响应时间 t_F

$$t_F = \sqrt{X^2 - (t_p^2 + t_e^2)}$$

$t_F = \sqrt{1^2 - (0.15^2 + 0.05^2)} = 0.987\ 421\ \text{s}$

D.3.3 第2步:估算截止频率 f_c,计算第一次迭代的贝赛尔常数 E 和 K

$f_c = \pi/(10 \times t_F)$

$f_c = \pi/(10 \times 0.987\ 421) = 0.318\ 161\ \text{Hz}$

$\Delta t = 1/150$

$\Omega = 1/\tan(\pi \times \Delta t \times f_c)$

$\Omega = 1/\tan(\pi \times 1/150 \times 0.318\ 161) = 150.067\ 975$

$$E = \frac{1}{1 + \Omega \times \sqrt{3 \times D} + D \times \Omega^2}$$

$D = 0.618\ 034$

$$E = \frac{1}{1 + 150.067\ 975 \times \sqrt{3 \times 0.618\ 034} + 0.618\ 034 \times 150.067\ 975^2} = 7.080\ 29 \times 10^{-5}$$

$K = 2 \times E \times (D \times \Omega^2 - 1) - 1$

$K = 2 \times 7.080\ 29 \times 10^{-5} \times (0.618\ 034 \times 150.067\ 975^2 - 1) - 1 = 0.970\ 781$

于是可得出贝赛尔算式:

$Y_i = Y_{i-1} + E \times (S_i + 2 \times S_{i-1} + S_{i-2} - 4 \times Y_{i-2}) + K \times (Y_{i-1} - Y_{i-2})$

$Y_i = Y_{i-1} + 7.080\ 29 \times 10^{-5} \times (S_i + 2 \times S_{i-1} + S_{i-2} - 4 \times Y_{i-2}) + 0.970\ 781 \times (Y_{i-1} - Y_{i-2})$

式中 S_i 表示阶跃输入信号值("0"或"1"),Y_i 表示滤波后的输出信号。

D.3.4 第3步:对贝赛尔滤波器施加阶跃输入

贝赛尔滤波器响应时间 t_F 定义为施加阶跃输入信号后滤波器输出信号从10%升高到90%的上升时间。为确定达到10%输出信号(t_{10})和90%输出信号(t_{90})的时间,必须用上述 f_c、E 和 K 值对贝赛尔滤波器施加阶跃输入。

表D.1中列出了阶跃输入信号的序号、时间和数值以及第一次和第二次迭代所得的滤波后输出信号。接近 t_{10} 和 t_{90} 的点用黑体标识。

表 D.1 阶跃输入信号值和第一次及第二次迭代循环的贝赛尔滤波后输出信号值

序号 i	时间/ s	阶跃输入信号 S_i	滤波后输出信号 Y_i	
			第一次重复	第二次重复
−2	−0.013 333	0	0.000 000	0.000 000
−1	−0.006 667	0	0.000 000	0.000 000
0	0.000 000	1	0.000 071	0.000 084
1	0.006 667	1	0.000 352	0.000 416
2	0.013 333	1	0.000 908	0.001 074
3	0.020 000	1	0.001 731	0.002 046
4	0.026 667	1	0.002 813	0.003 321
5	0.033 333	1	0.004 146	0.004 891
24	0.160 000	1	0.067 884	0.078 788
25	0.166 667	1	0.072 823	0.084 448
26	0.173 333	1	0.077 882	0.090 237

表 D.1（续）

序号 i	时间/ s	阶跃输入信号 S_i	滤波后输出信号 Y_i	
			第一次重复	第二次重复
27	0.180 000	1	0.083 056	0.096 149
28	0.186 667	1	0.088 339	0.102 178
29	0.193 333	1	0.093 728	0.108 318
30	0.200 000	1	0.099 218	0.114 564
31	0.206 667	1	0.104 804	0.120 911
32	0.213 333	1	0.110 482	0.127 352
33	0.220 000	1	0.116 248	0.133 884
34	0.226 667	1	0.122 097	0.140 500
35	0.233 333	1	0.128 025	0.147 197
36	0.240 000	1	0.134 029	0.153 969
37	0.246 667	1	0.140 104	0.160 811
174	1.160 000	1	0.859 856	0.896 087
175	1.166 667	1	0.862 443	0.898 336
176	1.173 333	1	0.864 994	0.900 548
177	1.180 000	1	0.867 510	0.902 723
178	1.186 667	1	0.869 990	0.904 863
179	1.193 333	1	0.872 436	0.906 967
180	1.200 000	1	0.874 846	0.909 036
181	1.206 667	1	0.877 223	0.911 071
182	1.213 333	1	0.879 565	0.913 072
183	1.220 000	1	0.881 874	0.915 038
184	1.226 667	1	0.884 149	0.916 972
185	1.233 333	1	0.886 392	0.918 872
186	1.240 000	1	0.888 601	0.920 740
187	1.246 667	1	0.890 779	0.922 575
188	1.253 333	1	0.892 924	0.924 379
189	1.260 000	1	0.895 037	0.926 151
190	1.266 667	1	0.897 120	0.929 603
191	1.273 333	1	0.899 170	0.929 603
192	1.280 000	1	0.901 191	0.931 284
193	1.286 667	1	0.903 180	0.932 934
194	1.293 333	1	0.905 140	0.934 556

表 D.1 的第一次迭代结果中，10%值出现在序号 30 和 31 之间，90%值出现在序号 191 和 192 之间。为计算 $t_{F,iter}$，t_{10} 和 t_{90} 的准确值用相邻测量点的线性内插法由下式确定：

$$t_{10}=t_{lower}+\Delta t\times(0.1-out_{lower})/(out_{upper}-out_{lower})$$

$$t_{90}=t_{lower}+\Delta t\times(0.9-out_{lower})/(out_{upper}-out_{lower})$$

式中 out_{upper} 和 out_{lower} 分别表示相邻点的贝赛尔滤波后输出信号，t_{lower} 为相邻时间点的时间，见表 1。

$$t_{10}=0.200\,000+0.006\,667\times(0.1-0.099\,218)/(0.104\,804-0.099\,218)=0.200\,933\ \text{s}$$

$$t_{90}=1.273\,333+0.00\,667\times(0.9-0.899\,170)/(0.901\,191-0.899\,170)=1.276\,071\ \text{s}$$

D.3.5　第 4 步：计算第一次迭代的滤波器响应时间 $t_{F,iter}$

$$t_{F,iter}=t_{90}-t_{10}$$

$$t_{F,iter}=1.276\,071-0.200\,933=1.075\,138\ \text{s}$$

D.3.6　第 5 步：计算要求的滤波器响应时间与第一次迭代所得的滤波器响应时间的偏差，Δ

$$\Delta=(t_{F,iter}-t_F)/t_F$$

$$\Delta=(1.075\,138-0.987\,421)/0.987\,421=0.088\,834$$

D.3.7　第 6 步：检查迭代判据

要求 $|\Delta|=0.01$。由于 $0.088\,834>0.01$，不满足迭代判据，应进行下一步迭代循环。由 f_c 和 Δ 按下式计算下一步迭代的截止频率：

$$f_{c,new}=f_c\times(1+\Delta)$$

$$f_{c,new}=0.318\,161\times(1+0.088\,834)=0.346\,425\ \text{Hz}$$

用该截止频率从第 2 步开始进行第二次迭代循环。迭代必须重复进行直到满足迭代判据为止。表 D.2 给出了第一次和第二次迭代的结果。

表 D.2　第一次和第二次迭代结果

参数	单位	第一次迭代	第二次迭代
f_c	Hz	0.318 161	0.346 425
E	1	$7.080\,29\times10^{-5}$	$8.383\,292\times10^{-5}$
K	1	0.970 781	0.968 199
t_{10}	s	0.200 933	0.184 259
t_{90}	s	1.276 071	1.178 348
$t_{F,iter}$	s	1.075 138	0.994 090
Δ	1	0.088 834	0.006 754
$f_{c,new}$	Hz	0.346 425	0.348 765

D.3.8　第 7 步：最终的贝赛尔算法

当满足迭代判据时，按第 2 步计算最终的贝赛尔常数和最终的贝赛尔算法。在本示例中，第二次迭代后已满足迭代判据($\Delta=0.006\,754<0.01$)。然后，用最终算法确定平均烟度值(见 D.4)。

$$Y_i=Y_{i-1}+E\times(S_i+2\times S_{i-1}+S_{i-2}-4Y_{i-2})+K\times(Y_{i-1}-Y_{i-2})$$

$$Y_i=Y_{i-1}+8.383\,292\times10^{-5}\times(S_i+2\times S_{i-1}+S_{i-2}-4\times Y_{i-2})+0.968\,199\times(Y_{i-1}-Y_{i-2})$$

D.4　烟度值计算

D.4.1　通则

在以下示例中，给出了按 10.2.3 确定 PSV 最终烟度值的一般规程。在这种情况下，应采用按 D.3 设计的贝赛尔滤波器，它适用于按 10.1.2 的公式(10)由原始消光度信号换算的光吸收系数 k。如果用消光度报告试验结果，则可以将相同的滤波器算法直接用于原始消光度信号。LSV 的计算规程与之完全相同。

图 D.3 所示为一次加速过程的实测原始消光度信号 N 以及未滤波的和滤波后的光吸收系数 k 的迹线。图中还指出了滤波后 k 的迹线的最大值 $Y_{i,\max}$（峰值）。表 D.3 和表 D.4 相应列出了序号 i、时间（采样速率 150 Hz）、原始消光度、未滤波 k 和滤波后 k 的数值。滤波是利用按 D.3 设计的贝赛尔算法的常数进行了。由于有大量数据，表中仅列出了烟度迹线开始段和峰值段的数值。

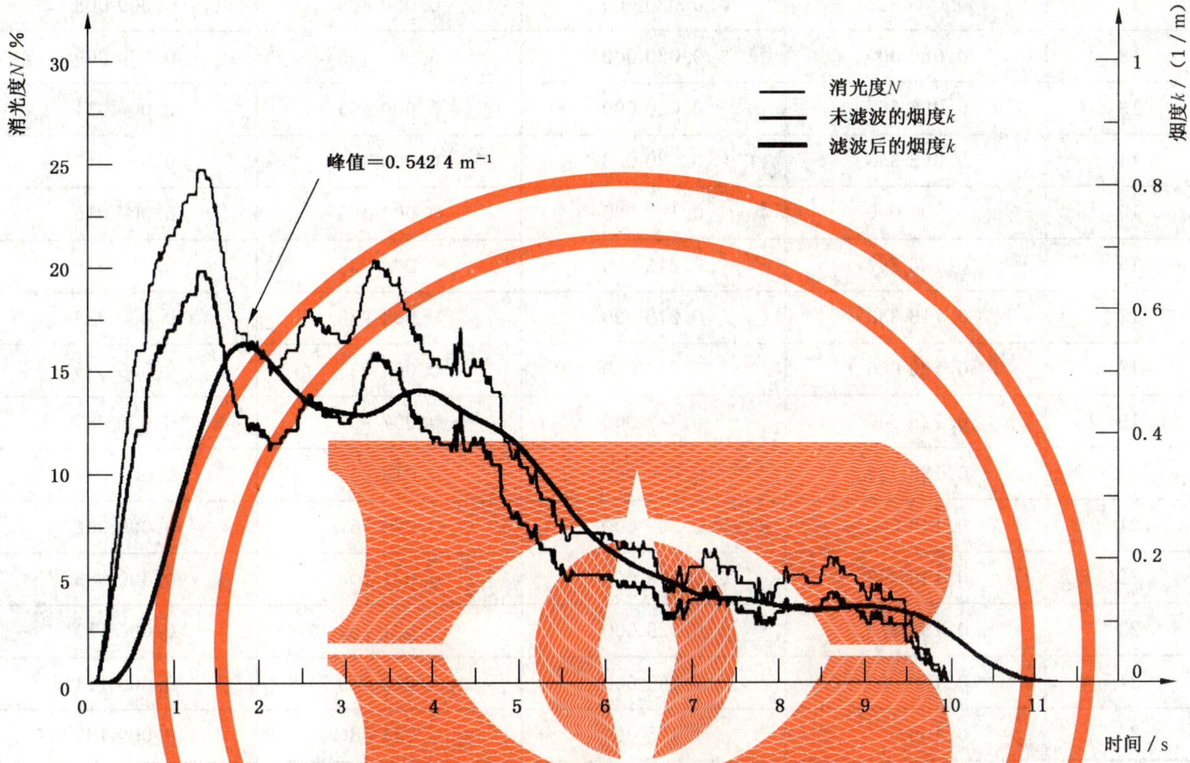

图 D.3　实测消光度 N 及以 k 表示的未滤波烟度和滤波后烟度的迹线

表 D.3　加载开始时的消光度值 N、未滤波 k 值和滤波后的 k 值

序号 i	时间/ s	消光度 N/%	未滤波 k 值/ m^{-1}	滤波后的 k 值/ m^{-1}
−2	0.000 000	0.000 000	0.000 000	0.000 000
−1	0.000 000	0.000 000	0.000 000	0.000 000
0	0.000 000	0.000 000	0.000 000	0.000 000
1	0.006 667	0.020 000	0.000 465	0.000 000
2	0.013 333	0.020 000	0.000 465	0.000 000
3	0.020 000	0.020 000	0.000 465	0.000 000
4	0.026 667	0.020 000	0.000 465	0.000 001
5	0.033 333	0.020 000	0.000 465	0.000 002
6	0.040 000	0.020 000	0.000 465	0.000 002
7	0.046 667	0.020 000	0.000 465	0.000 003
8	0.053 333	0.020 000	0.000 465	0.000 004
9	0.060 000	0.020 000	0.000 465	0.000 005

表 D.3（续）

序号 i	时间/ s	消光度 N/%	未滤波 k 值/ m^{-1}	滤波后的 k 值/ m^{-1}
10	0.066 667	0.020 000	0.000 465	0.000 006
11	0.073 333	0.020 000	0.000 465	0.000 008
12	0.080 000	0.020 000	0.000 465	0.000 009
13	0.086 667	0.020 000	0.000 465	0.000 011
14	0.093 333	0.020 000	0.000 465	0.000 013
15	0.100 000	0.192 000	0.004 469	0.000 015
16	0.106 667	0.212 000	0.004 935	0.000 018
17	0.113 333	0.212 000	0.004 935	0.000 023
18	0.120 000	0.212 000	0.004 935	0.000 029
19	0.126 667	0.343 000	0.007 990	0.000 037
20	0.133 333	0.566 000	0.013 200	0.000 047
21	0.140 000	0.889 000	0.020 767	0.000 062
22	0.146 667	0.929 000	0.021 706	0.000 083
23	0.153 333	0.929 000	0.021 706	0.000 110
24	0.160 000	1.263 000	0.029 559	0.000 144
25	0.166 667	1.455 000	0.034 086	0.000 187
26	0.173 333	1.697 000	0.039 804	0.000 240
27	0.180 000	2.030 000	0.047 695	0.000 305
28	0.186 667	2.081 000	0.048 906	0.000 383
29	0.193 333	2.081 000	0.048 906	0.000 475
30	0.200 000	2.424 000	0.057 067	0.000 580
31	0.206 667	2.475 000	0.058 282	0.000 701
32	0.213 333	2.475 000	0.058 282	0.000 837
33	0.220 000	2.808 000	0.066 237	0.000 989
34	0.226 667	3.010 000	0.071 075	0.001 158
35	0.233 333	3.253 000	0.076 909	0.001 345
36	0.240 000	3.606 000	0.085 410	0.001 551
37	0.246 667	3.960 000	0.093 966	0.001 780
38	0.253 333	4.455 000	0.105 983	0.002 032
39	0.260 000	4.818 000	0.114 836	0.002 311
40	0.266 667	5.020 000	0.119 776	0.002 618

表 D.4 PSV 附近的消光度值 *N*、未滤波 *k* 值和滤波后的 *k* 值

序号 *i*	时间/ s	消光度 *N*/%	未滤波 *k* 值/ m^{-1}	滤波后的 *k* 值/ m^{-1}
259	1.726 667	17.182 000	0.438 429	0.538 748
260	1.733 333	16.949 000	0.431 896	0.539 244
261	1.740 000	16.788 000	0.427 392	0.539 689
262	1.746 667	160798 000	0.427 671	0.540 082
263	1.753 333	16.788 000	0.427 392	0.540 426
264	1.760 000	16.798 000	0.427 671	0.540 720
265	1.766 667	16.798 000	0.427 671	0.540 968
266	1.773 333	16.788 000	0.427 392	0.541 170
267	1.780 000	16.788 000	0.427 392	0.541 327
268	1.786 667	16.798 000	0.427 671	0.541 441
269	1.793 333	16.798 000	0.427 671	0.541 514
270	1.800 000	16.793 000	0.427 532	**0.541 545**[a]
271	1.806 667	16.788 000	0.427 392	0.541 538
272	1.813 333	16.783 000	0.427 252	0.541 493
273	1.820 000	16.780 000	0.427 168	0.541 411
274	1.826 667	16.798 000	0.427 671	0.541 293
275	1.833 333	16.778 000	0.427 112	0.541 140
276	1.840 000	16.808 000	0.427 951	0.540 954
277	1.846 667	16.768 000	0.426 833	0.540 737
278	1.853 333	16.010 000	0.405 750	0.540 486
279	1.860 000	16.010 000	0.405 750	0.540 199
280	1.866 667	16.000 000	0.405 473	0.539 877
281	1.873 333	16.010 000	0.405 750	0.539 519
282	1.880 000	16.000 000	0.405 473	0.539 128
283	1.886 667	16.010 000	0.405 750	0.538 704
284	1.893 333	16.394 000	0.416 406	0.538 251
285	1.900 000	16.394 000	0.416 406	0.537 769
286	1.906 667	16.404 000	0.416 685	0.537 262
287	1.913 333	16.394 000	0.416 406	0.536 731
288	1.920 000	16.394 000	0.416 406	0.536 176
289	1.926 667	16.384 000	0.416 128	0.535 598
290	1.933 333	16.010 000	0.405 750	0.534 997
291	1.940 000	16.010 000	0.405 750	0.534 373
292	1.946 667	16.000 000	0.405 473	0.533 726

表 D.4(续)

序号 i	时间/ s	消光度 N/%	未滤波 k 值/ m^{-1}	滤波后的 k 值/ m^{-1}
293	1.953 333	16.010 000	0.405 750	0.500 055
294	1.960 000	16.212 000	0.411 349	0.532 364
295	1.966 667	16.394 000	0.416 406	0.531 654
296	1.973 333	16.394 000	0.416 406	0.530 927
297	1.980 000	16.192 000	0.410 794	0.530 184
298	1.986 667	16.000 000	0.405 473	0.529 424
299	1.993 333	16.000 000	0.405 473	0.528 648
300	2.000 000	16.000 000	0.405 473	0.527 854
[a] 粗黑体表示峰值。				

D.4.2 计算未滤波 k 值(可选项)

本计算过程先将实测消光度值换算成光吸收系数值。如上所述,仅在需要以光吸收系数为单位报告最终烟度值时或要按 10.3.2 规定进行环境修正时才进行该换算。在本示例中,以序号 262(消光度 $N=16.798\%$)及光通道长度 $L_A=0.43$ m 为例进行了换算。

$$k=-\frac{1}{L_A}\times\ln\left(1-\frac{N_A}{100}\right)$$

$$k=-\frac{1}{0.43}\times\ln\left(1-\frac{16.798}{100}\right)=0.427\ 671\ m^{-1}$$

此值就是 D.4.3 给出的 S_{262} 值。

D.4.3 计算贝赛尔平均烟度值(滤波后的 k 值)

开始进行贝赛尔算法时,应将 S_{i-1}、S_{i-2}、Y_{i-1} 和 Y_{i-2} 设置为零。接着,按序号 $i=262$ 所述的相同方法计算所有序号的烟度值,以得出表 D.4 所列滤波后的 k 值。以下数据是表 D.4 中摘录下来的。

——$S_{262}=0.427\ 671\ m^{-1}$

——$S_{261}=0.427\ 392\ m^{-1}$

——$S_{260}=0.431\ 896\ m^{-1}$

——$Y_{261}=0.539\ 689\ m^{-1}$

——$Y_{260}=0.539\ 244\ m^{-1}$

公式(15)中应采用 D.3 所得的贝赛尔常数。实际的未滤波 k 值相当于上述计算所得的 S_{262}(S_i)值。S_{261}(S_{i-1})和 S_{260}(S_{i-2})为前两个未滤波 k 值,Y_{261}(Y_{i-1})和 Y_{260}(Y_{i-2})为前两个滤波后的 k 值。

$$Y_i=Y_{i-1}+E\times(S_i+2\times S_{i-1}-4\times Y_{i-2})+K\times(Y_{i-1}-Y_{i-2})$$

$$Y_{262}=0.539\ 689+8.383\ 292\times10^{-5}\times(0.427\ 671+2\times0.427\ 392+0.431\ 896-4\times0.539\ 244)+$$

$$0.968\ 199\times(0.539\ 689-0.539\ 244)$$

$$=0.540\ 082\ m^{-1}$$

整个烟度迹线中最大的滤波后的 k 值就是 PSV(根据加速工况不同为 PSV_F 或 PSV_3 或 PSV_6 或 PSV_9)。本示例中最大值为序号 270 的 0.541 545 m^{-1}。

LSV 的计算方法与之相同。

如上所述,若最终烟度以消光度为单位,贝赛尔算法直接适用于消光度 N,而不用转换为 k 值。另外,也可以如上计算后,再将 k 值转换为消光度。

附 录 E
(规范性附录)
船舶推进发动机的试验循环

E.1 总则

与道路用发动机和非道路移动机械用发动机相比,船用发动机工作时转速和扭矩组合的局限性要大得多,部分原因是由于船用发动机通常不配装变速箱,另外部分原因是由螺旋桨传送到水的动力传递物理特性决定的。

船用发动机扭矩与转速的关系有两种规律:由扭矩$=f(n^2)$确定的螺旋桨规律(式中n为曲轴转速)和恒定转速规律(类似于发电机用途),前者为固定节距螺旋桨或固定水流的情况,后者为可变节距螺旋桨的情况。这两种情况相当于GB/T 8190.4—2010中的E1、E2、E3和E5试验循环。因此,在这两种情况下,发动机负荷增加(转速增加或不增加)时烟度排放比较稳定,且烟度主要受负荷增加速率的影响。负荷增加速率则受各种自动限制措施的控制。

以功率增加速率为例,船用发动机的功率增加速率要比道路或非道路移动机械用发动机慢,这部分原因是由螺旋桨传送到水的动力传递物理特性决定的。在所有情况下,发动机将由依船舶的种类而定的管理或控制系统进行控制。这种"标准情况"也是最差的工作情况,它非常适合作为动态烟度测量的基准。带不同管理或控制装置的发动机可以组合成为不同的发动机系族或发动机系组,并可以按一种最差的工作情况对整个系族或系组的发动机进行试验。

在船舶上,安全是最重要的。因此,尽管自动控制是通常的惯例,但是对于那些因系统过载而需要降低其紧急危险性的紧急情况是例外。在这种紧急情况下,可能会因发动机较快加速而导致排烟增加。本附录没有考虑这种烟度增加的情况。

E.2 本烟度试验循环的适用对象

本附录规定的试验循环适用于GB/T 8190.4—2010中规定的E1、E2、E3和E5循环所涉及的发动机。决定是否使用本附录所述试验循环的因素是加载加速时间。考虑到发动机的管理或控制系统,该加载加速时间应为20 s±5 s或由制造厂规定。对于那些可以作为非道路移动机械用的发动机用作船舶推进发动机时可以有选择性地按附录A的规程进行试验。

以下是典型的适用对象:

E1:长度小于24 m的小船用柴油机(由试验循环B派生而来);

E2:长度不限的船舶推进用恒速重型发动机;

E3:长度不限的按螺旋桨规律运行的船舶推进用重型发动机;

E5:长度小于24 m的小型船用柴油机(按螺旋桨规律运行)。

本附录适用于标定功率最大至1 500 kW的发动机。

E.3 术语和定义

E.3.1

瞬态加载试验(变速运行的发动机) test transient load

使发动机按照加载加速工况和80%标定转速加载工况组成的确定循环的运转过程。

E.3.2

瞬态加载试验(恒速运行发动机) test transient load

使发动机在标定转速下按照由增加负荷工况和50%标定负荷工况组成的确定循环的运转过程。

E.3.3

负荷增加时间(变速运行发动机) load-increase time

发动机从低怠速加速到 80%标定转速所需的时间,在该加速时间内,发动机的负荷控制应使发动机扭矩与瞬态加载曲线相一致。

E.3.4

负荷增加时间(恒速运行发动机) load-increase time

发动机在标定转速下从零负荷增加到 50%标定功率所需的时间。

E.3.5

瞬态加载曲线(变速运行发动机) transient-load curve

由扭矩$=f(n^2)$确定的螺旋桨曲线,该曲线的终点为标定转速标定功率点。

E.3.6

瞬态加载曲线(恒速运行发动机) transient-load curve

标定转速下的恒定转速曲线,该曲线的终点为标定功率点。

注:变量 n 为规定时间期间的曲轴转速。

E.3.7

峰值烟度 peak smoke value

PSV

瞬态加载试验期间所得的三个 1.0 s 最大贝赛尔平均烟度值的平均值。

E.4 试验循环

E.4.1 通则

进行瞬态加载试验的烟度测量(详细规定见 E.4.2 和 E.4.3)时,无论是沿螺旋桨曲线还是在恒定转速下,发动机加载都应尽可能地快。负荷增加速率也即负荷增加时间由发动机管理或控制系统控制。

本试验循环适用于试验台测量和/或发动机安装在船舶上时的测量。

当在试验台上测量发动机烟度时,可以在覆盖发动机系族或发动机系组实际使用条件的范围内改变负荷增加时间,发动机系族和系组应符合 GB/T 8190.7—2003 和 GB/T 8190.8 的规定。

E.4.2 发动机预热

发动机应在制造厂推荐的标定功率下进行预热,使发动机参数达到稳定状态。

注:该预热阶段还应确保当前的测量不受前次试验的影响,并应确保该预热阶段能形成试验的基准条件。

E.4.3 瞬态加载试验运行

E.4.3.1 通则

瞬态加载试验应在完成 E.4.2 预热运转后,立即进行。

E.4.3.2 变速运行发动机

变速运行发动机瞬态加载试验是发动机克服扭矩$=f(n^2)$的负荷从低怠速加速到 80%标定转速。试验顺序如图 E.1 所示。

E.4.3.3 恒速运行发动机

恒速运行发动机瞬态加载试验是使发动机从标定转速零负荷加载到标定转速 50%标定功率。试验顺序如图 E.2 所示。

瞬态加载试验应从预运转循环开始,以提高试验结果的重复性。完成预运转循环后应立即进行三次增加负荷的试验循环。瞬态加载试验的顺序见 E.4.3.4 和 E.4.3.5。

E.4.3.4 变速运行发动机的试验步骤

E.4.3.4.1 预运转循环

预热运转循环如下:

a) 手柄置于最小开度位置，使发动机在低怠速下以最低稳定负荷运转 40 s±5 s。

b) 按负荷/转速控制手柄从低怠速位置：

  1) 移动到某一开度位置，使发动机在 20 s±5 s 内达到 80%标定转速；或

  2) 快速移动到全开位置，并保持在该位置，使发动机在其管理或控制系统允许的时间内克服瞬态加载曲线的负荷加速到 80%标定转速。

c) 使发动机以 80%标定转速和瞬态加载曲线给定的负荷保持 60 s±5 s。

d) 降低发动机负荷，使负荷/转速控制手柄回复到低怠速位置。

E.4.3.4.2 测量运转循环

重复 E.4.3.4.1 步骤 a)到 d)，直到完成三次连续的试验和获得一致的结果。

E.4.3.5 恒速运行发动机的试验步骤

E.4.3.5.1 预运转循环

a) 使发动机在标定转速以最低稳定负荷运转 40 s±5 s。

b) 在标定转速下，将负荷/转速控制手柄：

  1) 移动到某一开度位置，使发动机在 20 s±5 s 内达到 50%标定负荷；或

  2) 快速移动到 50%开度位置，并保持在该位置，使发动机恒定转速下的负荷在其管理或控制系统允许的时间内增加到 50%标定负荷。

c) 使发动机在标定转速下以 50%标定功率运转 60 s±5 s。

d) 降低发动机负荷，使负荷/转速控制手柄回复到标定转速空载位置。

E.4.3.5.2 测量运转循环

重复 E.4.3.5.1 步骤 a)到 d)，直到完成三次连续的试验和获得一致的结果。

E.4.3.6 瞬态加载试验有效性判定

只有在满足以下试验循环的要求时瞬态加速试验的结果方为有效。

三次连续的瞬态加载加速试验的最高与最低的 1 s 最大贝赛尔平均烟度值的算术差不超过 5%消光度。

附加的试验有效性判定按 5.1.2 和 7.3.2.3 的规定。

E.5 结果分析

E.5.1 通则

本章规定了瞬态加载烟度试验的结果分析方法。本试验方法所用的许多烟度计的输出信号为相当于 10.2 所述算法的 $X=0.5$ s 的贝赛尔平均烟度值。对于这些消光烟度计，需要对输出信号作进一步处理以产生相当于 $X=1$ s 的结果，这时，10.2.2 中公式(11)所用的$(t_p{}^2+t_e{}^2)$的值为 0.5^2。对于那些未按 0.5 s 贝赛尔算法处理的原始烟度值，分析时应采用能代表所用消光烟度计的$(t_p{}^2+t_e{}^2)$值。

E.5.2 峰值烟度(PSV)

确定 E.4.3 所述三次重复试验中最大的 1 s 贝赛尔平均烟度值。注意应确保被分析的烟度数据与负荷增加时的时间相对应(见 10.1.1)。峰值烟度 PSV 是指每次增加负荷时测得的 1 s 最大贝赛尔平均烟度值的平均值。

计算贝赛尔平均烟度值的方法见 10.2 的规定。对于峰值烟度，公式(11)中的 X 值为 1.0 s。

E.6 结果报告

应报告以下各项烟度值：PSV_1、PSV_2、PSV_3 和 PSV_a(即前三个烟度值的平均值)。还应报告三次试验(负荷增加时)的持续时间。图 E.1 和图 E.2 的时间间隔 a)到 d)分别参阅 E.4.3.4.1 和 E.4.3.5.1 的各项说明。

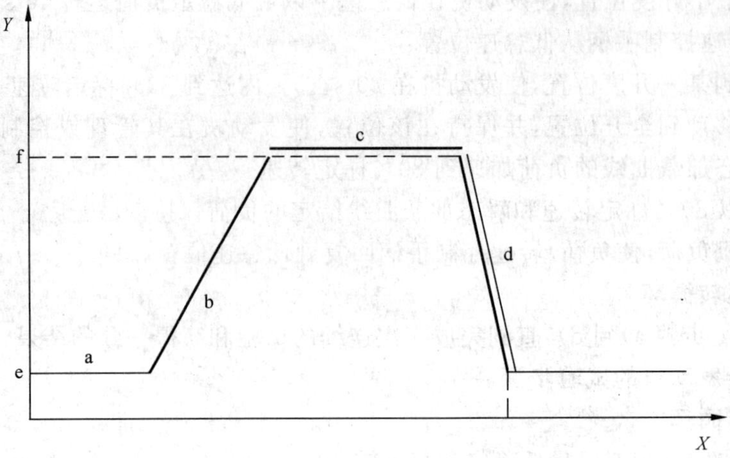

X——时间,单位为秒(s)。

Y——发动机转速。

a——“控制手柄”置于无负荷位置,40 s±5 s。

b——时间,20 s±5 s 或按发动机制造厂的规定:

1) “控制手柄”置于某一开度位置;

2) “控制手柄”置于全开位置。

c——保持转速不变,60 s±5 s。

d——“控制手柄”回复到怠速位置,所需时间按发动机制造厂的规定。

e——怠速。

f——80%标定转速。

a～d 的时间间隔参阅 E.4.3.4.1。

注:视发动机的技术规格而定,线性斜度可能会与 E.4.1 的规定有一定的偏差。

图 E.1　变速运行发动机的瞬态加载试验

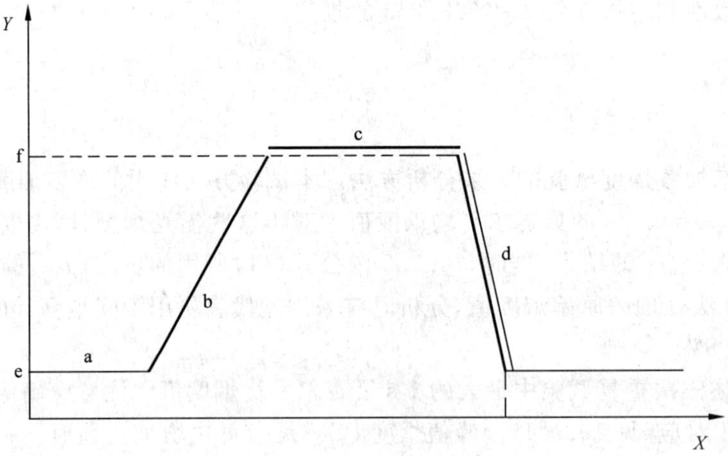

X——时间,单位为秒(s)。

Y——发动机转速。

a——“控制手柄”置于无负荷位置,40 s±5 s。

b——时间,20 s±5 s 或按发动机制造厂的规定:

1) “控制手柄”置于某一开度位置;

2) “控制手柄”置于全开位置。

c——保持转速不变,60 s±5 s。

d——“控制手柄”回复到无负荷位置,所需时间按发动机制造厂的规定。

e——0%负荷。

f——50%标定功率。

a～d 的时间间隔参阅 E.4.3.5.1。

注:视发动机的技术规格而定,线性斜度可能会与 E.4.1 的规定有一定偏差。

图 E.2　恒速运行发动机的瞬态加载试验

附录F
(规范性附录)
变速运行F类发动机(机车牵引)的试验循环

F.1 总则

克服发动机惯性矩(无负荷)的加速试验不适用于机车牵引用发动机,因为要避免机车车轮打滑,铁路牵引用发动机的油门响应不能像非道路用(C1)发动机那样快。当发动机加速时,铁路牵引用发动机不是快速打开油门,而是按照基于时间的负荷增加速率打开油门。带不同管理或控制系统的发动机可以组合成为不同的系族或系组,对于这些发动机,可以对整个系族或系组中最差工作情况的发动机进行试验。

在通常情况下,应将发动机安装在配备所有固定设备和测量仪器的试验台上进行试验。在某些情况下,可以不从机车上拆下发动机而用一种固定的试验台装置(例如负荷储存系统)吸收发动机产生的功率。

F.2 本试验循环的适用对象

本附录适用于标定功率最大至1 500 kW的发动机。

F.3 术语和定义

F.3.1

瞬态加载试验 test under transient load

使发动机按照由加载加速工况和标定转速全负荷工况组成的确定循环进行运转的过程。

F.3.2

加载加速时间 acceleration time under load

发动机从低怠速加速到标定转速所需的时间,在加速过程中发动机的负荷控制应使发动机的功率符合加速加载曲线。

注:加载加速时间由发动机管理或控制系统控制。

F.3.3

加速加载曲线 acceleration load curve

水力测功器固有的负荷曲线,近似遵循扭矩$=f(n^2)$的规律,并代表了实际使用时的负荷曲线。

注:在采用发电机进行试验的情况下,应按扭矩$=f(n^2)$的关系式。式中n为规定时间期内的曲轴转速。

F.3.4

峰值烟度 peak smoke value

PSV

瞬态加载试验中加速工况期间测得的三个最大的1.0 s贝赛尔平均烟度值的平均值。

F.4 试验循环

F.4.1 通则

试验时发动机应安装实际使用时配备的管理或控制系统。

F.4.2 发动机预热

发动机应按照制造厂的推荐在标定功率下进行预热,使发动机运转参数达到稳定状态。

注:该预热阶段还应确保当前的测量不受前次试验的影响,并应确保能形成试验的基准条件。

F.4.3 瞬态加载试验

F.4.3.1 通则

瞬态加载试验应在完成F.4.2的发动机预热后立即进行。瞬态加载试验是发动机克服负载从低怠速开始加速的运转过程。标定转速下加载曲线的终点应为发动机的标定功率。

F.4.3.2 瞬态加载的加速时间

本试验的加速时间由发动机管理或控制系统控制，加速时间应与铁路牵引实际使用时的发动机运转情况相符。由于发动机瞬态加载时的烟度排放会随加速时间的缩短而增加，因而对某一发动机系族或系组中加速时间不同的发动机进行验收试验时，可以将加速时间最短的那种发动机作为基准进行试验。

F.4.3.3 进行瞬态加载试验

F.4.3.3.1 通则

瞬态加载试验应从预运转循环开始，以提高试验结果的重复性。在完成预运转循环后应随即进行三次加载加速试验循环。加载加速循环后随即在标定转速全负荷稳定工况下进行运转。试验顺序见F.4.3.3.2和F.4.3.3.3。

F.4.3.3.2 预运转循环

a) 将转速控制手柄置于最小开度(低怠速)位置，使发动机以最小稳定负荷运转40 s±5 s。

b) 将负荷/转速控制手柄快速移动到全负荷/全速位置，使发动机克服某一负荷在发动机管理或控制系统允许的时间内加速到95%标定转速。

c) 在达到95%标定转速后20 s内，施加所需的测功器负荷使发动机在标定转速全负荷下稳定运转。

注：在该稳定运转时间内，可能会出现超调情况。

d) 保持标定转速全负荷运转60 s±5 s。

e) 降低负荷，将负荷/转速控制手柄回复到低怠速位置。

F.4.3.3.3 测量运转循环

重复F.4.3.3.2a)到e)，直到完成三次连续的试验和获得一致的结果为止。

F.4.3.4 瞬态加载试验有效性判定

只有在满足以下试验循环时，方可判定瞬态加载试验的结果有效。

三次连续的瞬态加载加速试验的最高与最低的1 s最大贝赛尔平均烟度值的算术差不超过5%消光度。

附加的试验有效性判定按5.1.2和7.3.2.3的规定。

F.5 结果分析

F.5.1 总则

本章规定了瞬态加载试验的结果分析方法。本试验方法所用的许多消光烟度计的输出信号为相当于10.2所述算法的 $X=0.5$ s的贝赛尔平均烟度。对于这些烟度计，需要对输出信号作进一步处理以产生相当于 $X=1$ s的结果，这时，10.2.2中公式(11)所用的($t_p^2+t_e^2$)的值为 0.5^2。对于那些未按0.5 s贝赛尔算法处理的原始烟度值，分析时应采用能代表所用消光烟度计的($t_p^2+t_e^2$)值。

F.5.2 峰值烟度(PSV)

确定F.4.3.3.2b)所述三次重复试验中最大的1 s贝赛尔平均烟度值。注意应确保被分析的烟度数据与负荷增加时的时间相对应(见10.1.1)。峰值烟度PSV是指本次增加负荷时测得的1 s最大贝赛尔平均烟度值的平均值。

计算贝赛尔平均烟度值的方法见10.2的规定。对于峰值烟度，公式(11)中的 X 值为1.0 s。

F.6 结果报告

应报告以下各项烟度值：PSV_1、PSV_2、PSV_3 和 PSV_a（即前三个烟度值的平均值）。还应报告三次试验（负荷增加时）的持续时间。

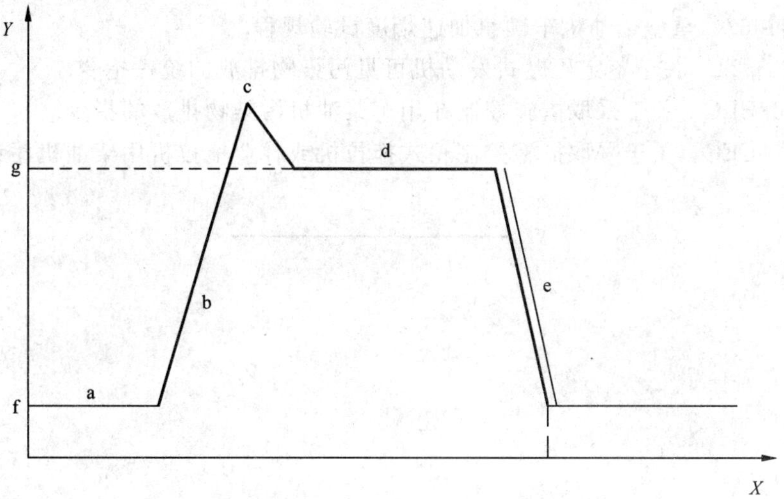

X——时间，单位为秒(s)；

Y——发动机转速；

a——“控制手柄”置于怠速位置，40 s±5 s；

b——“控制手柄”置于全开位置，时间按发动机制造厂的规定；

c——“控制手柄”置于全开位置，20 s；

d——“控制手柄”置于全开位置，60 s±5 s；

e——“控制手柄”回复到怠速位置；

f——怠速；

g——标定转速。

a～d 的时间间隔参阅 F.4.3.3.2 的各项说明。

图 F.1 加载加速试验

参 考 文 献

[1] GB/T 6072.1:2008 往复式内燃机 性能 第1部分:功率、燃料消耗和机油消耗的标定及试验方法 通用发动机的附加要求.

[2] SAE J1667 重型柴油机车辆急加速烟度试验规程.

[3] ECE No.24 关于鉴定压燃式发动机可见污染物排放的统一指令.

[4] 72/306/EEC 关于采取措施控制在用车柴油机污染物排放的指令.

[5] 77/537/EEC 关于采取措施控制轮式拖拉机或林业拖拉机用柴油机污染物排放的指令.

ICS 27.020
J 90

中华人民共和国国家标准

GB/T 8190.10—2010/ISO 8178-10:2002

往复式内燃机　排放测量
第10部分:压燃式发动机瞬态工况排气烟度的现场测量用试验循环和测试规程

Reciprocating internal combustion engines—Exhaust emission measurement—Part 10:Test cycles and test procedures for field measurement of exhaust gas smoke emissions from compression ignition engines operating under transient conditions

(ISO 8178-10:2002,IDT)

2010-11-10 发布　　2011-03-01 实施

中华人民共和国国家质量监督检验检疫总局
中国国家标准化管理委员会　发布

前　言

GB/T 8190《往复式内燃机　排放测量》分为 11 个部分：

——第 1 部分：气体和颗粒排放物的试验台测量；

——第 2 部分：气体和颗粒排放物的现场测量；

——第 3 部分：稳态工况排气烟度的定义和测量方法；

——第 4 部分：不同用途发动机的稳态试验循环；

——第 5 部分：试验燃料；

——第 6 部分：测量结果和试验报告；

——第 7 部分：发动机系族的确定；

——第 8 部分：发动机系组的确定；

——第 9 部分：压燃式发动机瞬态工况排气烟度的试验台测量用试验循环和测试规程；

——第 10 部分：压燃式发动机瞬态工况排气烟度的现场测量用试验循环和测试规程；

——第 11 部分：非道路移动机械用发动机瞬态工况下气体和颗粒排放物的试验台测量。

本部分是 GB/T 8190 的第 10 部分。

本部分等同采用 ISO 8178-10:2002《往复式内燃机　排放测量　第 10 部分：压燃式发动机瞬态工况排气烟度现场测量用试验循环和测试规程》(英文版)。

本部分等同翻译 ISO 8178-10:2002。为便于使用，本部分作了如下编辑性修改：

——“本国际标准”或“ISO 8178 的本部分”改为“本部分”或“GB/T 8190 的本部分”；

——用小数点“.”代替作为小数点的逗号“,”；

——删除了国际标准的前言；

——对 ISO 8178-10:2002 中引用的其他国际标准，有被采用为我国标准的用我国标准代替，未被采用为我国标准的直接采用国际标准。

本部分的附录 A、附录 B 和附录 C 为规范性附录，附录 D 为资料性附录。

本部分由中国机械工业联合会提出。

本部分由全国内燃机标准化技术委员会(SAC/TC 177)归口。

本部分起草单位：上海内燃机研究所、广西玉柴机器股份有限公司、上海柴油机股份有限公司。

本部分主要起草人：陈云清、陆寿域、计维斌、严永华、瞿俊鸣、邹强、林铁坚、宋国婵、谢亚平。

引　言

目前世界上存在许多不同的烟度测量规程。有些烟度测量规程是为试验台试验设计的，用以认证或型式认证；另一些是为现场试验而设计的，用于监测和维修检测。不同的烟度测量规程并存能满足各种管理机构和工业部门的要求。烟度测量采用的两种典型方法是滤纸式烟度计法和消光烟度计法。

GB/T 8190 的本部分尽最大可能融合了现存烟度测量规程的主要技术特点。GB/T 8190 的本部分旨在规定压燃式发动机现场条件下的烟度排放测试方法。GB/T 8190 的本部分适用于转速或负荷或两者都随时间变化的在瞬态工况下运行的发动机。应当指出的是保养完好的自然吸气式发动机瞬态工况下的排气烟度一般与稳态工况下的排气烟度相同。

只有消光型烟度计可以用于 GB/T 8190 本部分规定的烟度测量，允许使用全流式或部分流式消光烟度计。GB/T 8190 的本部分考虑了这两种类型消光烟度计响应时间的差异，但未考虑因取样区温度不同而引起的任何差异。

往复式内燃机　排放测量
第10部分:压燃式发动机瞬态工况排气烟度的现场测量用试验循环和测试规程

1　范围

GB/T 8190 的本部分规定了在现场状况下评定压燃式发动机排气烟度的试验循环和测试规程。本部分主要用于对已按 GB/T 8190.9 规定完成“认证”或“型式认证”的发动机进行在用机的烟度测试。GB/T 8190.9 则规定了不同用途发动机的试验台测量用试验循环和测试规程。

而 GB/T 8190.4 规定了不同的试验循环,用以确定非道路用发动机气体和颗粒物排放的特性。GB/T 8190.4 中的试验循环是针对不同类型发动机的不同工作特性而设计的。

在进行瞬态烟度试验时,应使用按消光原理工作的烟度计测量烟度。本部分规定了烟度试验循环及测量和分析烟度的方法。而采用消光原理测量烟度的详细规定见 ISO 11614。本部分旨在规定测量和分析烟度的试验循环和测量方法。本部分第5章～第11章规定的试验规程和测量方法适用于往复式内燃机。但一种用途的发动机只能使用本部分规定的相应试验循环的一种进行评定。本部分的附录A、附录B及附录C各包含了一种试验循环,分别适用于其附录“范围”中所列用途的发动机。在某些情况下,附录中规定的烟度试验循环亦可用于 GB/T 8190 第4部分中所涵盖的发动机和机械。

2　规范性引用文件

下列文件中的条款通过 GB/T 8190 的本部分的引用而成为本部分的条款。凡是注日期的引用文件,其随后所有的修改单(不包括勘误的内容)或修订版均不适用于本部分,然而,鼓励根据本部分达成协议的各方研究是否可使用这些文件的最新版本。凡是不注日期的引用文件,其最新版本适用于本部分。

GB/T 8190.4—2010　往复式内燃机　排放测量　第4部分:不同用途发动机的稳态试验循环(ISO 8178-4:2007,IDT)

GB/T 8190.5　往复式内燃机　排放测量　第5部分:试验燃料(GB/T 8190.5—2005,ISO 8178-5:1997,IDT)

GB/T 8190.6　往复式内燃机　排放测量　第6部分:测量结果和试验报告(GB/T 8190.6—2006,ISO 8178-6:2000,IDT)

GB/T 8190.7　往复式内燃机　排放测量　第7部分:发动机系族的确定(GB/T 8190.7—2003,ISO 8178-7:1996,IDT)

GB/T 8190.8　往复式内燃机　排放测量　第8部分:发动机系组的确定(GB/T 8190.8—2003,ISO 8178-8:1996,IDT)

GB/T 8190.9—2010　往复式内燃机　排放测量　第9部分:压燃式发动机瞬态工况排气烟度的试验台测量用试验循环和测试规程(ISO 8178-9:2000,IDT)

ISO 11614:1999　往复压燃式发动机　不透光测量仪器和排气光吸收系数的确定

3　术语和定义

下列术语和定义适用于 GB/T 8190 的本部分。

3.1

排烟　exhaust gas smoke

由燃烧或热解产生的悬浮在排气中的可见固体和/或液体颗粒。

注：黑烟(碳烟)主要由碳粒组成;蓝烟通常由燃料或润滑油不完全燃烧产生的液滴形成;白烟通常是由凝结水和/或液体燃油产生的;黄烟则由 NO_2 形成。

3.2

透光度　transmittance

τ

光源射出的光线经过一段被烟气遮挡的通道后到达观察者或光检测器的那部分光线。

注：用百分数表示。

3.3

消光度　opacity

N

光源射出的光线经过一段被烟气遮挡的通道后未能到达观察者或光检测器的那部分光线($N=100-\tau$)。

注：用百分数表示。

3.4

光通道长度　optical path length

3.4.1

光通道有效长度　effective optical path length

L_A

消光烟度计光源和光检测器之间被烟气遮挡的那部分光通道长度,该长度需要对由密度梯度和边缘效应引起的不均匀性进行修正。

注 1：用 m 表示。9.2 规定了确定 L_A 和在现场可能遇到的各种排气系统中安装测量仪器的方法。

注 2：光源到光检测器的总光通道长度中未被烟气遮挡的那部分光通道长度不计入光通道有效长度。

3.4.2

标准光通道有效长度　standard effective optical path length

L_{AS}

用于确保与提供的消光度值进行有效比较的测量值。

注：见 10.1.4。

3.5

光吸收系数　light absorption coefficient

k

度量烟柱或含烟样气遮挡光线能力的基本单位。

注：通常,光吸收系数用米的倒数(m^{-1})表示。光吸收系数是每单位体积气体含烟颗粒数、烟颗粒尺寸分布以及烟颗粒光吸收和光分散特性的函数。在没有蓝烟、白烟、黄烟或灰尘的情况下,所有内燃机排气气样的烟颗粒尺寸分布和光吸收/分散特性都是相同的,所以光吸收系数主要是烟颗粒密度的函数。

3.6

比尔-朗伯特定律　Beer-Lambert law

描述光吸收系数(k)、烟度参数透光度(τ)和光通道有效长度 L_A 之间物理关系的数学公式。

注：由于不能直接测量光吸收系数(k),所以在已知消光度(N)或透光度(τ)和光通道有效长度 L_A 时,可以用比尔-朗伯特定律计算光吸收系数(k)。

$$k=\frac{-1}{L_A}\ln\left(\frac{\tau}{100}\right) \qquad (1)$$

$$k=\frac{-1}{L_A}\ln\left(1-\frac{N}{100}\right) \qquad (2)$$

3.7

消光烟度计 opacimeter

利用透光度法测量烟气特性的仪器。

3.7.1

全流式消光烟度计 full-flow opacimeter

所有排气都通过烟气测量室的仪器。

3.7.1.1

管端型全流式消光烟度计 full-flow end-of-line opacimeter

在排气管出口处测量全部排烟消光度的仪器。

注：这种消光烟度计的光源和光检测器位于靠近排气管开口端烟气的两侧。使用这种烟度计时，光通道有效长度由排气管结构确定。

3.7.1.2

管内型全流式消光烟度计 full-flow in-line opacimeter

在排气管内测量全部排烟消光度的仪器。

注：这种消光烟度计的光源和光检测器位于烟气两侧，并紧靠排气管外壁。使用这种烟度计时，光通道有效长度由测量仪器决定。

3.7.2

部分流式消光烟度计 partial flow opacimeter

从总排气流中采集一部分具有代表性的气样使之通过测量室的仪器。

注：这种消光烟度计的光通道有效长度是其设计结构的函数。

3.7.3 消光烟度计响应时间

3.7.3.1

消光烟度计物理响应时间 opacimeter physical response time

t_p

在小于0.01 s时间内改变被测烟气的光吸收系数时，原始k信号达到满量程10%和满量程90%间的时间差。

注：部分流式消光烟度计的物理响应时间取决于取样探头和输送管。关于物理响应时间的更多信息见ISO 11614:1999中8.2.1和11.7.2的规定。

3.7.3.2

消光烟度计电路响应时间 opacimeter electrical response time

t_e

在小于0.01 s时间内改变消光度和光吸收系数时，记录仪器输出信号或显示器达到满刻度10%和满刻度90%间的时间差。

注：关于电路响应时间的更多信息见ISO 11614:1999中8.2.3和11.7.3的规定。

4 符号和单位

GB/T 8190的本部分适用的符号和单位列于表1。

表1 符号和单位

符号	术语	单位
D	贝赛尔功能常数	1
E	贝赛尔常数	1
f_a	大气系数	1
f_c	贝赛尔滤波器截止频率	s^{-1}

表 1（续）

符　　号	术　　语	单　　位
k	光吸收系数	m^{-1}
k_{corr}	经环境修正的光吸收系数	m^{-1}
k_{obs}	实测光吸收系数	m^{-1}
K	贝赛尔常数	1
K_s	烟度的环境修正系数	1
L_A	光通道有效长度	m
L_{AS}	标准光通道有效长度	m
N	消光度	%
N_A	光通道有效长度的消光度	%
N_{AS}	标准光通道有效长度的消光度	%
p_{me}	平均有效压力	kPa
p_s	干大气压力	kPa
P	发动机功率	kW
S_i	瞬态烟度	m^{-1}或%
Δt	相邻烟度数据之间的时间(＝1/采样速率)	s
t_{Aver}	总响应时间	s
t_e	消光计电路响应时间	s
t_F	贝赛尔功能的滤波器响应时间	s
t_p	消光计物理响应时间	s
T_a	发动机进气温度	K
X	预定总响应时间	s
Y_i	贝赛尔平均烟度	m^{-1}或%
ρ	干空气密度	kg/m^3
τ	烟气透光度	%
Ω	贝赛尔常数	1

5　试验条件

5.1　试验的环境条件

5.1.1　试验状态参数

应测量发动机以K计的进气绝对温度 T_a 和以kPa计的干空气压 p_s，由公式(3)到公式(5)确定大气系数 f_a。

自然吸气和机械增压压燃式发动机及废气旁通阀作用的压燃式发动机：

$$f_a=\left(\frac{99}{p_s}\right)\times\left(\frac{T_a}{298}\right)^{0.7} \qquad \cdots\cdots(3)$$

注：此公式也适用于废气旁通阀只在试验循环段起作用的情况。若废气旁通阀在试验循环的任何时间段都不起作用，则应根据进气冷却方式选用公式(4)或公式(5)。

不带增压空气冷却器或带空/空增压空气冷却器的涡轮增压压燃式发动机：

$$f_a=\left(\frac{99}{p_s}\right)^{0.7}\times\left(\frac{T_a}{298}\right)^{1.2} \qquad \cdots\cdots(4)$$

带水/空增压空气冷却器的涡轮增压压燃式发动机：

$$f_a = \left(\frac{99}{p_s}\right)^{0.7} \times \left(\frac{T_a}{298}\right)^{0.7} \qquad \cdots\cdots(5)$$

5.1.2 试验有效性判定——试验条件

对试验大气条件，参数 f_a 应在如下范围内方可认为试验有效：

$$0.93 \leqslant f_a \leqslant 1.07 \qquad \cdots\cdots(6)$$

f_a 在该范围内测得的烟度值应按 10.3 规定进行修正。f_a 不在该范围内测得的结果与 GB/T 8190.9 测得的结果没有可比性。

其他的有效性判定按 7.3.4(消光烟度计零点漂移)和附录 A～附录 C(试验循环有效性判定)的规定。

5.2 功率

试验时，应拆除那些仅为配套机械工作所需的附件。如果该附件无法拆除，试验时应尽可能使之在最小功率起作用。应拆除的附件如下：

——空气压缩机；

——动力转向泵；

——空调压缩机；

——液压驱动泵；

——辅助电气设备(照明灯、风机等)。

5.3 发动机进气系统

应检查发动机进气系统是否渗漏以及夹紧装置或连接件是否松动或脱落。应注意进气系统的正常工作条件，包括是否需要使用空气滤清器。

5.4 发动机排气系统

应检查发动机排气系统是否渗漏以及夹紧装置或连接件是否松动或脱落。应注意排气系统的正常工作条件。

5.5 带增压空气冷却器的发动机

应检查增压空气冷却系统是否渗漏以及夹紧装置或连接件是否松动或脱落。应注意增压空气冷却系统的正常工作条件。

6 试验燃料

燃料特性会影响发动机的排放。按 GB/T 8190.9 规定进行的烟度试验通常是采用一种规定燃油进行的“认证”或“型式认证”试验。现场试验通常不使用基准燃料。因此，特别是对烟度测试不合格的车辆，应测定、记录试验所用燃料特性，并将燃料特性和车辆烟度测试结果一同提交。若试验使用 GB/T 8190.5 指定的燃料作为基准燃料，则应提供基准燃料的代号和分析结果。若使用其他燃料，则要记录 GB/T 8190.5 相应数据表中所列的特性。

应根据试验目的选择试验燃料。除非经有关各方同意，应按表 2 选择燃料。

表 2 燃料选择

试验目的	有关方	燃料选择
定型试验(认证)	1. 认证机构 2. 制造厂或供应商	基准燃料，如已指定； 商用燃料，如未指定基准燃料
检测/维修试验	1. 制造厂或供应商 2. 用户或检验员	按制造厂规定的商用燃料[a]
研究/开发	一个或几个制造厂、研究机构、燃料和润滑油供应商等	应适合试验目的

[a] 用户和检验员应注意，使用商用燃料进行排放试验不一定会产生使用基准燃料试验时所得的结果。

验收试验所用的燃料规格应在发动机制造厂技术文件的许用燃料范围以内。如果没有合适的基准燃料，可使用一种性能非常接近基准燃料的燃料，但应说明该燃料的特性。

7 测量仪器和精度

7.1 通则

发动机现场烟度试验应使用7.3规定的仪器。

7.2 试验条件

7.2.1 通则

GB/T 8190的本部分未包括发动机转速、压力和温度测量仪器的详细信息，只在7.4中给出了这些仪器的精度要求。

7.2.2 发动机转速

为了确定试验是否正确运行，需要测定发动机转速。测量发动机转速可以确定发动机调速器是否正常工作，以避免发动机可能的损坏。不正确的低怠速或高怠速还可能导致发动机烟度与按GB/T 8190.9试验时测得的结果不同。

7.2.3 环境温度

为了根据试验的环境条件修正烟度和确定发动机是否符合GB/T 8190.9规定的认证标准，需要测量环境温度(干球温度)。

7.2.4 干空气压力

为了进行烟度修正和确定发动机是否符合GB/T 8190.9规定的认证标准，需要测量干空气压力。干空气压力由实测湿空气压力(大气压力)减去计算的水蒸气压力来求得。通过测量露点温度或干、湿温度可以计算出水蒸气压力。

7.3 烟度测定

7.3.1 通则

进行瞬态烟度试验应使用消光烟度计。允许使用的消光烟度计有三种类型：管内型全流式消光烟度计、管端型全流式消光烟度计和部分流式消光烟度计。这三种消光烟度计的技术规格见GB/T 8190本部分的第11章及ISO 11614:1999的第6章和第7章。温度修正对瞬态烟度试验的有效性尚未确认，因此GB/T 8190的本部分未包括烟度测量结果的温度修正。

7.3.2 消光烟度计的一般技术规格

烟度试验所用的测量和数据处理系统应包括三个功能单元。这三个单元既可以是组合为一体的组件，也可以是由各个单元相互连接而成的系统。这三个功能单元是：

——满足本章要求的全流式或部分流式消光烟度计。详细技术规格见第11章和ISO 11614；

——能执行10.2、10.3和适用附录(A、B或C)规定功能的数据处理单元；

——能记录和输出适用附录(A、B或C)规定烟度值的打印机和/或电子存储单元。

7.3.3 线性度

线性度是消光烟度计测量值与标定装置的基准值之差。线性度应不超过±2%消光度。

7.3.4 零点漂移

1 h内或整个试验期间(取两者的较小值)的零点漂移应不超过±0.5%消光度或满刻度的2%(取其中较小者)。

7.3.5 消光烟度计的显示及其范围

为同时显示消光度和光吸收系数，消光烟度计的测量范围应适宜于精确测量受试发动机的烟度，其分辨率至少应为满刻度的0.1%。

为烟度计选择的光通道长度应适合于被测的烟度水平，以使标定、测量和计算的误差最小。

7.3.6 仪器响应时间

消光烟度计的物理响应时间应不超过0.2 s，电路响应时间应不超过0.05 s。

7.3.7 部分流式消光烟度计的取样要求

取样条件应符合GB/T 8190.9—2010中11.3的要求。

7.3.8 光源

光源应符合 GB/T 8190.9—2010 中 11.2 和 11.3 的要求。

7.3.9 中密度滤光片

标定和检验消光烟度计所用中密度滤光片应精确到±1%消光度,滤光片的标称值应至少每年标定一次,其标定应可追溯至国家标准或国际标准。

注:中密度滤光片是精密仪器,使用时容易损坏,应尽可能减少操作次数,需用时,应小心使用以避免擦伤或弄脏。

7.4 精度

所有测量仪器的标定应可追溯至国际标准(国家标准,无国际标准时),并应符合表 3 的要求。

表 3 测量发动机参数用仪器的允许偏差

项 目	允许偏差	标定间隔期/月
发动机转速	测量值的±5%	3
环境温度	±2 ℃	3
大气压力	±0.5%	3
环境空气相对湿度	±3%	3

注:GB/T 8190.1 规定测量进气温度,而 GB/T 8190 的本部分采用环境温度。对某些用途的发动机,两者可能有明显的差别,应予以注意。

8 消光烟度计的标定

8.1 通则

消光烟度计必须经常标定以满足 GB/T 8190 本部分的精度要求。标定方法应按 8.2 的规定。

8.2 标定程序

8.2.1 预热

消光烟度计应按制造厂的推荐进行预热,使之达到稳定的工作状态。若消光烟度计装有防止仪器光学器件免受碳烟污染的吹气系统,则应按制造厂的推荐对该系统进行激活和调整。

8.2.2 线性度响应的确定

在消光烟度计的消光度读出模式下,光束无阻挡时,将读数调整到 0.0%±0.5%消光度。

在消光烟度计的消光度读出模式下,阻挡所有光线使之不到达光检测器,将读数调整到 100.0%±0.5%消光度。

当使用消光度读出模式时,应按制造厂推荐定期校验消光烟度计的线性度。将满足 7.3.9 要求并且消光度在满刻度 30%~60%之间的中密度滤光片插入消光烟度计,记录读数值。仪器读数值与中密度滤光片标称值相差不得超过±2%消光度。应在试验前对超过上述规定值的任何线性度进行校正。

9 试验运行

9.1 测量仪器的安装

将消光烟度计和取样探头安装在消声器或者任何后处理装置的后面。安装程序应按照仪器制造厂的规定。某些排气系统可能使环境空气进入排气管与排气流混合,如果测量结果需要与 GB/T 8190.9 的结果进行比较,则应在产生混合前测量烟度。另外,还应符合 ISO 11614:1999 第 10 章的要求。如果使用管端型全流式消光烟度计,L_A 为车辆排气系统和烟度计在排气管上安装方式的函数。根据现场可能遇到的各种排气管确定 L_A 的方法见 9.2。在某些配套机械上,接近排气系统可能受到限制,因而不能按推荐方式安装仪器。在这种情况下,烟度测量结果不能与按 GB/T 8190.9 规定测得的结果作比较。

试验应避开过大风速的环境。如果排气取样部位或被测烟气部位的烟柱尺寸、形状或位置受到干扰,则应认为风速过大。将配套机械置于避风区域,或使用可防止风对测量区或取样区烟气产生影响的仪器,可以消除或减小风的影响。

在排气取样区或被测烟气部位应无可见湿气(雨水、雾或雪)。应确保阳光不直接照射烟气或光检测器。某些仪器的结构能预防这些情况的影响。

9.2 光通道有效长度 L_A 的确定

9.2.1 通则

光源到光检测器通道长度中未被烟气遮挡的那部分光通道长度不计入光通道有效长度。如果消光烟度计的光束非常靠近排气出口(在 0.07 m 以内),通过消光烟度计的烟气横截面实质上与沿消光计光束轴线的排气管出口尺寸相同。通常,可以直接测量排气管出口尺寸来确定。为使烟度修正结果准确到±2%消光度,L_A 应准确到±6%内(消光度的最大误差通常出现在约 60%消光度时,在较小和较大的消光度时,允许 L_A 准确度稍低)。对于最小的标准光通道有效长度(0.038 m),要求准确度±6%时 L_A 即为 0.002 m。

在许多配套机械上,特别是现场试验时,通常很难接近和直接测量排气管出口。因此,如果发动机制造厂没有异议,可以用接管将排气管延长 3 倍至最大 30 倍管径的长度。接头处必需进行适当密封,以避免空气稀释排气。

对于许多常用的排气管结构,由较易测量的排气系统尺寸来确定 L_A,可以达到足够的准确度。其他结构的排气管应按下面规定的原则和方法来确定 L_A。

9.2.2 排气管的内外径尺寸

9.2.2.1 通则

配套机械上常见的大多数排气管都是各种标准公称尺寸的钢管。公称尺寸常用管子外径表示,而确定 L_A 的则是排气管的内径。排气管内径与外径之差为两倍管壁厚度,通常壁厚很小。

用排气管外径尺寸作为实测光通道长度会导致修正后的烟度值比实际的烟度修正值稍小(<1%消光度)。在大多数情况下,这样微小的误差是可以接受的。但是,在需要结果十分精确或排气管壁厚很大的情况下,确定 L_A 时应考虑排气管材料的厚度。

9.2.2.2 非斜切口圆形直排气管

这是一种结构最简单的排气管,如图 1 所示。遇到这种排气管时,应使消光计的光束与烟柱中心轴线垂直相交,光束离排气管出口应在 0.05 m 以内。如果满足上述规定,则 L_A 等于排气管内径,通常可以近似地由排气管外径来确定 L_A(见 9.2.2.1)。

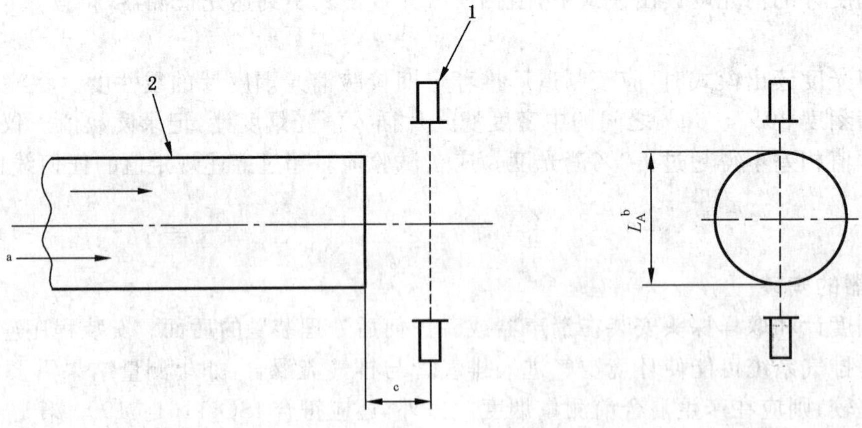

1——全流式消光烟度计;

2——圆形排气管。

a 排气流。

b L_A=排气管内径;L_A=排气管外径(壁厚小于 1.5 mm 时)。

c ≤5 cm。

图 1 非斜切口圆形直排气管

9.2.2.3 斜切口圆形直排气管

这种排气管的出口端的切口与排气流轴线不垂直，而是形成斜切口形状。遇到这种类型排气管时，只推荐一种消光烟度计的安装定向方式（见图 2），即消光烟度计的光束轴线与烟柱中心轴线垂直相交，并与排气管出口椭圆截面的短轴平行。消光烟度计光束离排气管出口也应在 0.05 m 以内。如果满足上述要求，则 L_A 等于排气管内径，通常可以近似地由排气管外径来确定 L_A（见 9.2.2.1）。

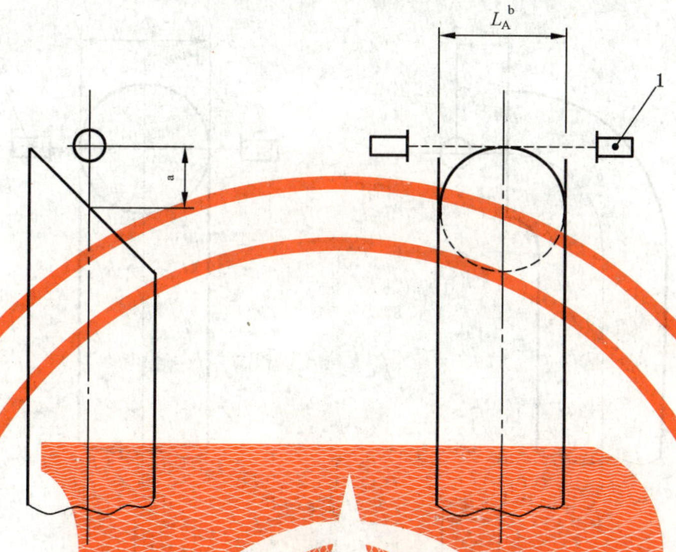

a）推荐的烟度计安装定向

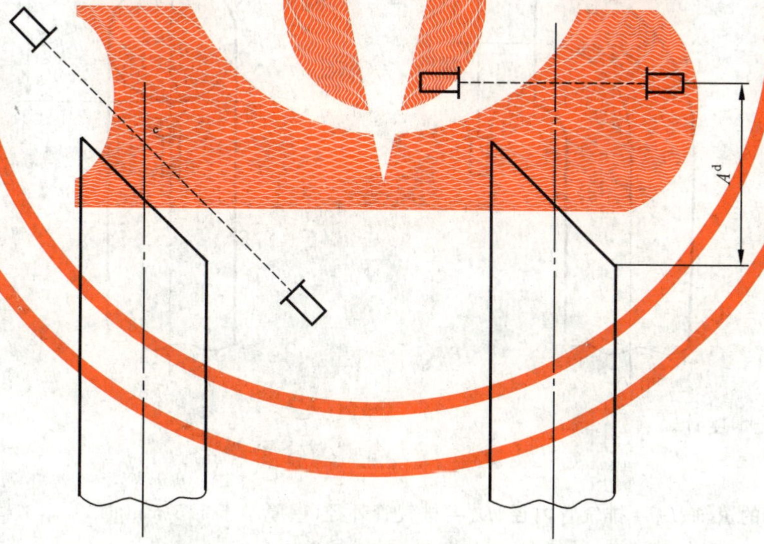

b）不推荐的烟度计安装定向

1——全流式消光烟度计。

a ≤5 cm。

b L_A = 排气管内径；L_A = 排气管外径（壁厚小于 1.5 mm 时）。

c 光束与排气流不垂直。

d A>50 mm。

图 2　斜切口圆形直排气管

9.2.2.4 圆形弯曲排气管

当排气管中心线在其出口处呈弯曲状时，这种排气管称为弯曲排气管，且排气管出口横截面不是圆形。当遇到这种类型排气管时，为避免出现错误的偏小读数，安装消光烟度计时应使其光束与烟柱中心轴线(非排气管中心线)垂直相交，并与排气管出口截面的短轴平行。消光烟度计光束离排气管出口也应在 0.05 m 以内(见图 3)。如果满足上述要求，则 L_A 等于排气管内径，通常可以近似地由排气管外径来确定 L_A(见 9.2.2.1)。消光烟度计安装时其光束也可以不与排气管出口截面短轴平行，但这时必需通过直接测量来确定 L_A。

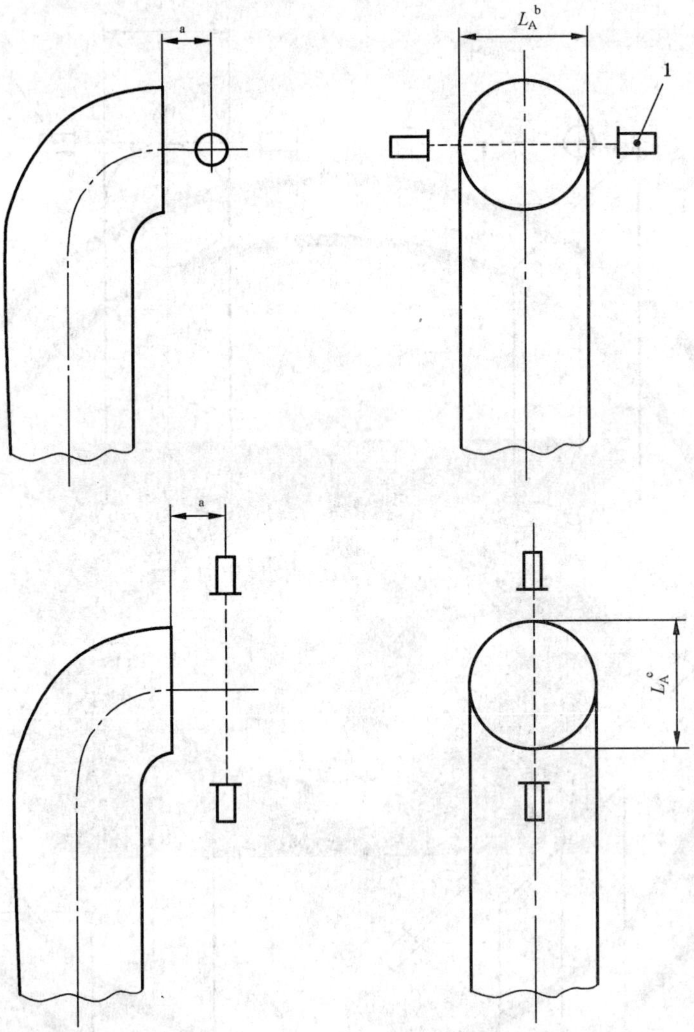

1——全流式消光烟度计。

a ≤5 cm。

b L_A＝出口截面的短轴；L_A＝排气管内径；L_A＝排气管外径(壁厚小于 1.5 mm 时)。

c L_A＝出口截面的长轴；L_A＞排气管内径(直接测量确定 L_A)。

图 3　圆形弯曲排气管

9.2.2.5　非圆形排气管

若排气管横截面不是圆形，消光烟度计安装时应使光束与烟柱中心轴线垂直相交，并使消光烟度计光束离排气管出口在 0.05 m 以内。在这种情况下，应通过直接测量来确定 L_A。若排气管横截面为卵形或椭圆形，建议使消光烟度计的光束与排气管横截面的长轴或短轴对齐，以方便测量 L_A(见图 4)。

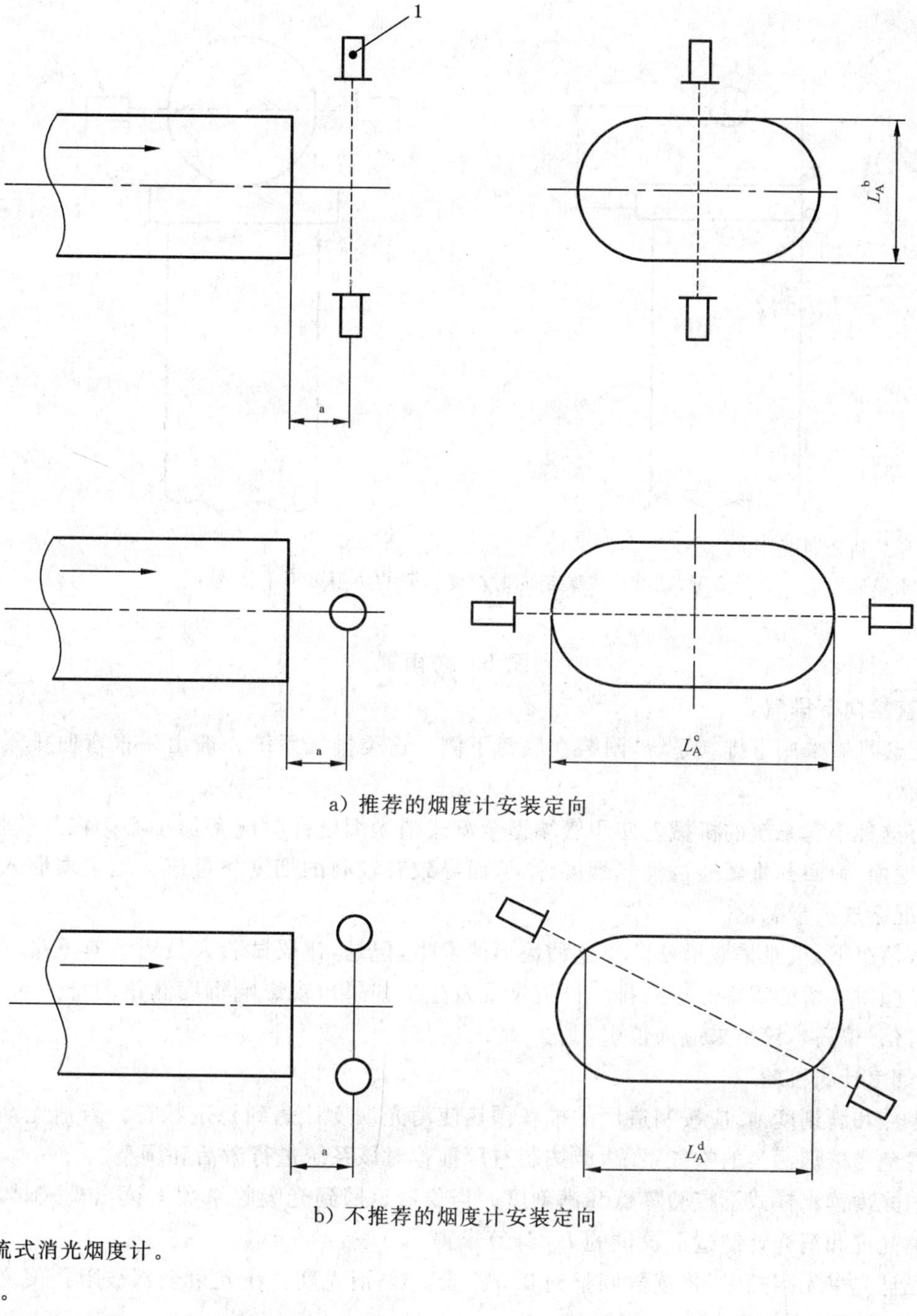

a）推荐的烟度计安装定向

b）不推荐的烟度计安装定向

1——全流式消光烟度计。

[a] ≤5 cm。

[b] L_A＝出口截面的短轴（直接测量得出）。

[c] L_A＝出口截面的长轴（直接测量得出）。

[d] L_A＝出口截面的长轴或者短轴（很难测量）。

图 4　非圆形排气管

9.2.2.6　防雨罩

当排气管装有防雨罩时，不能用管端型全流式消光烟度计进行烟度测量。如果出现这种情况，试验前应将防雨罩拆除或使之置于全开位置。若在不拆除防雨罩的情况下安装消光烟度计，则烟度计安装定向时应使防雨罩不干涉烟气并不遮挡消光烟度计的光束（见图 5）。

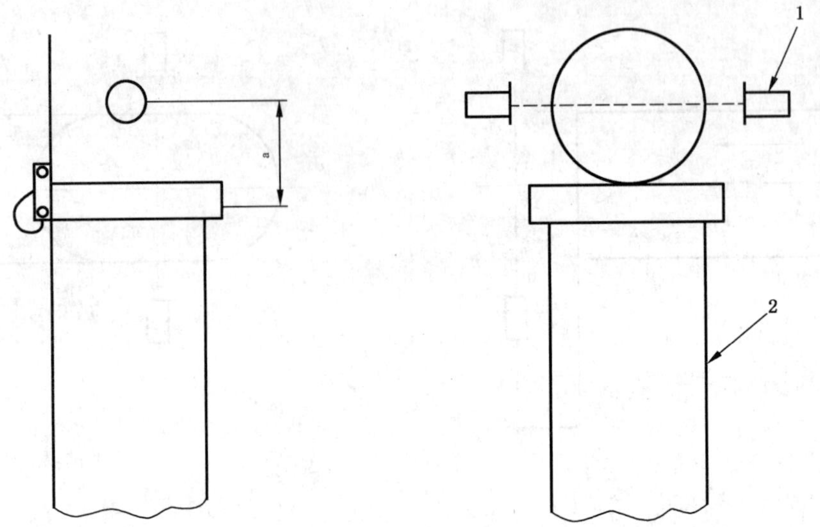

1——全流式消光烟度计；

2——防雨罩应固定在全开位置，烟度计安装定向时应使打开的防雨罩不干扰光束。

[a] ≤5 cm。

图 5 防雨罩

9.2.2.7 直接向下排气

有些配套机械采用下排气系统，附装在底盘下侧。这类排气系统一般由一根弯曲排气管直接将排气排向地面。

在装有这种排气系统的机械上使用管端型全流式消光烟度计时应备加小心。在某些情形下，排气可能会"从地面"弹回并重新通过消光烟度计，从而导致有较高的烟度测量值。当尘埃混入回流的排气时，这种情况会进一步恶化。

大多数情况下，很难采取措施防止这种情形的发生，但是，建议试验人员对装有下排气系统的配套机械进行试验时要留心观察是否有排气回流情况发生。如果出现影响烟度测量的排气回流，试验结果应视为不可信(偏高)，该结果应谨慎引用。

9.3 消光烟度计的校验

校验零点和满刻度前，应按制造厂的推荐预热使消光烟度计达到稳定状态。若消光烟度计装有防止光学器件免受碳烟污染的吹气系统，应按制造厂推荐对该系统进行激活和调整。

应在消光度读出模式下校验零点和满刻度。当仪器返回到光吸收系数 k 读出模式时，光吸收系数可由实测消光度和消光计制造厂提供的 L_A 计算求得。

在消光计光束无阻挡时，将读数调整到 0.0%±0.5%消光度。在光束全部被阻挡使之不到达光检测器时，将读数调整到 100.0%±0.5%消光度。

9.4 试验循环

发动机应按其适用的附录 A、附录 B 和附录 C 规定的相应试验循环进行运行，并应考虑到附录 D 中的说明。

注：非道路用恒速发动机的试验循环见 GB/T 8190.9。

试验前，应完成下列各项准备工作：

a) 若配套机械装有手动变速器，应将变速器置于空档，并使离合器脱开。若配套机械装有自动变速器，应将变速器置于停车位置或空档位置。

b) 试验期间，应禁止配套机械移动。

c) 应关闭配套机械的空调装置。

d) 如果发动机装有制动器,试验期间应使之不作用。

e) 试验前,应使装在发动机或配套机械上的所有会改变发动机正常加速特性的装置(如照明灯和其他附件)不起作用。

f) 配套机械上的所有仪器和附属装置应处于安全位置,必需时,应禁止挪动。

10 数据评定和计算

10.1 数据评定

10.1.1 消光烟度计的一般要求

烟度取样频率最小应为 20 Hz。必要时,应根据消光烟度计光通道长度、烟度单位(见 10.1.2、10.1.3 和 10.1.4)和试验的环境条件(见 10.3)对烟度值进行修正。然后按 10.2 和适用附录规定的贝赛尔算法对烟度数据进行处理。

取样管长度应不影响烟度曲线的产生(见 10.3)。但是即使取样管长度不影响烟度曲线的形状,也可能会在产生烟度和测量烟度时引起一定的延迟。分析烟度曲线时应考虑与排气系统中烟气输送相关的延迟。

应按适用的相应附录的规定计算烟度值。

10.1.2 比尔-朗伯特关系式

比尔-朗伯特定律规定了透光度、光吸收系数和光通道有效长度 L_A 之间的关系,见公式(7)。

$$\frac{\tau}{100}=e^{-kL_A} \qquad (7)$$

根据透光度和消光度的定义,两者的关系可用公式(8)表示。

$$N=100-\tau \qquad (8)$$

由公式(7)和(8)可以得出下列关系式:

$$N_{AS}=100\times\left[1-\left(1-\frac{N_A}{100}\right)^{\frac{L_{AS}}{L_A}}\right] \qquad (9)$$

$$k=-\frac{1}{L_A}\times\ln\left(1-\frac{N_A}{100}\right) \qquad (10)$$

10.1.3 数据换算

由实测烟度值换算成相应的报告单位可分两步进行。由于所有消光烟度计的基本测量单位都是透光度,所以第一步是用公式(8)将透光度 τ 转换成测量用光通道有效长度的消光度 N_A。对于大多数消光烟度计,这一步都在其内部自动进行的。

第二步是按如下方式将 N_A 换算成报告所需的单位:

若以消光度报告试验结果,应用公式(9)将测量光通道有效长度的消光度 N_A 换算成标准光通道有效长度的消光度 N_{AS}。

注:当测量用光通道有效长度与标准光通道有效长度完全相同时,N_{AS} 等于 N_A,不需要进行第二步换算。

若以光吸收系数报告试验结果,应用公式(10)进行换算。

10.1.4 光通道有效长度输入值

运用公式(10)时需要输入测量用光通道有效长度 L_A。运用公式(9)时需要输入 L_A 和标准光通道有效长度 L_{AS}。

对管端型全流式消光烟度,L_A 为发动机排气管结构的函数(见 9.2)。

对部分流式(取样)消光烟度计和管内型全流式消光烟度计,L_A 是仪器测量室和吹气系统结构的函数。使用此类烟度计时,应按仪器制造厂提供的技术参数确定相应的 L_A 值。

通常 L_A 需要精确至 0.002 m 以内,以保证烟度修正结果的准确度在±2%消光度以内(见 9.2)。

消光度读数取决于仪器的光通道有效长度。由于限值都是以消光度百分数为单位,因而必须以限值适用的标准光通道有效长度(管径)为基准。为了进行烟度数据比较,应按表4规定的标准光通道有效长度 L_{AS} 报告排烟消光度结果。但测量时可以不采用标准光通道有效长度。运用表4时不必测量发动机功率。发动机功率可从发动机铭牌、用户手册或申请型式认证的资料中获得。发动机功率不确定时,不能评定发动机是否符合以百分数表示的消光度限值。

表4 标准光通道有效长度

发动机功率 P/kW	标准光通道有效长度 L_{AS}/m
$P<37$	0.038
$37\leqslant P<75$	0.05
$75\leqslant P<130$	0.075
$130\leqslant P<225$	0.1
$225\leqslant P<450$	0.125
$P\geqslant 450$	0.15

10.2 贝赛尔算法

10.2.1 通则

应采用贝赛尔算法计算瞬态烟度读数的平均值。该算法适用于以光吸收系数表示的烟度值。但是,如果烟度值低于40%消光度,该算法也能以很小的误差适用于以消光度表示的烟度值。该算法模拟了一种低通过二级滤波器,它需要用迭代计算确定各项系数。这些系数是消光计系统响应时间和取样频率的函数。因此,系统响应时间和/或取样频率发生变化时应重复10.2.2的计算。

10.2.2 滤波器响应时间和贝赛尔常数的计算

要求的贝赛尔滤波器响应时间(t_F)是3.7.3所述消光计系统物理响应时间和电路响应时间的函数。预定总响应时间 X 用公式(11)计算:

$$t_F=\sqrt{X^2-(t_p^2-t_e^2)} \quad \cdots\cdots(11)$$

式中:

t_p——物理响应时间,单位为秒(s);

t_e——电路响应时间,单位为秒(s);

只要 t_p 和 t_e 都远小于 X(见7.3.6),且 t_p 和 t_e 都远小于瞬态试验的持续时间,可以用公式(11)将不同消光烟度计调整到某一个通用的响应时间。

估算滤波器截止频率 f_c 是基于在小于0.01 s时间内从0到1的阶跃输入(见附录A)。响应时间的定义是从贝赛尔输出达到10%阶跃输入(t_{10})到达到90%阶跃输入(t_{90})的时间。它可以通过对 f_c 的迭代计算直到 $t_{90}-t_{10}\approx t_F$ 来求得。f_c 的第一次迭代用公式(12)计算:

$$f_c=\frac{\pi}{(10\times t_F)} \quad \cdots\cdots(12)$$

贝赛尔常数 E 和 K 用公式(13)和公式(14)计算。

$$E=\frac{1}{1+\Omega\times\sqrt{3\times D}+D\times\Omega^2} \quad \cdots\cdots(13)$$

$$K=2\times E\times(D\times\Omega^2-1)-1 \quad \cdots\cdots(14)$$

式中:

$D=0.618\ 034$;

$\Delta t=1/$取样速率;

$\Omega=1/[\tan(\pi\times\Delta t\times f_c)]$

利用 E 和 K 值,按下式计算相对于一次阶跃输入 S_i 的贝赛尔平均响应时间:

$$Y_i = Y_{i-1} + E \times (S_i + 2 \times S_{i-1} + S_{i-2} - 4 \times Y_{i-2}) + K \times (Y_{i-1} - Y_{i-2}) \quad (15)$$

式中：

$S_{i-2} = S_{i-1} = 0$；

$S_i = 1$；

$Y_{i-2} = Y_{i-1} = 0$。

t_{10} 和 t_{90} 的时间应采用内插法确定。t_{90} 与 t_{10} 的时间差就是该 f_c 值的响应时间 t_F。若此响应时间与要求的响应时间不十分接近，应继续进行迭代计算直到实际响应时间与要求响应时间之差在 1% 以内，即：

$$|(t_{90} - t_{10}) - t_F| = 0.01 t_F \quad (16)$$

注：由于贝赛尔算法应用于滤波器是一种确定烟度的新方法，GB/T 8190.9 的附录 D 对贝赛尔算法作了说明，并给出了贝赛尔算法的设计示例和最终烟度值的计算示例。贝赛尔算法的几个常数只与消光烟度计的结构和数据采集系统的采样速率有关。建议消光烟度计制造厂提供不同采样速率的最终贝赛尔滤波器常数，并建议用户采用这些常数设计贝赛尔算法和计算最终烟度值。

10.2.3　贝赛尔平均烟度的计算

按 10.2.2 计算出贝赛尔常数 E 和 K 后，用公式(15)计算瞬态烟度值。

由于贝赛尔算法实质上是递归过程，因而开始计算时需要有初始输入值 S_{i-1} 和 S_{i-2} 及初始输出值 Y_{i-1} 和 Y_{i-2}。这些值都可以假设为 0。

用算出的贝赛尔平均烟度值计算适用附录规定的相应烟度值。

10.3　环境修正

10.3.1　通则

如果在用烟度值要与规定限值进行比较，应对所测发动机的烟度进行环境修正。如果大气系数 f_a 在 0.93～1.07 范围内，用公式(19)进行修正。由于该烟度修正公式对 f_a 在 0.93～1.07 范围以外的烟度修正的有效性尚未确认，所以在该范围以外的测得烟度值尽管可以用公式(19)进行修正，但其修正结果不能与 GB/T 8190.9 所得的结果进行比较。

注：本章提供的空气密度修正公式反映了被试发动机/车辆对空气密度的常规敏感性。有些发动机对该修正公式预测的空气密度变化的敏感性较大，而有些发动机的敏感性则较小。因此，将该修正公式应用于某些对空气密度敏感性不明确的发动机/车辆时，该修正公式只能认为是近似的。建议管理机构在强制项目中采用本规程时要考虑到个别被试发动机/车辆对空气密度的敏感性不确定，并可能会与常规修正公式指出的敏感性不同。

10.3.2　基准条件

10.3.3 的修正系数考虑了发动机进气干空气密度。在基准温度为 298 K 和基准压力为 99 kPa 时基准干空气密度为 1.157 5 kg/m^3(见 5.1.1)。

10.3.3　烟度的空气密度修正

此修正适用于以光吸收系数(k)表示的烟度值，适用于贝赛尔平均峰值烟度，而不适用于原始烟度值。修正时，必须用公式(10)将消光度值转换成 k，修正后可以用公式(17)再转换为消光度值。

$$K_s = \frac{1}{19.952\rho^2 - 48.259\rho + 30.126} \quad (17)$$

式中：

$$\rho = \frac{p_s \times 10^3}{287 \times T_a} \quad (18)$$

利用公式(17)，将相应附录中的烟度值用公式(19)由以光吸收系数表示的实测值换算为修正值。

$$k_{corr} = K_s \times k_{obs} \quad (19)$$

10.4　试验报告

试验报告应包含 GB/T 8190.6 规定的数据。

11 烟度测定

GB/T 8190.9—2010 的 11.2 和 11.3 详细描述了推荐的消光烟度计系统。由于不同的结构能产生相当的结果，因而不要求完全符合图示的结构。可以采用诸如仪表、阀门、电磁阀、泵和开关等附加部件来提供附加信息和协调部件的系统功能。系统中无精度要求的其他部件可以根据合理的工程判断不予安装。

测量原理是：使光线通过某一规定长度的被测烟气，用到达光检测器的入射光线比例来评定烟气介质的遮光特性。视装置的结构而定，可以在排气管中（管内型全流式消光计）、排气管端（管端型全流式消光计）或从排气管中采集部分样气（部分流式消光计）进行烟度测量。为了由消光度确定光吸收系数，制造商应提供仪器的光通道长度。

附 录 A
（规范性附录）
非道路用变速运行发动机的试验循环

A.1 范围

本附录规定的烟度试验循环包括从低怠速到高怠速的加速。此烟度循环适用于 GB/T 8190.4 所述的 C1 类变速运行的发动机。瞬态烟度循环是一种容易实施的在用机排放试验，它可以方便地对装于配套机械上的柴油机进行。

GB/T 8190.4 中所述的 C1 类主要用于非道路车辆和柴油机驱动的非道路用工业装备。本附录"范围"一章所指 C1 类发动机的典型用途如下，但不限于此：

——工业钻探装置，压缩机等；

——工程机械，包括轮式装载机、推土机、履带式拖拉机、履带式装载机；

——卡车式装载机、非公路卡车、液压挖掘机等；

——农业机械、旋耕机；

——林业机械；

——自行式农用车辆（包括拖拉机）；

——材料装卸机械；

——叉车；

——修路机械（汽车平路机、压路机、沥青平整机）；

——扫雪机；

——机场辅助设备；

——架空升降机；

——移动式起重机。

本附录规定的瞬态烟度循环可能并非所有配套机械上的发动机都能实施。某些发动机和/或配套机械可能会采取防止从低怠速加速到高怠速的控制措施。单缸或双缸发动机可能会出现妨碍烟度可靠测量的排气脉冲，除非采用一个缓冲容积（消声器）。如经有关各方协商同意，特定用途可以采用特殊的试验规程。

A.2 术语和定义

A.2.1

加速试验 acceleration test

使发动机克服其自身惯量以及飞轮和非承载的机械惯量从低怠速加速到高怠速的运转试验。

A.2.1.1

自由加速时间 free acceleration time

FAT

自由加速试验时，发动机从高于 5%低怠速加速到 95%标定转速所需的时间，以 s 表示。

注：对于本现场试验规程来说，FAT 可能与发动机从低怠速加速到高怠速所需的时间接近。在现场烟度试验时应确定一个 FAT 的近似值。发动机的旋转惯量或发动机的惯性负荷太大会导致在用机烟度试验的 FAT 大于按 GB/T 8190.9 附录 A 试验时的 9×FAT。这样，在用烟度值就不能与它的限值进行比较，因为这时在用机烟度试验的运行界限已超出了发动机认证或型式认证时的运行界限。

A.2.1.2

峰值烟度　peak smoke value

PSV_S

按 A.3.5.1e)规定进行在用试验时加速过程中所得的 1 s 最大贝赛尔平均烟度值。

注：报告的 PSV_S 值为按 A.3.5.1e)进行的三次单独加速的平均值。

A.3　试验循环

A.3.1　通则

试验包括从低怠速到高怠速的发动机加速。为了减小可变性要进行多次加速。

A.3.2　发动机检查

发动机应停机，停车制动器合闸，所有的仪器和附属装置应按 9.4 所述处于安全位置。检查发动机是否有零件松动和脱落，特别要注意进、排气系统是否符合 5.3、5.4 和 5.5 的要求。检查燃油系统是否有阻塞迹象。进气系统、排气系统或燃油系统维护不良或有阻塞会导致发动机烟度试验失败。检查时还应确认发动机的功率、发动机型号(型式)、发动机系列号和系族。

A.3.3　怠速检查

进行烟度试验前应检查和记录怠速。

建议在进行烟度试验前检查高怠速转速，以避免试验过程中发动机损坏。检查时一边慢慢地将转速控制手柄移动到全速位置，一边监测发动机转速。如果发动机转速超过制造厂推荐的高怠速转速，应立即将转速控制手柄回到低怠速位置。烟度试验不能继续进行。

A.3.4　发动机预热

发动机应在带负荷条件下至少进行 15 min 预热运转。或者，可以由机油和冷却液温度表来确认发动机已达到正常的工作温度。

注：预热阶段还应防止实际测量不受前次试验排气系统中沉积物的影响。

A.3.5　加速试验

A.3.5.1　通则

停车制动器应合闸，所有仪表和附属装置应处于安全位置。所有附件应停止工作。那些不能关闭的附件和由发动机驱动的其他装置吸收的发动机功率应尽可能减至最少。手动变速器置于空档，自动变速器置于停车档。按 7.3 和第 8 章的规定安装和标定烟度测量仪器。

加速试验是使发动机从低怠速到高怠速的运转过程。

加速试验的基本步骤如下，如图 A.1 所示。

a)　发动机以低怠速稳定运转 15 s±5 s。

b)　将转速控制手柄快速移动到全开位置，并保持在该位置直到发动机达到调速器控制的高怠速(无负荷)。

c)　将转速控制手柄移回到关闭位置，使发动机回到低怠速。

d)　重复上述步骤两次作为预运转，以清扫排气系统。

e)　3 次预运转后，重复上述步骤直到 3 次连续运转满足 A.3.5.2 规定的稳定性要求为止。

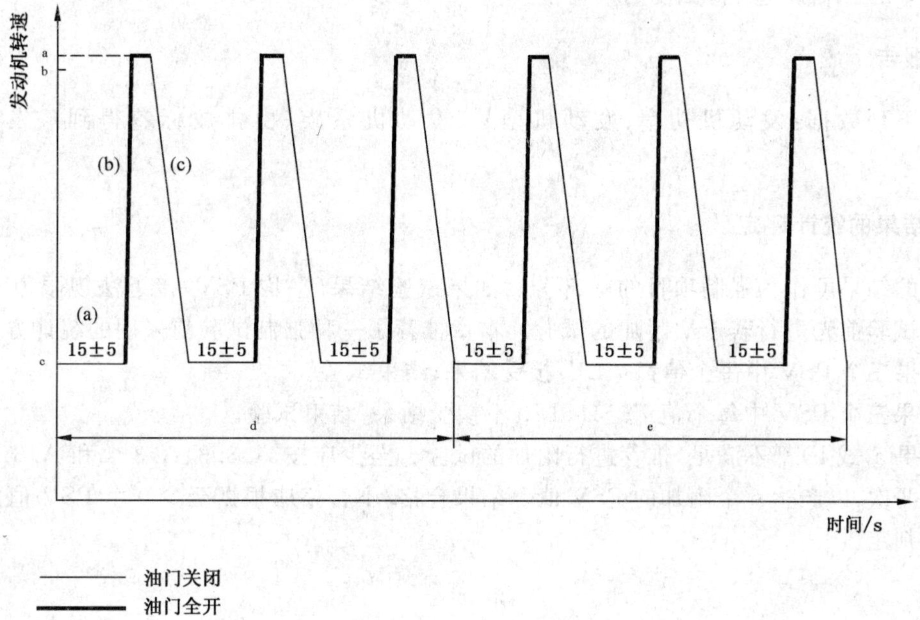

a 高怠速。

b 标定转速。

c 怠速。

d 预运转。

e 实际运行。

(a),(b)和(c)参阅 A.3.5.1 条段的说明。

图 A.1 加速试验

A.3.5.2 加速试验有效性判定

只有在满足以下试验循环要求时,加速试验的结果方可认为有效。

三次连续加速试验的 1 s 最大贝赛尔平均烟度值的最高值与最低值的算术差不超过 5%消光度。

其他试验有效性判定按 5.1.2 和 7.3.4 的规定。

A.3.5.3 自由加速时间(FAT)的确定

A.3.5.1 步骤 e)中每次加速的自由加速时间是指发动转速从低怠速达到高怠速的时间。为了与按 GB/T 8190.9 规定进行发动机认证或型式认证时用的加速时间进行比较,应确定 FAT。如果现场试验的加速时间大于 GB/T 8190.9 中自由加速时间的 9 倍,则不必要求发动机满足规定的限值。

A.4 结果分析

A.4.1 通则

本章规定了加速试验结果的分析方法。本试验所用许多消光计的烟度输出信号为根据 10.2 所述算法确定的 $X=0.5$ s 的贝赛尔平均烟度值。对于这些烟度计,需要对信号作进一步处理以产生 $x=1.0$ s 的烟度值,这时 10.2.2 中公式(11)所用的$(t_p{}^2+t_e{}^2)$值为 0.25^2。对于那些未按 0.5 s 贝赛尔算法处理的原始烟度结果,分析时应采用代表该消光计系统的$(t_p{}^2+t_e{}^2)$值。

报告的烟度值还应按 10.3 规定进行环境修正。

A.4.2 峰值烟度(PSV_S)

应计算 A.3.5.1 步骤 e)中每次加速的 PSV 值。这些值是加速过程中出现的 $X=1.0$ s 贝赛尔平均烟度的最大值。应注意确保所分析的烟度数据与加速过程中出现的时间相对应(见 10.1.1)。加速过程见 A.3.5.1 的 b)。计算贝赛尔平均值的方法见 10.2 的规定。对于峰值烟度,公式(11)中 X 值为

1.0 s。PSV_S 是三次加速所得烟度的平均值。

A.5 结果报告

应报告下列数据：发动机功率、发动机型号、发动机系族（由排放标签得到）、发动机系列号、FAT、PSV_S。

A.6 试验结果的统计评定

本试验的结果可作为强制项目的一部分。如果试验结果（平均 PSV）接近法规限值 LL，建议在进行任何强制试验前先进行若干次附加的试验。本章推荐了一种强制试验前采用的统计方法。

a) 如果三个 PSV 中每个值都<LL：接受结果；结束试验。

b) 如果三个 PSV 中每个值都>1.5LL：不接受结果；结束试验。

c) 如果 a)或 b)都不满足，推荐进行附加的试验。至少应按 A.3.3、A.3.4 和 A.3.5 的要求再运行两次，以产生 6 个附加的 PSV 值。结果合格/不合格应根据至少 9 个 PSV 值的平均值来加以判定。

附　录　B
（规范性附录）
船舶推进用发动机的试验循环

B.1　总则

与道路用发动机和非道路移动机械用发动机相比，船用发动机工作时转速和扭矩组合的局限性要大得多，部分原因是由于船用发动机通常不配装变速箱，另外部分原因是由螺旋桨传送到水的动力传递物理特性决定的。

船用发动机扭矩与转速的关系有两种规律：由扭矩$=f(n^2)$确定的螺旋桨规律和恒定转速规律（类似于发电机用途），前者为固定节距螺旋桨或固定水流的情况，后者为可变节距螺旋桨的情况。这两种情况相当于GB/T 8190.4—2010中的E1、E2、E3和E5试验循环。在这两种情况下，发动机负荷增加（转速增加或不增加）时烟度排放比较稳定，且烟度主要受负荷增加速率的影响。负荷增加速率则受各种自动限制措施的控制。

以功率增加速率为例。船用发动机的功率增加速率要比道路或非道路移动机械用发动机的慢。这部分原因是由螺旋桨传送到水的动力传递物理特性决定的。在所有情况下，发动机将视船舶的种类而定由它的管理或控制系统进行控制。这种“标准情况”也是最差的工作情况，它非常适合作为动态烟度测量的基准。带各种不同管理或控制装置的发动机可以组合成为不同的发动机系族或发动机系组，并可以按一种最差的工作情况对整个系族或系组的发动机进行试验。

在船舶上，安全是最重要的。因此，尽管自动控制是通常的惯例，但是对于那些因系统过载而需要降低其紧急危险性的紧急情况仍然是一种例外。在这种紧急情况下，可能会因发动机较快加速而导致烟度增加。本附录没有考虑这种烟度增加的情况。

B.2　本烟度试验循环的适用对象

本附录规定的试验循环适用于GB/T 8190.4—2010中规定的E1、E2、E3和E5循环所涉及的那些发动机。决定是否使用本附录所述试验循环的因素是加载加速时间。考虑到发动机的管理或控制系统，该加载加速时间应为20 s±5 s或制造厂的规定。对于那些可以用作非道路移动机械发动机的船舶推进发动机可以有选择性地按附录A的规程进行试验。

以下是典型的适用对象：

E1：长度小于24 m的小船用柴油机（由试验循环B派生而来）；

E2：长度不限的船舶推进用恒速重型发动机；

E3：长度不限的按螺旋桨规律运行的船舶推进用重型发动机；

E5：长度小于24 m的小型船用柴油机（按螺旋桨规律运行）。

本附录适用于标定功率最大至1 500 kW的发动机。

B.3　术语和定义

B.3.1　瞬态加载试验

B.3.1.1

变速运行发动机用　for variable-speed engines

使发动机按照加载加速工况和80%标定转速加载工况组成的规定循环的运转过程。

B.3.1.2

恒速运行发动机用　for variable-speed engines

使发动机在标定转速下按照由增加负荷工况和50%标定负荷工况组成的规定循环的运转过程。

B.3.2

负荷增加时间　load-increase time

B.3.2.1

变速运行发动机用　for variable-speed engine

发动机从低怠速加速到80%标定转速所需的时间，在该加速时间内，发动机的负荷控制应使发动机扭矩与瞬态加载曲线相一致。

B.3.2.2

恒速运行发动机用　for constant-speed engine

发动机在标定转速下从零负荷增加到50%标定功率所需的时间。

B.3.3

瞬态加载曲线　transient-load curve

B.3.3.1

变速运行发动机用　for variable-speed engine

由扭矩$=f(n^2)$确定的螺旋桨曲线，该曲线的终点为标定转速标定功率点。

B.3.3.2

恒速运行发动机用　for constant-speed engine

标定转速下的恒定转速曲线，该曲线的终点为标定功率点。

B.3.4

峰值烟度 PSV　peak smoke value

瞬态加载试验期间所得的三个1.0 s最大贝赛尔平均烟度值的平均值。

B.4　试验循环

B.4.1　通则

在进行瞬态加载试验的烟度测量（详见B.4.2和B.4.3）时，无论是沿螺旋桨曲线还是在恒定转速下，发动机加载都应尽可能地快。负荷增加速率即负荷增加时间由发动机管理或控制系统控制。

本试验循环适用于试验台测量和/或发动机安装在船舶上时的测量。

当在试验台上测量发动机烟度时，可以在覆盖发动机系族或发动机系组实际使用条件的范围内改变负荷增加时间，发动机系族和系组应加符合GB/T 8190.7和GB/T 8190.8的规定。

B.4.2　发动机预热

发动机应在制造厂推荐的标定功率下进行预热，使发动机参数达到稳定状态。

注：该预热阶段还应确保当前的测量不受前次试验的影响，并应确保该预热阶段能形成试验的基准条件。

B.4.3　瞬态加载试验运行

B.4.3.1　通则

瞬态加载试验应在完成B.4.2预热运转后，立即进行。

B.4.3.2　变速运行发动机

变速运行发动机瞬态加载试验是发动机克服扭矩$=f(n^2)$的负荷从低怠速加速到80%标定转速。试验顺序如图B.1所示。

B.4.3.3　恒速运行发动机

恒速运行发动机瞬态加载试验是使发动机从标定转速零负荷加载到标定转速50%标定功率。试验顺序如图B.2所示。

瞬态加载试验应从预运转循环开始，以提高试验结果的重复性。完成预运转循环后应立即进行三次增加负荷的试验循环。瞬态加载试验的顺序见 B.4.3.4 和 B.4.3.5。

B.4.3.4 变速运行发动机的试验步骤

B.4.3.4.1 预运转循环

a) 将负荷/转速控制手柄置于最小开度位置,使发动机在低怠速下以最低稳定负荷运转 40 s±5 s。

b) 将负荷/转速控制手柄从低怠速位置:

1) 移动到某一开度位置,使发动机在 20 s±5 s 内达到 80%标定转速;或

2) 快速移动到全开位置,并保持在该位置,使发动机在其管理系统或控制系统允许的时间内克服瞬态加载曲线的负荷加速到 80%标定转速。

c) 使发动机在 80%标定转速和瞬态加载曲线规定的负荷下保持运转 60 s±5 s。

d) 降低发动机负荷,使负荷/转速控制手柄回复到低怠速位置。

B.4.3.4.2 测量运转循环

重复 B.4.3.4.1 中步骤 a)到 d),直到完成三次连续的试验和获得一致的结果。

B.4.3.5 恒速运行发动机的试验步骤

B.4.3.5.1 预运转循环

a) 使发动机在标定转速以最低稳定负荷运转 40 s±5 s。

b) 在标定转速下,将负荷/转速控制手柄:

1) 移动到某一开度位置,使发动机在 20 s±5 s 内达到 50%标定负荷;或

2) 快速移动到 50%开度位置,并保持在该位置,使发动机恒定转速下的负荷在其管理或控制系统允许的时间内增加到 50%标定负荷。

c) 使发动机在标定转速下以 50%标定功率运转 60 s±5 s。

d) 降低发动机负荷,使负荷/转速控制手柄回复到标定转速空载位置。

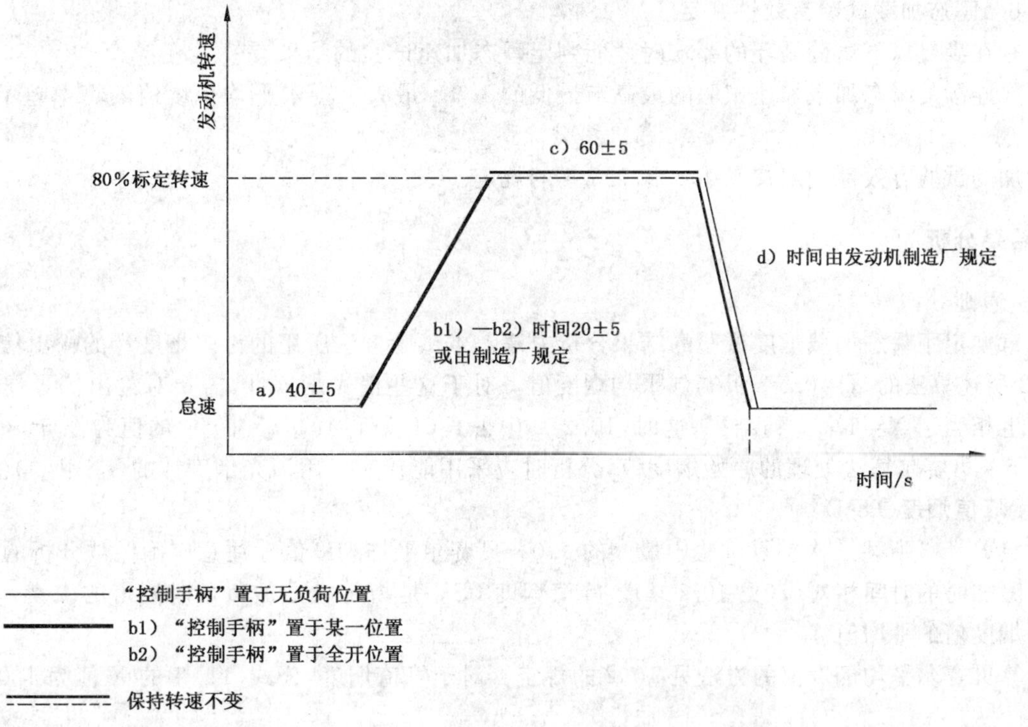

图 B.1 瞬态加载试验——变速运行发动机

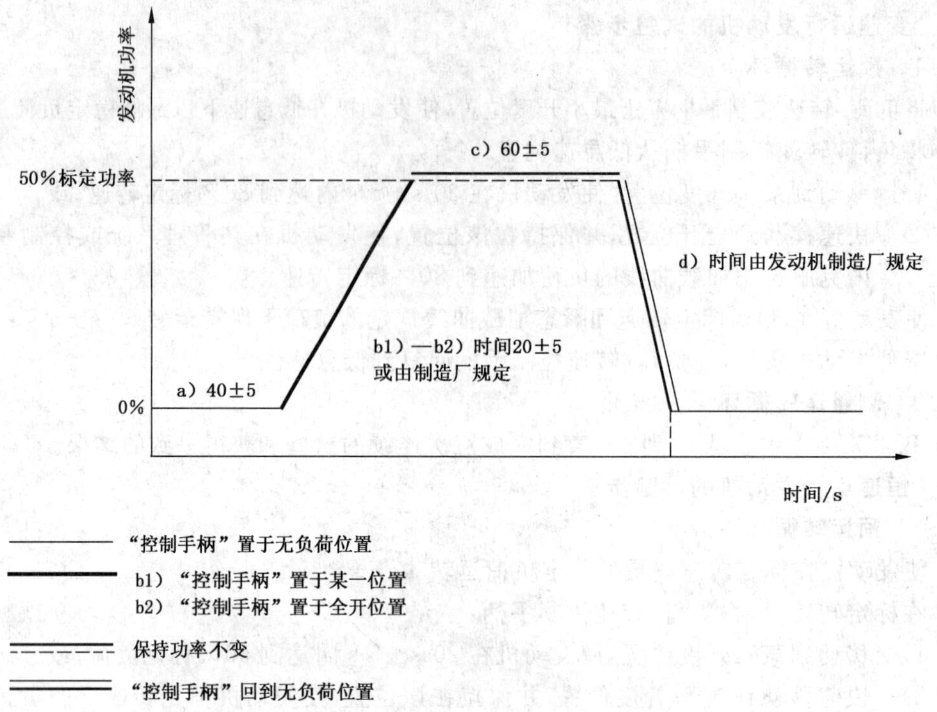

图 B.2 瞬态加载试验——恒速运行发动机

B.4.3.5.2 测量运转循环

重复 B.4.3.5.1a)到 d),直到完成三次连续的试验和获得一致的结果。

B.4.3.6 瞬态加载试验有效性判定

只有在满足以下试验循环的要求时才能判定瞬态加速试验的结果有效。

三次连续的瞬态加载加速试验的最高与最低的 1.0 s 最大贝赛尔平均烟度值的算术差不超过 5% 消光度。

附加的试验有效性判定按 5.1.2 和 7.3.4 的规定。

B.5 结果分析

B.5.1 通则

本章规定了瞬态加载烟度试验的结果分析方法。本试验方法所用的许多烟度计的输出信号为相当于 10.2 所述算法的 $X=0.5$ s 贝赛尔平均烟度值。对于这些消光烟度计,需要对输出信号作进一步处理以产生相当于 $X=1.0$ s 的结果,这时,10.2.2 中公式(11)所用的($t_p^2+t_e^2$)的值为 0.5^2。对于那些未按 0.5 s 贝赛尔算法处理的原始烟度值,分析时应采用能代表所用消光烟度计的($t_p^2+t_e^2$)值。

B.5.2 峰值烟度(PSV)

确定 B.4.3 所述三次重复试验中最大的 1.0 s 贝赛尔平均烟度值。注意应确保被分析的烟度数据与负荷增加时的时间相对应(见 10.1.1)。峰值烟度 PSV 是指每次增加负荷时测得的 1.0 s 最大贝赛尔平均烟度值的平均值。

计算贝赛尔平均烟度值的方法见 10.2 的规定。对于峰值烟度,公式(11)中的 X 值为 1.0 s。

B.6 结果报告

应报告以下各项烟度值:PSV_1、PSV_2、PSV_3 和 PSV_a(即前三个烟度值的平均值)。还应报告三次试验(负荷增加时)的持续时间。图 B.1 和图 B.2 的时间间隔 a)到 d)分别参阅 B.4.3.4.1 和 B.4.3.5.1 的各项说明。

附 录 C
（规范性附录）
变速运行 F 类发动机（机车牵引）的试验循环

C.1 总则

克服发动机惯性矩（无负荷）的加速试验不适用于机车牵引用发动机，因为要避免机车车轮打滑，铁路牵引用发动机的油门响应不能像非道路用（C1）发动机那样快。当发动机加速时，铁路牵引用发动机不是快速打开油门，而是按照基于时间的负荷增加速率打开油门。带不同管理或控制系统的发动机可以组合成为不同的系族或系组，对于这些发动机，可以对整个系族或系组中最差工作情况的发动机进行试验。

在通常情况下，应将发动机安装在配备所有固定设备和测量仪器的试验台上进行试验。在某些情况下，可以不从机车上拆下发动机而用一种固定的试验台装置（例如负荷储存系统）吸收发动机产生的功率。

C.2 本试验循环的适用对象

本附录适用于标定功率最大至 1 500 kW 的发动机。

C.3 术语和定义

C.3.1

瞬态加载试验　test under transient load

使发动机按照由加载加速工况和标定转速全负荷工况组成的规定循环进行运转的过程。

C.3.2

加载加速时间　acceleration time under load

发动机从低怠速加速到标定转速所需的时间，在加速过程中发动机的负荷控制应使发动机的功率符合加载加速曲线。

注：加载加速时间由发动机管理或控制系统控制。

C.3.3

加载加速曲线　acceleration load curve

水力测功器固有的负荷曲线，近似遵循扭矩 $= f(n^2)$ 的规律，并代表了实际使用时的负荷曲线。

注：当采用发电机进行试验时，应按扭矩 $= f(n^2)$ 的关系式施加负荷。

C.3.4

峰值烟度　peak smoke value

PSV

瞬态加载试验中加速工况下测得的三个最大的 1.0 s 贝赛尔平均烟度值的平均值。

C.4 试验循环

C.4.1 通则

试验时发动机应安装实际使用时配备的管理或控制系统。

C.4.2 发动机预热

发动机应按照制造厂的推荐在标定功率下进行预热，使发动机运转参数达到稳定状态。

注：该预热阶段还应确保当前的测量不受前次试验的影响，并应确保该预热阶段能形成试验的基准条件。

C.4.3 瞬态加载试验

C.4.3.1 通则

瞬态加载试验应在完成C.4.2所述发动机预热后立即进行。瞬态加载试验是发动机克服负载从低怠速开始加速的运转过程。标定转速下该加载曲线的终点应为发动机的标定功率。

C.4.3.2 瞬态加载的加速时间

本试验的加速时间由发动机管理或控制系统控制，加速时间应与铁路牵引实际使用时的发动机运转情况相符。由于发动机瞬态加载时的烟度排放会随加速时间的缩短而增加，因而对某一发动机系族或系组中加速时间不同的发动机进行验收试验时，可以将加速时间最短的那种发动机作为基准进行试验。

C.4.3.3 进行瞬态加载试验

C.4.3.3.1 通则

瞬态加载试验应从预运转循环开始，以提高试验结果的重复性。在完成预运转循环后应随即进行三次加载加速试验循环。加载加速循环后随即在标定转速全负荷稳定工况下进行运转。试验顺序见C.4.3.3.2和C.4.3.3.3(如图C.1所示)。

C.4.3.3.2 预运转循环

a) 将转速控制手柄置于最小开度(低怠速)位置，使发动机以最小稳定负荷运转40 s±5 s。

b) 将负荷/转速控制手柄快速移动到全负荷/全速位置，使发动机克服某一负荷在发动机管理或控制系统允许的时间内加速到95%标定转速。

c) 在达到95%标定转速后20 s内，施加所需的测功器负荷使发动机在标定转速全负荷下稳定运转。

注：在该稳定运转时间内，可能会出现超调情况。

d) 保持标定转速全负荷运转60 s±5 s。

e) 降低负荷，将负荷/转速控制手柄回复到低怠速位置。

C.4.3.3.3 测量运转循环

重复C.4.3.3.2a)到e)，直到完成三次连续的试验和获得一致的结果为止。

C.4.3.4 瞬态加载试验有效性判定

只有在满足以下试验循环时，方可判定瞬态加载试验的结果有效。

三次连续的瞬态加载加速试验的最高与最低的1.0 s最大贝赛尔平均烟度值的算术差不超过5%消光度。

附加的试验有效性判定按5.1.2和7.3.4的规定。

C.5 结果分析

C.5.1 总则

本章规定了瞬态加载试验的结果分析方法。本试验方法所用的许多消光烟度计的输出信号为相当于10.2所述算法的$X=0.5$ s的贝赛尔平均烟度。对于这些烟度计，需要对输出信号作进一步处理以产生相当于$X=1.0$ s的结果，这时，10.2.2中公式(11)所用的$(t_p^2+t_e^2)$的值为0.5^2。对于那些未按0.5 s贝赛尔算法处理的原始烟度值，分析时应采用能代表所用消光烟度计的$(t_p^2+t_e^2)$值。

C.5.2 峰值烟度(PSV)

确定C.4.3.3.2b)所述三次重复试验中最大的1 s贝赛尔平均烟度值。注意应确保被分析的烟度数据与负荷增加时的时间相对应(见10.1.1)。峰值烟度PSV是指本次增加负荷时测得的1 s最大贝赛尔平均烟度值的平均值。

计算贝赛尔平均烟度值的方法见10.2的规定。对于峰值烟度，公式(11)中的X值为1.0 s。

C.6 结果报告

应报告以下各项烟度值：PSV_1、PSV_2、PSV_3 和 PSV_a（即前三个烟度值的平均值）。还应报告三次试验（负荷增加时）的持续时间。

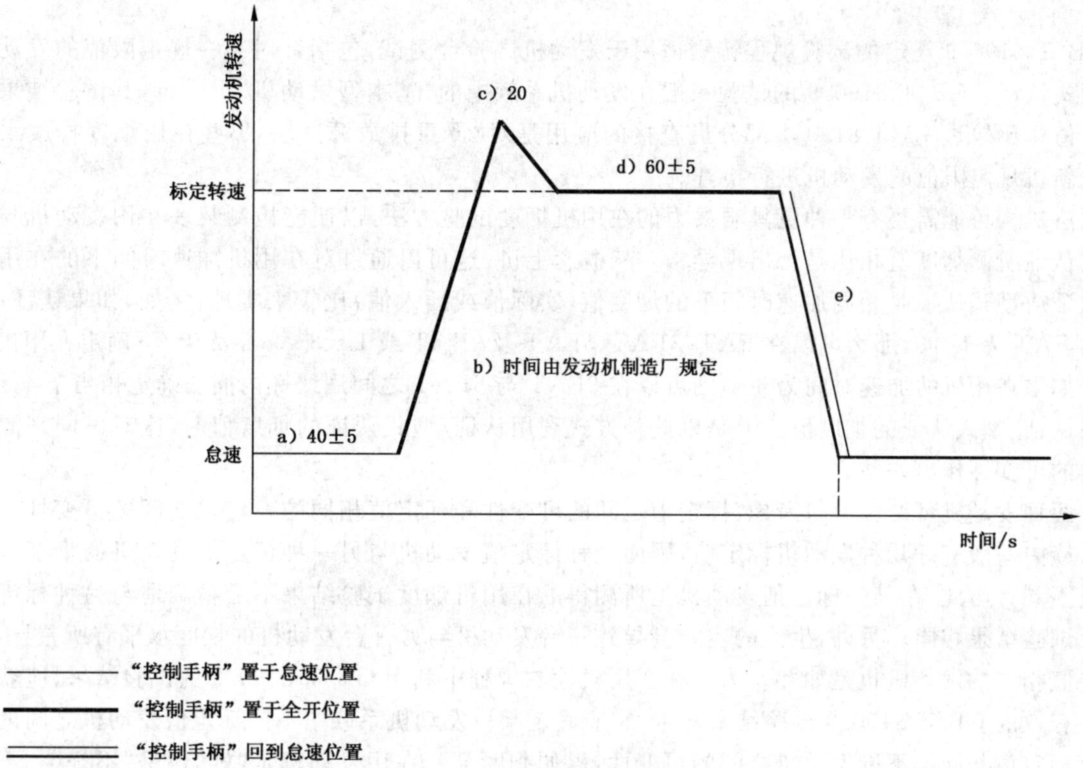

图 C.1 加载加速试验

图 C.1 中 a)～e)的时间间隔参阅 C.4.3.3.2 的各项说明。

附 录 D
（资料性附录）
关于试验循环的几点说明

GB/T 8190.9 规定的试验规程特别适用于发动机试验台测试，包括针对某一规定限值的发动机认证或型式认证。GB/T 8190.9 的试验一般在发动机系族中的"基本型发动机"上进行，其试验结果将与规定限值作比较。GB/T 8190 本部分最直接的应用是对"严重排放源"——那些在用烟度排放水平明显超过新机规定限值的发动机进行检查。

立法机构可能需要有一种更具洞察力的在用机烟度试验方法，以便能检测某一在用发动机与认证或型式认证所测烟度值相比是否出现异常。从概念上讲，这可以通过对在用机加速时间下的在用烟度值与认证或型式认证时相同加速时间下的烟度值（实际值或插入值）比较来实现，例如，如果认证/型式认证的 FAT 为 1.0 s，那么可以在 FAT、3FAT、6FAT 及 9FAT 或 1 s、3 s、6 s 及 9 s 下确定在用机的烟度值。如果在用机的加速时间为 4 s，则可以在 3FAT 与 6FAT 之间用线性内插法确定相当于 4 s 加速时间的认证/型式认证的烟度值。但是以此种方式利用认证/型式认证的烟度值时，应对不同来源的烟度数据的可变性作出评估。

有两种发动机可变性值得考虑：标定值之间的可变性和标定值相同的发动机之间的可变性。在发动机系族中一般有好几种发动机标定值，因而一种标定值发动机与另一种标定值发动机的烟度特性会有一些不同。由此，在某一标定值发动机上所测得的在用机烟度试验结果不会精确地与另种标定值发动机的试验结果相同。另外，生产的容差会导致一台发动机与另一台发动机的烟度水平有所差异，即使是标定值相同的发动机也是如此。为了在在用机检测规程中利用 GB/T 8190.9 的试验结果，应获得统计学上有效的 GB/T 8190.9 试验结果样本，它应确定某一发动机系族中不同标定值发动机之间的可变性以及标定值相同的不同发动机之间的可变性，以便判断某一在用发动机是"好"还是"不好"。不确定上述可变性会影响在用发动机检测的可靠性。设计的检测规程应不致使一台烟度水平高于认证试验结果但仍在正常生产允差范围以内的发动机被判为不合格。

另外，测量的可变性也应予以考虑。应当指出，按 GB/T 8190 本部分进行的在用机烟度测量的准确性会比按 GB/T 8190.9 进行的试验台烟度测量的准确性低。

因此，认证/型式认证的限值用于在用机检测规程可能会显得偏低。需要有附加的试验数据来确定试验台测量烟度限值与在用机烟度限值之间的差值。

对于气缸数少（一缸、两缸或三缸）且共用一个排气管的发动机，烟度测量将会比较困难。这是由于排气压力和流量的明显变化，会降低测量准确度和增加结果的可变性。

应遵守附录 A、附录 B 和附录 C 的限定范围。附录限定范围以外的发动机烟度试验可能需要不同的试验循环或测量规程。验证非常规尺寸测量仪器精度的研究工作正在进行。这一问题将会在 GB/T 8190 本部分将来的版本中予以考虑。

附录 A、附录 B 和附录 C 规定的烟度循环是在现场运行的（即在安装在配套机械上的发动机上运行）。这些试验循环与 GB/T 8190.9 附录中的相应试验循环密切相关。

附录 A 中规定的试验循环代表了 GB/T 8190.4 中 C1 类用途的发动机。附录 A 适用范围的发动机最大标定功率可达 1 500 kW。可以预见，通过增加附录，GB/T 8190 的本部分可扩展用于其他用途的发动机。扩展至其他功率范围（如电站）和其他用途（恒速运行的发动机、大型船舶或机车）需要慎重研究。需要进一步确定加速速率的界限（由于发动机尺寸不同）和引入其他运转工况（诸如发动机起动）。另外，有些发动机可能装有转速和/或负荷控制系统而使发动机无法按附录 A、附录 B 和附录 C 规定的循环进行运行。必须注意到这些控制系统或其一部分可能具有控制烟度的功能，因而可能需要特殊的试验规程来涉及这些情况。

应当指出，在某些配套机械上可能不能满意地进行在用烟度试验，特别是那些配套机械上的发动机按 GB/T 8190.9 试验的自由加速时间大于 9×FAT 时更是如此。

有许多情况会使在用发动机烟度试验失败。发动机可能，因其进气、排气或冷却系统不符合发动机制造厂的技术规格而与配套机械不匹配。另外，疏于保养或不正确的保养也会导致发动机烟度试验失败。还有，实际使用的燃油也会导致发动机产生高烟度。

参 考 文 献

[1] GB/T 6072.1—2008 往复式内燃机 性能 第1部分:功率、燃料消耗和机油消耗的标定及试验方法 通用发动机的附加要求(ISO 3046-1:2002,IDT).

[2] GB/T 6072.3—2008 往复式内燃机 性能 第3部分:试验测量(ISO 3046-3:2006,IDT).

[3] GB/T 8190.1—2010 往复式内燃机 排放测量 第1部分:气体和颗粒排放物的试验台测量(ISO 8178-1:2006,IDT).

[4] ISO 8528-5:2005 往复式内燃机驱动的交流发电机组 第5部分:发电机组.

[5] SAE J1667 重型柴油机车辆急加速烟度试验规程.

[6] ECE No.24 关于鉴定压燃式发动机可见污染物排放的指令.

[7] 72/306/EEC 关于采取措施控制在用车柴油机污染物排放的指令.

[8] 77/537/EEC 关于采取措施控制轮式拖拉机或林业拖拉机用柴油机污染物排放的指令.

ICS 77.140.80
J 31

中华人民共和国国家标准

GB/T 8263—2010
代替 GB/T 8263—1999

抗磨白口铸铁件

Abrasion-resistant white iron castings

2010-12-23 发布 2011-06-01 实施

中华人民共和国国家质量监督检验检疫总局
中国国家标准化管理委员会 发布

前 言

本标准修改采用 ASTM A532/A532M-93a(2008)《抗磨铸铁标准规范》。

本标准与 ASTM A532/A532M-93a(2008)相比，主要的技术性差异如下：

——增加了抗磨白口铸铁件定义；

——牌号表示方法不同；

——采用除Ⅰ级 C 型 Ni-Cr-GB 牌号外的全部牌号，增加了 BTMCr2、BTMCr8 和 BTMCr12-DT 三个牌号；

——增加了对铸件外观质量的规定；

——增加了取样检验规则；

——增加了标志、贮存、包装、运输要求。

本标准代替 GB/T 8263—1999《抗磨白口铸铁件》。

本标准与 GB/T 8263—1999 相比，主要技术内容修订如下：

——修改了抗磨白口铸铁的代号；

——增加了 BTMCr12-DT 牌号；

——修改了原 BTMCr12 牌号表示方法；

——调整了化学成分范围；

——各牌号允许加入微量 V、Ti、Nb、B 和 RE 等元素；

——提高了含铬量较高的 BTMCr12-GT 和 BTMCr26 的表面硬度；

——增加了铸件断面深度 40%处的硬度要求；

——减小了抗磨白口铸铁件尺寸公差和重量公差；

——修改了热处理规范；

——修改了金相组织组成；

——删除了抗磨白口铸铁件的使用特性。

本标准的附录 A 和附录 B 为资料性附录。

本标准由全国铸造标准化技术委员会(SAC/TC 54)提出并归口。

本标准负责起草单位：暨南大学、沈阳铸造研究所。

本标准参加起草单位：广州有色金属研究院、无锡东方抗磨工程有限公司、马鞍山市双鑫耐磨材料有限责任公司、马鞍山市海天重工科技发展有限公司、宁国市东方碾磨材料有限责任公司、河北金磊耐磨钢球有限公司、安徽省宁国耐磨配件总厂、徐州卡勒米特抗磨工程研究所、安徽省机械科学研究所。

本标准主要起草人：李卫、朴东学、郑开宏、陈长顺、李家宝、孙爱民、赵金斌、康彦晨、李成虎、王东善、宋量。

本标准所代替标准的历次版本发布情况为：

——GB 8263—1987、GB/T 8263—1999。

抗磨白口铸铁件

1 范围

本标准规定了镍铬合金抗磨白口铸铁件和铬合金抗磨白口铸铁件的术语和定义、牌号、技术要求、试验方法、检验规则、标志、贮存、包装和运输等。

本标准适用于冶金、建材、电力、建筑、船舶、煤炭、化工和机械等行业的抗磨损零部件。

2 规范性引用文件

下列文件中的条款通过本标准的引用而成为本标准的条款。凡是注日期的引用文件，其随后所有的修改单(不包括勘误的内容)或修订版均不适用于本标准，然而，鼓励根据本标准达成协议的各方研究是否可使用这些文件的最新版本。凡是不注日期的引用文件，其最新版本适用于本标准。

GB/T 223.11 钢铁及合金 铬含量的测定 可视滴定或电位滴定法

GB/T 223.18 钢铁及合金化学分析方法 硫代硫酸钠分离-碘量法测定铜量

GB/T 223.23 钢铁及合金 镍含量的测定 丁二酮肟分光光度法

GB/T 223.26 钢铁及合金 钼含量的测定 硫氰酸盐分光光度法

GB/T 223.59 钢铁及合金 磷含量的测定 铋磷钼蓝分光光度法和锑磷钼蓝分光光度法

GB/T 223.60 钢铁及合金化学分析方法 高氯酸脱水重量法测定硅含量

GB/T 223.64 钢铁及合金 锰含量的测定 火焰原子吸收光谱法

GB/T 223.67 钢铁及合金 硫含量的测定 次甲基蓝分光光度法

GB/T 223.69 钢铁及合金 碳含量的测定 管式炉内燃烧后气体容量法

GB/T 230.1 金属材料 洛氏硬度试验 第1部分:试验方法(A、B、C、D、E、F、G、H、K、N、T标尺)

GB/T 231.1 金属材料 布氏硬度试验 第1部分:试验方法

GB/T 5611 铸造术语

GB/T 5612 铸铁牌号表示方法

GB/T 6060.1—1997 表面粗糙度比较样块 铸造表面

GB/T 6414—1999 铸件 尺寸公差与机械加工余量

GB/T 11351—1989 铸件重量公差

GB/T 15056 铸造表面粗糙度 评定方法

GB/T 20066 钢和铁 化学成分测定用试样的取样和制样方法

3 术语和定义

GB/T 5611 所确立的及下列术语和定义适用于本标准。

3.1

抗磨白口铸铁 abrasion-resistant white iron

金相组织为金属基体加碳化物，并且具有良好的抗磨损性能的白口铸铁。

3.2

镍铬合金抗磨白口铸铁 abrasion-resistant white iron with Cr and Ni

以镍、铬为主要合金元素的抗磨白口铸铁。

3.3

铬合金抗磨白口铸铁 abrasion-resistant white iron with Cr

以铬为主要合金元素的抗磨白口铸铁。

4 牌号

根据抗磨白口铸铁的化学成分规定了10个牌号,见表1。

表1 抗磨白口铸铁件的牌号及其化学成分

牌号	化学成分(质量分数)/%								
	C	Si	Mn	Cr	Mo	Ni	Cu	S	P
BTMNi4Cr2-DT	2.4～3.0	≤0.8	≤2.0	1.5～3.0	≤1.0	3.3～5.0	—	≤0.10	≤0.10
BTMNi4Cr2-GT	3.0～3.6	≤0.8	≤2.0	1.5～3.0	≤1.0	3.3～5.0	—	≤0.10	≤0.10
BTMCr9Ni5	2.5～3.6	1.5～2.2	≤2.0	8.0～10.0	≤1.0	4.5～7.0	—	≤0.06	≤0.06
BTMCr2	2.1～3.6	≤1.5	≤2.0	1.0～3.0	—	—	—	≤0.10	≤0.10
BTMCr8	2.1～3.6	1.5～2.2	≤2.0	7.0～10.0	≤3.0	≤1.0	≤1.2	≤0.06	≤0.06
BTMCr12-DT	1.1～2.0	≤1.5	≤2.0	11.0～14.0	≤3.0	≤2.5	≤1.2	≤0.06	≤0.06
BTMCr12-GT	2.0～3.6	≤1.5	≤2.0	11.0～14.0	≤3.0	≤2.5	≤1.2	≤0.06	≤0.06
BTMCr15	2.0～3.6	≤1.2	≤2.0	14.0～18.0	≤3.0	≤2.5	≤1.2	≤0.06	≤0.06
BTMCr20	2.0～3.3	≤1.2	≤2.0	18.0～23.0	≤3.0	≤2.5	≤1.2	≤0.06	≤0.06
BTMCr26	2.0～3.3	≤1.2	≤2.0	23.0～30.0	≤3.0	≤2.5	≤1.2	≤0.06	≤0.06

注1:牌号中,"DT"和"GT"分别是"低碳"和"高碳"的汉语拼音大写字母,表示该牌号含碳量的高低。

注2:允许加入微量V、Ti、Nb、B和RE等元素。

5 技术要求

5.1 制造

可采用任何适宜的熔炼方法熔炼抗磨白口铸铁,可采用任何适宜的铸造方法生产抗磨白口铸铁件。

5.2 热处理

5.2.1 铸件可按下列状态供货:

a) 铸态;

b) 铸态去应力处理;

c) 硬化态;

d) 硬化态去应力处理;

e) 软化退火态。

抗磨白口铸铁件典型热处理规范见附录A。

5.2.2 除供需双方另有规定外,供货状态由供方决定。

5.3 化学成分

抗磨白口铸铁件的化学成分应符合表1的规定。

5.4 金相组织

一般情况下,金相组织不作为产品验收依据。如果需方对金相组织有特殊要求,则由供需双方商定。

抗磨白口铸铁件的主要金相组织见附录B。

5.5 硬度

一般情况下抗磨白口铸铁件硬度应符合表2的规定。如果需方对硬度有特殊要求,则由供需双方商定。

表 2 抗磨白口铸铁件的硬度

牌号	表面硬度					
	铸态或铸态去应力处理		硬化态或硬化态去应力处理		软化退火态	
	HRC	HBW	HRC	HBW	HRC	HBW
BTMNi4Cr2-DT	≥53	≥550	≥56	≥600	—	—
BTMNi4Cr2-GT	≥53	≥550	≥56	≥600	—	—
BTMCr9Ni5	≥50	≥500	≥56	≥600	—	—
BTMCr2	≥45	≥435	—	—	—	—
BTMCr8	≥46	≥450	≥56	≥600	≤41	≤400
BTMCr12-DT	—	—	≥50	≥500	≤41	≤400
BTMCr12-GT	≥46	≥450	≥58	≥650	≤41	≤400
BTMCr15	≥46	≥450	≥58	≥650	≤41	≤400
BTMCr20	≥46	≥450	≥58	≥650	≤41	≤400
BTMCr26	≥46	≥450	≥58	≥650	≤41	≤400

注 1：洛氏硬度值(HRC)和布氏硬度值(HBW)之间没有精确的对应值，因此，这两种硬度值应独立使用。

注 2：铸件断面深度 40%处的硬度应不低于表面硬度值的 92%。

5.6 表面质量

5.6.1 铸件不允许有裂纹和影响使用性能的夹渣、夹砂、冷隔、气孔、缩孔、缩松、缺肉等铸造缺陷。

5.6.2 铸件浇口、冒口、毛刺、粘砂等应清除干净，浇口、冒口打磨残余量应符合供需双方认可的规定。

5.6.3 铸件表面粗糙度应符合图样或订货合同规定，如图样或定货合同中无规定，铸件表面粗糙度应达到 GB/T 6060.1—1997 中 *Ra*25 级的规定。

5.7 尺寸和重量公差

铸件的几何形状，尺寸、重量及其偏差应符合图样或订货合同规定。如图样和订货合同中无规定，铸件尺寸偏差应达到 GB/T 6414—1999 中 CT11 级的规定，铸件重量偏差应达到 GB/T 11351—1989 中 MT11 级的规定。

5.8 缺陷清理

铸件在清整和处理铸造缺陷过程中，不允许使用火焰切割、电弧气刨切割、电焊切割和焊补。

6 试验方法

6.1 化学成分的分析方法应按 GB/T 223.69，GB/T 223.60，GB/T 223.64，GB/T 223.11，GB/T 223.26，GB/T 223.23，GB/T 223.18，GB/T 223.67，GB/T 223.59 规定进行。也可以使用光谱分析法等现代仪器分析方法。

6.2 洛氏硬度试验按 GB/T 230.1 规定进行。布氏硬度试验按 GB/T 231.1 规定进行。

6.3 表面粗糙度检验方法按 GB/T 6060.1 和 GB/T 15056 规定进行。

6.4 铸件几何形状和尺寸检验应选择相应精度的检测工具、量块、样板或划线检验。

7 检验规则

7.1 检验地点和时间

7.1.1 检验地点由供需双方商定，检验一般应在供方进行，检验样品可在供方的工厂内选取。

7.1.2 根据双方协议，供需双方商定检验日期。在供方地点检验时，如果需方代表在商定时间未到场，为避免制造周期中断，除非明文禁止，供方可以自行检验，并将检验结果提交需方。

7.2 **检验权利和责任**

7.2.1 铸件和试样的检验一般由供方检查部门进行。

7.2.2 供方不具备必需的检验手段,或供需双方对铸件质量发生争议时,检验可在第三方独立机构进行。

7.2.3 需方代表有权进入制造和存放待查铸件、试块、试样的地点,并可根据规定指定待选样品。有权参加样品选取和铸件、试块、试样制备以及检验,但不得干涉供方的工作程序,应遵守供方的安全规程,并尽可能由供方代表陪同,同时应尊重供方的知识产权并保守供方的技术秘密。

7.3 **检验批的划分**

检验批的划分按以下三种,具体要求由供需双方商定。

7.3.1 按炉次分批:铸件为同一类型,由同一炉次浇注,在同一炉作相同热处理的为一批。

7.3.2 按数量或重量分批:同一牌号在熔炼工艺稳定的条件下,多个炉次浇铸的并经相同工艺多炉次热处理后,以一定数量或以一定重量的铸件为一批。

7.3.3 按件分批:指某些铸件技术上有特殊要求的,以一件或几件为一批。

7.4 **化学成分检验**

7.4.1 采用电炉熔炼时,每炉作为一批;采用冲天炉熔炼时,每 2 h 作为一批。每批取一个试样进行化学成分检验。化学成分测定用试样的取样和制样方法按 GB/T 20066 的规定进行。采取切屑时,应取自铸造表面 6 mm 以下。

7.4.2 如果化学成分检验结果为不合格,则要加倍取样复验,其中仍有一个试样为不合格,则该批铸件为不合格。

7.5 **硬度检验**

7.5.1 硬度检验按批进行,每批随机抽取 3 件(或 3 个试块)进行检验,若有 1 件不合格,可再随机抽取同样数量的铸件(试块)进行复检,两次取样不合格铸件(试块)数量大于或等于 2 时,则该批铸件为不合格。若第一次取样即有 2 件(试块)不合格,则该批铸件为不合格。按件分批时,抽样方法由供需双方商定。

7.5.2 表面硬度应在铸件表面下方 2 mm～3 mm 处测试。表面硬度测试部位在铸件的主要磨损部位选取。当硬度在铸件本体测试有困难时,表面硬度也可以在铸件本体的附铸试块上测试。在未完成任何要求的热处理之前,附铸试块不可与铸件本体脱离。如果需方未提出特殊要求,附铸试块的位置和尺寸由供方决定。铸件断面深度 40%处测试硬度取样检验方法由供方决定。硬度测试面须经机械加工、线切割或电火花技术制取,但线切割或电火花加工面还须机械加工去掉热影响区。

7.5.3 热处理态铸件的硬度检验不合格时,允许对该批铸件及试块重新热处理,然后进行标准所要求的硬度检验。重新热处理后硬度检验合格,则该批铸件仍为合格。但是,未经需方同意,不允许对铸件及试块进行多于两次的重新热处理(去应力热处理除外)。

7.6 **表面质量检验**

铸件的表面质量按 5.6 要求逐件检验。

7.7 **尺寸和重量检验**

铸件的尺寸和重量偏差可按 5.7 的要求逐件检验或按供需双方商定的方法抽检。

7.8 **检验结果的修约**

化学成分和硬度的检验结果,可按照标准规定的试验方法中的原则加以修约,尺寸测量结果不能修约。

8 标志、贮存、包装和运输

8.1 **标志和合格证**

8.1.1 每个铸件表面应做下列标志:

a) 需方名称、地址和到站；

b) 铸件名称、规格和牌号；

c) 装箱号；

d) 毛重量与净重量；

e) 供方名称和地址。

当无法在铸件上做出标志时，标志可打印在附于每批铸件的标牌上。

8.1.2 出厂铸件应附有检验部门出具的产品合格证或质量合格证明书，包括：

a) 供方名称和地址；

b) 商标；

c) 铸件名称和牌号；

d) 铸件检验批号；

e) 检验结果(检验报告)；

f) 铸件图号或订货合同号；

g) 标准号；

h) 出厂日期。

8.2 贮存、包装和运输

铸件在检验合格后应进行防护处理和包装。

铸件防护、贮存、包装和运输应符合订货合同的规定。

附　录　A
（资料性附录）
抗磨白口铸铁件热处理规范

抗磨白口铸铁件的热处理规范，除与铸件的化学成分有关外，还与其结构、壁厚、装炉量和使用条件等因素有关。在实际生产中，可根据具体情况参照表A.1制定铸件的热处理规范。

表A.1　抗磨白口铸铁件热处理规范

<table>
<tr><th>牌　号</th><th>软化退火处理</th><th>硬化处理</th><th>回火处理</th></tr>
<tr><td>BTMNi4Cr2-DT</td><td rowspan="2">—</td><td rowspan="2">430 ℃～470 ℃保温4 h～6 h，出炉空冷或炉冷</td><td rowspan="3">在250 ℃～300 ℃保温8 h～16 h，出炉空冷或炉冷</td></tr>
<tr><td>BTMNi4Cr2-GT</td></tr>
<tr><td>BTMCr9Ni5</td><td>—</td><td>800 ℃～850 ℃保温6 h～16 h，出炉空冷或炉冷</td></tr>
<tr><td>BTMCr8</td><td rowspan="4">920 ℃～960 ℃保温，缓冷至700 ℃～750 ℃保温，缓冷至600 ℃以下出炉空冷或炉冷</td><td>940 ℃～980 ℃保温，出炉后以合适的方式快速冷却</td><td rowspan="6">在200 ℃～550 ℃保温，出炉空冷或炉冷</td></tr>
<tr><td>BTMCr12-DT</td><td>900 ℃～980 ℃保温，出炉后以合适的方式快速冷却</td></tr>
<tr><td>BTMCr12-GT</td><td>900 ℃～980 ℃保温，出炉后以合适的方式快速冷却</td></tr>
<tr><td>BTMCr15</td><td>920 ℃～1 000 ℃保温，出炉后以合适的方式快速冷却</td></tr>
<tr><td>BTMCr20</td><td rowspan="2">960 ℃～1 060 ℃保温，缓冷至700 ℃～750 ℃保温，缓冷至600 ℃以下出炉空冷或炉冷</td><td>950 ℃～1 050 ℃保温，出炉后以合适的方式快速冷却</td></tr>
<tr><td>BTMCr26</td><td>960 ℃～1 060 ℃保温，出炉后以合适的方式快速冷却</td></tr>
<tr><td colspan="4">注1：热处理规范中保温时间主要由铸件壁厚决定。
注2：BTMCr2经200 ℃～650 ℃去应力处理。</td></tr>
</table>

附 录 B
（资料性附录）
抗磨白口铸铁件的金相组织

表B.1所列铸件主要金相组织指一般情况而言，供使用时参考。

表 B.1 抗磨白口铸铁件的金相组织

<table>
<tr><th rowspan="2">牌 号</th><th colspan="2">金 相 组 织</th></tr>
<tr><th>铸态或铸态去应力处理</th><th>硬化态或硬化态去应力处理</th></tr>
<tr><td>BTMNi4Cr2-DT</td><td rowspan="2">共晶碳化物 M_3C＋马氏体＋贝氏体＋奥氏体</td><td rowspan="2">共晶碳化物 M_3C＋马氏体＋贝氏体＋残余奥氏体</td></tr>
<tr><td>BTMNi4Cr2-GT</td></tr>
<tr><td>BTMCr9Ni5</td><td>共晶碳化物（M_7C_3＋少量 M_3C）＋马氏体＋奥氏体</td><td>共晶碳化物（M_7C_3＋少量 M_3C）＋二次碳化物＋马氏体＋残余奥氏体</td></tr>
<tr><td>BTMCr2</td><td>共晶碳化物 M_3C＋珠光体</td><td>—</td></tr>
<tr><td>BTMCr8</td><td>共晶碳化物（M_7C_3＋少量 M_3C）＋细珠光体</td><td>共晶碳化物（M_7C_3＋少量 M_3C）＋二次碳化物＋马氏体＋残余奥氏体</td></tr>
<tr><td>BTMCr12-DT</td><td>—</td><td rowspan="5">碳化物＋马氏体＋残余奥氏体</td></tr>
<tr><td>BTMCr12-GT</td><td rowspan="4">碳化物＋奥氏体及其转变产物</td></tr>
<tr><td>BTMCr15</td></tr>
<tr><td>BTMCr20</td></tr>
<tr><td>BTMCr26</td></tr>
</table>

ICS 01.040.03;03.220.40
R 40

中华人民共和国国家标准

GB/T 8487—2010
代替 GB/T 8487—1987

港口装卸术语

Terms for cargo handling in port

2010-11-10 发布　　2011-02-01 实施

中华人民共和国国家质量监督检验检疫总局
中国国家标准化管理委员会　发布

前 言

本标准代替 GB/T 8487—1987《港口装卸术语》。

本标准与 GB/T 8487—1987 相比，主要变化如下：

——第 2 章港口一般术语，增加了“海港”、“河港”和“河口港”的术语和定义(见 2.2～2.4)；“专用码头”改为“货主码头”，并修改了定义(见 2.11)；修改了“专业化码头”的定义(见 2.12)；增加了“干散货码头”、“液体散货码头”和“滚装船码头”等术语和定义(见 2.15～2.17)；删除了 1987 年版“多用途码头”、“港口积压”和“疏港”等术语和定义。

——第 4 章装卸工艺及工艺系统，修改了“成组工具”的定义(见 4.1.44)；增加了“件货装卸工艺系统”、“散货装卸工艺系统”、“集装箱装卸工艺系统”和“液体货装卸工艺系统”的术语和定义(见 4.2.12～4.2.15)。

——第 5 章装卸机械设备及工属具，增加了“多箱式集装箱起重机”、“集装箱堆高机”、“撑架”、“集装箱绳索顶吊吊具”、“集装箱绳索底吊吊具”、“多箱吊具”、“立柱式集装箱吊具”、“抓斗”、“吸盘”和“车辆吊具”的术语和定义(见 5.1.6、5.4.25、5.5.4、5.5.6～5.5.9、5.5.13～5.5.15)。

——第 6 章装卸船作业，删除了 1987 年版“航线”、“航期”和“航次”的术语和定义。

——第 8 章库场作业，增加了“汽车衡”的术语和定义(见 8.35)；删除了 1987 年版“货棚”和“油库”的术语和定义。

——第 9 章集装箱装卸作业，增加了“前方堆场”、“后方堆场”、“中转箱堆场”、“进口重箱堆场”、“空箱堆场”、“场箱位”、“场箱位号”、“集装箱自动识别系统”、“电子数据交换系统”、“集装箱码头管理信息系统(MIS)”、“集装箱码头信息自动传输系统”、“集装箱码头闭路电视监控系统”、“保温集装箱远程调节监控”和“自然箱”的术语和定义(见 9.1.3～9.1.7，9.1.10、9.1.11，9.1.17～9.1.22 和 9.2.2)；修改了“集装箱码头前沿”的定义(见 9.1.1)；“危险品箱堆场”改为“危险货物集装箱堆场”(见 9.1.9)；“大门”改为“闸口(出入道口)”(见 9.1.14)；“换算箱”改为“标准箱”(见 9.2.1)；删除了 1987 年版“管理大楼”、“停车场”、“陆桥运输”和“集装箱交接方式”整个部分的术语和定义。

——第 10 章装卸作业环境保护，仅保留了“喷水抑尘法”、“封闭抑尘法”、“煤粉尘抑制剂”、“煤车注水机”、“防尘喷头”和“码头及道路冲洗喷头”的术语和定义(见第 10 章)。

——增加了“能源消耗统计”相关的术语和定义(见第 11 章)。

本标准由中华人民共和国交通运输部提出。

本标准由中华人民共和国交通运输部水运局归口。

本标准起草单位：上海国际港务(集团)股份有限公司、上海海事大学。

本标准主要起草人：包起帆、倪志平、孔令顺、胡美芬、闻君、朱祖福。

本标准所代替标准的历次版本发布情况为：

——GB/T 8487—1987。

港口装卸术语

1 范围

本标准规定了港口装卸用术语及其定义和说明。

本标准适用于港口装卸作业和管理。

2 港口一般术语

2.1

港口 port

位于江、河、湖、海或水库沿岸，具有一定设备和条件，是一个由水上设施和陆上设施构成的运输综合体，供船舶出入和靠泊以进行客货运输或其他专门业务的地方。

2.2

海港 seaport

滨海港口的通称。有筑在海湾边的海岸港，江河入海处的河口港等。一般利用海湾、岬角等自然屏障，建造防波堤等水上建筑物构成港区水域；或利用河口段辟筑。

2.3

河港 inland port

位于江、河沿岸的港口。它是内河运输船舶停泊、编队、补给燃料的基地，也是旅客交通和货物集散地。

2.4

河口港 estuary port

位于江、河入口处，受潮汐影响的港口。一般筑在河口区以内，有通海的深水航道和一定的设备条件，可供船舶停泊、编队、上下客货、补给燃料和淡水。河口港的水路深入腹地，常为衔接内河、海洋、铁路、公路的水陆运输枢纽。

2.5

港区 port area

港界范围以内的并经当地政府管理机构划定的港口陆域和水域。

2.6

港口水域 harbor waters

港口水上区域所占的范围。主要包括港池、航道、调头水域和锚地等。

2.7

港口陆域 landside area of port

港口陆上区域所占的范围。主要包括码头、库场、铁路和道路等。

2.8

港口腹地 port hinterland

港口集散货物、旅客所及的主要范围。

2.9

码头 wharf

供船舶停靠、装卸货物、上下旅客的基础设施。

2.10

全天候码头　all-weather wharf

有防雨、雪设备，在雨、雪天也可作业的码头。

2.11

货主码头　owner's wharf

由政府港口管理部门批准，货主企业单位投资建造并拥有，专供企业自身使用的码头。

2.12

专业化码头　special-purpose wharf

为特定用途而设计的码头，服务于特定种类的船舶、货物或旅客。

2.13

件杂货码头　general cargo wharf

供普通杂货船停靠、装卸货物的码头。

2.14

集装箱码头　container terminal

专供停靠集装箱船，装卸集装箱的港口作业码头。

2.15

干散货码头　dry bulk terminal

供装载各种初级产品、原材料等散货船舶停靠、装卸作业的码头。

2.16

液体散货码头　liquid bulk terminal

供原油、成品油、液体化工品、LPG和LNG介质等用管道装卸和输送的专业码头。

2.17

滚装船码头　Ro-Ro ship terminal

供滚装船使用的码头。

2.18

离岸岛式码头　offshore island-type berth

石油码头的一种。建在离岸较远的海上系泊设施，形如小岛，在海底有管道与岸上联结。

2.19

顺岸码头　marginal quay

基本沿着原岸线布置的码头。

2.20

突堤码头　pier

由岸线伸入水域的码头。

2.21

栈桥式码头　jetty

用栈桥与陆域相连的离岸码头。

2.22

斜坡码头　inclined wharf

岸边断面呈斜坡状，并设有坡道、引桥的码头。

2.23

趸船　pontoon

在港口中供停靠船舶、装卸、堆存货物、上下旅客的浮式靠船设施，其由引桥与陆域连接。

2.24

浮码头　floating pier

主要由趸船、定位设施、引桥等组成的码头。

2.25

泊位　berth

码头供船舶停靠系泊的位置。

2.26

系船浮筒　mooring buoy

设在水域的系船设备，其主体是一个封闭的金属浮体。

2.27

系船柱　bollard

设在码头上，供船舶系缆用的柱体。

2.28

单点系泊设施　single point mooring buoy (SPM buoy)

在开敞的海域上，设有大型固定塔架或浮筒，并有通到岸上的水下输油管线，供油轮系泊和装卸油作业的专用设施。

2.29

锚地　anchorage

供船舶抛锚、停泊及作业的水域。

2.30

始发港　port of departure

船舶在航次开始时所在的港口。

2.31

中途港　port of call

船舶在航次过程中，中途停靠的港口。

2.32

终点港　final port

船舶在航次结束时所在的港口。

2.33

目的港　port of destination

船舶或货物准备到达的港口。

2.34

指泊　berth assigning

港口调度部门对抵港船舶指定停泊地点的工作。

2.35

移泊　berth shifting

船舶在同一港口从一个泊位移至另一泊位，或者船舶在原泊位不解掉缆绳，利用缆绳向前或向后移动其停泊位置的作业。

2.36

调度计划　operation plan

港口调度部门编制的港口生产、作业组织与安排的计划。

2.37

配工　allotment of labor

码头生产管理部门为装卸货物，根据一定操作过程，选配机械和装卸工人的工作。

2.38

作业票　work sheet

码头生产管理部门给装卸班组下达生产任务的书面通知，作业完成后，由业务部门填写任务完成情况。

2.39

港口调度　port dispatching

港口经营者组织指挥生产活动的部门。

2.40

调度会议　port operation meeting

调度部门定时召开的例行业务会议。

2.41

调度通讯规程　rules of dispatching and operational communication

各港航、船舶调度部门之间有关运输业务通讯联系的统一规定。

2.42

调度日志　dispatcher's log

港口调度部门值班人员，为反映港口生产活动中各种动态所作的例行工作记录。

2.43

调度工作规程　rules of dispatching and operation

有关调度部门工作范围和岗位责任的规定。

2.44

到发船密度　frequency of ships arrival and departure

平均每天到发船的艘次数或吨位数。

2.45

船舶动态　vessel movement

船舶航行、停泊及在港作业的情况和进度。

2.46

船舶到港预报　advance arrival notice of ship

船舶在发出到港确报前所发的各次抵达目的港时间的通知。

2.47

船舶到港确报　final arrival notice of ship

船舶抵港前，根据调度规程要求，向港口发出的准确抵港时间的通知。

2.48

船舶预计抵港时间　estimated time of arrival (ETA)

船舶预计到达码头、锚地、浮筒的时间。

2.49

船舶抵港时间　time of arrival

船舶到港靠好码头或在锚地、浮筒泊妥的时间。

2.50

船舶预计离港时间　estimated time of departure (ETD)

船舶预计离开码头、浮筒或锚地的时间。

2.51

船舶离港时间　time of departure

船舶离开码头、浮筒或锚地的时间。

2.52

船舶在港时间　ship's port time

船舶从抵港时间开始至离港时间为止的全部时间。

2.53

船舶速遣　dispatch of ship

船舶在港时间少于规定期限。

2.54

船舶滞延　demurrage of ship

船舶在港时间超过规定期限。

2.55

分舱货电　hatch list telegram

起运港在货物装船完毕后,将货物的实际积载情况通知所要到达的港口而拍发的通知。

2.56

到达火车预确报　advance and final arrival notice of train

铁路调度部门发给港口调度部门有关火车预计到港和最后准确到港时间和车辆数目的通知。

2.57

装卸进度　progress of cargo work

一定时间内船舶和车辆在港装卸货物的累计吨数。

2.58

装卸进度表　progress chart of cargo work

表示装卸进度的图表。

2.59

快速统计　express statistics

以每日港口调度部门随时记录的生产数字为依据进行的统计。

2.60

生产快报　flash report of operations

以快速统计资料为主要依据所做的短期生产情况的总结和分析的报告。

3　作业指标

3.1

货物吞吐量　port's cargo throughput

经由水运进、出港区范围并经过装卸的货物数量。

3.2

港口吞吐量　port's throughput

货物吞吐量与客运量(折算量)的总和。

3.3

单位长度泊位吞吐量　earth's throughput per unit length

泊位在一定时期(年、月、日)内,每米泊位长度的货物吞吐量。

3.4

货物装卸量　volume of cargo transferred

进出港区范围并经过装卸的货物数量。

3.5

装卸自然吨　physical ton

1 t货物从进港到出港,不论经过几个操作过程,都按 1 t计算。是港口装卸货物的理论数量。

3.6

操作吨　operational ton

每通过一个操作过程所装卸、搬运的货物数量。单位为吨(t)。

3.7

操作系数　coefficient of cargo handling

操作吨与装卸自然吨的比值。

3.8

装卸工作系数　operating ratio

操作吨与货物吞吐量的比值。

3.9

工序吨　unit operation ton

1 t货物经过一个操作工序为一个工序吨。

3.10

制度公休日　legal off-duty man-days

国家或企业规定的节假日中,工人应休息的天数之和。

3.11

制度工作工日　legal working man-days

国家或企业规定工人应该工作的工日。

制度工作工日＝日历工日－制度公休工日

3.12

缺勤工日　man-days of absent from work

由于疾病等原因,工人未出勤参加生产的工日。

3.13

工人出勤率　gross rate of attendance

装卸工人出勤参加生产的工日与制度工作工日的比值。

$$工人出勤率=\frac{制度工作工日-缺勤工日}{制度工作工日}\times 100\%$$

3.14

实际装卸工作工日　actual man-days at work

装卸工人出勤后,实际从事装卸作业的工日。

3.15

实际装卸出勤率　net rate of attendance

装卸工人实际装卸工作工日与制度工作工日的比值。

$$实际装卸出勤率=\frac{实际装卸工作工日}{制度工作工日}\times 100\%$$

3.16

工时　man-hours

一个劳动者工作1 h为一个工时。

3.17

出勤工时　man-hours in attendance

在规定的工作时间内,实际出勤的工时数。

3.18

停工工时　man-hours in idleness

已出勤的工人未参加工作的工时数。

3.19

辅助作业工时　man-hours for auxiliary work

装卸工人从事辅助装卸工作的工时数。

3.20

装卸作业工时　man-hours for loading/discharging

参加装卸作业的工人从配工开始到作业完毕的全部工时数。

3.21

装卸工时产量(效率)　output per man-hour

每一参加装卸的工人实际从事装卸作业 1 h 完成的操作吨,单位为吨每小时(t/h)。

$$装卸工时产量=\frac{装卸货物数量}{装卸作业工时总数}$$

3.22

装卸工班数　man-shifts for cargo handling

装卸工人从事装卸工作的工班数(8 h 为一个工班)。

3.23

装卸工班效率　man-shift rate (efficiency of cargo handling per man-shift)

每一装卸工班所操作完成的货物吨数。

$$装卸工班效率=\frac{操作量}{装卸工班数}$$

3.24

工时利用率　utilization factor of man-hours

实际工作工时数与出勤工时数的比值。

3.25

装卸定额　cargo-handling norms

单位时间应完成的额定装卸货物吨数。

3.26

装卸定额完成率　coefficient of realization of norms

装卸定额工时数与实际作业工时数的比值。

$$装卸定额完成率=\frac{定额工时数}{实际装卸作业工时数}\times 100\%$$

3.27

装卸工时定额　man-hour quota of cargo handling

装卸每吨货物需要耗费的规定工时数。

3.28

装卸工班定额　man-shift quota

每个工班在一个班次内应完成的额定装卸货物吨数。

3.29

港口(企业)劳动生产率　port productivity

港口企业全部职工(或全部装卸工人)中平均每一职工(或每一装卸工人)在单位时间内所完成的吞吐量。

$$全员劳动生产率=\frac{单位时间吞吐量}{企业全部职工人数(统计期平均数)}$$

$$装卸工人劳动生产率=\frac{单位时间吞吐量}{企业全部装卸工人(统计期平均数)}$$

3.30

船舶平均在港时间　average port time of ship

一定时期内，船舶从进港时起至出港时止，平均每艘船在港的时间，单位为天。

$$船舶平均在港时间=\frac{船舶在港总艘天数}{船舶在港总艘次数}$$

3.31

泊位占用率　berth occupancy factor

泊位占用小时数占日历小时数的比值。

$$泊位占用率=\frac{泊位占用小时数}{日历泊位小时数}\times 100\%$$

3.32

泊位通过能力　throughput capacity of berth

泊位在一定时期内可以装卸船舶所载货物的额定数量。

3.33

库场通过能力　throughput capacity of storage

在一定时期内，库场能周转货物的额定数量。

3.34

铁路装卸线通过能力　throughput capacity of rail siding

港口铁路装卸线在一定时期内可以装卸货物的额定数量。

3.35

港口通过能力　port's throughput capacity

在一定的技术装备和劳动组织条件下，港口在一定的时间（年、月、日）内装卸船舶所载货物的额定数量。又称港口吞吐能力。

3.36

装卸机械日历台时　calendar machine-hours of cargo handling machinery

一定时期内装卸机械在册天数乘 24 h 的总和，包括完好台时和非完好台时。

3.37

装卸机械完好台时　workable machine-hours

装卸机械技术状况良好可供使用的台时数，包括工作台时和停工台时。

3.38

装卸机械非完好台时　unworkable machine-hours

装卸机械技术状况不良，不能从事装卸作业和其他工作的台时数。它包括正常的修理、保养、待修、待报废、使用过程中 1 h 以上的故障修理时间以及事故停机台时。

3.39

装卸机械工作台时　machines-hours at work

装卸机械实际进行装卸作业和其他工作的台时数，包括装卸设备转移工作场地的途中行驶时间。

3.40

装卸机械作业台时　machine-hours at cargo work

装卸机械在现场进行装卸作业的台时数。

3.41

装卸机械停工台时　machine-hours in idleness

装卸机械在完好时间内未进行装卸作业的台时数。

3.42

故障台时 failure machine-hours

装卸机械在调派和使用过程中,因故障或隐患不能参加作业的台时,不包括故障停修在 1 h 内由司机自行修复的台时。

3.43

故障台次 failure machine-nth

装卸机械在调派和使用过程中,因故障或隐患不能参加作业的台次,包括故障停修在 1 h 内由司机自行修复的台时。

3.44

事故台时 accident machine-hours

装卸机械从事故发生到修复后出厂验收为止的时间。

3.45

事故台次 accident machine-nth

装卸机械设备发生事故的次数。

3.46

装卸机械作业量(起运吨) working out of handling machinery

装卸机械在装卸作业过程中所操作完成的货物吨数或集装箱的箱量。在计算机械作业量时,同一操作过程,由数台设备联合作业,完成 1 t 货物(或一个标准箱)的装卸时,则每台机械分别各计一个设备作业吨。

3.47

装卸机械完好率 availability rate of handling machinery

装卸设备完好台时与日历台时的比值。

$$装卸机械完好率=\frac{完好台时}{日历台时}\times 100\%$$

3.48

装卸机械利用率 utilization factor of cargo handling machinery

装卸设备工作台时与日历台时的比值,反映港口企业装卸设备在报告期内的装卸设备的利用程度。

$$装卸机械利用率=\frac{工作台时}{日历台时}\times 100\%$$

3.49

装卸机械台时产量 output of handling machinery per hour

装卸设备平均每台设备作业 1 h 所完成的机械作业量,反映装卸设备的效率的指标。

$$台时产量=\frac{装卸机械作业量}{作业台时}$$

$$台时产量=\frac{自然箱}{作业台时}$$

4 装卸工艺及工艺系统

4.1 装卸工艺

4.1.1

港口装卸工艺 cargo handling technology of ports

港口货物装卸和搬运货物的方法和程序。

4.1.2

装卸过程 cargo handling process

货物从进港到出港所进行的由一个或几个操作过程组成的全部作业过程。

4.1.3

装卸工艺流程　technological process of cargo-handling

按照一定的装卸工艺所进行的装卸过程。

4.1.4

操作过程　unit process of cargo handling

货物在港口换装过程中,进行的一次连续的作业。

4.1.5

操作工序　unit operation of cargo handling

港口装卸过程中,能够形成一个基本单元的操作部分,是操作过程的组成部分。

4.1.6

作业环节　cargo handling operation

港口装卸过程中,不同作业地点上的主要装卸作业部分,是装卸工艺流程的组成部分。

4.1.7

操作方法　method of cargo handling (operation method)

装卸工人、辅助作业工人和机械司机在完成某项作业时所采用的具体作业方法。

4.1.8

循环流程　circulation process

石油码头的输油管系在不进行船舶装(卸)油作业时,为避免原油在油管内凝固,保持码头区储油库(罐)及油管内原油不断循环流动的过程。

4.1.9

反输流程　feedback process

在石油码头。当输油管线较长,且不进行装油作业时,为避免原油在油库与输油管末站之间的管道中凝固,使管道中原油不断循环流动的过程。

4.1.10

倒罐流程　inter-tank transfer process

为了能充分利用油库(油罐)的容量,便于分类储存各种不同的油品,或由于检修油库(油罐)的需要,将某一油库(油罐)中的油供到另一油罐中去的过程。

4.1.11

泵装(卸)油　oil loading/discharging by pump

利用油泵进行的装(卸)油作业。

4.1.12

自流装(卸)油　oil loading/discharging by gravity flow

将发油容器的输出油管接通收油容器,利用液位差,使油品自行流出(入)的作业。

4.1.13

工艺卡　cargo handing process card

按照不同货物的装卸工艺,将与该货物装卸作业相关的资料、要求及说明,按一定的格式编制成的卡片。

4.1.14

装卸工艺计划　cargo handling plan

预先拟定的装卸作业的具体内容、步骤和方法。

4.1.15

装卸工艺管理　management of cargo handling

装卸工艺的计划、技术、生产、劳动组织及机械设备的各项管理工作。

4.1.16

装卸作业组织　organization of cargo handling

调配机械、人力，指导、监督、检查工人按照操作规程和作业标准进行装卸作业。

4.1.17

装卸作业机械化　mechanization of cargo handling

在装卸作业中，以动力机械代替人力，由机械完成货物的装卸工作。

4.1.18

装卸机械化系统　mechanization system of cargo handling

各种装卸机械及设备，按照装卸工艺所组成的装卸机械联合体。

4.1.19

装卸作业自动化　automation of cargo handling

整个装卸过程采用能自动调节、检查和控制的成套装卸机械、设备及电子仪器，代替人工直接操作。

4.1.20

装卸作业半自动化　semi-automation of cargo handling

装卸过程中的部分或主要工序实现了自动化，其余的工序则由机械和人力来实现。

4.1.21

装卸作业机械化比重　degree of mechanization of cargo handling

装卸作业中，机械化作业所占的百分比。

$$\text{装卸机械化比重}=\frac{\text{机械作业工序吨总和}}{\text{总工序吨}}\times 100\%$$

4.1.22

装船作业　ship-loading operation

将货物由岸上或其他运输工具（车或船）上装到船舱或甲板上的作业。

4.1.23

卸船作业　ship-discharging operation

将货物由船舱（或甲板上）卸到岸上或其他运输工具（车、船）上的作业。

4.1.24

装车作业　car loading operation

利用机械、设备或人力，将港口水运转陆运的货物装上车辆（火车或汽车）的作业。

4.1.25

卸车作业　car unloading operation

利用机械、设备或人力，将由车辆（火车或汽车）运到港的货物从车上卸下的作业。

4.1.26

库场作业　storage operation

在仓库、货棚或露天货场上进行的货物装卸、搬运、堆垛、捣垛等作业及辅助作业。

4.1.27

舱内作业　under-deck operation

在船舱内进行的货物装卸及辅助作业。

4.1.28

舱面作业　on deck operation

在舱面甲板和舱盖板上从事货物的装卸及辅助作业。

4.1.29

车内作业　operation in car

在铁路车辆和汽车车厢内进行的货物装卸及辅助作业。

4.1.30

换装　transshipment of through cargo

货物由一运输工具上卸下，再装到另一运输工具上的作业。

4.1.31

直接换装　direct transshipment

货物从进港到出港，经一个操作过程完成的装卸作业方式。

4.1.32

间接换装　indirect transshipment

货物从进港到出港，经两个或两个以上的操作过程完成的装卸作业方式。

4.1.33

直接换装比重　percentage of direct transshipment

直接换装的货物自然吨在港口总装卸自然吨中所占的百分比，又称直取比重。

4.1.34

水上装卸作业　midstream transfer

在锚地、系泊浮筒等水域进行的船与船(驳)之间的装卸作业。

4.1.35

外档　overside

靠泊码头的船舶，其船舷向水一侧或系泊于浮筒的船舶，靠主航道的一侧都称为外档。

4.1.36

里档　wharfside

靠泊码头的船舶，其船舷向码头的一侧或系泊于浮筒的船舶，背离主航道的一侧，都称为里档。

4.1.37

过驳作业　lighterage operation

在锚地、系泊浮筒、码头进行的船与驳船、船与船之间的水上装卸作业。

4.1.38

外档过驳　overside transfer

驳船停靠在船舶外档，进行船、驳之间的装卸作业。

4.1.39

里档过驳　wharfside transfer

驳船停靠在船舶里档，进行船、驳之间的装卸作业。

4.1.40

捆绑、加固作业　lashing and securing of cargo

装船、装车时，为保证货物在运输过程中的稳定性所进行的捆绑、定位等工作。

4.1.41

装卸作业线　cargo handling operation line

为完成一个完整的作业，按一定装卸工艺流程而进行的劳动力和装卸机具组合的操作过程。

4.1.42

多路作业　multi-linear operation

在一艘船上，几条装卸作业线同时进行装卸的作业。

4.1.43

辅助作业　auxiliary work

码头工人和装卸机械、港作船舶进行的与装卸作业有关的其他作业。

4.1.44

成组工具　unitization devices

通过集并来扩大货物单元的专用工具。

4.1.45

成组运输　unitized transport

对集并成组的货物所进行的运输。

4.1.46

成组装卸　unitized cargo handling operation

对集并成组的货物所进行的装卸作业。

4.1.47

成组堆垛　unitized stacking of cargo

集并成组货物的堆垛作业。

4.1.48

成组量　volume of unitization

成组运输、成组装卸、成组堆垛的货物数量。

4.1.49

成组比重　percentage of unitization

成组运输、成组装卸、成组堆垛的货物数量分别占适宜成组货物数量的百分比。

4.1.50

水平运输　horizontal transport

利用机械设备或人力使货物进行水平位移。

4.1.51

垂直运输　vertical transport

利用机械设备或人力使货物进行垂直位移。

4.1.52

定机移船作业　cargo handling operation with fixed machinery and moving ship

用固定式装船机或卸船机，通过移船来进行船舶装卸作业。

4.1.53

定船移机作业　cargo handling operation with movable machinery and fixed ship

船舶系泊码头，采用可沿码头前沿移动的装船(卸船)机械，对船舶货物进行装卸的作业方式。

4.2　装卸工艺系统

4.2.1

装卸工艺系统　cargo handling system

港口生产中，由装卸机械、设施及各项装卸操作所组成的有机整体。

4.2.2

装船工艺系统　ship loading system

装船机械、设备及辅助设施按一定的装船工艺组成的有机整体。

4.2.3

卸船工艺系统　ship-unloading system

卸船机械、设备及各种卸船辅助设施按一定的卸船工艺组成的有机整体。

4.2.4

装车工艺系统　car loading system

装车机械、设备及辅助设施，按一定装车工艺组成的有机整体。

4.2.5

卸车工艺系统　car unloading system

卸车机械、设备及辅助设施按一定的卸车工艺组成的有机整体。

4.2.6

库场装卸工艺系统　cargo handling system in storage

库场作业机械、设备及辅助设施按货物装卸、搬运和堆拆垛的要求，组成的有机整体。

4.2.7

中间运输工艺系统　intermediate transport system

搬运货物的运输机械、设备及各种辅助设施按货物搬运工艺组成的有机整体。

4.2.8

港口堆存系统　port's storage system

港口堆存设施（仓库、货棚、堆场）及相应的装卸设备组成的具有堆存、周转、储运和待运机能的有机整体。

4.2.9

港口集运系统　gathering system

港口会同运输部门、物资部门组织各种类运输工具，将货物从腹地集中到港口的运输联合体。

4.2.10

港口疏运系统　distributing system

港口会同运输部门、物资部门组织各类运输工具，将到达港口的货物从港口运出的运输联合体。

4.2.11

锚地作业工艺系统　cargo handling system at anchorage

船舶在锚地利用船上设备或其他水上装卸机械设备，对船载货物进行"船至船"装卸时，按装卸工艺和水上装卸货物的要求，组成的有机整体。

4.2.12

件货装卸工艺系统　piece-cargo handling system

由件货装卸机械、设施及各项件货装卸操作所组成的有机的整体。

4.2.13

散货装卸工艺系统　bulk-cargo handling system

由散货装卸机械、设备及各项散货装卸操作所组成的有机的整体。

4.2.14

集装箱装卸工艺系统　container handling system

由集装箱专用装卸机械、设备和各项集装箱装卸操作所组成的有机整体。

4.2.15

液体货装卸工艺系统　liquid cargo handling system

由液体货专用装卸机械、设备和各项液体货装卸操作所组成的有机的整体。

5　装卸机械设备及工属具

5.1　起重机械

5.1.1

起重机　crane

吊运或顶举重物的物料搬运机械，是一种间歇工作、提升重物的机械。

5.1.2

带斗门座起重机　kangaroo

门座上带有漏斗和带式输送机，用抓斗卸船的门座起重机。

[GB/T 6974.10—1986,定义表中 1.1.2]

5.1.3

岸边集装箱起重机　quayside container crane

在集装箱码头前沿,可沿岸边移动,以对准船舶货位,进行装卸作业的集装箱起重机。

[GB/T 6974.18—1986,定义表中 1.4]

5.1.4

轮胎式集装箱门式起重机　rubber-tire gantry crane (RTG)

行走部分采用轮胎支承的集装箱门式起重机。

[GB/T 6974.19—1986,定义 1.2.1]

5.1.5

轨道式集装箱门式起重机　rail mounted gantry crane (RMG)

行走部分采用钢轮支承的集装箱门式起重机。

[GB/T 6974.19—1986,定义 1.2.2]

5.1.6

多箱式集装箱起重机　multiple-container crane

一次同时吊运两个或以上集装箱的集装箱起重机。

5.1.7

集装箱正面吊运起重机　front-handling mobile crane

装有自行轮胎底盘上的伸缩臂架式集装箱起重机。

[GB/T 6974.19—1986,定义 1.3]

5.2　输送机械

5.2.1

带式输送机　belt conveyor

用连续运动的无端输送带输送货物的机械。

5.2.2

夹皮带输送机　double belt conveyor

把货物夹在两层胶带中输送的带式输送机。

5.2.3

链式输送机　chain conveyor

用无端链条绕过若干个链轮,驱动链轮带动链条运动,货物直接装载在链条上或在由链条带动的工作构件上,进行输送的机械。

5.2.4

埋刮板输送机　en-masse (scraper) conveyor

在密闭料槽中,由具有特殊形状刮板的链条,利用粒体间的摩擦力,进行连续输送的链式输送机。

5.2.5

螺旋输送机　screw conveyor

在料槽或料管内装有螺旋状叶片,通过螺旋状叶片转动,来输送粉状或粒状货物的输送机。

5.2.6

斗式提升机　chain bucket elevator

在链条或带条上装有料斗的提升机。

5.2.7

托架提升机　stillage elevator

在链条上相隔一定距离装一托架,用托架作为工作构件,装运件货的提升机。

5.3 装卸搬运机械

5.3.1

起升车辆 lift truck

能够装载、起升和搬运载荷的工业车辆。

[GB/T 6104—2005,定义 3.1.3]

5.3.2

固定平台搬运车 fixed height load-carrying truck (fixed platform trucks)

载货平台不能起升的搬运车辆。

[GB/T 6104—2005,定义 3.1.1]

5.3.3

牵引车 towing tractor

装有牵引连接装置,专门用来在地面上牵引其他车辆的工业车辆。

[GB/T 6104—2005,定义 3.1.2.1]

5.3.4

挂车 trailer

无驱动装置,但有刚性牵引架的载货车辆。

5.3.5

半挂车 semi-trailer

由牵引车承载的无前轴的载货车辆。

5.4 专用机械

5.4.1

装船机 ship loader

各种类型的专用装船机的统称。

5.4.2

斗式卸船机 bucket chain ship unloader

由斗式提升机及相应的输送设施组成的连续式散货卸船机械。

5.4.3

螺旋卸船机 screw ship unloader

由垂直螺旋输送机和相应的输送设施等组成的连续式散货卸船机械。

5.4.4

岸边抓斗卸船机 grab bucket ship unloader

抓斗小车沿桥架运行的散货卸船作业专用的起重机。

[GB/T 6974.18—1986,定义表中 1.3]

5.4.5

平仓机 trimmer

配合装船机使散货能平整地装入船舱的专用机械。如带式抛料机,圆盘式抛料机等。

5.4.6

清舱机 hold cleaning machine

配合卸船机将船舱的散货堆集到舱口,以便卸船的专用机械,如单斗车、刮抛机、推耙机、推土机等。

5.4.7

装车机 car loader

供车辆装货的专用机械。

5.4.8

翻车机　car dumper

用倾翻火车车厢的方法，卸出车厢内所载散货的机械。有转子式、侧倾式等型式。

5.4.9

码垛机　stacking machine

在库场或船舱内，进行件货码垛作业的专用机械。

5.4.10

堆料机　stacker

将输送机运送来的散货在货场上进行堆集的专用机械。

5.4.11

取料机　reclaimer

从堆场取出物料并向输送机连续供料的专用机械。

5.4.12

堆取料机　stacker-reclaimer

既能堆料又能取料的连续作业的机械。

5.4.13

喂料机　feeding machine

在散货堆场为坑道漏斗或皮带机喂料的专用机械。

5.4.14

吸粮机　pneumatic grain unloader

用气吸方式，在封闭的管路形成气流起卸并输送散粮的机械设备。

5.4.15

集装箱叉车　container folk lift

用于集装箱堆场、装卸、堆码的重型叉式装卸车。有底叉式和吊叉式等多种型式。

5.4.16

集装箱侧面叉车　container side fork-lift truck

带有侧叉的集装箱叉式装卸车。

5.4.17

集装箱牵引车　container tractor

用来拖带载运集装箱挂车的专门牵引车。按牵引连接方式，可分为全挂式牵引车和半挂式牵引车两种。

5.4.18

集装箱半挂式牵引车　semi-trailer container tractor

具有能牵引半挂车装置的集装箱牵引车。其本身不能装载集装箱，但承受了一部分半挂车的重量。

5.4.19

集装箱全挂式牵引车　full trailer container tractor

它是牵引全挂车的牵引车，其本体可装载集装箱。

5.4.20

集装箱挂车　container trailer，chassis

由集装箱牵引车拖带的用于装载集装箱的专用车辆。有集装箱半挂车和集装箱全挂车两类。

5.4.21

集装箱半挂车　container semi-trailer

可单独脱离集装箱牵引车的集装箱挂车，其一部分载重量可通过其前端的连接装置直接作用在牵引车上，并在其前部设有撑脚，能使其单独放置。车架上装有转锁，可与集装箱角件连接，以固定集装箱。

5.4.22

集装箱全挂车　container full-trailer

可单独脱离集装箱牵引车的集装箱挂车。其载荷全部作用在挂车上。车架上装有转锁，可与集装箱角件连接，用于固定集装箱。

5.4.23

集装箱跨运车　container straddle carrier

在码头前沿和库场之间搬运及堆码集装箱的专用跨运车。由门形车架和集装箱吊具等组成。

5.4.24

集装箱侧面吊运机　side container crane

装在集装箱挂车底盘上，可自装卸的集装箱起重机。

[GB/T 6974.19—1986，定义 1.4]

5.4.25

集装箱堆高机　container stacker

专用于堆场上集装箱空箱堆码的机械，又称堆箱机。

5.5　装卸工属具

5.5.1

吊索　sling

用各种绳索材料制成，配合起重机使用的一种简单吊货工具。如钢丝绳吊索、链条吊索、合成纤维吊带等。

5.5.2

C 形吊具　C hanger

一种插入式吊具，常见的为卷钢 C 形吊具。其外形与英文字母 C 相似。

5.5.3

货板托架　pallet hanger

是一种配合托盘进行装卸作业的专用工具。由一只吊环和两根钢管制成的托棍组成。每根托棍用两根钢丝绳与吊环连接，又称货板托棍。

5.5.4

撑架　lifting spreader

为使货物起吊时使吊索保持一定状态，用于纵向、横向或纵横向支撑的各种结构件。

5.5.5

集装箱吊具　container spreader

专用于吊运集装箱的取物装置，它从集装箱的顶部或底部的四个角件处吊挂集装箱。一般通过吊具四角的转锁与集装箱顶角件相连。按金属结构分为工字型、Ⅱ字型、框架型和适应吊超高集装箱的超高型，按转锁操作分为自动式和手控式，又称集装箱吊架。

5.5.6

集装箱绳索顶吊吊具　container top lift sling gear

用于对集装箱顶角件顶部起吊的吊具。它通过吊索下连的转锁体、吊钩等连接件与集装箱顶角件相连，并通过限位装置予以固定。适用于吊运平台式集装箱或超高台架式集装箱。

5.5.7

集装箱绳索底吊吊具　container bottom lift sling gear

用于对集装箱底角件底侧部起吊的吊具。它通过吊索下连的钩体与集装箱底角件的侧孔相连。

5.5.8

多箱吊具　multiple-container spreader

专门设计的一次可吊运两个以上集装箱的取物装置。

5.5.9

立柱式集装箱吊具　container spreader with standing posts

一种用于对箱内货物超出集装箱顶角件顶面高度的集装箱吊具，其结构是吊具四角各有一个延伸的柱体，底端装有与集装箱顶角件连接的转锁。

5.5.10

网络　cargo net

用绳索钢丝等材料编制成网状的货物承载工具，又称网兜。

5.5.11

托盘　pallet

一种用来集结、堆存货物以便于装卸和搬运的水平板。其最低高度应适应托盘搬运车、叉车和其他使用的装卸设备的搬运要求。托盘本身可以设置或配装上部构件。

[GB/T 3716—2000，定义 2.1]

5.5.12

集装袋　container bag

用高强度化学纤维和橡胶混合制成的一种中型货袋。

5.5.13

抓斗　grab

一种装卸散料物品的自动取物装置。按操作方式可分为单索抓斗、双索抓斗等；按结构可分为多颚板抓斗、耙集抓斗、剪式抓斗、钳式抓斗等；按作业货种可分为木材抓斗、生铁抓斗、矿石抓斗、散粮抓斗等。

5.5.14

吸盘　sucker

利用真空或电磁原理吸取货物进行装卸的装置。如真空吸盘、电磁吸盘。

5.5.15

车辆吊具　tong-type vehicle lifting gear

一般以车轮为连接部位的轮式车辆吊具，常见有抱胎式、托棍式、网式、绳索式等形式。

6　装卸船作业

6.1

单船作业计划　operation plan for a single ship

港口调度部门为每艘船所制定的具体装卸方案。

6.2

船舶装卸作业时间　ship's loading/unloading time

装卸货物的时间，装卸作业前后的准备时间、结束时间及其他与装卸作业有关的时间的总和。

6.3

船舶排队时间　ship queuing time

船舶抵达港口后，为等候泊位或等候装卸的时间。

6.4

船时量　tons per ship-hour

平均每艘船，每小时所完成的装卸货物吨数。单位为吨每船时。

$$船时量=\frac{装卸货物总吨数}{船舶实际装卸艘时数}$$

6.5

舱时量　tons per hatch-hour

以船舶舱口为单位，每小时所完成的装卸货物吨数。单位为吨每舱时。

$$舱时量=\frac{装卸货物总吨数}{船舶各舱口实际装卸作业小时总和}$$

6.6

开工舱口数　number of hatches in operation

港口(作业区)或船舶实际开工作业的舱口数目。无舱口船舶(如甲板驳)开工舱口数，一般按实际开工装卸作业线数计算。

6.7

船舶平均装卸货物吨数　average cargo ship tonnage

平均每艘船所装卸的货物吨数。单位为吨每艘次。

$$船舶平均装卸货物吨数=\frac{装卸货物总吨数}{船舶装卸艘次数}$$

6.8

船舶平均每停泊艘天装卸量　average daily rate per ship in port

平均每艘船每停泊一天所装卸的货物吨数，又称船舶总装卸效率，单位为吨每艘天。

$$船舶平均停泊艘天装卸量=\frac{装卸货物总吨数}{船舶停泊总艘天数}$$

6.9

船舶配载　pre-stowage planning

拟定船舶在一个航次所应装运货物的品种，数量、体积以及在船上的位置的计划。

6.10

船舶积载　stowage

在已定航次配载的基础上，作出所配货物在各个货舱和甲板位置上的合理分配与正确堆装。

6.11

重点舱　key hold

对全船装卸作业时间长短起决定性影响的舱口。

6.12

滑溜装卸　cargo handling by gravity

利用物体自重通过简易设备，使货物由高处滑到低处的一种装卸方法。

6.13

双杆操作法　cargo handling with double boom

使用一对船舶吊杆联合进行装卸的操作方法。

6.14

自理装卸　cargo handled by shipper

经承运人同意，托运人自己组织力量进行装船或卸船的作业。

6.15

舱面货　deck cargo

装载在船舶甲板上的货物，又称甲板货。

6.16

舱内货　under-deck cargo

所有积载在货舱及船上的货物。

6.17

退装货物　back loading cargo

计划配装并已办妥托运手续,但因故不能装船的货物。

6.18

退关货物　shut-out cargo

已办妥出口及托运手续,但因故不能装船的外贸货物。

6.19

关　sling-load

堆码在吊货工具上一次起吊的货组。

6.20

关型　pattern of sling-load

根据每件货物的质量和外形尺寸,配合起重机的起重能力和吊货工具的类型而规定的各种货组的型式。

6.21

标准关　standardized sling-load

按港口装卸设备和船舶起货设备的额定荷载,按一定的标准(货物件数与码型)在吊货工具上堆码的货组。

6.22

平舱　trimming

散货装船作业时在舱内将货堆好、整平的作业。

6.23

扫舱　sweeping

船舶卸货后或装船前,对散落在舱内的货物和杂物进行的清扫作业。

6.24

洗舱　hold washing

对船舱进行冲刷、清洗的作业。

6.25

垫舱　dunnage

用垫舱物料铺放在舱底和舱壁,使货物不直接接触舱底板和舱壁的作业。

6.26

隔舱　separation

对船舱内货物采取的分隔措施。

6.27

翻舱　restowing

对已经装进货舱的货物进行舱内转移货位或起卸后重新装舱的作业。

6.28

晾舱　airing of cargo hold

船舱洗舱后,在装载怕潮货物前,向舱内打入强风或热风,使船舱干燥的作业。

6.29

熏舱　fumigation

用化学药剂或其他物质对船舱进行熏蒸的作业。

6.30

清舱量　quantity

在散货卸船作业时,舱底和舱内四周的散货剩余量,单位为吨(t)。

6.31

清舱量比重　percentage of clean-up

以全船或某一舱口为计算单位，清舱量占全部散货重量的百分比。

6.32

让档　berth-giving

船舶为其他船舶插入、停靠而让出里档的作业。

6.33

换档　berth-changing

靠泊在同一泊位的两船调换位置的作业。

6.34

垫档　link-up pontoon

由于船舶不能直接进行装卸作业或上下旅客，在码头与趸船、码头与船舶、船舶与船舶之间，停放一艘至数艘较小船舶供搭跳用的作业。

6.35

装油效率　oil loading rate

单位时间的输油量。单位为吨每小时(t/h)。

6.36

卸油效率　oil discharging rate

单位时间的卸油量。单位为吨每小时(t/h)。

6.37

输油臂　oil transfer arm

在装卸油轮时，连接油轮集油管与岸上输油管的一种输油设备。

6.38

扫线　pipeline cleaning

使用压缩空气、水蒸气、水、氮气或机械设备清除油管内存油的作业。

7　装卸火车作业

7.1

铁路专用线长度　length of port railway

港口为加速货物的集散而铺设的专用铁路线的长度。单位为米(m)。

7.2

铁路装卸线长度　length of loading

港口铁路专用线中用于装卸作业的线路长度。

7.3

铁路车辆在港停留时间　port time of rail car

在港区作业的铁路车辆停留时间的总和，单位为小时(h)。

7.4

铁路车辆作业次数　times of rail cars handled

装车数与卸车数之总和。装(或卸)一辆车计算一个作业次数。同一辆车卸车后又装车，则计为两个作业次数。

7.5

铁路车辆一次作业时间　average operation time per rail car

铁路车辆在港口平均每次作业所停留的时间。

7.6

到车　rail cars in port

到达港口列车数的总称。

7.7

解体　train breaking up

将到达港口的列车,按计划将其分解到装(卸)车线或停车场的作业。

7.8

待卸车　cars waiting for discharging

按计划需要卸下的货物因故暂时停在停车场或卸车线的货车。

8　库场作业

8.1

堆场　storage yard

堆存和保管货物的露天场地。

8.2

仓库　warehouse

堆存和保管货物的建筑物。

8.3

筒仓　silo

用以堆存粉末、颗粒散状物料的筒状仓。

8.4

冷藏仓库　cold storage

有冷冻装置,能调节温度用以保存易腐货物的专用仓库。

8.5

水上贮木场　timber storage basin

在邻近码头的适当浅水区域用防护栅围成的保管木材的水域。

8.6

前方库场　quayside shed and yard

设在临近码头前沿的港口仓库和堆场的总称。

8.7

后方库场　storage warehouse and yard

设在离码头较远处的港口仓库和堆场的总称。

8.8

货位　storage bay

将仓库或堆场划分为若干部位,进行编号,每一部位称为一个货位。

8.9

库场总面积　total storage space

仓库、堆场面积的总和。

8.10

库场有效面积　effective storage space

库场中实际可用于堆存货物的面积。

8.11

堆存量　volume of cargo in storage

库场在一定时期内堆存货物的数量。

8.12

单位面积堆存定额　storage capacity per effective unit area

核定的每平方米库场有效面积堆存货物吨数。

8.13

库场容量　storage capacity

一定时期内,库场最大安全堆存货物吨数。

$$库场容量=库场有效面积\times单位面积堆存定额$$

8.14

库场利用率　coefficient of storage utilization

一定时期内,平均每天堆存货物吨数与平均库场容量的比值。

$$库场利用率=\frac{货物堆存吨天数/日历天数}{报告期平均库场容量}\times100\%$$

8.15

平均每天堆存货物吨数　average daily volume of cargo in storage

一定时期内,平均每天在港口库场堆存的货物吨数。

8.16

货物堆存吨天数　ton-days of cargo in storage

一定时期内,库场堆存货物吨数与其堆存天数的乘积。

8.17

货物平均堆存期　average storage time

一定时期内,每 1 t 货物在库场堆存的平均天数。

8.18

库场容量周转次数　number of turn-rounds of storage capacity

一定时期内,库场平均堆存货物的次数。

$$库场周转次数=\frac{堆存货物吨数}{平均库存容量(吨)}$$

8.19

进库　receiving of cargo for storage

将货物搬入仓库的作业。

8.20

出库　delivery of cargo from storage

货物从仓库中搬出的作业。

8.21

转库　transfer of cargo to another storage

货物自一库转移至另一库的作业。

8.22

入库系数　storage factor

经库场堆存的货物吨数与港区进口(或出口)各类货物总吨数的比值。

8.23

入库不平衡系数　coefficient of storage fluctuation

最大月货物入库(场)吨数与平均每月货物入库吨数的比值。

8.24

出库(场)吨数　tons of cargo delivered

一定时期内,在库场堆存的货物经提取及由车、船装运出的数量。

8.25

最大堆码高度　maximum stacking height

按库、场技术条件及库场装卸机械最大技术允许高度,考虑到货物的物理、化学特性。包装情况、堆垛型式及技术安全条件等因素而确定的允许堆码高度。

8.26

货垛　storage pile

按照一定方式和要求堆码在一起的一批货物。

8.27

货垛牌　storage card

用以标明每垛货物的品名、数量、进库日期、运单号码、船名、航次、流向等的标记牌。

8.28

堆垛　stacking

按照货物运输和保管的要求,把货物堆集在一起的作业。

8.29

归垛　gathering together of odd lot

对提运剩余、零星分散的小货垛进行集中、归并的作业。

8.30

拆垛　unstacking

按货物运输和保管的要求拆除货垛的作业。

8.31

捣垛　rehandling

对货物进行拆垛、重码或翻动的作业。

8.32

转垛　relocationing of storage pile

在同一仓库里,对货物进行货位调整的搬运作业。

8.33

堆存计划　storage plan

为使每件货物分配到适当的部位,对每一堆存区作业的计划。

8.34

场地分配计划　utilization plan of storage space

按照不同货种,对港区场地进行分配的计划。

8.35

汽车衡　weight bridge

适用于称量各种大型车辆(铁路运输车辆除外)所运载货物重量的一种车辆秤。又称地磅。

9　集装箱装卸作业

9.1　集装箱码头及设施

9.1.1

集装箱码头前沿　container terminal apron

沿着码头岸线,从岸壁到堆场,直接用于集装箱装卸船作业的区域。

9.1.2

集装箱堆场　container yard (CY)

装卸、交接、堆存、保管集装箱的场地。

9.1.3

前方堆场 marshaling yard

位于码头前沿和后方堆场之间，堆放即将装船的出口箱和临时堆存卸船进口箱的场地。

9.1.4

后方堆场 back-up yard

除前方堆场以外用于储存和保管空重箱的场地，分中转箱堆场、进口重箱堆场、空箱堆场、冷藏箱堆场、危险货物集装箱堆场等。

9.1.5

中转箱堆场 transshipment container yard

专供堆放中转集装箱的场地。

9.1.6

进口重箱堆场 import container yard

专供堆放进口重箱的场地。

9.1.7

空箱堆场 empty container yard

专供堆放集装箱空箱的场地。

9.1.8

冷藏箱堆场 reefer container yard

在堆场上设有供冷藏集装箱使用的电源插座等装置，为存放冷藏集装箱提供电源等特定条件的场地。

9.1.9

危险货物集装箱堆场 hazardous cargo container yard

专供堆放危险货物集装箱的场地。

9.1.10

场箱位 slot

集装箱堆场上为整齐码放集装箱而预先画好的长方形格子，并编有号码。

9.1.11

场箱位号 slots number

表示集装箱在堆场上所处位置的一组数字，一般由行、列、层共四位至六位数字组成。

9.1.12

箱址 address of container

集装箱在堆场的坐标代码。

9.1.13

箱距 spacing

在集装箱堆场上，箱与箱之间的距离。

9.1.14

闸口(出入道口) gate

集装箱码头的出入口，设有若干股车道，有关交接集装箱和集装箱货的各种手续、指定集装箱的堆放场地、检查集装箱的完好情况、核对铅封箱号，以及集装箱的称重等都在此进行。

9.1.15

集装箱货运站 container freight station (CFS)

是集装箱拼箱货装箱和拆箱及交接的场所。

9.1.16

清洗间　cleaning shop

对装过化学品、毒品、动植物及其他不洁货物而被污染的集装箱进行冲洗熏蒸和清毒处理的场所。

9.1.17

集装箱自动识别系统　container automatic identification system

将集装箱的有关信息转换成电子自动化处理系统的集装箱自动识别体系。

9.1.18

电子数据交换系统　electronic data interchange systems (EDI)

在商业、贸易、行政事务处理中的信息，按公认标准，形成结构化的事务处理报文数据，在计算机系统之间自动交换和自动处理。

9.1.19

集装箱码头管理信息系统　container terminal manage information systems

一个以数据库为中心的集装箱各类数据处理系统。

9.1.20

集装箱码头信息自动传输系统　container terminal information automatic transmission systems

一种应用于集装箱码头作业现场，集无线通信与计算机网络功能于一体的通信系统。

9.1.21

集装箱码头闭路电视监控系统　container terminal closed circuit television monitoring systems

具有对集装箱码头现场作业有实时监控和录像追溯功能的闭路电视监控系统。

9.1.22

保温集装箱远程调节监控　thermal container remote condition monitoring

一种利用通讯和数据处理技术，由码头控制中心对保温集装箱的温度值等信息的采集和修正进行远程监控的系统。

9.2　集装箱码头装卸能力及参数

9.2.1

标准箱　twenty-foot equivalent units (TEU)

集装箱的统计换算单位。以 20 英尺型集装箱为一个标准箱。

9.2.2

自然箱　unit

以有形个体计数的集装箱。

9.2.3

集装箱泊位通过能力　throughput capacity of container berth

在一定时期内，通过码头进出口的集装箱数量，按标准箱计。

9.2.4

集装箱堆场能力　container yard capacity

堆场可以堆存集装箱的额定箱数，按标准箱计。

9.2.5

拆装箱能力　vanning and devanning capacity

在一定时期内，可以完成的拆装箱数，按标准箱计。

9.2.6

箱流　container flow

集装箱流向、流量的总称。

9.2.7

集装箱堆存期 stay time of container

集装箱在堆场停留的天数。

9.2.8

空箱比重 percentage of empty containers

在集装箱运输中,空箱数占总箱数的比例。

9.2.9

集装箱积载系数 volume coefficient of container

集装箱内容积与载重之比,单位为立方米每吨(m^3/t)。

9.2.10

箱容利用率 utilization factor of container volume

集装箱内所装货物的体积与集装箱内容积的比例。

9.2.11

箱载利用率 loading factor of container

集装箱内实际装载货物的重量与集装箱额定载重量的比例。

9.3 集装箱码头装卸业务

9.3.1

集装箱配载图 pre-stowage plan

根据订舱清单、装箱单及堆场积载计划编制的集装箱装船计划图。

9.3.2

集装箱积载图 stowage plan

集装箱装船完毕后的实际积载状态的详图。

9.3.3

装箱单 container load plan (CLP)

记载每一个集装箱所装货物的具体货运资料的单证。

9.3.4

场站收据 D/R dock receipt

承运人委托集装箱码头、中转站或内陆站收到集装箱后签发的收据。

9.3.5

集装箱提单 bill of loading

承运人或其授权的代理签发的货物收据。

9.3.6

集装箱到货通知书 arrival notice of container

船舶抵港前,代理人将船舶卸货日期通知收货人的一种单据。

9.3.7

装箱 vanning

把货物装进集装箱的作业。包括对箱体的检查、配载、装载、加固、捆扎、填塞、理货及加封等。

9.3.8

拆箱 devanning

从集装箱内取出货物的操作。包括验封、开箱、卸货归垛、理货及整理箱子等。

9.3.9

捣箱 rehandling of container

将集装箱从原来的位置搬移到另外的箱位的作业。

9.3.10

分发 separate delivery

将拼装在一个集装箱内的各票货物分别交货。

9.4 集装箱运输业务

9.4.1

集装箱运输 containerization transportation

以集装箱为单元进行货物运输的一种货运方式。

9.4.2

适箱货 containerizable commodity

适于装入箱内并能保障运输安全的各种货物。

9.4.3

整箱货 full container load（FCL）

一箱一票一个货主的货。

9.4.4

拼箱货 less than container load（LCL）

一箱多票多个货主的货。

9.4.5

批注 remark

在卸箱时对照出口港所编批注清单检查集装箱，在卸船顺序单中注明异状或损坏扩大的情况。

9.4.6

集装箱交接 delivery of container

根据提箱单交接集装箱，码头业务员会同货方查验铅封及箱体，并填写设备交接单。

9.4.7

发放空箱 dispatching of empty container

发货人领取整箱货所需空箱；货运站领取拼箱货所需空箱的过程。

9.4.8

堆场管理 yard management

对各堆场中的进口箱、出口箱及空箱进行跟踪，办理各项交接手续，编制堆场计划及船舶配载计划的日常性工作。

10 装卸作业环境保护

10.1

喷水抑尘法 dust-control with water-jetting

喷水使物料湿润，以减少粉尘飞扬的防尘方法。

10.2

封闭防尘法 dust-control with enclosure

在装卸点、转接点、输送线等起尘部位加盖板或封闭罩等，以防止粉尘飞扬的办法。

10.3

煤粉尘抑制剂 coal dust suppressants

喷洒在煤堆表面，或与水混合后喷洒在煤炭上，使煤粒聚集，或形成一种柔韧的，可再生的保护层，以防止煤尘飞扬的化学药剂。

10.4

煤车注水机 water injector for coal train

向煤车搅拌注水，使煤炭含水量达到一定比例，以防止卸车时煤尘飞扬的设施。

10.5

防尘喷头　dust prevention sprinkler

将压力水喷到空中，形成雾状水滴，散落在堆场料堆表面以防止散货堆场粉尘污染的一种环保构件。

10.6

码头及道路冲洗喷头　flushing sprinkler for wharf and roadway

用水冲洗码头地面及通道路面以清除粉尘及杂物的环保专用构件。

11　能源消耗统计

11.1

装卸生产能源消耗量　energy consumption of handling production

一定时期内，港口企业直接用于装卸生产的能源消耗量。包括装卸、水平运输、库场作业、现场照明、客运服务等能源消耗量。单位为吨标准煤。

11.2

辅助生产能源消耗量　energy consumption of auxiliary production

一定时期内，港口企业为装卸生产服务的其他的生产能源消耗量。包括：港务船舶、场区内铁路机车运输、后方货运汽车、机修、候工楼、办公楼、理货房、港口设施修建用能、集装箱冷藏箱制冷、油码头罐区及管道加热、港区污水处理、给排水等能源消耗量。单位为吨标准煤。

11.3

辅助生产综合能源消费量　comprehensive energy consumption of subsidiary production

一定时期内，港口企业所属的附属生产设施的能源消费量。主要包括为装卸生产服务的部门和企业，如车间浴室、开水站、蒸饭站、保健站等能源消费量。单位为吨标准煤。

11.4

生产综合能源消耗量　production comprehensive energy consumption

一定时期内，港口装卸生产能源消耗量与辅助生产能源消耗量之和。单位为吨标准煤。

11.5

港口综合能源消耗总量　port comprehensive energy consumption

一定时期内，港口生产综合能源消耗量、辅助生产综合能源消费量及其他方面能源消耗量之和。单位为吨标准煤。

11.6

装卸生产能源单耗　energy consumption of a unit handling production

一定时期内，完成每万吨吞吐量所消耗的装卸生产能源消耗量。单位为吨每万吨。

$$\text{装卸生产能源单耗} = \frac{\text{装卸生产能源消耗}}{\text{完成万吨吞吐量}}$$

11.7

生产综合能源单耗　comprehensive energy consumption of unit production

一定时期内，完成每万吨吞吐量所消耗的生产综合能源消耗量。单位为吨每万吨。

$$\text{生产综合能源单耗} = \frac{\text{生产综合能源消耗量}}{\text{完成万吨吞吐量}}$$

11.8

港口综合能源单耗　comprehensive unit energy consumption of port

一定时期内，完成每万吨吞吐量所消耗的港口综合能源消耗量。单位为吨每万吨。

$$\text{港口综合能源单耗} = \frac{\text{综合能源消耗量}}{\text{完成万吨吞吐量}}$$

11.9

节能量　amount of energy thrift

一定时期内，与基期相比港口生产综合能耗的节超量，若正则为节约量，负则为超耗量。单位为吨(t)。

港口生产综合能源消耗的节约量＝(本期港口生产综合能源单耗－基期港口生产综合能源单耗)×本期完成的本港吞吐量

参 考 文 献

[1] GB/T 3716—2000 托盘术语.
[2] GB/T 6104—2005 机动工业车辆 术语.
[3] GB/T 6974.10—1986 起重机械名词术语 门座起重机.
[4] GB/T 6974.18—1986 起重机械名词术语 港口起重机.
[5] GB/T 6974.19—1986 起重机械名词术语 集装箱起重机.

中 文 索 引

F

G

H

J

K

L

M

P

Q

R

S

T

W

X

英 文 索 引

A

B

C

D

E

F

G

H

P

Q

R

S

T

ICS 71.040.40
G 10

中华人民共和国国家标准

GB/T 8570.2—2010
代替 GB/T 8570.2—1988

液体无水氨的测定方法 第2部分:氨含量

Determination of liquefied anhydrous ammonia—Part 2:Estimating of ammonia content

2010-09-26 发布　　　　2011-03-01 实施

中华人民共和国国家质量监督检验检疫总局
中国国家标准化管理委员会　发布

前　言

GB/T 8570《液体无水氨的测定方法》分为七个部分：

——第1部分：实验室样品的采取；

——第2部分：氨含量；

——第3部分：残留物含量　重量法；

——第4部分：残留物含量　容量法；

——第5部分：水分　卡尔·费休法；

——第6部分：油含量　重量法和红外吸收光谱法；

——第7部分：铁含量　邻菲啰啉分光光度法。

本部分是GB/T 8570的第2部分。

本部分代替GB/T 8570.2—1988《液体无水氨　氨含量的测定》。

本版与前版的主要差异是：

——试剂溶液、标准滴定溶液等的配制和标定方法执行HG/T 2843标准；

——增加了安全警示的内容；

——按新要求规范了标准的格式。

本部分由中国石油和化学工业协会提出。

本部分由全国肥料和土壤调理剂标准化技术委员会(SAC/TC 105)归口。

本部分起草单位：国家化肥质量监督检验中心(上海)、东方航空股份有限公司安全保障部。

本部分主要起草人：冯卓、季敏、武娟、陈洁。

本部分于1988年首次发布。

液体无水氨的测定方法 第2部分：氨含量

警告——使用本标准的人员应有正规实验室工作的实践经验。本标准并未指出所有可能的安全问题。使用者有责任采取适当的安全和健康措施，并保证符合国家有关法律规定的条件。液体无水氨高毒，对皮肤、黏膜和眼睛有腐蚀性，接触可引起严重灼伤。操作时应进行适当防护。

1 范围

GB/T 8570的本部分规定了液体无水氨(液氨)氨含量的计算方法。

2 规范性引用文件

下列文件中的条款通过GB/T 8570的本部分的引用而成为本部分的条款。凡是注日期的引用文件，其随后所有的修改单(不包括勘误的内容)或修订版均不适用于本部分，然而，鼓励根据本部分达成协议的各方研究是否可使用这些文件的最新版本。凡是不注日期的引用文件，其最新版本适用于本部分。

GB/T 8570.3 液体无水氨的测定方法 第3部分：残留物含量 重量法

GB/T 8570.4 液体无水氨的测定方法 第4部分：残留物含量 容量法

3 原理

液体无水氨的氨含量为扣除用重量法或容量法测得的液氨残留物含量，以氨的质量分数计。

4 分析结果的表述

氨含量 w_1(按重量法)和 w_2(按容量法)，以氨的质量分数计，数值以%表示，分别按式(1)和式(2)计算：

$$w_1 = 100 - w_3 \qquad (1)$$

$$w_2 = 100 - w_4 \qquad (2)$$

式中：

w_3——按GB/T 8570.3测得的残留量含量，%；

w_4——按GB/T 8570.4测得的残留量含量，%。

其中100减去重量法测得的残留物含量为仲裁方法。

计算结果表示至小数点后两位，取两次平行计算结果的算术平均值作为测定结果。

5 允许差

平行计算结果的绝对差值应符合表1要求。

表1

氨质量分数/%	绝对差值/%
≥99.9	≤0.02
<99.9	<0.04

ICS 71.040.40
G 10

中华人民共和国国家标准

GB/T 8570.3—2010
代替 GB/T 8570.3—1988

液体无水氨的测定方法 第3部分:残留物含量 重量法

Determination of liquefied anhydrous ammonia—Part 3: Residue content—Gravimetric method

2010-09-26 发布

2011-03-01 实施

中华人民共和国国家质量监督检验检疫总局
中国国家标准化管理委员会 发布

前　言

GB/T 8570《液体无水氨的测定方法》分为七个部分：

——第1部分：实验室样品的采取；

——第2部分：氨含量；

——第3部分：残留物含量　重量法；

——第4部分：残留物含量　容量法；

——第5部分：水分　卡尔·费休法；

——第6部分：油含量　重量法和红外吸收光谱法；

——第7部分：铁含量　邻菲啰啉分光光度法。

本部分是GB/T 8570的第3部分。

本部分代替GB/T 8570.3—1988《液体无水氨　残留物含量的测定　重量法》。

本版与前版的主要差异是：

——试剂溶液、标准滴定溶液等的配制和标定方法执行HG/T 2843标准；

——增加了安全警示的内容；

——按新要求规范了标准的格式。

本部分由中国石油和化学工业协会提出。

本部分由全国肥料和土壤调理剂标准化技术委员会(SAC/TC 105)归口。

本部分起草单位：国家化肥质量监督检验中心(上海)、东方航空股份有限公司安全保障部。

本部分主要起草人：武娟、冯卓、季敏、陈洁。

本部分于1988年首次发布。

液体无水氨的测定方法 第3部分：残留物含量 重量法

警告——使用本标准的人员应有正规实验室工作的实践经验。本标准并未指出所有可能的安全问题。使用者有责任采取适当的安全和健康措施，并保证符合国家有关法律规定的条件。液体无水氨高毒，对皮肤、黏膜和眼睛有腐蚀性，接触可引起严重灼伤。操作时应进行适当防护。

1 范围

本标准规定了以重量法测定液体无水氨(液氨)残留物含量。

本标准适用于残留物含量不小于0.02%的产品，为测定残留物含量的仲裁方法。

注：如残留物含量低于本标准测定方法的下限，则报告为质量分数<0.02%。

2 规范性引用文件

下列文件中的条款通过GB/T 8570的本部分的引用而成为本部分的条款。凡是注日期的引用文件，其随后所有的修改单(不包括勘误的内容)或修订版均不适用于本部分，然而，鼓励根据本部分达成协议的各方研究是否可使用这些文件的最新版本。凡是不注日期的引用文件，其最新版本适用于本部分。

GB/T 8570.1—2008 液体无水氨的测定方法 第1部分：实验室样品的采取

HG/T 2843 化肥产品 化学分析常用标准滴定溶液、标准溶液、试剂溶液和指示剂溶液

3 原理

在室温下，蒸发液氨试样后，将蒸发残留物称量，在指示剂存在下，以硫酸标准溶液滴定蒸发残留物中的氨，由蒸发残留物称得量中减去测得的氨含量，求得残留物含量。

4 试剂和材料

本部分所用试剂、溶液和水，在未注明规格和配制方法时，均应符合HG/T 2843的规定。

4.1 硫酸溶液：约10%；

4.2 硫酸标准滴定溶液，$c(\frac{1}{2}H_2SO_4)=0.1\ mol/L$；

4.3 甲基红指示液：1 g/L；

4.4 冷冻剂：固体二氧化碳(干冰)和工业酒精混和物，致冷温度−35 ℃～−40 ℃；

4.5 硅脂，润滑玻璃活塞用。

5 仪器

5.1 一般实验室仪器。

5.2 试样取样装置，见图1。

5.2.1 玻璃试管：总体积约150 mL，100 mL处刻有标线，29号内接标准磨口配以相应外接标准磨口玻璃塞，使其中的一支管连接三通活塞3，另一支管与两个1 000 mL的锥形瓶Ⅰ和Ⅱ串联。

由此，在装配的仪器中，试管可与两个三通活塞3和4相连，再分别与液氨取样钢瓶和两个锥形瓶Ⅰ、Ⅱ连接。

玻璃活塞涂以硅脂润滑，或改用聚四氟乙烯制成。

5.2.2 杜瓦瓶，放试管用，试管放入后可看清其标线。

6 取样

按 GB/T 8570.1 规定采取实验室样品。

单位为毫米

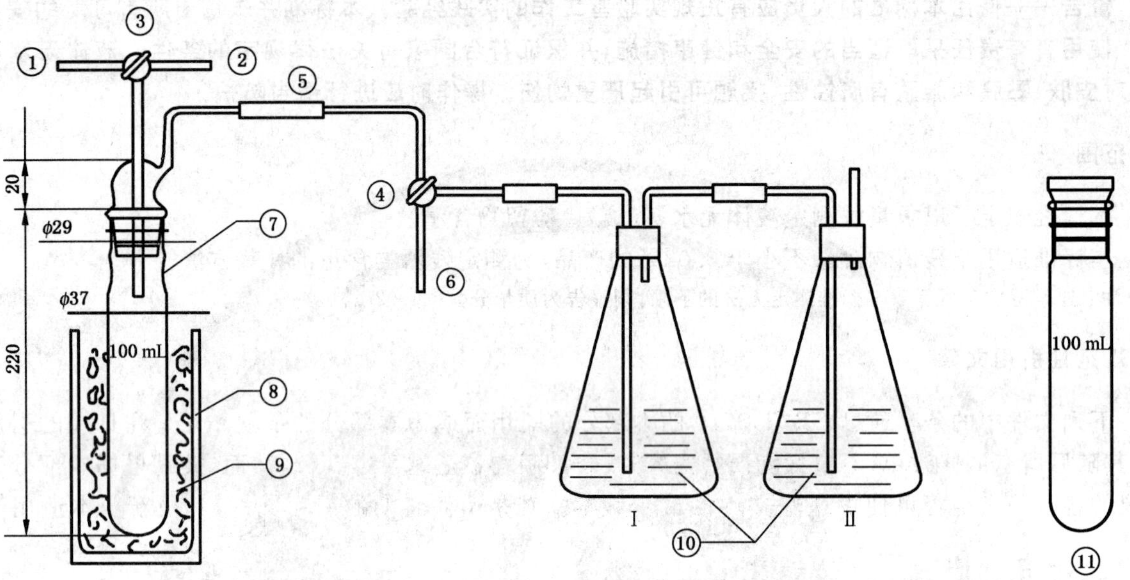

1——取样钢瓶连接口；
2，6——放空口；
3，4——三通活塞；
5——连接点；
7——试管；
8——杜瓦瓶；
9——冷冻剂；
10——硫酸溶液；
11——带塞试管；
Ⅰ和Ⅱ——装有硫酸溶液的锥形瓶。

图 1 试样取样装置图

7 分析步骤

做两份试料的平行测定。

7.1 试样的采取

称量两个各注入约 500 mL 硫酸溶液和 2 滴甲基红指示液、并接有自连接点 5 处(见图 1)起的连接管的锥形瓶Ⅰ和Ⅱ质量，称准至 0.1 g。

称量带塞试管的质量(称准至 0.000 2 g)。将试管浸入杜瓦瓶内冷冻剂中，至四分之三深度。取下塞子，接上锥形瓶Ⅰ和Ⅱ。

旋转活塞 3，使试管封闭，1 和 2 端通向大气。

用橡皮管将 1 端与装实验室样品的取样钢瓶相连，小心开启钢瓶针形阀 *A*(见 GB/T 8570.1—2008 中图 1)，让氨慢慢逸入大气中，直至 1 和 2 端很好冷却，出现氨的液滴。

旋动活塞 4，封闭锥形瓶端、使试管通过 6 端通向大气；此时，随即旋转活塞 3，使 2 端封闭，1 端与试管接通。立即转动活塞 4，封闭 6 端、使试管和两个锥形瓶接通。由此，液氨被收集于试管中，溢出的氨气被两个锥形瓶中的硫酸溶液所吸收。

当试管中液氨达到100 mL标线，立即转动活塞4，封闭锥形瓶端、使试管通向大气，隔离锥形瓶，同时旋转活塞3，封闭试管，让钢瓶中的氨气经2端逸入大气中。

此后，关闭取样钢瓶针形阀 A（见GB/T 8570.1—2008中图1），拆下钢瓶。

采取试样后，随即拆下附有自连接点5处起的连接管的两个锥形瓶Ⅰ和Ⅱ，待冷却至室温后，称量，称准至0.1 g。

7.2 测定

从杜瓦瓶中取出装试样的试管，让氨在室温下经2端慢慢蒸发，直至试管底部为由氨水、油和其他在室温下不挥发物所组成的蒸发残留物为止。

待试管和蒸发残留物达到室温后，通以缓慢的干空气流（约100 L/h）30 s。塞好试管，用洁净干布揩抹干净外壁后，称量，称准至0.000 2 g。

用适量水稀释试管中的残留物，转移入250 mL锥形瓶中，继续用水洗涤数次，直至洗涤液呈中性反应为止，将洗涤液合并入锥形瓶中，加50mL水和两滴甲基红指示液，摇匀，用硫酸标准滴定溶液滴定至溶液从黄色转变为微红色。

8 分析结果的表述

残留物含量 w，以质量分数计，数值以%表示，按式(1)计算：

$$w=\frac{m_2-m_1-m_3}{m_0}\times 100 \qquad \cdots\cdots(1)$$

式中：

m_2——带塞试管和蒸发残留物质量，单位为克(g)；

m_1——空的带塞试管质量，单位为克(g)；

m_3——蒸发残留物中氨的质量，单位为克(g)；

m_0——试样质量[为收集于试管中的液氨毫升数乘以0.68（0.68 g/mL为液氨密度）和两个锥形瓶及所附自连接点5处起的连接管质量增量之和]，单位为克(g)；

m_3 按式(2)计算：

$$m_3=cV_1\times 0.001\,7 \qquad \cdots\cdots(2)$$

式中：

c——硫酸标准滴定溶液浓度的准确数值，单位为摩尔每升(mol/L)；

V_1——滴定消耗硫酸标准溶液的体积，单位为毫升(mL)；

0.017——氨的毫摩尔质量的数值，单位为克每毫摩尔(g/mmol)。

计算结果表示至小数点后两位，取两次平行计算结果的算术平均值作为测定结果。

9 允许差

平行测定结果的绝对差值应符合表1要求。

表1

残留物质量分数/%	绝对差值/%
≤0.1	≤0.02
>0.1	≤0.04

ICS 71.040.40
G 10

中华人民共和国国家标准

GB/T 8570.4—2010
代替 GB/T 8570.4—1988

液体无水氨的测定方法 第4部分：残留物含量 容量法

Determination of liquefied anhydrous ammonia—
Part 4: Residue content—Titrimetric method

2010-09-26 发布　　2011-03-01 实施

中华人民共和国国家质量监督检验检疫总局
中国国家标准化管理委员会　发布

前　言

GB/T 8570《液体无水氨的测定方法》分为七个部分：

——第 1 部分：实验室样品的采取；

——第 2 部分：氨含量；

——第 3 部分：残留物含量　重量法；

——第 4 部分：残留物含量　容量法；

——第 5 部分：水分　卡尔·费休法；

——第 6 部分：油含量　重量法和红外吸收光谱法；

——第 7 部分：铁含量　邻菲啰啉分光光度法。

本部分是 GB/T 8570 的第 4 部分。

本部分代替 GB/T 8570.4—1988《液体无水氨　残留物含量的测定　容量法》。

本版与前版的主要差异是：

——试剂溶液、标准滴定溶液等的配制和标定方法执行 HG/T 2843 标准；

——增加了安全警示的内容；

——按新要求规范了标准的格式。

本部分由中国石油和化学工业协会提出。

本部分由全国肥料和土壤调理剂标准化技术委员会(SAC/TC 105)归口。

本部分起草单位：国家化肥质量监督检验中心(上海)、东方航空股份有限公司安全保障部。

本部分主要起草人：武娟、冯卓、季敏、陈洁。

本部分于 1988 年首次发布。

液体无水氨的测定方法
第4部分:残留物含量　容量法

警告——使用本标准的人员应有正规实验室工作的实践经验。本标准并未指出所有可能的安全问题。使用者有责任采取适当的安全和健康措施,并保证符合国家有关法律规定的条件。液体无水氨高毒,对皮肤、黏膜和眼睛有腐蚀性,接触可引起严重灼伤。操作时应进行适当防护。

1　范围

GB/T 8570的本部分规定了液体无水氨(液氨)残留物含量的容量测定方法。

2　规范性引用文件

下列文件中的条款通过GB/T 8570的本部分的引用而成为本部分的条款。凡是注日期的引用文件,其随后所有的修改单(不包括勘误的内容)或修订版均不适用于本部分,然而,鼓励根据本部分达成协议的各方研究是否可使用这些文件的最新版本。凡是不注日期的引用文件,其最新版本适用于本部分。

HG/T 2843　化肥产品　化学分析常用标准滴定溶液、标准溶液、试剂溶液和指示剂溶液

3　原理

在室温下,蒸发液氨试样后,读取蒸发残留物体积,在指示剂存在下,以硫酸标准溶液滴定蒸发残留物中的氨,按规定公式计算,求得残留物含量。

4　试剂和材料

本部分所用试剂、溶液和水,在未注明规格和配制方法时,均应符合HG/T 2843的规定。

4.1　硫酸标准滴定溶液,$c(\frac{1}{2}H_2SO_4)=0.1$ 或 1 mol/L;

4.2　甲基红指示液,1 g/L。

5　仪器

5.1　一般实验室仪器;

5.2　李森科承受器,见图1,总体积不小于500 mL,上部分度10 mL,下部细管体积1.00 mL,最小分度0.05 mL。

单位为毫米

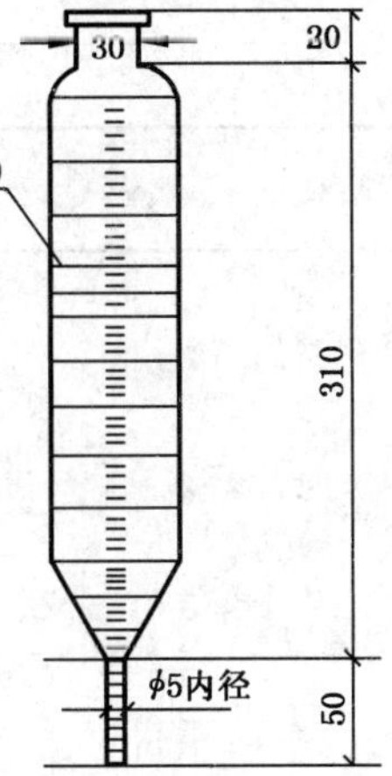

图1　李森科承受器图

6 分析步骤

做两份试样的平行测定。

6.1 试样的采取

小心开启液氨钢瓶或贮罐上的液相阀，或者槽车取样管上的减压阀，先放出一部分液氨，弃去，再用李森科承受器按约 100 mL/min 的取样速度收集 200 mL 试样，取样时严格防止冷凝水污染样品。

注：如果液氨容器液相阀不适用李森科承受器取样，可用螺纹接头配耐压 3 MPa 的 5 mm 内径不锈钢管和针形阀，再按同样方法采取试样。

6.2 测定

将取样后的李森科承受器口盖上带孔橡皮塞，让氨在室温下慢慢蒸发，直至承受器上部氨气逸出，底部细管中为由氨水、油和其他在室温下不挥发物所组成的蒸发残留物为止，记下蒸发残留物体积。

用适量水稀释蒸发残留物后，转移入 250 mL 烧杯中，继续用水洗涤李森科承受器数次，直至洗涤液呈中性反应为止，将洗涤液合并入烧杯中，加 2 滴甲基红指示液，搅匀，用硫酸标准溶液滴定至溶液从黄色转变成微红色。

7 分析结果的表述

残留物含量 w，以质量分数计，数值以%表示，按式(1)计算：

$$w = 0.73V_1 - cV_2 \times 0.0017 \qquad \cdots\cdots(1)$$

式中：

0.73——公式推导所得的系数；

V_1——李森科承受器中蒸发残留物的体积，单位为毫升(mL)；

c——硫酸标准滴定溶液的浓度的准确数值，单位为摩尔每升(mol/L)；

V_2——滴定用去 $c(\frac{1}{2}H_2SO_4)=0.1$ mol/L 的硫酸标准溶液体积，单位为毫升(mL)；

0.001 7——氨的毫摩尔质量的数值，单位为克每毫摩尔(g/mmol)。

计算结果表示至小数点后两位，取两次平行计算结果的算术平均值作为测定结果。

8 允许差

平行测定结果的绝对差值应符合表 1 要求。

表 1

残留物质量分数/%	绝对允许差值/%
≤0.1	≤0.02
>0.1	≤0.04

ICS 71.040.40
G 10

中华人民共和国国家标准

GB/T 8570.5—2010
代替 GB/T 8570.5—1988

液体无水氨的测定方法 第5部分：水分 卡尔·费休法

Determination of liquefied anhydrous ammonia—Part 5：Water content—Karl Fishcer method

（ISO 7105：1985 Liquefied anhydrous ammonia for industrial use—Determination of water content—Karl Fischer method，MOD）

2010-09-26 发布 2011-03-01 实施

中华人民共和国国家质量监督检验检疫总局
中国国家标准化管理委员会 发布

前　言

GB/T 8570《液体无水氨的测定方法》分为七个部分：

——第1部分：实验室样品的采取；

——第2部分：氨含量；

——第3部分：残留物含量　重量法；

——第4部分：残留物含量　容量法；

——第5部分：水分　卡尔·费休法；

——第6部分：油含量　重量法和红外吸收光谱法；

——第7部分：铁含量　邻菲啰啉分光光度法。

本部分是GB/T 8570的第5部分。

本部分代替GB/T 8570.5—1988《液体无水氨　水分的测定　卡尔·费休法》。

本部分修改采用ISO 7105：1985《工业用液体无水氨　水分测定　卡尔·费休法》。

本部分与ISO 7105：1985的主要差异是：将ISO 7105：1985中引用的ISO 760水分的测定　卡尔·费休法(通用法)的内容直接写到标准中。

本版与前版的主要差异是：

——试剂溶液、标准滴定溶液等的配制和标定方法执行HG/T 2843标准；

——增加了安全警示的内容；

——按新要求规范了标准的格式。

本部分由中国石油和化学工业协会提出。

本部分由全国肥料和土壤调理剂标准化技术委员会(SAC/TC 105)归口。

本部分起草单位：国家化肥质量监督检验中心(上海)、东方航空股份有限公司安全保障部。

本部分主要起草人：季敏、冯卓、武娟、陈洁。

本部分于1988年首次发布。

液体无水氨的测定方法
第5部分:水分　卡尔·费休法

警告——使用本标准的人员应有正规实验室工作的实践经验。本标准并未指出所有可能的安全问题。使用者有责任采取适当的安全和健康措施,并保证符合国家有关法律规定的条件。液体无水氨高毒,对皮肤、黏膜和眼睛有腐蚀性,接触可引起严重灼伤。操作时应进行适当防护。

1　范围

GB/T 8570的本部分规定用卡尔·费休法测定液体无水氨的水分。

本部分适用于水分不小于0.005 0%的液体无水氨产品。

2　规范性引用文件

下列文件中的条款通过GB/T 8570的本部分的引用而成为本部分的条款。凡是注日期的引用文件,其随后所有的修改单(不包括勘误的内容)或修订版均不适用于本部分,然而,鼓励根据本部分达成协议的各方研究是否可使用这些文件的最新版本。凡是不注日期的引用文件,其最新版本适用于本部分。

GB/T 6283　化工产品中水分含量的测定　卡尔·费休法(GB/T 6283—2008,ISO 760:1978,NEQ)

GB/T 8570.1　液体无水氨的测定方法　第1部分:实验室样品的采取

GB/T 8570.3—2010　液体无水氨的测定方法　第3部分:残留物含量　重量法

HG/T 2843　化肥产品　化学分析中常用标准滴定溶液、标准溶液、试剂溶液和指示剂溶液

3　原理

在乙二醇的存在下,蒸发液体无水氨试样后,水分与已知水的滴定度的卡尔·费休试剂进行定量反应,反应式如下:

$$H_2O+I_2+SO_2+3C_5H_5N+ROH \longrightarrow 2C_5H_5N\cdot HI+C_5H_5N\cdot OSO_2OR$$

当水分大于0.1%时,按GB/T 8570.3测得的残留物含量估算,以适量无水甲醇稀释蒸发残留物,然后取一定量的稀释溶液进行测定。

4　试剂和材料

下列的部分试剂和溶液易燃且对人体有毒有害,操作者应小心谨慎!如溅到皮肤上应立即用水冲洗,如有不适应立即就医。

本部分所用试剂、溶液和水,在未注明规格和配制方法时,均应符合HG/T 2843的规定。

4.1　甲醇:水的质量分数≤0.03%,如水的质量分数>0.03%,向500 mL甲醇中加入5A分子筛约50 g,塞上瓶塞,放置过夜,吸取上层清液使用;

4.2　乙二醇:水的质量分数≤0.1%,如水的质量分数>0.1%,脱水处理的方法同4.1;

4.3　二水合酒石酸钠;

4.4　硫酸溶液,10%;

4.5　卡尔·费休试剂;

注:无吡啶的卡尔·费休改进试剂也可使用,但在仲裁时,只能使用含吡啶的试剂。

4.6 甲醇-乙酸溶液：100 mL 冰乙酸和 900 mL 甲醇的混合；

4.7 5A 分子筛：直径 3 mm～5 mm 颗粒，用作干燥剂。使用前于 500 ℃下焙烧 2 h，并在内装新鲜分子筛的干燥器中冷却。使用过的分子筛可用水洗涤、烘干、焙烧、再生后备用；

4.8 冷冻剂，固体二氧化碳（干冰）和工业酒精的混合物，致冷温度－35 ℃～－40 ℃；

4.9 活性硅胶；

4.10 硅脂。

5 仪器

5.1 通常实验室用仪器；

5.2 试样取样装置，见 GB/T 8570.3—2010 中 5.2；

5.3 卡尔·费休直接电量滴定仪器，按 GB/T 6283 配备，或与之性能相当的卡尔·费休仪器。

6 采样

按 GB/T 8570.1 规定进行。

7 分析步骤

做两份试料的平行测定。

当水分大于 0.1%时，按 GB/T 8570.3 测得的残留物含量估算，以适量无水甲醇稀释蒸发残留物，然后取一定量的稀释溶液进行测定。

7.1 试样

按 GB/T 8570.3—2010 中 7.1 采取试样，在试管插入杜瓦瓶中后，加入 2.0 mL 乙二醇。

7.2 卡尔·费休试剂的标定

按 GB/T 6283 规定步骤，用水或二水合酒石酸钠来标定卡尔·费休试剂的水的滴定度 T。

7.3 测定

从杜瓦瓶中取出含试料的试管，让氨在室温下经 2 端慢慢蒸发，直到试管底部为由氨水、乙二醇等室温下不挥发物所组成的蒸发残留物为止。

通过卡尔·费休直接电量滴定仪的排泄嘴将滴定容器中残液放完，用注射器经瓶塞注入 50 mL 甲醇于滴定容器中，甲醇量应足以淹没电极，接通电源，打开电磁搅拌器，与标定卡尔·费休试剂相同的方法，用卡尔·费休试剂滴定至电流计产生与标定时同样的偏斜，并保持稳定 1 min。

打开试管，加入 10.0 mL 甲醇-乙酸溶液，使其沿管壁流下。小心摇匀后迅速转移入滴定容器中，再用 10.0 mL 甲醇-乙酸溶液数份洗涤试管，至最大用量为 50.0 mL，迅速将洗涤液一并全部转移到滴定容器中。

使用与标定同样的操作步骤，用卡尔·费休试剂滴定至终点，记录所消耗的卡尔·费休试剂的体积。

7.4 空白试验

按测定同样的方法，使用相同的试剂，但不含试料进行空白试验。

8 分析结果的表述

水分 w_1，以水（H_2O）的质量分数计，数值以%表示，按式（1）计算：

$$w_1 = \frac{(V_1 - V_2)T}{m \times 10} \quad \cdots\cdots(1)$$

式中：

V_1——滴定所消耗的卡尔·费休试剂的体积的数值，单位为毫升（mL）；

V_2——空白试验消耗的卡尔·费休试剂的体积的数值，单位为毫升(mL)；

T——卡尔·费休试剂对水的滴定度的数值，单位为毫克每毫升(mg/mL)；

m——试料质量[为收集于试管中的液氨毫升数乘以 0.68(0.68 g/mL 为液氨的密度)和两个锥形瓶及所附自连接点 5 处起的连接管的质量增量之和]的数值，单位为克(g)。

计算结果表示到小数点后两位，取平行测定结果的算术平均值作为测定结果。

9 允许差

水分≤0.1%时，平行测定结果的绝对差值不大于 0.02%；

水分>0.1%时，平行测定结果的绝对差值不大于 0.04%。

ICS 71.040.40
G 10

中华人民共和国国家标准

GB/T 8570.6—2010
代替 GB/T 8570.6—1988

液体无水氨的测定方法 第6部分:油含量 重量法和红外吸收光谱法

Determination of liquefied anhydrous ammonia—
Part 6: Oil content—Gravimetric and infra-red methods

(ISO 7106:1985 Liquefied anhydrous ammonia for industrial use—
Determination of oil content—Gravimetric and
infra-red spectrometric methods, MOD)

2010-09-26 发布　　2011-03-01 实施

中华人民共和国国家质量监督检验检疫总局
中国国家标准化管理委员会　发布

前言

GB/T 8570《液体无水氨的测定方法》分为七个部分：

——第1部分：实验室样品的采取；

——第2部分：氨含量；

——第3部分：残留物含量　重量法；

——第4部分：残留物含量　容量法；

——第5部分：水分　卡尔·费休法；

——第6部分：油含量　重量法和红外吸收光谱法；

——第7部分：铁含量　邻菲啰啉分光光度法。

本部分是GB/T 8570的第6部分。

本部分代替GB/T 8570.6—1988《液体无水氨　油含量的测定　重量法和红外光谱法》。

本部分修改采用ISO 7106:1985《工业用液体无水氨　油含量的测定　重量法和红外光谱法》。

本部分与ISO 7106:1985的主要差异是：ISO 7106采取试样200 mL，本部分根据液体无水氨优等品油含量≤5 mg/kg的要求，修改为400 mL；所用硫酸吸收溶液浓度对应增加1倍，为20%。

本版与前版的主要差异是：

——试剂溶液、标准滴定溶液等的配制和标定方法执行HG/T 2843标准；

——增加了安全警示的内容；

——按新要求规范了标准的格式。

本部分由中国石油和化学工业协会提出。

本部分由全国肥料和土壤调理剂标准化技术委员会(SAC/TC 105)归口。

本部分起草单位：国家化肥质量监督检验中心(上海)、东方航空股份有限公司安全保障部。

本部分主要起草人：季敏、武娟、冯卓、陈洁。

本部分于1988年首次发布。

液体无水氨的测定方法
第6部分：油含量
重量法和红外吸收光谱法

警告——使用本标准的人员应有正规实验室工作的实践经验。本标准并未指出所有可能的安全问题。使用者有责任采取适当的安全和健康措施，并保证符合国家有关法律规定的条件。液体无水氨高毒，对皮肤、黏膜和眼睛有腐蚀性，接触可引起严重灼伤。操作时应进行适当防护。

1 范围

GB/T 8570 的本部分规定了液体无水氨(液氨)中 105 ℃左右非挥发油含量的两种测定方法：重量法和红外吸收光谱法。

在以重量法测定的油含量低于 5 mg/kg 时，则检测结果以“小于 5 mg/kg”报出，或采用红外吸收光谱法测定。

2 规范性引用文件

下列文件中的条款通过 GB/T 8570 的本部分的引用而成为本部分的条款。凡是注日期的引用文件，其随后所有的修改单(不包括勘误的内容)或修订版均不适用于本部分，然而，鼓励根据本部分达成协议的各方研究是否可使用这些文件的最新版本。凡是不注日期的引用文件，其最新版本适用于本部分。

GB/T 8570.1 液体无水氨的测定方法 第1部分：实验室样品的采取

GB/T 8570.3—2010 液体无水氨的测定方法 第3部分：残留物含量 重量法

GB/T 8570.4 液体无水氨的测定方法 第4部分：残留物含量 容量法

HG/T 2843 化肥产品 化学分析常用标准滴定溶液、标准溶液、试剂溶液和指示剂溶液

3 原理

在室温下，蒸发液氨试样后，用四氯化碳萃取蒸发残留物中的油。加热除去四氯化碳后，称量留下的残渣；或者在固定波长约 3.42 μm 处(对应于 CH 基团不对称振动的最强吸收光带)，测定有机物的吸光度。

4 试剂和材料

下列的部分试剂和溶液有毒或腐蚀，操作者应小心谨慎！防止吸入其蒸气，严禁皮肤和眼睛接触，如溅到皮肤上应立即用水冲洗或适合的方式进行处理，如有不适应立即就医。

本部分所用试剂、溶液和水，在未注明规格和配制方法时，均应符合 HG/T 2843 的规定。

4.1 四氯化碳：用于红外吸收光谱法测定时，在分析波长 3.42 μm 附近，应不含有对该波长的红外光有吸收的杂质；

4.2 硫酸溶液，质量分数约 20%；

4.3 盐酸溶液，质量分数约 10%；

4.4 石蜡油标准溶液：0.5 mg/mL 的四氯化碳溶液。

称取 0.050 g 光谱纯石蜡油(常用正十六烷)，称准至 0.000 2 g，置于 100 mL 烧杯中，加四氯化碳至约 50 mL，待溶解后，全部转移入 100 mL 容量瓶中，以同一四氯化碳稀释至刻度，摇匀；

4.5 甲基红指示液,1 g/L;

4.6 冷冻剂:固体二氧化碳(干冰)和工业酒精混和物,致冷温度－35 ℃～－40 ℃。

4.7 硅脂:润滑玻璃活塞用。

5 仪器

5.1 一般实验室用仪器;

5.2 试样取样装置

以总体积约 550 mL、400 mL 处刻有标线的玻璃试管代替总体积约 150 mL、100 mL 处刻有标线的玻璃试管,见图 1。按 GB/T 8570.3—2010 中 5.2 规定及其附图装配仪器;

单位为毫米

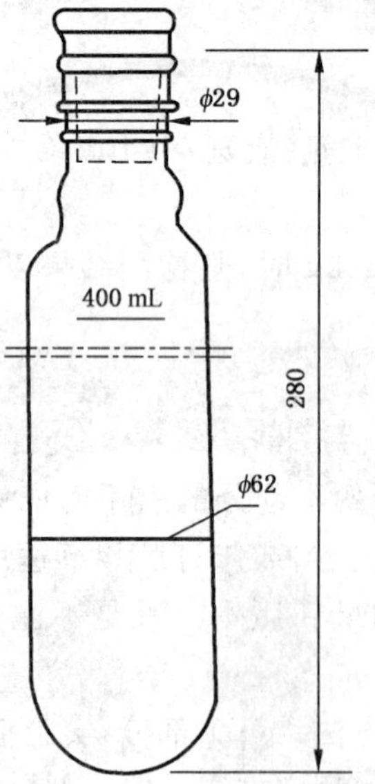

图 1 带塞试管图

5.3 电热恒温干燥箱,温度可以控制在(105±2)℃;

5.4 铂蒸发皿,容积约 70 mL;

5.5 红外分光光度计,配有厚度 1 cm 的密封石英池。

6 取样

按 GB/T 8570.1 规定采取实验室样品。

7 分析步骤

做两份试料的平行测定。

7.1 试样的采取

按 GB/T 8570.3—2010 中 7.1 于试管(5.2)中采取 400 mL 试样。

7.2 油的分离

于(105±2)℃的电热恒温干燥箱中,将铂蒸发皿加热 1 h,然后移入干燥器中冷却至室温后称量,精确至 0.000 2 g。

从杜瓦瓶中取出含试样的试管,让氨在室温下经 2 端慢慢蒸发,直至试管底部为由氨水、油和其他在室温下不挥发物组成的蒸发残留物为止。

于试管中加少量水和一滴甲基红指示液后,滴加盐酸溶液至蒸发残留物水溶液呈酸性。

注:在用于红外光谱法测定时,改用外指示剂法检验。

加 10 mL 四氯化碳，搅拌，转移入分液漏斗中，再用四氯化碳(每次用量 10 mL)洗涤试管 2～3 次，将洗涤液一并收集于分液漏斗中。

剧烈摇动分液漏斗后，待有机物沉降，经干燥滤纸慢慢过滤，收集滤液于已知质量的铂蒸发皿中。

再加 10 mL 四氯化碳于分液漏斗中，在剧烈摇动和有机物沉降后，继续用原滤纸过滤，一并将滤液收集于铂蒸发皿中。

用 10 mL 四氯化碳洗涤滤纸，合并洗涤液于收集的滤液中。

7.3 测定

7.3.1 重量法

7.3.1.1 溶剂的除去和油的称量

在良好的通风橱中，于沸水浴上蒸发铂蒸发皿中的四氯化碳，然后将其移入 105 ℃±2 ℃的恒温干燥箱中，加热 15 min～20 min。

将铂蒸发皿移入含活性硅胶的干燥器中，冷却、称量，称准至 0.000 2 g。

7.3.1.2 分析结果的表述

油含量 w_1，以 105 ℃下的非挥发油的质量分数计，数值以%表示，按式(1)计算：

$$w_1=\frac{m_2-m_1}{m_0}\times 100\% \qquad \cdots\cdots(1)$$

式中：

m_2——铂蒸发皿和油的质量的数值，单位为克(g)；

m_1——铂蒸发皿质量的数值，单位为克(g)；

m_0——试料质量[为收集于试管中的液氨毫升数乘以 0.68(0.68 g/mL 为液氨的密度)和两个锥形瓶及所附自连接点 5 处起的连接管的质量增量之和]的数值，单位为克(g)。

计算结果表示至小数点后五位，取平行测定结果的算术平均值为测定结果。

7.3.1.3 允许差

平行测定结果的相对偏差不大于 100%。

7.3.2 红外吸收光谱法

7.3.2.1 试液的制备

从干燥器中取出按 7.3.1.1 操作所得的含油铂蒸发皿，加 10 mL 四氯化碳，待油溶解后，转移入 50 mL容量瓶中，再用四氯化碳洗涤两到三次，用四氯化碳稀释至刻度，摇匀。

7.3.2.2 标准曲线的绘制

按表 1 给定的用量，在一系列 50 mL 容量瓶中，分别加入给定体积的石蜡油标准溶液，再用四氯化碳稀释至刻度，摇匀。

表 1 标准溶液体积和对应的石蜡油质量

石蜡油标准溶液体积/mL	石蜡油的质量/mg
0.50	0.25
1.00	0.50
2.00	1.00
3.00	1.50
4.00	2.00
5.00	2.50

将红外分光光度计的分析波长调节至 3.42 μm 处，以四氯化碳为背景调节吸光度为零，分别测定各标准溶液的吸光度。

以 50 mL 标准溶液中所含的石蜡油毫克数为横坐标，对应的吸光度为纵坐标，绘制标准曲线。

每次测定均应绘制新的标准曲线。

7.3.2.3 试液的测定

按 7.3.2.2 中标准溶液测定部分同样操作，对 7.3.2.1 中的试液进行吸光度测定。

7.3.2.4 分析结果的表述

油含量 w_2，以 105 ℃下的非挥发油的质量分数计，数值以%表示，按式(2)计算：

$$w_2 = \frac{m_3}{m_0 \times 1\,000} \times 100\% = \frac{m_3}{m_0 \times 10} \qquad \cdots\cdots(2)$$

式中：

m_3——从标准曲线上查出试液吸光度对应的油的质量的数值，单位为毫克(mg)；

m_0——试料质量[为收集于试管中的液氨毫升数乘以 0.68(0.68 g/mL 为液氨的密度)和两个锥形瓶及所附自连接点 5 处起的连接管的质量增量之和]的数值，单位为克(g)。

计算结果表示至小数点后五位，取平行测定结果的算术平均值为测定结果。

7.3.2.5 允许差

平行测定结果的相对偏差不大于 100%。

ICS 71.040.40
G 10

中华人民共和国国家标准

GB/T 8570.7—2010
代替 GB/T 8570.7—1988

液体无水氨的测定方法
第7部分:铁含量 邻菲啰啉分光光度法

Determination of liquefied anhydrous ammonia—
Part 7:Iron content—*o*-Phenathroline spectrophotometric method

(ISO 6685:1982 Chemical products for industrial use—
General method for determination of iron content—
1,10-Phenanthroline spectrophotometric method,NEQ)

2010-09-26 发布 2011-03-01 实施

中华人民共和国国家质量监督检验检疫总局
中国国家标准化管理委员会 发布

前　言

GB/T 8570《液体无水氨的测定方法》分为七个部分：

——第1部分：实验室样品的采取；

——第2部分：氨含量；

——第3部分：残留物含量　重量法；

——第4部分：残留物含量　容量法；

——第5部分：水分　卡尔·费休法；

——第6部分：油含量　重量法和红外吸收光谱法；

——第7部分：铁含量　邻菲啰啉分光光度法。

本部分是GB/T 8570的第7部分。

本部分代替GB/T 8570.7—1988《液体无水氨　铁含量的测定　邻菲啰啉分光光度法》。

本部分与ISO 6685:1982的一致性程度为非等效。

本版与前版的主要差异是：

——试剂溶液、标准滴定溶液等的配制和标定方法执行HG/T 2843标准；

——增加了安全警示的内容；

——按新要求规范了标准的格式。

本部分由中国石油和化学工业协会提出。

本部分由全国肥料和土壤调理剂标准化技术委员会(SAC/TC 105)归口。

本部分起草单位：国家化肥质量监督检验中心(上海)、东方航空股份有限公司安全保障部。

本部分主要起草人：冯卓、武娟、季敏、陈洁。

本部分于1988年首次发布。

液体无水氨的测定方法
第7部分：铁含量　邻菲啰啉分光光度法

警告——使用本标准的人员应有正规实验室工作的实践经验。本标准并未指出所有可能的安全问题。使用者有责任采取适当的安全和健康措施，并保证符合国家有关法律规定的条件。液体无水氨高毒，对皮肤、黏膜和眼睛有腐蚀性，接触可引起严重灼伤。操作时应进行适当防护。

1　范围

GB/T 8570的本部分规定了采用邻菲啰啉分光光度法测定液体无水氨的铁含量。

本部分适用于液体无水氨的铁含量的测定。

2　规范性引用文件

下列文件中的条款通过GB/T 8570的本部分的引用而成为本部分的条款。凡是注日期的引用文件，其随后所有的修改单(不包括勘误的内容)或修订版均不适用于本部分，然而，鼓励根据本部分达成协议的各方研究是否可使用这些文件的最新版本。凡是不注日期的引用文件，其最新版本适用于本部分。

GB/T 8570.1　液体无水氨的测定方法　第1部分：实验室样品的采取

GB/T 8570.3—2010　液体无水氨的测定方法　第3部分：残留物含量　重量法

HG/T 2843　化肥产品　化学分析常用标准滴定溶液、标准溶液、试剂溶液和指示剂溶液

3　原理

液氨试料在室温下蒸发后，用盐酸溶液蒸发残留物中的铁，用抗坏血酸将三价铁还原成二价铁，在pH值为2～9时，二价铁与邻菲啰啉生成橙红色络合物，在最大吸收波长510 nm处，用分光光度计测定其吸光度，计算出铁含量。

4　仪器

4.1　一般实验室仪器；

4.2　取样装置，见GB/T 8570.3—2010中的5.2；

4.3　分光光度计，带3 cm比色皿。

5　试剂和材料

下列的部分试剂和溶液具有腐蚀性，操作者应小心谨慎！如溅到皮肤上应立即用水冲洗或适合的方式进行处理，如有不适应立即就医。

本标准中所用试剂、溶液和水，在未注明规格和配制方法时，均应符合HG/T 2843的规定。

5.1　硫酸溶液，质量分数为10%；

5.2　盐酸溶液，质量分数为10%；

5.3　氨水溶液，质量分数为2.5%；

5.4　乙酸-乙酸钠缓冲溶液，pH值约为4.5；

5.5　抗坏血酸溶液，20 g/L，该溶液贮存于棕色瓶中，使用期约为10 d；

5.6　邻菲啰啉溶液，2 g/L；

5.7 铁标准溶液，1 mL 溶液中含有 1 mg 铁(Fe)；

5.8 铁标准溶液，1 mL 溶液中含有 0.01 mg 铁(Fe)，用铁标准溶液(5.7)准确稀释 100 倍，当日使用。

5.9 甲基红指示液，1 g/L；

5.10 对硝基苯酚指示液，1 g/L；

5.11 冷冻剂，固体二氧化碳(干冰)和工业酒精的混合物，致冷温度 −35 ℃～−40 ℃；

5.12 硅脂，润滑玻璃活塞用。

6 采样

按 GB/T 8570.1 规定进行。

7 分析步骤

做两份试料的平行测定。

7.1 试样

按 GB/T 8570.3—2010 中 7.1 采取试样。

7.2 测定

7.2.1 标准曲线的绘制

7.2.1.1 标准比色溶液的制备

于六只 100 mL 烧杯中，分别加入 0 mL、1.0 mL、2.0 mL、4.0 mL、6.0 mL、8.0 mL 铁标准溶液(5.8)，加水至约 60 mL，用盐酸溶液或氨水溶液调节试液的 pH 值接近 2(用精密 pH 试纸检验)，加 2.5 mL 抗坏血酸溶液和 10 mL 缓冲溶液，摇匀后加入 5 mL 邻菲啰啉溶液，用水稀释至刻度，摇匀后放置 10 min。

7.2.1.2 吸光度测定

将部分显色溶液移入 3 cm 比色皿中，以空白溶液(7.2.1.1 中的 0 mL)作参比溶液，于分光光度计波长 510 nm 处测定其吸光度。

7.2.1.3 标准曲线的绘制

以 100 mL 标准比色溶液中所含铁的微克数为横坐标，相对应的吸光度为纵坐标，绘制标准曲线。

7.2.2 试液的制备和测定

7.2.2.1 试液的制备

从杜瓦瓶中取出含试样的试管，让氨在室温下经两端慢慢蒸发，直到试管底部为由氨水、油和其他在室温下不挥发物所组成的蒸发残留物为止。加 3 mL 盐酸溶液于试管中，使蒸发残留物的水溶液呈酸性，然后将其全部转移到 100 mL 容量瓶中，用水稀释至刻度，摇匀。

移取一定量体积相同的上述溶液两份，于两个 100 mL 容量瓶中，向其中的一个容量瓶中加入 1.00 mL铁标准溶液(5.8)，分别加水至约 60 mL，并用盐酸溶液或氨水溶液调节试液的 pH 值接近 2(用精密 pH 试纸检验)，分别加 2.5 mL 抗坏血酸溶液和 10 mL 缓冲溶液，摇匀后向含铁标准溶液的容量瓶中加入 5 mL 邻菲啰啉溶液，再分别用水稀释至刻度，摇匀后放置 10 min。

7.2.2.2 吸光度的测定

以未加邻菲啰啉溶液显色的试液所参比，在波长 510 nm 处，将分光光度计的吸光度调节至零点，测定显色试液的吸光度。

8 分析结果的表述

铁含量 w_1，以铁(Fe)质量分数计，数值以%表示，按式(1)计算：

$$w_1 = \frac{m_1 d}{m \times 1\,000\,000} \times 100 \qquad \cdots\cdots(1)$$

式中：

m_1——所取试液中铁的质量的数值(从标准曲线上查出显色试液吸光度对应的铁的质量，减去 1.00 mL铁标准溶液相对应的铁的质量)，单位为微克(μg)；

d——试液总体积和用于显色的分取试液的体积的比值；

m——试料质量[为收集于试管中的液氨毫升数乘以 0.68(0.68 g/mL 为液氨的密度)和两个锥形瓶及所附自连接点 5 处起的连接管的质量增量之和]的数值，单位为克(g)。

计算结果保留到五位小数，取平行测定结果的算术平均值为测定结果。

9 允许差

平行测定结果的相对偏差不大于 100％。

ICS 65.080
G 20

中华人民共和国国家标准

GB/T 8572—2010
代替 GB/T 8572—2001

复混肥料中总氮含量的测定 蒸馏后滴定法

Determination of total nitrogen content for compound fertilizers titrimetric method after distillation

(ISO 5315:1984,MOD)

2010-09-26 发布　　2011-03-01 实施

中华人民共和国国家质量监督检验检疫总局
中国国家标准化管理委员会　发布

前　言

本标准是复混肥料试验方法系列标准之一，下面列出了这些系列国家标准：

——GB/T 8571—2008《复混肥料　实验室样品制备》；

——GB/T 8572—2010《复混肥料中总氮含量的测定　蒸馏后滴定法》；

——GB/T 8573—2010《复混肥料中有效磷含量的测定》；

——GB/T 8574—2010《复混肥料中钾含量的测定　四苯硼酸钾重量法》；

——GB/T 8576—2010《复混肥料中游离水含量的测定　真空烘箱法》；

——GB/T 8577—2010《复混肥料中游离水含量的测定　卡尔·费休法》；

——GB/T 24890—2010《复混肥料中氯离子含量的测定》；

——GB/T 24891—2010《复混肥料粒度的测定》。

本标准修改采用国际标准 ISO 5315:1984《肥料中总氮含量的测定　蒸馏后滴定法》。

本标准与 ISO 5315:1984 的主要差异为：

——在无酰胺态氮的情况下硝酸态氮的还原方法由铬粉改为定氮合金；

——氢氧化钠标准滴定浓度由 0.1 mol/L 改为 0.5 mol/L。

本标准代替 GB/T 8572—2001《复混肥料中总氮含量的测定　蒸馏后滴定法》。

本版与前版的主要差异为：根据标准化工作的相关规则，对标准的格式进行了重新编写。

本标准由中国石油和化学工业协会提出。

本标准由全国肥料和土壤调理剂标准化技术委员会(SAC/TC 105)归口。

本标准负责起草单位：国家化肥质量监督检验中心(上海)、史丹利化肥有限公司。

本标准主要起草人：章明洪、朱涛、张小沁、高进华。

本标准于 1988 年首次发布，2001 年第一次修订。

复混肥料中总氮含量的测定
蒸馏后滴定法

1 范围

本标准规定了复混肥料中总氮含量的测定方法。

本标准不适用于含有机物(除尿素、氰氨基化合物外)大于7%的复混肥料。

2 规范性引用文件

下列文件中的条款通过本标准的引用而成为本标准的条款。凡是注日期的引用文件,其随后所有的修改单(不包括勘误的内容)或修订版均不适用于本标准,然而,鼓励根据本标准达成协议的各方研究是否可使用这些文件的最新版本。凡是不注日期的引用文件,其最新版本适用于本标准。

GB/T 2441.1 尿素的测定方法 第1部分:总氮含量

GB/T 8571 复混肥料 实验室样品制备

HG/T 2843 化肥产品 化学分析中常用标准滴定溶液、标准溶液、试剂溶液和指示剂溶液

3 原理

在碱性介质中用定氮合金将硝酸态氮还原,直接蒸馏出氨或在酸性介质中还原硝酸盐成铵盐,在混合催化剂存在下,用浓硫酸消化,将有机态氮或酰胺态氮和氰氨态氮转化为铵盐,从碱性溶液中蒸馏氨。将氨吸收在过量硫酸溶液中,在甲基红-亚甲基蓝混合指示剂存在下,用氢氧化钠标准滴定溶液返滴定。

4 试剂和材料

本标准中所用试剂、溶液和水,在未注明规格和配制方法时,均应符合HG/T 2843的规定。

4.1 硫酸;

4.2 盐酸;

4.3 铬粉:细度小于250 μm;

4.4 定氮合金(Cu:50%、Al:45%、Zn:5%):细度小于850 μm;

4.5 硫酸钾;

4.6 五水硫酸铜;

4.7 混合催化剂制备:将1 000 g硫酸钾和50 g五水硫酸铜充分混合,并仔细研磨;

4.8 氢氧化钠溶液:400 g/L;

4.9 氢氧化钠标准滴定溶液:$c(NaOH)=0.5\ mol/L$;

4.10 硫酸溶液:$c(\frac{1}{2}H_2SO_4)=0.5\ mol/L$ 或 $c(\frac{1}{2}H_2SO_4)=1\ mol/L$;

4.11 甲基红-亚甲基蓝混合指示剂;

4.12 广泛pH试纸;

4.13 硅脂。

5 仪器

5.1 通常实验室用仪器;

5.2 消化仪器:1 000 mL圆底蒸馏烧瓶(与蒸馏仪器配套)和梨形玻璃漏斗;

5.3　蒸馏仪器：按 GB/T 2441.1 配备，或其他具有相同功效的定氮蒸馏仪器；

5.4　防爆沸颗粒或防爆沸装置：后者由一根长约 100 mm，直径约 5 mm 玻璃棒连接在一根长约 25 mm聚乙烯管上。

5.5　消化加热装置：置于通风橱内的 1 500 W 电炉，或能在 7 min～8 min 内使 250 mL 水从常温至剧烈沸腾的其他形式热源；

5.6　蒸馏加热装置：1 000 W～1 500 W 电炉，置于升降台架上，可自由调节高度。也可使用调温电炉或能够调节供热强度的其他形式热源。

6　分析步骤

做两份试料的平行测定。

6.1　试样

按 GB/T 8571 规定制备试样。

从试样中称取总氮含量不大于 235 mg，硝酸态氮含量不大于 60 mg 的试料 0.5 g～2 g（精确至 0.000 2 g）于蒸馏烧瓶中。

6.2　试料处理与蒸馏

6.2.1　仅含铵态氮的试样

6.2.1.1　于蒸馏烧瓶中加入 300 mL 水，摇动使试料溶解，放入防爆沸物后将蒸馏烧瓶连接在蒸馏装置上。

6.2.1.2　于接受器中加入 40.0 mL 硫酸溶液[$c(\frac{1}{2}H_2SO_4)=0.5$ mol/L]或 20.0 mL 硫酸溶液[$c(\frac{1}{2}H_2SO_4)=1$ mol/L]、4～5 滴混合指示剂，并加适量水以保证封闭气体出口，将接受器连接在蒸馏装置上。

蒸馏装置的磨口连接处应涂硅脂密封。

通过蒸馏装置的滴液漏斗加入 20 mL 氢氧化钠溶液（4.8），在溶液将流尽时加入 20 mL～30 mL 水冲洗漏斗，剩 3 mL～5 mL 水时关闭活塞。开通冷却水，同时开启加热装置（5.6），沸腾时根据泡沫产生程度调节供热强度，避免泡沫溢出或液滴带出。蒸馏出至少 150 mL 馏出液后，用 pH 试纸检查冷凝管出口的液滴，如无碱性结束蒸馏。

6.2.2　含硝酸态氮和铵态氮的试样

于蒸馏烧瓶中加入 300 mL 水，摇动使试料溶解，加入定氮合金 3 g 和防爆沸物将蒸馏烧瓶连接于蒸馏装置上。

蒸馏过程除加入 20 mL 氢氧化钠溶液（4.8）后静置 10 min 再加热外，其余步骤同 6.2.1.2。

6.2.3　含酰胺态氮、氰氨态氮和铵态氮的试样

将蒸馏烧瓶置于通风橱中，小心加入 25 mL 硫酸（4.1），插上梨形玻璃漏斗，置于加热装置（5.5）上，加热至冒硫酸白烟 15 min 后停止，待蒸馏烧瓶冷却至室温后小心加入 250 mL 水。

蒸馏过程除加入氢氧化钠溶液（4.8）为 100 mL 外，其余步骤同 6.2.1.2。

6.2.4　含有机物、酰胺态氮、氰氨态氮和铵态氮的试样

将蒸馏烧瓶置于通风橱中，加入 22 g 混合催化剂，小心加入 30 mL 硫酸（4.1），插上梨形玻璃漏斗，置于加热装置（5.5）上加热。

如泡沫很多，减少供热强度至泡沫消失，继续加热至冒硫酸白烟 60 min 后或直到溶液透明后停止。待烧瓶冷却至室温后小心加入 250 mL 水。

蒸馏过程除加入氢氧化钠溶液（4.8）为 120 mL 外，其余步骤同 6.2.1.2。

6.2.5　含硝酸态氮、酰氨态氮、氰氨态氮和铵态氮的试样

于蒸馏烧瓶中加入 35 mL 水，摇动使试料溶解，加入铬粉 1.2 g，盐酸 7 mL，静置 5 min～10 min，

插上梨形玻璃漏斗。

置蒸馏烧瓶于通风橱内的加热装置(5.5)上,加热至沸腾并泛起泡沫后1 min,冷却至室温,小心加入25 mL硫酸(4.1),继续加热至冒硫酸白烟15 min,待蒸馏烧瓶冷却至室温后小心加入400 mL水。

蒸馏过程除加入氢氧化钠溶液(4.8)为100 mL外,其余步骤同6.2.1.2。

6.2.6 含有机物、硝酸态氮、酰胺态氮、氰氨态氮和铵态氮的试样或未知试样

于蒸馏烧瓶中加入35 mL水,摇动使试料溶解,加入铬粉1.2 g,盐酸7 mL,静置5 min~10 min,插上梨形玻璃漏斗。

置蒸馏烧瓶于通风橱内的加热装置(5.5)上,加热至沸腾并泛起泡沫后1 min,冷却至室温,加入22 g混合催化剂,小心加入30 mL硫酸(4.1),继续加热。

如泡沫很多,减少供热强度至泡沫消失,继续加热至冒硫酸白烟60 min后停止,待蒸馏烧瓶冷却至室温后小心加入400 mL水。

蒸馏过程除加入氢氧化钠溶液(4.8)为120 mL外,其余步骤同6.2.1.2。

6.3 滴定

用氢氧化钠标准滴定溶液(4.9)返滴定过量硫酸至混合指示剂呈现灰绿色为终点。

6.4 空白试验

在测定的同时,按同样操作步骤,使用同样的试剂,但不含试料进行空白试验。

6.5 核对试验

使用新制备的含100 mg氮的硝酸铵,按测试试料的相同条件进行。

7 分析结果的表述

7.1 分析结果的计算

总氮(N)含量w,以质量分数(%)表示,按式(1)计算:

$$w=\frac{(V_2-V_1)c\times0.014\ 01}{m}\times100 \qquad \cdots\cdots(1)$$

式中:

V_2——空白试验时,使用氢氧化钠标准滴定溶液的体积的数值,单位为毫升(mL);

V_1——测定时,使用氢氧化钠标准滴定溶液的体积的数值,单位为毫升(mL);

c——测定及空白试验时,使用氢氧化钠标准滴定溶液的浓度的准确数值,单位为摩尔每升(mol/L);

0.014 01——氮的毫摩尔质量的数值,单位为克每毫摩尔(g/mmol);

m——试料质量的数值,单位为克(g)。

计算结果表示到小数点后两位,取平行测定结果的算术平均值作为测定结果。

7.2 允许差

平行测定结果的绝对差值不大于0.30%;

不同实验室测定结果的绝对差值不大于0.50%。

ICS 65.080
G 20

中华人民共和国国家标准

GB/T 8573—2010
代替 GB/T 8573—1999

复混肥料中有效磷含量的测定

Determination of available phosphorus content for compound fertilizers

2010-09-26 发布　　　　2011-03-01 实施

中华人民共和国国家质量监督检验检疫总局
中国国家标准化管理委员会　发布

前　言

本标准是复混肥料试验方法系列标准之一，下面列出了这些系列国家标准：

——GB/T 8571—2008《复混肥料　实验室样品制备》；

——GB/T 8572—2010《复混肥料中总氮含量的测定　蒸馏后滴定法》；

——GB/T 8573—2010《复混肥料中有效磷含量的测定》；

——GB/T 8574—2010《复混肥料中钾含量的测定　四苯硼酸钾重量法》；

——GB/T 8576—2010《复混肥料中游离水含量的测定　真空烘箱法》；

——GB/T 8577—2010《复混肥料中游离水含量的测定　卡尔·费休法》；

——GB/T 24890—2010《复混肥料中氯离子含量的测定》；

——GB/T 24891—2010《复混肥料粒度的测定》。

本标准代替 GB/T 8573—1999《复混肥料中有效磷含量测定》。

本版与前版的主要差异是：根据标准化工作的相关规则，对标准的格式进行了重新编写。

本标准由中国石油和化学工业协会提出。

本标准由全国肥料和土壤调理剂标准化技术委员会(SAC/TC 105)归口。

本标准负责起草单位：国家化肥质量监督检验中心(上海)、史丹利化肥有限公司。

本标准主要起草人：章明洪、刘赟、武娟、高进华。

本标准于 1988 年首次发布，1999 年第一次修订。

复混肥料中有效磷含量的测定

1 范围

本标准规定了复混肥料中水溶性磷和有效磷含量的提取和测定方法，并规定了水溶性磷占有效磷百分率的计算方法。

本标准适用于含磷的复混肥料(包括掺混肥料)，不适用于磷酸铵、硝酸磷肥、磷酸二氢钾等以化学方法合成的复合肥料。

2 规范性引用文件

下列文件中的条款通过本标准的引用而成为本标准的条款。凡是注日期的引用文件，其随后所有的修改单(不包括勘误的内容)或修订版均不适用于本标准，然而，鼓励根据本标准达成协议的各方研究是否可使用这些文件的最新版本。凡是不注日期的引用文件，其最新版本适用于本标准。

GB/T 8571　复混肥料　实验室样品制备

HG/T 2843　化肥产品　化学分析常用标准滴定溶液、标准溶液、试剂溶液和指示剂溶液

3 原理

用水和乙二胺四乙酸二钠(EDTA)溶液提取复混肥料中水溶性磷和有效磷，提取液中正磷酸根离子在酸性介质中与喹钼柠酮试剂生成黄色磷钼酸喹啉沉淀，用磷钼酸喹啉重量法测定磷的含量。

4 试剂和材料

本标准中所用试剂、溶液和水，在未注明规格和配制方法时，均应符合 HG/T 2843 的规定。

4.1　乙二胺四乙酸二钠(EDTA)溶液，37.5 g/L;

称取 37.5 g EDTA 于 1 000 mL 烧杯中，加入少量水溶解，用水稀释至 1 000 mL，混匀。

4.2　喹钼柠酮试剂；

4.3　硝酸溶液，1+1。

5 仪器

5.1　通常实验室用仪器；

5.2　电热恒温干燥箱，温度能维持 180 ℃±2 ℃；

5.3　玻璃坩埚式滤器，4 号，容积 30 mL；

5.4　恒温水浴振荡器，能控制温度 60 ℃±2 ℃的往复式振荡器或回旋式振荡器。

6 分析步骤

做两份试料的平行测定。

6.1　实验室样品制备

按 GB/T 8571 制备供分析用的实验室样品(通称试样)。

6.2　试样称量

称取含有 100 mg～200 mg 五氧化二磷的试样，精确至 0.000 2 g。

6.3　水溶性磷的提取

按 6.2 要求称取试样，置于 75 mL 的瓷蒸发器中，加 25 mL 水研磨，将清液倾注过滤于预先加入

5 mL硝酸溶液的250 mL量瓶中。继续用水研磨三次，每次用25 mL水，然后将水不溶物转移到滤纸上，并用水洗涤水不溶物，待量瓶中溶液达200 mL左右为止。最后用水稀释至刻度，混匀，即为溶液A，供测定水溶性磷用。

6.4 有效磷的提取

按6.2要求，另外称取试样置于滤纸上，用滤纸包裹试样，塞入250 mL量瓶中，加入150 mL EDTA溶液，塞紧瓶塞，摇动量瓶使滤纸破碎、试样分散于溶液中，置于60 ℃±2 ℃的恒温水浴振荡器(5.4)中，保温振荡1 h(振荡频率以量瓶内试样能自由翻动即可)。然后取出量瓶，冷却至室温，用水稀释至刻度，混匀。干过滤，弃去最初部分滤液，即得溶液B，供测定有效磷用。

6.5 水溶性磷的测定

用单标线吸管吸取25 mL溶液A，移入500 mL烧杯中，加入10 mL硝酸溶液，用水稀释至100 mL。在电炉上加热至沸，取下，加入35 mL喹钼柠酮试剂，盖上表面皿，在电热板上微沸1 min或置于近沸水浴中保温至沉淀分层，取出烧杯，冷却至室温。

用预先在180 ℃±2 ℃干燥箱内干燥至恒重的玻璃坩埚式滤器(5.3)过滤，先将上层清液滤完，然后用倾泻法洗涤沉淀1～2次，每次用25 mL水，将沉淀移入滤器中，再用水洗涤，所用水共125 mL～150 mL，将沉淀连同滤器置于180 ℃±2 ℃干燥箱内，待温度达到180 ℃后，干燥45 min，取出移入干燥器内，冷却至室温，称量。

6.6 有效磷的测定

用单标线吸管吸取25 mL溶液B，移入500 mL烧杯中，加入10 mL硝酸溶液(4.3)，用水稀释至100 mL。以下操作按6.5分析步骤进行。

6.7 空白试验

除不加试样外，须与试样测定采用完全相同的试剂、用量和分析步骤，进行平行操作。

7 分析结果的表述

7.1 水溶性磷含量(w_1)及有效磷含量(w_2)，以五氧化二磷(P_2O_5)质量分数(%)表示，按式(1)和式(2)计算：

$$w_1=\frac{(m_1-m_2)\times 0.032\,07}{m_A\times\frac{25}{250}}\times 100=\frac{(m_1-m_2)\times 32.07}{m_A}= \qquad \cdots\cdots(1)$$

$$w_2=\frac{(m_3-m_4)\times 0.032\,07}{m_B\times\frac{25}{250}}\times 100=\frac{(m_3-m_4)\times 32.07}{m_B}= \qquad \cdots\cdots(2)$$

式中：

m_1——测定水溶性磷所得磷钼酸喹啉沉淀的质量的数值，单位为克(g)；

m_2——测定水溶性磷时，空白试验所得磷钼酸喹啉沉淀的质量的数值，单位为克(g)；

0.032 07——磷钼酸喹啉质量换算为五氧化二磷质量的系数；

m_A——测定水溶性磷时，试料质量的数值，单位为克(g)；

25——吸取试样溶液体积的数值，单位为毫升(mL)；

250——试样溶液总体积的数值，单位为毫升(mL)；

m_3——测定有效磷所得磷钼酸喹啉沉淀的质量的数值，单位为克(g)；

m_4——测定有效磷时，空白试验所得磷钼酸喹啉沉淀的质量的数值，单位为克(g)；

m_B——测定有效磷时，试料质量的数值，单位为克(g)。

计算结果表示到小数点后两位，取平行测定结果的算术平均值为测定结果。

7.2 允许差

平行测定结果的绝对差值不大于0.20%；

不同实验室测定结果的绝对差值不大于 0.30%。

7.3 水溶性磷占有效磷的百分率(X),数值以%表示,按式(3)计算:

$$X=\frac{w_1}{w_2}\times 100 \qquad (3)$$

计算结果表示到小数点后一位。

ICS 65.080
G 20

中华人民共和国国家标准

GB/T 8574—2010
代替 GB/T 8574—2002

复混肥料中钾含量的测定 四苯硼酸钾重量法

Determination of potassium content for compound fertilizers—Potassium tetraphenylborate gravimetric method

2010-09-26 发布　　2011-03-01 实施

中华人民共和国国家质量监督检验检疫总局
中国国家标准化管理委员会　发布

前言

本标准是复混肥料试验方法系列标准之一，下面列出了这些系列国家标准：

——GB/T 8571—2008《复混肥料　实验室样品制备》；

——GB/T 8572—2010《复混肥料中总氮含量的测定　蒸馏后滴定法》；

——GB/T 8573—2010《复混肥料中有效磷含量的测定》；

——GB/T 8574—2010《复混肥料中钾含量的测定　四苯硼酸钾重量法》；

——GB/T 8576—2010《复混肥料中游离水含量的测定　真空烘箱法》；

——GB/T 8577—2010《复混肥料中游离水含量的测定　卡尔·费休法》；

——GB/T 24890—2010《复混肥料中氯离子含量的测定》；

——GB/T 24891—2010《复混肥料粒度的测定》。

本标准中试样溶液的制备参照了 ISO 5317:1983《肥料　水溶性钾含量的测定　试样溶液的制备》。

本标准代替 GB/T 8574—2002《复混肥料中钾含量的测定　四苯硼酸钾重量法》。

本版与前版的主要差异为：对标准的格式进行了重新编写。

本标准由中国石油和化学工业协会提出。

本标准由全国肥料和土壤调理剂标准化技术委员会(SAC/TC 105)归口。

本标准负责起草单位：国家化肥质量监督检验中心(上海)、无锡市太平洋化肥有限公司。

本标准主要起草人：章明洪、周勇明、刘刚、刘赟、袁云。

本标准于 1988 年首次发布，2002 年第一次修订。

复混肥料中钾含量的测定 四苯硼酸钾重量法

1 范围

本标准规定了复混肥料中钾含量的测定。

本标准适用于复混肥料中钾含量的测定。

2 规范性引用文件

下列文件中的条款通过本标准的引用而成为本标准的条款。凡是注日期的引用文件，其随后所有的修改单(不包括勘误的内容)或修订版均不适用于本标准，然而，鼓励根据本标准达成协议的各方研究是否可使用这些文件的最新版本。凡是不注日期的引用文件，其最新版本适用于本标准。

GB/T 8571 复混肥料 实验室样品制备

HG/T 2843 化肥产品 化学分析常用标准滴定溶液、标准溶液、试剂溶液和指示剂溶液

3 原理

在弱碱性溶液中，四苯硼酸钠溶液与试样溶液中的钾离子生成四苯硼酸钾沉淀，将沉淀过滤、干燥及称重。如试样中含有氰氨基化物或有机物时，可先加溴水和活性炭处理。为了防止阳离子干扰，可预先加入适量的乙二胺四乙酸二钠盐(EDTA)，使阳离子与乙二胺四乙酸二钠络合。

4 试剂和材料

本标准中所用试剂、溶液和水，在未注明规格和配制方法时，均应符合 HG/T 2843 的规定；

4.1 四苯硼酸钠溶液：15 g/L；

4.2 乙二胺四乙酸二钠盐(EDTA)溶液：40 g/L；

4.3 氢氧化钠溶液：400 g/L；

4.4 溴水溶液：约 5%(质量分数)；

4.5 四苯硼酸钠洗涤液：1.5 g/L；

4.6 酚酞：5 g/L 乙醇溶液，溶解 0.5 g 酚酞于 100 mL 95%(质量分数)乙醇中；

4.7 活性炭：应不吸附或不释放钾离子。

5 仪器

5.1 通常实验室用仪器；

5.2 玻璃坩埚式滤器：4 号，30 mL；

5.3 干燥箱：能维持 120 ℃±5 ℃的温度。

6 试样溶液的制备

做两份试料的平行测定。

按 GB/T 8571 规定制备实验室样品。

称取含氧化钾约 400 mg 的试样 2 g～5 g(称准至 0.000 2 g)，置于 250 mL 锥形瓶中，加约 150 mL

水,加热煮沸 30 min,冷却,定量转移到 250 mL 量瓶中,用水稀释至刻度,混匀,干过滤,弃去最初 50 mL滤液。

7 分析步骤

7.1 试液处理

7.1.1 试样不含氰氨基化物或有机物

吸取上述滤液 25.0 mL,置于 200 mL 烧杯中,加 EDTA 溶液 20 mL(含阳离子较多时可加 40 mL),加 2～3 滴酚酞溶液,滴加氢氧化钠溶液至红色出现时,再过量 1 mL,在良好的通风柜内缓慢加热煮沸 15 min,然后放置冷却或用流水冷却至室温,若红色消失,再用氢氧化钠溶液调至红色。

7.1.2 试样含有氰氨基化物或有机物

吸取上述滤液 25.0 mL,置入 200 mL～250 mL 烧杯中,加入溴水溶液 5 mL,将该溶液煮沸直至所有溴水完全脱除为止(无溴颜色),若含有其他颜色,将溶液体积蒸发至小于 100 mL,待溶液冷却后,加 0.5 g 活性炭,充分搅拌使之吸附,然后过滤,并洗涤 3～5 次,每次用水约 5 mL,收集全部滤液,加 EDTA 溶液 20 mL(含阳离子较多时加 40 mL),以下步骤同(7.1.1)操作。

7.2 沉淀及过滤

在不断搅拌下,于试样溶液(7.1.1 或 7.1.2)中逐滴加入四苯硼酸钠溶液,加入量为每含 1 mg 氧化钾加四苯硼酸钠溶液 0.5 mL,并过量约 7 mL,继续搅拌 1 min,静置 15 min 以上,用倾滤法将沉淀过滤于 120 ℃下预先恒重的 4 号玻璃坩埚式滤器内,用四苯硼酸钠洗涤液洗涤沉淀 5～7 次,每次用量约 5 mL,最后用水洗涤 2 次,每次用量 5 mL。

7.3 干燥

将盛有沉淀的坩埚置入 120 ℃±5 ℃干燥箱中,干燥 1.5 h,然后放在干燥器内冷却,称重。

注:坩埚洗涤时,若沉淀不易洗去,可用丙酮进一步清洗。

7.4 空白试验

除不加试样外,分析步骤及试剂用量均与上述步骤相同。

8 分析结果的表述

8.1 分析结果的计算

钾含量 w,以氧化钾(K_2O)质量分数(%)表示,按式(1)计算:

$$w=\frac{(m_2-m_1)\times 0.1314}{m_0\times 25/250}\times 100=\frac{(m_2-m_1)\times 131.4}{m_0} \qquad \cdots\cdots(1)$$

式中:

m_2——四苯硼酸钾沉淀的质量的数值,单位为克(g);

m_1——空白试验时所得四苯硼酸钾沉淀的质量的数值,单位为克(g);

0.131 4——四苯硼酸钾质量换算为氧化钾质量的系数;

m_0——试料的质量的数值,单位为克(g);

25——吸取试样溶液体积的数值,单位为毫升(mL);

250——试样溶液总体积的数值,单位为毫升(mL)。

计算结果表示到小数点后两位,取平行测定结果的算术平均值作为测定结果。

8.2 允许差

平行测定和不同实验室测定结果的允许差应符合表 1 要求。

表 1

钾的质量分数(以 K_2O 计)/%	平行测定允许差值/%	不同实验室测定允许差值/%
<10.0	0.20	0.40
10.0～20.0	0.30	0.60
>20.0	0.40	0.80

ICS 65.080
G 20

中华人民共和国国家标准

GB/T 8576—2010
代替 GB/T 8576—2002

复混肥料中游离水含量的测定 真空烘箱法

Determination of free water for compound fertilizers—Vacuum oven method

2010-09-26 发布　　2011-03-01 实施

中华人民共和国国家质量监督检验检疫总局
中国国家标准化管理委员会　发布

前　言

本标准是复混肥料试验方法系列标准之一，下面列出了这些系列国家标准：

——GB/T 8571—2008《复混肥料　实验室样品制备》；

——GB/T 8572—2010《复混肥料中总氮含量的测定　蒸馏后滴定法》；

——GB/T 8573—2010《复混肥料中有效磷含量的测定》；

——GB/T 8574—2010《复混肥料中钾含量的测定　四苯硼酸钾重量法》；

——GB/T 8576—2010《复混肥料中游离水含量的测定　真空烘箱法》；

——GB/T 8577—2010《复混肥料中游离水含量的测定　卡尔·费休法》；

——GB/T 24890—2010《复混肥料中氯离子含量的测定》；

——GB/T 24891—2010《复混肥料粒度的测定》。

本标准代替 GB/T 8576—2002《复混肥料中游离水含量的测定　真空烘箱法》。

本版与前版的主要差异是：根据标准化工作的相关规则，对标准的格式进行了重新编写。

本标准由中国石油和化学工业协会提出。

本标准由全国肥料和土壤调理剂标准化技术委员会(SAC/TC 105)归口。

本标准负责起草单位：国家化肥质量监督检验中心(上海)、无锡市太平洋化肥有限公司。

本标准主要起草人：刘赟、章明洪、祝益良、袁云。

本标准于1988年首次发布，2002年第一次修订。

复混肥料中游离水含量的测定
真空烘箱法

1 范围

本标准规定了真空烘箱法测定复混肥料中游离水含量。

本标准不适用于在干燥过程中能产生非水分的挥发性物质的复混肥料。

2 规范性引用文件

下列文件中的条款通过本标准的引用而成为本标准的条款。凡是注日期的引用文件，其随后所有的修改单(不包括勘误的内容)或修订版均不适用于本标准，然而，鼓励根据本标准达成协议的各方研究是否可使用这些文件的最新版本。凡是不注日期的引用文件，其最新版本适用于本标准。

GB/T 8571 复混肥料 实验室样品制备

3 仪器

3.1 通常实验室仪器；

3.2 电热恒温真空干燥箱(真空烘箱)：温度可控制在 50 ℃±2 ℃，真空度可控制在 6.4×10^4 Pa～7.1×10^4 Pa；

3.3 带磨口塞称量瓶：直径 50 mm，高 30 mm。

4 步骤

做两份试料的平行测定。

按 GB/T 8571 规定制备实验室样品。

于预先干燥并恒重的称量瓶中，称取实验室样品 2 g，称准至 0.000 2 g，置于 50 ℃±2 ℃，通干燥空气调节真空度为 6.4×10^4 Pa～7.1×10^4 Pa 的电热恒温真空干燥箱中干燥 2 h±10 min，取出，在干燥器中冷却至室温，称量。

5 分析结果的表达

5.1 分析结果的计算

游离水的含量 w，以质量分数(%)表示，按式(1)计算：

$$w=\frac{m-m_1}{m}\times100 \qquad \cdots\cdots(1)$$

式中：

m——干燥前试料的质量的数值，单位为克(g)；

m_1——干燥后试料的质量的数值，单位为克(g)。

计算结果表示到小数点后两位，取平行测定结果的算术平均值作为测定结果。

5.2 允许差

游离水的质量分数 $w\leqslant2.0\%$时，平行测定结果的绝对差值应$\leqslant0.20\%$；

游离水的质量分数 $w>2.0\%$时，平行测定结果的绝对差值应$\leqslant0.30\%$。

ICS 65.080
G 20

中华人民共和国国家标准

GB/T 8577—2010
代替 GB/T 8577—2002

复混肥料中游离水含量的测定 卡尔·费休法

Determination of free water for compound fertilizers—Karl Fischer method

2010-09-26 发布　　2011-03-01 实施

中华人民共和国国家质量监督检验检疫总局
中国国家标准化管理委员会　发布

前 言

本标准是复混肥料试验方法系列标准之一，下面列出了这些系列国家标准：

——GB/T 8571—2008《复混肥料 实验室样品制备》；

——GB/T 8572—2010《复混肥料中总氮含量的测定 蒸馏后滴定法》；

——GB/T 8573—2010《复混肥料中有效磷含量的测定》；

——GB/T 8574—2010《复混肥料中钾含量的测定 四苯硼酸钾重量法》；

——GB/T 8576—2010《复混肥料中游离水含量的测定 真空烘箱法》；

——GB/T 8577—2010《复混肥料中游离水含量的测定 卡尔·费休法》；

——GB/T 24890—2010《复混肥料中氯离子含量的测定》；

——GB/T 24891—2010《复混肥料粒度的测定》。

本标准代替 GB/T 8577—2002《复混肥料中游离水含量的测定 卡尔·费休法》。

本版与前版的主要差异是：将吸取 10 mL 试液改为 5 mL 试液，并对计算公式作了相应的改动。

本标准由中国石油和化学工业协会提出。

本标准由全国肥料和土壤调理剂标准化技术委员会(SAC/TC 105)归口。

本标准负责起草单位：国家化肥质量监督检验中心(上海)、无锡市太平洋化肥有限公司。

本标准主要起草人：章明洪、张求真、金志强、袁云。

本标准于 1988 年首次发布，2002 年第一次修订。

复混肥料中游离水含量的测定
卡尔·费休法

1 范围

本标准规定用二氧六环萃取肥料中的游离水，然后用卡尔·费休试剂滴定的方法，测定复混肥料中游离水含量。

2 规范性引用文件

下列文件中的条款通过本标准的引用而成为本标准的条款。凡是注日期的引用文件，其随后所有的修改单（不包括勘误的内容）或修订版均不适用于本标准，然而，鼓励根据本标准达成协议的各方研究是否可使用这些文件的最新版本。凡是不注日期的引用文件，其最新版本适用于本标准。

GB/T 6283 化工产品中水分含量的测定 卡尔·费休法（通用方法）（GB/T 6283—2008，ISO 760:1978，NEQ）

GB/T 8571 复混肥料 实验室样品制备

HG/T 2843 化肥产品 化学分析常用标准滴定溶液、标准溶液、试剂溶液和指示剂溶液

3 原理

试样中的游离水与已知水的滴定度的卡尔·费休试剂进行定量反应，反应式如下：

$$H_2O+I_2+SO_2+3C_5H_5N = 2C_5H_5N\cdot HI+C_5H_5N\cdot SO_3$$

$$C_5H_5N\cdot SO_3+CH_3OH= C_5H_5NH\cdot OSO_2OCH_3$$

4 试剂和材料

本标准中所用试剂、溶液和水，在未注明规格和配制方法时，均应符合 HG/T 2843 的规定。

4.1 5A 分子筛：直径 3 mm～5 mm 颗粒，用作干燥剂。使用前，于 500 ℃下焙烧 2 h 并在内装分子筛的干燥器中冷却。使用过的分子筛可用水洗涤、烘干、焙烧再生后备用；

4.2 甲醇：水含量的质量分数≤0.05%，如试剂含水量的质量分数>0.05%，于 500 mL 甲醇中加入 5A 分子筛（4.1）约 50 g，塞上瓶塞，放置过夜，吸取上层清液使用；

4.3 二氧六环：经脱水处理，方法同 4.2；

4.4 无水乙醇：经脱水处理，方法同 4.2；

4.5 卡尔·费休试剂：按 GB/T 6283 配制。

注：无吡啶的卡尔·费休改进试剂也可使用，其配制方法见 HG/T 2843。

5 仪器

5.1 通常实验室用仪器；

5.2 卡尔·费休直接电量滴定仪器，按 GB/T 6283 配备，或与之性能相当的卡尔·费休仪器；

5.3 离心机，医用，（0～4 000）r/min；

5.4 注射器，5 mL、50 mL。

6 分析步骤

6.1 卡尔·费休试剂的标定

按 GB/T 6283 规定步骤，用二水合酒石酸钠(或水)标定。

6.2 测定

做两份试料的平行测定。

按 GB/T 8571 规定制备实验室样品。

于 125 mL 带盐水瓶橡皮塞的锥形瓶中，精确称取游离水含量不大于 150 mg 的实验室样品 1.5 g～2.5 g，称准至 0.000 2 g，盖上瓶塞，用注射器注入 50.0 mL 二氧六环(除仲裁必须使用外，一般情况下，可用无水乙醇或甲醇代替)，摇动或振荡数分钟，静置 15 min，再摇动或振荡数分钟，待试样稍为沉降后，取部分溶液于带盐水瓶橡皮塞的离心管中离心。

通过排泄嘴将滴定容器中残液放完，加 50 mL 甲醇于滴定容器中，甲醇用量须足以淹没电极，接通电源，打开电磁搅拌器，与标定卡尔·费休试剂一样，用卡尔·费休试剂滴定至电流计产生与标定时同样的偏斜，并保持稳定 1 min。

用注射器从离心管中取出 5.0 mL 二氧六环萃取液，经加料口注入滴定容器中，用卡尔·费休试剂滴定至终点，记录所消耗的卡尔·费休试剂的体积(V_1)。

用二氧六环作萃取剂时，应在三次滴定后将滴定容器中残液放完，加入甲醇，用卡尔·费休试剂滴定至同样终点。其后进行下一次测定。

以同样方法，测定 5.0 mL 二氧六环所消耗的卡尔·费休试剂的体积(V_2)。

7 分析结果的表述

7.1 分析结果的计算

游离水含量 w，以质量分数(%)表示，按式(1)计算：

$$w=\frac{T(V_1-V_2)}{m\times\frac{5}{50}\times 1\,000}\times 100=\frac{(V_1-V_2)T}{m} \quad \cdots\cdots(1)$$

式中：

V_1——滴定 5.0 mL 二氧六环萃取溶液所消耗的卡尔·费休试剂的体积的数值，单位为毫升(mL)；

V_2——滴定 5.0 mL 二氧六环所消耗的卡尔·费休试剂的体积的数值，单位为毫升(mL)；

T——卡尔·费休试剂对水的滴定度的数值，单位为毫克每毫升(mg/mL)；

m——试料的质量的数值，单位为克(g)。

计算结果表示到小数点后两位，取平行测定结果的算术平均值作为测定结果。

7.2 允许差

游离水的质量分数 $w\leqslant 2.0\%$时，平行测定结果的绝对差值应$\leqslant 0.30\%$；

游离水的质量分数 $w>2.0\%$时，平行测定结果的绝对差值应$\leqslant 0.40\%$。

ICS 01.080.20;53.100
P 97

GB

中华人民共和国国家标准

GB/T 8593.1—2010/ISO 6405-1:2004
代替 GB/T 8593.1—1998

土方机械　司机操纵装置和其他显示装置用符号　第1部分:通用符号

Earth-moving machinery—Symbols for operator controls and other displays—Part 1:Common symbols

(ISO 6405-1:2004,IDT)

2010-12-01 发布　　2011-03-01 实施

中华人民共和国国家质量监督检验检疫总局
中国国家标准化管理委员会　发布

前　言

GB/T 8593《土方机械　司机操纵装置和其他显示装置用符号》分为两个部分：

——第1部分:通用符号；

——第2部分:机器、工作装置和附件的特殊符号。

本部分等同采用ISO 6405-1:2004《土方机械　司机操纵装置和其他显示装置用符号　第1部分:通用符号》(英文版)。

本部分等同翻译ISO 6405-1:2004。

为便于使用,本部分做了下列编辑性修改：

——"本国际标准"一词改为"本部分"；

——删除了国际标准前言；

——对ISO 6405-1:2004中引用的国际标准,用已采用为我国的标准代替对应的国际标准；

——将4.6条中"由左向右"修正为"由右向左"。

本部分是对GB/T 8593.1—1998《土方机械　司机操纵和其他显示符号　第1部分:通用符号》的修订。

本部分与GB/T 8593.1—1998相比,主要变化如下：

——对一些条款内容进行了修改；

——符号总数量由142个增加到188个,其中,取消了6个符号,增设了52个符号。增加了"轮胎和车轮符号"和"转向系统符号"两类术语；

——对一些符号的图形进行了修改；

——增加了"参考文献"。

本部分代替GB/T 8593.1—1998。

本部分由中国机械工业联合会提出。

本部分由全国土方机械标准化技术委员会(SAC/TC 334)归口。

本部分负责起草单位:天津工程机械研究院。

本部分参加起草单位:广西柳工机械股份有限公司。

本部分主要起草人:吴润才、蔡登胜。

本部分所代替标准的历次版本发布情况为：

——GB 8593—1988、GB/T 8593.1—1998。

土方机械　司机操纵装置和其他显示装置用符号　第1部分:通用符号

1　范围

GB/T 8593 的本部分规定了 GB/T 8498 中定义的土方机械的司机操纵装置和其他显示装置用的通用符号。

这些符号也适用于其他类型的非道路自行式作业机械。

2　规范性引用文件

下列文件中的条款通过本部分的引用而成为本部分的条款。凡是注日期的引用文件,其随后所有的修改单(不包括勘误的内容)或修订版均不适用于本部分,然而,鼓励根据本部分达成协议的各方研究是否可使用这些文件的最新版本。凡是不注日期的引用文件,其最新版本适用于本部分。

GB/T 5465.11　电气设备用图形符号基本规则　第1部分:原形符号的生成(GB/T 5465.11—2007,IEC 80416-1:2001,IDT)

GB/T 8498　土方机械　基本类型　识别、术语和定义(GB/T 8498—2008,ISO 6165:2006,IDT)

GB/T 16902.2　设备用图形符号表示规则　第2部分:箭头的形式和使用(GB/T 16902.2—2008,ISO 80416-2:2001,IDT)

GB/T 23371.3　电气设备用图形符号基本规则　第3部分:应用导则(GB/T 23371.3—2009,IEC 80416-3:2002,IDT)

3　术语和定义

下列术语和定义适用于本部分。

3.1

符号　symbol

不使用语言而通过绘制、印刷或其他方法形成的视觉图形,该视觉图形表达具有特定含义的信息。

4　总则

4.1　符号应按本部分相应条款的规定。选用本部分中以轮廓形式表示的符号时,为了翻印清晰和改善司机的视觉效果,实际应用中可对符号涂实,但另有说明的个别符号除外。

4.2　受某些翻印和显示技术的限制,为使司机看得更清,可能需要增加符号线的宽度,或做其他较小的修改。只要不改变符号的基本图形要素,这样的修改是允许的。

4.3　为了改善一个图形符号的外形和识别能力,或与其应用的装置设计相协调,可改变该符号轮廓线的宽度或把符号的角倒圆。只要该符号可视特性仍保持不变,图形设计者可做出这些改动。见 GB/T 5465.11 和 GB/T 23371.3。

4.4　在实际使用时,为使司机易于识别辨认,所有符号均应翻印成足够大的尺寸。有关符号正常尺寸的指南见 GB/T 23371.3。除另有说明的个别符号外,符号的使用应按 GB/T 8593 本部分所示的方位。

4.5 大多数符号是采用积木式组合方式构成的，即用逻辑的方式组合各种符号和符号要素，形成新的符号。

示例：符号 8.4(发动机机油滤清器)是由符号 6.1(发动机)、6.5(油)和 6.11(滤清器)组合而成。

4.6 若符号中显示的机器或其部件为侧视图时，则应假定符号中机器是由右向左移动。若符号中显示的机器或其部件为俯视图时，则应假定符号中机器是由底部向顶端移动。

4.7 操纵装置和显示装置上的符号与其背景应有明显的对比度，对于大多数操纵装置最好是在暗色的背景上有明亮色的符号。显示装置符号可以用在暗色的背景上有明亮色的符号或在明亮色的背景上有暗色的符号，可根据哪个具有最佳的视觉效果对其选择。当符号图象变换时(例如：由黑变成白，或者相反)，则整个符号也应进行变换。

4.8 符号应位于所标识的操纵装置和显示装置上或其附近。当一个操纵装置需要一个以上的符号时，符号的位置应使相关联的操纵装置按符号方向进行动作时实现该符号所描述的功能。

4.9 符号中使用的箭头应符合 GB/T 16902.2 的规定，符号原形创建的基本原则应符合 GB/T 5465.11。符号的应用导则应符合 GB/T 23371.3。

4.10 本部分的符号中显示有 ISO/IEC 注册号，小于 5 000 的注册号参见 ISO 7000，大于 5 000 的注册号参见 IEC 60417。

注：符号原形由 ISO/TC 145/SC 3 核准及注册，并在 ISO 7000 中发布。一些优于原形符号的修改或申请的符号在 GB/T 8593 的本部分中给予了标准化。

4.11 字母和数字可作为符号使用。在 9.8～9.17 中，当字母和数字运用在土方机械传动系统相关的操纵装置和显示装置时具有指定的意义。本部分中所显示字母和数字的字体并不是要限定的字体，可用其他字体替代，但应注意保持清晰易读。

注：字母和数字没有由 ISO/TC 145/SC 3 注册或发布在 ISO 7000 中。

4.12 本部分给出的符号是其原始尺寸的 32%。根据 GB/T 5465.11，角标“L”形成边长为 75 mm 的图形方格。角标不是符号的组成部分，但其保证所有符号图形的表示形式一致。

5 颜色

5.1 当使用灯光显示时，下列颜色的含义是：

——红色：失效或严重故障，需立即注意；

——黄色或琥珀色：超出正常工作的限定；

——绿色：正常工作状态。

5.2 某些颜色用于特定的功能：

——蓝色：“远光灯；主光灯”显示(见 13.1)；

——红色：“危险警告”显示(见 13.6)；

——绿色：“转向信号”显示(见 13.10)。

5.3 如果颜色用于加热和/或冷却系统的符号时，则用红色表示热，用蓝色表示冷。

6 基本符号 Base symbols

符号编号	符号	说明/应用	ISO/IEC 注册号
6.1		发动机;往复式内燃发动机 Engine; reciprocating internal combustion engine	ISO 7000-1156
6.2		传动系统 Transmission	ISO 7000-1166-A
6.3		液压系统 Hydraulic system	ISO 7000-1409
6.4		制动系统 Brake system	ISO 7000-1399
6.5		油;液体 Oil;fluid	ISO 7000-1056
6.6	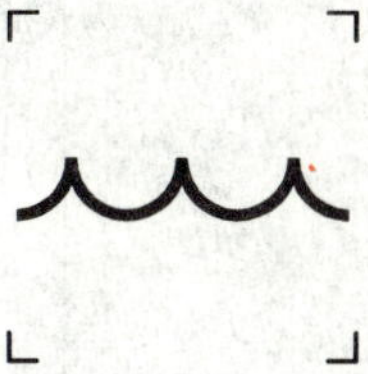	水;液体;冷却液 Water;fluid;coolant	ISO 7000-0536
6.7	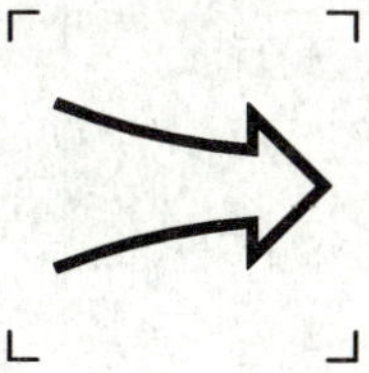	进气 Intake air 仅用于与其他符号(例如:发动机)组合时使用的符号元素,在所有应用中都应为轮廓线	ISO 7000-1604

符号编号	符号	说明/应用	ISO/IEC 注册号
6.8		排气 Exhaust gas 仅用于与其他符号(例如:发动机)组合时使用的符号元素,在所有应用中都应涂实	ISO 7000-1605
6.9	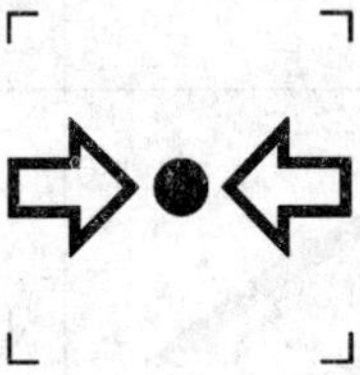	压力 Pressure	ISO 7000-1701
6.10	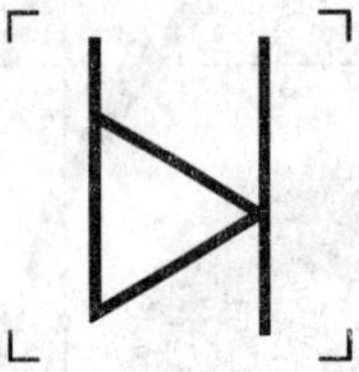	液位指示器 Level indicator	申请号 ISO 7000-0159
6.11	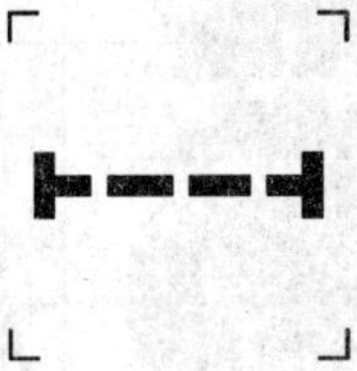	滤清器 Filter	ISO 7000-1369
6.12		温度 Temperature	ISO 7000-0034
6.13		一般故障;失效 Malfunction,general;failure	ISO 7000-1603-B
6.14	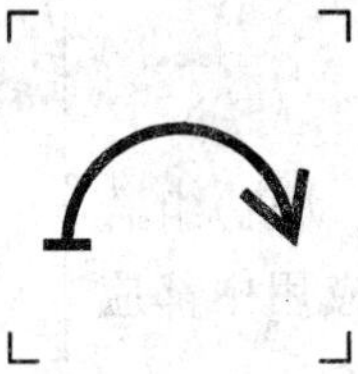	启动/曲柄 Start/crank 通常用于发动机启动开关	ISO 7000-1365

7 一般符号 General symbols

符号编号	符号	说明/应用	ISO/IEC 注册号
7.1	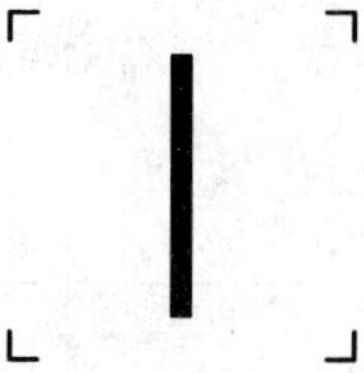	接通;启动 On;start	申请号 IEC 60417-5007
7.2	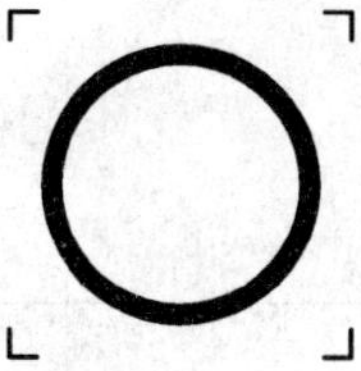	断开;停止 Off;stop	申请号 IEC 60417-5008
7.3		接通和断开 On and off	申请号 IEC 60417-5010
7.4		正号;增加;正极 Plus;increase;positive polarity	申请号 IEC 60417-5005
7.5		负号;减少;负极 Minus;decrease;negative polarity	申请号 IEC 60417-5006
7.6		喇叭 Horn	ISO 7000-0244
7.7		点烟器 Lighter	ISO 7000-0620

符号编号	符号	说明/应用	ISO/IEC 注册号
7.8	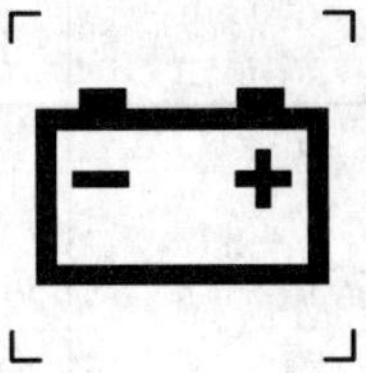	电池充电状态 Battery charging condition	ISO 7000-0247
7.9		时钟;定时开关;计时器 Clock;time switch;timer	IEC 60417-5184
7.10		小时计;作业计时器 Hourmeter;elapsed operating hours	ISO 7000-1366
7.11	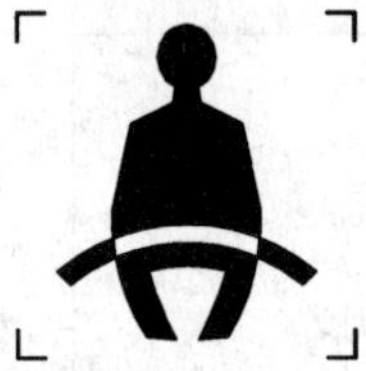	座椅处安全带,仅为大腿处安全带 Seat belt,lap belt only	ISO 7000-1702
7.12	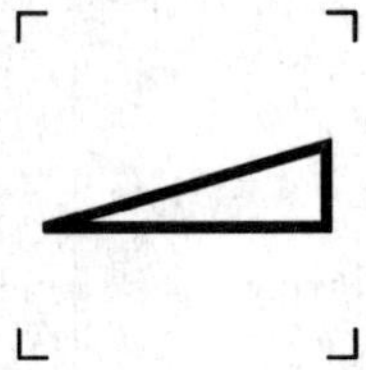	变化:直线调节 Variability,linear adjustment	IEC 60417-5004
7.13		变化:旋转调节 Variability,rotational adjustment	ISO 7000-1364
7.14		容器空 Volume,empty	ISO 7000-1563

符号编号	符号	说明/应用	ISO/IEC 注册号
7.15		容器半满 Volume,half-full	ISO 7000-1564
7.16		容器满 Volume,full	ISO 7000-1565
7.17		操纵杆操作方向:双向 Control lever operating direction,dual-direction 使适当的符号置于方向箭头的末端	ISO 7000-1436
7.18		操纵杆操作方向:多方向 Control lever operating direction,multiple-direction 使适当的符号置于方向箭头的末端	ISO 7000-1703
7.19		顺时针旋转 Clockwise rotation	ISO 7000-0258
7.20		逆时针旋转 Anti-clockwise rotation	ISO 7000-0937
7.21	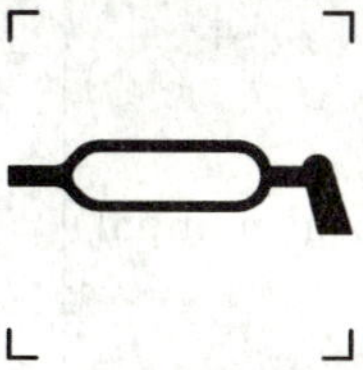	润滑脂润滑点;用润滑脂润滑;加注润滑脂润滑 Grease lubrication point;lubricate with grease;grease lubrication	ISO 7000-0787

符号编号	符号	说明/应用	ISO/IEC 注册号
7.22	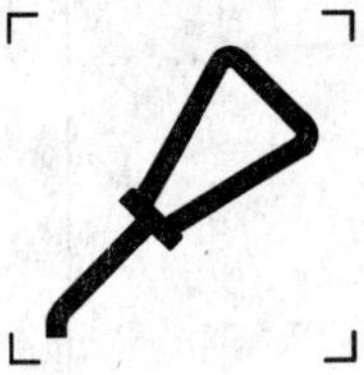	润滑油润滑点;用油润滑;加注润滑油 Oil lubrication point;lubricate with oil;lubricating oil	ISO 7000-0391
7.23		起吊点 Lift point	ISO 7000-1368
7.24		千斤顶支点;中心支撑 Jack support point;central support	ISO 7000-0542
7.25	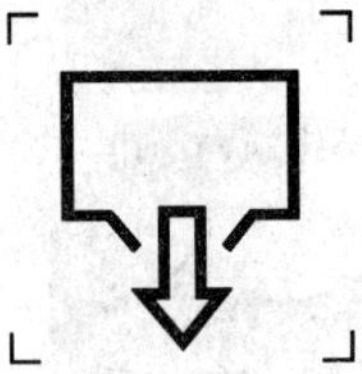	排放;排空 Draining;emptying	ISO 7000-0029
7.26		阅读司机手册 Read operator's manual	ISO 7000-0790
7.27		捆系点 Tie down point	ISO 7000-2069
7.28		服务指示器;阅读技术手册 Service indicator;read technical manual	ISO 7000-1659

符号编号	符号	说明/应用	ISO/IEC 注册号
7.29		移动机器报警;倒车报警 Moving machine alarm; rearward moving vehicle alarm	ISO 7000-2104
7.30		取消倒车报警 Rearward moving vehicle alarm,cancel	ISO 7000-2240
7.31		雷达传感器 Radar sensor	ISO 7000-2241
7.32		紧急报警指示器 Urgent alert indicator 用于通用报警铃声提示其他的人(已经存在)的符号	ISO 7000-2301
7.33	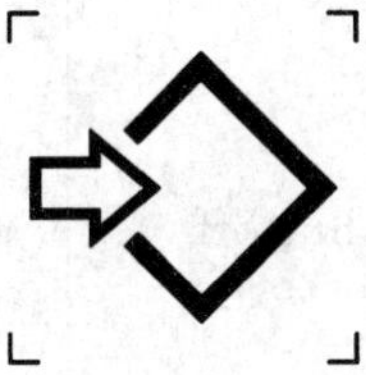	输入数据 Enter data 用于标识电子监控器输入数据的控制	申请号 ISO 7000-1025
7.34		储存输入的数据 Save entered data 用于标识储存电子监控器已输入数据的控制	ISO 7000-2167
7.35		取消输入的数据 Cancel entered data 用于标识取消电子监控器已输入数据的控制	申请号 ISO 7000-1028

符号编号	符号	说明/应用	ISO/IEC 注册号
7.36		手动控制;手动操作;手动起动 Manual control; manual operation; manual start	ISO 7000-0096
7.37		数字计数器 Digital counter	ISO 7000-2168
7.38		填充 Filling	ISO 7000-0028
7.39		道路行驶模式 Roadway travel mode 用于指示机器设定为行驶在公路上。	ISO 7000-2310
7.40	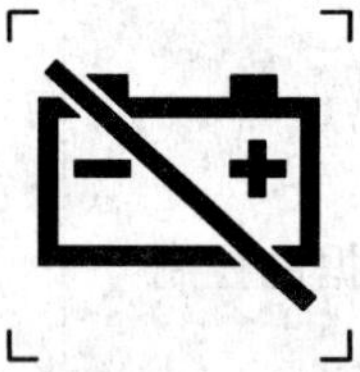	电池断开;电池关闭 Battery disconnect;battery shut-off	ISO 7000-2063
7.41		快 Fast	作为信息, 符号没有注册
7.42		慢 Slow	作为信息, 符号没有注册

8 发动机符号 Engine symbols

符号编号	符号	说明/应用	ISO/IEC 注册号
8.1		发动机机油 Engine lubricating oil 如仅指发动机机油油位，可用该符号表示	ISO 7000-1372
8.2		发动机机油压力 Engine lubricating oil pressure	ISO 7000-1374
8.3		发动机机油油位 Engine lubricating oil level	ISO 7000-1373
8.4		发动机机油滤清器 Engine lubricating oil filter	ISO 7000-1376
8.5		发动机机油温度 Engine lubricating oil temperature	ISO 7000-1375
8.6		发动机冷却液 Engine coolant 如仅表示发动机冷却液位，可用该符号表示	ISO 7000-1377
8.7		发动机冷却液压力 Engine coolant pressure	ISO 7000-1379

符号编号	符号	说明/应用	ISO/IEC 注册号
8.8		发动机冷却液液位 Engine coolant level	ISO 7000-1378
8.9		发动机冷却液滤清器 Engine coolant filter	ISO 7000-1562
8.10		发动机冷却液温度 Engine coolant temperature	ISO 7000-1380
8.11		发动机进气;助燃空气 Engine intake;combustion air	ISO 7000-1181
8.12		发动机进气压力;助燃空气压力 Engine intake pressure; combustion air pressure	ISO 7000-1382
8.13		发动机进气滤清器;助燃空气滤清器 Engine intake air filter; combustion air filter	ISO 7000-1170
8.14		发动机进气温度;助燃空气温度 Engine intake air temperature;combustion air temperature	ISO 7000-1383

符号编号	符号	说明/应用	ISO/IEC 注册号
8.15		发动机排气 Engine exhaust gas	ISO 7000-1384
8.16		发动机排气压力 Engine exhaust gas pressure	ISO 7000-1385
8.17		发动机排气温度 Engine exhaust gas temperature	ISO 7000-1386
8.18		发动机起动 Engine start	ISO 7000-1387
8.19		发动机熄火 Engine stop	ISO 7000-1388
8.20		发动机失效/故障 Engine failure/malfunction	ISO 7000-1371
8.21		发动机转速(转每分钟) Engine rotational speed (revolutions per minute)	申请号 ISO 7000-1389

符号编号	符号	说明/应用	ISO/IEC 注册号
8.22	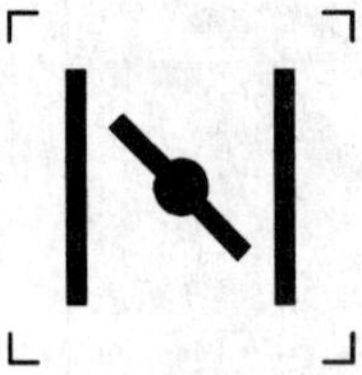	节气门;冷起动指示 Choke;cold starting aid	ISO 7000-0243
8.23		发动机起动指示:起动注油器 Engine start aid,primer	ISO 7000-1370
8.24		发动机:电预热(低温起动指示) Engine,electrical preheat (low temperature start aid)	ISO 7000-1704
8.25		发动机起动指示:气体注入 Engine start aid,gas injection	ISO 7000-1547
8.26		电气动力,附件 Electrical power,accessories 通常用于标示起动机操纵装置上的钥匙开关位置,它也可用于指示电气系统。	ISO 7000-2302
8.27		发动机运转 Engine run 通常用于标示起动机操纵装置上的钥匙开关位置。	申请号 ISO 7000-2303
8.28		发动机转速:立即减速 Engine rotational speed,instantaneous decrease	申请号 ISO 7000-2308

符号编号	符号	说明/应用	ISO/IEC 注册号
8.29		发动机转速:自动减速 Engine rotational speed, automatic decrease	申请号 ISO 7000-2309

9 传动系统符号 Transmission symbols

符号编号	符号	说明/应用	ISO/IEC 注册号
9.1		传动油 Transmission oil 如仅指传动油油位,可用该符号表示。	ISO 7000-1397
9.2		传动油压力 Transmission oil pressure	ISO 7000-1167-A
9.3		传动油油位 Transmission oil level	ISO 7000-1398-A
9.4		传动油滤清器 Transmission oil filter	ISO 7000-1169
9.5		传动油温度 Transmission oil temperature	ISO 7000-1168-A

符号编号	符号	说明/应用	ISO/IEC 注册号
9.6		传动系统失效/故障 Transmission failure/malfunction	ISO 7000-1396
9.7		离合器 Clutch	ISO 7000-1308
9.8	N	空挡 Neutral	用于符号的字母尚未注册
9.9	H	高挡 High	用于符号的字母尚未注册
9.10	L	低挡 Low	用于符号的字母尚未注册
9.11	F	前进挡 Forward	用于符号的字母尚未注册
9.12	R	倒退挡 Reverse	用于符号的字母尚未注册

符号编号	符号	说明/应用	ISO/IEC 注册号
9.13	P	停车 Park	用于符号的字母尚未注册
9.14	1	1 挡 First gear	用于符号的数字尚未注册
9.15	2	2 挡 Second gear	用于符号的数字尚未注册
9.16	3	3 挡 Third gear 此外,可以使用连续的数字,直到达到前进挡的最大数字。	用于符号的数字尚未注册
9.17	R1	倒退 1 挡 Reverse first gear 此外,可以使用连续的数字,直到达到倒退挡的最大数字。	用于符号的字母和数字尚未注册
9.18		传动系统慢行挡 Transmission creeper gear	作为信息,符号没有注册
9.19		摩擦离合器 Worn clutch	ISO 7000-2169

10 液压系统符号 Hydraulic system symbols

符号编号	符号	说明/应用	ISO/IEC 注册号
10.1		液压油 Hydraulic oil 如仅指液压油油位,可用该符号表示。	ISO 7000-1411
10.2		液压油压力 Hydraulic oil pressure	ISO 7000-1413
10.3		液压油油位 Hydraulic oil level	ISO 7000-1412
10.4		液压油滤清器 Hydraulic oil filter	ISO 7000-1415
10.5		液压油温度 Hydraulic oil temperature	ISO 7000-1414
10.6		液压系统失效/故障 Hydraulic system failure/malfunction	ISO 7000-1410

11 制动符号 Brake symbols

符号编号	符号	说明/应用	ISO/IEC 注册号
11.1		制动油/液 Brake oil/fluid	ISO 7000-1400
11.2		制动系统压力 Brake system pressure	ISO 7000-1402
11.3		制动系统滤清器 Brake system filter	ISO 7000-1404
11.4		制动系统温度 Brake system temperature	ISO 7000-1403-A
11.5		制动失效;制动系统故障 Brake failure; brake system malfunction 符号也可用于指示机器用辅助制动系统进行操纵。	申请号 ISO 7000-0239
11.6		停车制动 Parking brake	申请号 ISO 7000-0238
11.7		摩擦制动衬带 Worn brake linings	ISO 7000-1408

符号编号	符号	说明/应用	ISO/IEC 注册号
11.8		防抱紧系统:失效 Anti-lock brake system,failure	ISO 7000-1407

12 燃油符号 Fuel symbols

符号编号	符号	说明/应用	ISO/IEC 注册号
12.1		燃油 Fuel 如仅指燃油油位,可用该符号表示。燃油的型号可以标注在符号内或符号下面	ISO 7000-0245
12.2		燃油压力 Fuel pressure	ISO 7000-1392
12.3		燃油油位 Fuel level	ISO 7000-1551
12.4		燃油滤清器 Fuel filter	ISO 7000-1393
12.5		燃油温度 Fuel temperature	ISO 7000-1394

符号编号	符号	说明/应用	ISO/IEC 注册号
12.6		燃油系统失效/故障 Fuel system failure/malfunction	ISO 7000-1391
12.7		切断供油 Fuel shut off 不应作为发动机熄火符号使用	ISO 7000-1395-B
12.8		柴油(压燃) Diesel (compression ignition) fuel	ISO 7000-1541

13　照明符号　**Lighting symbols**

符号编号	符号	说明/应用	ISO/IEC 注册号
13.1		远光灯;主光灯 High beam;main beam	ISO 7000-0082
13.2		近光灯;弱光灯 Low beam;low beam	ISO 7000-0083
13.3		工作灯 Work light 如信号控制用于前和后工作灯,应使用指定的工作灯符号。	申请号 ISO 7000-1204

符号编号	符号	说明/应用	ISO/IEC 注册号
13.4		后工作灯 Rear working light 如信号控制用于前和后的工作灯，应使用指定的工作灯符号。	申请号 ISO 7000-1204
13.5		停车灯 Parking lights	ISO 7000-0240
13.6		危险警告 Hazard warning	ISO 7000-0085
13.7		室内照明；室内(圆顶)灯 Interior compartment illumination; interior (dome) light	ISO 7000-1421-A
13.8		警示灯；信号灯 Identification light; beacon	ISO 7000-1141-A
13.9		视廓灯；侧灯 Position lights; side lights	ISO 7000-0456
13.10		转向信号 Turn signals	ISO 7000-0084

符号编号	符号	说明/应用	ISO/IEC 注册号
13.11		前雾灯 Front fog lights 如前、后雾灯使用一个信号操纵装置，应使用指定的前雾灯符号	ISO 7000-0633
13.12		后雾灯 Rear fog lights 如前、后雾灯使用一个信号操纵装置，应使用指定的前雾灯符号	ISO 7000-0634
13.13		主灯开关 Master lighting switch	申请号 IEC 60417-5012
13.14		仪表照明 Instrument illumination	ISO 7000-1556
13.15		倒退灯 Reverse/back-up lights	申请号 ISO 7000-2304

14 窗和可视性符号 Window and visibility symbols

符号编号	符号	说明/应用	ISO/IEC 注册号
14.1		风窗玻璃刮水器 Windscreen (windshield) wiper	ISO 7000-0086

符号编号	符号	说明/应用	ISO/IEC 注册号
14.2		风窗玻璃喷水器 Windscreen (US:windshield) washer	ISO 7000-0088
14.3		风窗玻璃喷水器和刮水器 Windscreen (US:windshield) washer and wiper	ISO 7000-0087
14.4		风窗玻璃除雾和除霜 Windscreen (US:windshield) demisting and defrosting	ISO 7000-0635-A
14.5		后窗刮水器 Rear window wiper	ISO 7000-0097
14.6		后窗喷水器 Rear window washer	ISO 7000-0099
14.7		后窗喷水器和刮水器 Rear window washer and wiper	ISO 7000-0098
14.8		后窗除雾和除霜 Rear window demisting and defrosting	ISO 7000-0636-A

符号编号	符号	说明/应用	ISO/IEC 注册号
14.9		风窗玻璃刮水器:间歇式 Windscreen wiper (US:windshield), intermittent	ISO 7000-0647
14.10		风窗玻璃喷水器液体 Windscreen (US:windshield) washer fluid	ISO 7000-1422
14.11		后窗刮水器:间歇式 Rear window wiper,intermittent	ISO 7000-1424
14.12		后窗喷水器液体 Rear window washer fluid	ISO 7000-1423
14.13		侧窗:除雾和除霜 Side (lateral) window, demisting and defrosting	ISO 7000-1425
14.14		外部后视镜加热:水平式 Exterior rear view mirror heating, horizontal type	ISO 7000-1426
14.15		外部后视镜调节:水平式 Exterior rear view mirror adjustment, horizontal type	ISO 7000-1427

15 空气控制符号 Climate control symbols

符号编号	符号	说明/应用	ISO/IEC 注册号
15.1		室内取暖;加热器 Interior heating;heater	ISO 7000-0637-A
15.2		冷气/空调 Cooling/air conditioning	ISO 7000-0027
15.3		换气风扇;空气循环风扇 Ventilating fan;fan air circulating fan	ISO 7000-0089
15.4		除湿器 Dehumidifier	ISO 7000-2068
15.5		通风气流:上部空气出口 Ventilation air flow,upper air outlet	ISO 7000-1865
15.6		通风气流:下部空气出口 Ventilation air flow,lower air outlet	ISO 7000-1866
15.7		通风气流:上部和下部的空气出口 Ventilation air flow, upper and lower air outlets	ISO 7000-1867

符号编号	符号	说明/应用	ISO/IEC 注册号
15.8		通风气流:除霜和下部空气出口 Ventilation air flow, defrost and lower air outlet	ISO 7000-1860-A

16 座椅符号 Seat symbols

符号编号	符号	说明/应用	ISO/IEC 注册号
16.1		座椅(侧视) Seat (side view)	ISO 7000-1705
16.2		座椅调节:纵向(前后) Seat adjustment, longitudinal (fore and aft)	ISO 7000-1428
16.3		座椅调节:座背后靠 Seat adjustment, seatback recline	ISO 7000-1429
16.4		座椅高度调节 Seat height adjustment	ISO 7000-1430
16.5		座椅高度调节:向上 Seat height adjustment, up	ISO 7000-1706

符号编号	符号	说明/应用	ISO/IEC 注册号
16.6		座椅高度调节:向下 Seat height adjustment,down	ISO 7000-1707
16.7		座椅高度调节:坐垫前部 Seat height adjustment,cushion front	ISO 7000-1431
16.8		座椅高度调节:坐垫后部 Seat height adjustment,cushion rear	ISO 7000-1432
16.9		座椅头枕高度调节 Seat headrest height adjustment	ISO 7000-1433
16.10		座椅加热 Heated seat	ISO 7000-0649-A
16.11		座椅(俯视) Seat (overhead view)	ISO 7000-2170
16.12		座椅:腰部调节,里和外 Seat,lumbar adjustment,in and out	ISO 7000-2171

符号编号	符号	说明/应用	ISO/IEC 注册号
16.13		座椅:前后隔振器/减振器 Seat,fore and aft isolator/attenuator	ISO 7000-2172
16.14		座椅:侧向隔振器/减振器 Seat,lateral isolator/attenuator	ISO 7000-2173
16.15		座椅:旋转 Seat,swivel	ISO 7000-2174
16.16		座椅:重量调节 Seat,weight adjustment	ISO 7000-2175
16.17		座椅:乘坐悬挂调节 Seat,ride-damping adjustment	ISO 7000-2242

17 轮胎和车轮符号 Tyre and wheel symbols

符号编号	符号	说明/应用	ISO/IEC 注册号
17.1	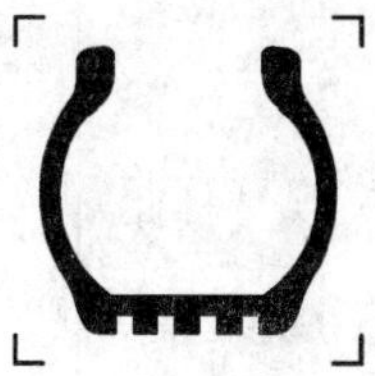	轮胎 Tyre	ISO 7000-2176

符号编号	符号	说明/应用	ISO/IEC 注册号
17.2		轮胎压力 Tyre pressure	ISO 7000-1435
17.3		轮胎失效/故障 Tyre failure/malfunction	ISO 7000-1434-A

18 转向系统符号 Steering system symbols

符号编号	符号	说明/应用	ISO/IEC 注册号
18.1		转向系统 Steering system	ISO 7000-2305
18.2		转向系统滤清器 Steering system filter	ISO 7000-2306
18.3		转向系统失效/故障 Steering system failure/malfunction	ISO 7000-2307
18.4		转向盘:倾斜控制 Steering wheel,tilt control	ISO 7000-2064

参 考 文 献

［1］ ISO 7000　设备用图形符号　索引和一览表
［2］ IEC 60417　设备用图形符号
［3］ http://www.graphical-symbols.info/

ICS 01.080.20;53.100
P 97

中华人民共和国国家标准

GB/T 8593.2—2010/ISO 6405-2:1993
代替 GB/T 8593.2—1998

土方机械 司机操纵装置和其他显示装置用符号 第2部分：机器、工作装置和附件的特殊符号

Earth-moving machinery—Symbols for operator controls and other displays—Part 2:Specific symbols for machines,equipment and accessories

(ISO 6405-2:1993,IDT)

2010-12-01 发布　　2011-03-01 实施

中华人民共和国国家质量监督检验检疫总局
中国国家标准化管理委员会　发布

前　言

GB/T 8593《土方机械　司机操纵装置和其他显示装置用符号》分为两个部分：

——第 1 部分：通用符号；

——第 2 部分：机器、工作装置和附件的特殊符号。

本部分等同采用 ISO 6405-2:1993《土方机械　司机操纵装置和其他显示装置用符号　第 2 部分：机器、工作装置和附件的特殊符号》(英文版)，包括其修正案 ISO 6405-2:1993/Amd. 1:1997 和 ISO 6405-2:1993/Amd. 2:2004。

本部分等同翻译 ISO 6405-2:1993。

为便于使用，本部分做了下列编辑性修改：

——"本国际标准"一词改为"本部分"；

——删除了国际标准前言；

——对 ISO 6405-2:1993 中引用的国际标准，用已采用为我国的标准代替对应的国际标准；

——删除了第 13 章的 4 处说明中对符号"接合(0022)和脱开(0023)"的引用(因 ISO 6405-1:2004 已删除这两个符号)；

——由于修正案 1 删除了第 19 章，故后续章号重新排列；

——增加了参考文献的互联网站信息，同时删除 4.12 条"符号的缩放胶片可从 ISO/TC 145 秘书处获得"，并将 ISO 7000、IEC 60417 和 GB/T 8593.1(ISO 6405-1)由第 2 章移到参考文献中；

——将修正案内容纳入标准正文中，并在正文中的页边空白处用垂直双线"‖"标识。

本部分是对 GB/T 8593.2—1998《土方机械　司机操纵和其他显示符号　第 2 部分：机器、工作装置和附件的特殊符号》的修订。

本部分与 GB/T 8593.2—1998 相比，主要变化如下：

——对一些条款内容进行了修改；

——符号总数量由 142 个增加到 189 个，其中，"松土器符号"和"耙土器符号"合并为"地面疏松工作装置(松土器或耙土器)符号"(符号由 18 个修改为 7 个)，另增设了 58 个符号；

——增加了"参考文献"。

本部分代替 GB/T 8593.2—1998。

本部分由中国机械工业联合会提出。

本部分由全国土方机械标准化技术委员会(SAC/TC 334)归口。

本部分起草单位：天津工程机械研究院。

本部分主要起草人：吴润才、陈树巧。

本部分所代替标准的历次版本发布情况为：

——GB 8593—1988、GB/T 8593.2—1998。

土方机械 司机操纵装置和其他显示装置用符号 第2部分:机器、工作装置和附件的特殊符号

1 范围

GB/T 8593 的本部分规定了 GB/T 8498 中定义的土方机械的司机操纵装置和其他显示装置用的特殊符号。

本部分规定的符号适用于挖掘装载机、推土机、装载机、平地机、铲运机、挖掘机、自卸车和挖沟机的操纵装置和显示装置,以及支腿、抓铲斗、抓钳、松土器、耙土器、绞盘和液压缸的操纵装置和显示装置。

2 规范性引用文件

下列文件中的条款通过本部分的引用而成为本部分的条款。凡是注日期的引用文件,其随后所有的修改单(不包括勘误的内容)或修订版均不适用于本部分,然而,鼓励根据本部分达成协议的各方研究是否可使用这些文件的最新版本。凡是不注日期的引用文件,其最新版本适用于本部分。

GB/T 5465.11 电气设备用图形符号基本规则 第1部分:原形符号的生成(GB/T 5465.11—2007,IEC 80416-1:2001,IDT)

GB/T 8498 土方机械 基本类型 识别、术语和定义(GB/T 8498—2008,ISO 6165:2006,IDT)

GB/T 16902.2 设备用图形符号表示规则 第2部分:箭头的形式和使用(GB/T 16902.2—2008,ISO 80416-2:2001,IDT)

GB/T 23371.3 电气设备用图形符号基本规则 第3部分:应用导则(GB/T 23371.3—2009,IEC 80416-3:2002,IDT)

3 术语和定义

下列术语和定义适用于本部分。

3.1

符号 symbol

不使用语言而通过绘制、印刷或其他方法形成的视觉图形,该视觉图形表达具有特定含义的信息。

[GB/T 8593.1—2010,定义 3.1]

4 总则

4.1 符号应按本部分相应条款的规定。选用本部分中以轮廓形式表示的符号时,为了翻印清晰和改善司机的视觉效果,实际应用中可对符号涂实,但另有说明的个别符号除外。

4.2 受某些翻印和显示技术的限制,为使司机看得更清,可能需要增加符号线的宽度,或做其他较小的修改。只要不改变符号的基本图形要素,这样的修改是允许的。

4.3 为了改善一个图形符号的外形和识别能力,或与其应用的装置设计相协调,可改变该符号轮廓线的宽度或把符号的角倒圆。只要该符号可视特性仍保持不变,图形设计者可做出这些改动。见 GB/T 5465.11。

4.4 在实际使用时,为使司机易于识别辨认,所有符号均应翻印成足够大的尺寸。有关符号正常尺寸的指南见 GB/T 23371.3。除另有说明的个别符号外,符号的使用应按 GB/T 8593 本部分所示的方位。

4.5　大多数符号是采用积木式组合方式构成的，即用逻辑的方式组合各种符号和符号要素，形成新的符号。

4.6　若符号中显示的机器或其部件为侧视图时，则应假定符号中机器是由右向左移动。若符号中显示的机器或其部件为俯视图时，则应假定符号中机器是由底部向顶端移动。

4.7　操纵装置和显示装置上的符号与其背景应有明显的对比度，对于大多数操纵装置最好是在暗色的背景上有明亮色的符号。显示装置符号可以用在暗色的背景上有明亮色的符号或在明亮色的背景上有暗色的符号，可根据哪个具有最佳的视觉效果对其选择。当符号图象变换时（例如：由黑变成白，或者相反），则整个符号也应进行变换。

4.8　符号应位于所标识的操纵装置和显示装置上或其附近。当一个操纵装置需要一个以上的符号时，符号的位置应使相关联的操纵装置按符号方向进行动作时实现该符号所描述的功能。

4.9　符号中使用的箭头应符合 GB/T 16902.2 的规定，符号原形创建的基本原则应符合 GB/T 5465.11。

4.10　本部分的符号中显示有 ISO/IEC 注册号，小于 5 000 的注册号参见 ISO 7000，大于 5 000 的注册号参见 IEC 60417。

4.11　本部分给出的符号是其原始尺寸的 32%。角标“└”形成边长为 75 mm 的图形方格。角标不是符号的组成部分，但其保证所有符号图形的表示形式一致。

5　颜色

当使用灯光显示时，下列颜色的含义是：

——红色：失效或严重故障，需立即注意；

——黄色或琥珀色：超出正常工作的限定；

——绿色：正常工作状态。

6　平衡支腿符号　Stabilizer symbols

符号编号	符　　号	说明/应用	ISO/IEC 注册号
6.1	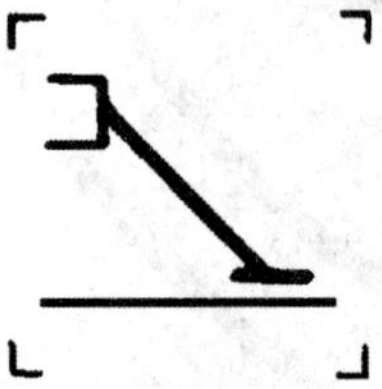	平衡支腿—基本符号 Stabilizer—basic symbol	ISO 7000-2072
6.2	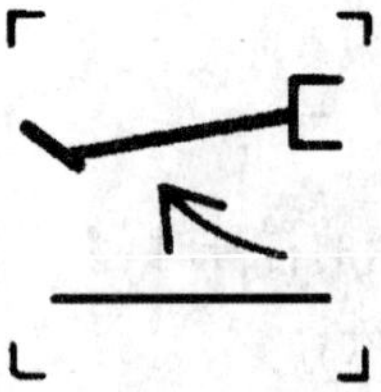	左平衡支腿—上升 Left stabilizer—up	ISO 7000-2073
6.3		左平衡支腿—下降 Left stabilizer—down	ISO 7000-2074

符号编号	符　　　号	说明/应用	ISO/IEC 注册号
6.4		右平衡支腿—上升 Right stabilizer—up	ISO 7000-1292 第二版
6.5		右平衡支腿—下降 Right stabilizer—down	ISO 7000-1291 第二版
6.6		左平衡支腿—伸出 Left stabilizer—extend	ISO 7000-2075
6.7		左平衡支腿—收回 Left stabilizer—retract	ISO 7000-2076
6.8		右平衡支腿—伸出 Right stabilizer—extend	ISO 7000-1536 第二版
6.9		右平衡支腿—收回 Right stabilizer—retract	ISO 7000-1537 第二版

7 外伸支腿符号 Outrigger symbols

符号编号	符 号	说明/应用	ISO/IEC 注册号
7.1	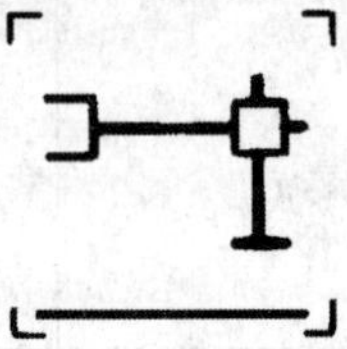	外伸支腿—基本符号 Outrigger—basic symbol	ISO 7000-2077
7.2	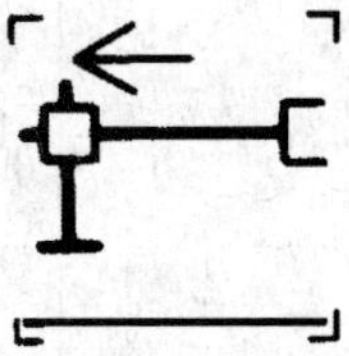	外伸支腿—左梁—水平伸出 Outrigger—left beam out—horizontal extension only	ISO 7000-2078
7.3	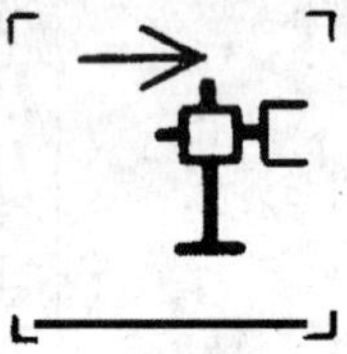	外伸支腿—左梁—水平收回 Outrigger—left beam in—horizontal retraction only	ISO 7000-2079
7.4	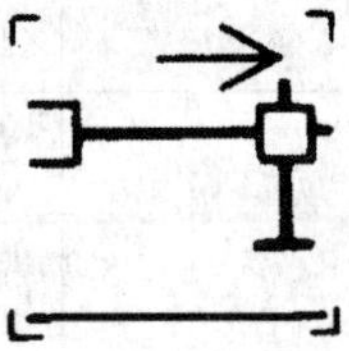	外伸支腿—右梁—水平伸出 Outrigger—right beam out—horizontal extension only	ISO 7000-0746 第二版
7.5	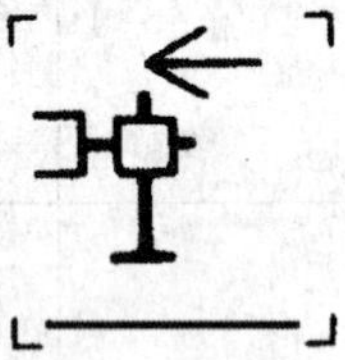	外伸支腿—右梁—水平收回 Outrigger—right beam in—horizontal retraction only	ISO 7000-0747 第二版
7.6	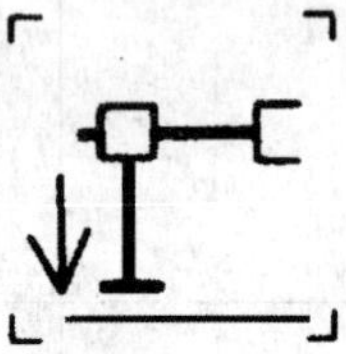	外伸支腿—左支腿—垂直伸出 Outrigger—left jack down—vertical extension only	ISO 7000-2080
7.7	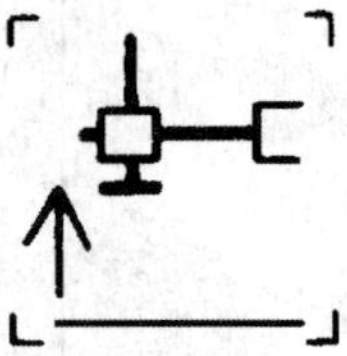	外伸支腿—左支腿—垂直收回 Outrigger—left jack up—vertical retraction only	ISO 7000-2081

符号编号	符　　号	说明/应用	ISO/IEC 注册号
7.8	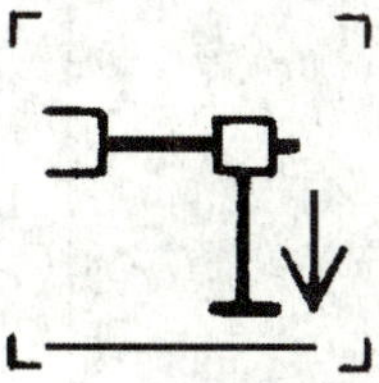	外伸支腿—右支腿—垂直伸出 outrigger—right jack down—vertical extension only	ISO 7000-0750 第二版
7.9	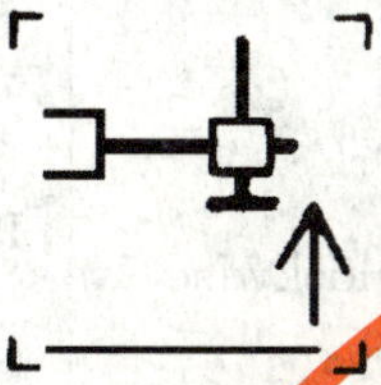	外伸支腿—右支腿—垂直收回 Outrigger—right jack up—vertical retraction only	ISO 7000-0751 第二版

8　抓铲斗符号　**Clamshell bucket symbols**

符号编号	符　　号	说明/应用	ISO/IEC 注册号
8.1		抓铲斗—基本符号 Clamshell bucket—basic symbol	ISO 7000-1494
8.2		抓铲斗—开启 Clamshell bucket—open	ISO 7000-1495
8.3		抓铲斗—关闭 Clamshell bucket—close	ISO 7000-1496
8.4		抓铲斗—旋转 Clamshell bucket—rotate	ISO 7000-2082

符号编号	符　　号	说明/应用	ISO/IEC 注册号
8.5		抓铲斗—顺时针旋转 Clamshell bucket—rotate clockwise	ISO 7000-1497
8.6		抓铲斗—逆时针旋转 Clamshell bucket—rotate counter-clockwise	ISO 7000-1498

9　抓钳符号　Grapple symbols

符号编号	符　　号	说明/应用	ISO/IEC 注册号
9.1	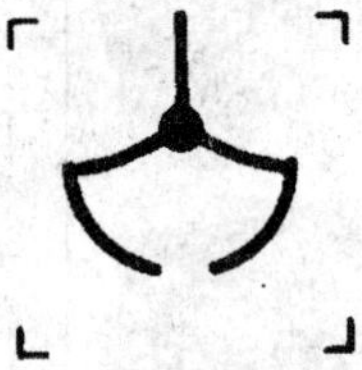	抓钳—基本符号 Grapple—basic symbol	ISO 7000-1499
9.2		抓钳—开启 Grapple—open	ISO 7000-1500
9.3		抓钳—关闭 Grapple—close	ISO 7000-1501
9.4		抓钳—旋转 Grapple—rotate	ISO 7000-1502

符号编号	符　　号	说明/应用	ISO/IEC 注册号
9.5		抓钳—顺时针旋转 Grapple—rotate clockwise	ISO 7000-2083
9.6		抓钳—逆时针旋转 Grapple—rotate counter-clockwise	ISO 7000-2084

10 推土铲符号 Dozer blade symbols

符号编号	符　　号	说明/应用	ISO/IEC 注册号
10.1		推土铲—基本符号 Blade—basic symbol	ISO 7000-1451
10.2		推土铲—提升 Blade—raise	ISO 7000-1452
10.3		推土铲—下降 Blade—lower	ISO 7000-1453
10.4		推土铲—保持 Blade—hold	ISO 7000-1454

符号编号	符　　号	说明/应用	ISO/IEC 注册号
10.5		推土铲—浮动 Blade—float	ISO 7000-1455
10.6		推土铲—前倾 Blade—pitch forward	ISO 7000-1461
10.7		推土铲—后倾 Blade—pitch rearward	ISO 7000-1460
10.8		推土铲—左侧倾 Blade—tilt left	ISO 7000-1457
10.9		推土铲—右侧倾 Blade—tilt right	ISO 7000-1456
10.10	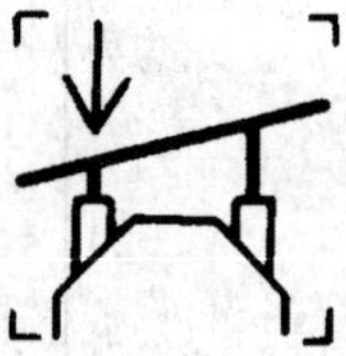	推土铲—左斜 Blade—angle left	ISO 7000-1459
10.11	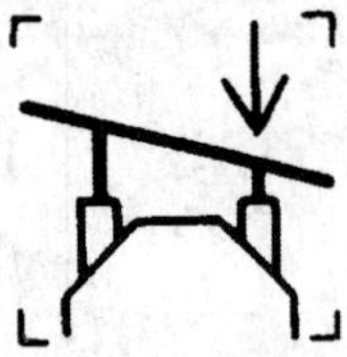	推土铲—右斜 Blade—angle right	ISO 7000-1458

11 平地机工作装置符号 Grader equipment symbols

符号编号	符 号	说明/应用	ISO/IEC 注册号
11.1		铲刀—基本符号 Blade—basic symbol	ISO 7000-1503
11.2		铲刀—左端升 Blade—raise left side	ISO 7000-1506
11.3		铲刀—左端降 Blade—lower left side	ISO 7000-1507
11.4		铲刀—右端升 Blade—raise right side	ISO 7000-1504
11.5		铲刀—右端降 Blade—lower right side	ISO 7000-1505
11.6		铲刀—向左移动 Blade—side shift left	ISO 7000-1509
11.7		铲刀—向右移动 Blade—side shift right	ISO 7000-1508

符号编号	符　　号	说明/应用	ISO/IEC 注册号
11.8	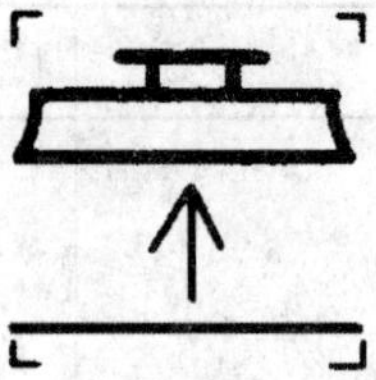	铲刀—整体上移 Blade—raise whole blade	ISO 7000-2085
11.9		铲刀—整体下移 Blade—lower whole blade	ISO 7000-2086
11.10		铲刀回转圈—顺时针旋转 Blade circle—rotate clockwise	ISO 7000-1510
11.11		铲刀回转圈—逆时针旋转 Blade circle—rotate counter-clockwise	ISO 7000-1511
11.12		铲刀回转圈—向左摆动 Blade circle—shift left	ISO 7000-1513
11.13		铲刀回转圈—向右摆动 Blade circle—shift right	ISO 7000-1512
11.14	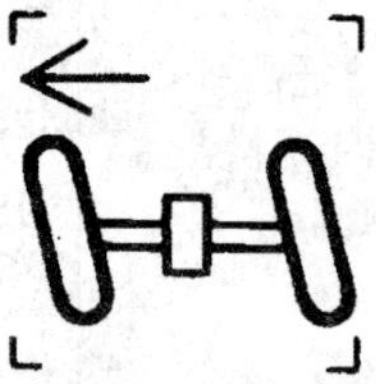	车轮倾斜—左倾 Wheel lean—lean left	ISO 7000-1518

符号编号	符　　号	说明/应用	ISO/IEC 注册号
11.15	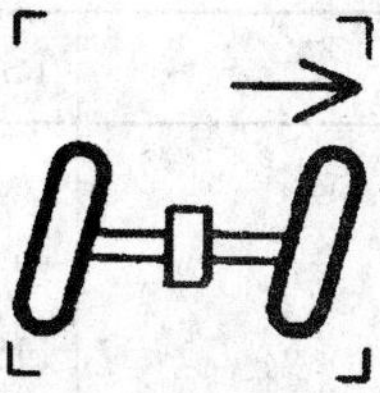	车轮倾斜—右倾 Wheel lean—lean right	ISO 7000-1517
11.16	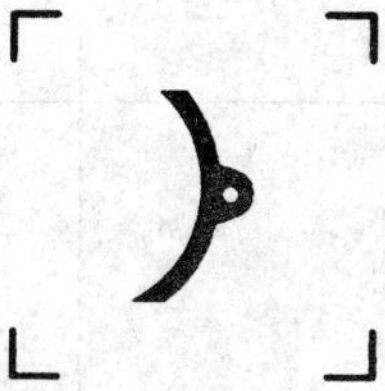	平地机铲刀—基本符号—侧视图 Grader blade—basic symbol—side view	ISO 7000-2243
11.17	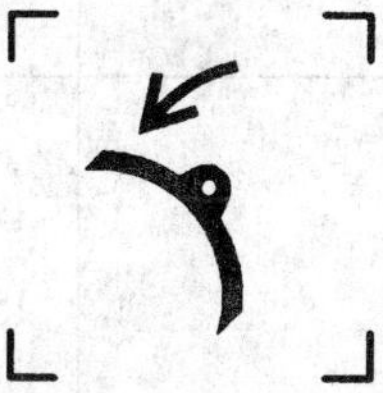	平地机铲刀—前倾 Grader blade—pitch forward	ISO 7000-2244
11.18		平地机铲刀—后倾 Grader blade—pitch rearward	ISO 7000-2245
11.19	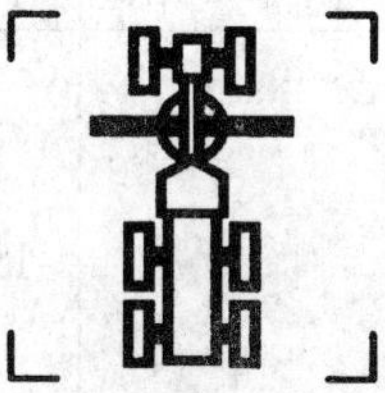	铰接式平地机—基本符号—机器的俯视图 Grader blade—basic symbol—overhead view of machine	ISO 7000-2246
11.20	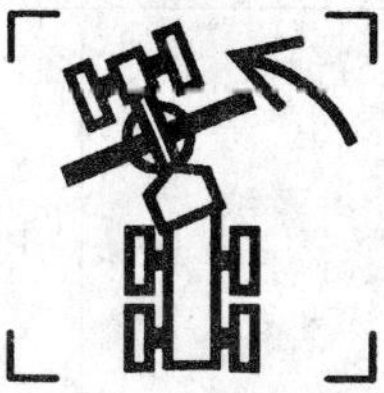	铰接式平地机—左转向 Grader blade—steer left	ISO 7000-2247
11.21	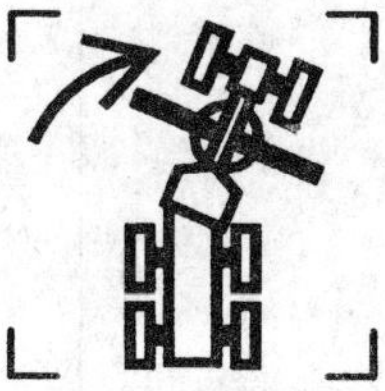	铰接式平地机—右转向 Grader blade—steer right	ISO 7000-2248

12 铲运机工作装置符号 Scraper equipment symbols

符号编号	符　　号	说明/应用	ISO/IEC 注册号
12.1		铲斗—基本符号 Bowl—basic symbol	ISO 7000-1523
12.2		铲斗—上升 Bowl—raise	ISO 7000-1524
12.3		铲斗—下降 Bowl—lower	ISO 7000-1525
12.4		铲斗—保持 Bowl—hold	ISO 7000-1526
12.5		斗门—基本符号 Apron—basic symbol	ISO 7000-2087
12.6		斗门—上升 Apron—raise	ISO 7000-1527
12.7		斗门—下降 Apron—lower	ISO 7000-1528

符号编号	符　　号	说明/应用	ISO/IEC 注册号
12.8		斗门—保持 Apron—hold	ISO 7000-1529
12.9		斗门—浮动 Apron—float	ISO 7000-1530
12.10		卸土板—基本符号 Ejector—basic symbol	ISO 7000-2088
12.11		卸土板—卸料 Ejector—eject	ISO 7000-1531
12.12		卸土板—回位 Ejector—return	ISO 7000-1532
12.13		卸土板—保持 Ejector—hold	ISO 7000-1533
12.14		升运器—基本符号 Elevator—basic symbol	ISO 7000-2089

符号编号	符　　号	说明/应用	ISO/IEC 注册号
12.15		升运器—装载 Elevator—load	ISO 7000-1534
12.16		升运器—卸载 Elevator—unload	ISO 7000-1535

13　挖掘机/反铲工作装置符号　Excavator/backhoe equipment symbols

符号编号	符　　号	说明/应用	ISO/IEC 注册号
13.1		反铲工作装置—基本符号 Hoe equipment—basic symbol	ISO 7000-1468
13.2	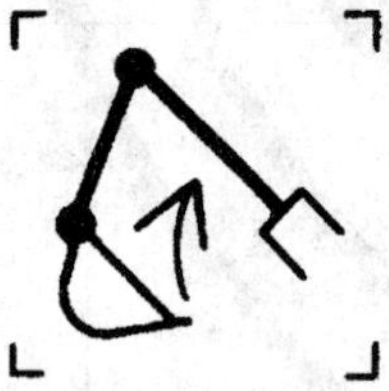	动臂—提升 Boom—raise	ISO 7000-1470
13.3	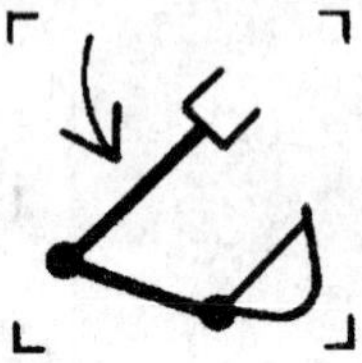	动臂—下降 Boom—lower	ISO 7000-1469
13.4	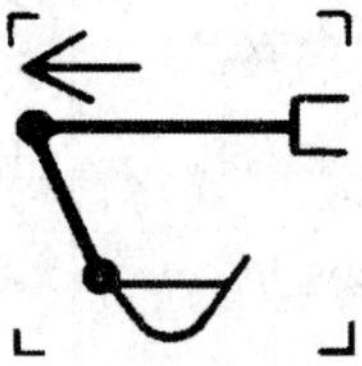	动臂—伸出 Boom—extend	ISO 7000-1472

符号编号	符　　号	说明/应用	ISO/IEC 注册号
13.5	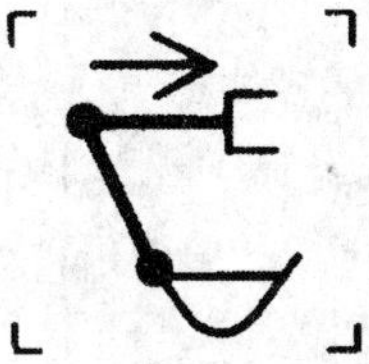	动臂—收回 Boom—retract	ISO 7000-1471
13.6		动臂—转运锁定 Boom—transport lock 可与接通(5007)和断开(5008),或接通/断开(5010)的符号一起使用	ISO 7000-1468
13.7	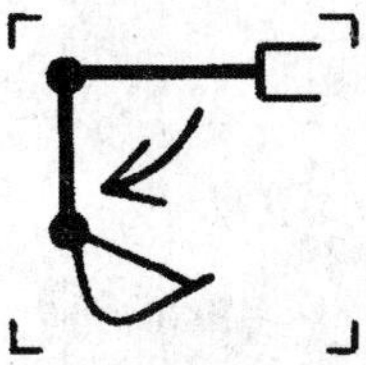	斗杆—外伸 Arm—out	ISO 7000-1474
13.8	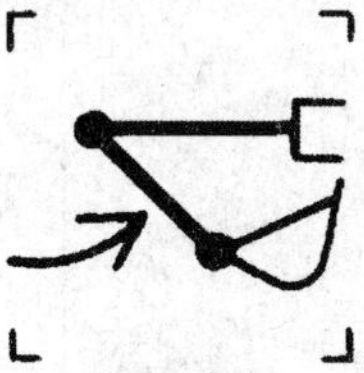	斗杆—收回 Arm—in	ISO 7000-1473
13.9	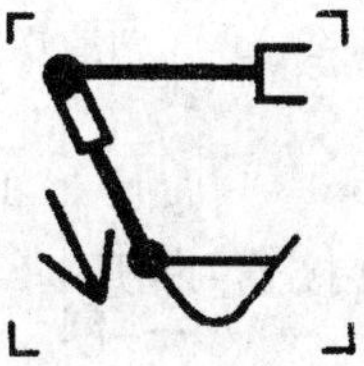	斗杆—伸出 Arm—extend	ISO 7000-1475
13.10	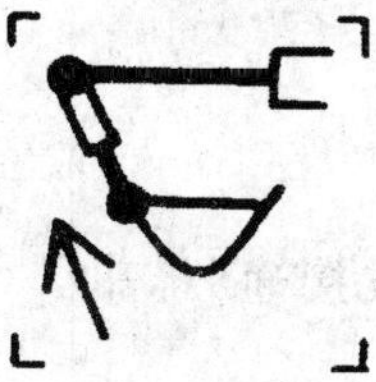	斗杆—收缩 Arm—retract	ISO 7000-1476
13.11	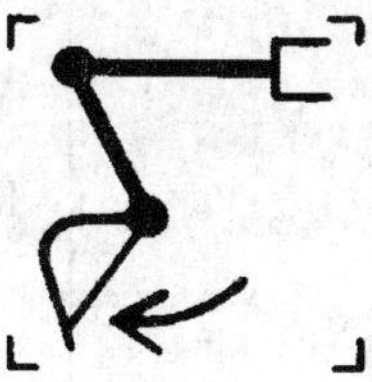	铲斗—卸载 Bucket—dump	ISO 7000-1477

符号编号	符　　号	说明/应用	ISO/IEC 注册号
13.12		铲斗—挖掘/收斗 Bucket—dig/rollback	ISO 7000-1478
13.13	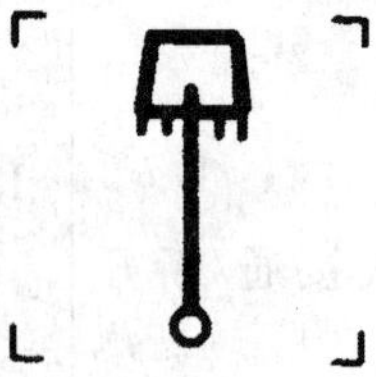	动臂回转—基本符号 Boom swing—basic symbol	ISO 7000-2090
13.14	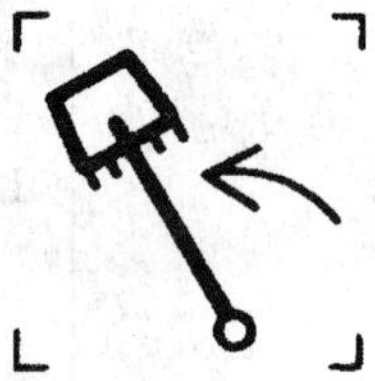	动臂回转—左回转 Boom swing—swing left	ISO 7000-1480
13.15		动臂回转—右回转 Boom swing—swing right	ISO 7000-1479
13.16		动臂回转—回转锁定 Boom swing—swing lock 可与接通(5007)和断开(5008),或接通/断开(5010)的符号一起使用。	ISO 7000-1481
13.17	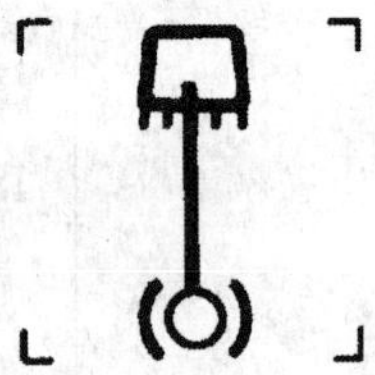	动臂—回转制动 Boom swing—swing brake 可与接通(5007)和断开(5008),或接通/断开(5010)的符号一起使用	ISO 7000-1482
13.18	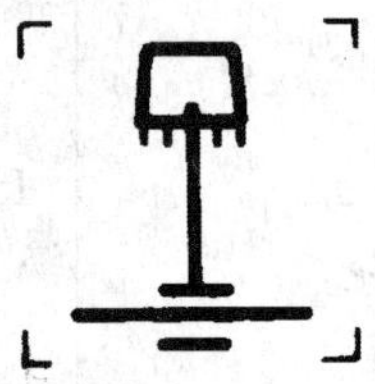	动臂侧向移动—基本符号 Boom side shift—basic symbol	ISO 7000-2091

符号编号	符　　号	说明/应用	ISO/IEC 注册号
13.19	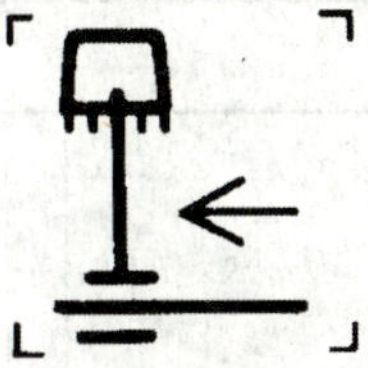	动臂侧向移动—向左移动 Boom side shift—shift left	ISO 7000-1483
13.20		动臂侧向移动—向右移动 Boom side shift—shift right	ISO 7000-1484
13.21		动臂侧向移动—侧移锁定 Boom side shift—shift lock 可与接通(5007)和断开(5008),或接通/断开(5010)的符号一起使用	ISO 7000-1485
13.22		偏移动臂回转—左回转 Offset boom swing—swing left	ISO 7000-2249
13.23		偏移动臂回转—右回转 Offset boom swing—swing right	ISO 7000-2250
13.24		挖掘机/反铲—功率增强 Excavator/backhoe—power boost	ISO 7000-2637
13.25		挖掘机/反铲—工作模式选择器 Excavator/backhoe—work mode selector	ISO 7000-2638

14 挖掘机/正铲工作装置符号 Excavator/shovel equipment symbols

符号编号	符 号	说明/应用	ISO/IEC 注册号
14.1	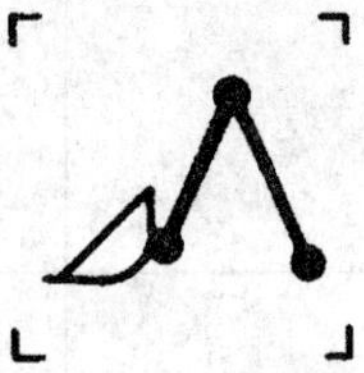	正铲工作装置—基本符号 Shovel equipment—basic symbol	ISO 7000-1487
14.2		动臂—提升 Boom—raise	ISO 7000-1489
14.3	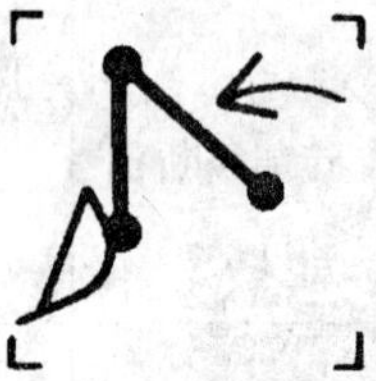	动臂—下降 Boom—lower	ISO 7000-1488
14.4		斗杆—外伸 Arm—out	ISO 7000-1490
14.5		斗杆—收回 Arm—in	ISO 7000-1491
14.6	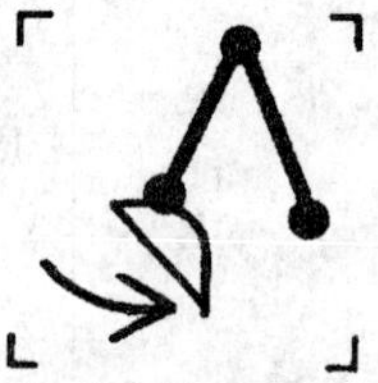	铲斗—卸载 Bucket—dump	ISO 7000-1492
14.7	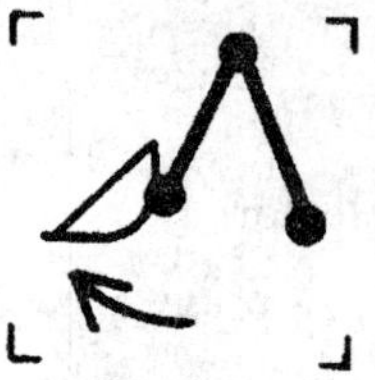	铲斗—挖掘/收斗 Bucket—dig/rollback	ISO 7000-1493

15 装载机铲斗符号 Loader bucket symbols

符号编号	符　　号	说明/应用	ISO/IEC 注册号
15.1	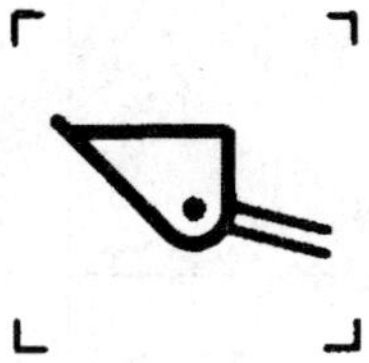	铲斗—基本符号 Bucket—basic symbol	ISO 7000-1437
15.2	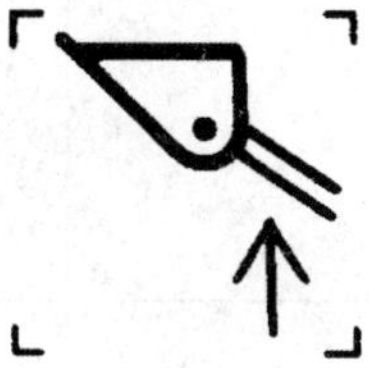	铲斗—提升 Bucket—raise	ISO 7000-1438
15.3	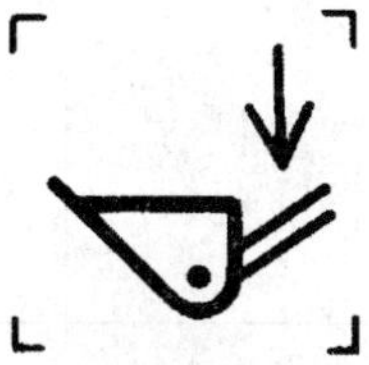	铲斗—下降 Bucket—lower	ISO 7000-1439
15.4	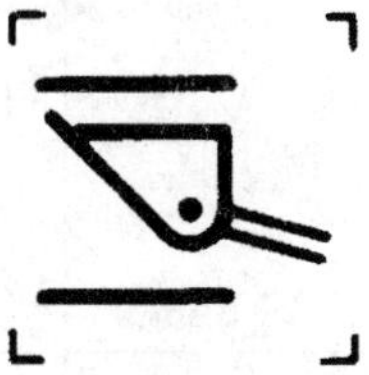	铲斗—保持 Bucket—hold	ISO 7000-1440
15.5		铲斗—浮动 Bucket—float	ISO 7000-1441
15.6	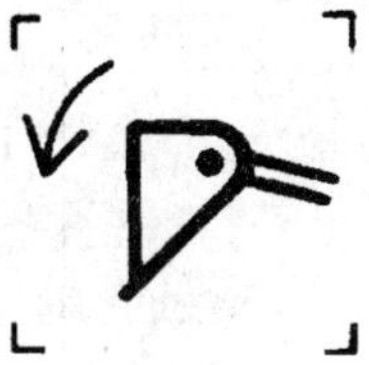	铲斗—卸载 Bucket—dump	ISO 7000-1442
15.7		铲斗—收斗 Bucket—rollback	ISO 7000-1443

符号编号	符　　号	说明/应用	ISO/IEC 注册号
15.8		侧卸铲斗—基本符号 Side-dump bucket—basic symbol	ISO 7000-2092
15.9		侧卸铲斗—卸载 Side-dump bucket—dump	ISO 7000-1449
15.10		侧卸铲斗—回位 Side-dump bucket—return	ISO 7000-1450
15.11		侧卸铲斗—保持 Side-dump bucket—hold	ISO 7000-2093
15.12		多用途铲斗—基本符号 Multi-purpose bucket—basic symbol	ISO 7000-1445
15.13		多用途铲斗—开启 Multi-purpose bucket—open	ISO 7000-1446
15.14		多用途铲斗—闭合 Multi-purpose bucket—close	ISO 7000-1447

符号编号	符　　号	说明/应用	ISO/IEC 注册号
15.15		多用途铲斗—保持 Multi-purpose bucket—hold	ISO 7000-1448

16　自卸车车厢符号　Dumper body symbols

符号编号	符　　号	说明/应用	ISO/IEC 注册号
16.1		自卸车车厢—基本符号 Dumper body—basic symbol	ISO 7000-2094
16.2		自卸车车厢—举升 Dumper body—raise	ISO 7000-1519
16.3		自卸车车厢—下降 Dumper body—lower	ISO 7000-1520
16.4		自卸车车厢—保持 Dumper body—hold	ISO 7000-1521
16.5		自卸车车厢—浮动 Dumper body—float	ISO 7000-1522

17 地面疏松工作装置(松土器或耙土器)符号 Ground-engaging equipment (ripper or scarifier) symbols

符号编号	符　　号	说明/应用	ISO/IEC 注册号
17.1		地面疏松装置(松土器或耙土器)—基本符号 Ground-engaging equipment (ripper or scarifier)—basic symbol	ISO 7000-2096
17.2		地面疏松装置(松土器或耙土器)—提升 Ground-engaging equipment (ripper or scarifier)—raise [采用阿拉伯数字来标识多个松土器和耙土器,用“1”表示机器最前面的装置]	ISO 7000-2097
17.3	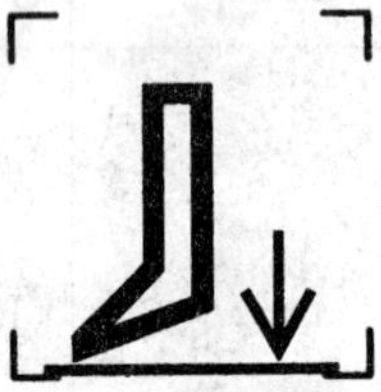	地面疏松装置(松土器或耙土器)—下降 Ground-engaging equipment (ripper or scarifier)—lower [采用阿拉伯数字来标识多个松土器和耙土器,用“1”表示机器最前面的装置]	ISO 7000-2098
17.4	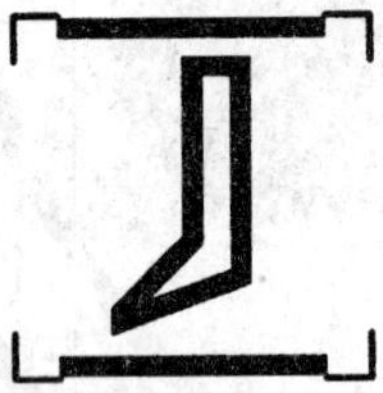	地面疏松装置(松土器或耙土器)—保持 Ground-engaging equipment (ripper or scarifier)—hold [采用阿拉伯数字来标识多个松土器和耙土器,用“1”表示机器最前面的装置]	ISO 7000-2099
17.5		地面疏松装置(松土器或耙土器)—浮动 Ground-engaging equipment (ripper or scarifier)—float [采用阿拉伯数字来标识多个松土器和耙土器,用“1”表示机器最前面的装置]	ISO 7000-2251
17.6		地面疏松装置(松土器或耙土器)—内倾 Ground-engaging equipment (ripper or scarifier)—pitch in [采用阿拉伯数字来标识多个松土器和耙土器,用“1”表示机器最前面的装置]	ISO 7000-2252

符号编号	符　　号	说明/应用	ISO/IEC 注册号
17.7		地面疏松装置(松土器或耙土器)—外倾 Ground-engaging equipment (ripper or scarifier)—pitch out [采用阿拉伯数字来标识多个松土器和耙土器,用“1”表示机器最前面的装置]	ISO 7000-2253

18 绞盘符号 Winch symbols

符号编号	符　　号	说明/应用	ISO/IEC 注册号
18.1	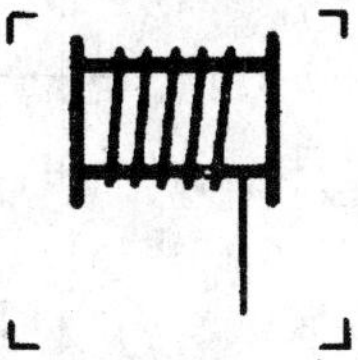	绞盘—基本符号 Winch—basic symbol	ISO 7000-1176 第二版
18.2	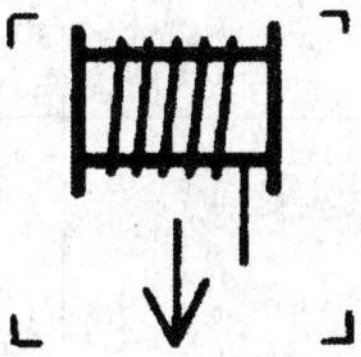	绞盘—绕出 Winch—spool out	ISO 7000-1539 第二版
18.3	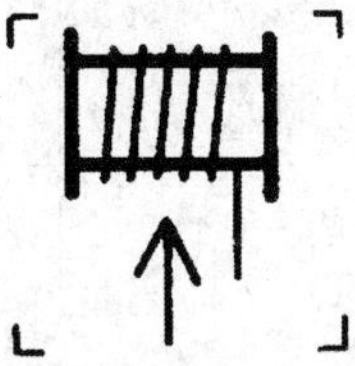	绞盘—绕入 Winch—spool in	ISO 7000-1538 第二版
18.4	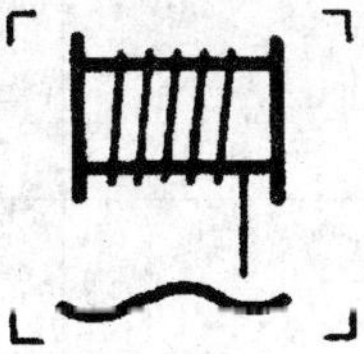	绞盘—自由状态 Winch—free spool	ISO 7000-1540 第二版

19 挖沟机符号 Trencher symbols

符号编号	符　　号	说明/应用	ISO/IEC 注册号
19.1		开挖动臂—基本符号 Digging boom—basic symbol	ISO 7000-2254

符号编号	符　　号	说明/应用	ISO/IEC 注册号
19.2		开挖动臂—提升 Digging boom—raise	ISO 7000-2255
19.3	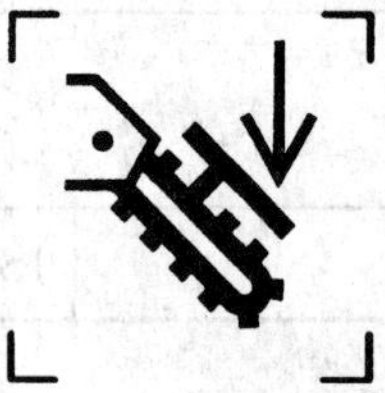	开挖动臂—下降 Digging boom—lower	ISO 7000-2256
19.4		开挖链—向前旋转 Digging chain—forward rotation	ISO 7000-2257
19.5		开挖链—倒退旋转 Digging chain—reverse rotation	ISO 7000-2258
19.6		开挖链—脱开 Digging chain—disengage	ISO 7000-2259
19.7		挖沟机—侧移—基本符号 Trencher—side shift—basic symbol	ISO 7000-2260
19.8		挖沟机—侧移—向左移 Trencher—side shift—shift left	ISO 7000-2261

符号编号	符　　号	说明/应用	ISO/IEC 注册号
19.9		挖沟机—侧移—向右移 Trencher—side shift—shift right	ISO 7000-2262
19.10		挖沟机—侧移—移动锁定 Trencher—side shift—shift lock	ISO 7000-2263
19.11		挖沟机—清沟器—基本符号 Trencher—trench cleaner—basic symbol	ISO 7000-2264
19.12	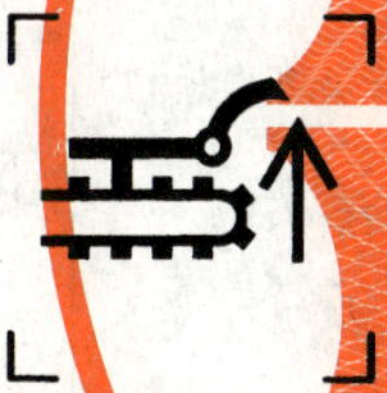	挖沟机—清沟器—提升 Trencher—trench cleaner—raise	ISO 7000-2265
19.13		挖沟机—清沟器—下降 Trencher—trench cleaner—lower	ISO 7000-2266
19.14	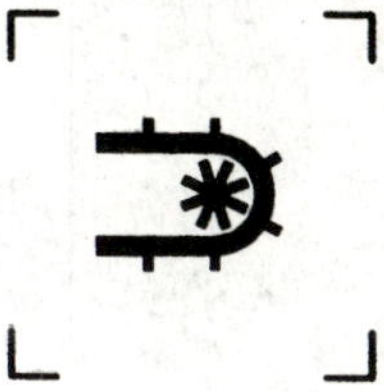	运送带—基本符号 Conveyor—basic symbol	ISO 7000-2267
19.15	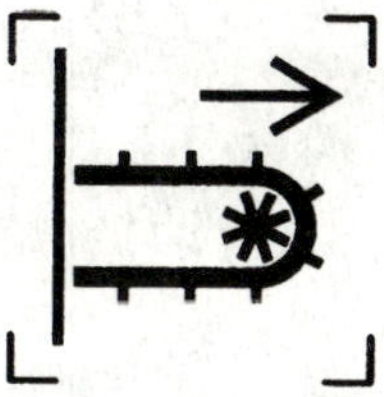	运送带—侧移—外移 Conveyor—side shift—shift out	ISO 7000-2268

符号编号	符　　号	说明/应用	ISO/IEC 注册号
19.16	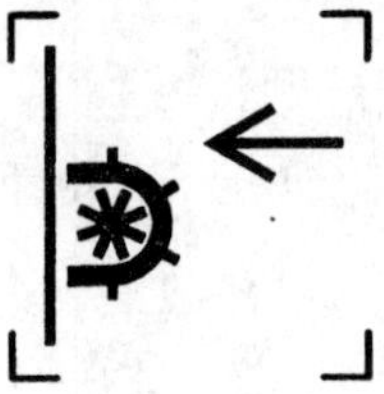	运送带—侧移—内移 Conveyor—side shift—shift in	ISO 7000-2269
19.17		运送带—左旋转 Conveyor—left rotation	ISO 7000-2270
19.18		运送带—右旋转 Conveyor—right rotation	ISO 7000-2271
19.19	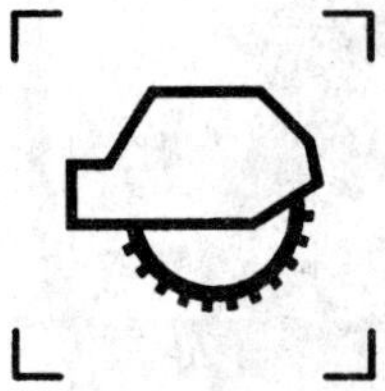	盘式挖沟机—基本符号 Disk trencher—basic symbol	ISO 7000-2272
19.20		盘式挖沟机—提升 Disk trencher—raise	ISO 7000-2273
19.21		盘式挖沟机—下降 Disk trencher—lower	ISO 7000-2274
19.22		盘式挖沟机—向前旋转 Disk trencher—forward rotation	ISO 7000-2275

符号编号	符　　号	说明/应用	ISO/IEC 注册号
19.23		盘式挖沟机—倒退旋转 Disk trencher—reverse rotation	ISO 7000-2276
19.24		盘式挖沟机—脱开 Disk trencher—disengage	ISO 7000-2277
19.25		盘式挖沟机—平衡支腿—基本符号 Disk trencher—stabilizer—basic symbol	ISO 7000-2278
19.26		盘式挖沟机—平衡支腿—提升 Disk trencher—stabilizer—raise	ISO 7000-2279
19.27		盘式挖沟机—平衡支腿—下降 Disk trencher—stabilizer—lower	ISO 7000-2280
19.28		盘式挖沟机—清沟器—基本符号 Disk trencher—trench cleaner—basic symbol	ISO 7000-2281
19.29		盘式挖沟机—清沟器—提升 Disk trencher—trench cleaner—raise	ISO 7000-2282

符号编号	符　　号	说明/应用	ISO/IEC 注册号
19.30		盘式挖沟机—清沟器—下降 Disk trencher—trench cleaner—lower	ISO 7000-2282
19.31		直埋式开沟机—基本符号 Direct burial plough—basic symbol	ISO 7000-1463
19.32		直埋式开沟机—提升 Direct burial plough—raise	ISO 7000-1463
19.33		直埋式开沟机—下降 Direct burial plough—lower	ISO 7000-1464
19.34		直埋式开沟机—垂直浮动 Direct burial plough—vertical float	ISO 7000-2284
19.35		直埋式开沟机—内倾 Direct burial plough—pitch in	ISO 7000-1466
19.36		直埋式开沟机—外倾 Direct burial plough—pitch out	ISO 7000-1467

符号编号	符　　号	说明/应用	ISO/IEC 注册号
19.37		直埋式开沟机—振动器—接合 Direct burial plough—vibrator—engage	ISO 7000-2285
19.38		直埋式开沟机—振动器—脱开 Direct burial plough—vibrator—disengage	ISO 7000-2286
19.39		直埋式开沟机—犁具回转—基本符号 Direct burial plough—plough swing—basic symbol	ISO 7000-2287
19.40		直埋式开沟机—犁具回转—向左回转 Direct burial plough—plough swing—swing left	ISO 7000-2288
19.41		直埋式开沟机—犁具回转—向右回转 Direct burial plough—plough swing—swing right	ISO 7000-2289
19.42	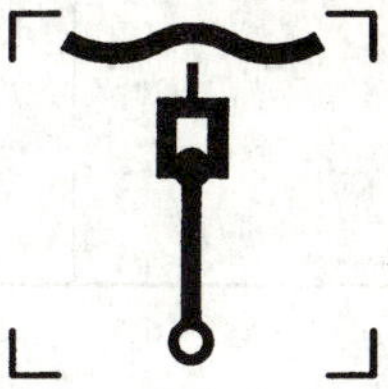	直埋式开沟机—犁具回转—横向浮动 Direct burial plough—plough swing—lateral float	ISO 7000-2290
19.43	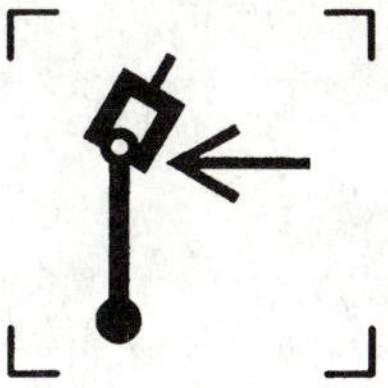	直埋式开沟机—犁刀—向左 Direct burial plough—plough blade—steer left	ISO 7000-2291

符号编号	符　　号	说明/应用	ISO/IEC 注册号
19.44	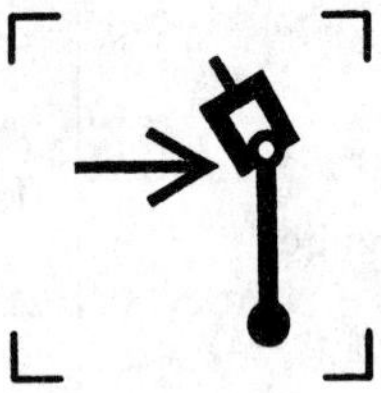	直埋式开沟机—犁刀—向右 Direct burial plough—plough blade—steer right	ISO 7000-2292
19.45		滚筒支架—提升 Reel carrier—raise	ISO 7000-2293
19.46	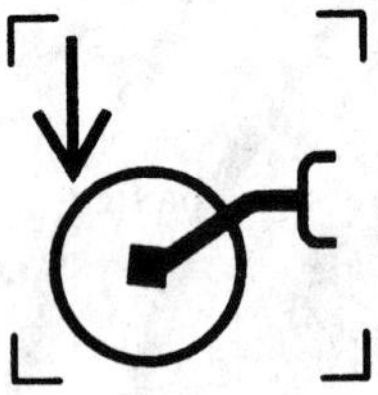	滚筒支架—下降 Reel carrier—lower	ISO 7000-2294

20 液压缸符号 Hydraulic cylinder symbols

符号编号	符　　号	说明/应用	ISO/IEC 注册号
20.1		液压缸—锁定 Hydraulic—lock	ISO 7000-2642
20.2		液压缸——解除锁定 Hydraulic—unlock	ISO 7000-2643

参 考 文 献

［1］ ISO 7000 设备用图形符号 索引和一览表

［2］ IEC 60417 设备用图形符号

［3］ GB/T 8593.1—2010 土方机械 司机操纵装置和其他显示装置用符号 第1部分:通用符号(ISO 6405-1:2004,IDT)

［4］ http://www.graphical-symbols.info/

ICS 07.060
N 95

中华人民共和国国家标准

GB/T 8747—2010
代替 GB/T 8747—1988

气象用玻璃液体温度表

Meteorological liquid-in-glass thermometer

2010-12-01 发布 2011-05-01 实施

中华人民共和国国家质量监督检验检疫总局
中国国家标准化管理委员会 发布

前　言

本标准代替 GB/T 8747—1988《气象用玻璃液体温度表》。本标准与 GB/T 8747—1988 相比主要变化如下：

——对 GB/T 8747—1988 中的条文进行了编辑性修改；

——增加了规范性引用文件、术语和定义、类型和示意图；

——增加了检验项目列表，并给出了详细的规定；

——对制造温度表的玻璃和感温泡的要求进行了部分修改；

——对检验规则进行了部分修改；

——增加了资料性附录"温度表的规格尺寸"（见附录 A）。

本标准的附录 A 为资料性附录。

本标准由中国机械工业联合会提出。

本标准由机械工业气象仪器标准化技术委员会归口。

本标准负责起草单位：长春气象仪器研究所。

本标准参加起草单位：上海华辰医用仪表有限公司、中国气象局大气探测技术中心国家气象计量站。

本标准主要起草人：吴展、王锡科、李谦、温晓清、朴明俊。

本标准所代替标准的历次版本发布情况为：

——GB/T 8747—1988。

气象用玻璃液体温度表

1 范围

本标准规定了气象用玻璃液体温度表的技术要求、检验方法、检验规则及包装、标志等。

本标准适用于气象用内标式玻璃液体温度表(以下简称温度表)的研制、生产和产品验收等。其他型式的玻璃液体温度表也可参照使用。

2 规范性引用文件

下列文件中的条款通过本标准的引用而成为本标准的条款。凡是注日期的引用文件,其随后所有的修改单(不包括勘误的内容)或修订版均不适用于本标准,然而,鼓励根据本标准达成协议的各方研究是否可使用这些文件的最新版本。凡是不注日期的引用文件,其最新版本适用于本标准。

GB/T 191 包装储运图示标志(GB/T 191—2008, ISO 780:1997,MOD)

GB 913—1985 汞

GB/T 2828.1—2003 计数抽样检验程序 第1部分:按接收质量限(AQL)检索的逐批检验抽样计划(ISO 2859-1:1999,IDT)

GB/T 2829—2002 周期检验计数抽样程序及表(适用于对过程稳定性的检验)

GB/T 4857.3 包装 运输包装件基本试验 第3部分:静载荷堆码试验方法(GB/T 4857.3—2008,ISO 2234:2000)

GB/T 4857.5 包装 运输包装件 跌落试验方法(GB/T 4857.5—1992,eqv 2248:1985)

GB/T 4857.7 包装 运输包装件基本试验 第7部分:正弦定额振动试验方法(GB/T 4857.7—2005,ISO 2247:2000,MOD)

GB/T 8170—2008 数值修约规则与极限数值的表示和判定

QX/T 8—2002 气象仪器术语

3 术语和定义

QX/T 8—2002确立的以及下列术语和定义适用于本标准。

3.1

感温泡 bulb

可容纳感温液体的玻璃泡。

3.2

安全泡 expansion chamber

防止因温度过高(压力过大)而使感温液体膨胀冲破温度表的玻璃泡。

4 类型

按使用要求主要分为:

a) 干湿球温度表;

b) 通风干湿表用温度表;

c) 直管地中温度表;

d) 最高温度表;

e) 曲管地中温度表;

f) 地面温度表；

g) 最低温度表；

h) 低温温度表。

5 组成及规格尺寸

5.1 组成

温度表主要由安全泡、标度板、毛细管、套管、感温泡和感温液体等组成，有带顶帽和不带顶帽两种类型，如图1所示。

5.2 规格尺寸

温度表的规格尺寸参见附录A。

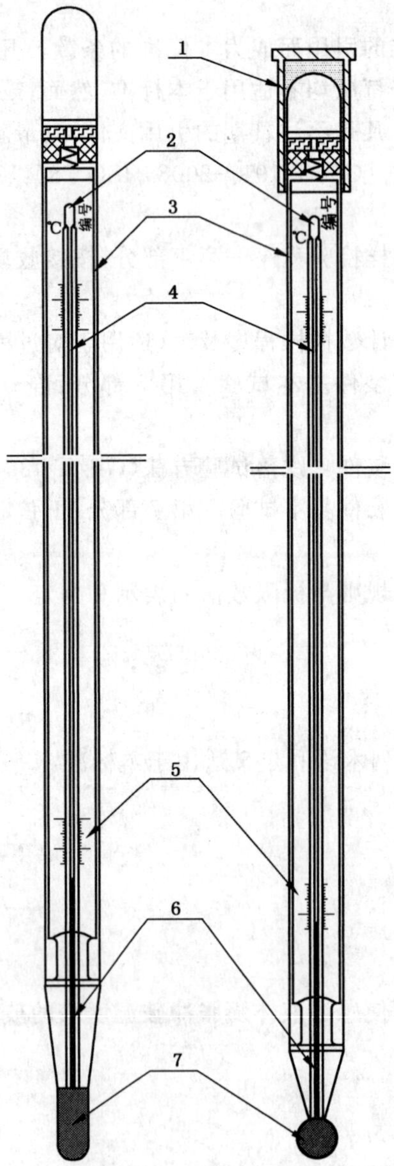

1——顶帽；

2——安全泡；

3——套管；

4——毛细管；

5——标度扳；

6——液柱；

7——感温泡和感温液体。

图1 温度表组成示意图

6 要求

6.1 温标

温度表应按1990年国际实用温标(ITS—90)定义的摄氏温度(符号:℃)进行标度。

6.2 基本参数

温度表的基本参数应符合表1的规定。

表1 温度表的基本参数

序号	类型	感温液体	测量范围 ℃	最小分度值 ℃	最小分度值间距 mm
1	干湿球温度表	汞(水银)	−25~50,−35~45	0.2	≥0.60
2	通风干湿表用温度表		−35~40,−15~50		≥0.35
3	直管地中温度表		−20~40		≥0.70
4	最高温度表		−35~60,−15~80	0.5	≥0.75
5	曲管地中温度表		−20~60		≥0.80
6	地面温度表		−35~80		≥0.75
7	最低温度表	有机液体	−60~30,−50~40		≥0.80
8	低温温度表		−60~30		≥1.10

6.3 玻璃

6.3.1 玻璃应无色透明、光滑,不应有妨碍读数的擦毛、斑点、气线和气泡等缺陷。

6.3.2 温度表的玻璃各熔接部位不应有应力集中。

6.3.3 不应有由于玻璃的缺陷造成温度表内液体弯月面发生扭曲现象。

6.3.4 感温泡的玻璃在测量范围内应具有不影响测量性能的热稳定性。

6.4 感温泡

6.4.1 感温泡应外观光洁,结构匀称。

6.4.2 感温泡内外壁不应有玻璃屑、杂质与气泡。

6.4.3 感温泡与玻璃套管熔接部位应熔接牢固、光滑,不应有明显的歪斜。

6.5 感温液体

6.5.1 感温液体为汞时应符合GB 913—1985中1.1(一号汞)的规定。

6.5.2 感温液体为有机液体时不应含杂质、纤维和其他夹杂物,也不应有气泡析出。

6.5.3 在正常使用情况下,感温液体不应发生化学变化,不应出现混浊和气泡逸出现象。

6.6 套管

6.6.1 温度表套管的内外表面应光洁,不应有影响读数和寿命的缺陷,内部不应有杂质和污迹。

6.6.2 在套管外侧面相对0 ℃或测量上下限标度线的高度上,应标刻一条永久性基准线。

6.6.3 在曲管地中温度表深度标志以下的套管内,应均匀充满洁净、干燥的隔热性填料。

6.6.4 干湿球温度表、通风干湿表用温度表和低温温度表的套管顶端,应牢固地安放带防腐层的防护顶帽。顶帽下沿不应遮住温度表的安全泡。

6.6.5 套管内不应出现影响读数的水汽凝结。

6.7 毛细管

6.7.1 结构

温度表的毛细管应正直,内径均匀,表面光洁,不应有影响读数或示值准确度的缺陷。除最高温度表外,毛细管内液柱应随温度的升降均匀移动,不应出现中断、滞留现象。

6.7.2 位置

毛细管应在标度板的中心轴线位置上。曲管地中温度表和通风干湿表用温度表的标度与毛细管的偏移不应超过最短标度线，其他温度表的标度与毛细管的偏移应不大于最短标度线的四分之一。标度板与毛细管的间隙应不大于 1 mm。

6.7.3 外径

通风干湿表用温度表毛细管的外径应不大于 1.5 mm，曲管地中温度表应不大于 2 mm，其他温度表应不大于 2.5 mm。

6.7.4 最高温度表测最高温度特性

最高温度表毛细管内应有使液柱指示最高温度的结构。在同一温度条件下，垂直和水平放置的示值之差应不大于 0.1 ℃。当表身相对水平面倾斜 30°时，示值不应改变。甩动温度表后，液柱应下降到当时环境温度的位置。

6.7.5 最低温度表测最低温度特性

最低温度表毛细管内应带有深色玻璃游标。当温度表水平放置时，游标应随液柱的下降而均匀移动，且不应突破液柱的弯月面；液柱升高时，游标应静止不动。

6.8 安全泡

除最高温度表外，其他温度表毛细管上部应设有安全泡。安全泡顶部应呈梨形。当温度高于测量范围上限 20 ℃时，安全泡应能保证温度表不致胀裂。安全泡底端到测量上限标度线的距离，通风干湿表用温度表应不小于 5 mm，其他温度表应不小于 10 mm。

6.9 填充气体

最高温度表毛细管内液柱上方应为真空，曲管地中温度表和地面温度表应充注氢气，感温液体为汞的温度表应充注氮气或惰性气体。

6.10 标度板

6.10.1 温度表的标度板应使用乳白色材料制成。标度板应平直、厚度均匀，表面不应有斑点、划痕和其他影响读数的缺陷。在散光情况下，正面不应映现出背面的标记。

6.10.2 通风干湿表用温度表的标度板厚度应为 0.8 mm～1.2 mm，曲管地中温度表应为 1.0 mm～1.4 mm，其他温度表均应为 1.2 mm～1.8 mm。

6.10.3 标度板应固定牢靠。倒转温度表时，标度板不应出现轴向移动。

6.11 标度及标志

6.11.1 标度线的标刻应符合以下要求：

a) 逢 5 ℃和 10 ℃应为长标度线；

b) 长标度线间的整度应为中标度线；

c) 指示最小分度线应为短标度线。

6.11.2 标度板的标度线应垂直并对称于标度板的中心线。长标度线的长度应不小于标度板宽度的 80%，中标度线约为长标度线的 60%，短标度线约为长标度线的 40%。

标度线应刻划均匀，宽度不应超过最小分度值间距的五分之一。

6.11.3 在温度表测量范围上下限标度线之外，至少应延伸刻画四条短标度线。

6.11.4 标度板上逢 5 ℃和 10 ℃的标度线，应标以相应的数字或标志。数字直接标在所属标度线的上方，或使标度线对准数字中心。数字应平行或垂直于标度线。

6.11.5 所有的数字、标度线和其他标志应刻画清晰，色泽鲜明，不应有脱落和褪色现象。

6.12 测量性能

6.12.1 温度表的测量范围、示值允许误差和任意 10 ℃之间示值误差变量应符合表 2 的规定。

表 2　温度表测量性能　　　单位为摄氏度

<table>
<tr><th>序号</th><th>类型</th><th>测量范围</th><th>示值允许误差</th><th>任意 10 ℃之间示值误差变量</th></tr>
<tr><td>1</td><td>干湿球温度表</td><td rowspan="2">−35～50</td><td rowspan="3">±0.2</td><td rowspan="3">≤0.2</td></tr>
<tr><td>2</td><td>通风干湿表用温度表</td></tr>
<tr><td>3</td><td>直管地中温度表</td><td>−20～40</td></tr>
<tr><td>4</td><td>最高温度表</td><td>−35～80</td><td rowspan="2">±0.3</td><td rowspan="2">≤0.3</td></tr>
<tr><td>5</td><td>曲管地中温度表</td><td>−20～60</td></tr>
<tr><td>6</td><td>地面温度表</td><td>−35～80</td><td>±0.4</td><td>≤0.3</td></tr>
<tr><td>7</td><td>最低温度表</td><td rowspan="2"><−30
−30～−20
>−20</td><td rowspan="2">±1.2
±0.8
±0.4</td><td rowspan="2">≤0.7
≤0.5
≤0.3</td></tr>
<tr><td>8</td><td>低温温度表</td></tr>
</table>

6.12.2　温度表在半年内重新检测的任意 10 ℃之间示值误差变量仍应符合表 2 的规定，检测点的示值误差变量应符合表 3 的规定。

表 3　示值误差变量　　　单位为摄氏度

类　　型	示值误差变量
干湿球温度表、通风干湿表用温度表、直管地中温度表	≤0.1
最高温度表、曲管地中温度表、地面温度表	≤0.2
最低温度表、低温温度表	≤0.3

6.12.3　有机液体的粘附性在 0 ℃点检测时，两次测量的示值之差应不大于 0.25 ℃。

6.13　组合使用

干湿球温度表、通风干湿表用温度表组合使用时，参数的允许差值应符合表 4 的规定。两支温度表的检定日期相隔应不超过三个月。

表 4　组合使用尺寸参数的差值

参　　数	允许差值	
	干湿球温度表	通风干湿表用温度表
温度表总长度(包括套帽)	≤2 mm	≤1 mm
感温泡长度	—	≤2 mm
感温泡直径	≤1 mm	≤0.5 mm
0 ℃标度线的位置(以顶端为基准)	≤2 ℃	≤1 ℃
测量上下限标度线的位置(以顶端为基准)	≤5 ℃	≤4 ℃

7　检验方法

7.1　温标、基本参数、玻璃、感温泡、感温液体、套管、毛细管、填充气体、标度板、标度及标志和组合使用

采用目测或检测器具进行检测。其结果应符合 6.1～6.7(不含 6.7.4、6.7.5)、6.9～6.11、6.13 的要求。

7.2　最高温度表测最高温度特性

将温度表竖直放入热水中，使温度示值升高到测量范围上限附近后读数，然后把温度表从热水中取出，在室内自然环境温度下冷却，同时将温度表相对水平倾斜 30°进行读数。再将温度表水平放置读数，其结果应符合 6.7.4 的要求。

7.3　最低温度表测最低温度特性

温度表先竖直放置，游标移动到毛细管底端，然后将温度表水平放置于温水中，使示值升高到测量

范围上限附近，观察游标，不应随液柱升高而移动；再将温度表倒立，使游标与液柱弯月面接触，同时检查游标在毛细管内移动；最后将温度表水平放置于测量范围下限温度环境中，观察游标随液柱下降而移动，并观察是否突破液柱的弯月面。应符合 6.7.5 的要求。

7.4 安全泡

将温度表全浸入检定槽中，当温度高出测量范围上限 20 ℃时，观察安全泡，应符合 6.8 的要求。

7.5 测量性能

7.5.1 系统误差

7.5.1.1 标准装置

标准装置包括二等标准汞温度计、汞铊温度计和液体检定槽。也可用同等级的铂电阻温度计作为标准器。

a) 温度标准器在经常使用时，每隔半年应作一次零点检查，零点变化超过 0.02 ℃时应停止使用；

b) 液体检定槽温场的稳定性，0 ℃以上时应不大于 0.02 ℃/min，0 ℃以下时应不大于0.03 ℃/min；

c) 液体检定槽温场的分布应均匀，0 ℃及以上时，液体检定槽的最大温差应不大于 0.02 ℃，水平温差应不大于 0.02 ℃，0 ℃以下时最大温差应不大于 0.04 ℃，水平温差应不大于 0.02 ℃；

d) 液体检定槽的检测点温度与实际温度之差应不大于 0.1 ℃。

7.5.1.2 检验方法

温度表检验应符合以下要求：

a) 温度表示值允许误差的检验，以测量范围上下限和各整 10 ℃点为检测点。感温液体为汞的温度表先检验零点，再由零点到零上或零下各点。感温液体为有机液体的温度表零点检验后，再由低温到高温逐点检验。

b) 检验前，感温液体为有机液体的温度表应在低于检验温度的条件下进行预冷，预冷时间应不少于 1 h。

c) 检验时，将液体检定槽的温度调整到检测温度，标准温度表和被检温度表全浸入检定槽中。感温液体为汞的温度表应稳定 10 min，其他温度表应稳定 5 min。然后在相同条件下迅速读取并记录标准表和被检温度表的示值。

d) 温度表各检测点的示值由两人至少各读一次，读数应精确到最小分度值的十分之一。

7.5.1.3 数据处理和判定

7.5.1.3.1 温度表检测点的各次读数，用被检表读数减去标准表读数并取平均值得出系统误差。测量范围是否合格，用上限和下限两检测点的系统误差判定；示值误差是否合格用各检测点的系统误差判定；任意 10 ℃之间示值误差变量用任意相邻 10 ℃的系统误差之差绝对值表示。按照 GB/T 8170—2008 中 3.2 的规定进行数值修约。结果应符合 6.12.1 的要求。

7.5.1.3.2 半年检测的示值误差变量用前后两次各相同检测点的系统误差之差的绝对值表示；任意 10 ℃之间示值误差变量仍用 7.5.1.3.1 的方法计算，结果应符合 6.12.2 的要求

7.6 有机液体粘附性

感温液体为有机液体的温度表竖直放置在冰点槽中，预冷 4 h 后读取零点示值。再将温度表放在 40 ℃以上的恒温槽中，当液柱升到 40 ℃后，立即取出温度表重新放入冰点槽中，30 min 后再读取零点示值。两次读数之差值应符合 6.12.3 的要求。

8 检验规则

8.1 检验分类

本标准规定的检验分类如下：

a) 逐批检验（出厂检验）；

b) 周期检验(型式检验)。

8.2 检验项目及顺序

检验项目及顺序若无使用方与生产方的特别规定,宜按表 5 的要求进行。

8.3 逐批检验

8.3.1 检验分组

本标准规定的逐批检验分为:

a) A 组检验:为证实产品是否符合标准要求,对一个检验批中的全部产品进行的非破坏性检验;

b) B 组检验;比 A 组检验复杂或需要时间的一种非破坏性检验。

表 5 检验项目及顺序

序号	检验项目		要求章条号	检验方法章条号	逐批检验		周期检验
					A 组	B 组	
1	温标		6.1	7.1	—	●	●
2	基本参数		6.2		—	○	●
3	玻璃		6.3		—	●	●
4	感温泡		6.4		●	—	●
5	感温液体		6.5		—	●	●
6	套管		6.6		●	—	●
7	毛细管结构、位置、外径		6.7.1~6.7.3		—	●	●
8	填充气体		6.9		—	○	●
9	标度板		6.10		●	—	●
10	标度及标志		6.11		—	●	●
11	组合使用		6.13		—	○	●
12	最高温度表测最高温度特性		6.7.4	7.2	—	●	●
13	最低温度表测最低温度特性		6.7.5	7.3	—	●	●
14	安全泡		6.8	7.4	—	●	●
15	测量性能	示值允许误差	6.12.1	7.5	●	—	●
16		半年重检误差	6.12.2		—	○	●
17		有机液体粘附性误差	6.12.3		—	○	●
注:●要求进行检验的项目;○需要时进行检验的项目;—不进行检验的项目。							

8.3.2 组批规则

一个检验批可由一个生产批构成,也可由符合下列条件的几个生产批构成:这些生产批是在基本相同的材料、工艺、设备等条件下制造出来的。若干个生产批构成一个检验批的时间一般应不超过一个月。

8.3.3 A 组检验

8.3.3.1 受检样品数

除非另有规定,应全数检验。

8.3.3.2 合格判定

按表 5 规定的项目进行 A 组检验,受检样品各检验项全部合格,判定该单位产品为合格品;若受检产品的任一检验项出现不合格,则判该单位产品为不合格品。

8.3.3.3 不合格品处理

不合格品应以合格品代替。

8.3.4 B组检验

8.3.4.1 抽样方案

从A组检验合格的产品中进行B组计数抽样检验。计数抽样方法应符合GB/T 2828.1—2003第10章的要求。其抽样方案类型、检验水平和接收质量限(AQL)应由使用方与生产方协商确定,一般宜采用正常检验一次抽样方案,一般检查水平(Ⅱ),对A类不合格AQL=1.5;B类不合格AQL=4.0。

8.3.4.2 合格判定

检验若出现A类或B类不合格,其受检样品中不合格品数符合GB/T 2828.1—2003中表2-A规定的接收判定组数时,则判该产品批逐批检验合格,否则判该产品批不合格。

8.3.4.3 不合格品处理

如果产品批已被接收,使用方有权不接收检验中发现的不合格品,所发现的不合格品可以合格品代替。

8.3.4.4 不接收批的处置

不接收批的处置方法应由使用方与生产方协商确定,一般宜采用GB/T 2828—2003中7.3的方法进行处置。

8.4 周期检验

8.4.1 检验时机

在下列情况下应进行周期检验:

a) 作为新产品投产前、包括老产品转产;

b) 间隔二年以上再投产时;

c) 在设计、工艺、材料有重大改变时;

d) 逐批检验结果与上次周期检验有较大差异时;

e) 国家质量监督部门提出进行周期检验的要求时。

8.4.2 抽样方案

周期检验的计数抽样方法应符合GB/T 2829—2002第5章的要求。其不合格质量水平(RQL)、判别水平(DL)和抽样方案类型,由使用方与生产方协商确定,一般宜按判别水平Ⅲ的一次抽样方案,对A类不合格RQL=20,B类不合格RQL=50。

8.4.3 样品量和判别数组的检索

由规定的判别水平和不合格质量水平在GB/T 2829—2002表4中列出对应的一系列样本量和其对应的判别数组,再根据所能承受的试验费用和试验设备的现有能力选择合适的样品量和判别数组。

8.4.4 合格判定

受检样品中不合格品数小于或等于8.4.3规定的判别数组时,判周期检验合格,否则判周期检验不合格。

8.4.5 合格或不合格后的处置

周期检验合格或不合格后的处置方法应分别符合GB/T 2829—2002中5.12.2或5.12.3的规定。

8.5 不合格分类与判定

8.5.1 不合格分类

本标准规定不合格定义应符合GB/T 2828.1—2003中3.1.5的规定,其分类为:

a) A类不合格;

b) B类不合格。

8.5.2 不合格判定

本标准规定不合格按下述原则判定:

a) A类不合格：测量性能不符合6.12的要求；最高温度表测最高温度特性不符合6.7.4的要求；最低温度表测最低温度特性不符合6.7.5的要求；安全泡不符合6.8的要求；

b) B类不合格：温标、基本参数、玻璃、感温泡、感温液体、套管分别不符合6.1～6.6的要求；毛细管结构、位置、外径分别不符合6.7.1～6.7.3的要求；填充气体、标度板、标度及标志分别不符合6.9～6.11的要求；使用组合不符合6.13的要求。

9 标志、包装、运输及储存

9.1 标志

温度表上应标出下列标志：

a) 符号“℃”和表号；

b) 制造厂名称或商标；

c) 产品名称或型号；

d) 生产日期；

e) 本标准代号。

9.2 包装

9.2.1 曲管地中温度表应每套四支装在内包装盒中，其他温度表单支装在内包装盒中。包装盒四周应垫有防振材料。盒内附检定证书一份，使用说明书一份。

9.2.2 将10支单支包装的温度表再装在中包装盒中，组合使用的温度表应成对放置。在包装盒的显著位置上应标明产品的名称、规格及制造厂名称。

9.2.3 若干盒经上述包装的温度表装在外包装箱中，所有温度表应竖直放置。外包装箱应牢固、干燥并填有防振材料。每箱总质量应不超过20 kg。

9.2.4 外包装箱上应标出下列标志：

a) 制造厂名称；

b) 产品名称和规格；

c) 数量、体积和质量；

d) 出厂日期；

e) “向上”、“怕雨”、“防震”及“小心轻放”等标记，应符合GB/T 191的规定。

9.2.5 随行文件应包括：

a) 产品合格证；

b) 产品使用说明书；

c) 装箱单；

d) 其他有关资料。

9.3 运输及储存

9.3.1 温度表经包装后应满足GB/T 4857.5和GB/T 4857.7中的运输环境条件。

9.3.2 包装后的温度表应符合常规运输工具运输要求，运输过程中应避免雨雪直接侵袭。

9.3.3 温度表应储存在－20 ℃～50 ℃、湿度不超过80%RH的通风、无腐蚀性气体的环境中。

9.3.4 外包装件堆码层数应按GB/T 4857.3的规定试验后确定。

附　录　A
（资料性附录）
温度表的规格尺寸

温度表的规格尺寸见图 A.1～图 A.8。

单位为毫米

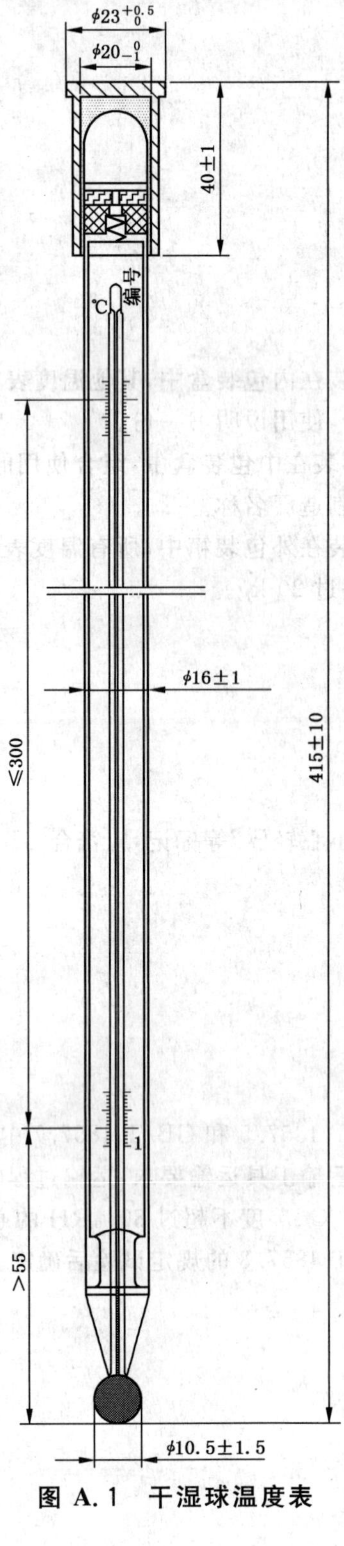

图 A.1　干湿球温度表

单位为毫米

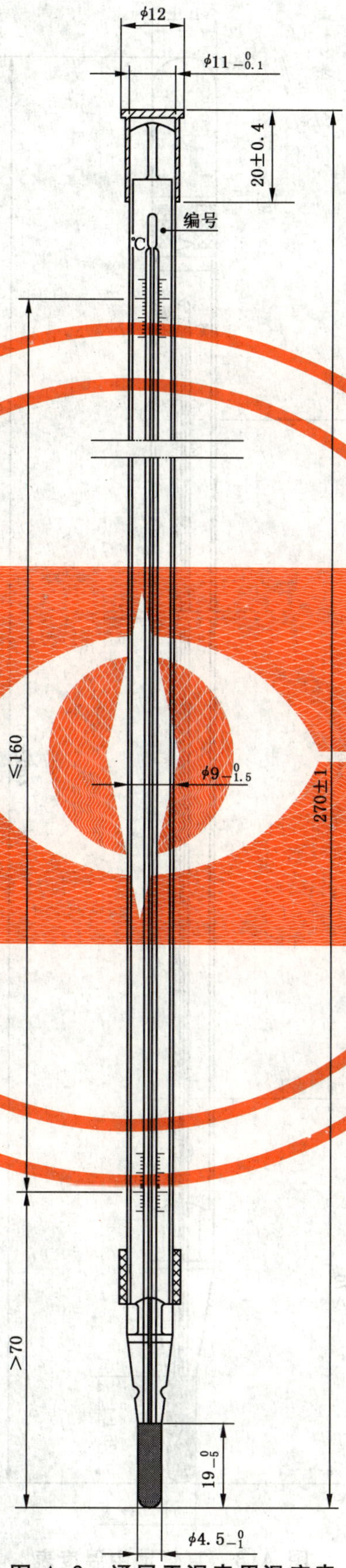

图 A.2 通风干湿表用温度表

单位为毫米

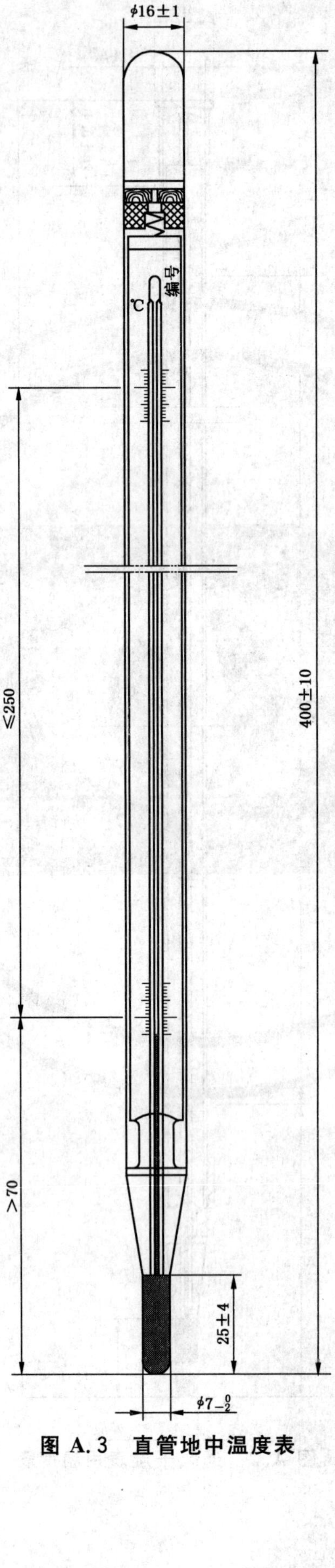

图 A.3 直管地中温度表

单位为毫米

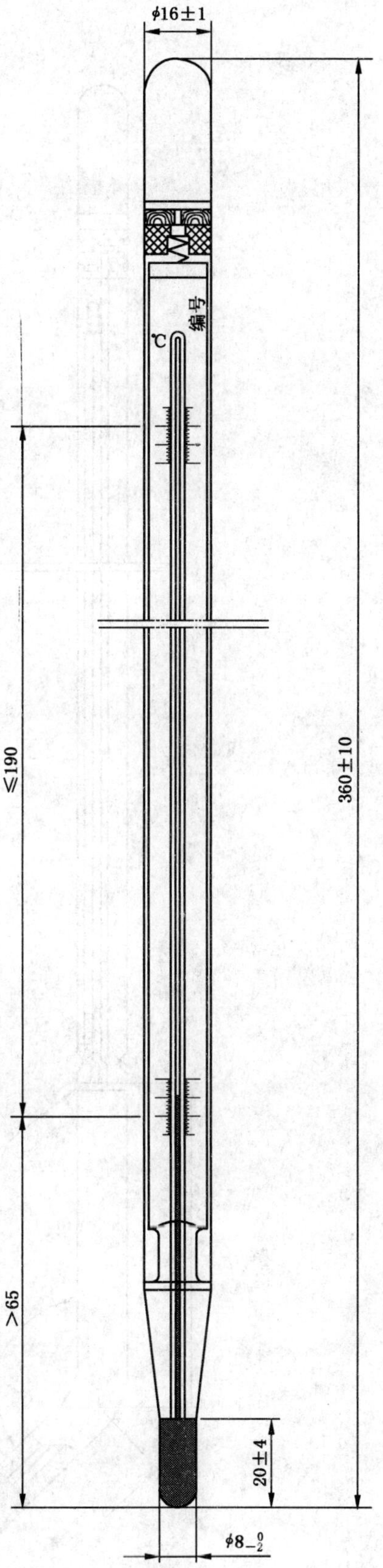

图 A.4 最高温度表

单位为毫米

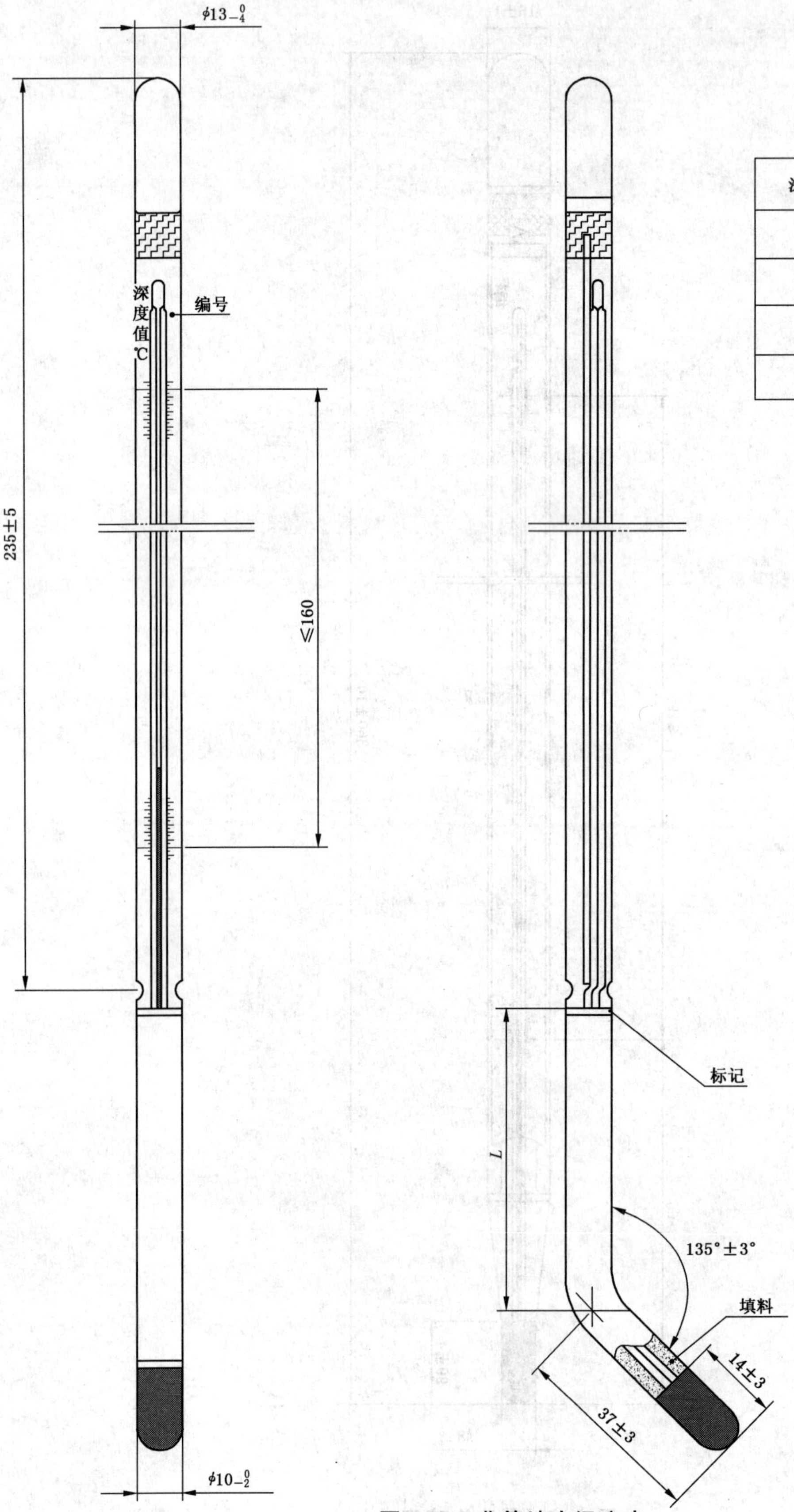

深度测量	*L*
50	70±4
100	141±5
150	212±6
200	282±7

图 A.5 曲管地中温度表

单位为毫米

图 A.6　地面温度表

单位为毫米

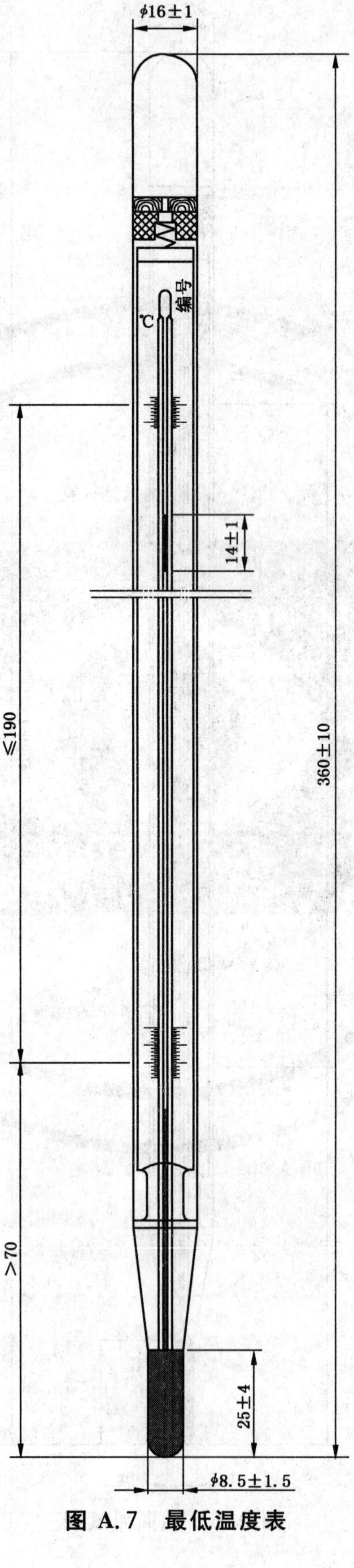

图 A.7 最低温度表

单位为毫米

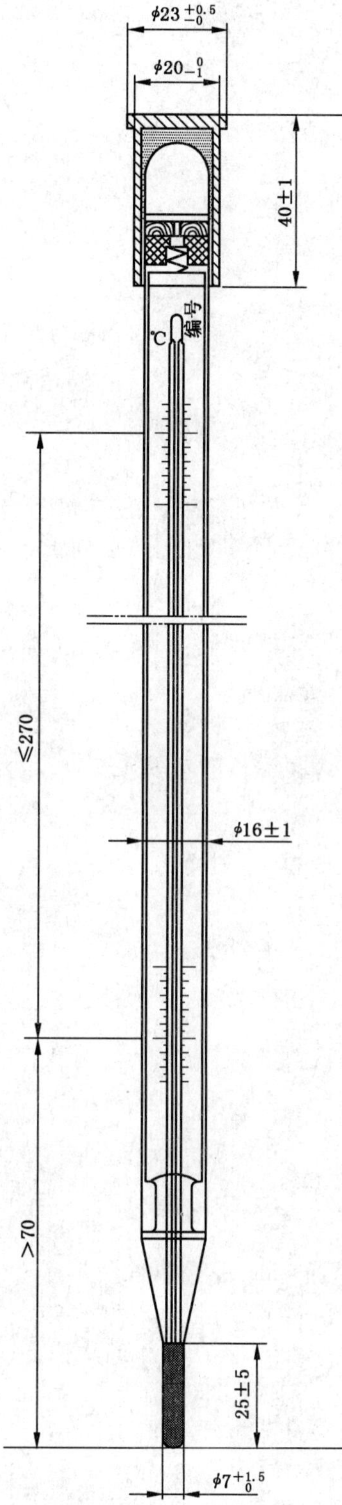

图 A.8　低温温度表

ICS 77.150.99
H 63

中华人民共和国国家标准

GB/T 8767—2010
代替 GB/T 8767—1988

锆及锆合金铸锭

Ingots of zirconium and zirconium alloy

2011-01-14 发布　　　　2011-11-01 实施

中华人民共和国国家质量监督检验检疫总局
中国国家标准化管理委员会　发布

前　言

本标准代替 GB/T 8767—1988《核工业用锆及锆合金铸锭》。

本标准与 GB/T 8767—1988 相比，主要有以下变动：

——标准名称由原来的《核工业用锆及锆合金铸锭》变更为《锆及锆合金铸锭》；

——增加了规范性引用文件项目；

——删除了铸锭的化学成分表，引用 GB/T 26314《锆及锆合金牌号及化学成分》；

——增加了一般工业用锆及锆合金铸锭相关要求；

——增加了化学成分分析方法的要求；

——增加了铸锭的包装方法；

——增加了合同(或订货单)要求；

——对化学成分取样重新进行了规定；

——增加了附录 A。

本标准中的附录 A 是资料性附录。

本标准由中国有色金属工业协会提出。

本标准由全国有色金属标准化技术委员会归口。

本标准由宝钛集团有限公司、宝鸡钛业股份有限公司负责起草。

本标准由广东东方锆业科技股份有限公司参加起草。

本标准主要起草人：冯军宁、陈峰、张健、李献军、黄永光、毛玲玲、孙亚光。

本标准所代替标准的历次版本发布情况：

——GB/T 8767—1988。

锆及锆合金铸锭

1 范围

本标准规定了直径不大于820 mm的一般工业和核工业用锆及锆合金铸锭的要求、试验方法、检验规则、标志、包装、运输、贮存及合同(或订货单)要求等。

本标准适用于真空自耗电弧炉生产的锆及锆合金铸锭。

2 规范性引用文件

下列文件中的条款通过本标准的引用而成为本标准的条款。凡是注日期的引用文件,其随后所有的修改单(不包括勘误的内容)或修订版均不适用于本标准,然而,鼓励根据本标准达成协议的各方研究是否可使用这些文件的最新版本。凡是不注日期的引用文件,其最新版本适用于本标准。

GB/T 231(所有部分) 金属布氏硬度试验方法

GB/T 13747(所有部分) 锆及锆合金化学分析方法

GB/T 26314 锆及锆合金牌号和化学成分

3 要求

3.1 化学成分

3.1.1 牌号、化学成分

锆及锆合金铸锭包括一般工业用Zr-1、Zr-3、Zr-5和核工业用Zr-0、Zr-2、Zr-4共6个牌号。其化学成分应符合GB/T 26314的规定。

3.1.2 成分允许偏差

需方进行化学成分复验分析时,其成分允许偏差应符合GB/T 26314的规定。

3.2 外形尺寸及允许偏差

3.2.1 铸锭的直径允许偏差应符合表1的规定。

表1

单位为毫米

直径范围	≤350	>350～550	>550～720	>720～820
允许偏差	+5 −30	+5 −40	+5 −50	+5 −60

3.2.2 铸锭的长度和重量及其允许偏差由供需双方协商确定,并在合同(或订货单)中注明。

3.2.3 铸锭头、尾两端棱角应进行倒角处理,倒角应不小于20 mm。

3.2.4 同一铸锭的最大和最小直径之差不应超过最大直径的10%。

3.3 布氏硬度

当需方要求并在合同(或订货单)中注明时,铸锭应进行布氏硬度的测定并符合表2的要求。

表2

分　类	核工业			一般工业
牌　号	Zr-0	Zr-2	Zr-4	所有牌号
HBW10/3 000	≤160	≤200	≤200	实测

3.4 超声波检验

当需方要求并在合同(或订货单)中注明时,铸锭应进行超声波检验。超声波检验仅提供实测值(确定缩孔距铸锭头部距离,并以对铸锭表面无损伤的方式,醒目、牢固的标出缩孔位置)。

3.5 外观质量

3.5.1 铸锭应以机加工表面交付,经机加工后的铸锭表面应光滑、平整。

3.5.2 铸锭圆周面上不允许残留冷隔、夹层、疏松等缺陷,不允许有机加工台坎。允许有少量的气孔存在,但气孔的深度和直径不大于5 mm。允许采用刨铣或打磨的方法清除局部污染、裂纹、气孔等缺陷,清理后应保证铸锭允许的最小尺寸,且清理部位应圆滑过渡,无台坎和棱角,清理部位的深宽比不大于1∶10,清理深度不大于10 mm。

3.5.3 铸锭头、尾部端面应平整,不允许有机加工台坎、飞溅物、熔瘤等存在,不允许有开放性缩孔存在。

3.6 表面状况

铸锭表面粗糙度 Ra 应不大于12.7 μm。

4 试验方法

4.1 化学成分分析按GB/T 13747进行。

4.2 外形尺寸采用相应精度的量具进行测量。

4.3 布氏硬度试验按照GB/T 231进行。

4.4 超声波检验按供需双方认可的方法进行。

4.5 外观质量用目视进行检查,必要时用相应精度的量具测量。

4.6 表面状况用对比试块进行。

5 检验规则

5.1 检查和验收

5.1.1 铸锭应由供方质量部门进行检验,保证产品质量符合本标准和合同(或订货单)的规定。

5.1.2 需方对收到的产品进行检验,如检验结果与本标准和合同(或订货单)规定不符时,应在收到产品之日起三个月内向供方提出,由供需双方协商解决。

5.2 组批

产品应成批提交验收,单个铸锭为一批。

5.3 检验项目

每个铸锭均应进行化学成分、外观质量、表面状况和外形尺寸的检验,需方要求并在合同(或订货单)中注明时,还应进行布氏硬度、超声波检验以及合同(或订货单)中规定的其他检验。

5.4 取样位置及取样数量

铸锭的取样应符合表3的规定。

表3

检验项目	取样规定	要求的章条号	试验方法的章条号
化学成分	见5.4.1条	3.1	4.1
外形尺寸及允许偏差	逐锭	3.2	4.2
布氏硬度	见5.4.2条	3.3	4.3
超声波检验	逐锭	3.4	4.4
外观质量	逐锭	3.5	4.5
表面状况	逐锭	3.6	4.6

5.4.1 纯锆铸锭和直径不大于350 mm的锆合金铸锭，从每个铸锭侧面头部一点取样进行化学成分分析；直径大于350 mm的锆合金铸锭，从每个铸锭侧面头、尾两点取样进行化学成分分析。取样位置应在距铸锭两端100 mm～300 mm的范围内进行。在每个取样部位先去除铸造表面5 mm～7 mm后，采用车削或钻取的方式取样。

5.4.2 在距铸锭头、尾端面150 mm内的加工表面处各测三点，分别以头、尾三点平均值作为铸锭对应部位的布氏硬度值。

5.5 检验结果的判定

5.5.1 化学成分检验不合格，则可从原取样部位附近加倍取样对该不合格项进行重复检验。若仍有试样的结果不合格，判该锭不合格。

5.5.2 外形尺寸及允许偏差检验不合格，判该锭不合格。

5.5.3 核工业用锆及锆合金铸锭的布氏硬度检测不合格，判该锭不合格。

5.5.4 外观质量检验不合格，判该锭不合格。

5.5.5 表面状况检验不合格，判该锭不合格。

6 标志、包装、运输、贮存和质量证明书

6.1 标志

每个铸锭及外包装上应用标记液、钢印或其他方式，在铸锭头部或侧面（靠近头部端）清晰、牢固的标明供方名称、企业标识、牌号、规格以及熔炼炉号等内容。

6.2 包装

6.2.1 裸装。

6.2.2 用麻布（袋）包裹。

6.2.3 用木托或钢托支承包装，包装时应保证铸锭与地面留有足够的距离，以便装卸（木托包装见附录A，钢托包装可参照木托包装进行）。

6.2.4 按合同（或订货单）中规定的其他方式包装。

6.3 运输和贮存

铸锭运输和贮存时，应防止滚动、剧烈碰撞和活性化学物质的腐蚀。

6.4 质量证明书

每个铸锭均应附有质量证明书，其上注明：

a） 供方名称；

b） 产品名称；

c） 产品牌号、规格和重量（净重和毛重）；

d） 熔炼次数；

e） 熔炼炉号；

f） 各项分析检验结果及检验部门印记；

g） 本标准编号。

7 合同（或订货单）内容

订购本标准所列材料的合同（或订货单）应包含下列内容：

a） 产品名称；

b） 产品牌号；

c） 产品规格；

d) 重量或件数；

e) 熔炼次数；

f) 本标准编号；

g) 其他。

附　录　A
（资料性附录）
木托支承包装方式

A.1　铸锭用木托架支承时，应用钢筋（或钢带）和螺栓紧固件（可衬以软材料）固定在托架上，如图 A.1 所示。

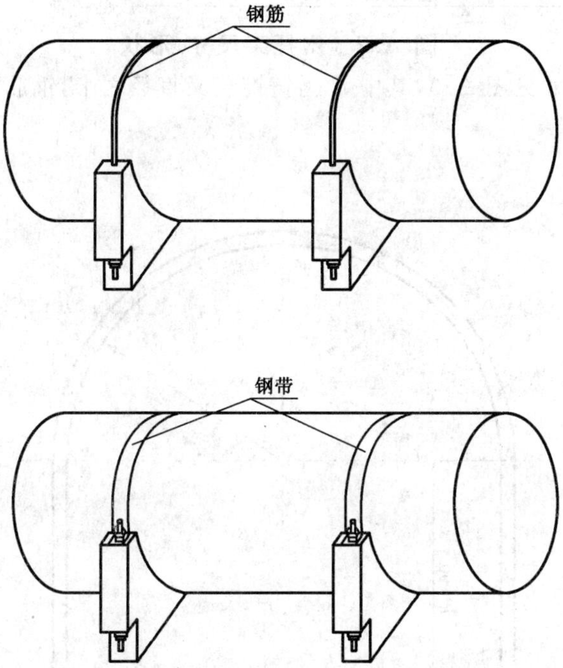

图 A.1　铸锭包装示意图

A.2　用螺栓紧固时，应采用双螺母或弹簧垫圈等方式，以防松动。

A.3　包装用材料应符合表 A.1 的规定。

表 A.1

名　　称	技术要求	数量/个
木托架	见图 A.2	2
钢筋螺栓	见图 A.3	2
大垫圈	粗制方形垫圈，边长 60 mm	4
小垫圈	粗制垫圈，外径 38 mm	4
螺母	粗制六角螺母	4 或 8
弹簧垫圈	普通弹簧垫圈	4 或 8
注：螺母与弹簧垫圈数量，取决于所采用的预防松动的方式。		

A.4　木托架的尺寸、形状见图 A.2。不得使用腐朽、虫蛀的木材制作木托架。木托架的开孔部位不得劈裂。

单位为毫米

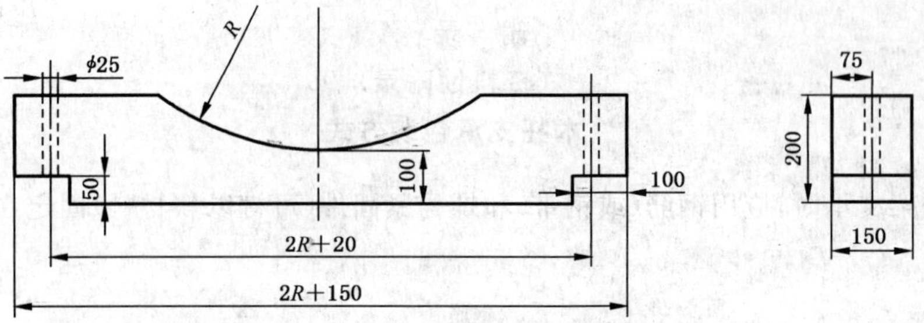

图 A.2 木托架尺寸、形状

A.5 钢筋螺栓的形状和尺寸见图 A.3，其中 R 为铸锭名义直径之半，钢筋不得有严重的锈蚀。钢筋直径不小于 20 mm。

单位为毫米

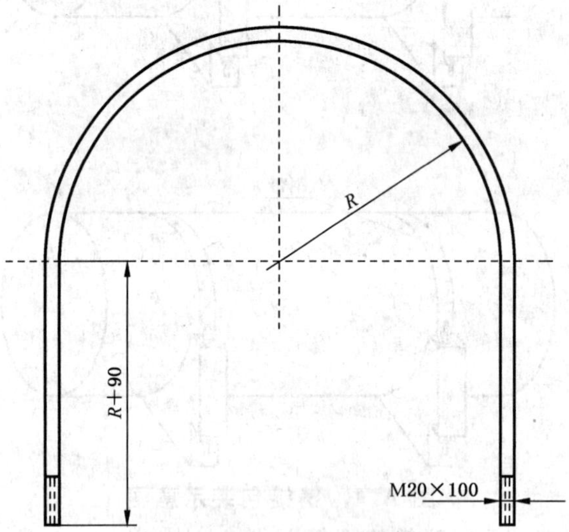

图 A.3 钢筋—螺栓

ICS 77.150.99
H 63

中华人民共和国国家标准

GB/T 8769—2010
代替 GB/T 8769—1988

锆及锆合金棒材和丝材

Zirconium and zirconium alloy bars and wires

2011-01-14 发布　　2011-11-01 实施

中华人民共和国国家质量监督检验检疫总局
中国国家标准化管理委员会　发布

前　言

本标准代替 GB/T 8769—1988《核工业用锆及锆合金棒材和线材》。

本标准与 GB/T 8769—1988 相比，主要有以下变动：

——增加了方棒和方丝，其要求与国外标准(ASTM B550/B550M-02《锆及锆合金棒、丝材规范》、ASME-07 SB550/SB550M《锆及锆合金棒、丝材规范》及 ASTM B351/B351M-02《核工业用热轧和冷加工锆及锆合金棒、丝材规范》)相应牌号保持一致；同时规定了直丝的弯曲度要求；

——产品车(磨)光后尺寸允许偏差的规定选国外三个标准(ASTM B550/B550M-02、ASME-07 SB550/SB550M 及 ASTM B351/B351M-02)中最严的规定；

——将棒材的直径或边长扩大到 150 mm；丝材最小直径或边长减小至 0.8 mm；

——增加了牌号 Zr-3 和 Zr-5 及相关要求；

——本标准中 Zr-3 和 Zr-5 的化学成分、力学性能、表面质量等要求与国外标准相应牌号一致。

本标准的附录 A 为资料性附录。

本标准由中国有色金属工业协会提出。

本标准由全国有色金属标准化技术委员会归口。

本标准由宝钛集团有限公司和宝鸡钛业股份有限公司负责起草。

本标准由广东东方锆业科技股份有限公司参加起草。

本标准主要起草人：杨慧丽、王永梅、李渭清、王建斌、马鸿海、李献军、黄永光、孙亚光。

本标准所代替标准的历次版本发布情况为：

——GB/T 8769—1988。

锆及锆合金棒材和丝材

1 范围

本标准规定了锆及锆合金棒材和丝材的要求、试验方法、检验规则和标志、包装、运输、贮存及合同(或订货单)内容等。

本标准适用于铸锭经挤压、锻造、轧制、拉伸等工艺生产的锆及锆合金棒材和丝材。

2 规范性引用文件

下列文件中的条款通过本标准的引用而成为本标准的条款。凡是注日期的引用文件,其随后所有的修改单(不包括勘误的内容)或修订版均不适用于本标准,然而,鼓励根据本标准达成协议的各方研究是否可使用这些文件的最新版本。凡是不注日期的引用文件,其最新版本适用于本标准。

GB/T 228 金属材料 室温拉伸试验方法

GB/T 4338 金属材料 高温拉伸试验方法

GB/T 8180 钛及钛合金加工产品的包装、标志、运输和贮存

GB/T 13747(所有部分) 锆及锆合金化学分析方法

GB/T 26314 锆及锆合金牌号和化学成分

3 要求

3.1 产品分类

3.1.1 牌号、状态、规格

棒材和丝材的牌号、状态和规格应符合表1规定。

表 1

牌 号	品种	供货状态	直径或边长/mm	长度/mm
Zr-0 Zr-2 Zr-4 Zr-3 Zr-5	丝材	冷加工态(Y)	0.8~<2.5	500~1 000[a]
		退火态(M)	2.5~7.0	500~2 000[a]
	棒材	热加工态(R) 冷加工态(Y)	>7.0~150	300~6 000
		退火态(M)	>7.0~150	300~3 000
[a] 所列长度为直丝,一般以盘(卷)供货。				

3.1.2 标记示例

产品标记按产品名称、牌号、供应状态、规格和标准编号的顺序表示。标记示例如下:

示例1:直径为10 mm、长度为500 mm的Zr-0热加工态圆棒标记为:

棒 Zr-0 R ϕ10×500 GB/T 8769—2010

示例2:边长为30 mm、长度为1 500 mm的Zr-3退火态方棒标记为:

棒 Zr-3 M 30×30×1 500 GB/T 8769—2010

示例3:直径为10 mm、长度为500 mm的Zr-0冷加工态圆棒标记为:

棒 Zr-0 Y ϕ10×500 GB/T 8769—2010

3.2 化学成分

产品的化学成分及需方复验时化学成分允许偏差应符合 GB/T 26314 的规定。

3.3 尺寸及允许偏差

3.3.1 丝材一般盘(卷)供货。需方要求并在合同中注明时,可供应直丝。

3.3.2 棒材以热加工或冷加工表面交货,也可经车(磨)光、碱酸洗后交货。

3.3.3 丝材的尺寸允许偏差应符合表 2 的规定,棒材的尺寸允许偏差应符合表 3 的规定,表 2 和表 3 中未规定的尺寸允许偏差由供需双方协商确定。

表 2

单位为毫米

直径或边长	尺寸允许偏差	
	碱酸洗或冷加工表面的丝材	磨光(并抛光)的丝材
0.8～1.1	±0.03	±0.02
>1.1～7.0	±0.05	±0.025

表 3

单位为毫米

直径或边长		尺寸允许偏差		
		冷加工[a]	热加工	
			带氧化皮	车(磨)光
圆棒	>7.0～13	±0.05	±1.0	$^{+0.5}_{0}$
	>13～25	±0.05	±1.5	$^{+0.5}_{0}$
	>25～38	±0.06	±2.0	$^{+0.75}_{0}$
	>38～50	±0.08	±2.0	$^{+0.75}_{0}$
	>50～100	±0.08	±3.0	$^{+1.5}_{0}$
	>100～150	—	±4.0	$^{+3.2}_{0}$
方棒	>7.0～13	±0.04	±1.0	$^{+0.5}_{0}$
	>13～25	$^{0}_{-0.10}$	±1.5	$^{+0.5}_{0}$
	>25～50	$^{0}_{-0.15}$	±2.0	$^{+0.75}_{0}$
	>50～75	$^{0}_{-0.20}$	±3.0	$^{+1.5}_{0}$
	>75～100	$^{0}_{-0.25}$	±3.0	$^{+1.5}_{0}$
	>100～150	—	±4.0	$^{+3.2}_{0}$

[a] 冷加工后热处理或热处理后碱酸洗,尺寸允许偏差为该表中相应数值的 2 倍。

3.3.4 定尺和倍尺长度应在其不定尺长度范围内,直丝定尺长度的允许偏差为+6 mm,棒材定尺长度的允许偏差为+10 mm;倍尺长度还应计入丝材/棒材切断时的切口量,每个切口量为 5 mm。定尺或倍尺长度应在合同中注明。

3.3.5 直丝的弯曲度不得大于 5 mm/m。棒材的弯曲度应符合表 4 的规定。

3.3.6 圆丝的椭圆度应不大于其直径允许偏差之半;圆棒的椭圆度应不大于其直径允许偏差。

3.3.7 盘(卷)丝材不允许有"∞"字形。

3.3.8 棒材端部应切平整。直径不大于 35 mm 的棒材,切斜应不大于 3 mm;直径大于 35 mm 的棒材,切斜应不大于 5 mm。

表 4

制造方法	直径或边长/mm	弯曲度/(mm/m),不大于
热加工	<35	6
	≥35	10
热加工后经车(磨)光及冷加工	<35	4
	≥35	5

3.4 **力学性能**

3.4.1 丝材的力学性能

当需方要求并在合同中注明时,丝材的室温力学性能报实测值或由供需双方协商确定。

3.4.2 棒材的力学性能

横截面积不大于 64.5 cm^2 的棒材的纵向室温力学性能应符合表 5 的规定。当需方要求并在合同中注明时,Zr-2、Zr-4 的纵向高温力学性能应符合表 5 的规定。

表 5

牌　　号	试验温度/℃	抗拉强度 R_m/MPa	屈服强度 $R_{P0.2}$/MPa	伸长率 A_{50}/%
Zr-0	室温	≥290	≥140	≥18
Zr-2 Zr-4	室温	≥415	≥240	≥14
	316	≥215	≥105	≥24
Zr-3	室温	≥380	≥205	≥16
Zr-5	室温	≥550	≥380	≥16

3.4.3 横截面尺寸超出 3.4.2 规定的棒材,当需方要求并在合同中注明时,可报棒材的横向力学性能实测值或由供需双方协商确定指标。

3.5 **腐蚀性能**

3.5.1 Zr-2、Zr-4 合金棒材应进行腐蚀性能试验,试样在 400 ℃±5 ℃、$10.3^{+0.7}_{-0.5}$ MPa 的水蒸气中进行 72 h 或 336 h 腐蚀。

3.5.2 经腐蚀试验后,试样表面应为黑色、致密、光泽均匀的氧化膜,没有白色或褐色的腐蚀产物,试样 72 h 的增重量应不大于 22 mg/dm^2。当 72 h 的试验结果不合格时,可继续进行累计时间(或重新取样进行)336 h 的腐蚀试验,其增重量应不大于 38 mg/dm^2。

3.6 **高、低倍组织**

3.6.1 直径或边长大于 3 mm 的丝材和棒材,其横向低倍上不允许有裂纹、折叠、气孔、偏析、缩尾、金属或非金属夹杂及其他目视可见的冶金缺陷。

3.6.2 需方要求并在合同中注明时,棒材可进行高倍组织检查,其验收指标由供需双方协商确定。

3.7 **超声波检验**

需方要求并在合同中注明时,车(磨)光表面的棒材可进行超声波检验,其验收指标由供需双方协商确定。

3.8 **外观质量**

3.8.1 **丝材**

3.8.1.1 丝材一般为冷加工态或碱酸洗表面,直径不小于 2.0 mm 的直丝,需方要求并在合同中注明时,可以供应磨光表面。

3.8.1.2 丝材表面应清洁,不允许有裂纹、起皮、起刺和夹杂等。

3.8.1.3 丝材允许有轻微的不超过丝材允许偏差的局部划伤、擦伤、斑点和凹坑等。

3.8.2 **棒材**

3.8.2.1 合同中要求进行超声波探伤的车(磨)光棒材,其表面粗糙度 *Ra* 应不大于 3.2 μm(以满足探伤要求为准)。

3.8.2.2 棒材表面应干净,无外来物,表面不允许有横向裂纹和纵向劈裂,允许有深度不超过尺寸允许偏差之半的划痕、压痕和麻点。允许清除局部缺陷,清除深度不得大于其尺寸允许偏差,且清除部位的宽度与深度之比应大于 6。

4 试验方法

4.1 化学成分分析方法按 GB/T 13747 的规定进行。

4.2 尺寸及允许偏差用相应精度的量具测量。

4.3 棒材室温拉伸性能试验按 GB/T 228 的规定进行。

4.4 棒材高温拉伸试验按 GB/T 4338 的规定进行。

4.5 棒材腐蚀性能的试验按供需双方的方法进行。

4.6 高、低倍检验按供需双方确定的方法进行。

4.7 超声波检验方法按供需双方确定的方法进行。

4.8 棒材外观质量用目视检查。

5 检验规则

5.1 检查和验收

5.1.1 产品应由供方质量检验部门进行检验,保证产品质量符合本标准和合同(或订货单)的规定,并填写质量证明书。

5.1.2 需方应对收到的产品按本标准的规定进行复验,如复验结果与本标准及合同(或订货单)的规定不符时,应以书面形式向供方提出,由供需双方协商解决。属表面质量及尺寸偏差的异议,应在收到产品之日起一个月内提出,属于其他性能的异议,应在收到产品之日起三个月内提出,如需仲裁,仲裁取样应由供需双方共同进行。

5.2 组批

产品应成批提交验收。每批应由同一牌号、同一熔炼炉号、同一状态、同一规格、同一制造方法和同一生产周期的产品组成。

5.3 检验项目

每批产品均应进行化学成分、室温力学性能、腐蚀性能、尺寸偏差、外观质量和低倍检验。如合同中有要求时,还应进行高温力学性能、超声波探伤和高倍组织等检验。

5.4 取样

产品的取样应符合表 6 的规定。

表 6

检验项目	取样规定	要求的章节号	检验或试验方法的章条号
化学成分	H、N 元素在成品上取样分析,其他以铸锭分析结果报出,每批取一份	3.2	4.1
尺寸及允许偏差	逐根(盘,卷)	3.3	4.2
力学性能	每批任取 2 根,各取 1 个试样	3.4	4.3,4.4
腐蚀性能	由供需双方协商	3.5	4.5

表 6（续）

检验项目	取样规定	要求的章节号	检验或试验方法的章条号
低倍组织	每批任取 1 个横向	3.6	4.6
高倍组织	每批任取 2 根/(盘,卷),各取 1 个试样	3.6	4.6
超声波探伤	逐根	3.7	4.7
外观质量	逐根(盘,卷)	3.8	4.8

5.5 检验结果判定

5.5.1 产品化学成分检验结果不合格时,判该批产品不合格。

5.5.2 产品的尺寸及允许偏差、外观质量不合格时,判单根(盘,卷)不合格。但允许供方切除不合格部分后重新检验,合格者交货。

5.5.3 当力学性能检验结果中有试样不合格时,应从该批棒材(包括原检验不合格的棒材)中另取双倍数量的试样对该不合格项目进行重复试验。若仍有检验结果不合格,则判整批棒材不合格。但允许供方对其余棒材逐根进行检验,合格者重新组批交货。也可对产品进行重新热处理后重新取样检验。

5.5.4 低倍组织试样中有裂纹、非金属夹杂物和缩尾时,允许供方逐根检验,剔除有缺陷产品,合格者交货。

5.5.5 腐蚀性能、高倍组织不合格时,由供需双方协商解决。

5.5.6 超声波探伤不合格时,判该根不合格。

6 标志、包装、运输、贮存和质量证明书

6.1 标志

在已检验合格的产品上应贴标签或挂标牌标记如下内容:

a) 生产厂名称;

b) 产品牌号、状态和规格;

c) 产品批号或熔炼炉号。

6.2 包装、运输和贮存

产品的包装、运输和贮存应参照 GB/T 8180 的规定执行。

6.3 质量证明书

每批产品应附有质量证明书,其上注明:

a) 供方名称;

b) 产品名称;

c) 产品牌号、状态和规格;

d) 产品熔炼炉号、批号、净重和件数;

e) 各项分析检验的结果及质量检验部门印记;

f) 本标准编号;

g) 其他。

7 合同(或订货单)内容

本标准所列材料的合同(或订货单)应包括下列内容:

a) 产品名称;

b) 产品牌号、状态、规格;

c) 重量或件数;

d) 本标准编号;

e) 其他特殊要求。

附 录 A
（资料性附录）
本标准中的牌号与 ASTM 和 ASME 标准中的牌号对照

表 A.1

分类	本标准中的牌号	对应或相当的 ASTM 标准中的牌号	对应或相当的 ASME 标准中的牌号
一般工业	Zr-3	UNS R60702	UNS R60702
	Zr-5	UNS R60705	UNS R60705
核工业	Zr-0	UNS R60001	UNS R60001
	Zr-2	UNS R60802	UNS R60802
	Zr-4	UNS R60804	UNS R60804

中华人民共和国国家标准

GB 8820—2010

食品安全国家标准
食品添加剂　葡萄糖酸锌

2010-12-21 发布　　　　2011-02-21 实施

中华人民共和国卫生部　发布

前　言

本标准代替 GB 8820—1988《食品添加剂　葡萄糖酸锌》。

本标准与 GB 8820—1988 相比，主要变化如下：

——试验方法中修改了鉴别反应(2)的取样量；

——增加了 pH 指标和试验方法；

——修改了氯化物测定的试验方法；

——修改了硫酸盐测定的试验方法；

——取消了水分测定的费休滴定法；

——修改技术要求中水分为干燥减量；

——修改了还原物质的试验方法；

——镉(Cd)指标由≤0.000 5%修改为≤2 mg/kg；

——铅(Pb)指标由≤0.001%修改为≤3 mg/kg。

本标准的附录 A 为规范性附录。

本标准所代替标准的历次版本发布情况为：

——GB 8820—1988。

食品安全国家标准

食品添加剂　葡萄糖酸锌

1　范围

本标准适用于以葡萄糖酸钙为起始原料，经酸化与锌化合物反应或者以葡萄糖酸内酯为原料与锌化物反应制得的食品添加剂葡萄糖酸锌。

2　规范性引用文件

本标准中引用的文件对于本标准的应用是必不可少的。凡是注日期的引用文件，仅所注日期的版本适用于本标准。凡是不注日期的引用文件，其最新版本(包括所有的修改单)适用于本标准。

3　化学名称、分子式、结构式和相对分子质量

3.1　化学名称

D-葡萄糖酸锌

3.2　分子式

$C_{12}H_{22}O_{14}Zn$

3.3　结构式

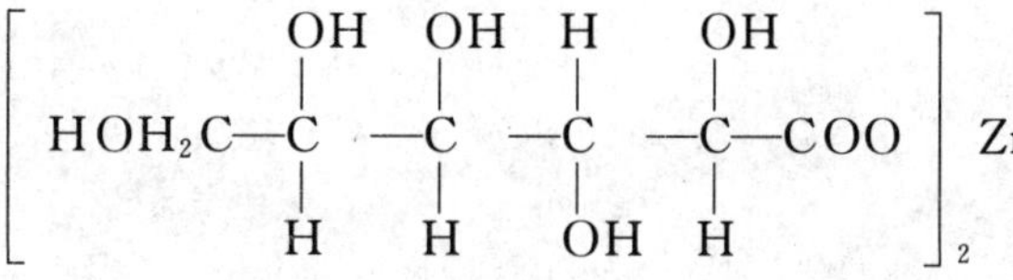

3.4　相对分子质量

455.70(按2007年国际相对原子质量)

4　技术要求

4.1　感官要求：应符合表1的规定。

表1　感官要求

项　目	要　求	检　验　方　法
色泽	白色或类白色	取适量样品置于清洁、干燥的白瓷盘中，在自然光线下，观察其色泽和组织状态
组织状态	颗粒或晶状粉末	

4.2 理化指标：应符合表2的规定。

表2 理化指标

项　目		指　标	检验方法
葡萄糖酸锌($C_{12}H_{22}O_{14}Zn$，以干基计)，w/%		97.0～102.0	附录A中A.4
氯化物(以Cl计)，w/%	≤	0.05	附录A中A.5
硫酸盐(以SO_4计)，w/%	≤	0.05	GB/T 9728
还原物质(以$C_6H_{12}O_6$计)，w/%	≤	1.0	附录A中A.6
干燥减量，w/%	≤	11.6	附录A中A.7
砷(As)/(mg/kg)	≤	3	附录A中A.8
pH(10.0 g/L溶液)		5.5～7.5	GB/T 9724
镉(Cd)/(mg/kg)	≤	2	附录A中A.9
铅(Pb)/(mg/kg)	≤	3	GB 5009.12

附 录 A
（规范性附录）
检验方法

A.1 安全提示

本标准试验方法中使用的部分试剂具有毒性或腐蚀性，按相关规定操作，使用时需小心谨慎。若溅到皮肤上应立即用水冲洗，严重者应立即治疗。在使用挥发性酸时，要在通风橱中进行。

A.2 一般规定

除非另有说明，在分析中仅使用确认为分析纯的试剂和 GB/T 6682—2008 中规定的三级水。

试验方法中所用标准滴定溶液、杂质测定用标准溶液、制剂及制品，在没有注明其他要求时，均按 GB/T 601、GB/T 602、GB/T 603 之规定制备。

A.3 鉴别试验

A.3.1 试剂和材料

A.3.1.1 亚铁氰化钾溶液：100 g/L。

A.3.1.2 盐酸溶液：1+4。

A.3.1.3 苯肼。

A.3.1.4 冰乙酸。

A.3.2 鉴别试验

A.3.2.1 锌盐鉴别

A.3.2.1.1 方法提要

锌盐与亚铁氰化钾试液反应生成白色沉淀，沉淀在稀盐酸中不溶解，以此鉴别锌离子。

A.3.2.1.2 分析步骤

称取 1.0 g 实验室样品，精确至 0.01 g，置于 50 mL 试管中，加入 20 mL 水溶解，必要时加热使溶解，加亚铁氰化钾溶液，即发生白色沉淀，分离，沉淀在稀盐酸中不溶解。

A.3.2.2 葡萄糖的鉴别

A.3.2.2.1 方法提要

样品在乙酸介质中，与苯肼共热，生成黄色葡萄糖酰苯肼结晶。

A.3.2.2.2 分析步骤

称取 0.5 g 实验室样品，精确至 0.01 g，加 10 mL 水，溶解（必要时加热），取 5 mL，加 0.7 mL 冰乙酸和 1 mL 新蒸馏的苯肼，在水浴上加热 30 min，放至室温，用玻璃棒摩擦试管内壁，则析出黄色结晶。

A.4 葡萄糖酸锌的测定

A.4.1 方法提要

以铬黑T为指示剂，用乙二胺四乙酸二钠标准滴定液滴定样品水溶液，根据乙二胺四乙酸二钠标准滴定液的用量，计算以 $C_{12}H_{22}O_{14}Zn$ 计的葡萄糖酸锌的含量。

A.4.2 试剂和材料

A.4.2.1 氨-氯化铵缓冲溶液(pH≈10)。

A.4.2.2 铬黑T指示剂。

A.4.2.3 乙二胺四乙酸二钠标准滴定液：c(EDTA)＝0.05 mol/L。

A.4.3 分析步骤

称取0.5 g实验室样品，精确至0.000 1 g，加100 mL水，使溶解(必要时加热)，放至室温，加5 mL氨-氯化铵缓冲溶液，铬黑T指示剂少许，用乙二胺四乙酸二钠标溶液滴定至溶液由紫红色变为纯蓝色，并将滴定结果用空白试验校正，每1 mL的乙二胺四乙酸二钠滴定液(0.05 mol/L)相当于22.78 mg的 $C_{12}H_{22}O_{14}Zn$。

A.4.4 结果计算

葡萄糖酸锌(以 $C_{12}H_{22}O_{14}Zn$ 计)的质量分数 w_1，数值以%表示，按公式(A.1)计算：

$$w_1=\frac{(V-V_0)\times c\times M}{m_1\times(1-w_3)\times 1\,000}\times 100\% \qquad \text{(A.1)}$$

式中：

V——实验室样品消耗乙二胺四乙酸二钠标准滴定液体积的数值，单位为毫升(mL)；

V_0——空白试验消耗乙二胺四乙酸二钠标准滴定液体积的数值，单位为毫升(mL)；

c——乙二胺四乙酸二钠标准滴定液浓度的数值，单位为摩尔每升(mol/L)；

m_1——实验室样品质量的数值，单位为克(g)；

w_3——为A.7下测定的实验室样品干燥减量的质量分数，%。

M——葡萄糖酸锌($C_{12}H_{22}O_{14}Zn$)的摩尔质量的数值，单位为克每摩尔(g/mol)(M＝455.70)。

取平行测定结果的算术平均值为测定结果，两次平行测定结果的绝对差值不大于0.2%。

A.5 氯化物的测定

A.5.1 试剂和材料

A.5.1.1 硝酸溶液：25→100。

A.5.1.2 硝酸银溶液：17 g/L。

A.5.1.3 氯化钠标准溶液：每1 mL含0.01 mg的Cl。

A.5.2 分析步骤

称取1.0 g±0.01 g实验室样品，置100 mL容量瓶中，加80 mL水使溶解，再用水稀释至刻度，摇匀，即为实验室样品溶液。分别吸取10.0 mL实验室样品溶液与5 mL±0.05 mL氯化钠标准溶液，按GB/T 9729测定。

A.6 还原物质的测定

A.6.1 方法提要

还原糖将二价铜离子还原成氧化亚铜，剩余的二价铜离子在酸性条件下与碘离子反应生成定量的碘，以硫代硫酸钠标准溶液滴定生成的碘，从而计算出样品中还原糖的含量。

A.6.2 试剂和材料

A.6.2.1 碱性柠檬酸铜溶液的配制：

溶液A：称取173 g柠檬酸钠(枸橼酸钠)和100 g无水碳酸钠，加温水使溶解成700 mL(若溶液显浑浊，过滤使澄清)。

溶液B：称取17.3 g硫酸铜结晶，加100 mL水使溶解。

临用前取100 mL溶液B，在不断振摇下，缓缓加入700 mL溶液A，冷却后，加水定容至1 000 mL。

A.6.2.2 碘标准溶液：$c(1/2I_2)=0.05$ mol/L。

A.6.2.3 硫代硫酸钠标准滴定溶液：$c(Na_2S_2O_3)=0.1$ mol/L。

A.6.2.4 淀粉指示液：10 g/L。

A.6.2.5 乙酸溶液：1+27。

A.6.2.6 盐酸溶液：3 mol/L。

A.6.3 分析步骤

称取1.0 g实验室样品，精确至0.000 1 g，置250 mL碘容量瓶中，加10 mL水(必要时加热)使溶解，冷却至室温，精密加入25.0 mL碱性柠檬酸铜溶液，瓶口用小表面皿盖住，准确微沸5 min后，迅速冷却至室温，加25.0 mL乙酸溶液，摇匀，精密加入10.0 mL碘标准液，密塞，摇匀，放置10 min，加入10.0 mL盐酸溶液，再加3.0 mL淀粉指示液，立即用硫代硫酸钠标准溶液滴定至溶液显亮蓝色，并将滴定结果用空白试验校正。每毫升硫代硫酸钠标准溶液相当于2.7 mg葡萄糖。

A.6.4 结果计算

还原糖(以$C_6H_{12}O_6$计)的质量分数w_2，数值以%表示，按公式(A.2)计算：

$$w_2=\frac{(V_0-V_1)\times c\times M}{m_2\times 1\,000}\times 100\% \qquad \cdots\cdots(A.2)$$

式中：

V_0——滴定空白溶液所消耗的硫代硫酸钠标准滴定溶液的体积的数值，单位为毫升(mL)；

V_1——滴定实验室样品溶液所消耗的硫代硫酸钠标准滴定溶液的体积的数值，单位为毫升(mL)；

c——硫代硫酸钠标准滴定溶液实际浓度的数值，单位为摩尔每升(mol/L)；

m_2——实验室样品质量的数值，单位为克(g)；

M——还原糖($3/20C_6H_{12}O_6$)的摩尔质量的数值，单位为克每摩尔(g/mol)($M=27$)。

A.7 干燥减量的测定

A.7.1 仪器和设备

恒温干燥箱。

A.7.2 分析步骤

称取1.0 g实验室样品细粉，精确至0.000 1 g，置于已经在105 ℃±2 ℃干燥至恒重的称量瓶中，精密称定，再置 105 ℃±2 ℃干燥箱内干燥至恒重，从减失的质量和称样量计算样品的干燥减量。

A.7.3 结果计算

葡萄糖酸锌干燥减量的质量分数 w_3，数值以%计，按公式(A.3)计算：

$$w_3 = \frac{m_3 - m_4}{m_3 - m_0} \times 100\% \qquad \cdots\cdots(A.3)$$

式中：

m_0——称量瓶的质量的数值，单位为克(g)；

m_3——称量瓶和干燥前实验室样品质量的数值，单位为克(g)；

m_4——称量瓶和干燥后实验室样品质量的数值，单位为克(g)。

取平行测定结果的算术平均值为测定结果，两次平行测定结果的绝对差值不大于 0.5%。

A.8 砷的测定

称取 2.5 g±0.01 g 实验室样品，加水溶解，并定容至 25.0 mL，量取 10.0 mL(相当于原样品 1.0 g)，按 GB/T 5009.76 第二法砷斑法测定。量取 3 mL±0.05 mL 砷标准溶液(含 0.003 mg 砷)，制备砷限量标准液。供试品溶液与砷标准溶液 3 mL(含砷 0.003 mg)制成的对照液比较，不得更深。

A.9 镉的测定

称取 2.5 g±0.000 2 g 实验室样品，加硝酸溶液(10 g/L)溶解并定容至 25 mL。其余按 GB/T 15337 测定。

中华人民共和国国家标准

GB 8821—2010

食品安全国家标准

食品添加剂 β-胡萝卜素

2010-12-21 发布 2011-02-21 实施

中华人民共和国卫生部 发布

前　言

本标准代替 GB 8821—1988《食品添加剂　β-胡萝卜素》。

本标准与 GB 8821—1988 相比，主要变化如下：

——感官要求中增加紫红色或红色结晶，取消溶解度；

——鉴别项 $A_{455\ nm}\times10/A_{340\ nm}\geqslant15$ 修改为 $A_{455\ nm}/A_{340\ nm}\geqslant1.5$；

——溶解性试验修改为澄清度试验；

——增加了干燥减量指标及相应的试验方法；

——重金属指标由≤10 mg/kg 修改为≤5 mg/kg；

——砷指标由≤3 mg/kg 修改为≤2 mg/kg。

本标准的附录 A 为规范性附录。

本标准所代替标准的历次版本发布情况为：

——GB 8821—1988。

食品安全国家标准
食品添加剂 β-胡萝卜素

1 范围

本标准适用于以维生素A乙酸酯为起始原料，以化学合成法制得的食品添加剂β-胡萝卜素。

2 规范性引用文件

本标准中引用的文件对于本标准的应用是必不可少的。凡是注日期的引用文件，仅所注日期的版本适用于本标准。凡是不注日期的引用文件，其最新版本(包括所有的修改单)适用于本标准。

3 化学名称、分子式、结构式和相对分子质量

3.1 化学名称

全反式-1,1'-(3,7,12,16-四甲基-1,3,5,7,9,11,13,15,17-十八碳九烯-1,18-二基)双[2,6,6-三甲基环己烯]

3.2 分子式

$C_{40}H_{56}$

3.3 结构式

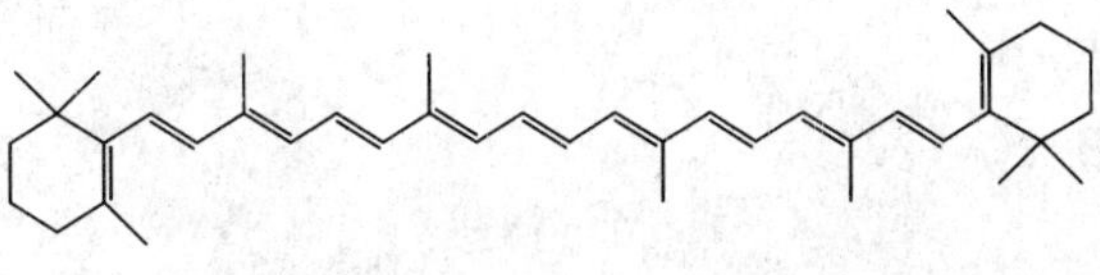

3.4 相对分子质量

536.88(按2007年国际相对原子质量)

4 技术要求

4.1 感官要求：应符合表1的规定。

表1 感官要求

项目	要求	检验方法
色泽	紫红色或红色	取适量样品置于清洁、干燥的白瓷盘中，在自然光线下，观察其色泽和组织状态，嗅其气味
气味	无臭	
组织状态	结晶或结晶性粉末	

4.2 理化指标:应符合表2的规定。

表2 理化指标

项目		指标	检验方法
β-胡萝卜素(以干基计),w/%		96.0~101.0	附录A中A.4
灼烧残渣,w/%	≤	0.2	附录A中A.5
澄清度试验		通过试验	附录A中A.8
干燥减量,w/%	≤	0.2	附录A中A.9
熔点/℃		176~182	附录A中A.10
重金属(以Pb计)/(mg/kg)	≤	5	附录A中A.6
砷(As)/(mg/kg)	≤	2	附录A中A.7

附 录 A
（规范性附录）
检验方法

A.1 安全提示

本标准试验方法中使用的部分试剂具有毒性或腐蚀性，按相关规定操作，操作时需小心谨慎。若溅到皮肤上应立即用水冲洗，严重者应立即治疗。在使用挥发性酸时，要在通风橱中进行。

A.2 一般规定

本标准所用试剂除非另有说明，在分析中仅使用确认为分析纯的试剂和 GB/T 6682—2008 中规定的三级水。

试验方法中所需标准滴定溶液、制剂及制品，在没有注明其他要求时，均按 GB/T 603 之规定制备。

A.3 鉴别试验

A.3.1 方法原理

β-胡萝卜素是共轭双键化合物，在其紫外吸收光谱中有三个吸收峰(455 nm，483 nm，340 nm)，用 $A_{455\ nm}/A_{340\ nm}$ 及 $A_{455\ nm}/A_{483\ nm}$ 的比值来控制 β-胡萝卜素的顺式异构体及类 β-胡萝卜素。

A.3.2 试剂和材料

A.3.2.1 环己烷。
A.3.2.2 三氯甲烷。

A.3.3 仪器和设备

A.3.3.1 紫外分光光度仪。
A.3.3.2 石英池(1 cm)。

A.3.4 分析步骤

A.3.4.1 样品溶液的制备

溶液 A：取约 50 mg 实验室样品，精确至 0.000 1 g，置 100 mL 棕色容量瓶中，加三氯甲烷 10 mL，溶解后，立即用环己烷稀释至刻度，摇匀。精密量取其 5.0 mL，置 100 mL 棕色容量瓶中，用环己烷稀释至刻度，摇匀，即得。

溶液 B：取 5.0 mL 溶液 A，置 50 mL 棕色容量瓶中，用环己烷稀释至刻度，摇匀，即得。

A.3.4.2 紫外光吸收度的测定

取溶液 B 在波长 455 nm±1 nm、483 nm±1 nm 处分别测定吸光度(A)，$A_{455\ nm}/A_{483\ nm}$ 的比值应在 1.14～1.18。

取溶液 B 在波长 455 nm±1 nm、溶液 A 在波长 340 nm±1 nm 处分别测定吸光度(A)，$A_{455\ nm}/$

$A_{340\ nm}$的比值不低于1.5。

A.4 β-胡萝卜素的测定

A.4.1 方法原理

β-胡萝卜素是共轭双键化合物，在波长455 nm处有最大吸收，将样品溶液于该波长处测定吸光度，以百分吸收系数($E_{1\ cm}^{1\%}$)计算质量分数。

A.4.2 试剂和材料

A.4.2.1 环己烷。

A.4.2.2 三氯甲烷。

A.4.3 仪器和设备

同A.3.3。

A.4.4 分析步骤

取A.3.4.1中溶液B，以环己烷为空白对照，在波长455 nm±1 nm处测定吸光度(A)。

A.4.5 结果计算

根据实验室样品的吸收值计算β-胡萝卜素的质量分数w_1，数值以%表示，按公式(A.1)计算：

$$w_1 = 20\ 000 \times \frac{A}{m \times (1 - w_2) \times 2\ 500 \times 100} \times 100\% \qquad \cdots\cdots(A.1)$$

式中：

A ——实验室样品溶液吸光度数值；

m ——实验室样品的质量数值，单位为克(g)；

20 000——实验室样品稀释的总体积，单位为毫升(mL)；

2 500 ——β-胡萝卜素的百分吸收系数($E_{1\ cm}^{1\%}$)；

w_2 ——A.9测得的干燥减量的数值，%。

A.5 灼烧残渣的测定

A.5.1 方法原理

样品加硫酸经灼烧后所留的硫酸盐，用重量法测定。

A.5.2 分析步骤

称取约2.0 g实验室样品，精确至0.000 1 g，置于已在550 ℃±50 ℃灼烧至恒重的瓷坩埚中，用小火缓缓加热至完全炭化，放冷后，加1.0 mL硫酸使湿润，低温加热至硫酸蒸气除尽后，移入高温炉中，在550 ℃±50 ℃灼烧至恒重。

A.5.3 结果计算

β-胡萝卜素的灼烧残渣以质量分数w_3计，数值以%表示，按公式(A.2)计算：

$$w_3 = \frac{m_1 - m_2}{m} \times 100\% \qquad \cdots\cdots(A.2)$$

式中：

m_1——残渣和坩埚的总质量的数值，单位为克(g)；

m_2——坩埚的质量的数值，单位为克(g)；

m ——实验室样品的质量的数值，单位为克(g)。

A.6 重金属的测定

A.6.1 方法原理

样品中杂质金属在酸性(pH3.5)条件下，与硫化氢或硫化钠试液显色。样品与标准铅溶液同法测定，以此检查其限度。

A.6.2 试剂和材料

A.6.2.1 硝酸。

A.6.2.2 硫酸。

A.6.2.3 盐酸。

A.6.2.4 甘油。

A.6.2.5 乙酸铵。

A.6.2.6 硝酸铅。

A.6.2.7 硫代乙酰胺。

A.6.2.8 氨试液：400→1 000。

A.6.2.9 氢氧化钠溶液：$c(NaOH)=1$ mol/L。

A.6.2.10 盐酸溶液：$c(HCl)=2$ mol/L。

A.6.2.11 盐酸溶液：$c(HCl)=7$ mol/L。

A.6.2.12 氨水溶液：$c(NH_3 \cdot H_2O)=5$ mol/L。

A.6.2.13 酚酞指示液：10 g/L 乙醇溶液。

A.6.2.14 乙酸盐缓冲液(pH3.5)：取 25 g 乙酸铵，加水 25 mL 溶解后，加 7 mol/L 盐酸溶液 38 mL，用 2 mol/L 盐酸溶液或氨水溶液准确调节 pH 至 3.5(pH 计)，用水稀释至 100 mL。

A.6.2.15 硫代乙酰胺试液：称取约 4 g 硫代乙酰胺，精确至 0.01 g，加水使溶解成 100 mL，置冰箱中保存。临用前取 5.0 mL 混合液(由 15 mL 1 mol/L 氢氧化钠溶液、5.0 mL 水及 20 mL 甘油组成)，加上述 1.0 mL 硫代乙酰胺溶液，置水浴上加热 20 s 冷却，立即使用。

A.6.2.16 铅标准溶液：称取约 0.160 g 硝酸铅，精确至 0.000 2 g，置于 1 000 mL 容量瓶中，加 5 mL 硝酸与 50 mL 水溶解后，用水稀释至刻度，摇匀，作为贮备液。临用前，移取 10 mL±0.02 mL 贮备液，置于 100 mL 容量瓶中，加水稀释至刻度，摇匀，即得(每 1 mL 相当于 10 μg 的 Pb)。配置与贮存用的玻璃仪器均不得含铅。

A.6.3 分析步骤

按《中华人民共和国药典》2005 年版二部附录Ⅷ H 重金属检查法第二法测定，具体方法如下：

取 A.5 中遗留的残渣，加 0.5 mL 硝酸，蒸干，至氧化氮蒸气除尽后，放冷，加 2 mL 盐酸，置水浴上蒸干后加 15 mL 水，滴加氨试液至对酚酞指示液显中性，再加 2 mL 乙酸盐缓冲液(pH3.5)，微热溶解后，移置纳氏比色管甲管中，加水稀释成 25 mL；另取配制供试溶液的试剂，置瓷皿中蒸干后，加 2 mL 乙酸盐缓冲液(pH3.5)与 15 mL 水，微热溶解后，移置纳氏比色管乙管中，加 1.0 mL 标准铅溶液，再用水稀释成 25 mL；再在甲乙两管中分别加硫代乙酰胺试液各 2 mL，摇匀，放置 2 min，同置白纸上，自上向下透视，甲管中显示的颜色与乙管比较，不得更深。

A.7 砷盐的测定

A.7.1 方法原理

在强酸性溶液中，样品中的砷均可被金属锌还原成砷化氢，砷化氢再与溴化汞试纸作用生成棕黄色化合物。样品与砷标准溶液用同一方法处理所得的棕黄色化合物比较，以此检查样品中砷盐的限度。

A.7.2 分析步骤

称取 5.0 g±0.01 g 实验室样品、量取 10 mL±0.05 mL 限量砷标准溶液（每 1 mL 溶液相当于 1 μg 砷），分别按 GB/T 5009.76—2003 第一法 5.2.2 干灰化法处理试样后，按第二法砷斑法检测样品。试样的砷斑不得深于标准砷斑。

A.8 澄清度试验

A.8.1 试剂和材料

A.8.1.1 三氯甲烷。

A.8.1.2 乌洛托品溶液：100 g/L。

A.8.1.3 浊度标准贮备液：称取于 105 ℃干燥至恒重的 1.00 g 硫酸肼，精确至 0.001 g，置 100 mL 容量瓶中，加水适量使溶解，必要时可在 40 ℃的水浴中温热溶解，并用水稀释至刻度，摇匀，放置 4 h～6 h；取此溶液与等容量的乌洛托品溶液（100 g/L）混合，摇匀，于 25 ℃避光静置 24 h，即得。本液置冷处避光保存，可在两个月内使用，用前摇匀。

A.8.1.4 浊度标准原液：取 15.0 mL 浊度标准贮备液，置 1 000 mL 容量瓶中，加水稀释至刻度，摇匀，取适量，置 1 cm 吸收池中，按紫外-可见分光光度法（《中华人民共和国药典》2005 年版二部附录ⅣA），在 550 nm 的波长处测定，其吸光度应在 0.12～0.15 范围内。本液应在 48 h 内使用，用前摇匀。

A.8.1.5 0.5 号浊度标准：取 2.5 mL 浊度标准原液，置 100 mL 容量瓶中，加水稀释至刻度，摇匀，即得。

A.8.2 分析步骤

按《中华人民共和国药典》2005 年版二部　附录ⅨB 澄清度检查法。称取 1.0 g±0.01 g 实验室样品，加 100 mL 三氯甲烷溶解，与同体积的三氯甲烷或 0.5 号浊度标准液比较，若显混浊，不得比 0.5 号浊度标准液更深。

A.9 干燥减量的测定

A.9.1 分析步骤

称取约 1 g 实验室样品，精确至 0.000 1 g，以五氧化二磷为干燥剂，置于已在 40 ℃减压干燥（压力应在 2.67 kPa 以下）至恒重的扁形称量瓶中，在 40 ℃减压干燥 4 h 后，放入干燥器内冷却至室温，称重。

A.9.2 结果计算

β-胡萝卜素干燥减量以质量分数 w_2 计，数值以%表示，按公式（A.3）计算：

$$w_2 = \frac{m_3 - m_4}{m} \times 100\% \quad \cdots\cdots\cdots\cdots (A.3)$$

式中：

m_3——干燥前实验室样品和称量瓶的总质量数值，单位为克(g)；

m_4——干燥后实验室样品和称量瓶的总质量数值，单位为克(g)；

m——实验室样品的质量数值，单位为克(g)。

A.10 熔点的测定

按《中华人民共和国药典》2005年版二部 附录Ⅵ C熔点测定法第一法进行。方法如下：

取实验室样品适量，研成细粉，以五氧化二磷为干燥剂，置于扁形称量瓶中，在40 ℃减压(压力应在2 666 Pa以下)干燥4 h后，放入干燥器内冷却至室温，取适量，置熔点测定用毛细管(简称毛细管，由中性硬质玻璃管制成，长9 cm以上，内径0.9 mm～1.1 mm，壁厚0.10 mm～0.15 mm，一端熔封；当所用温度计浸入传温液(硅油或液状石蜡)在6 cm以上时，管长应适当增加，使露出液面3 cm以上)中，轻击管壁或借助长短适宜的洁净玻璃管，垂直放在表面皿或其他适宜的硬质物体上，将毛细管自上口放入使自由落下，反复数次，使粉末紧密集结在毛细管的熔封端。装入实验室样品的高度为3 mm。另将温度计(分浸型，具有0.5 ℃刻度，经熔点测定用对照品校正)放入盛装传温液的容器中，使温度计汞球部的底端与容器的底部距离2.5 cm以上(用内加热的容器，温度计汞球与加热器上表面距离2.5 cm以上)；加入传温液以使传温液受热后的液面适在温度计的分浸线处。将传温液加热，待温度上升至比规定的熔点低限约低10 ℃时，将装有实验室样品的毛细管浸入传温液，贴附在温度计上(可用橡皮圈或毛细管夹固定)，位置须使毛细管的内容物适在温度计汞球中部；继续加热，调节升温速率为每分钟上升1.0 ℃～1.5 ℃，加热时须不断搅拌使传温液温度保持均匀，记录实验室样品在初熔至全熔时的温度，重复测定3次，取其平均值。

ICS 23.100.40
J 20

中华人民共和国国家标准

GB/T 9065.2—2010
代替 GB/T 9065.2—1988

液压软管接头 第2部分:24°锥密封端软管接头

Connections for hydraulic fluid power and general use—Hose fittings—Part 2:Hose fittings with 24°cone connector ends

(ISO 12151-2:2003,MOD)

2010-09-26 发布

2011-02-01 实施

中华人民共和国国家质量监督检验检疫总局
中国国家标准化管理委员会 发布

前言

GB/T 9065《液压软管接头》分为5部分：

——第1部分：O形圈端面密封软管接头；

——第2部分：24°锥密封端软管接头；

——第3部分：法兰端软管接头；

——第4部分：螺柱端软管接头；

——第5部分：37°扩口端软管接头。

本部分为GB/T 9065的第2部分。

本部分修改采用ISO 12151-2:2003《用于液压传动和一般用途的管接头　软管接头　第2部分：带ISO 8434-1和ISO 8434-4的24°锥形管接头末端的软管接头》(英文版)。

本部分根据ISO 12151-2:2003重新起草。

本部分与ISO 12151-2:2003存在以下技术性差异：

——在"2 规范性引用文件"中，以对应的国家标准代替国际标准；增加引用标准GB/T 3、GB/T 196、GB/T 197及相关技术要求；用ISO 19879代替ISO 8434-5。

——保留了前版GB/T 9065.2中卡套式软管接头的内容(图6、表5)。

——5.1，软管接头标识中以中文和国家标准编号代替英文及国际标准编号。

本部分还做了下列编辑性修改：

——删除国际标准的前言和引言；

——将"国际标准的本部分"改为"本部分"；

——用小数点符号"."代替作为小数点的逗号"，"。

本部分是对GB/T 9065.2—1988的修订，与GB/T 9065.2—1988相比主要变化如下：

——标准名称改为"液压软管接头　第2部分：24°锥密封端软管接头"；

——增加性能要求，制造工艺要求，表面处理要求，保护条件及采购信息；

——增加直通卡套式软管接头之外的四种型式(图2～图5)及相关尺寸规定(表1～表4)。

本部分由中国机械工业联合会提出。

本部分由全国液压气动标准化技术委员会(SAC/TC 3)归口。

本部分负责起草单位：天津工程机械研究院。

本部分参加起草单位：北京机械工业自动化研究所、浙江苏强格液压有限公司、盐城华兴液压机械有限公司、攀钢冶金工程技术有限公司实业开发分公司液压附件厂、天津市精研工程机械传动有限公司。

本部分主要起草人：冯国勋、赵曼琳、周舜华、罗学荣、卞才昌、唐涛、张乃旗、刘会进。

本部分所替代标准的历次版本发布情况为：

——GB/T 9065.2—1988。

液压软管接头
第2部分:24°锥密封端软管接头

1 范围

GB/T 9065的本部分规定了24°锥形连接端(符合ISO 8434-1和ISO 8434-4)的软管接头其设计和性能的基本要求和尺寸要求,这类软管接头以碳钢制成,与公称内径为5 mm～38 mm的软管配合使用。

注:若选用其他材料,由供需双方协商。

本部分规定的软管接头(见图1)与符合不同软管标准要求的软管一起应用于液压系统。

2 规范性引用文件

下列文件中的条款通过GB/T 9065的本部分的引用而成为本部分的条款。凡是注日期的引用文件,其随后所有的修改单(不包括勘误的内容)或修订版均不适用于本部分,然而,鼓励根据本部分达成协议的各方研究是否可使用这些文件的最新版本。凡是不注日期的引用文件,其最新版本适用于本部分。

GB/T 3 普通螺纹收尾、肩距、退刀槽和倒角(GB/T 3—1997,eqv ISO 3508:1976和ISO 4577:1983)

GB/T 196 普通螺纹 基本尺寸(GB/T 196—2003,ISO 724:1993,MOD)

GB/T 197 普通螺纹 公差(GB/T 197—2003,ISO 965-1:1998,MOD)

GB/T 2351 液压气动系统用硬管外径和软管内径(GB/T 2351—2005,ISO 4397:1993,IDT)

GB/T 3103.1—2002 紧固件公差 螺栓、螺钉、螺柱和螺母(ISO 4759-1:2000,IDT)

GB/T 7939 液压软管总成 试验方法(GB/T 7939—2008,ISO 6605:2002 MOD)

GB/T 10125 人造气氛腐蚀试验 盐雾试验(GB/T 10125—1997,eqv ISO 9227:1990)

GB/T 17446 流体传动系统及元件 术语(GB/T 17446—1998,idt ISO 5598:1985)

ISO 8434-1 用于流体传动和一般用途的金属管连接 第1部分:24°锥形管接头

ISO 8434-4 用于流体传动和一般用途的金属管连接 第4部分:带O形圈焊接接头体的24°锥形管接头

ISO 19879 用于流体传动和一般用途的金属管连接 液压管接头的试验方法

3 术语和定义

GB/T 17446确立的术语和定义适用于GB/T 9065的本部分。

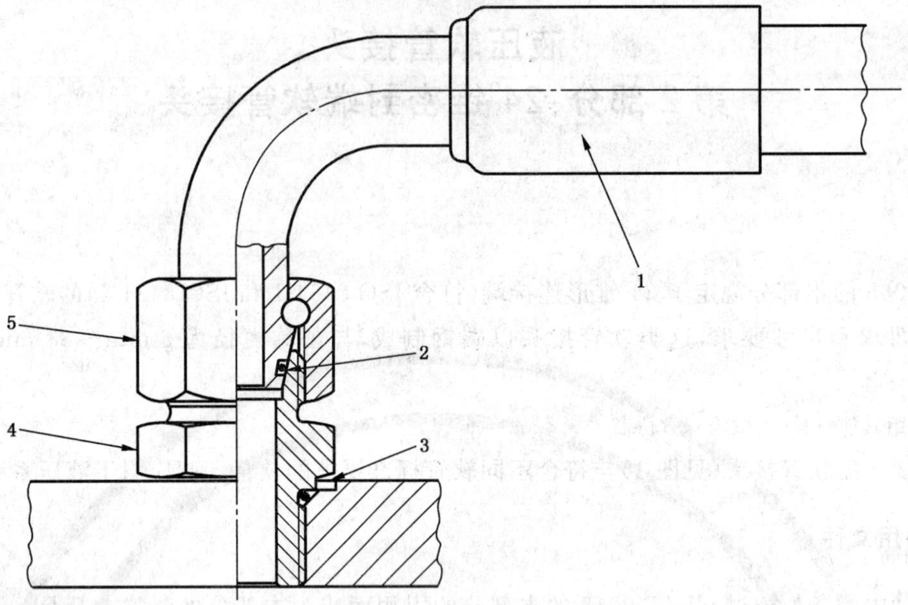

1——软管接头；

2——O 形圈；

3——油口；

4——管接头；

5——螺母。

图 1　24°锥密封端软管接头的典型连接示例

4　性能要求

4.1　按 GB/T 7939 测试时，软管总成应满足相应的软管规格所规定的性能要求，并无泄漏、无失效。

4.2　软管总成的工作压力应取 ISO 8434-1 中给定的相同规格的管接头压力和软管压力的最低值。

4.3　软管接头的工作压力应按 ISO 19879 进行试验检测。软管总成应按 GB/T 7939 进行测试。在循环耐久性试验过程中，软管总成应能承受相关的软管技术规范规定的循环次数。

5　软管接头的标识

5.1　为便于分类，应以文字与数字组成的代号作为软管接头的标识。其标识应为：文字“软管接头”，后接 GB/T 9065.2，后接间隔短横线，然后为连接端类型和形状的字母符号，后接另一个间隔短横线，后接 24°锥形端规格（标称连接规格）和软管规格（标称软管内径），两规格之间用乘号（×）隔开。

示例：与外径 22 mm 硬管和内径 19 mm 软管配用的回转、直通、轻型系列软管接头，标识如下：

软管接头　GB/T 9065.2-SWS-L22×19

- 19——软管规格
- 22——24° 锥形端规格
- SWS-L——连接端类型和形状的字母符号（见 5.4）
- GB/T 9065.2——标准编号
- 软管接头——名称

5.2　在适用的情况下，软管接头的字母符号标识应由连接端类型，软管接头形状和螺母类型组成。

5.3　如果硬管端头为阳端，则其不必包括在代号中。但是如果是其他硬管端头，应予命名。

5.4　应使用下列字母符号：

连接端类型/符号	形状/符号
回转/SW	直通/S
	90°弯头/E
	45°弯头/E45
系列	符号
轻型	L
重型	S

6 设计

6.1 图2～图6中的软管接头尺寸应符合表1～表5中给定的尺寸，并符合ISO 8434-1中给定的相关尺寸。

6.2 六角形相对平面的公差应符合GB/T 3103.1—2002规定的产品等级C。六角形的最小对角尺寸是标称相对平面宽度的1.092倍。最小侧面尺寸是标称相对平面宽度的0.43倍。

6.3 对所有规格的弯头，其两端轴线夹角公差应为±3°。

6.4 外形的细节应由制造商选择，并保持表1～表4中给出的尺寸。

6.5 螺纹

6.5.1 普通螺纹基本尺寸按GB/T 196的规定。

6.5.2 普通螺纹公差按GB/T 197的规定：内螺纹为6H，外螺纹为6f或6g。

6.5.3 螺纹收尾、肩距、退刀槽、倒角尺寸按GB/T 3的规定。

6.5.4 外螺纹侧面表面粗糙度应为$Ra \leqslant 3.2\ \mu m$，内螺纹侧面表面粗糙度应为$Ra \leqslant 6.3\ \mu m$。

7 制造

7.1 结构

软管接头可热锻、冷成型加工、棒料切削加工而成。

7.2 制造工艺

应用最经济有效的工艺来生产高质量的软管接头。软管接头应没有可见污染物、毛刺、氧化皮和碎屑以及其他可能影响零件功能的缺陷。除非另有规定，所有加工表面的粗糙度应为$Ra \leqslant 6.3\ \mu m$。

7.3 表面处理

所有碳钢部件的外表面和螺纹应镀上或涂以适当的材料，应按GB/T 10125的规定通过72 h的中性盐雾试验，除非制造商和用户另有协议。除下列指定的部位外，在盐雾试验过程中任何部位出现红色铁锈都应视为失效。

——所有内部流道；

——棱角，如六角形尖端、螺纹的齿牙和齿顶，这些部位由于批量生产或运输的影响使镀层或涂层产生机械损伤；

——由于卷曲、扩口弯曲和其他后续金属加工引起的镀层或涂层机械变形的部位；

——试验箱中零件悬挂或固定处，这些位置可能聚积冷凝液。

在贮存期间，内部流道应避免受到腐蚀。

注：考虑到对环境的影响，镀镉不是首选。在应用过程中，镀层的变化会影响装配力矩，需要重新验证。

7.4 保护

应以供需双方商定的方法保护软管接头和内外螺纹的表面不遭受刻痕和刮伤。刻痕和刮伤会影响软管接头的功能。内部流道应严格防护，以防止受到污垢和其他污染物的污染。

8 采购信息

当用户咨询或订购时，应提供以下信息：

——描述软管接头(使用第5章的标识)；

——软管接头的材料(如果不是碳钢)；

——软管类型和尺寸；

——要传输的流体；

——工作压力；

——工作温度(包括环境温度和流体温度)。

9 标志

软管接头应永久性的标识制造商名称或商标。

10 标注说明(引用 GB/T 9065 的本部分)

当选择遵守 GB/T 9065 的本部分时，在试验报告、产品目录和销售文件中使用以下说明："带24°锥密封端软管接头符合 GB/T 9065.2—2010《液压软管接头 第2部分：24°锥密封端软管接头》"。

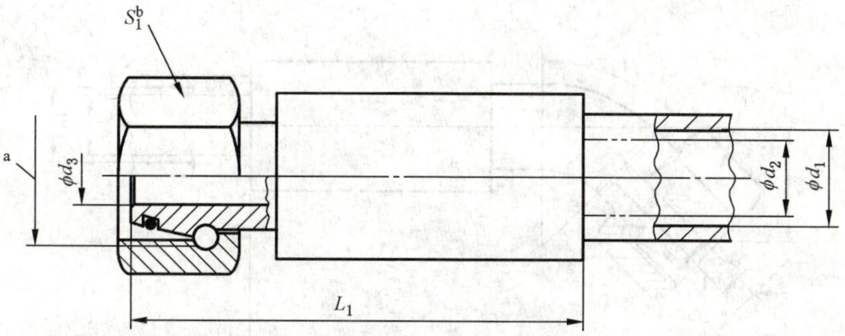

注 1：在更换 O 形圈时，管子的自由长度宜位于左侧，以便螺母可以向 O 形圈沟槽后面移动。

注 2：软管接头与软管之间的扣压方法是可选的。

注 3：管接头的细节符合 ISO 8434-1 和 ISO 8434-4。

[a] 螺纹。

[b] 六角形相对平面间宽度(扳手尺寸)。

图 2 直通内螺纹回转软管接头(SWS)

表 1 直通内螺纹回转软管接头(SWS)的尺寸

单位为毫米

系列	软管接头规格	螺纹	接头公称尺寸	公称软管内径 d_1^a	d_2^b 最小	d_3^c 最大	S_1^d 最小	L_1^e 最大
轻型系列 (L)	6×5	M12×1.5	6	5	2.5	3.2	14	59
	8×6.3	M14×1.5	8	6.3	3	5.2	17	59
	10×8	M16×1.5	10	8	5	7.2	19	61
	12×10	M18×1.5	12	10	6	8.2	22	65
	15×12.5	M22×1.5	15	12.5	8	10.2	27	68
	18×16	M26×1.5	18	16	11	13.2	32	68
	22×19	M30×2	22	19	14	17.2	36	74
	28×25	M36×2	28	25	19	23.2	41	85
	35×31.5	M45×2	35	31.5	25	29.2	50	105
	42×38	M52×2	42	38	31	34.3	60	110
重型系列 (S)	8×5	M16×1.5	8	5	2.5	4.2	19	59
	10×6.3	M18×1.5	10	6.3	3	6.2	22	67
	12×8	M20×1.5	12	8	5	8.2	24	68
	12×10	M20×1.5	12	10	6	8.2	24	72
	16×12.5	M24×1.5	16	12.5	8	11.2	30	80
	20×16	M30×2	20	16	11	14.2	36	93
	25×19	M36×2	25	19	14	18.2	46	102
	30×25	M42×2	30	25	19	23.2	50	112
	38×31.5	M52×2	38	31.5	25	30.3	60	126

[a] 符合 GB/T 2351。

[b] 在与软管装配前，软管接头的最小通径。装配后，此通径不小于 $0.9d_2$。

[c] d_3 尺寸符合 ISO 8434-1，且 d_3 的最小值应不小于 d_2。在直径 d_2(软管接头尾芯的内径)和 d_3(管接头端的通径)之间应设置过渡，以减小应力集中。

[d] 直通内螺纹回转软管接头的六角形螺母选择。

[e] 尺寸 L_1 组装后测量。

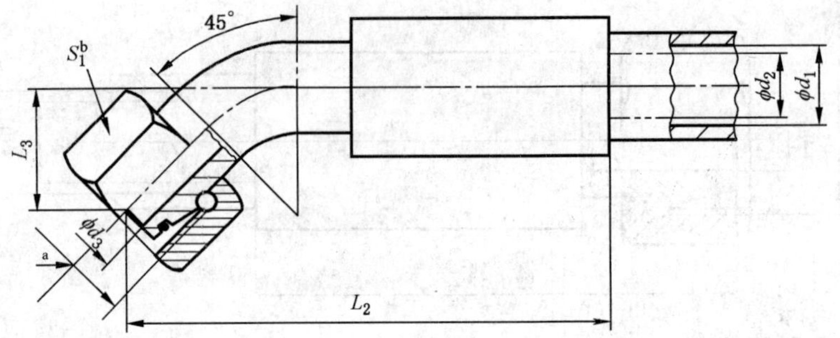

注 1：在更换 O 形圈时，管子的自由长度宜位于左侧，以便螺母可以向 O 形圈沟槽后面移动。

注 2：软管接头与软管之间的扣压方法是可选的。

注 3：管接头的细节符合 ISO 8434-1 和 ISO 8434-4。

[a] 螺纹。

[b] 六角形相对平面间宽度（扳手尺寸）。

图 3　45°弯曲内螺纹回转软管接头(SWE45)

表 2　45°弯曲内螺纹回转软管接头(SWE45)尺寸

单位为毫米

系列	软管接头规格	螺纹	接头公称尺寸	公称软管内径 d_1^a	d_2^b 最小	d_3^c 最大	S_1	L_2^d 最大	L_3 标称	L_3 公差
轻型系列(L)	6×5	M12×1.5	6	5	2.5	3.2	14	80	15	±3
	8×6.3	M14×1.5	8	6.3	3	5.2	17	80	16	±4
	10×8	M16×1.5	10	8	5	7.2	19	80	17	±4
	12×10	M18×1.5	12	10	6	8.2	22	90	18.5	±4
	15×12.5	M22×1.5	15	12.5	8	10.2	27	100	19.5	±4
	18×16	M26×1.5	18	16	11	13.2	32	110	23.5	±6
	22×19	M30×2	22	19	14	17.2	36	130	25.5	±6
	28×25	M36×2	28	25	19	23.2	41	133	32	±6
	35×31.5	M45×2	35	31.5	25	29.2	50	165	38	±7
	42×38	M52×2	42	38	31	34.3	60	185	44.5	±10
重型系列(S)	8×5	M16×1.5	8	5	2.5	4.2	19	75	17	±3
	10×6.3	M18×1.5	10	6.3	3	6.2	22	75	17	±3
	12×8	M20×1.5	12	8	5	8.2	24	85	18	±3
	12×10	M20×1.5	12	10	6	8.2	24	90	18.5	±3
	16×12.5	M24×1.5	16	12.5	8	11.2	30	110	21	±4
	20×16	M30×2	20	16	11	14.2	36	115	25	±4
	25×19	M36×2	25	19	14	18.2	46	135	30.5	±4
	30×25	M42×2	30	25	19	23.2	50	145	35.5	±5
	38×31.5	M52×2	38	31.5	25	30.3	60	195	42	±6

[a] 符合 GB/T 2351。

[b] 在与软管装配前，软管接头的最小通径。装配后，此通径不小于 $0.9d_2$。

[c] d_3 尺寸符合 ISO 8434-1，且 d_3 的最小值应不小于 d_2。在直径 d_2（软管接头尾芯的内径）和 d_3（管接头端的通径）之间应设置过渡，以减小应力集中。

[d] 尺寸 L_2 组装后测量。

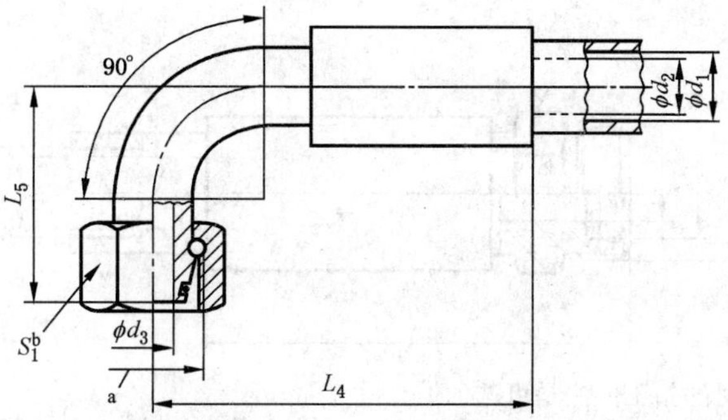

注 1：在更换 O 形圈时，管子的自由长度宜位于左侧，以便螺母可以向 O 形圈沟槽后面移动。

注 2：软管接头与软管之间的扣压方法是可选的。

注 3：管接头的细节符合 ISO 8434-1 和 ISO 8434-4。

[a] 螺纹。

[b] 六角形相对平面间宽度(扳手尺寸)。

图 4　90°弯曲内螺纹回转软管接头(SWE)

表 3　90°弯曲内螺纹回转软管接头(SWE)

单位为毫米

系列	软管接头规格	螺纹	接头公称尺寸	公称软管内径 d_1^a	d_2^b 最小	d_3^c 最大	S_1	L_4^d 最大	L_5 标称	L_5 公差
轻型系列 (L)	6×5	M12×1.5	6	5	2.5	3.2	14	65	30	±5
	8×6.3	M14×1.5	8	6.3	3	5.2	17	65	30.5	±5
	10×8	M16×1.5	10	8	5	7.2	19	75	33	±5
	12×10	M18×1.5	12	10	6	8.2	22	85	36	±5
	15×12.5	M22×1.5	15	12.5	8	10.2	27	90	40.5	±6
	18×16	M26×1.5	18	16	11	13.2	32	95	51.5	±10
	22×19	M30×2	22	19	14	17.2	36	100	56	±10
	28×25	M36×2	28	25	19	23.2	41	120	68.5	±10
	35×31.5	M45×2	35	31.5	25	29.2	50	147	78.5	±10
	42×38	M52×2	42	38	31	36.2	60	170	95	±13
重型系列 (S)	8×5	M16×1.5	8	5	2.5	4.2	19	65	32	±4
	10×6.3	M18×1.5	10	6.3	3	6.2	22	65	32	±6
	12×8	M20×1.5	12	8	5	8.2	24	70	34	±6
	12×10	M20×1.5	12	10	6	8.2	24	85	35.5	±6
	16×12.5	M24×1.5	16	12.5	8	11.2	30	100	43	±8
	20×16	M30×2	20	16	11	14.2	36	100	49.5	±8
	25×19	M36×2	25	19	14	19.2	46	120	59	±8
	30×25	M42×2	30	25	19	24.2	50	135	70	±8
	38×31.5	M52×2	38	31.5	25	32.2	60	180	87	±11

[a] 符合 GB/T 2351。

[b] 在与软管装配前，软管接头的最小通径。装配后，此通径不小于 $0.9d_2$。

[c] d_3 尺寸符合 ISO 8434-1，且 d_3 的最小值不应小于 d_2。在直径 d_2(软管接头尾芯的内径)和 d_3(管接头端的通径)之间应设置过渡，以减小应力集中。

[d] 尺寸 L_4 组装后测量。

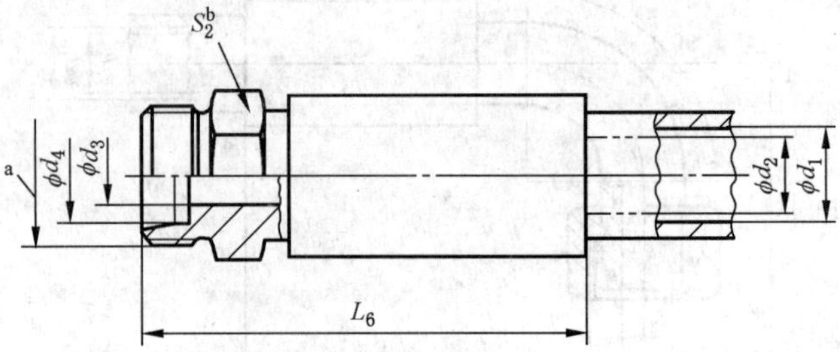

注 1：软管接头与软管之间的扣压方法是可选的。

注 2：管接头的细节符合 ISO 8434-1 和 ISO 8434-4。

[a] 螺纹。

[b] 六角形相对平面间宽度(扳手尺寸)。

图 5 直通外螺纹软管接头(S)

表 4 直通外螺纹软管接头(S)的尺寸

单位为毫米

系列	管接头规格	螺纹	接头公称尺寸	公称软管内径 d_1^a	d_2^b 最小	d_3^c 最大	d_4^d B11	d_4^d $^{+0.1}_{0}$	S_2^e	L_6^f 最大
轻型系列 (L)	6×5	M12×1.5	6	5	2.5	4.2	6	—	14	59
	8×6.3	M14×1.5	8	6.3	3	6.2	8	—	17	59
	10×8	M16×1.5	10	8	5	8.2	10	—	17	60
	12×10	M18×1.5	12	10	6	10.2	12	—	19	62
	15×12.5	M22×1.5	15	12.5	8	12.2	15	—	24	70
	18×16	M26×1.5	18	16	11	15.2	18	—	27	75
	22×19	M30×2	22	19	14	19.2	22	—	32	78
	28×25	M36×2	28	25	19	24.2	28	—	41	90
	35×31.5	M45×2	35	31.5	25	30.3	—	35.3	46	108
	42×38	M52×2	42	38	31	36.3	—	42.3	55	110
重型系列 (S)	8×5	M16×1.5	8	5	2.5	5.1	8	—	17	62
	10×6.3	M18×1.5	10	6.3	3	7.2	10	—	19	65
	12×8	M20×1.5	12	8	5	8.2	12	—	22	66
	12×10	M20×1.5	12	10	6	8.2	14	—	22	68
	16×12.5	M24×1.5	16	12.5	8	12.2	16	—	27	76
	20×16	M30×2	20	16	11	16.2	20	—	32	82
	25×19	M36×2	25	19	14	20.2	25	—	41	97
	30×25	M42×2	30	25	19	25.2	30	—	46	108
	38×31.5	M52×2	38	31.5	25	32.3	—	38.3	55	120

[a] 符合 GB/T 2351。

[b] 在与软管装配前,软管接头的最小通径。装配后,此通径不小于 $0.9d_2$。

[c] d_3 尺寸符合 ISO 8434-1，且 d_3 的最小值不应小于 d_2。在直径 d_2(软管接头尾芯的内径)和 d_3(管接头端的通径)之间应设置过渡,以减小应力集中。

[d] 见 ISO 8434-1。

[e] 允许较小的六角形。

[f] 尺寸 L_6 组装后的测量。

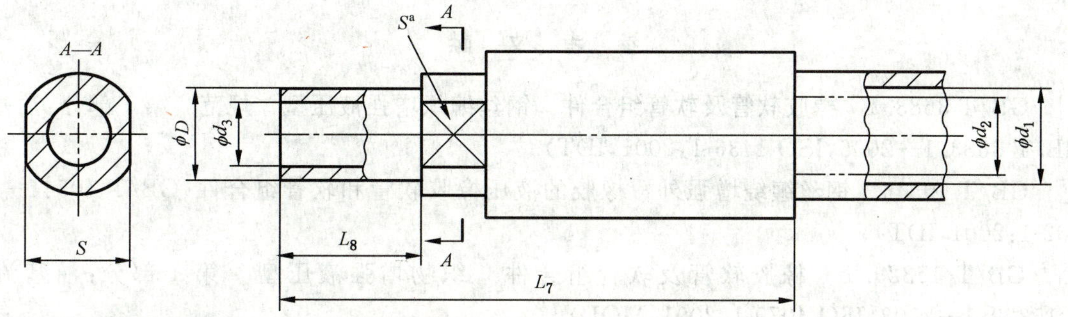

注 1：软管接头与软管之间的扣压方法是可选的。

[a] 相对平面尺寸(扳手尺寸)。

图 6　直通卡套式软管接头(SWS)

表 5　直通卡套式软管接头(SWS)的尺寸

单位为毫米

系列	软管接头规格	接头公称尺寸		公称软管内径	d_2^{b}	d_3^{c}	L_7^{d}	L_8	S
		D	公差	d_1^{a}	最小	最大			
轻型系列(L)	6×5	6	±0.060	5	2.5	3.2	59.5	22	8
	8×6.3	8	±0.075	6.3	3	5.2	61.5	23	10
	10×8	10	±0.075	8	5	7.2	63	23	12
	12×10	12	±0.090	10	6	8.2	63.5	24	14
	15×12.5	15	±0.090	12.5	8	10.2	68.5	25	17
	18×16	18	±0.090	16	11	13.2	74	26	20
	22×19	22	±0.105	19	14	17.2	81.5	28	24
	28×25	28	±0.105	25	19	23.2	92	30	30
	35×31.5	35	±0.125	31.5	25	29.2	107	36	38
	42×38	42	±0.125	38	31	34.3	128	40	46
重型系列(S)	8×5	8	±0.060	5	2.5	4.2	61.5	24	10
	10×6.3	10	±0.075	6.3	3	6.2	71.5	26	12
	12×8	12	±0.075	8	5	8.2	66.5	26	14
	12×10	14	±0.090	10	6	8.2	76.5	29	15
	16×12.5	16	±0.090	12.5	8	11.2	79.5	30	17
	20×16	20	±0.090	16	11	14.2	88	36	22
	25×19	25	±0.105	19	14	18.2	101.5	40	27
	30×25	30	±0.105	25	19	23.2	117.5	44	34
	38×31.5	38	±0.125	31.5	25	33	123.5	50	42

[a] 符合 GB/T 2351。

[b] 在与软管装配前，软管接头的最小通径。装配后，此通径不小于 0.9d_2。

[c] d_3 尺寸符合 ISO 8434-1，除最小直径外，d_3 应不小于 d_2。在直径 d_2(软管接头尾芯的内径)和 d_3(管接头端的通径)之间应设置过渡，以减小应力集中。

[d] 尺寸 L_7 组装后测量。

参 考 文 献

[1] GB/T 3683.1 橡胶软管及软管组合件 钢丝编织增强液压型 规范 第1部分:油基流体适用(GB/T 3683.1—2006,ISO 1436-1:2001,IDT)

[2] GB/T 10544 钢丝缠绕增强外覆橡胶的液压橡胶软管和软管组合件(GB/T 10544—2003,ISO 3862-1:2001,IDT)

[3] GB/T 15329.1 橡胶软管及软管组合件 织物增强液压型 第1部分:油基流体用(GB/T 15329.1—2003,ISO 4079-1:2001,MOD)

[4] GB/T 15908 织物增强液压型热塑性塑料软管和软管组合件(GB/T 15908—1995,eqv ISO 3949:1991)

[5] ISO 4038 道路车辆 液压制动系统 普通扩口管、螺纹孔、阳接头和软管接头

[6] ISO 4039-1 道路车辆 气动制动系统 第1部分:用于端面密封的管子、阳接头和螺纹孔

[7] ISO 4039-2 道路车辆 气动制动系统 第2部分:用于锥面密封的管子、阳接头和螺纹孔

ICS 23.100.40
J 20

中华人民共和国国家标准

GB/T 9065.5—2010
代替 GB/T 9065.1—1988

液压软管接头 第5部分：37°扩口端软管接头

Connections for hydraulic fluid power and general use—Hose fittings—Part 5：Hose fittings with 37° degree flared ends

(ISO 12151-5：2007，MOD)

2010-09-26 发布

2011-02-01 实施

中华人民共和国国家质量监督检验检疫总局
中国国家标准化管理委员会
发布

前　言

GB/T 9065《液压软管接头》分为5部分：

——第1部分：O形圈端面密封软管接头；

——第2部分：24°锥密封端软管接头；

——第3部分：法兰端软管接头；

——第4部分：螺柱端软管接头；

——第5部分：37°扩口端软管接头。

本部分为GB/T 9065的第5部分。

本部分修改采用ISO 12151-5：2007《用于液压传动和一般用途的管接头　软管接头　第5部分：带ISO 8434-2　37°扩口端的软管接头》（英文版）。

本部分根据ISO 12151-5：2007重新起草。

本部分与ISO 12151-5：2007存在以下技术性差异：

——在“2 规范性引用文件”中以相应的国家标准代替国际标准；增加GB/T 3、GB/T 196和GB/T 197。

——在表1至表4中，增加米制螺纹，并优先选用。

本部分还做了下列编辑性修改：

——删除ISO 12151-5：2007的前言和引言；

——将“国际标准的本部分”改为“本部分”；

——用小数点符号“.”代替作为小数点的逗号“，”；

——删除ISO 12151-5：2007第1章中的“注2”；

——删除第2章中ISO 8434-2的脚注。

本部分是对GB/T 9065.1—1988《液压软管接头　连接尺寸　扩口式》的修订。与GB/T 9065.1—1988相比主要变化如下：

——标准名称改为“液压软管接头　第5部分：37°扩口端软管接头”；

——增加软管接头的标识；增加美制UNF螺纹尺寸；

——软管接头规格删除4和22两种；增加38和50两种规格；

——增加第4章、第5章、第7章、第8章内容及第6章中的技术要求。

本部分的附录A为资料性附录。

本部分由中国机械工业联合会提出。

本部分由全国液压气动标准化技术委员会（SAC/TC 3）归口。

本部分负责起草单位：天津工程机械研究院。

本部分参加起草单位：北京机械工业自动化研究所、浙江苏强格液压有限公司、盐城华兴液压机械有限公司、攀钢冶金工程技术有限公司实业开发分公司液压附件厂、天津市精研工程机械传动有限公司。

本部分主要起草人：冯国勋、赵曼琳、周舜华、牛月军，严亚东、王俊、张乃旗、刘会进。

本部分所替代标准的历次版本发布情况为：

——GB/T 9065.1—1988。

液压软管接头
第5部分:37°扩口端软管接头

1 范围

GB/T 9065的本部分规定了以碳钢制成的,标称软管尺寸符合GB/T 2351在6.3 mm～51 mm范围内,带ISO 8434-2 37°扩口端的软管接头设计和性能的基本要求和尺寸要求。

注:若选用其他材料,由供需双方协商。

本部分规定的软管接头(见图1)与符合不同软管标准要求的软管一起应用于液压系统。

2 规范性引用文件

下列文件中的条款通过GB/T 9065本部分的引用而成为本部分的条款。凡是注日期的引用文件,其随后所有的修改单(不包括勘误的内容)或修订版均不适用于本部分,然而,鼓励根据本部分达成协议的各方研究是否可使用这些文件的最新版本。凡是不注日期的引用文件,其最新版本适用于本部分。

GB/T 3 普通螺纹收尾、肩距、退刀槽和倒角(GB/T 3—1997,eqv ISO 3508:1976,ISO 4755:1983)

GB/T 196 普通螺纹 基本尺寸(GB/T 196—2003,ISO 724:1993,MOD)

GB/T 197 普通螺纹 公差(GB/T 197—2003,ISO 965-1:1998,MOD)

GB/T 2351 液压气动系统用硬管外径和软管内径(GB/T 2351—2005,ISO 4397:1993,IDT)

GB/T 3103.1—2002 紧固件公差 螺栓、螺钉、螺柱和螺母(ISO 4759-1:2000,IDT)

GB/T 7939 液压软管总成 试验方法(GB/T 7939—2008,ISO 6605:2002,MOD)

GB/T 10125 人造气氛腐蚀试验 盐雾试验(GB/T 10125—1997,eqv ISO 9227:1990)

GB/T 17446 流体传动系统及元件 术语(GB/T 17446—1998,idt ISO 5598:1985)

ISO 68-2 ISO普通螺纹 基本牙型 第2部分:英制螺纹

ISO 263 ISO英制螺纹 螺钉、螺栓和螺母的总方案及选择 直径0.06至6英寸

ISO 6149-1 用于流体传动和一般用途的管接头 带ISO 261米制螺纹及O形圈密封的油口和螺柱端 第1部分:带O形圈用锪孔沟槽的油口

ISO 8434-2 用于流体传动和一般用途的金属管连接 第2部分:37°扩口管接头

ISO 19879 用于流体传动和一般用途的金属管连接 液压管接头的试验方法

3 术语和定义

GB/T 17446确立的术语和定义适用于GB/T 9065的本部分。

4 性能要求

4.1 按GB/T 7939测试时,软管总成应满足相应软管规格所规定的性能要求,并无泄漏、无失效。

4.2 软管总成的工作压力应取ISO 8434-2中给定的相同规格的管接头压力和软管压力中的最低值。

4.3 软管接头的工作压力应按ISO 19879进行试验检测,软管总成应按GB/T 7939进行测试。在循环耐久性试验过程中,软管接头应能承受相关软管技术规范规定的循环次数。

5 软管接头的标识

5.1 为便于分类,应以文字与数字组成的代号作为软管接头的标识,其标识应为:文字“软管接头”,后

接 GB/T 9065.5，后接间隔短横线，然后为连接端类型和形状的字母符号，后接另一个间隔短横线，后接 37°扩口端规格（符合 ISO 8434-2 的标称硬管外径）和软管规格（符合 GB/T 2351 的标称软管内径），扩口端规格与软管规格之间用乘号（×）隔开。

示例：用于外径 12 mm 硬管和内径 12.5 mm 软管的 45°内螺纹回转弯头，标识如下：

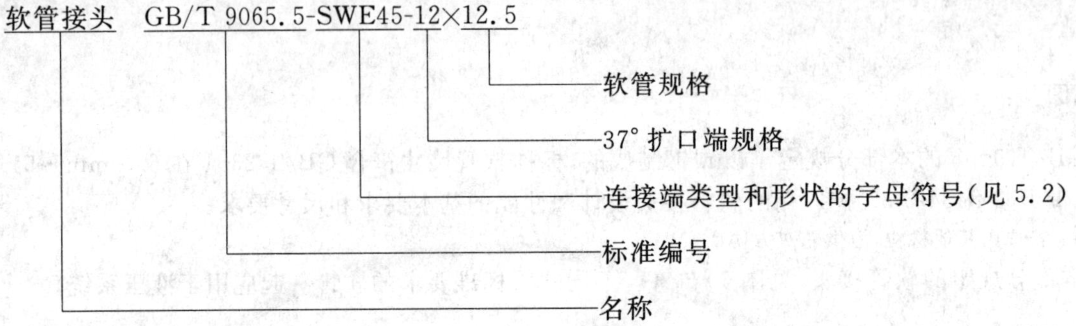

5.2 应使用下列字母符号：

连接端类型	符 号
回转	SW

形 状	符 号
直通	S
45°弯曲	E45
90°弯曲-短	ES
90°弯曲-中	EM
90°弯曲-长	EL

5.3 若管接头为外螺纹形式，应在代号中用文字注明。

6 设计

6.1 图 1 为 37°扩口端软管接头的典型示例。

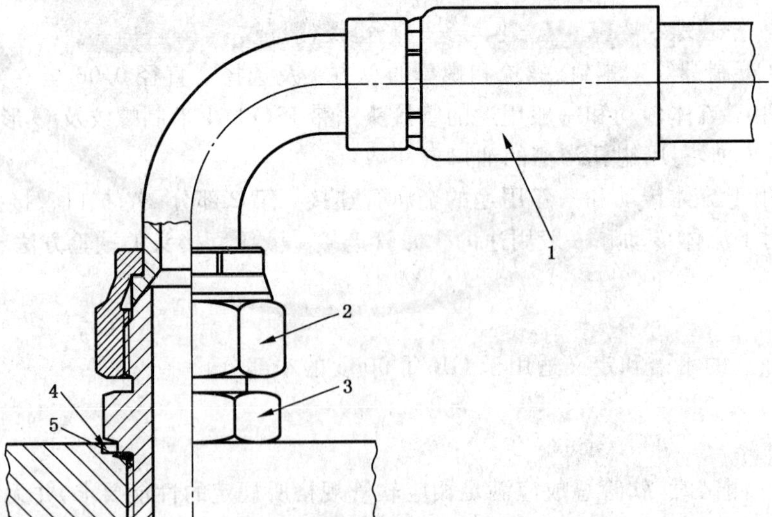

1——软管接头；

2——螺母；

3——直通螺柱端接头体（ISO 8434-2）；

4——油口（ISO 6149-1）；

5——O 形密封圈。

图 1 37°扩口端软管接头连接的典型示例

6.2 图 2～图 5 中的软管接头尺寸应符合表 1～表 4 中给定的尺寸，并符合 ISO 8434-2 中给定的相关尺寸。

6.3 六角形相对平面的公差应符合 GB/T 3103.1—2002 规定的产品等级 C。

6.4 对所有规格的弯头，其两端轴线夹角公差应为±3°。

6.5 外形的细节应由制造商选择，并保持表 1～表 4 中给出的尺寸。

6.6 螺纹

6.6.1 普通螺纹基本尺寸按 GB/T 196 的规定。英制螺纹应符合 ISO 68-2 和 ISO 263 的规定。

6.6.2 普通螺纹公差按 GB/T 197 的规定：内螺纹为 6H，外螺纹为 6f 或 6g。

6.6.3 螺纹收尾、肩距、退刀槽、倒角尺寸按 GB/T 3 的规定。

6.6.4 外螺纹侧面的表面粗糙度应为 $Ra \leqslant 3.2\ \mu m$，内螺纹侧面的表面粗糙度应为 $Ra \leqslant 6.3\ \mu m$。

7 制造

7.1 结构

软管接头可热锻、冷成型加工、棒料切削加工而成。

7.2 制造工艺

应用最经济有效的工艺来生产高质量的软管接头。软管接头应没有可见污染物、毛刺，氧化皮和碎屑以及其他可能影响零件功能的缺陷。除非另有规定，所有加工表面的表面粗糙度应为 $Ra_{max} \leqslant 6.3\ \mu m$。

7.3 表面处理

所有碳钢部件的外表面和螺纹应镀上或涂以适当的材料，应按 GB/T 10125 的规定通过 72 h 的中性盐雾试验，除非制造商和用户另有约定。除下列指定的部位外，在盐雾试验过程中任何部位出现红色铁锈都应视为失效。

——所有内部流道。

——棱角，如六角形尖端、螺纹的齿牙和齿顶，这些部位会因批量生产或运输的影响使镀锌层产生机械损伤。

——由于卷曲，弯曲和其他后续金属加工引起的镀层或涂层机械变形的部位。

——试验箱中零件悬挂或固定处，这些位置可能聚集冷凝液。

在贮存期间，内部流道应避免受到腐蚀。

注：考虑到对环境的影响，镀镉不是首选。在应用过程中，镀层的变化会影响装配力矩，需要重新验证。

7.4 保护

应以供需双方商定的方法保护软管接头表面不遭受刻痕和刮伤，刻痕和刮伤将会影响软管接头的功能。内部流道应严格防护，以防止受到污垢和其他污染物的污染。

8 采购信息

当用户咨询或订购时，应提供以下信息：

——描述软管接头（使用第 5 章的标识）；

——软管接头的材料（如果不是碳钢）；

——软管类型和尺寸；

——要传送的流体；

——工作压力；

——工作温度（包括环境温度和流体温度）。

9 标志

软管接头应永久性地标明制造商名称或商标。

10 标注说明(引用 GB/T 9065 的本部分)

当选择遵守 GB/T 9065 的本部分时,在试验报告、产品目录和销售文件中使用以下说明:"37°扩口端软管接头符合 GB/T 9065.5—2010《液压软管接头　第 5 部分:37°扩口端软管接头》"。

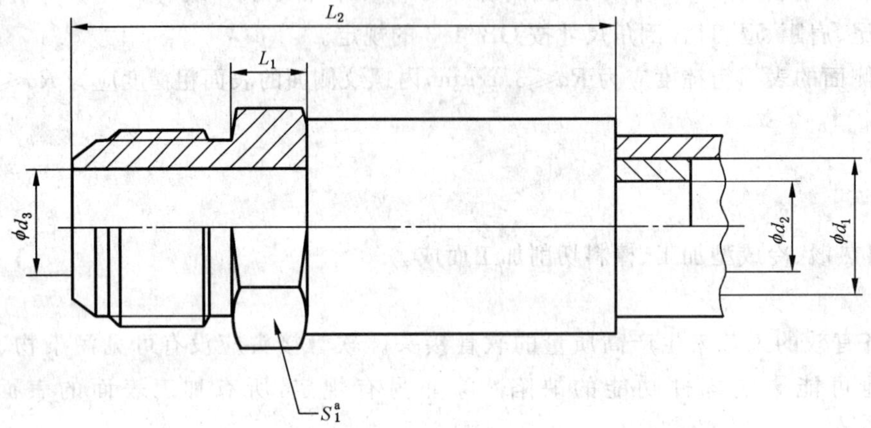

注 1:连接部位的细节符合 ISO 8434-2;

注 2:软管接头与软管之间的连接方法是可选的。

[a] 六角形相对平面尺寸(扳手尺寸)。

图 2　直通外螺纹软管接头(S)

表 1　直通外螺纹软管接头(S)尺寸

单位为毫米

软管接头规格	螺纹		管接头公称尺寸	公称软管内径 d_1	d_2^a 最小	d_3^b 最大	L_1 最小	L_2^c 最大	S_1	
	米制	ISO 12151-5							米制	ISO 12151-5
6×6.3	M14×1.5	7/16-20UNF	6	6.3	3	4.6	5.5	75	14	12
8×8	M16×1.5	1/2-20UNF	8	8	5	6.2	6	80	17	14
10×10	M18×1.5	9/16-18UNF	10	10	6	7.7	6.5	85	19	17
12×12.5	M22×1.5	3/4-16UNF	12	12.5	8	10.1	7.5	100	22	19
16×16	M27×1.5	7/8-14UNF	16	16	11	12.6	9.5	110	27	24
20×19	M30×1.5	1 1/16-12UNF	20	19	14	15.8	10.5	120	32	27
25×25	M39×2	1 5/16-12UNF	25	25	19	21.8	13.5	135	41	36
32×31.5	M42×2	1 5/8-12UNF	32	31.5	25	27.8	16	145	46	46
38×38	M52×2	1 7/8-12UNF	38	38	31	33.4	17	160	55	50
50×51	M64×2	2 1/2-12UNF	50	51	42	45.4	20	225	65	65

[a] d_2 为软管接头与软管装配前的接头尾芯的最小通径,装配后该尺寸不应该小于 $0.9d_2$。

[b] d_3 的尺寸应符合 ISO 8434-2,且 d_3 的最小值不能小于 d_2,直径 d_2(软管接头芯的内径)和 d_3(37°扩口端的通径)之间应设置过渡,以减少应力集中。

[c] 尺寸 L_2 组装后测量。

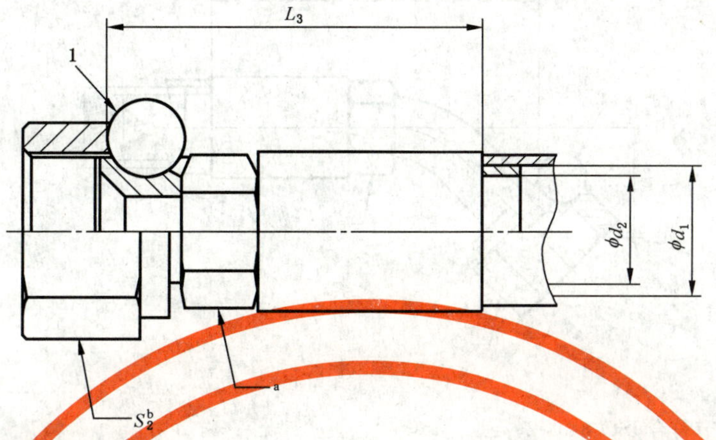

注 1：连接部位的细节符合 ISO 8434-2；

注 2：软管接头与软管之间的连接方法是可选的；

注 3：旋转螺母的连接方法由制造商选择。

1——旋转螺母。

[a] 六角形(可选择的)；

[b] 六角形相对平面尺寸(扳手尺寸)。

图 3　直通内螺纹回转软管接头(SWS)

表 2　直通内螺纹回转软管接头(SWS)尺寸

单位为毫米

软管接头规格	螺纹		管接头公称尺寸	公称软管内径 d_1	d_2^a 最小	L_3^b 最大	S_2^c	
	米制	ISO 标准螺纹					米制	ISO 标准
6×6.3	M14×1.5	7/16-20UNF	6	6.3	3	75	17	14
8×8	M16×1.5	1/2-20UNF	8	8	5	80	19	17
10×10	M18×1.5	9/16-18UNF	10	10	6	85	22	19
12×12.5	M22×1.5	3/4-16UNF	12	12.5	8	100	27	22
16×16	M27×1.5	7/8-14UNF	16	16	11	110	32	27
20×19	M30×1.5	1 1/16-12UNF	20	19	14	115	36	32
25×25	M39×2	1 5/16-12UNF	25	25	19	140	46	41
32×31.5	M42×2	1 5/8-12UNF	32	31.5	25	160	50	50
38×38	M52×2	1 7/8-12UNF	38	38	31	175	60	60
50×51	M64×2	2 1/2-12UNF	50	51	42	210	75	75

[a] d_2 为软管接头与软管装配前的接头尾芯的最小通径，装配后该尺寸不应该小于 $0.9d_2$。

[b] 尺寸 L_3 组装后测量。

[c] 符合 GB/T 3103.1—2002，产品等级 C。

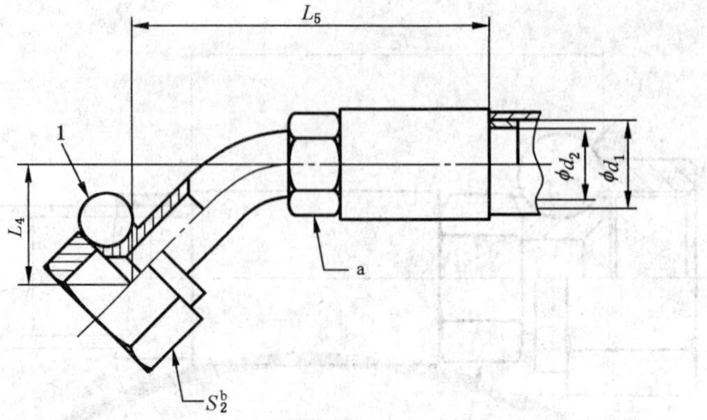

注 1：连接部位的细节符合 ISO 8434-2；

注 2：软管接头与软管之间的连接方法是可选的；

注 3：旋转螺母的连接方法由制造商选择。

1——旋转螺母。

[a] 六角形(可选择的)；

[b] 六角形相对平面尺寸(扳手尺寸)。

图 4　45°弯曲内螺纹回转软管接头(SWE45)

表 3　45°弯曲内螺纹回转软管接头(SWE45)尺寸

单位为毫米

软管接头规格	螺纹		管接头公称尺寸	公称软管内径 d_1	d_2^a 最小	L_4		L_5^b 最大	S_2^c	
	米制	ISO 标准螺纹				SWE45S ±1.5	SWE45M ±1.5		米制	ISO 标准
6×6.3	M14×1.5	7/16-20UNF	6	6.3	3	10	—	90	17	14
8×8	M16×1.5	1/2-20UNF	8	8	5	10	—	90	19	17
10×10	M18×1.5	9/16-18UNF	10	10	6	11	—	95	22	19
12×12.5	M22×1.5	3/4-16UNF	12	12.5	8	15	—	110	27	22
16×16	M27×1.5	7/8-14UNF	16	16	11	16	—	120	32	27
20×19	M30×1.5	1 1/16-12UNF	20	19	14	21	—	145	36	32
25×25	M39×2	1 5/16-12UNF	25	25	19	24	—	175	46	41
32×31.5	M42×2	1 5/8-12UNF	32	31.5	25	25[d]	32	200	50	50
38×38	M52×2	1 7/8-12UNF	38	38	31	27[d]	42	240	60	60
50×51	M64×2	2 1/2-12UNF	50	51	42	34	—	290	75	75

[a] d_2 为软管接头在弯曲或与软管装配前的最小通径，弯曲或装配后该尺寸不应该小于 $0.9d_2$。

[b] 尺寸 L_5 组装后测量。

[c] 符合 GB/T 3103.1—2002，产品等级 C。

[d] 软管接头尺寸为(32×31.5)mm 和(38×38)mm 的短弯曲软管接头不适于在高压(尺寸 31.5 mm 和 38 mm 软管设计工作压力为 21 MPa 或 17.5 MPa)下与钢丝缠绕胶管一起使用。应优先使用中弯曲软管接头或咨询制造商。

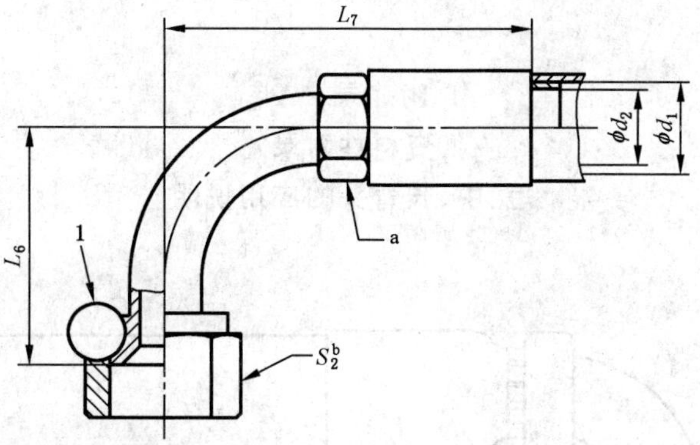

注 1：连接部位的细节符合 ISO 8434-2；

注 2：软管接头与软管之间的连接方法是可选的；

注 3：旋转螺母的连接方法由制造商选择。

1——旋转螺母。

a 六角形(可选择的)；

b 六角形相对平面尺寸(扳手尺寸)。

图 5　90°弯曲内螺纹回转软管接头[短(SWES)、中(SWEM)和长(SWEL)]

表 4　90°弯曲内螺纹回转软管接头尺寸[短(SWES)、中(SWEM)和长(SWEL)] 单位为毫米

软管接头规格	螺纹		管接头公称尺寸	公称软管内径 d_1	d_2^a 最小	L_6			L_7^e 最大	S_2^f	
	米制	ISO 标准螺纹				SWES[b] ±1.5	SWEM[c] ±1.5	SWEL[d] ±1.5		米制	ISO 标准
6×6.3	M14×1.5	7/16-20UNF	6	6.3	3	21	32	46	85	17	14
8×8	M16×1.5	1/2-20UNF	8	8	5	21	32	46	85	19	17
10×10	M18×1.5	9/16-18UNF	10	10	6	23	38	54	90	22	19
12×12.5	M22×1.5	3/4-16UNF	12	12.5	8	29	41	64	100	27	22
16×16	M27×1.5	7/8-14UNF	16	16	11	32	47	70	110	32	27
20×19	M30×1.5	1 1/16-12UNF	20	19	14	48	58	96	140	36	32
25×25	M39×2	1 5/16-12UNF	25	25	19	56	71	114	170	46	41
32×31.5	M42×2	1 5/8-12UNF	32	31.5	25	64[g]	78	129	200	50	50
38×38	M52×2	1 7/8-12UNF	38	38	31	69[g]	86	141	230	60	60
50×51	M64×2	2 1/2-12UNF	50	51	42	88	140	222	280	75	75

a d_2 为软管接头在弯曲或与软管装配前的最小通径，弯曲或装配后该尺寸不应该小于 $0.9d_2$。

b 短弯曲软管接头(SWES)尺寸见附录 A。

c 中弯曲软管接头(SWEM)尺寸。中弯曲软管接头将越过而不碰到 ISO 8434-2 每一种 90°可调节的螺柱端弯头(SDE)，见附录 A。

d 长弯曲软管接头(SWEL)尺寸。长弯曲软管接头将越过而不碰到短弯曲软管接头(SWES)，见附录 A。

e 尺寸 L_7 组装后测量。

f 符合 GB/T 3103.1—2002，产品等级 C。

g 软管接头尺寸为(32×31.5)mm 和(38×38)mm 的短弯曲软管接头不适于在高压(尺寸 31.5 mm 和 38 mm 软管的设计工作压力为 21 MPa 或 17.5 MPa)下与钢丝缠绕胶管一起使用。应优先使用中弯曲软管接头或咨询制造商。

附 录 A
（资料性附录）
短、中、长弯头的应用说明

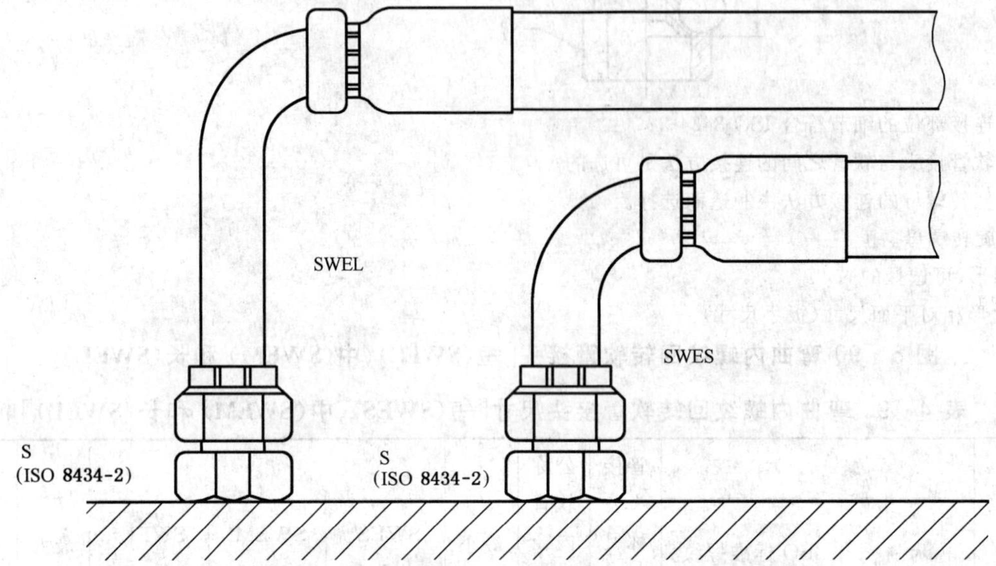

图 A.1 短回转弯曲软管接头安装在长回转弯曲软管接头旁边

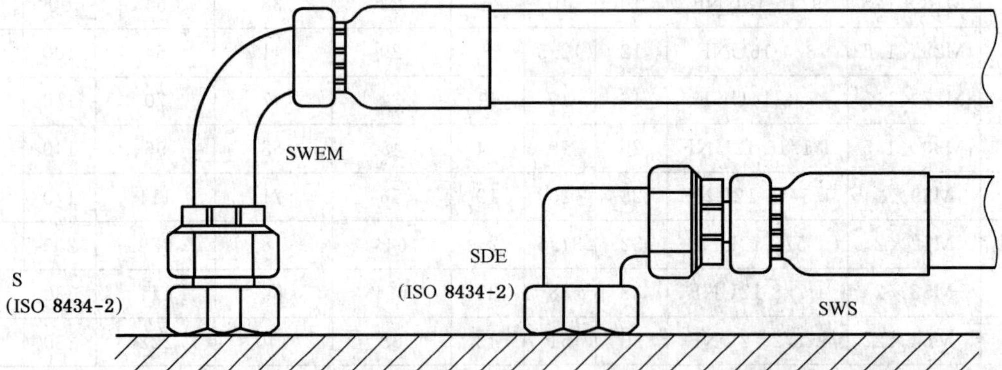

图 A.2 螺柱端弯头和回转直通软管接头组合安装在中回转弯曲软管接头旁边

参 考 文 献

[1] GB/T 3683.1 橡胶软管及软管组合件 钢丝编织增强液压型 规范 第1部分:油基流体适用(GB/T 3683.1—2006,ISO 1436-1:2001,IDT).

[2] GB/T 10544 钢丝缠绕增强外覆橡胶的液压橡胶软管和软管组合件(GB/T 10544—2003,ISO 3862-1:2001,IDT)

[3] GB/T 15329.1 橡胶软管及软管组合件 织物增强液压型 第1部分:油基流体用(GB/T 15329.1—2003,ISO 4079-1:2001,MOD)

[4] GB/T 15908 织物增强液压型热塑性塑料软管和软管组合件(GB/T 15908—1995,eqv ISO 3949:1991)

[5] ISO 4038 道路车辆 液压制动系统 普通扩口管、螺纹孔、阳接头和软管接头

[6] ISO 4039-1 道路车辆 气动制动系统 第1部分:用于端面密封的管、阳接头、和螺纹孔

[7] ISO 4039-2 道路车辆 气动制动系统 第2部分:用于锥面密封的管、阳接头、和螺纹孔

[8] ISO 5864:1993 ISO 英制螺纹 允差和公差

[9] ISO 11237-1 橡胶软管及软管组件 用于液压领域的丝编织增强紧凑类 技术规范 第1部分:油基流体的应用

ICS 75.180.30
E 98

中华人民共和国国家标准

GB/T 9109.1—2010
代替 GB 9109.1—1988

原油动态计量　一般原则

Dynamic measurement of crude oil—General principles

2010-09-02 发布　　2010-12-01 实施

中华人民共和国国家质量监督检验检疫总局
中国国家标准化管理委员会　发布

前　言

GB/T 9109 包括以下 4 个部分：

——GB/T 9109.1《原油动态计量　一般原则》；

——GB/T 9109.2《原油动态计量　容积式流量计安装技术规定》；

——GB/T 9109.3《原油动态计量　固定式标准体积管安装技术规定》；

——GB/T 9109.5《石油和液体石油产品油量计算　动态计量》。

本部分为 GB/T 9109 的第 1 部分。

本部分代替 GB/T 9109.1—1988《原油动态计量　一般原则》。

本部分与 GB/T 9109.1—1988 技术内容上的主要差异如下：

——在标准的适用范围中，增加了对石油和液体石油产品适用性的描述。

——在标准的正文中增加了规范性引用文件条款。

——对一些原则性规定作了修改。

——在计量仪表的准确度要求里，修改了一些参数指标，增加了对流量计算机的要求。

本部分由中国石油天然气股份有限公司提出。

本部分由石油工业油气计量及分析方法专业标准化技术委员会油气计量分技术委员会归口。

本部分负责起草单位：中国石油天然气股份有限公司计量测试研究所。

本部分主要起草人：郑琦、高军、杜人和、罗再杨、刘晓光。

本部分所替代标准的历次版本发布情况为：

——GB/T 9109.1—1988。

原油动态计量　一般原则

1　范围

GB/T 9109 的本部分规定了原油动态计量有关计量站建设、计量设施配置、油量计量和仪表检定的一般原则。

本部分适用于用流量计对商品原油进行交接计量及计量站(点)(以下称计量站)的建设。

石油和液体石油产品动态计量有关计量站建设、计量设施配置、油量计量和仪表检定也可参照本部分。

2　规范性引用文件

下列文件中的条款通过 GB/T 9109 的本部分的引用而成为本部分的条款。凡是注日期的引用文件,其随后所有的修改单(不包括勘误的内容)或修订版均不适用于本部分,然而,鼓励根据本部分达成协议的各方研究是否可使用这些文件的最新版本。凡是不注日期的引用文件,其最新版本适用于本部分。

GB/T 17286.1—1998　液态烃动态测量　体积计量流量计检定系统　第 1 部分:一般原则

GB/T 9109.5—2009　石油和液体石油产品油量计算　动态计量

3　计量站的建设

3.1　建站原则

3.1.1　作为原油供需交接计量站,应由供方在供方输油管线的末端承建。计量站应靠近总阀室布置,两者间距应符合有关防火规范的规定。计量站周围应无强烈电磁干扰。

3.1.2　应根据交接油量的规模和经济合理的原则,确定计量站的类型和计量设施的配置。

3.1.3　计量设施的安装应根据地理环境气候条件,确定室内或室外安装,并采取措施保持适宜的环境温度,以满足计量设施对运行环境的要求。北方寒冷地区应室内安装;南方地区可室外安装,但应避免阳光直射。

3.2　计量站类型

3.2.1　自动计量型。原油的体积量、密度值、含水率以及计量温度、计量压力等参数全部采用仪表(如流量计算机或积算仪)进行连续计量和测定,并通过流量计算机或积算仪直接计算出原油标准体积或质量。

3.2.2　手工计量型。采用流量计计量原油的体积量,由人工定时取样测定原油密度值和原油含水率,并通过人工或自动测温和测压,对计量的原油体积量进行温度和压力修正,最后用原油的标准体积和标准密度值计算出原油质量。

4　计量设施的配置

4.1　流量计与附属设备的配置

4.1.1　为了保证要求的计量准确度和保护流量计,流量计的上游应配置消气器、过滤器。根据工艺要求,必要时在流量计下游亦应配备流量调节阀、回压调节阀和逆止阀。

4.1.2　为了计量原油质量,流量计应与密度、含水、温度、压力等参数的测量仪表配套使用。

4.1.3　计量站应根据生产规模、生产需要和油品性质等,选择计量站类型,推荐采用自动计量型的计量方式。

4.2 标准装置的配置

4.2.1 标准装置应根据所安装的流量计的公称通径、流量计台数、地理位置等综合考虑，以经济合理的原则选择固定安装式体积管，或者采用活动式体积管，或者安装标准流量计。

4.2.2 容积式流量计的公称通径不小于150 mm，且流量计台数不少于4台的计量站，宜设置固定安装式体积管。

4.2.3 容积式流量计的公称通径小于150 mm，宜选用活动式体积管或标准流量计。

4.2.4 地处偏僻、交通不便、流量计不足4台的小型计量站，宜采用标准流量计。

4.3 计量仪表与标准装置的准确度

4.3.1 流量计基本误差应不大于±0.2%。

4.3.2 原油密度测定最大允许误差应不大于±1 kg/m^3。

4.3.3 原油含水测定最大允许误差应不大于±0.1%。

4.3.4 体积管的容积重复性应优于0.02%，准确度等级不低于0.05级。

4.3.5 标准流量计的重复性应优于0.05%。

4.3.6 用于数据采集、转换、计算的流量计算机(或积算仪)准确度等级不低于0.05级。

4.3.7 综合计量误差应不大于±0.35%。

5 油量计量

5.1 油量计算应遵循GB/T 9109.5—2009。

5.2 用于国际贸易结算计量时，应使用流量计系数方法；用于国内贸易结算计量时，推荐使用流量计系数方法，也可使用流量计基本误差方法。

5.3 本部分未作规定的有关油量计量的其他具体事项，可由供需双方协商，在交接协议中规定。

6 仪表的检定

6.1 流量计及其配套仪表的检定应遵循相关的检定规程进行检定。

6.2 作为原油交接计量用的流量计一般进行在线实液检定。检定时的工况条件应与计量时的工况条件相一致。

6.3 新投入使用的流量计的检定周期宜缩短为检定规程规定时间的一半，待流量计运行平稳(或半年)后恢复到正常检定周期。

6.4 流量计的检定周期也可根据交接原油的数量、品质和频度适当缩短。

ICS 23.040.60
J 15

中华人民共和国国家标准

GB/T 9112—2010
代替 GB/T 9112—2000,GB/T 10745—1989

钢制管法兰　类型与参数

Types and parameters for steel pipe flanges

2011-01-10 发布　　2011-10-01 实施

中华人民共和国国家质量监督检验检疫总局
中国国家标准化管理委员会　发布

前　言

GB/T 9112～9124—2010《钢制管法兰》系列标准修改采用 ASME B16.5—2009《管法兰和法兰管件(NPS ½～NPS 24)》及 EN 1092-1:2007《法兰及其连接　管道、阀门、管配件及附件用圆形法兰，PN 标记　第 1 部分：钢制法兰》。ASME B16.5—2009 是关于 Class 标记法兰的一个完整的标准，EN 1092-1:2007 是关于 PN 标记法兰的一个完整的标准。本系列标准综合采用了上述两个标准，包括了 Class 标记法兰和 PN 标记法兰的相关技术内容。本系列标准共有 13 项标准，本标准是其中的 1 项标准。

本标准与 ASME B16.5—2009 及 EN 1092-1:2007 标准的主要区别如下：

——本标准的编写格式与 ASME B16.5—2009 和 EN 1092-1:2007 标准不同；

——ASME B16.5—2009 标准包括了公称压力为 Class 400 的法兰数据，本标准没有纳入 Class 400 的法兰数据；

——ASME B16.5—2009 标准包括了公称尺寸为 NPS 3½ 的法兰数据，本标准没有 NPS 3½ 的法兰数据；

——ASME B16.5—2009 标准包括了法兰和法兰管件，本系列标准不包括法兰管件；

——根据我国用户的使用要求，本标准中 PN 标记法兰的公称尺寸范围在 EN 1092-1:2007 标准的基础上做了适当的扩充，包括增加了公称压力范围为 PN 160～PN 400 的 DN 20 和 DN 32 两个公称尺寸；

——EN 1092-1:2007 标准没有包括环连接面法兰，根据我国用户的使用要求，本系列标准增加了 PN 标记的环连接面法兰；

——EN 1092-1:2007 标准没有包括 DN 175 和 DN 225 两个公称尺寸，根据我国船用法兰用户的使用要求，本系列标准的 PN 标记法兰增加了仅用于船用法兰的 DN 175 和 DN 225 两个公称尺寸。

本标准代替 GB/T 9112—2000《钢制管法兰　类型与参数》和 GB/T 10745—1989《船用法兰类型(四进位)》，与原标准相比主要变化如下：

——将 GB/T 9112—2000 与 GB/T 10745—1989 整合为一个标准；

——根据 EN 1092-1:2007 标准，将 PN 标记的法兰公称尺寸范围从原来的 DN 10～DN 3000 扩大到 DN 10～DN 4000；

——根据 EN 1092-1:2007 标准，将 PN 标记的法兰公称压力范围从原来的 PN 2.5～PN 160 扩大到 PN 2.5～PN 400；

——根据 EN 1092-1:2007 标准，PN 标记的法兰增加了 O 形圈密封面型式；

——根据我国的实际使用要求，PN 标记的法兰增加了环连接面型式；

——根据 EN 1092-1:2007 标准，增加了法兰类型；

——PN 标记的法兰增加了仅用于船用法兰的 DN 175 和 DN 225 两个公称尺寸；

——增加了规范性引用文件；

——根据 EN 1092-1:2007 和 ASME B16.5—2009 标准，对钢管外径尺寸进行了补充和修订；

——根据 ASME B16.5—2009，将原标准中属于美洲体系的法兰公称压力标记进行了修改：PN 20 改为 Class 150，PN 50 改为 Class 300，PN 110 改为 Class 600，PN 150 改为 Class 900，PN 260 改为 Class 1500，PN 420 改为 Class 2500。

本标准由中国机械工业联合会提出。

本标准由全国管路附件标准化技术委员会归口。

本标准起草单位:中机生产力促进中心、浙江超达阀门股份有限公司、中国石油天然气集团华东勘察设计研究院、中国电力工程顾问集团东北电力设计院、中国石化工程建设公司、中国寰球工程公司、中国船舶工业综合技术经济研究院、江苏海达集团管件有限公司、保一集团有限公司、河北圣天集团宝银高压法兰管件有限公司。

本标准主要起草人:李俊英、邱晓来、刘建、黄涛、陈永亮、马学娅、罗发元、李建、张晓忠、李宝银、冯峰。

本标准所代替标准的历次版本发布情况为:

——GB/T 9112—1988、GB/T 9112—2000;

——GB/T 10745—1989。

引　言

GB/T 9112～9124《钢制管法兰》自1988年发布实施以来，经过了不断的修改与完善，在我国管道工程的设计、制造、安装和运行等工作中发挥了重要的指导作用。随着技术的不断提高和国外标准的修订与完善，以及船舶与通用法兰标准整合修订的要求，有必要对GB/T 9112～9124—2000《钢制管法兰》系列标准和GB/T 2504—1989、GB/T 2506—2005、GB/T 2508—1989、GB/T 10745—1989、GB/T 10746—1989《船用钢制管法兰》系列标准进行修订。

本系列标准修改采用ASME B16.5—2009《管法兰和法兰管件(NPS1/2～NPS24)》及EN 1092-1:2007《法兰及其连接　管道、阀门、管配件及附件用圆形法兰，PN标记　第1部分：钢制法兰》，共包括以下13项标准：

GB/T 9112—2010　钢制管法兰　类型与参数(代替GB/T 9112—2000;GB/T 10745—1989)

GB/T 9113—2010　整体钢制管法兰(代替GB/T 9113—2000;GB/T 2504—1989)

GB/T 9114—2010　带颈螺纹钢制管法兰(代替GB/T 9114—2000)

GB/T 9115—2010　对焊钢制管法兰(代替GB/T 9115—2000;GB/T 10746—1989)

GB/T 9116—2010　带颈平焊钢制管法兰(代替GB/T 9116—2000)

GB/T 9117—2010　带颈承插焊钢制管法兰(代替GB/T 9117—2000)

GB/T 9118—2010　对焊环带颈松套钢制管法兰(代替GB/T 9118—2000)

GB/T 9119—2010　板式平焊钢制管法兰(代替GB/T 9119—2000;GB/T 2506—2005)

GB/T 9120—2010　对焊环板式松套钢制管法兰(代替GB/T 9120—2000;GB/T 10747—1989)

GB/T 9121—2010　平焊环板式松套钢制管法兰(代替GB/T 9121—2000;GB/T 2508—1989)

GB/T 9122—2010　翻边环板式松套钢制管法兰(代替GB/T 9122—2000)

GB/T 9123—2010　钢制管法兰盖(代替GB/T 9123—2000)

GB/T 9124—2010　钢制管法兰　技术条件(代替GB/T 9124—2000)

本系列标准与ASME B16.5—2009及EN 1092-1:2007标准的主要区别如下：

——本系列标准的编写格式与ASME B16.5—2009和EN 1092-1:2007标准不同；

——ASME B16.5—2009标准包括了公称压力为Class 400的法兰数据，本系列标准没有纳入Class 400的法兰数据；

——ASME B16.5—2009标准包括了公称尺寸为NPS 3½的法兰数据，本系列标准没有NPS 3½的法兰数据；

——ASME B16.5—2009标准包括了法兰和法兰管件，本系列标准不包括法兰管件；

——ASME B16.5—2009标准采用英制螺栓，螺栓孔径也采用英制尺寸，本系列标准改为公制螺栓，螺纹孔径也采用公制尺寸；

——ASME B16.5—2009标准没有给出法兰的参考质量，本系列标准作为资料性附录给出了法兰的参考质量；

——ASME B16.5—2009标准及EN 1092-1:2007标准没有给出法兰的订货合同数据，本系列标准作为资料性附录给出了法兰的订货合同数据；

——ASME B16.5—2009标准及EN 1092-1:2007标准没有给出管表号及对应的钢管壁厚，本系列标准作为资料性附录给出了管表号及钢管壁厚；

——根据我国用户的使用要求，本系列标准中PN标记的法兰的公称尺寸范围在EN 1092-1:2007标准的基础上做了适当的扩充，增加了公称压力范围为PN 160～PN 400的DN 20和DN 32

两个公称尺寸；

——EN 1092-1:2007 标准没有包括环连接面法兰，根据我国用户的使用要求，本系列标准增加了PN 标记的环连接面法兰；

——EN 1092-1:2007 标准没有包括 DN 175 和 DN 225 两个公称尺寸，根据我国船用法兰用户的使用要求，本系列标准的 PN 标记法兰增加了仅用于船用法兰的 DN 175 和 DN 225 两个公称尺寸；

——本系列标准采用我国标准的法兰材料，压力-温度额定值参考 ASME B16.5—2009 及 EN 1092-1:2007 标准确定，另外将 ASME B16.5—2009 标准所涉及的法兰材料及法兰的压力-温度额定值作为资料性附录，供使用者参考。

新修订的钢制管法兰系列标准与原标准相比，主要变化如下：

——将原来的船用钢法兰国家标准与 GB/T 9112～9124—2000 整合为一个系列的法兰标准；

——根据 EN 1092-1:2007 标准，对法兰厚度等尺寸数据进行了全面修改；

——根据 EN 1092-1:2007 标准，将 PN 标记的法兰公称尺寸范围从原来的 DN 10～DN 3000 扩大到 DN 10～DN 4000；

——根据 EN 1092-1:2007 标准，将 PN 标记的法兰公称压力范围从原来的 PN 2.5～PN 160 扩大到 PN 2.5～PN 400；

——根据 EN 1092-1:2007 标准，PN 标记的法兰增加了 O 形圈密封面型式；

——根据 EN 1092-1:2007 标准，增加了法兰类型，例如：增加了翻边短节板式松套法兰等；

——根据 EN 1092-1:2007 和 ASME B16.5—2009 标准，对钢管外径尺寸进行了补充和修订；

——根据 EN 1092-1:2007 标准和 ASME B16.5—2009 标准，对法兰的尺寸公差进行了全面的修改；

——根据我国的实际使用要求，PN 标记的法兰增加了环连接面型式；

——根据 EN 1092-1:2007 标准及我国的有关材料标准，对 PN 标记法兰的材料选用及压力-温度额定值进行了全面的修订；

——根据 ASME B16.5—2009 标准及我国的有关材料标准，对 Class 标记法兰的材料选用及压力-温度额定值进行了全面的修订；

——根据 EN 1092-1:2007 标准，增加了 PN 标记法兰的参考质量；根据计算，增加了 Class 标记法兰的参考质量；

——根据 ASME B16.5—2009，将原标准中属于美洲体系的法兰公称压力标记进行了修改，即 PN 20 改为 Class 150，PN 50 改为 Class 300，PN 110 改为 Class 600，PN 150 改为 Class 900，PN 260 改为 Class 1500，PN 420 改为 Class 2500。

钢制管法兰　类型与参数

1　范围

本标准规定了钢制管法兰和法兰盖的公称压力、公称尺寸与钢管外径、法兰类型及代号、密封面型式及代号以及各种类型法兰的适用范围。

本标准适用于 GB/T 9113～9123 中所规定的钢制管法兰和法兰盖。

2　规范性引用文件

下列文件中的条款通过本标准的引用而成为本标准的条款。凡是注日期的引用文件，其随后所有的修改单(不包括勘误的内容)或修订版均不适用于本标准，然而，鼓励根据本标准达成协议的各方研究是否可使用这些文件的最新版本。凡是不注日期的引用文件，其最新版本适用于本标准。

GB/T 9113　整体钢制管法兰

GB/T 9114　带颈螺纹钢制管法兰

GB/T 9115　对焊钢制管法兰

GB/T 9116　带颈平焊钢制管法兰

GB/T 9117　带颈承插焊钢制管法兰

GB/T 9118　对焊环带颈松套钢制管法兰

GB/T 9119　板式平焊钢制管法兰

GB/T 9120　对焊环板式松套钢制管法兰

GB/T 9121　平焊环板式松套钢制管法兰

GB/T 9122　翻边环板式松套钢制管法兰

GB/T 9123　钢制管法兰盖

3　公称压力

本标准规定了公称压力用 PN 标记的 12 个压力等级和用 Class 标记的 6 个压力等级。两个系列的公称压力标记如下：

PN 系列	Class 系列
PN 2.5	Class 150
PN 6	Class 300
PN 10	Class 600
PN 16	Class 900
PN 25	Class 1500
PN 40	Class 2500
PN 63	
PN 100	
PN 160	
PN 250	
PN 320	
PN 400	

4 公称尺寸与钢管外径

本标准适用的钢管外径分为Ⅰ、Ⅱ两个系列。除了公称压力为 PN 250、PN 320 和 PN 400 的管法兰以外，两个体系管法兰的公称尺寸和钢管外径应符合表 1 的规定。公称压力为 PN 250、PN 320 和 PN 400 的管法兰的公称尺寸和钢管外径应符合表 2 的规定。

表 1 公称尺寸和钢管外径

单位为毫米

用 PN 标记的法兰			用 Class 标记的法兰		
公称尺寸 DN	钢管外径（PN 2.5～PN 160）		公称尺寸		钢管外径
	系列Ⅰ	系列Ⅱ	NPS	DN	系列Ⅰ
10	17.2	14	—	—	—
15	21.3	18	1/2	15	21.3
20	26.9	25	3/4	20	26.9
25	33.7	32	1	25	33.7
32	42.4	38	11/4	32	42.4
40	48.3	45	11/2	40	48.3
50	60.3	57	2	50	60.3
65	76.1	76	21/2	65	76.1
80	88.9	89	3	80	88.9
100	114.3	108	4	100	114.3
125	139.7	133	5	125	139.7
150	168.3	159	6	150	168.3
(175)[a]	193.7	—	—	—	—
200	219.1	219	8	200	219.1
(225)[a]	245	—	—	—	—
250	273.0	273	10	250	273.0
300	323.9	325	12	300	323.9
350	355.6	377	14	350	355.6
400	406.4	426	16	400	406.4
450	457	480	18	450	457
500	508	530	20	500	508
600	610	630	24	600	610
700	711	720			
800	813	820			
900	914	920			
1 000	1 016	1 020			
1 200	1 219	1 220			
1 400	1 422	1 420			

表 1（续） 单位为毫米

用 PN 标记的法兰			用 Class 标记的法兰		
公称尺寸 DN	钢管外径(PN 2.5～PN 160)		公称尺寸		钢管外径
	系列Ⅰ	系列Ⅱ	NPS	DN	系列Ⅰ
1 600	1 626	1 620			
1 800	1 829	1 820			
2 000	2 032	2 020			
2 200	2 235	2 220			
2 400	2 438	2 420			
2 600	2 620				
2 800	2 820				
3 000	3 020				
3 200	3 220				
3 400	3 420				
3 600	3 620				
3 800	3 820				
4 000	4 020				

[a] 带括号尺寸不推荐使用，并且仅适用于船用法兰。

表 2 PN 250、PN 320 和 PN 400 的公称尺寸和钢管外径 单位为毫米

公称尺寸 DN	公称压力		
	PN 250	PN 320	PN 400
10	17.2	17.2	17.2
15	21.3	21.3	26.9
20	26.9	26.9	33.7
25	33.7	33.7	42.4
32	42.4	42.4	48.3
40	48.3	48.3	60.3
50	60.3	63.5	76.1
65	76.1	88.9	101.6
80	101.6	101.6	114.3
100	127.0	133.0	139.7
125	152.4	168.3	193.7
150	177.8	193.7	219.1
200	244.5	244.5	273.0
250	298.5	323.9	

5 法兰类型及代号

PN 标记的法兰类型及代号按表 3 的规定。Class 标记的法兰类型及代号按表 4 的规定。

表 3 PN 标记法兰的类型及代号

法兰类型	整体法兰	带颈螺纹法兰	对焊法兰
法兰类型代号	IF	Th	WN
法兰标准编号	GB/T 9113	GB/T 9114	GB/T 9115
法兰简图 (EN 标准代号)	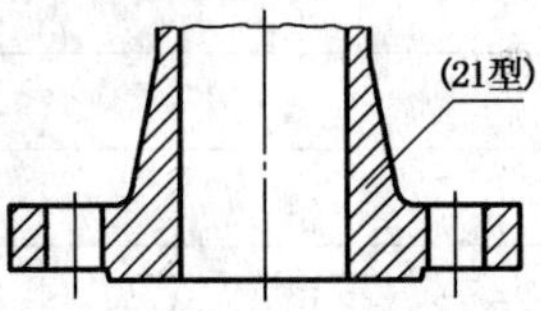	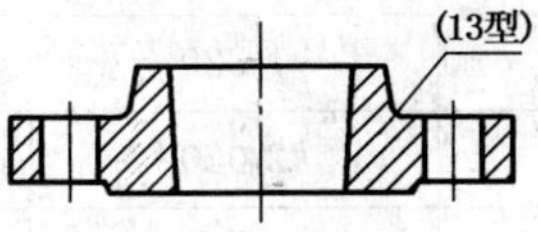	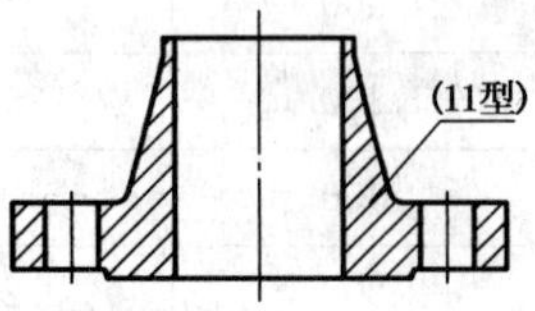
法兰类型	带颈平焊法兰	带颈承插焊法兰	板式平焊法兰
法兰类型代号	SO	SW	PL
法兰标准编号	GB/T 9116	GB/T 9117	GB/T 9119
法兰简图 (EN 标准代号)	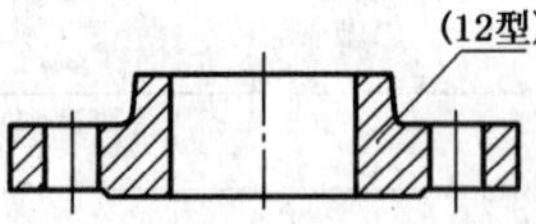	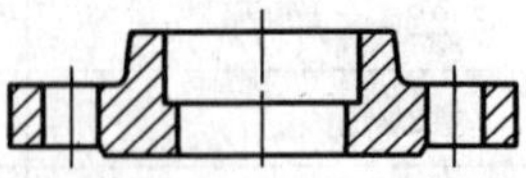	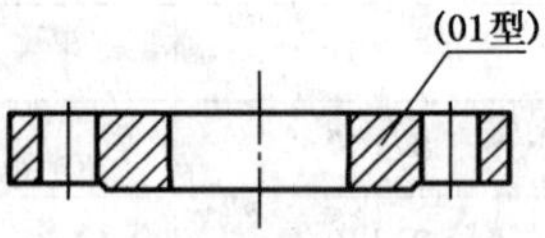
法兰类型	A 型对焊环板式松套法兰	B 型对焊环板式松套法兰	平焊环板式松套法兰
法兰类型代号	PL/W-A	PL/W-B	PL/C
法兰标准编号	GB/T 9120	GB/T 9120	GB/T 9121
法兰简图 (EN 标准代号)	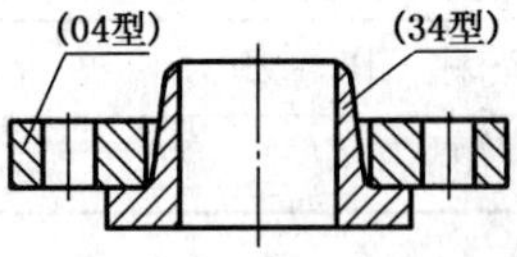	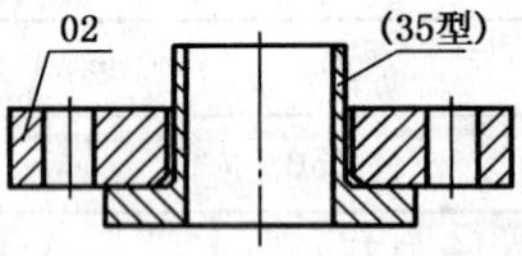	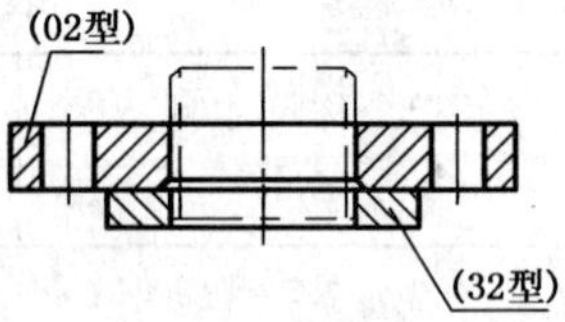
法兰类型	管端翻边板式松套法兰(A 型)	翻边短节板式 松套法兰(B 型)	
法兰类型代号	PL/P-A	PL/P-B	
法兰标准编号	GB/T 9122	GB/T 9122	
法兰简图 (EN 标准代号)	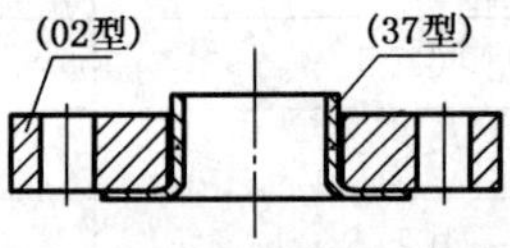	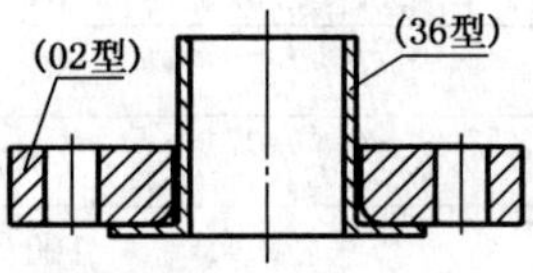	
法兰类型	法兰盖		
法兰类型代号	BL		
法兰标准编号	GB/T 9123		
法兰简图 (EN 标准代号)	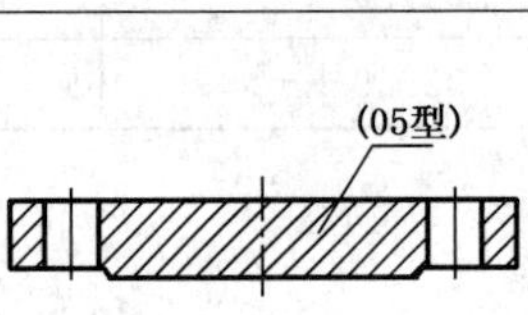		

表 4　Class 标记法兰的类型及代号

法兰类型	整体法兰	带颈螺纹法兰	对焊法兰
法兰类型代号	IF	Th	WN
法兰标准编号	GB/T 9113	GB/T 9114	GB/T 9115
法兰简图	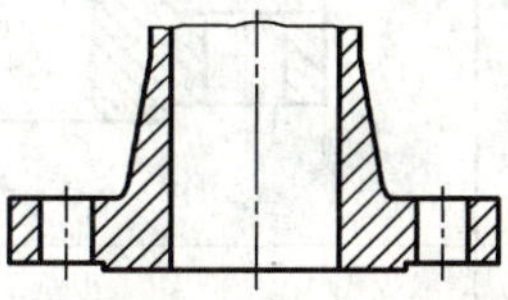	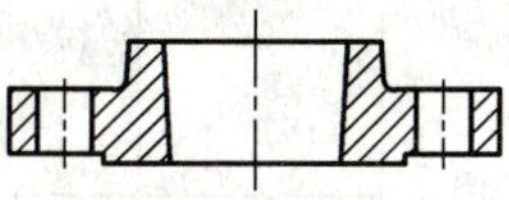	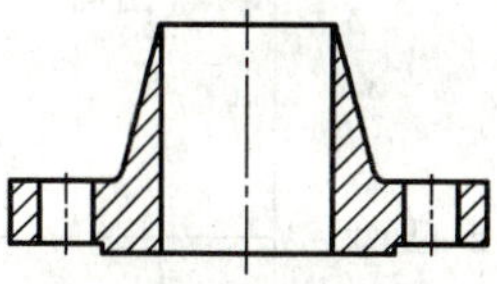
法兰类型	带颈平焊法兰	带颈承插焊法兰	对焊环带颈松套法兰
法兰类型代号	SO	SW	HL/W
法兰标准编号	GB/T 9116	GB/T 9117	GB/T 9118
法兰简图		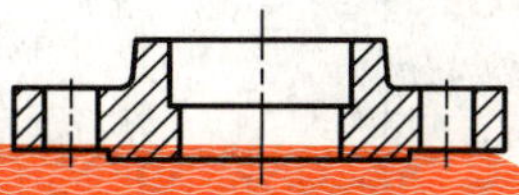	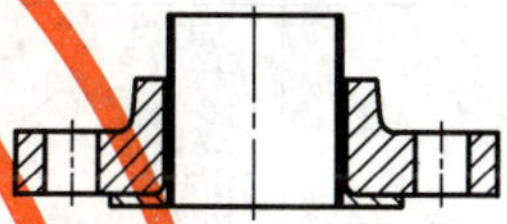
法兰类型	法兰盖		
法兰类型代号	BL		
法兰标准编号	GB/T 9123		
法兰简图	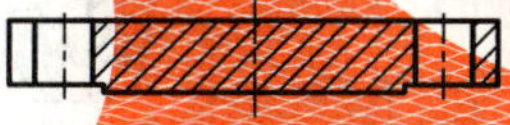		

6　密封面型式及代号

法兰的密封面型式及代号应符合表 5 的规定。

表 5　密封面型式及代号

密封面型式	代　号	EN 标准代号	简　　图
平面	FF	A	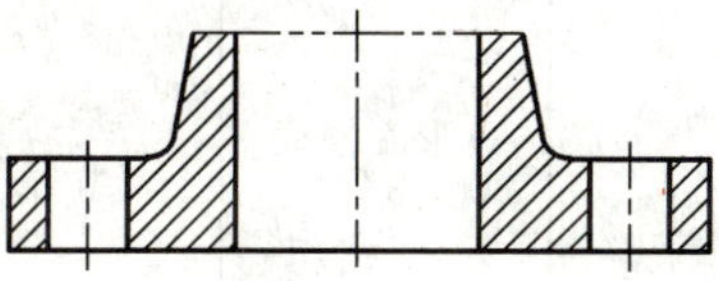
突面	RF	B	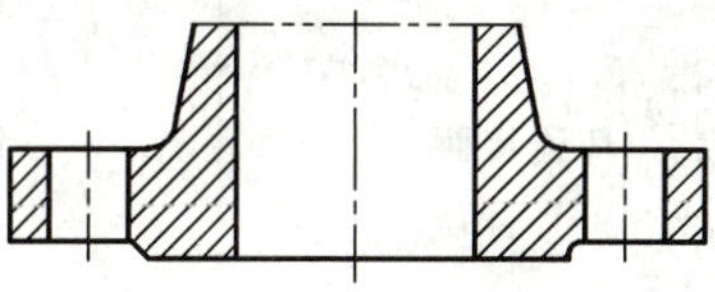

表 5（续）

密封面型式		代 号		EN 标准代号	简 图
凹凸面	凸面	MF	M	E	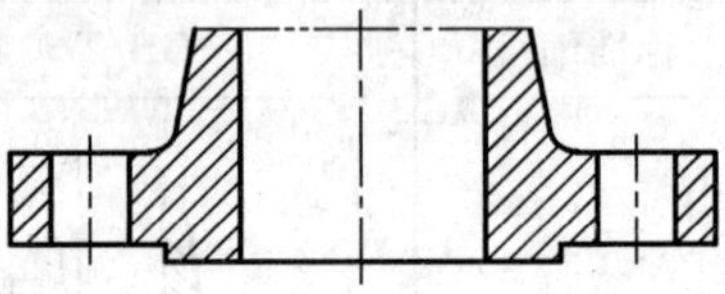
	凹面		F	F	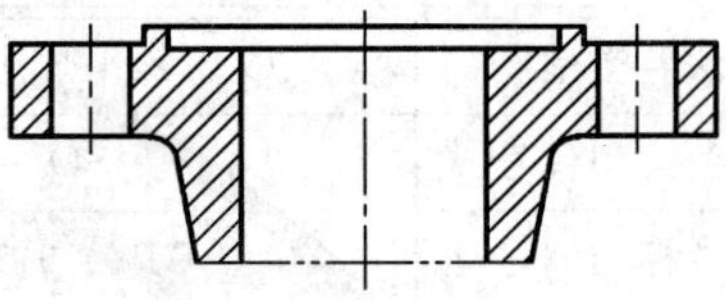
榫槽面	榫面	TG	T	C	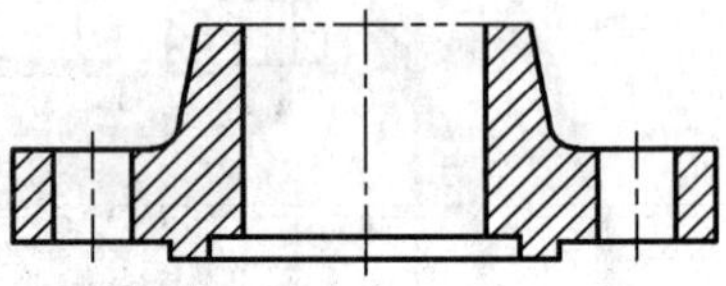
	槽面		G	D	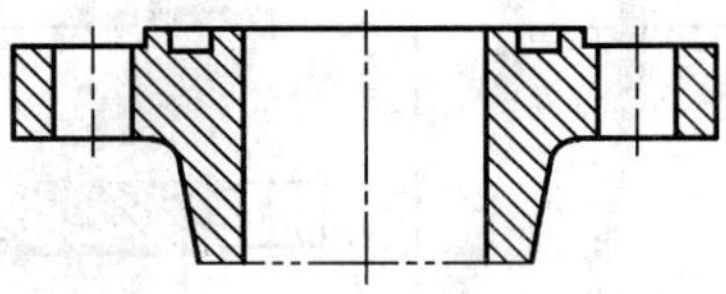
O 形圈面	O 形圈凸面	OSG	OS	G	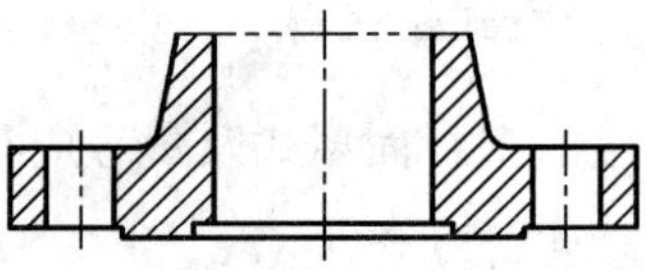
	O 形圈槽面		OG	H	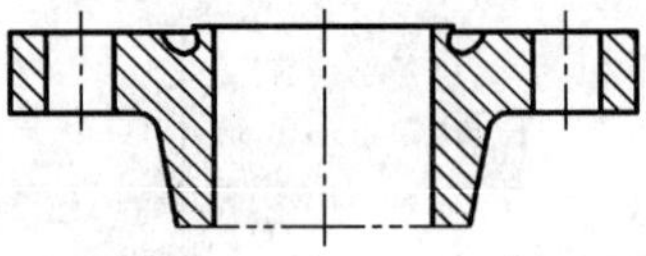
环连接面		RJ		—	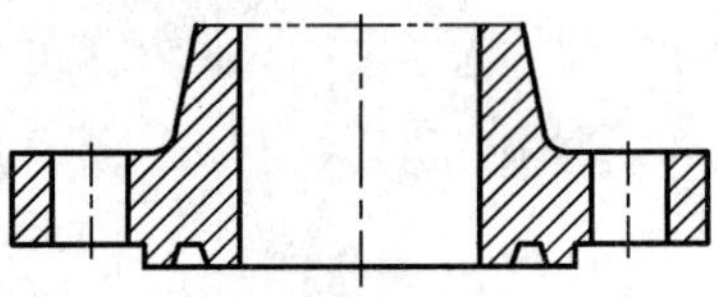

7 法兰类型及适用范围

7.1 用PN标记的法兰的类型及其适用范围应符合表6的规定，表中“×”表示适用，“—”表示不适用。

7.2 用Class标记的法兰类型及其适用范围应符合表7的规定，表中“×”表示适用，“—”表示不适用。

表6 用PN标记的法兰类型及适用范围一览表

法兰类型与标准编号		整体法兰(IF) GB/T 9113																	
法兰密封面型式		平面(FF)						突面(RF)											
适用钢管外径系列		系列Ⅰ和系列Ⅱ																	
公称压力PN		2.5	6	10	16	25	40	2.5	6	10	16	25	40	63	100	160	250	320	400
公称尺寸DN	10	×	×	×	×	×	×	×	×	×	×	×	×	×	×	×	×	×	×
	15	×	×	×	×	×	×	×	×	×	×	×	×	×	×	×	×	×	×
	20	×	×	×	×	×	×	×	×	×	×	×	×	×	×	×	×	×	×
	25	×	×	×	×	×	×	×	×	×	×	×	×	×	×	×	×	×	×
	32	×	×	×	×	×	×	×	×	×	×	×	×	×	×	×	×	×	×
	40	×	×	×	×	×	×	×	×	×	×	×	×	×	×	×	×	×	×
	50	×	×	×	×	×	×	×	×	×	×	×	×	×	×	×	×	×	×
	65	×	×	×	×	×	×	×	×	×	×	×	×	×	×	×	×	×	×
	80	×	×	×	×	×	×	×	×	×	×	×	×	×	×	×	×	×	×
	100	×	×	×	×	×	×	×	×	×	×	×	×	×	×	×	×	×	×
	125	×	×	×	×	×	×	×	×	×	×	×	×	×	×	×	×	×	×
	150	×	×	×	×	×	×	×	×	×	×	×	×	×	×	×	×	×	×
	(175)[a]	×	×	×	×	×	—	×	×	×	×	×	—	—	—	—	—	—	—
	200	×	×	×	×	×	×	×	×	×	×	×	×	×	×	×	×	×	×
	(225)[a]	×	×	×	×	×	—	×	×	×	×	×	—	—	—	—	—	—	—
	250	×	×	×	×	×	×	×	×	×	×	×	×	×	×	×	×	×	—
	300	×	×	×	×	×	×	×	×	×	×	×	×	×	×	×	×	—	—
	350	×	×	×	×	×	×	×	×	×	×	×	×	×	×	—	—	—	—
	400	×	×	×	×	×	×	×	×	×	×	×	×	×	—	—	—	—	—
	450	×	×	×	×	×	×	×	×	×	×	×	×	—	—	—	—	—	—
	500	×	×	×	×	×	×	×	×	×	×	×	×	—	—	—	—	—	—
	600	×	×	×	×	×	×	×	×	×	×	×	×	—	—	—	—	—	—
	700	×	×	×	×	×	—	×	×	×	×	×	—	—	—	—	—	—	—
	800	×	×	×	×	×	—	×	×	×	×	×	—	—	—	—	—	—	—
	900	×	×	×	×	×	—	×	×	×	×	×	—	—	—	—	—	—	—
	1 000	×	×	×	×	×	—	×	×	×	×	×	—	—	—	—	—	—	—
	1 200	×	×	×	×	×	—	×	×	×	×	×	—	—	—	—	—	—	—
	1 400	×	×	×	×	×	—	×	×	×	×	×	—	—	—	—	—	—	—
	1 600	×	×	×	×	×	—	×	×	×	×	×	—	—	—	—	—	—	—
	1 800	×	×	×	×	×	—	×	×	×	×	×	—	—	—	—	—	—	—
	2 000	×	×	×	×	×	—	×	×	×	×	×	—	—	—	—	—	—	—

表 6（续）

法兰类型与标准编号		整体法兰（IF） GB/T 9113																			
法兰密封面型式		凹凸面（MF）										榫槽面（TG）									
适用钢管外径系列		系列Ⅰ和系列Ⅱ																			
公称压力 PN		10	16	25	40	63	100	160	250	320	400	10	16	25	40	63	100	160	250	320	400
公称尺寸 DN	10	×	×	×	×	×	×	×	×	×	×	×	×	×	×	×	×	×	×	×	×
	15	×	×	×	×	×	×	×	×	×	×	×	×	×	×	×	×	×	×	×	×
	20	×	×	×	×	×	×	×	×	×	×	×	×	×	×	×	×	×	×	×	×
	25	×	×	×	×	×	×	×	×	×	×	×	×	×	×	×	×	×	×	×	×
	32	×	×	×	×	×	×	×	×	×	×	×	×	×	×	×	×	×	×	×	×
	40	×	×	×	×	×	×	×	×	×	×	×	×	×	×	×	×	×	×	×	×
	50	×	×	×	×	×	×	×	×	×	×	×	×	×	×	×	×	×	×	×	×
	65	×	×	×	×	×	×	×	×	×	×	×	×	×	×	×	×	×	×	×	×
	80	×	×	×	×	×	×	×	×	×	×	×	×	×	×	×	×	×	×	×	×
	100	×	×	×	×	×	×	×	×	×	×	×	×	×	×	×	×	×	×	×	×
	125	×	×	×	×	×	×	×	×	×	×	×	×	×	×	×	×	×	×	×	×
	150	×	×	×	×	×	×	×	×	×	×	×	×	×	×	×	×	×	×	×	×
	(175)[a]	—	—	—	—	—	—	—	—	—	—	—	—	—	×	×	—	—	—	—	—
	200	×	×	×	×	×	×	×	×	×	×	×	×	×	×	×	×	×	×	×	×
	(225)[a]	—	—	—	—	—	—	—	—	—	—	—	—	—	×	×	—	—	—	—	—
	250	×	×	×	×	×	×	×	×	×	—	×	×	×	×	×	×	×	×	×	—
	300	×	×	×	×	×	×	×	×	—	—	×	×	×	×	×	×	×	×	—	—
	350	×	×	×	×	×	×	—	—	—	—	×	×	×	×	×	×	—	—	—	—
	400	×	×	×	×	×	—	—	—	—	—	×	×	×	×	×	—	—	—	—	—
	450	×	×	×	×	—	—	—	—	—	—	×	×	×	×	—	—	—	—	—	—
	500	×	×	×	×	—	—	—	—	—	—	×	×	×	×	—	—	—	—	—	—
	600	×	×	×	×	—	—	—	—	—	—	×	×	×	×	—	—	—	—	—	—
	700	×	×	×	—	—	—	—	—	—	—	×	×	×	—	—	—	—	—	—	—
	800	×	×	×	—	—	—	—	—	—	—	×	×	×	—	—	—	—	—	—	—
	900	×	×	×	—	—	—	—	—	—	—	×	×	×	—	—	—	—	—	—	—
	1 000	×	×	×	—	—	—	—	—	—	—	×	×	×	—	—	—	—	—	—	—
	1 200	×	×	×	—	—	—	—	—	—	—	×	×	×	—	—	—	—	—	—	—
	1 400	×	×	×	—	—	—	—	—	—	—	×	×	×	—	—	—	—	—	—	—
	1 600	×	×	×	—	—	—	—	—	—	—	×	×	×	—	—	—	—	—	—	—
	1 800	×	×	×	—	—	—	—	—	—	—	×	×	×	—	—	—	—	—	—	—
	2 000	×	×	×	—	—	—	—	—	—	—	×	×	×	—	—	—	—	—	—	—

表 6（续）

法兰类型与标准编号	整体法兰（IF）GB/T 9113										带颈螺纹法兰（Th）GB/T 9114											
法兰密封面型式	O 形圈面（OSG）				环连接面（RJ）						平面（FF）					突面（RF）						
适用钢管外径系列	系列Ⅰ和系列Ⅱ										系列Ⅰ											
公称压力 PN	10	16	25	40	63	100	160	250	320	400	6	10	16	25	40	6	10	16	25	40	63	100
公称尺寸 DN 10	×	×	×	×	—	—	—	—	—	—	×	×	×	×	×	×	×	×	×	×	×	×
15	×	×	×	×	×	×	×	×	×	×	×	×	×	×	×	×	×	×	×	×	×	×
20	×	×	×	×	×	×	×	×	×	×	×	×	×	×	×	×	×	×	×	×	×	×
25	×	×	×	×	×	×	×	×	×	×	×	×	×	×	×	×	×	×	×	×	×	×
32	×	×	×	×	×	×	×	×	×	×	×	×	×	×	×	×	×	×	×	×	×	×
40	×	×	×	×	×	×	×	×	×	×	×	×	×	×	×	×	×	×	×	×	×	×
50	×	×	×	×	×	×	×	×	×	×	×	×	×	×	×	×	×	×	×	×	×	×
65	×	×	×	×	×	×	×	×	×	×	×	×	×	×	×	×	×	×	×	×	×	×
80	×	×	×	×	×	×	×	×	×	×	×	×	×	×	×	×	×	×	×	×	×	×
100	×	×	×	×	×	×	×	×	×	×	×	×	×	×	×	×	×	×	×	×	×	×
125	×	×	×	×	×	×	×	×	×	×	×	×	×	×	×	×	×	×	×	×	×	×
150	×	×	×	×	×	×	×	×	×	×	×	×	×	×	×	×	×	×	×	×	×	×
200	×	×	×	×	×	×	×	×	×	×	×	×	×	×	×	×	×	×	×	×	—	—
250	×	×	×	×	×	×	×	×	×	—	×	×	×	×	×	×	×	×	×	×	—	—
300	×	×	×	×	×	×	×	—	—	—	×	×	×	×	×	×	×	×	×	×	—	—
350	×	×	×	×	×	×	—	—	—	—	—	×	×	×	×	—	×	×	×	×	—	—
400	×	×	×	×	×	—	—	—	—	—	—	×	×	×	×	—	×	×	×	×	—	—
450	×	×	×	×	—	—	—	—	—	—	—	×	×	×	×	—	×	×	×	×	—	—
500	×	×	×	×	—	—	—	—	—	—	—	×	×	×	×	—	×	×	×	×	—	—
600	×	×	×	×	—	—	—	—	—	—	—	×	×	×	×	—	×	×	×	×	—	—
700	×	×	×	—	—	—	—	—	—	—	—	—	—	—	—	—	—	—	—	—	—	—
800	×	×	×	—	—	—	—	—	—	—	—	—	—	—	—	—	—	—	—	—	—	—
900	×	×	×	—	—	—	—	—	—	—	—	—	—	—	—	—	—	—	—	—	—	—
1 000	×	×	×	—	—	—	—	—	—	—	—	—	—	—	—	—	—	—	—	—	—	—
1 200	×	×	×	—	—	—	—	—	—	—	—	—	—	—	—	—	—	—	—	—	—	—
1 400	×	×	×	—	—	—	—	—	—	—	—	—	—	—	—	—	—	—	—	—	—	—
1 600	×	×	×	—	—	—	—	—	—	—	—	—	—	—	—	—	—	—	—	—	—	—
1 800	×	×	×	—	—	—	—	—	—	—	—	—	—	—	—	—	—	—	—	—	—	—
2 000	×	×	×	—	—	—	—	—	—	—	—	—	—	—	—	—	—	—	—	—	—	—

表 6（续）

法兰类型与标准编号		对焊法兰（WN）GB/T 9115																	
法兰密封面型式		平面(FF)						突面(RF)											
适用钢管外径系列		系列Ⅰ和系列Ⅱ																	
公称压力 PN		2.5	6	10	16	25	40	2.5	6	10	16	25	40	63	100	160	250	320	400
公称尺寸 DN	10～80	×	×	×	×	×	×	×	×	×	×	×	×	×	×	×	×	×	×
	100	×	×	×	×	×	×	×	×	×	×	×	×	×	×	×	×	×	×
	125	×	×	×	×	×	×	×	×	×	×	×	×	×	×	×	×	×	×
	150	×	×	×	×	×	×	×	×	×	×	×	×	×	×	×	×	×	×
	(175)[a]	—	—	—	—	×	—	—	—	—	—	×	—	—	—	—	—	—	—
	200	×	×	×	×	×	×	×	×	×	×	×	×	×	×	×	×	×	×
	(225)[a]	—	—	—	—	×	—	—	—	—	—	×	—	—	—	—	—	—	—
	250	×	×	×	×	×	×	×	×	×	×	×	×	×	×	×	×	×	—
	300	×	×	×	×	×	×	×	×	×	×	×	×	×	×	×	—	—	—
	350	×	×	×	×	×	×	×	×	×	×	×	×	×	×	—	—	—	—
	400	×	×	×	×	×	×	×	×	×	×	×	×	×	—	—	—	—	—
	450	×	×	×	×	×	×	×	×	×	×	×	×	—	—	—	—	—	—
	500	×	×	×	×	×	×	×	×	×	×	×	×	—	—	—	—	—	—
	600	×	×	×	×	×	×	×	×	×	×	×	×	—	—	—	—	—	—
	700	×	×	×	×	×	—	×	×	×	×	×	—	—	—	—	—	—	—
	800	×	×	×	×	×	—	×	×	×	×	×	—	—	—	—	—	—	—
	900	×	×	×	×	×	—	×	×	×	×	×	—	—	—	—	—	—	—
	1 000	×	×	×	×	×	—	×	×	×	×	×	—	—	—	—	—	—	—
	1 200	×	×	×	×	—	—	×	×	×	×	—	—	—	—	—	—	—	—
	1 400	×	×	×	×	—	—	×	×	×	×	—	—	—	—	—	—	—	—
	1 600	×	×	×	×	—	—	×	×	×	×	—	—	—	—	—	—	—	—
	1 800	×	×	×	×	—	—	×	×	×	×	—	—	—	—	—	—	—	—
	2 000	×	×	×	×	—	—	×	×	×	×	—	—	—	—	—	—	—	—
	2 200	×	×	×	—	—	—	×	×	×	—	—	—	—	—	—	—	—	—
	2 400	×	×	×	—	—	—	×	×	×	—	—	—	—	—	—	—	—	—
	2 600	×	×	×	—	—	—	×	×	×	—	—	—	—	—	—	—	—	—
	2 800	×	×	×	—	—	—	×	×	×	—	—	—	—	—	—	—	—	—
	3 000	×	×	×	—	—	—	×	×	×	—	—	—	—	—	—	—	—	—
	3 200	×	×	—	—	—	—	×	×	—	—	—	—	—	—	—	—	—	—
	3 400	×	×	—	—	—	—	×	×	—	—	—	—	—	—	—	—	—	—
	3 600	×	×	—	—	—	—	×	×	—	—	—	—	—	—	—	—	—	—
	3 800	×	—	—	—	—	—	×	—	—	—	—	—	—	—	—	—	—	—
	4 000	×	—	—	—	—	—	×	—	—	—	—	—	—	—	—	—	—	—

表 6（续）

法兰类型与标准编号		对焊法兰(WN) GB/T 9115																			
法兰密封面型式		凹凸面(MF)										榫槽面(TG)									
适用钢管外径系列		系列Ⅰ和系列Ⅱ																			
公称压力 PN		10	16	25	40	63	100	160	250	320	400	10	16	25	40	63	100	160	250	320	400
公称尺寸 DN	10～20	×	×	×	×	×	×	×	×	×	×	×	×	×	×	×	×	×	×	×	×
	25	×	×	×	×	×	×	×	×	×	×	×	×	×	×	×	×	×	×	×	×
	32	×	×	×	×	×	×	×	×	×	×	×	×	×	×	×	×	×	×	×	×
	40	×	×	×	×	×	×	×	×	×	×	×	×	×	×	×	×	×	×	×	×
	50	×	×	×	×	×	×	×	×	×	×	×	×	×	×	×	×	×	×	×	×
	65	×	×	×	×	×	×	×	×	×	×	×	×	×	×	×	×	×	×	×	×
	80	×	×	×	×	×	×	×	×	×	×	×	×	×	×	×	×	×	×	×	×
	100	×	×	×	×	×	×	×	×	×	×	×	×	×	×	×	×	×	×	×	×
	125	×	×	×	×	×	×	×	×	×	×	×	×	×	×	×	×	×	×	×	×
	150	×	×	×	×	×	×	×	×	×	×	×	×	×	×	×	×	×	×	×	×
	(175)[a]	—	—	—	—	—	—	—	—	—	—	—	—	—	×	×	—	—	—	—	—
	200	×	×	×	×	×	×	×	×	×	×	×	×	×	×	×	×	×	×	×	×
	(225)[a]	—	—	—	—	—	—	—	—	—	—	—	—	—	×	×	—	—	—	—	—
	250	×	×	×	×	×	×	×	×	×	—	×	×	×	×	×	×	×	×	×	—
	300	×	×	×	×	×	×	×	—	—	—	×	×	×	×	×	×	×	—	—	—
	350	×	×	×	×	×	×	—	—	—	—	×	×	×	×	×	×	—	—	—	—
	400	×	×	×	×	×	—	—	—	—	—	×	×	×	×	×	—	—	—	—	—
	450	×	×	×	×	—	—	—	—	—	—	×	×	×	×	—	—	—	—	—	—
	500	×	×	×	×	—	—	—	—	—	—	×	×	×	×	—	—	—	—	—	—
	600	×	×	×	×	—	—	—	—	—	—	×	×	×	×	—	—	—	—	—	—
	700	×	×	×	—	—	—	—	—	—	—	×	×	×	—	—	—	—	—	—	—
	800	×	×	×	—	—	—	—	—	—	—	×	×	×	—	—	—	—	—	—	—
	900	×	×	×	—	—	—	—	—	—	—	×	×	×	—	—	—	—	—	—	—
	1 000	×	×	×	—	—	—	—	—	—	—	×	×	×	—	—	—	—	—	—	—
	1 200	×	×	—	—	—	—	—	—	—	—	×	×	—	—	—	—	—	—	—	—
	1 400	×	×	—	—	—	—	—	—	—	—	×	×	—	—	—	—	—	—	—	—
	1 600	×	×	—	—	—	—	—	—	—	—	×	×	—	—	—	—	—	—	—	—
	1 800	×	×	—	—	—	—	—	—	—	—	×	×	—	—	—	—	—	—	—	—
	2 000	×	×	—	—	—	—	—	—	—	—	×	×	—	—	—	—	—	—	—	—
	2 200	×	—	—	—	—	—	—	—	—	—	×	—	—	—	—	—	—	—	—	—
	2 400	×	—	—	—	—	—	—	—	—	—	×	—	—	—	—	—	—	—	—	—
	2 600	×	—	—	—	—	—	—	—	—	—	×	—	—	—	—	—	—	—	—	—
	2 800	×	—	—	—	—	—	—	—	—	—	×	—	—	—	—	—	—	—	—	—
	3 000	×	—	—	—	—	—	—	—	—	—	×	—	—	—	—	—	—	—	—	—

表 6（续）

法兰类型与标准编号	对焊法兰(WN) GB/T 9115										带颈平焊法兰(SO) GB/T 9116											
法兰密封面型式	O形圈面(OSG)				环连接面(RJ)						平面(FF)					突面(RF)						
适用钢管外径系列	系列Ⅰ和系列Ⅱ										系列Ⅰ和系列Ⅱ											
公称压力PN	10	16	25	40	63	100	160	250	320	400	6	10	16	25	40	6	10	16	25	40	63	100
公称尺寸DN																						
10	×	×	×	×	—	—	—	—	—	—	×	×	×	×	×	×	×	×	×	×	×	×
15	×	×	×	×	×	×	×	×	×	×	×	×	×	×	×	×	×	×	×	×	×	×
20	×	×	×	×	×	×	×	×	×	×	×	×	×	×	×	×	×	×	×	×	×	×
25	×	×	×	×	×	×	×	×	×	×	×	×	×	×	×	×	×	×	×	×	×	×
32	×	×	×	×	×	×	×	×	×	×	×	×	×	×	×	×	×	×	×	×	×	×
40	×	×	×	×	×	×	×	×	×	×	×	×	×	×	×	×	×	×	×	×	×	×
50	×	×	×	×	×	×	×	×	×	×	×	×	×	×	×	×	×	×	×	×	×	×
65	×	×	×	×	×	×	×	×	×	×	×	×	×	×	×	×	×	×	×	×	×	×
80	×	×	×	×	×	×	×	×	×	×	×	×	×	×	×	×	×	×	×	×	×	×
100	×	×	×	×	×	×	×	×	×	×	×	×	×	×	×	×	×	×	×	×	×	×
125	×	×	×	×	×	×	×	×	×	×	×	×	×	×	×	×	×	×	×	×	×	×
150	×	×	×	×	×	×	×	×	×	×	×	×	×	×	×	×	×	×	×	×	×	×
200	×	×	×	×	×	×	×	×	×	×	×	×	×	×	×	×	×	×	×	×	—	—
250	×	×	×	×	×	×	×	×	×	—	×	×	×	×	×	×	×	×	×	×	—	—
300	×	×	×	×	×	×	×	—	—	—	×	×	×	×	×	×	×	×	×	×	—	—
350	×	×	×	×	×	×	—	—	—	—	—	×	×	×	×	—	×	×	×	×	—	—
400	×	×	×	×	×	—	—	—	—	—	—	×	×	×	×	—	×	×	×	×	—	—
450	×	×	×	×	—	—	—	—	—	—	—	×	×	×	×	—	×	×	×	×	—	—
500	×	×	×	×	—	—	—	—	—	—	—	×	×	×	×	—	×	×	×	×	—	—
600	×	×	×	×	—	—	—	—	—	—	—	×	×	×	×	—	×	×	×	×	—	—
700	×	×	×	—	—	—	—	—	—	—	—	—	×	—	—	—	—	×	—	—	—	—
800	×	×	×	—	—	—	—	—	—	—	—	—	×	—	—	—	—	×	—	—	—	—
900	×	×	×	—	—	—	—	—	—	—	—	—	×	—	—	—	—	×	—	—	—	—
1 000	×	×	×	—	—	—	—	—	—	—	—	—	×	—	—	—	—	×	—	—	—	—
1 200	×	×	—	—	—	—	—	—	—	—	—	—	—	—	—	—	—	—	—	—	—	—
1 400	×	×	—	—	—	—	—	—	—	—	—	—	—	—	—	—	—	—	—	—	—	—
1 600	×	×	—	—	—	—	—	—	—	—	—	—	—	—	—	—	—	—	—	—	—	—
1 800	×	×	—	—	—	—	—	—	—	—	—	—	—	—	—	—	—	—	—	—	—	—
2 000	×	×	—	—	—	—	—	—	—	—	—	—	—	—	—	—	—	—	—	—	—	—

表 6（续）

法兰类型与标准编号	带　颈　平　焊　法　兰(SO) GB/T 9116															
法兰密封面型式	凹凸面(MF)						榫槽面(TG)						O 形圈面(OSG)			
适用钢管外径系列	系列Ⅰ和系列Ⅱ															
公称压力 PN	10	16	25	40	63	100	10	16	25	40	63	100	10	16	25	40
公称尺寸 DN																
10	×	×	×	×	×	×	×	×	×	×	×	×	×	×	×	×
15	×	×	×	×	×	×	×	×	×	×	×	×	×	×	×	×
20	×	×	×	×	×	×	×	×	×	×	×	×	×	×	×	×
25	×	×	×	×	×	×	×	×	×	×	×	×	×	×	×	×
32	×	×	×	×	×	×	×	×	×	×	×	×	×	×	×	×
40	×	×	×	×	×	×	×	×	×	×	×	×	×	×	×	×
50	×	×	×	×	×	×	×	×	×	×	×	×	×	×	×	×
65	×	×	×	×	×	×	×	×	×	×	×	×	×	×	×	×
80	×	×	×	×	×	×	×	×	×	×	×	×	×	×	×	×
100	×	×	×	×	×	×	×	×	×	×	×	×	×	×	×	×
125	×	×	×	×	×	×	×	×	×	×	×	×	×	×	×	×
150	×	×	×	×	×	×	×	×	×	×	×	×	×	×	×	×
200	×	×	×	×	—	—	×	×	×	×	—	—	×	×	×	×
250	×	×	×	×	—	—	×	×	×	×	—	—	×	×	×	×
300	×	×	×	×	—	—	×	×	×	×	—	—	×	×	×	×
350	×	×	×	×	—	—	×	×	×	×	—	—	×	×	×	×
400	×	×	×	×	—	—	×	×	×	×	—	—	×	×	×	×
450	×	×	×	×	—	—	×	×	×	×	—	—	×	×	×	×
500	×	×	×	×	—	—	×	×	×	×	—	—	×	×	×	×
600	×	×	×	×	—	—	×	×	×	×	—	—	×	×	×	×
700	—	×	—	—	—	—	—	×	—	—	—	—	—	×	—	—
800	—	×	—	—	—	—	—	×	—	—	—	—	—	×	—	—
900	—	×	—	—	—	—	—	×	—	—	—	—	—	×	—	—
1 000	—	×	—	—	—	—	—	×	—	—	—	—	—	×	—	—

表 6（续）

法兰类型与标准编号		带颈承插焊法兰(SW) GB/T 9117																						
法兰密封面型式		平面(FF)			突面(RF)					凹凸面(MF)					榫槽面(TG)					O形圈面(OSG)			环连接面(RJ)	
适用钢管外径系列		系列Ⅰ和系列Ⅱ																						
公称压力 PN		16	25	40	16	25	40	63	100	16	25	40	63	100	16	25	40	63	100	16	25	40	63	100
公称尺寸 DN	10	×	×	×	×	×	×	×	×	×	×	×	×	×	×	×	×	×	×	×	×	×	—	—
	15	×	×	×	×	×	×	×	×	×	×	×	×	×	×	×	×	×	×	×	×	×	×	×
	20	×	×	×	×	×	×	×	×	×	×	×	×	×	×	×	×	×	×	×	×	×	×	×
	25	×	×	×	×	×	×	×	×	×	×	×	×	×	×	×	×	×	×	×	×	×	×	×
	32	×	×	×	×	×	×	×	×	×	×	×	×	×	×	×	×	×	×	×	×	×	×	×
	40	×	×	×	×	×	×	×	×	×	×	×	×	×	×	×	×	×	×	×	×	×	×	×
	50	×	×	×	×	×	×	×	×	×	×	×	×	×	×	×	×	×	×	×	×	×	×	×
	65	—	—	—	—	—	—	—	—	—	—	—	—	—	—	—	—	—	—	—	—	—	—	—
	80	—	—	—	—	—	—	—	—	—	—	—	—	—	—	—	—	—	—	—	—	—	—	—
	100	—	—	—	—	—	—	—	—	—	—	—	—	—	—	—	—	—	—	—	—	—	—	—
	125	—	—	—	—	—	—	—	—	—	—	—	—	—	—	—	—	—	—	—	—	—	—	—
	150	—	—	—	—	—	—	—	—	—	—	—	—	—	—	—	—	—	—	—	—	—	—	—
	200	—	—	—	—	—	—	—	—	—	—	—	—	—	—	—	—	—	—	—	—	—	—	—
	250	—	—	—	—	—	—	—	—	—	—	—	—	—	—	—	—	—	—	—	—	—	—	—
	300	—	—	—	—	—	—	—	—	—	—	—	—	—	—	—	—	—	—	—	—	—	—	—
	350	—	—	—	—	—	—	—	—	—	—	—	—	—	—	—	—	—	—	—	—	—	—	—
	400	—	—	—	—	—	—	—	—	—	—	—	—	—	—	—	—	—	—	—	—	—	—	—
	450	—	—	—	—	—	—	—	—	—	—	—	—	—	—	—	—	—	—	—	—	—	—	—
	500	—	—	—	—	—	—	—	—	—	—	—	—	—	—	—	—	—	—	—	—	—	—	—
	600	—	—	—	—	—	—	—	—	—	—	—	—	—	—	—	—	—	—	—	—	—	—	—
	700	—	—	—	—	—	—	—	—	—	—	—	—	—	—	—	—	—	—	—	—	—	—	—
	800	—	—	—	—	—	—	—	—	—	—	—	—	—	—	—	—	—	—	—	—	—	—	—
	900	—	—	—	—	—	—	—	—	—	—	—	—	—	—	—	—	—	—	—	—	—	—	—
	1 000	—	—	—	—	—	—	—	—	—	—	—	—	—	—	—	—	—	—	—	—	—	—	—

表 6（续）

法兰类型与标准编号		板式平焊法兰（PL）GB/T 9119															
法兰密封面型式		平面(FF)								突面(RF)							
适用钢管外径系列		系列Ⅰ和系列Ⅱ															
公称压力 PN		2.5	6	10	16	25	40	63	100	2.5	6	10	16	25	40	63	100
公称尺寸 DN	10	×	×	×	×	×	×	×	×	×	×	×	×	×	×	×	×
	15	×	×	×	×	×	×	×	×	×	×	×	×	×	×	×	×
	20	×	×	×	×	×	×	×	×	×	×	×	×	×	×	×	×
	25	×	×	×	×	×	×	×	×	×	×	×	×	×	×	×	×
	32	×	×	×	×	×	×	×	×	×	×	×	×	×	×	×	×
	40	×	×	×	×	×	×	×	×	×	×	×	×	×	×	×	×
	50	×	×	×	×	×	×	×	×	×	×	×	×	×	×	×	×
	65	×	×	×	×	×	×	×	×	×	×	×	×	×	×	×	×
	80	×	×	×	×	×	×	×	×	×	×	×	×	×	×	×	×
	100	×	×	×	×	×	×	×	×	×	×	×	×	×	×	×	×
	125	×	×	×	×	×	×	×	×	×	×	×	×	×	×	×	×
	150	×	×	×	×	×	×	×	×	×	×	×	×	×	×	×	×
	(175)[a]	×	×	×	×	—	—	—	—	×	×	×	×	—	—	—	—
	200	×	×	×	×	×	×	×	×	×	×	×	×	×	×	×	×
	(225)[a]	×	×	×	×	—	—	—	—	×	×	×	×	—	—	—	—
	250	×	×	×	×	×	×	×	×	×	×	×	×	×	×	×	×
	300	×	×	×	×	×	×	×	×	×	×	×	×	×	×	×	×
	350	×	×	×	×	×	×	×	×	×	×	×	×	×	×	×	×
	400	×	×	×	×	×	×	×	—	×	×	×	×	×	×	×	—
	450	×	×	×	×	×	—	—	—	×	×	×	×	×	—	—	—
	500	×	×	×	×	×	—	—	—	×	×	×	×	×	—	—	—
	600	×	×	×	×	×	—	—	—	×	×	×	×	×	—	—	—
	700	×	×	×	×	×	—	—	—	×	×	×	×	×	—	—	—
	800	×	×	×	×	×	—	—	—	×	×	×	×	×	—	—	—
	900	×	×	×	×	—	—	—	—	×	×	×	×	—	—	—	—
	1 000	×	×	×	×	—	—	—	—	×	×	×	×	—	—	—	—
	1 200	×	×	×	×	—	—	—	—	×	×	×	×	—	—	—	—
	1 400	×	×	×	×	—	—	—	—	×	×	×	×	—	—	—	—
	1 600	×	×	×	×	—	—	—	—	×	×	×	×	—	—	—	—
	1 800	×	×	×	×	—	—	—	—	×	×	×	×	—	—	—	—
	2 000	×	×	×	×	—	—	—	—	×	×	×	×	—	—	—	—

表 6（续）

法兰类型与标准编号		A 型对焊环板式松套法兰（PL/W-A）GB/T 9120															
法兰密封面型式		突面(RF)				凹凸面(MF)				榫槽面(TG)				O 形圈面(OSG)			
适用钢管外径系列		系列Ⅰ和系列Ⅱ															
公称压力 PN		10	16	25	40	10	16	25	40	10	16	25	40	10	16	25	40
公称尺寸 DN	10	×	×	×	×	×	×	×	×	×	×	×	×	×	×	×	×
	15	×	×	×	×	×	×	×	×	×	×	×	×	×	×	×	×
	20	×	×	×	×	×	×	×	×	×	×	×	×	×	×	×	×
	25	×	×	×	×	×	×	×	×	×	×	×	×	×	×	×	×
	32	×	×	×	×	×	×	×	×	×	×	×	×	×	×	×	×
	40	×	×	×	×	×	×	×	×	×	×	×	×	×	×	×	×
	50	×	×	×	×	×	×	×	×	×	×	×	×	×	×	×	×
	65	×	×	×	×	×	×	×	×	×	×	×	×	×	×	×	×
	80	×	×	×	×	×	×	×	×	×	×	×	×	×	×	×	×
	100	×	×	×	×	×	×	×	×	×	×	×	×	×	×	×	×
	125	×	×	×	×	×	×	×	×	×	×	×	×	×	×	×	×
	150	×	×	×	×	×	×	×	×	×	×	×	×	×	×	×	×
	(175)[a]	—	—	×	—	—	—	—	—	—	—	—	×	—	—	—	—
	200	×	×	×	×	×	×	×	×	×	×	×	×	×	×	×	×
	(225)[a]	—	—	×	—	—	—	—	—	—	—	—	×	—	—	—	—
	250	×	×	×	×	×	×	×	×	×	×	×	×	×	×	×	×
	300	×	×	×	×	×	×	×	×	×	×	×	×	×	×	×	×
	350	×	×	×	×	×	×	×	×	×	×	×	×	×	×	×	×
	400	×	×	×	×	×	×	×	×	×	×	×	×	×	×	×	×
	450	×	×	×	×	×	×	×	×	×	×	×	×	×	×	×	×
	500	×	×	×	×	×	×	×	×	×	×	×	×	×	×	×	×
	600	×	×	×	×	×	×	×	×	×	×	×	×	×	×	×	×
	700	—	—	—	—	—	—	—	—	—	—	—	—	—	—	—	—
	800	—	—	—	—	—	—	—	—	—	—	—	—	—	—	—	—
	900	—	—	—	—	—	—	—	—	—	—	—	—	—	—	—	—
	1 000	—	—	—	—	—	—	—	—	—	—	—	—	—	—	—	—
	1 200	—	—	—	—	—	—	—	—	—	—	—	—	—	—	—	—
	1 400	—	—	—	—	—	—	—	—	—	—	—	—	—	—	—	—
	1 600	—	—	—	—	—	—	—	—	—	—	—	—	—	—	—	—
	1 800	—	—	—	—	—	—	—	—	—	—	—	—	—	—	—	—
	2 000	—	—	—	—	—	—	—	—	—	—	—	—	—	—	—	—

表 6（续）

法兰类型与标准编号		B 型对焊环板式松套法兰（PL/W-B）GB/T 9120																	
法兰密封面型式		突面(RF)																	
适用钢管外径系列		系列Ⅰ和系列Ⅱ																	
公称压力 PN		2.5	6	10	16	25	40	10	16	25	40	10	16	25	40	10	16	25	40
公称尺寸 DN	10	×	×	×	×	×	×	×	×	×	×	×	×	×	×	×	×	×	×
	15	×	×	×	×	×	×	×	×	×	×	×	×	×	×	×	×	×	×
	20	×	×	×	×	×	×	×	×	×	×	×	×	×	×	×	×	×	×
	25	×	×	×	×	×	×	×	×	×	×	×	×	×	×	×	×	×	×
	32	×	×	×	×	×	×	×	×	×	×	×	×	×	×	×	×	×	×
	40	×	×	×	×	×	×	×	×	×	×	×	×	×	×	×	×	×	×
	50	×	×	×	×	×	×	×	×	×	×	×	×	×	×	×	×	×	×
	65	×	×	×	×	×	×	×	×	×	×	×	×	×	×	×	×	×	×
	80	×	×	×	×	×	×	×	×	×	×	×	×	×	×	×	×	×	×
	100	×	×	×	×	×	×	×	×	×	×	×	×	×	×	×	×	×	×
	125	×	×	×	×	×	×	×	×	×	×	×	×	×	×	×	×	×	×
	150	×	×	×	×	×	×	×	×	×	×	×	×	×	×	×	×	×	×
	200	×	×	×	×	×	×	×	×	×	×	×	×	×	×	×	×	×	×
	250	×	×	×	×	×	×	×	×	×	×	×	×	×	×	×	×	×	×
	300	×	×	×	×	×	×	×	×	×	×	×	×	×	×	×	×	×	×
	350	×	×	×	×	×	×	×	×	×	×	×	×	×	×	×	×	×	×
	400	×	×	×	×	×	×	×	×	×	×	×	×	×	×	×	×	×	×
	450	×	×	×	×	×	—	×	×	×	—	×	×	×	—	×	×	×	—
	500	×	×	×	×	×	—	×	×	×	—	×	×	×	—	×	×	×	—
	600	×	×	×	×	×	—	×	×	×	—	×	×	×	—	×	×	×	—
	700	×	×	×	×	×	—	×	×	×	—	×	×	×	—	×	×	×	—
	800	×	×	×	×	×	—	×	×	×	—	×	×	×	—	×	×	×	—
	900	×	×	×	×	—	—	×	×	—	—	×	×	—	—	×	×	—	—
	1 000	×	×	×	×	—	—	×	×	—	—	×	×	—	—	×	×	—	—
	1 200	—	×	×	—	—	—	×	—	—	—	×	—	—	—	×	—	—	—
	1 400	—	—	—	—	—	—	—	—	—	—	—	—	—	—	—	—	—	—
	1 600	—	—	—	—	—	—	—	—	—	—	—	—	—	—	—	—	—	—
	1 800	—	—	—	—	—	—	—	—	—	—	—	—	—	—	—	—	—	—
	2 000	—	—	—	—	—	—	—	—	—	—	—	—	—	—	—	—	—	—

表 6（续）

法兰类型与标准编号	平焊环板式松套法兰（PL/C） GB/T 9121																	
法兰密封面型式	突面（RF）						凹凸面（MF）				榫槽面（TG）				O 形圈面（OSG）			
适用钢管外径系列	系列Ⅰ和系列Ⅱ																	
公称压力 PN	2.5	6	10	16	25	40	10	16	25	40	10	16	25	40	10	16	25	40
公称尺寸 DN 10	×	×	×	×	×	×	×	×	×	×	×	×	×	×	×	×	×	×
15	×	×	×	×	×	×	×	×	×	×	×	×	×	×	×	×	×	×
20	×	×	×	×	×	×	×	×	×	×	×	×	×	×	×	×	×	×
25	×	×	×	×	×	×	×	×	×	×	×	×	×	×	×	×	×	×
32	×	×	×	×	×	×	×	×	×	×	×	×	×	×	×	×	×	×
40	×	×	×	×	×	×	×	×	×	×	×	×	×	×	×	×	×	×
50	×	×	×	×	×	×	×	×	×	×	×	×	×	×	×	×	×	×
65	×	×	×	×	×	×	×	×	×	×	×	×	×	×	×	×	×	×
80	×	×	×	×	×	×	×	×	×	×	×	×	×	×	×	×	×	×
100	×	×	×	×	×	×	×	×	×	×	×	×	×	×	×	×	×	×
125	×	×	×	×	×	×	×	×	×	×	×	×	×	×	×	×	×	×
150	×	×	×	×	×	×	×	×	×	×	×	×	×	×	×	×	×	×
(175)[a]	—	×	×	×	—	—	—	—	—	—	—	—	—	—	—	—	—	—
200	×	×	×	×	×	×	×	×	×	×	×	×	×	×	×	×	×	×
(225)[a]	—	×	×	×	—	—	—	—	—	—	—	—	—	—	—	—	—	—
250	×	×	×	×	×	×	×	×	×	×	×	×	×	×	×	×	×	×
300	×	×	×	×	×	×	×	×	×	×	×	×	×	×	×	×	×	×
350	×	×	×	×	×	×	×	×	×	×	×	×	×	×	×	×	×	×
400	×	×	×	×	×	×	×	×	×	×	×	×	×	×	×	×	×	×
450	×	×	×	×	×	×	×	×	×	×	×	×	×	×	×	×	×	×
500	×	×	×	×	×	×	×	×	×	×	×	×	×	×	×	×	×	×
600	×	×	×	×	×	×	×	×	×	×	×	×	×	×	×	×	×	×
700	—	—	—	—	—	—	—	—	—	—	—	—	—	—	—	—	—	—
800	—	—	—	—	—	—	—	—	—	—	—	—	—	—	—	—	—	—
900	—	—	—	—	—	—	—	—	—	—	—	—	—	—	—	—	—	—
1 000	—	—	—	—	—	—	—	—	—	—	—	—	—	—	—	—	—	—
1 200	—	—	—	—	—	—	—	—	—	—	—	—	—	—	—	—	—	—
1 400	—	—	—	—	—	—	—	—	—	—	—	—	—	—	—	—	—	—
1 600	—	—	—	—	—	—	—	—	—	—	—	—	—	—	—	—	—	—
1 800	—	—	—	—	—	—	—	—	—	—	—	—	—	—	—	—	—	—
2 000	—	—	—	—	—	—	—	—	—	—	—	—	—	—	—	—	—	—

表 6（续）

法兰类型与标准编号		管端翻边板式松套法兰(PL/P-A) GB/T 9122						翻边短节板式松套法兰(PL/P-B) GB/T 9122					
法兰密封面型式		突面(RF)						突面(RF)					
适用钢管外径系列		系列Ⅰ和系列Ⅱ											
公称压力 PN		2.5	6	10	16	2.5	6	10	16	2.5	6	10	16
公称尺寸 DN	10	×	×	×	×	×	×	×	×	×	×	×	×
	15	×	×	×	×	×	×	×	×	×	×	×	×
	20	×	×	×	×	×	×	×	×	×	×	×	×
	25	×	×	×	×	×	×	×	×	×	×	×	×
	32	×	×	×	×	×	×	×	×	×	×	×	×
	40	×	×	×	×	×	×	×	×	×	×	×	×
	50	×	×	×	×	×	×	×	×	×	×	×	×
	65	×	×	×	×	×	×	×	×	×	×	×	×
	80	×	×	×	×	×	×	×	×	×	×	×	×
	100	×	×	×	×	×	×	×	×	×	×	×	×
	125	×	×	×	×	×	×	×	×	×	×	×	×
	150	×	×	×	×	×	×	×	×	×	×	×	×
	200	×	×	×	×	×	×	×	×	×	×	×	×
	250	—	—	—	—	—	—	—	—	×	×	×	×
	300	—	—	—	—	—	—	—	—	×	×	×	×
	350	—	—	—	—	—	—	—	—	×	×	×	×
	400	—	—	—	—	—	—	—	—	×	×	×	×
	450	—	—	—	—	—	—	—	—	×	×	—	—
	500	—	—	—	—	—	—	—	—	×	×	—	—
	600	—	—	—	—	—	—	—	—	—	—	—	—
	700	—	—	—	—	—	—	—	—	—	—	—	—
	800	—	—	—	—	—	—	—	—	—	—	—	—
	900	—	—	—	—	—	—	—	—	—	—	—	—
	1 000	—	—	—	—	—	—	—	—	—	—	—	—
	1 200	—	—	—	—	—	—	—	—	—	—	—	—
	1 400	—	—	—	—	—	—	—	—	—	—	—	—
	1 600	—	—	—	—	—	—	—	—	—	—	—	—
	1 800	—	—	—	—	—	—	—	—	—	—	—	—
	2 000	—	—	—	—	—	—	—	—	—	—	—	—

表 6（续）

法兰类型与标准编号		法兰盖（BL）GB/T 9123																					
法兰密封面型式		平面（FF）						突面（RF）									凹凸面（MF）						
适用钢管外径系列		系列Ⅰ和系列Ⅱ																					
公称压力 PN		2.5	6	10	16	25	40	2.5	6	10	16	25	40	63	100	160	10	16	25	40	63	100	160
公称尺寸 DN	10	×	×	×	×	×	×	×	×	×	×	×	×	×	×	×	×	×	×	×	×	×	×
	15	×	×	×	×	×	×	×	×	×	×	×	×	×	×	×	×	×	×	×	×	×	×
	20	×	×	×	×	×	×	×	×	×	×	×	×	×	×	×	×	×	×	×	×	×	×
	25	×	×	×	×	×	×	×	×	×	×	×	×	×	×	×	×	×	×	×	×	×	×
	32	×	×	×	×	×	×	×	×	×	×	×	×	×	×	×	×	×	×	×	×	×	×
	40	×	×	×	×	×	×	×	×	×	×	×	×	×	×	×	×	×	×	×	×	×	×
	50	×	×	×	×	×	×	×	×	×	×	×	×	×	×	×	×	×	×	×	×	×	×
	65	×	×	×	×	×	×	×	×	×	×	×	×	×	×	×	×	×	×	×	×	×	×
	80	×	×	×	×	×	×	×	×	×	×	×	×	×	×	×	×	×	×	×	×	×	×
	100	×	×	×	×	×	×	×	×	×	×	×	×	×	×	×	×	×	×	×	×	×	×
	125	×	×	×	×	×	×	×	×	×	×	×	×	×	×	×	×	×	×	×	×	×	×
	150	×	×	×	×	×	×	×	×	×	×	×	×	×	×	×	×	×	×	×	×	×	×
	200	×	×	×	×	×	×	×	×	×	×	×	×	×	×	×	×	×	×	×	×	×	×
	250	×	×	×	×	×	×	×	×	×	×	×	×	×	×	×	×	×	×	×	×	×	×
	300	×	×	×	×	×	×	×	×	×	×	×	×	×	×	×	×	×	×	×	×	×	×
	350	×	×	×	×	×	×	×	×	×	×	×	×	×	×	—	×	×	×	×	×	×	—
	400	×	×	×	×	×	×	×	×	×	×	×	×	×	—	—	×	×	×	×	×	—	—
	450	×	×	×	×	×	×	×	×	×	×	×	×	—	—	—	×	×	×	×	—	—	—
	500	×	×	×	×	×	×	×	×	×	×	×	×	—	—	—	×	×	×	×	—	—	—
	600	×	×	×	×	×	×	×	×	×	×	×	×	—	—	—	×	×	×	×	—	—	—
	700	×	×	×	×	—	—	×	×	×	×	—	—	—	—	—	×	×	—	—	—	—	—
	800	×	×	×	×	—	—	×	×	×	×	—	—	—	—	—	×	×	—	—	—	—	—
	900	×	×	×	×	—	—	×	×	×	×	—	—	—	—	—	×	×	—	—	—	—	—
	1 000	×	×	×	×	—	—	×	×	×	×	—	—	—	—	—	×	×	—	—	—	—	—
	1 200	×	×	×	×	—	—	×	×	×	×	—	—	—	—	—	×	—	—	—	—	—	—
	1 400	×	×	×	×	—	—	×	×	×	×	—	—	—	—	—	—	—	—	—	—	—	—
	1 600	×	×	×	×	—	—	×	×	×	×	—	—	—	—	—	—	—	—	—	—	—	—
	1 800	×	×	×	×	—	—	×	×	×	×	—	—	—	—	—	—	—	—	—	—	—	—
	2 000	×	×	×	×	—	—	×	×	×	×	—	—	—	—	—	—	—	—	—	—	—	—

表 6（续）

法兰类型与标准编号		法　兰　盖（BL）GB/T 9123													
法兰密封面型式		榫槽面（TG）							O 形圈面（OSG）				环连接面（RJ）		
适用钢管外径系列		系列Ⅰ和系列Ⅱ													
公称压力 PN		10	16	25	40	63	100	160	10	16	25	40	63	100	160
公称尺寸 DN	10	×	×	×	×	×	×	×	×	×	×	×	—	—	—
	15	×	×	×	×	×	×	×	×	×	×	×	×	×	×
	20	×	×	×	×	×	×	×	×	×	×	×	×	×	×
	25	×	×	×	×	×	×	×	×	×	×	×	×	×	×
	32	×	×	×	×	×	×	×	×	×	×	×	×	×	×
	40	×	×	×	×	×	×	×	×	×	×	×	×	×	×
	50	×	×	×	×	×	×	×	×	×	×	×	×	×	×
	65	×	×	×	×	×	×	×	×	×	×	×	×	×	×
	80	×	×	×	×	×	×	×	×	×	×	×	×	×	×
	100	×	×	×	×	×	×	×	×	×	×	×	×	×	×
	125	×	×	×	×	×	×	×	×	×	×	×	×	×	×
	150	×	×	×	×	×	×	×	×	×	×	×	×	×	×
	200	×	×	×	×	×	×	×	×	×	×	×	×	×	×
	250	×	×	×	×	×	×	×	×	×	×	×	×	×	×
	300	×	×	×	×	×	×	×	×	×	×	×	×	×	×
	350	×	×	×	×	×	×	—	×	×	×	×	×	×	—
	400	×	×	×	×	×	—	—	×	×	×	×	×	—	—
	450	×	×	×	×	—	—	—	×	×	×	×	—	—	—
	500	×	×	×	×	—	—	—	×	×	×	×	—	—	—
	600	×	×	×	×	—	—	—	×	×	×	×	—	—	—
	700	×	×	—	—	—	—	—	×	×	—	—	—	—	—
	800	×	×	—	—	—	—	—	×	×	—	—	—	—	—
	900	×	×	—	—	—	—	—	×	×	—	—	—	—	—
	1 000	×	×	—	—	—	—	—	×	×	—	—	—	—	—
	1 200	×	—	—	—	—	—	—	×	—	—	—	—	—	—
	1 400	—	—	—	—	—	—	—	—	—	—	—	—	—	—
	1 600	—	—	—	—	—	—	—	—	—	—	—	—	—	—
	1 800	—	—	—	—	—	—	—	—	—	—	—	—	—	—
	2 000	—	—	—	—	—	—	—	—	—	—	—	—	—	—
[a] 带括号尺寸不推荐使用，并且仅适用于船用法兰。															

表 7　用 Class 标记的法兰类型及适用范围一览表

法兰类型与标准编号		整体法兰（IF）GB/T 9113																						
法兰密封面型式		平面(FF)	突面(RF)						凹凸面(MF)					榫槽面(TG)					环连接面(RJ)					
公称尺寸		公称压力 Class																						
NPS	DN	150	150	300	600	900	1500	2500	300	600	900	1500	2500	300	600	900	1500	2500	150	300	600	900	1500	2500
½	15	×	×	×	×	×	×	×	×	×	×	×	×	×	×	×	×	×		×	×	×	×	×
¾	20	×	×	×	×	×	×	×	×	×	×	×	×	×	×	×	×	×		×	×	×	×	×
1	25	×	×	×	×	×	×	×	×	×	×	×	×	×	×	×	×	×	×	×	×	×	×	×
1¼	32	×	×	×	×	×	×	×	×	×	×	×	×	×	×	×	×	×	×	×	×	×	×	×
1½	40	×	×	×	×	×	×	×	×	×	×	×	×	×	×	×	×	×	×	×	×	×	×	×
2	50	×	×	×	×	×	×	×	×	×	×	×	×	×	×	×	×	×	×	×	×	×	×	×
2½	65	×	×	×	×	×	×	×	×	×	×	×	×	×	×	×	×	×	×	×	×	×	×	×
3	80	×	×	×	×	×	×	×	×	×	×	×	×	×	×	×	×	×	×	×	×	×	×	×
4	100	×	×	×	×	×	×	×	×	×	×	×	×	×	×	×	×	×	×	×	×	×	×	×
5	125	×	×	×	×	×	×	×	×	×	×	×	×	×	×	×	×	×	×	×	×	×	×	×
6	150	×	×	×	×	×	×	×	×	×	×	×	×	×	×	×	×	×	×	×	×	×	×	×
8	200	×	×	×	×	×	×	×	×	×	×	×	×	×	×	×	×	×	×	×	×	×	×	×
10	250	×	×	×	×	×	×	×	×	×	×	×	×	×	×	×	×	×	×	×	×	×	×	×
12	300	×	×	×	×	×	×	×	×	×	×	×	×	×	×	×	×	×	×	×	×	×	×	×
14	350	×	×	×	×	×	×	—	×	×	×	×	—	×	×	×	×	—	×	×	×	×	×	—
16	400	×	×	×	×	×	×	—	×	×	×	×	—	×	×	×	×	—	×	×	×	×	×	—
18	450	×	×	×	×	×	×	—	×	×	×	×	—	×	×	×	×	—	×	×	×	×	×	—
20	500	×	×	×	×	×	×	—	×	×	×	×	—	×	×	×	×	—	×	×	×	×	×	—
24	600	×	×	×	×	×	×	—	×	×	×	×	—	×	×	×	×	—	×	×	×	×	×	—

表 7（续）

法兰类型与标准编号		带颈螺纹法兰(Th) GB/T 9114						对焊法兰 (WN) GB/T 9115																						
法兰密封面型式		突面(RF)						平面(FF)	突面(RF)						凹凸面(MF)					榫槽面(TG)					环连接面(RJ)					
公称尺寸		公称压力 Class																												
NPS	DN	150	300	600	900	1500	2500	150	150	300	600	900	1500	2500	300	600	900	1500	2500	300	600	900	1500	2500	150	300	600	900	1500	2500
½	15	×	×	×	×	×	×	×	×	×	×	×	×	×	×	×	×	×	×	×	×	×	×	×		×	×	×	×	×
¾	20	×	×	×	×	×	×	×	×	×	×	×	×	×	×	×	×	×	×	×	×	×	×	×		×	×	×	×	×
1	25	×	×	×	×	×	×	×	×	×	×	×	×	×	×	×	×	×	×	×	×	×	×	×	×	×	×	×	×	×
1¼	32	×	×	×	×	×	×	×	×	×	×	×	×	×	×	×	×	×	×	×	×	×	×	×	×	×	×	×	×	×
1½	40	×	×	×	×	×	×	×	×	×	×	×	×	×	×	×	×	×	×	×	×	×	×	×	×	×	×	×	×	×
2	50	×	×	×	×	×	×	×	×	×	×	×	×	×	×	×	×	×	×	×	×	×	×	×	×	×	×	×	×	×
2½	65	×	×	×	×	×	×	×	×	×	×	×	×	×	×	×	×	×	×	×	×	×	×	×	×	×	×	×	×	×
3	80	×	×	×	×	—	—	×	×	×	×	×	×	×	×	×	×	×	×	×	×	×	×	×	×	×	×	×	×	×
4	100	×	×	×	×	—	—	×	×	×	×	×	×	×	×	×	×	×	×	×	×	×	×	×	×	×	×	×	×	×
5	125	×	×	×	×	—	—	×	×	×	×	×	×	×	×	×	×	×	×	×	×	×	×	×	×	×	×	×	×	×
6	150	×	×	×	×	—	—	×	×	×	×	×	×	×	×	×	×	×	×	×	×	×	×	×	×	×	×	×	×	×
8	200	×	×	×	×	—	—	×	×	×	×	×	×	×	×	×	×	×	×	×	×	×	×	×	×	×	×	×	×	×
10	250	×	×	×	×	—	—	×	×	×	×	×	×	×	×	×	×	×	×	×	×	×	×	×	×	×	×	×	×	×
12	300	×	×	×	×	—	—	×	×	×	×	×	×	×	×	×	×	×	×	×	×	×	×	×	×	×	×	×	×	×
14	350	×	×	×	×	—	—	×	×	×	×	×	×	—	×	×	×	×	—	×	×	×	×	—	×	×	×	×	×	—
16	400	×	×	×	×	—	—	×	×	×	×	×	×	—	×	×	×	×	—	×	×	×	×	—	×	×	×	×	×	—
18	450	×	×	×	×	—	—	×	×	×	×	×	×	—	×	×	×	×	—	×	×	×	×	—	×	×	×	×	×	—
20	500	×	×	×	×	—	—	×	×	×	×	×	×	—	×	×	×	×	—	×	×	×	×	—	×	×	×	×	×	—
24	600	×	×	×	×	—	—	×	×	×	×	×	×	—	×	×	×	×	—	×	×	×	×	—	×	×	×	×	×	—

表 7（续）

法兰类型与标准编号		带颈平焊法兰（SO）GB/T 9116																				带颈承插焊法兰(SW) GB/T 9117					
法兰密封面型式		平面(FF)	突面(RF)					凹凸面(MF)				榫槽面(TG)				环连接面(RJ)						平面(FF)	突面(RF)				
公称尺寸		公称压力 Class																									
NPS	DN	150	150	300	600	900	1500	300	600	900	1500	300	600	900	1500	150	300	600	900	1500		150	150	300	600	900	1500
½	15	×	×	×	×	×	×	×	×	×	×	×	×	×	×		×	×	×	×		×	×	×	×	×	×
¾	20	×	×	×	×	×	×	×	×	×	×	×	×	×	×		×	×	×	×		×	×	×	×	×	×
1	25	×	×	×	×	×	×	×	×	×	×	×	×	×	×	×	×	×	×	×		×	×	×	×	×	×
1¼	32	×	×	×	×	×	×	×	×	×	×	×	×	×	×	×	×	×	×	×		×	×	×	×	×	×
1½	40	×	×	×	×	×	×	×	×	×	×	×	×	×	×	×	×	×	×	×		×	×	×	×	×	×
2	50	×	×	×	×	×	×	×	×	×	×	×	×	×	×	×	×	×	×	×		×	×	×	×	×	×
2½	65	×	×	×	×	×	×	×	×	×	×	×	×	×	×	×	×	×	×	×		×	×	×	×	×	×
3	80	×	×	×	×	×	—	×	×	×	—	×	×	×	—	×	×	×	×	—		×	×	×	×	—	—
4	100	×	×	×	×	×	—	×	×	×	—	×	×	×	—	×	×	×	×	—		—	—	—	—	—	—
5	125	×	×	×	×	×	—	×	×	×	—	×	×	×	—	×	×	×	×	—		—	—	—	—	—	—
6	150	×	×	×	×	×	—	×	×	×	—	×	×	×	—	×	×	×	×	—		—	—	—	—	—	—
8	200	×	×	×	×	×	—	×	×	×	—	×	×	×	—	×	×	×	×	—		—	—	—	—	—	—
10	250	×	×	×	×	×	—	×	×	×	—	×	×	×	—	×	×	×	×	—		—	—	—	—	—	—
12	300	×	×	×	×	×	—	×	×	×	—	×	×	×	—	×	×	×	×	—		—	—	—	—	—	—
14	350	×	×	×	×	×	—	×	×	×	—	×	×	×	—	×	×	×	×	—		—	—	—	—	—	—
16	400	×	×	×	×	×	—	×	×	×	—	×	×	×	—	×	×	×	×	—		—	—	—	—	—	—
18	450	×	×	×	×	×	—	×	×	×	—	×	×	×	—	×	×	×	×	—		—	—	—	—	—	—
20	500	×	×	×	×	×	—	×	×	×	—	×	×	×	—	×	×	×	×	—		—	—	—	—	—	—
24	600	×	×	×	×	×	—	×	×	×	—	×	×	×	—	×	×	×	×	—		—	—	—	—	—	—

表 7（续）

法兰类型与标准编号		带颈承插焊法兰(SW) GB/T 9117													对焊环带颈松套法兰(LHL) GB/T 9118											
法兰密封面型式		凹凸面(MF)				榫槽面(TG)				环连接面(RJ)					突面(RF)						环连接面(RJ)					
公称尺寸		公称压力 Class																								
NPS	DN	300	600	900	1500	300	600	900	1500	150	300	600	900	1500	150	300	600	900	1500	2500	150	300	600	900	1500	2500
½	15	×	×	×	×	×	×	×	×		×	×	×	×		×	×	×	×	×	×	×	×	×	×	×
¾	20	×	×	×	×	×	×	×	×		×	×	×	×		×	×	×	×	×	×	×	×	×	×	×
1	25	×	×	×	×	×	×	×	×	×	×	×	×	×	×	×	×	×	×	×	×	×	×	×	×	×
1¼	32	×	×	×	×	×	×	×	×	×	×	×	×	×	×	×	×	×	×	×	×	×	×	×	×	×
1½	40	×	×	×	×	×	×	×	×	×	×	×	×	×	×	×	×	×	×	×	×	×	×	×	×	×
2	50	×	×	×	×	×	×	×	×	×	×	×	×	×	×	×	×	×	×	×	×	×	×	×	×	×
2½	65	×	×	×	×	×	×	×	×	×	×	×	×	×	×	×	×	×	×	×	×	×	×	×	×	×
3	80	×	×	—	—	×	×	—	—	×	×	×	—	—	×	×	×	×	×	×	×	×	×	×	×	×
4	100	—	—	—	—	—	—	—	—	—	—	—	—	—	×	×	×	×	×	×	×	×	×	×	×	×
5	125	—	—	—	—	—	—	—	—	—	—	—	—	—	×	×	×	×	×	×	×	×	×	×	×	×
6	150	—	—	—	—	—	—	—	—	—	—	—	—	—	×	×	×	×	×	×	×	×	×	×	×	×
8	200	—	—	—	—	—	—	—	—	—	—	—	—	—	×	×	×	×	×	×	×	×	×	×	×	×
10	250	—	—	—	—	—	—	—	—	—	—	—	—	—	×	×	×	×	×	×	×	×	×	×	×	×
12	300	—	—	—	—	—	—	—	—	—	—	—	—	—	×	×	×	×	×	×	×	×	×	×	×	×
14	350	—	—	—	—	—	—	—	—	—	—	—	—	—	×	×	×	×	×	—	×	×	×	×	×	—
16	400	—	—	—	—	—	—	—	—	—	—	—	—	—	×	×	×	×	×	—	×	×	×	×	×	—
18	450	—	—	—	—	—	—	—	—	—	—	—	—	—	×	×	×	×	×	—	×	×	×	×	×	—
20	500	—	—	—	—	—	—	—	—	—	—	—	—	—	×	×	×	×	×	—	×	×	×	×	×	—
24	600	—	—	—	—	—	—	—	—	—	—	—	—	—	×	×	×	×	×	—	×	×	×	×	×	—

表 7（续）

法兰类型与标准编号		法　兰　盖　(BL) GB/T 9123																				
法兰密封面型式		平面(FF)	突面(RF)						凹凸面(MF)				榫槽面(TG)				环连接面(RJ)					
公称尺寸		公　称　压　力　Class																				
NPS	DN	150	150	300	600	900	1500	2500	300	600	900	1500	300	600	900	1500	150	300	600	900	1500	2500
½	15	×	×	×	×	×	×	×	×	×	×	×	×	×	×	×		×	×	×	×	×
¾	20	×	×	×	×	×	×	×	×	×	×	×	×	×	×	×		×	×	×	×	×
1	25	×	×	×	×	×	×	×	×	×	×	×	×	×	×	×	×	×	×	×	×	×
1¼	32	×	×	×	×	×	×	×	×	×	×	×	×	×	×	×	×	×	×	×	×	×
1½	40	×	×	×	×	×	×	×	×	×	×	×	×	×	×	×	×	×	×	×	×	×
2	50	×	×	×	×	×	×	×	×	×	×	×	×	×	×	×	×	×	×	×	×	×
2½	65	×	×	×	×	×	×	×	×	×	×	×	×	×	×	×	×	×	×	×	×	×
3	80	×	×	×	×	×	×	×	×	×	×	×	×	×	×	×	×	×	×	×	×	×
4	100	×	×	×	×	×	×	×	×	×	×	×	×	×	×	×	×	×	×	×	×	×
5	125	×	×	×	×	×	×	×	×	×	×	×	×	×	×	×	×	×	×	×	×	×
6	150	×	×	×	×	×	×	×	×	×	×	×	×	×	×	×	×	×	×	×	×	×
8	200	×	×	×	×	×	×	×	×	×	×	×	×	×	×	×	×	×	×	×	×	×
10	250	×	×	×	×	×	×	×	×	×	×	×	×	×	×	×	×	×	×	×	×	×
12	300	×	×	×	×	×	×	×	×	×	×	×	×	×	×	×	×	×	×	×	×	×
14	350	×	×	×	×	×	×	—	×	×	×	×	×	×	×	×	×	×	×	×	×	—
16	400	×	×	×	×	×	×	—	×	×	×	×	×	×	×	×	×	×	×	×	×	—
18	450	×	×	×	×	×	×	—	×	×	×	×	×	×	×	×	×	×	×	×	×	—
20	500	×	×	×	×	×	×	—	×	×	×	×	×	×	×	×	×	×	×	×	×	—
24	600	×	×	×	×	×	×	—	×	×	×	×	×	×	×	×	×	×	×	×	×	—

ICS 23.040.60
J 15

中华人民共和国国家标准

GB/T 9113—2010
代替 GB/T 9113.1～9113.4—2000,GB/T 2504—1989

整体钢制管法兰

Integral steel pipe flanges

2011-01-14 发布 2011-10-01 实施

中华人民共和国国家质量监督检验检疫总局
中国国家标准化管理委员会 发布

前　言

GB/T 9112～9124—2010《钢制管法兰》系列标准修改采用 ASME B16.5—2009《管法兰和法兰管件(NPS ½～NPS 24)》及 EN 1092-1:2007《法兰及其连接　管道、阀门、管配件及附件用圆形法兰，PN 标记　第 1 部分:钢制法兰》。ASME B16.5—2009 是关于 Class 标记法兰的一个完整的标准，EN 1092-1:2007是关于 PN 标记法兰的一个完整的标准。本系列标准综合采用了上述两个标准，包括了 Class 标记法兰和 PN 标记法兰的相关技术内容。本系列标准共有 13 项标准，本标准是其中的 1 项标准。

本标准与 ASME B16.5—2009 及 EN 1092-1:2007 标准的主要区别如下：

——本标准的编写格式与 ASME B16.5—2009 和 EN 1092-1:2007 标准不同；

——ASME B16.5—2009 标准包括了公称压力为 Class 400 的法兰数据，本标准没有纳入 Class 400 的法兰数据；

——ASME B16.5—2009 标准包括了公称尺寸为 NPS 3½的法兰数据，本标准没有 NPS 3½的法兰数据；

——ASME B16.5—2009 标准包括了法兰和法兰管件，本标准不包括法兰管件；

——ASME B16.5—2009 标准采用英制螺栓，螺栓孔径也采用英制尺寸，本标准改为公制螺栓，螺纹孔径也采用公制尺寸；

——根据我国用户的使用要求，本标准中 PN 标记法兰的公称尺寸范围在 EN 1092-1:2007 标准的基础上做了适当的扩充，包括增加了公称压力范围为 PN 160～PN 400 的 DN 20 和 DN 32 两个公称尺寸；

——EN 1092-1:2007 标准没有包括环连接面法兰，根据我国用户的使用要求，本标准增加了PN 标记的环连接面法兰；

——EN 1092-1:2007 标准没有包括 DN 175 和 DN 225 两个公称尺寸，根据我国船用法兰用户的使用要求，本标准的 PN 标记法兰增加了仅用于船用法兰的 DN 175 和 DN 225 两个公称尺寸。

本标准代替 GB/T 9113.1—2000《平面、突面整体钢制管法兰》、GB/T 9113.2—2000《凹凸面整体钢制管法兰》、GB/T 9113.3—2000《榫槽面整体钢制管法兰》、GB/T 9113.4—2000《环连接面整体钢制管法兰》及 GB/T 2504—1989《船用铸钢法兰(四进位)》，与原标准相比主要变化如下：

——将原来的 4 项整体钢制管法兰标准与 GB/T 2504—1989 整合为 1 项标准；

——根据 EN 1092-1:2007 标准，将 PN 标记的法兰公称压力范围从原来的 PN 6～PN 160 扩大到PN 2.5～PN 400；

——根据 EN 1092-1:2007 标准，PN 标记的法兰增加了 O 形圈密封面型式；

——根据用户的使用要求，PN 系列法兰增加了环连接面型式(RJ)；

——PN 标记的法兰增加了仅用于船用法兰的 DN 175 和 DN 225 两个公称尺寸；

——根据 EN 1092-1:2007 标准，对 PN 标记的法兰尺寸数据进行了全面的修改；

——根据 ASME B16.5—2009 标准，对 Class 标记的法兰尺寸数据进行了全面的修改；

——增加了各种密封面型式的适用范围表格；

——根据 ASME B16.5—2009，将原标准中属于美洲体系的法兰公称压力标记进行了修改；PN 20 改为 Class 150，PN 50 改为 Class 300，PN 110 改为 Class 600，PN 150 改为 Class 900，PN 260 改为 Class 1500，PN 420 改为 Class 2500。

本标准由中国机械工业联合会提出。

本标准由全国管路附件标准化技术委员会归口。

本标准起草单位：浙江超达阀门股份有限公司、保一集团有限公司、中机生产力促进中心、中国船舶工业综合技术经济研究院。

本标准主要起草人：邱晓来、李俊英、王汉洲、张晓忠、冯峰、陈佑军、罗发元。

本标准所代替标准的历次版本发布情况为：

——GB/T 9113.1～9113.26—1988、GB/T 9113.1～9113.4—2000；

——GB/T 2504—1989。

整体钢制管法兰

1 范围

本标准规定了公称压力用 PN 标记和用 Class 标记的整体钢制管法兰的型式、尺寸和技术要求。

本标准适用于公称压力为 PN 2.5～PN 400 以及 Class 150～Class 2500 的整体钢制管法兰。

2 规范性引用文件

下列文件中的条款通过本标准的引用而成为本标准的条款。凡是注明日期的引用文件，其随后所有的修改单(不包括勘误的内容)或修订版均不适用于本标准，然而，鼓励根据本标准达成协议的各方研究是否可使用这些文件的最新版本。凡是不注明日期的引用文件，其最新版本适用于本标准。

GB/T 9112　钢制管法兰　类型与参数

GB/T 9124　钢制管法兰　技术条件

3 型式与尺寸

3.1 用 PN 标记的整体钢制管法兰的型式与尺寸

3.1.1 用 PN 标记的整体钢制管法兰的密封面型式及适用的公称压力和公称尺寸范围按表 1 的规定。

表 1 用 PN 标记的整体钢制管法兰的密封面型式及适用的公称压力和公称尺寸范围

密封面型式	公称压力											
	PN 2.5	PN 6	PN 10	PN 16	PN 25	PN 40	PN 63	PN 100	PN 160	PN 250	PN 320	PN 400
平面 (FF)	DN 10～DN 2000					DN 10～DN 600	—					
突面 (RF)	DN 10～DN 2000					DN 10～DN 600	DN 10～DN 400	DN 10～DN 350	DN 10～DN 300		DN 10～DN 250	DN 10～DN 200
凹凸面 (MF)	—		DN 10～DN 2000			DN 10～DN 600	DN 10～DN 400	DN 10～DN 350	DN 10～DN 300		DN 10～DN 250	DN 10～DN 200
榫槽面 (TG)	—		DN 10～DN 2000			DN 10～DN 600	DN 10～DN 400	DN 10～DN 350	DN 10～DN 300		DN 10～DN 250	DN 10～DN 200
O 形圈面 (OSG)	—		DN 10～DN 2000			DN 10～DN 600	—					
环连接面 (RJ)	—						DN 15～DN 400	DN 15～DN 350	DN 15～DN 300		DN 15～DN 250	DN 15～DN 200

3.1.2 用 PN 标记的整体钢制管法兰的型式应符合图 1～图 6 的规定，法兰密封面尺寸应符合表 2 和表 3 的规定，法兰其他尺寸应符合表 4～表 15 的规定。

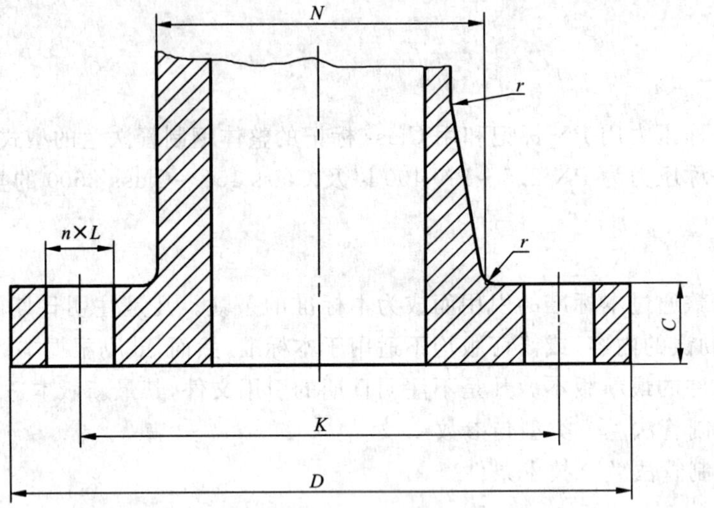

图 1 平面(FF)整体钢制管法兰
(适用于 PN 2.5、PN 6、PN 10、PN 16、PN 25 和 PN 40)

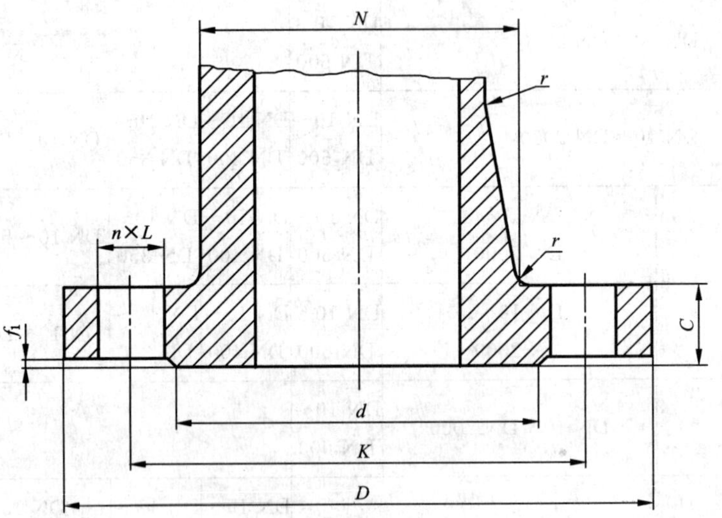

图 2 突面(RF)整体钢制管法兰
(适用于 PN 2.5、PN 6、PN 10、PN 16、PN 25、PN 40、PN 63、PN 100、PN 160、PN 250、PN 320 和 PN 400)

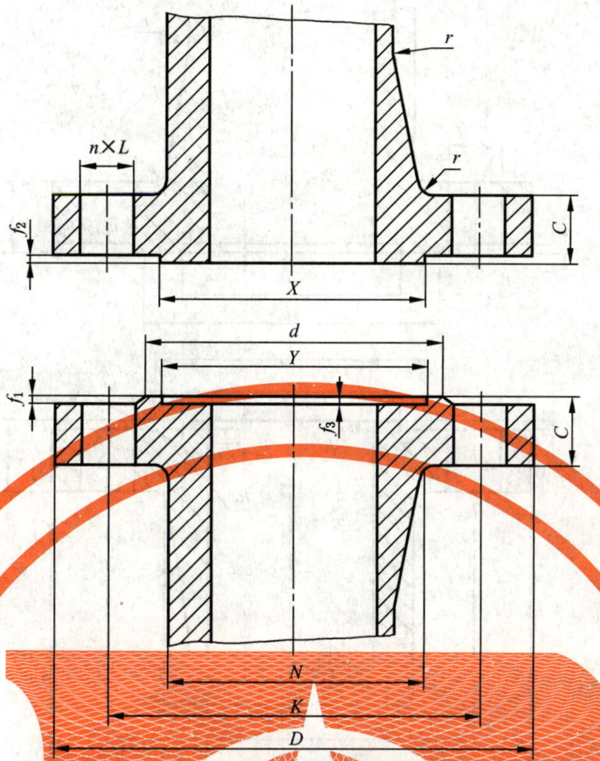

图 3　凹凸面(MF)整体钢制管法兰

(适用于 PN 10、PN 16、PN 25、PN 40、PN 63、PN 100、PN 160、PN 250、PN 320 和 PN 400)

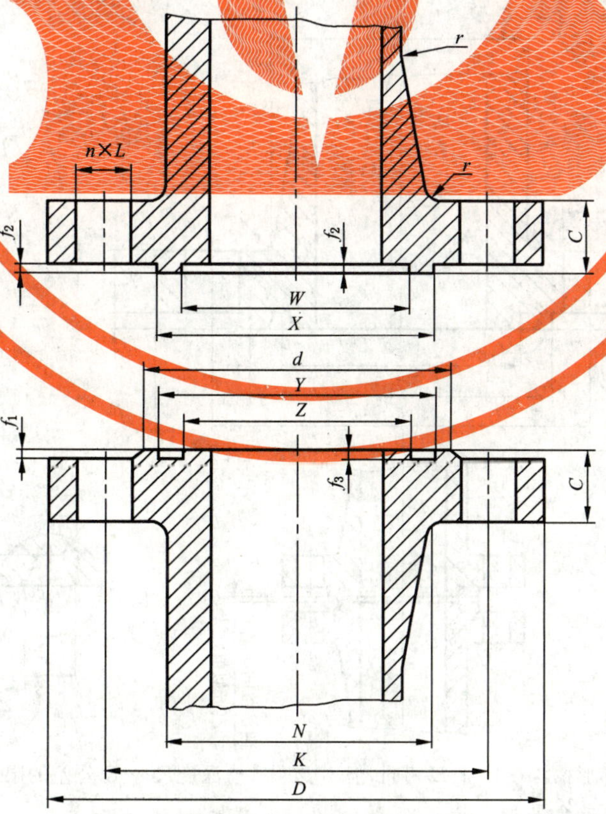

图 4　榫槽面(TG)整体钢制管法兰

(适用于 PN 10、PN 16、PN 25、PN 40、PN 63、PN 100、PN 160、PN 250、PN 320 和 PN 400)

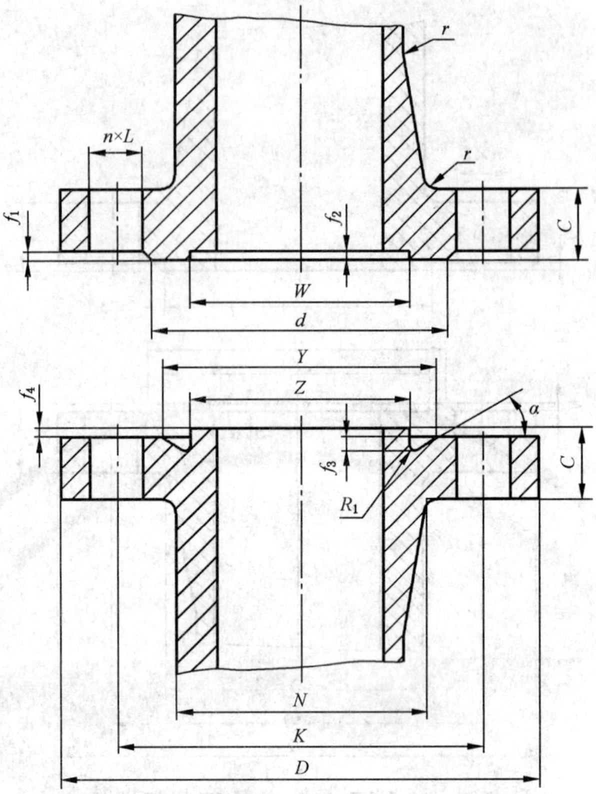

图 5　O 形圈面(OSG)整体钢制管法兰

(适用于 PN 10、PN 16、PN 25 和 PN 40)

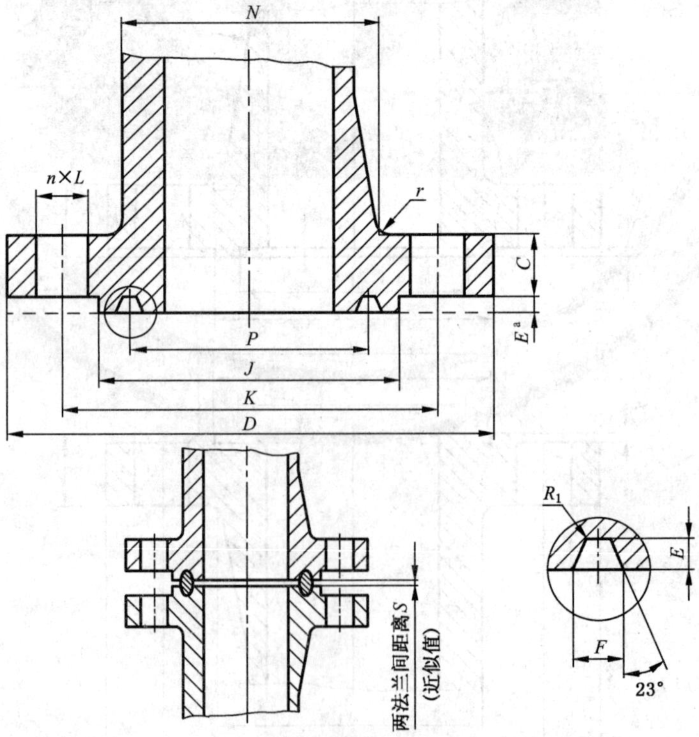

a) 法兰凸出部分高度与梯形槽深度尺寸 E 相同,但不受梯形槽深度尺寸 E 公差的限制。

允许采用如虚线所示轮廓的全平面型式。

图 6　环连接面(RJ)整体钢制管法兰

(适用于 PN 63、PN 100、PN 160、PN 250、PN 320 和 PN 400)

表 2 用 PN 标记的法兰密封面尺寸

公称尺寸 DN	公称压力						f_1/mm	f_2/mm	f_3/mm	f_4/mm	W/mm	X/mm	Y/mm	Z/mm	α ≈	R_1/mm
	PN 2.5	PN 6	PN 10	PN 16	PN 25	≥PN 40										
	d/mm															
10	35	35	40	40	40	40	2	4.5	4.0	2.0	24	34	35	23	—	2.5
15	40	40	45	45	45	45					29	39	40	28	—	
20	50	50	58	58	58	58					36	50	51	35	41°	
25	60	60	68	68	68	68					43	57	58	42		
32	70	70	78	78	78	78					51	65	66	50		
40	80	80	88	88	88	88	3				61	75	76	60		
50	90	90	102	102	102	102					73	87	88	72		
65	110	110	122	122	122	122					95	109	110	94		
80	128	128	138	138	138	138					106	120	121	105		
100	148	148	158	158	162	162		5.0	4.5	2.5	129	149	150	128	32°	3
125	178	178	188	188	188	188					155	175	176	154		
150	202	202	212	212	218	218					183	203	204	182		
(175)[a]	232	242	242	242	242	242					213	233	234	212		
200	258	258	268	268	278	285					239	259	260	238		
(225)[a]	282	282	295	295	305	315					266	286	287	265		
250	312	312	320	320	335	345					292	312	313	291		
300	365	365	370	378	395	410	4				343	363	364	342		
350	415	415	430	438	450	465		5.5	5.0	3.0	395	421	422	394	27°	3.5
400	465	465	482	490	505	535					447	473	474	446		
450	520	520	532	550	555	560					497	523	524	496		
500	570	570	585	610	615	615					549	575	576	548		
600	670	670	685	725	720	735	5				649	675	676	648		
700	775	775	800	795	820	840					751	777	778	750		
800	880	880	905	900	930	960					856	882	883	855		
900	980	980	1 005	1 000	1 030	1 070					961	987	988	960		
1 000	1 080	1 080	1 110	1 115	1 140	1 180		6.5	6.0	4.0	1 062	1 092	1 094	1 060	28°	4
1 200	1 280	1 295	1 330	1 330	1 350	1 380					1 262	1 292	1 294	1 260		
1 400	1 480	1 510	1 535	1 530	1 560	1 600					1 462	1 492	1 494	1 460		
1 600	1 690	1710	1 760	1 750	1 780	1 815					1 662	1 692	1 694	1 660		
1 800	1 890	1 920	1 960	1 950	1 985	—					1 862	1 892	1 894	1 860		
2 000	2 090	2 125	2 170	2 150	2 210	—					2 062	2 092	2 094	2 060		

[a] 带括号尺寸不推荐使用，并且仅适用于船用法兰，其密封面型式仅有平面(FF)、突面(RF)和榫槽面(TG)。

表 3 用 PN 标记的法兰环连接面尺寸

单位为毫米

公称尺寸 DN	PN 63						PN 100						PN 160					
	J_{min}	P	E	F	R_{1max}	S	J_{min}	P	E	F	R_{1max}	S	J_{min}	P	E	F	R_{1max}	S
15	55	35	6.5	9	0.8	5	55	35	6.5	9	0.8	5	58	35	6.5	9	0.8	5
20	68	45	6.5	9	0.8	5	68	45	6.5	9	0.8	5	70	45	6.5	9	0.8	5
25	78	50	6.5	9	0.8	5	78	50	6.5	9	0.8	5	80	50	6.5	9	0.8	5
32	86	65	6.5	9	0.8	5	86	65	6.5	9	0.8	5	86	65	6.5	9	0.8	5
40	102	75	6.5	9	0.8	5	102	75	6.5	9	0.8	5	102	75	6.5	9	0.8	5
50	112	85	8	12	0.8	7	116	85	8	12	0.8	7	118	95	8	12	0.8	7
65	136	110	8	12	0.8	7	140	110	8	12	0.8	7	142	110	8	12	0.8	7
80	146	115	8	12	0.8	7	150	115	8	12	0.8	7	152	130	8	12	0.8	7
100	172	145	8	12	0.8	7	176	145	8	12	0.8	7	178	160	8	12	0.8	7
125	208	175	8	12	0.8	7	212	175	8	12	0.8	7	215	190	8	12	0.8	7
150	245	205	8	12	0.8	7	250	205	8	12	0.8	7	255	205	10	14	0.8	9
200	306	265	8	12	0.8	7	312	265	8	12	0.8	7	322	275	11	17	0.8	8
250	362	320	8	12	0.8	7	376	320	8	12	0.8	7	388	330	11	17	0.8	8
300	422	375	8	12	0.8	7	448	375	8	12	0.8	7	456	380	14	23	0.8	9
350	475	420	8	12	0.8	7	505	420	11	17	0.8	8	—	—	—	—	—	—
400	540	480	8	12	0.8	7	—	—	—	—	—	—	—	—	—	—	—	—
公称尺寸 DN	PN 250						PN 320						PN 400					
	J_{min}	P	E	F	R_{1max}	S	J_{min}	P	E	F	R_{1max}	S	J_{min}	P	E	F	R_{1max}	S
15	70	40	6.5	9	0.8	5	70	40	6.5	9	0.8	5	70	40	6.5	9	0.8	5
25	82	50	6.5	9	0.8	5	82	50	6.5	9	0.8	5	82	50	6.5	9	0.8	5
40	108	75	6.5	9	0.8	5	108	75	6.5	9	0.8	5	108	75	6.5	9	0.8	5
50	122	95	8	12	0.8	7	122	95	8	12	0.8	7	122	95	8	12	0.8	7
65	152	110	8	12	0.8	7	152	110	8	12	0.8	7	152	110	8	12	0.8	7
80	166	135	8	12	0.8	7	166	135	8	12	0.8	7	166	135	8	12	0.8	7
100	198	160	8	12	0.8	7	198	160	8	12	0.8	7	198	160	8	12	0.8	7
125	238	195	8	12	0.8	7	238	195	8	12	0.8	7	238	195	8	12	0.8	7
150	278	210	10	14	0.8	9	278	210	10	14	0.8	9	278	210	10	14	0.8	9
200	346	275	11	17	0.8	8	346	275	11	17	0.8	8	346	275	11	17	0.8	8
250	438	330	11	17	0.8	8	438	330	11	17	0.8	8	—	—	—	—	—	—

表 4 PN 2.5 整体钢制管法兰尺寸

公称尺寸 DN	连接尺寸					法兰厚度 C/mm	法兰颈	
	法兰外径 D/mm	螺栓孔中心圆直径 K/mm	螺栓孔直径 L/mm	螺栓			N/mm	r/mm
				数量 n/个	螺纹规格			
10	75	50	11	4	M10	12	20	4
15	80	55	11	4	M10	12	26	4
20	90	65	11	4	M10	14	34	4
25	100	75	11	4	M10	14	44	4
32	120	90	14	4	M12	14	54	6
40	130	100	14	4	M12	14	64	6
50	140	110	14	4	M12	14	74	6
65	160	130	14	4	M12	14	94	6
80	190	150	18	4	M16	16	110	8
100	210	170	18	4	M16	16	130	8
125	240	200	18	8	M16	18	160	8
150	265	225	18	8	M16	18	182	10
(175)[a]	295	255	18	8	M16	20	210	10
200	320	280	18	8	M16	20	238	10
(225)[a]	345	305	18	8	M16	22	261	10
250	375	335	18	12	M16	22	284	12
300	440	395	22	12	M20	22	342	12
350	490	445	22	12	M20	22	392	12
400	540	495	22	16	M20	22	442	12
450	595	550	22	16	M20	22	494	12
500	645	600	22	20	M20	24	544	12
600	755	705	26	20	M24	30	642	12
700	860	810	26	24	M24	30	746	12
800	975	920	30	24	M27	30	850	12
900	1 075	1 020	30	24	M27	30	950	12
1 000	1 175	1 120	30	28	M27	30	1 050	16
1 200	1 375	1 320	30	32	M27	32	1 264	16
1 400	1 575	1 520	30	36	M27	38	1 480	16
1 600	1 790	1 730	30	40	M27	46	1 680	16
1 800	1 990	1 930	30	44	M27	46	1 878	16
2 000	2 190	2 130	30	48	M27	50	2 082	16

[a] 带括号尺寸不推荐使用，并且仅适用于船用法兰。

表 5　PN 6 整体钢制管法兰尺寸

公称尺寸 DN	连接尺寸					法兰厚度 C/mm	法兰颈	
	法兰外径 D/mm	螺栓孔中心圆直径 K/mm	螺栓孔直径 L/mm	螺栓			N/mm	r/mm
				数量 n/个	螺纹规格			
10	75	50	11	4	M10	12	20	4
15	80	55	11	4	M10	12	26	4
20	90	65	11	4	M10	14	34	4
25	100	75	11	4	M10	14	44	4
32	120	90	14	4	M12	14	54	6
40	130	100	14	4	M12	14	64	6
50	140	110	14	4	M12	14	74	6
65	160	130	14	4	M12	14	94	6
80	190	150	18	4	M16	16	110	8
100	210	170	18	4	M16	16	130	8
125	240	200	18	8	M16	18	160	8
150	265	225	18	8	M16	18	182	10
(175)[a]	295	255	18	8	M16	20	210	10
200	320	280	18	8	M16	20	238	10
(225)[a]	345	305	18	8	M16	22	261	10
250	375	335	18	12	M16	22	284	12
300	440	395	22	12	M20	22	342	12
350	490	445	22	12	M20	22	392	12
400	540	495	22	16	M20	22	442	12
450	595	550	22	16	M20	22	494	12
500	645	600	22	20	M20	24	544	12
600	755	705	26	20	M24	30	642	12
700	860	810	26	24	M24	30(26)[b]	746	12
800	975	920	30	24	M27	30(26)[b]	850	12
900	1 075	1 020	30	24	M27	34(26)[b]	950	12
1 000	1 175	1 120	30	28	M27	38(26)[b]	1 050	16
1 200	1 405	1 340	33	32	M30	42(28)[b]	1 264	16
1 400	1 630	1 560	36	36	M33	56(32)[b]	1 480	16
1 600	1 830	1 760	36	40	M33	63(34)[b]	1 680	16
1 800	2 045	1 970	39	44	M36	69(36)[b]	1 878	16
2 000	2 265	2 180	42	48	M39	74(38)[b]	2 082	16

a 带括号尺寸不推荐使用，并且仅适用于船用法兰。

b 括号内尺寸为原标准法兰厚度，对于现有设备或供需双方认可仍可采用括号内的法兰厚度尺寸。

表 6 PN 10 整体钢制管法兰尺寸

公称尺寸 DN	连接尺寸					法兰厚度 C/mm	法兰颈	
	法兰外径 D/mm	螺栓孔中心圆直径 K/mm	螺栓孔直径 L/mm	螺栓				
				数量 n/个	螺纹规格		N/mm	r/mm
10	90	60	14	4	M12	16	28	4
15	95	65	14	4	M12	16	32	4
20	105	75	14	4	M12	18	40	4
25	115	85	14	4	M12	18	50	4
32	140	100	18	4	M16	18	60	6
40	150	110	18	4	M16	18	70	6
50	165	125	18	4	M16	18	84	6
65	185	145	18	8[a]	M16	18	104	6
80	200	160	18	8	M16	20	120	6
100	220	180	18	8	M16	20	140	8
125	250	210	18	8	M16	22	170	8
150	285	240	22	8	M20	22	190	10
(175)[c]	315	270	22	8	M20	24	218	10
200	340	295	22	8	M20	24	246	10
(225)[c]	370	325	22	8	M20	26	272	10
250	395	350	22	12	M20	26	298	12
300	445	400	22	12	M20	26	348	12
350	505	460	22	16	M20	26	408	12
400	565	515	26	16	M24	26	456	12
450	615	565	26	20	M24	28	502	12
500	670	620	26	20	M24	28	559	12
600	780	725	30	20	M27	34	658	12
700	895	840	30	24	M27	35(34)[b]	772	12
800	1 015	950	33	24	M30	38(36)[b]	876	12
900	1 115	1 050	33	28	M30	38(38)[b]	976	12
1 000	1 230	1 160	36	28	M33	44(38)[b]	1 080	16
1 200	1 455	1 380	39	32	M36	55(44)[b]	1 292	16
1 400	1 675	1 590	42	36	M39	65(48)[b]	1 496	16
1 600	1 915	1 820	48	40	M45	75(52)[b]	1 712	16
1 800	2 115	2 020	48	44	M45	85(56)[b]	1 910	16
2 000	2 325	2 230	48	48	M45	90(60)[b]	2 120	16

注：公称尺寸 DN 10～DN 40 的法兰使用 PN 40 法兰的尺寸；公称尺寸 DN 50～DN 150 的法兰使用 PN 16 法兰的尺寸。

[a] 对于铸铁法兰和铜合金法兰，该规格的法兰可能是 4 个螺栓孔的，因此，当制造厂和用户协商同意后，与铸铁法兰和铜合金法兰配对使用的钢制法兰可以采用 4 个螺栓孔。

[b] 括号内尺寸为原标准法兰厚度，对于现有设备或供需双方认可仍可采用括号内的尺寸，用户也可以根据计算确定法兰厚度。

[c] 带括号尺寸不推荐使用，并且仅适用于船用法兰。

表 7 PN 16 整体钢制管法兰尺寸

公称尺寸 DN	连接尺寸					法兰厚度 C/mm	法兰颈	
	法兰外径 D/mm	螺栓孔中心圆直径 K/mm	螺栓孔直径 L/mm	螺栓				
				数量 n/个	螺纹规格		N/mm	r/mm
10[c]	90	60	14	4	M12	16	28	4
15[c]	95	65	14	4	M12	16	32	4
20[c]	105	75	14	4	M12	18	40	4
25[c]	115	85	14	4	M12	18	50	4
32[c]	140	100	18	4	M16	18	60	6
40[c]	150	110	18	4	M16	18	70	6
50	165	125	18	4	M16	18	84	6
65	185	145	18	8[a]	M16	18	104	6
80	200	160	18	8	M16	20	120	6
100	220	180	18	8	M16	20	140	8
125	250	210	18	8	M16	22	170	8
150	285	240	22	8	M20	22	190	10
(175)[c]	315	270	22	8	M20	24	218	10
200	340	295	22	12	M20	24	246	10
(225)[c]	370	325	22	12	M20	26	272	10
250	405	355	26	12	M24	26	296	12
300	460	410	26	12	M24	28	350	12
350	520	470	26	16	M24	30	410	12
400	580	525	30	16	M27	32	458	12
450	640	585	30	20	M27	40	516	12
500	715	650	33	20	M30	44	576	12
600	840	770	36	20	M33	54	690	12
700	910	840	36	24	M33	58(40)[b]	760	12
800	1 025	950	39	24	M36	62(42)[b]	862	12
900	1 125	1 050	39	28	M36	64(44)[b]	962	12
1 000	1 255	1 170	42	28	M39	68(46)[b]	1 076	16
1 200	1 485	1 390	48	32	M45	78(52)[b]	1 282	16
1 400	1 685	1 590	48	36	M45	84(58)[b]	1 482	16
1 600	1 930	1 820	56	40	M52	102(64)[b]	1 696	16
1 800	2 130	2 020	56	44	M52	110(68)[b]	1 896	16
2 000	2 345	2 230	62	48	M56	124(70)[b]	2 100	16

注：公称尺寸 DN 10～DN 40 的法兰使用 PN 40 法兰的尺寸。

[a] 对于铸铁法兰和铜合金法兰，该规格的法兰可能是 4 个螺栓孔的，因此，当制造厂和用户协商同意后，与铸铁法兰和铜合金法兰配对使用的钢制法兰可以采用 4 个螺栓孔。

[b] 括号内尺寸为原标准法兰厚度，对于现有设备或供需双方认可仍可采用括号内的尺寸，用户也可以根据计算确定法兰厚度。

[c] 带括号尺寸不推荐使用，并且仅适用于船用法兰。

表 8 PN 25 整体钢制管法兰尺寸

公称尺寸 DN	连接尺寸					法兰厚度 C/mm	法兰颈	
	法兰外径 D/mm	螺栓孔中心圆直径 K/mm	螺栓孔直径 L/mm	螺栓			N/mm	r/mm
				数量 n/个	螺纹规格			
10	90	60	14	4	M12	16	28	4
15	95	65	14	4	M12	16	32	4
20	105	75	14	4	M12	18	40	4
25	115	85	14	4	M12	18	50	4
32	140	100	18	4	M16	18	60	6
40	150	110	18	4	M16	18	70	6
50	165	125	18	4	M16	20	84	6
65	185	145	18	8	M16	22	104	6
80	200	160	18	8	M16	24	120	8
100	235	190	22	8	M20	24	142	8
125	270	220	26	8	M24	26	162	8
150	300	250	26	8	M24	28	192	10
(175)[b]	330	280	26	12	M24	28	217	10
200	360	310	26	12	M24	30	252	10
(225)[b]	395	340	30	12	M27	32	278	10
250	425	370	30	12	M27	32	304	12
300	485	430	30	16	M27	34	364	12
350	555	490	33	16	M30	38	418	12
400	620	550	36	16	M33	40	472	12
450	670	600	36	20	M33	46	520	12
500	730	660	36	20	M33	48	580	12
600	845	770	39	20	M36	58	684	12
700	960	875	42	24	M39	60(50)[a]	780	12
800	1 085	990	48	24	M45	66(54)[a]	882	12
900	1 185	1 090	48	28	M45	70(58)[a]	982	12
1 000	1 320	1 210	56	28	M52	74(62)[a]	1 086	16
1 200	1 530	1 420	56	32	M52	86(70)[a]	1 296	16
1 400	1 755	1 640	62	36	M56	92(76)[a]	1 508	16
1 600	1 975	1 860	62	40	M56	112(84)[a]	1 726	16
1 800	2 195	2 070	70	44	M64	121(90)[a]	1 920	16
2 000	2 425	2 300	70	48	M64	136(96)[a]	2 150	16

注：公称尺寸 DN 10～DN 150 的法兰使用 PN 40 法兰的尺寸。

[a] 括号内尺寸为原标准法兰厚度，对于现有设备或供需双方认可仍可采用括号内的尺寸，用户也可以根据计算确定法兰厚度。

[b] 带括号尺寸不推荐使用，并且仅适用于船用法兰。

表 9　PN 40 整体钢制管法兰尺寸

公称尺寸 DN	连接尺寸					法兰厚度 C/mm	法兰颈	
	法兰外径 D/mm	螺栓孔中心圆直径 K/mm	螺栓孔直径 L/mm	螺栓				
				数量 n/个	螺纹规格		N/mm	r/mm
10	90	60	14	4	M12	16	28	4
15	95	65	14	4	M12	16	32	4
20	105	75	14	4	M12	18	40	4
25	115	85	14	4	M12	18	50	4
32	140	100	18	4	M16	18	60	6
40	150	110	18	4	M16	18	70	6
50	165	125	18	4	M16	20	84	6
65	185	145	18	8	M16	22	104	6
80	200	160	18	8	M16	24	120	8
100	235	190	22	8	M20	24	142	8
125	270	220	26	8	M24	26	162	8
150	300	250	26	8	M24	28	192	10
(175)[a]	350	295	30	12	M27	32	223	10
200	375	320	30	12	M27	34	254	10
(225)[a]	420	355	33	12	M30	36	283	10
250	450	385	33	12	M30	38	312	12
300	515	450	33	16	M30	42	378	12
350	580	510	36	16	M33	46	432	12
400	660	585	39	16	M36	50	498	12
450	685	610	39	20	M36	57	522	12
500	755	670	42	20	M39	57	576	12
600	890	795	48	20	M45	72	686	12

[a] 带括号尺寸不推荐使用，并且仅适用于船用法兰。

表 10　PN 63 整体钢制管法兰尺寸

公称尺寸 DN	连接尺寸					法兰厚度 C/mm	法兰颈	
	法兰外径 D/mm	螺栓孔中心圆直径 K/mm	螺栓孔直径 L/mm	螺栓				
				数量 n/个	螺纹规格		N/mm	r/mm
10	100	70	14	4	M12	20	40	4
15	105	75	14	4	M12	20	45	4
20	130	90	18	4	M16	22	50	4
25	140	100	18	4	M16	24	61	4
32	155	110	22	4	M20	26	68	6
40	170	125	22	4	M20	28	82	6
50	180	135	22	4	M20	26	90	6

表 10（续）

公称尺寸 DN	连接尺寸					法兰厚度 C/mm	法兰颈	
	法兰外径 D/mm	螺栓孔中心圆直径 K/mm	螺栓孔直径 L/mm	螺栓			N/mm	r/mm
				数量 n/个	螺纹规格			
65	205	160	22	8	M20	26	105	6
80	215	170	22	8	M20	28	122	8
100	250	200	26	8	M24	30	146	8
125	295	240	30	8	M27	34	177	8
150	345	280	33	8	M30	36	204	10
(175)[a]	375	310	33	12	M30	40	235	10
200	415	345	36	12	M33	42	264	10
(225)[a]	440	370	36	12	M33	44	292	10
250	470	400	36	12	M33	46	320	12
300	530	460	36	16	M33	52	378	12
350	600	525	39	16	M36	56	434	12
400	670	585	42	16	M39	60	490	12

注：公称尺寸 DN 10～DN 40 的法兰使用 PN 100 法兰的尺寸。

[a] 带括号尺寸不推荐使用，并且仅适用于船用法兰。

表 11　PN 100 整体钢制管法兰尺寸

公称尺寸 DN	连接尺寸					法兰厚度 C/mm	法兰颈	
	法兰外径 D/mm	螺栓孔中心圆直径 K/mm	螺栓孔直径 L/mm	螺栓			N/mm	r/mm
				数量 n/个	螺纹规格			
10	100	70	14	4	M12	20	40	4
15	105	75	14	4	M12	20	45	4
20	130	90	18	4	M16	22	50	4
25	140	100	18	4	M16	24	61	4
32	155	110	22	4	M20	26	68	6
40	170	125	22	4	M20	28	82	6
50	195	145	26	4	M24	30	96	6
65	220	170	26	8	M24	34	118	6
80	230	180	26	8	M24	36	128	8
100	265	210	30	8	M27	40	150	8
125	315	250	33	8	M30	40	185	8
150	355	290	33	12	M30	44	216	10
200	430	360	36	12	M33	52	278	10
250	505	430	39	12	M36	60	340	12
300	585	500	42	16	M39	68	407	12
350	655	560	48	16	M45	74	460	12

表 12 PN 160 整体钢制管法兰尺寸

公称尺寸 DN	连接尺寸					法兰厚度 C/mm	法兰颈	
	法兰外径 D/mm	螺栓孔中心圆直径 K/mm	螺栓孔直径 L/mm	螺栓			N/mm	r/mm
				数量 n/个	螺纹规格			
10	100	70	14	4	M12	20	40	4
15	105	75	14	4	M12	20	45	4
20	130	90	18	4	M16	24	50	4
25	140	100	18	4	M16	24	61	4
32	155	110	22	4	M20	28	68	4
40	170	125	22	4	M20	28	82	4
50	195	145	26	4	M24	30	96	4
65	220	170	26	8	M24	34	118	5
80	230	180	26	8	M24	36	128	5
100	265	210	30	8	M27	40	150	5
125	315	250	33	8	M30	44	184	6
150	355	290	33	12	M30	50	224	6
200	430	360	36	12	M33	60	288	8
250	515	430	42	12	M39	68	346	8
300	585	500	42	16	M39	78	414	10

表 13 PN 250 整体钢制管法兰尺寸

公称尺寸 DN	连接尺寸					法兰厚度 C/mm	法兰颈	
	法兰外径 D/mm	螺栓孔中心圆直径 K/mm	螺栓孔直径 L/mm	螺栓			N/mm	r/mm
				数量 n/个	螺纹规格			
10	125	85	18	4	M16	24	46	4
15	130	90	18	4	M16	26	52	4
20	135	95	18	4	M16	28	57	4
25	150	105	22	4	M20	28	63	4
32	165	120	22	4	M20	32	78	4
40	185	135	26	4	M24	34	90	4
50	200	150	26	8	M24	38	102	5
65	230	180	26	8	M24	42	125	5
80	255	200	30	8	M27	46	142	6
100	300	235	33	8	M30	54	168	6
125	340	275	33	12	M30	60	207	6
150	390	320	36	12	M33	68	246	8
200	485	400	42	12	M39	82	314	8
250	585	490	48	16	M45	100	394	10
300	690	590	52	16	M48	120	480	10

表 14 PN 320 整体钢制管法兰尺寸

公称尺寸 DN	连接尺寸					法兰厚度 C/mm	法兰颈	
	法兰外径 D/mm	螺栓孔中心圆直径 K/mm	螺栓孔直径 L/mm	螺栓			N/mm	r/mm
				数量 n/个	螺纹规格			
10	125	85	18	4	M16	24	46	4
15	130	90	18	4	M16	26	52	4
20	145	100	22	4	M20	30	62	4
25	160	115	22	4	M20	34	72	4
32	175	130	26	4	M24	36	84	4
40	195	145	26	4	M24	38	96	5
50	210	160	26	8	M24	42	110	5
65	255	200	30	8	M27	51	137	6
80	275	220	30	8	M27	55	160	6
100	335	265	36	8	M33	65	190	8
125	380	310	36	12	M33	75	235	8
150	425	350	39	12	M36	84	266	10
200	525	440	42	16	M39	103	350	10
250	640	540	52	16	M48	125	432	10

表 15 PN 400 整体钢制管法兰尺寸

公称尺寸 DN	连接尺寸					法兰厚度 C/mm	法兰颈	
	法兰外径 D/mm	螺栓孔中心圆直径 K/mm	螺栓孔直径 L/mm	螺栓			N/mm	r/mm
				数量 n/个	螺纹规格			
10	125	85	18	4	M16	28	48	4
15	145	100	22	4	M20	30	57	4
20	160	115	22	4	M20	34	69	4
25	180	130	26	4	M24	38	81	5
32	200	145	26	4	M24	43	93	5
40	220	165	30	4	M27	48	105	5
50	235	180	30	8	M27	52	120	6
65	290	225	33	8	M30	64	158	6
80	305	240	33	8	M30	68	174	8
100	370	295	39	8	M36	80	216	8
125	415	340	39	12	M36	92	259	10
150	475	390	42	12	M39	105	302	10
200	585	490	48	16	M45	130	388	10

3.2 用 Class 标记的整体钢制管法兰的型式与尺寸

3.2.1 用 Class 标记的整体钢制管法兰的密封面型式及适用的公称压力和公称尺寸范围按表 16 的规定。

表 16 用 Class 标记的整体钢制管法兰的密封面型式及适用的公称压力和公称尺寸范围

密封面型式	公称压力					
	Class 150	Class 300	Class 600	Class 900	Class 1500	Class 2500
平面 (FF)	NPS ½(DN 15)～NPS 24(DN 600)	—				
突面 (RF)	NPS ½(DN 15)～NPS 24(DN 600)					NPS ½(DN 15)～NPS 12(DN 300)
凹凸面 (MF)	—	NPS ½(DN 15)～NPS 24(DN 600)				NPS ½(DN 15)～NPS 12(DN 300)
榫槽面 (TG)	—	NPS ½(DN 15)～NPS 24(DN 600)				NPS ½(DN 15)～NPS 12(DN 300)
环连接面 (RJ)	NPS 1(DN 25)～NPS 24(DN 600)	NPS ½(DN 15)～NPS 24(DN 600)				NPS ½(DN 15)～NPS 12(DN 300)

3.2.2 用 Class 标记的整体钢制管法兰的型式应符合图 7～图 11 的规定，法兰密封面尺寸应符合表 17 和表 18 的规定，法兰其他尺寸应符合表 19～表 24 的规定。

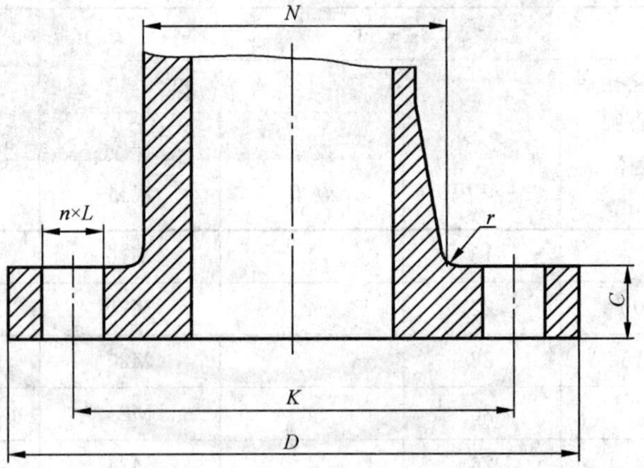

图 7 平面(FF)整体钢制管法兰

(适用于 Class 150)

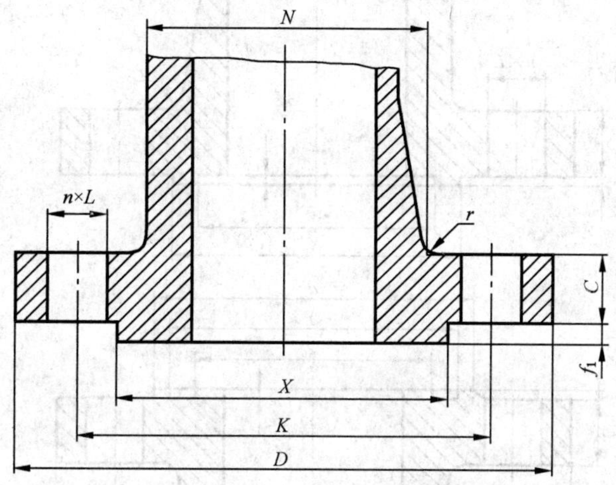

图 8　突面(RF)整体钢制管法兰

(适用于 Class 150、Class 300、Class 600、Class 900、Class 1500 和 Class 2500)

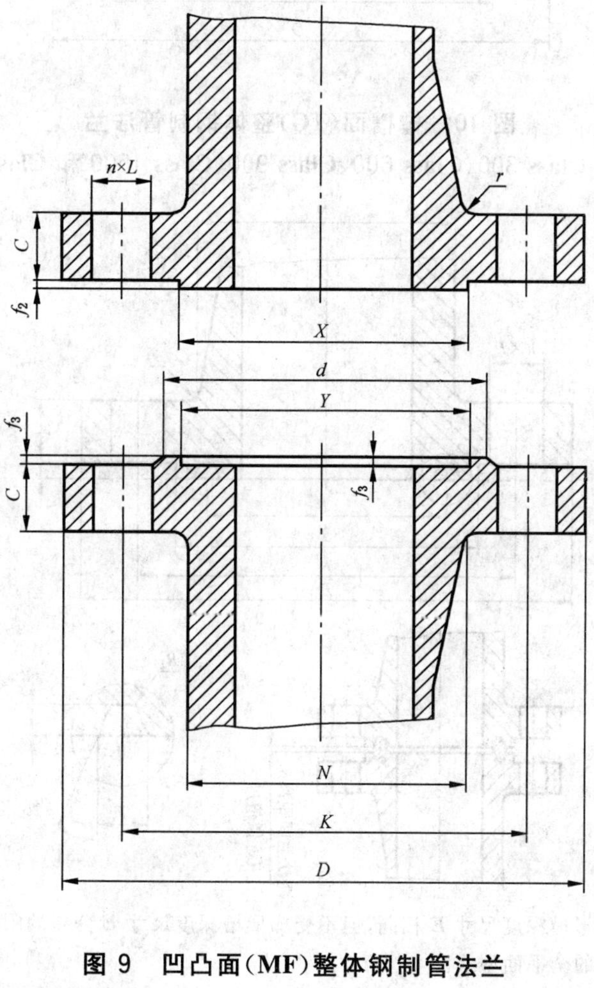

图 9　凹凸面(MF)整体钢制管法兰

(适用于 Class 300、Class 600、Class 900、Class 1500 和 Class 2500)

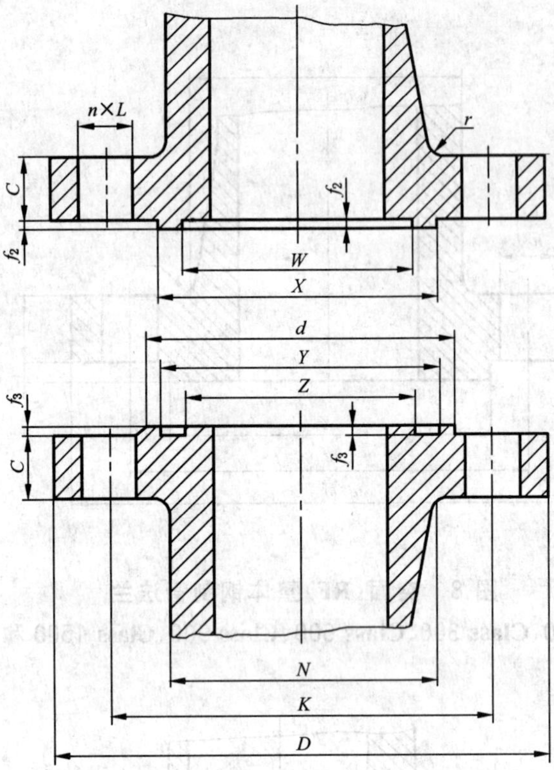

图 10　榫槽面(TG)整体钢制管法兰

(适用于 Class 300、Class 600、Class 900、Class 1500 和 Class 2500)

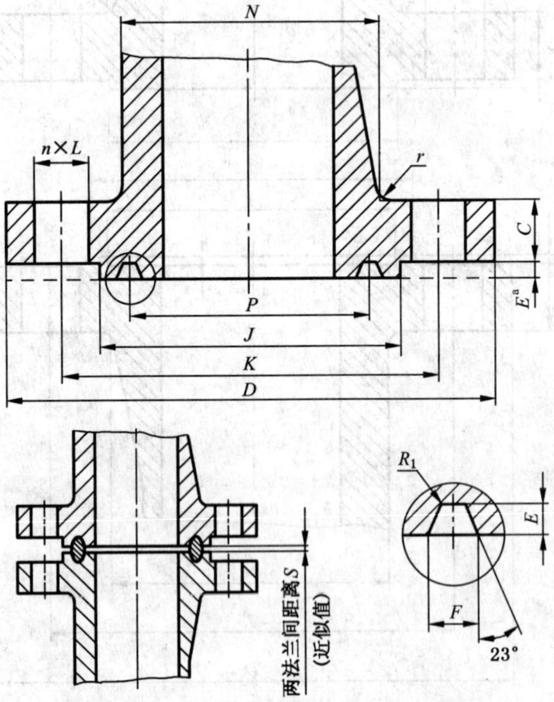

[a] 法兰凸出部分高度与梯形槽深度尺寸 E 相同,但不受梯形槽深度尺寸 E 公差的限制。

允许采用如虚线所示轮廓的全平面型式。

图 11　环连接面(RJ)整体钢制管法兰

(适用于 Class 150、Class 300、Class 600、Class 900、Class 1500 和 Class 2500)

表 17 用 Class 标记的突面、凹凸面、榫槽面的法兰密封面尺寸

单位为毫米

公称尺寸		X	f_1		f_2	f_3	d	W	Y	Z
NPS	DN									
½	15	34.9					46	25.4	36.5	23.8
¾	20	42.9					54	33.3	44.4	31.8
1	25	50.8					62	38.1	52.4	36.5
1¼	32	63.5					75	47.6	65.1	46.0
1½	40	73.0					84	54.0	74.6	52.4
2	50	92.1					103	73.0	93.7	71.4
2½	65	104.8					116	85.7	106.4	84.1
3	80	127.0					138	108.0	128.6	106.4
4	100	157.2					168	131.8	158.8	130.2
5	125	185.7	2[a]	7[b]	7	5	197	160.3	187.3	158.8
6	150	215.9					227	190.5	217.5	188.9
8	200	269.9					281	238.1	271.5	236.5
10	250	323.8					335	285.8	325.4	284.2
12	300	381.0					392	342.9	382.6	341.3
14	350	412.8					424	374.6	414.3	373.1
16	400	469.9					481	425.4	471.5	423.9
18	450	533.4					544	489.0	535.0	487.4
20	500	584.2					595	533.4	585.8	531.8
24	600	692.2					703	641.4	693.7	639.8

a 为 Class 150 和 Class 300 法兰的尺寸。

b 为 Class 600、Class 900、Class 1500 和 Class 2500 法兰的尺寸。

表 18 用 Class 标记的环连接面的法兰密封面尺寸

单位为毫米

公称尺寸		Class 150							Class 300						
NPS	DN	环号	J_{min}	P	E	F	R_{1max}	S	环号	J_{min}	P	E	F	R_{1max}	S
½	15	—	—	—	—	—	—	—	R11	50.5[a]	34.14	5.54	7.14	0.8	3
¾	20	—	—	—	—	—	—	—	R13	63.5	42.88	6.35	8.74	0.8	4
1	25	R15	63.0[a]	47.63	6.35	8.74	0.8	4	R16	69.5[a]	50.80	6.35	8.74	0.8	4
1¼	32	R17	72.5[a]	57.15	6.35	8.74	0.8	4	R18	79.0[a]	60.33	6.35	8.74	0.8	4
1½	40	R19	82.0[a]	65.07	6.35	8.74	0.8	4	R20	90.5	68.27	6.35	8.74	0.8	4
2	50	R22	101[a]	82.55	6.35	8.74	0.8	4	R23	108	82.55	7.92	11.91	0.8	6
2½	65	R25	120[a]	101.60	6.35	8.74	0.8	4	R26	127	101.60	7.92	11.91	0.8	6
3	80	R29	133	114.30	6.35	8.74	0.8	4	R31	146	123.83	7.92	11.91	0.8	6
4	100	R36	171	149.23	6.35	8.74	0.8	4	R37	175	149.23	7.92	11.91	0.8	6

表 18（续）

单位为毫米

公称尺寸		Class 150							Class 300						
NPS	DN	环号	J_{min}	P	E	F	R_{1max}	S	环号	J_{min}	P	E	F	R_{1max}	S
5	125	R40	193[a]	171.45	6.35	8.74	0.8	4	R41	210	180.98	7.92	11.91	0.8	6
6	150	R43	219	193.68	6.35	8.74	0.8	4	R45	241	211.12	7.92	11.91	0.8	6
8	200	R48	273	247.65	6.35	8.74	0.8	4	R49	302	269.88	7.92	11.91	0.8	6
10	250	R52	330	304.80	6.35	8.74	0.8	4	R53	356	323.85	7.92	11.91	0.8	6
12	300	R56	405[a]	381.00	6.35	8.74	0.8	4	R57	413	381.00	7.92	11.91	0.8	6
14	350	R59	425	396.88	6.35	8.74	0.8	3	R61	457	419.10	7.92	11.91	0.8	6
16	400	R64	483	454.03	6.35	8.74	0.8	3	R65	508	469.90	7.92	11.91	0.8	6
18	450	R68	546	517.53	6.35	8.74	0.8	3	R69	575	533.40	7.92	11.91	0.8	6
20	500	R72	597	558.80	6.35	8.74	0.8	3	R73	635	584.20	9.53	13.49	1.5	6
24	600	R76	711	673.10	6.35	8.74	0.8	3	R77	749	692.15	11.13	16.66	1.5	6
公称尺寸		Class 600							Class 900						
NPS	DN	环号	J_{min}	P	E	F	R_{1max}	S	环号	J_{min}	P	E	F	R_{1max}	S
½	15	R11	50.5[a]	34.14	5.54	7.14	0.8	3	R12	60.5	39.67	6.35	8.74	0.8	4
¾	20	R13	63.5	42.88	6.35	8.74	0.8	4	R14	66.5	44.45	6.35	8.74	0.8	4
1	25	R16	69.5[a]	50.80	6.35	8.74	0.8	4	R16	71.5	50.80	6.35	8.74	0.8	4
1¼	32	R18	79.0[a]	60.33	6.35	8.74	0.8	4	R18	81.0	60.33	6.35	8.74	0.8	4
1½	40	R20	90.5	68.27	6.35	8.74	0.8	4	R20	92.0	68.27	6.35	8.74	0.8	4
2	50	R23	108	82.55	7.92	11.91	0.8	5	R24	124	95.25	7.92	11.91	0.8	3
2½	65	R26	127	101.60	7.92	11.91	0.8	5	R27	137	107.95	7.92	11.91	0.8	3
3	80	R31	146	123.83	7.92	11.91	0.8	5	R31	156	123.83	7.92	11.91	0.8	4
4	100	R37	175	149.23	7.92	11.91	0.8	5	R37	181	149.23	7.92	11.91	0.8	4
5	125	R41	210	180.98	7.92	11.91	0.8	5	R41	216	180.98	7.92	11.91	0.8	4
6	150	R45	241	211.12	7.92	11.91	0.8	5	R45	241	211.12	7.92	11.91	0.8	4
8	200	R49	302	269.88	7.92	11.91	0.8	5	R49	308	269.88	7.92	11.91	0.8	4
10	250	R53	356	323.85	7.92	11.91	0.8	5	R53	362	323.85	7.92	11.91	0.8	4
12	300	R57	413	381.00	7.92	11.91	0.8	5	R57	419	381.00	7.92	11.91	0.8	4
14	350	R61	457	419.10	7.92	11.91	0.8	5	R62	467	419.10	11.13	16.66	1.5	4
16	400	R65	508	469.90	7.92	11.91	0.8	5	R66	524	469.90	11.13	16.66	1.5	4
18	450	R69	575	533.40	7.92	11.91	0.8	5	R70	594	533.40	12.70	19.84	1.5	5
20	500	R73	635	584.20	9.53	13.49	1.5	5	R74	648	584.20	12.70	19.84	1.5	5
24	600	R77	749	692.15	11.13	16.66	1.5	6	R78	772	692.15	15.88	26.97	2.4	6

表 18（续） 单位为毫米

公称尺寸		Class 1500							Class 2500						
NPS	DN	环号	J_{min}	P	E	F	R_{1max}	S	环号	J_{min}	P	E	F	R_{1max}	S
½	15	R12	60.5	39.67	6.35	8.74	0.8	4	R13	65.0	42.88	6.35	8.74	0.8	4
¾	20	R14	66.5	44.45	6.35	8.74	0.8	4	R16	73.0	50.80	6.35	8.74	0.8	4
1	25	R16	71.5	50.80	6.35	8.74	0.8	4	R18	82.5	60.33	6.35	8.74	0.8	4
1¼	32	R18	81.0	60.33	6.35	8.74	0.8	4	R21	101[a]	72.23	7.92	11.91	0.8	3
1½	40	R20	92.0	68.27	6.35	8.74	0.8	4	R23	114	82.55	7.92	11.91	0.8	3
2	50	R24	124	95.25	7.92	11.91	0.8	3	R26	133	101.60	7.92	11.91	0.8	3
2½	65	R27	137	107.95	7.92	11.91	0.8	3	R28	149	111.13	9.53	13.49	1.5	3
3	80	R35	168	136.53	7.92	11.91	0.8	3	R32	168	127.00	9.53	13.49	1.5	3
4	100	R39	194	161.93	7.92	11.91	0.8	3	R38	203	157.18	11.13	16.66	1.5	4
5	125	R44	229	193.68	7.92	11.91	0.8	3	R42	241	190.50	12.70	19.84	1.5	4
6	150	R46	248	211.14	9.53	13.49	1.5	3	R47	279	228.60	12.70	19.84	1.5	4
8	200	R50	318	269.88	11.13	16.66	1.5	4	R51	340	279.40	14.27	23.01	1.5	5
10	250	R54	371	323.85	11.13	16.66	1.5	4	R55	425	342.90	17.48	30.18	2.4	6
12	300	R58	438	381.00	14.27	23.01	1.5	5	R60	495	406.40	17.48	33.32	2.4	8
14	350	R63	489	419.10	15.88	26.97	2.4	6	—	—	—	—	—	—	—
16	400	R67	546	469.90	17.48	30.18	2.4	8	—	—	—	—	—	—	—
18	450	R71	613	533.40	17.48	30.18	2.4	8	—	—	—	—	—	—	—
20	500	R75	673	584.20	17.48	33.32	2.4	10	—	—	—	—	—	—	—
24	600	R79	794	692.15	20.62	36.53	2.4	11	—	—	—	—	—	—	—

[a] 本标准从 ASME B16.5—2009 标准的英制螺栓孔径转换成公制螺栓孔径，导致该 J 尺寸与螺栓孔径有干涉，为了避免干涉，对该 J 尺寸数据做了适当的调整，调整后的 J 尺寸与 ASME B16.5—2009 标准略有差异。

表 19 Class 150 整体钢制管法兰尺寸

公称尺寸		连接尺寸					法兰厚度 C^a/mm	法兰颈	
		法兰外径 D/mm	螺栓孔中心圆直径 K/mm	螺栓孔直径 L/mm	螺栓				
NPS	DN				数量 n/个	螺纹规格		N/mm	r/mm
½	15	90	60.3	16	4	M14	8.0	30	≥4
¾	20	100	69.9	16	4	M14	8.9	38	
1	25	110	79.4	16	4	M14	9.6	49	
1¼	32	115	88.9	16	4	M14	11.2	59	
1½	40	125	98.4	16	4	M14	12.7	65	
2	50	150	120.7	19	4	M16	14.3	78	
2½	65	180	139.7	19	4	M16	15.9	90	
3	80	190	152.4	19	4	M16	17.5	108	

表 19（续）

公称尺寸		连接尺寸					法兰厚度 C^a/mm	法兰颈	
		法兰外径 D/mm	螺栓孔中心圆直径 K/mm	螺栓孔直径 L/mm	螺栓				
NPS	DN				数量 n/个	螺纹规格		N/mm	r/mm
4	100	230	190.5	19	8	M16	22.3	135	≥4
5	125	255	215.9	22	8	M20	22.3	164	
6	150	280	241.3	22	8	M20	23.9	192	
8	200	345	298.5	22	8	M20	27.0	246	
10	250	405	362.0	26	12	M24	28.6	305	
12	300	485	431.8	26	12	M24	30.2	365	
14	350	535	476.3	29	12	M27	33.4	400	
16	400	595	539.8	29	16	M27	35.0	457	
18	450	635	577.9	32	16	M30	38.1	505	
20	500	700	635.0	32	20	M30	41.3	559	
24	600	815	749.3	35	20	M33	46.1	663	

[a] 对于平面法兰，法兰厚度可以按本表规定，也可以在本表的法兰厚度数据值上加上 2 mm。

表 20　Class 300 整体钢制管法兰尺寸

公称尺寸		连接尺寸					法兰厚度 C/mm	法兰颈	
		法兰外径 D/mm	螺栓孔中心圆直径 K/mm	螺栓孔直径 L/mm	螺栓				
NPS	DN				数量 n/个	螺纹规格		N/mm	r/mm
½	15	95	66.7	16	4	M14	12.7	38	≥4
¾	20	115	82.6	19	4	M16	14.3	48	
1	25	125	88.9	19	4	M16	15.9	54	
1¼	32	135	98.4	19	4	M16	17.5	64	
1½	40	155	114.3	22	4	M20	19.1	70	
2	50	165	127.0	19	8	M16	20.7	84	
2½	65	190	149.2	22	8	M20	23.9	100	
3	80	210	168.3	22	8	M20	27.0	117	
4	100	255	200.0	22	8	M20	30.2	146	
5	125	280	235.0	22	8	M20	33.4	178	
6	150	320	269.9	22	12	M20	35.0	206	
8	200	380	330.2	26	12	M24	39.7	260	
10	250	445	387.4	29	16	M27	46.1	321	
12	300	520	450.8	32	16	M30	49.3	375	
14	350	585	514.4	32	20	M30	52.4	425	
16	400	650	571.5	35	20	M33	55.6	483	
18	450	710	628.6	35	24	M33	58.8	533	
20	500	775	685.8	35	24	M33	62.0	587	
24	600	915	812.8	42	24	M39	68.3	702	

表 21　Class 600 整体钢制管法兰尺寸

公称尺寸		连接尺寸					法兰厚度 C/mm	法兰颈	
NPS	DN	法兰外径 D/mm	螺栓孔中心圆直径 K/mm	螺栓孔直径 L/mm	螺栓 数量 n/个	螺栓 螺纹规格		N/mm	r/mm
½	15	95	66.7	16	4	M14	14.3	38	
¾	20	115	82.6	19	4	M16	15.9	48	
1	25	125	88.9	19	4	M16	17.5	54	
1¼	32	135	98.4	19	4	M16	20.7	64	
1½	40	155	114.3	22	4	M20	22.3	70	
2	50	165	127.0	19	8	M16	25.4	84	
2½	65	190	149.2	22	8	M20	28.6	100	
3	80	210	168.3	22	8	M20	31.8	117	
4	100	275	215.9	26	8	M24	38.1	152	
5	125	330	266.7	29	8	M27	44.5	189	≥4
6	150	355	292.1	29	12	M27	47.7	222	
8	200	420	349.2	32	12	M30	55.6	273	
10	250	510	431.8	35	16	M33	63.5	343	
12	300	560	489.0	35	20	M33	66.7	400	
14	350	605	527.0	39	20	M36	69.9	432	
16	400	685	603.2	42	20	M39	76.2	495	
18	450	745	654.0	45	20	M42	82.6	546	
20	500	815	723.9	45	24	M42	88.9	610	
24	600	940	838.2	51	24	M48	101.6	718	

表 22　Class 900 整体钢制管法兰尺寸

公称尺寸		连接尺寸					法兰厚度 C/mm	法兰颈	
NPS	DN	法兰外径 D/mm	螺栓孔中心圆直径 K/mm	螺栓孔直径 L/mm	螺栓 数量 n/个	螺栓 螺纹规格		N/mm	r/mm
½[a]	15	120	82.6	22	4	M20	22.3	38	
¾[a]	20	130	88.9	22	4	M20	25.4	44	
1[a]	25	150	101.6	26	4	M24	28.6	52	
1¼[a]	32	160	111.1	26	4	M24	28.6	64	
1½[a]	40	180	123.8	29	4	M27	31.8	70	≥4
2[a]	50	215	165.1	26	8	M24	38.1	105	
2½[a]	65	245	190.5	29	8	M27	41.3	124	
3	80	240	190.5	26	8	M24	38.1	127	
4	100	290	235.0	32	8	M30	44.5	159	

表 22（续）

公称尺寸		连接尺寸					法兰厚度 C/mm	法兰颈	
NPS	DN	法兰外径 D/mm	螺栓孔中心圆直径 K/mm	螺栓孔直径 L/mm	螺栓 数量 n/个	螺栓 螺纹规格		N/mm	r/mm
5	125	350	279.4	35	8	M33	50.8	190	≥4
6	150	380	317.5	32	12	M30	55.6	235	
8	200	470	393.7	39	12	M36	63.5	298	
10	250	545	469.9	39	16	M36	69.9	368	
12	300	610	533.4	39	20	M36	79.4	419	
14	350	640	558.8	42	20	M39	85.8	451	
16	400	705	616.0	45	20	M42	88.9	508	
18	450	785	685.8	51	20	M48	101.6	565	
20	500	855	749.3	55	20	M52	108.0	622	
24	600	1040	901.7	67	20	M64	139.7	749	

[a] NPS ½(DN 15)～NPS 2½(DN 65)的法兰使用 Class 1500 法兰的尺寸。

表 23 Class 1500 整体钢制管法兰尺寸

公称尺寸		连接尺寸					法兰厚度 C/mm	法兰颈	
NPS	DN	法兰外径 D/mm	螺栓孔中心圆直径 K/mm	螺栓孔直径 L/mm	螺栓 数量 n/个	螺栓 螺纹规格		N/mm	r/mm
½	15	120	82.6	22	4	M20	22.3	38	≥4
¾	20	130	88.9	22	4	M20	25.4	44	
1	25	150	101.6	26	4	M24	28.6	52	
1¼	32	160	111.1	26	4	M24	28.6	64	
1½	40	180	123.8	29	4	M27	31.8	70	
2	50	215	165.1	26	8	M24	38.1	105	
2½	65	245	190.5	29	8	M27	41.3	124	
3	80	265	203.2	32	8	M30	47.7	133	
4	100	310	241.3	35	8	M33	54.0	162	
5	125	375	292.1	42	8	M39	73.1	197	
6	150	395	317.5	39	12	M36	82.6	229	
8	200	485	393.7	45	12	M42	92.1	292	
10	250	585	482.6	51	12	M48	108.0	368	
12	300	675	571.5	55	16	M52	123.9	451	
14	350	750	635.0	60	16	M56	133.4	495	
16	400	825	704.8	67	16	M64	146.1	552	
18	450	915	774.7	73	16	M70	162.0	597	
20	500	985	831.8	79	16	M76	177.8	641	
24	600	1 170	990.6	93	16	M90	203.2	762	

表 24 Class 2500 整体钢制管法兰尺寸

公称尺寸		连接尺寸					法兰厚度 C/mm	法兰颈	
NPS	DN	法兰外径 D/mm	螺栓孔中心圆直径 K/mm	螺栓孔直径 L/mm	螺栓 数量 n/个	螺栓 螺纹规格		N/mm	r/mm
½	15	135	88.9	22	4	M20	30.2	43	≥4
¾	20	140	95.2	22	4	M20	31.8	51	
1	25	160	108.0	26	4	M24	35.0	57	
1¼	32	185	130.2	29	4	M27	38.1	73	
1½	40	205	146.0	32	4	M30	44.5	79	
2	50	235	171.4	29	8	M27	50.9	95	
2½	65	265	196.8	32	8	M30	57.2	114	
3	80	305	228.6	35	8	M33	66.7	133	
4	100	355	273.0	42	8	M39	76.2	165	
5	125	420	323.8	48	8	M45	92.1	203	
6	150	485	368.3	55	8	M52	108.0	235	
8	200	550	438.2	55	12	M52	127.0	305	
10	250	675	539.8	67	12	M64	165.1	375	
12	300	760	619.1	73	12	M70	184.2	441	

4 技术要求

法兰的类型和参数按照 GB/T 9112 的规定,法兰的技术要求应符合 GB/T 9124 的规定。

ICS 23.040.60
J 15

中华人民共和国国家标准

GB/T 9114—2010
代替 GB/T 9114—2000

带颈螺纹钢制管法兰

Hubbed screwed steel pipe flanges

2011-01-14 发布　　　　2011-10-01 实施

中华人民共和国国家质量监督检验检疫总局
中国国家标准化管理委员会　发布

前　言

GB/T 9112～9124—2010《钢制管法兰》系列标准修改采用 ASME B16.5—2009《管法兰和法兰管件(NPS ½～NPS 24)》及 EN 1092-1:2007《法兰及其连接　管道、阀门、管配件及附件用圆形法兰，PN 标记　第 1 部分：钢制法兰》。ASME B16.5—2009 是关于 Class 标记法兰的一个完整的标准，EN 1092-1:2007 是关于 PN 标记法兰的一个完整的标准。本系列标准综合采用了上述两个标准，包括了 Class 标记法兰和 PN 标记法兰的相关技术内容。本系列标准共有 13 项标准，本标准是其中的 1 项标准。

本标准与 ASME B16.5—2009 及 EN 1092-1:2007 标准的主要区别如下：

——本标准的编写格式与 ASME B16.5—2009 和 EN 1092-1:2007 标准不同；

——ASME B16.5—2009 标准包括了公称压力为 Class 400 的法兰数据，本标准没有纳入 Class 400 的法兰数据；

——ASME B16.5—2009 标准包括了公称尺寸为 NPS 3½ 的法兰数据，本标准没有 NPS 3½ 的法兰数据；

——ASME B16.5—2009 标准采用英制螺栓，螺栓孔径也采用英制尺寸，本标准改为公制螺栓，螺纹孔径也采用公制尺寸。

本标准代替 GB/T 9114—2000《突面带颈螺纹钢制管法兰》，与原标准相比主要变化如下：

——根据 EN 1092-1:2007 标准，将 PN 标记的法兰公称尺寸范围从原来的 DN 10～DN 150 扩大到 DN 10～DN 600；

——根据 EN 1092-1:2007 标准，将 PN 标记的法兰公称压力范围从原来的 PN 6～PN 40 扩大到 PN 6～PN 100；

——根据 ASME B16.5—2009 标准，将 Class 标记的法兰公称压力范围从原来的 Class 150～Class 1500 扩大到 Class 150～Class 2500；

——根据 EN 1092-1:2007 标准，对 PN 标记的法兰尺寸数据进行了全面的修改；

——根据 ASME B16.5—2009 标准，对 Class 标记的法兰尺寸数据进行了全面的修改；

——增加了各种密封面型式的适用范围表格；

——对标记进行了修订；

——根据 ASME B16.5—2009，将原标准中属于美洲体系的法兰公称压力标记进行了修改：PN 20 改为 Class 150，PN 50 改为 Class 300，PN 110 改为 Class 600，PN 150 改为 Class 900，PN 260 改为 Class 1500，PN 420 改为 Class 2500。

本标准由中国机械工业联合会提出。

本标准由全国管路附件标准化技术委员会归口。

本标准起草单位：中机生产力促进中心、浙江超达阀门股份有限公司、江苏海达管件集团有限公司、河北圣天集团宝银高压法兰管件有限公司、保一集团有限公司。

本标准主要起草人：李俊英、邱晓来、李建、冯峰、陈佑军、林洁、李宝银。

本标准所代替标准的历次版本发布情况为：

——GB/T 9114.1～9114.3—1988、GB/T 9114—2000。

带颈螺纹钢制管法兰

1 范围

本标准规定了公称压力用 PN 标记和用 Class 标记的带颈螺纹钢制管法兰的型式、尺寸、技术要求和标记。

本标准适用于公称压力 PN 6～PN 100 以及 Class 150～Class 2500 的带颈螺纹钢制管法兰。

2 规范性引用文件

下列文件中的条款通过本标准的引用而成为本标准的条款。凡是注日期的引用文件，其随后所有的修改单(不包括勘误的内容)或修订版均不适用于本标准，然而，鼓励根据本标准达成协议的各方研究是否可使用这些文件的最新版本。凡是不注日期的引用文件，其最新版本适用于本标准。

GB/T 7306.1　55°密封管螺纹　第 1 部分：圆柱内螺纹与圆锥外螺纹

GB/T 7306.2　55°密封管螺纹　第 2 部分：圆锥内螺纹与圆锥外螺纹

GB/T 9124　钢制管法兰　技术条件

GB/T 12716　60°密封管螺纹

3 型式与尺寸

3.1 用 PN 标记的带颈螺纹钢制管法兰的型式与尺寸

3.1.1 用 PN 标记的带颈螺纹钢制管法兰的密封面型式及适用的公称压力和公称尺寸范围按表 1 的规定。

表 1　用 PN 标记的带颈螺纹钢制管法兰的密封面型式及适用的公称压力和公称尺寸范围

密封面型式	公称压力						
	PN 6	PN 10	PN 16	PN 25	PN 40	PN 63	PN 100
平面(FF)	DN 10～DN 300	DN 10～DN 600	DN 10～DN 600	DN 10～DN 600		—	
突面(RF)	DN 10～DN 300	DN 10～DN 600	DN 10～DN 1000	DN 10～DN 600		DN 10～DN 150	

3.1.2 用 PN 标记的带颈螺纹钢制管法兰的型式应符合图 1 和图 2 的规定，法兰尺寸应符合表 2～表 8 的规定。

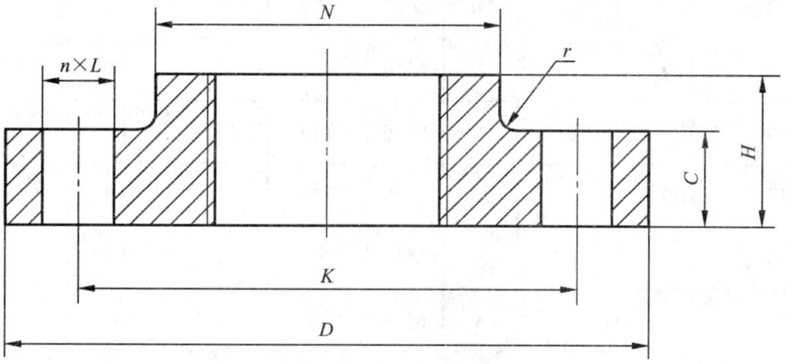

图 1　平面(FF)带颈螺纹钢制管法兰

(适用于 PN 6、PN 10、PN 16、PN 25 和 PN 40)

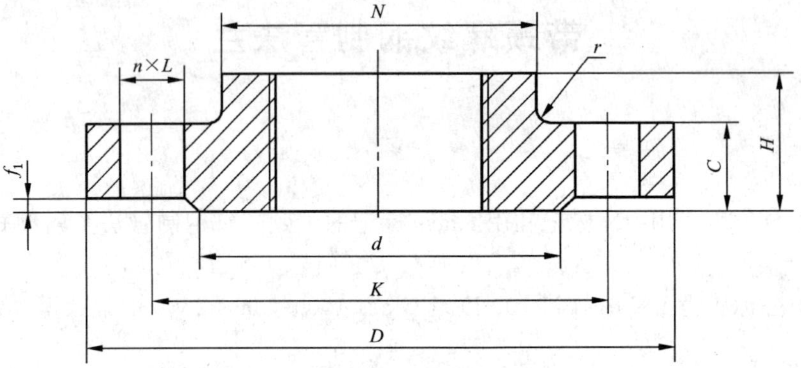

图 2 突面(RF)带颈螺纹钢制管法兰

(适用于 PN 6、PN 10、PN 16、PN 25、PN 40、PN 63 和 PN 100)

表 2 PN 6 带颈螺纹钢制管法兰

公称尺寸 DN	钢管外径 A/mm	连接尺寸					密封面		法兰厚度 C/mm	法兰高度 H/mm	法兰颈	
		法兰外径 D/mm	螺栓孔中心圆直径 K/mm	螺栓孔直径 L/mm	螺栓 数量 n/个	螺栓 螺纹规格	d/mm	f_1/mm			N/mm	r/mm
10	17.2	75	50	11	4	M10	35	2	12	20	25	4
15	21.3	80	55	11	4	M10	40	2	12	20	30	4
20	26.9	90	65	11	4	M10	50	2	14	24	40	4
25	33.7	100	75	11	4	M10	60	2	14	24	50	4
32	42.4	120	90	14	4	M12	70	2	14	26	60	6
40	48.3	130	100	14	4	M12	80	3	14	26	70	6
50	60.3	140	110	14	4	M12	90	3	14	28	80	6
65	76.1	160	130	14	4	M12	110	3	14	32	100	6
80	88.9	190	150	18	4	M16	128	3	16	34	110	8
100	114.3	210	170	18	4	M16	148	3	16	40	130	8
125	139.7	240	200	18	8	M16	178	3	18	44	160	8
150	168.3	265	225	18	8	M16	202	3	18	44	185	10
200	219.1	320	280	18	8	M16	258	3	20	44	240	10
250	273.0	375	335	18	12	M16	312	3	22	44	295	12
300	323.9	440	395	22	12	M20	365	4	22	44	355	12

表 3 PN 10 带颈螺纹钢制管法兰

公称尺寸 DN	钢管外径 A/mm	连 接 尺 寸					密封面		法兰厚度 C/mm	法兰高度 H/mm	法兰颈	
		法兰外径 D/mm	螺栓孔中心圆直径 K/mm	螺栓孔直径 L/mm	螺栓		d/mm	f_1/mm			N/mm	r/mm
					数量 n/个	螺纹规格						
10	17.2	90	60	14	4	M12	40	2	16	22	30	4
15	21.3	95	65	14	4	M12	45	2	16	22	35	4
20	26.9	105	75	14	4	M12	58	2	18	26	45	4
25	33.7	115	85	14	4	M12	68	2	18	28	52	4
32	42.4	140	100	18	4	M16	78	2	18	30	60	6
40	48.3	150	110	18	4	M16	88	3	18	32	70	6
50	60.3	165	125	18	4	M16	102	3	18	28	84	6
65	76.1	185	145	18	8	M16	122	3	18	32	104	6
80	88.9	200	160	18	8	M16	138	3	20	34	118	6
100	114.3	220	180	18	8	M16	158	3	20	40	140	8
125	139.7	250	210	18	8	M16	188	3	22	44	168	8
150	168.3	285	240	22	8	M20	212	3	22	44	195	10
200	219.1	340	295	22	8	M20	268	3	24	44	246	10
250	273.0	395	350	22	12	M20	320	3	26	46	298	12
300	323.9	445	400	22	12	M20	370	4	26	46	350	12
350	355.6	505	460	22	16	M20	430	4	26	53	400	12
400	406.4	565	515	26	16	M24	482	4	26	57	456	12
450	457	615	565	26	20	M24	532	4	28	63	502	12
500	508	670	620	26	20	M24	585	4	28	67	559	12
600	610	780	725	30	20	M27	685	5	30	75	658	12

注 1：公称尺寸 DN 10～DN 40 的法兰使用 PN 40 法兰的尺寸；公称尺寸 DN 50～DN 150 的法兰使用 PN 16 法兰的尺寸。

注 2：采用 55°圆柱管螺纹(Rp)或 55°圆锥管螺纹(Rc)时，螺纹尺寸最大到 DN 150。DN 150 以上螺纹法兰尺寸参照 EN 1092-1:2007 列出，供参考使用。

表 4 PN 16 带颈螺纹钢制管法兰

公称尺寸 DN	钢管外径 A/mm	连 接 尺 寸					密封面		法兰厚度 C/mm	法兰高度 H/mm	法兰颈	
		法兰外径 D/mm	螺栓孔中心圆直径 K/mm	螺栓孔直径 L/mm	螺栓		d/mm	f_1/mm			N/mm	r/mm
					数量 n/个	螺纹规格						
10	17.2	90	60	14	4	M12	40	2	16	22	30	4
15	21.3	95	65	14	4	M12	45	2	16	22	35	4
20	26.9	105	75	14	4	M12	58	2	18	26	45	4
25	33.7	115	85	14	4	M12	68	2	18	28	52	4
32	42.4	140	100	18	4	M16	78	2	18	30	60	6
40	48.3	150	110	18	4	M16	88	3	18	32	70	6
50	60.3	165	125	18	4	M16	102	3	18	28	84	6

表 4（续）

公称尺寸 DN	钢管外径 A/mm	连接尺寸					密封面		法兰厚度 C/mm	法兰高度 H/mm	法兰颈	
		法兰外径 D/mm	螺栓孔中心圆直径 K/mm	螺栓孔直径 L/mm	螺栓							
					数量 n/个	螺纹规格	d/mm	f_1/mm			N/mm	r/mm
65	76.1	185	145	18	8	M16	122	3	18	32	104	6
80	88.9	200	160	18	8	M16	138	3	20	34	118	6
100	114.3	220	180	18	8	M16	158	3	20	40	140	8
125	139.7	250	210	18	8	M16	188	3	22	44	168	8
150	168.3	285	240	22	8	M20	212	3	22	44	195	10
200	219.1	340	295	22	12	M20	268	3	24	44	246	10
250	273.0	405	355	26	12	M24	320	3	26	46	298	12
300	323.9	460	410	26	12	M24	378	4	28	46	350	12
350	355.6	520	470	26	16	M24	438	4	30	57	400	12
400	406.4	580	525	30	16	M27	490	4	32	63	456	12
450	457	640	585	30	20	M27	550	4	34	68	502	12
500	508	715	650	33	20	M30	610	4	36	73	559	12
600	610	840	770	36	20	M33	725	5	40	83	658	12

注 1：公称尺寸 DN 10～DN 40 的法兰使用 PN 40 法兰的尺寸。

注 2：采用 55°圆柱管螺纹(Rp)或 55°圆锥管螺纹(Rc)时，螺纹尺寸最大到 DN 150。DN 150 以上螺纹法兰尺寸参照 EN 1092-1:2007 列出，仅供参考使用。

表 5　PN 25 带颈螺纹钢制管法兰

公称尺寸 DN	钢管外径 A/mm	连接尺寸					密封面		法兰厚度 C/mm	法兰高度 H/mm	法兰颈	
		法兰外径 D/mm	螺栓孔中心圆直径 K/mm	螺栓孔直径 L/mm	螺栓							
					数量 n/个	螺纹规格	d/mm	f_1/mm			N/mm	r/mm
10	17.2	90	60	14	4	M12	40	2	16	22	30	4
15	21.3	95	65	14	4	M12	45	2	16	22	35	4
20	26.9	105	75	14	4	M12	58	2	18	26	45	4
25	33.7	115	85	14	4	M12	68	2	18	28	52	4
32	42.4	140	100	18	4	M16	78	2	18	30	60	6
40	48.3	150	110	18	4	M16	88	3	18	32	70	6
50	60.3	165	125	18	4	M16	102	3	20	34	84	6
65	76.1	185	145	18	8	M16	122	3	22	38	104	6
80	88.9	200	160	18	8	M16	138	3	24	40	118	8
100	114.3	235	190	22	8	M20	162	3	24	44	145	8
125	139.7	270	220	26	8	M24	188	3	26	48	170	8
150	168.3	300	250	26	8	M24	218	3	28	52	200	10
200	219.1	360	310	26	12	M24	278	3	30	52	256	10
250	273.0	425	370	30	12	M27	335	3	32	60	310	12

表 5（续）

公称尺寸 DN	钢管外径 A/mm	连接尺寸					密封面		法兰厚度 C/mm	法兰高度 H/mm	法兰颈	
		法兰外径 D/mm	螺栓孔中心圆直径 K/mm	螺栓孔直径 L/mm	螺栓		d/mm	f_1/mm			N/mm	r/mm
					数量 n/个	螺纹规格						
300	323.9	485	430	30	16	M27	395	4	34	67	364	12
350	355.6	555	490	33	16	M30	450	4	38	72	418	12
400	406.4	620	550	36	16	M33	505	4	40	78	472	12
450	457	670	600	36	20	M33	555	4	46	84	520	12
500	508	730	660	36	20	M33	615	4	48	90	580	12
600	610	845	770	39	20	M36	720	5	48	100	684	12

注 1：公称尺寸 DN 10～DN 150 的法兰使用 PN 40 法兰的尺寸。

注 2：采用 55°圆柱管螺纹(Rp)或 55°圆锥管螺纹(Rc)时，螺纹尺寸最大到 DN 150。DN 150 以上螺纹法兰尺寸参照 EN 1092-1:2007 列出，供参考使用。

表 6 PN 40 带颈螺纹钢制管法兰

公称尺寸 DN	钢管外径 A/mm	连接尺寸					密封面		法兰厚度 C/mm	法兰高度 H/mm	法兰颈	
		法兰外径 D/mm	螺栓孔中心圆直径 K/mm	螺栓孔直径 L/mm	螺栓		d/mm	f_1/mm			N/mm	r/mm
					数量 n/个	螺纹规格						
10	17.2	90	60	14	4	M12	40	2	16	22	30	4
15	21.3	95	65	14	4	M12	45	2	16	22	35	4
20	26.9	105	75	14	4	M12	58	2	18	26	45	4
25	33.7	115	85	14	4	M12	68	2	18	28	52	4
32	42.4	140	100	18	4	M16	78	2	18	30	60	6
40	48.3	150	110	18	4	M16	88	3	18	32	70	6
50	60.3	165	125	18	4	M16	102	3	20	34	84	6
65	76.1	185	145	18	8	M16	122	3	22	38	104	6
80	88.9	200	160	18	8	M16	138	3	24	40	118	8
100	114.3	235	190	22	8	M20	162	3	24	44	145	8
125	139.7	270	220	26	8	M24	188	3	26	48	170	8
150	168.3	300	250	26	8	M24	218	3	28	52	200	10
200	219.1	375	320	30	12	M27	285	3	34	52	260	10
250	273.0	450	385	33	12	M30	345	3	38	60	312	12
300	323.9	515	450	33	16	M30	410	4	42	67	380	12
350	355.6	580	510	36	16	M33	465	4	46	72	424	12
400	406.4	660	585	39	16	M36	535	4	50	78	478	12
450	457	685	610	39	20	M36	560	4	57	84	522	12
500	508	755	670	42	20	M39	615	4	57	90	576	12
600	610	890	795	48	20	M45	735	5	72	100	686	12

注：采用 55°圆柱管螺纹(Rp)或 55°圆锥管螺纹(Rc)时，螺纹尺寸最大到 DN 150。DN 150 以上螺纹法兰尺寸参照 EN 1092-1:2007 列出，供参考使用。

表 7　PN 63 带颈螺纹钢制管法兰

公称尺寸 DN	钢管外径 A/mm	连接尺寸					密封面		法兰厚度 C/mm	法兰高度 H/mm	法兰颈	
		法兰外径 D/mm	螺栓孔中心圆直径 K/mm	螺栓孔直径 L/mm	螺栓 数量 n/个	螺栓 螺纹规格	d/mm	f_1/mm			N/mm	r/mm
10	17.2	100	70	14	4	M12	40	2	20	28	40	4
15	21.3	105	75	14	4	M12	45	2	20	28	43	4
20	26.9	130	90	18	4	M16	58	2	20	30	52	4
25	33.7	140	100	18	4	M16	68	2	24	32	60	4
32	42.4	155	110	22	4	M20	78	2	24	32	68	6
40	48.3	170	125	22	4	M20	88	3	26	34	80	6
50	60.3	180	135	22	4	M20	102	3	26	36	90	6
65	76.1	205	160	22	8	M20	122	3	26	40	112	6
80	88.9	215	170	22	8	M20	138	3	28	44	125	8
100	114.3	250	200	26	8	M24	162	3	30	52	152	8
125	139.7	295	240	30	8	M27	188	3	34	56	185	8
150	168.3	345	280	33	8	M30	218	3	36	60	215	10
注：公称尺寸 DN 10～DN 40 的法兰使用 PN 100 法兰的尺寸。												

表 8　PN 100 带颈螺纹钢制管法兰

公称尺寸 DN	钢管外径 A/mm	连接尺寸					密封面		法兰厚度 C/mm	法兰高度 H/mm	法兰颈	
		法兰外径 D/mm	螺栓孔中心圆直径 K/mm	螺栓孔直径 L/mm	螺栓 数量 n/个	螺栓 螺纹规格	d/mm	f_1/mm			N/mm	r/mm
10	17.2	100	70	14	4	M12	40	2	20	28	40	4
15	21.3	105	75	14	4	M12	45	2	20	28	43	4
20	26.9	130	90	18	4	M16	58	2	20	30	52	4
25	33.7	140	100	18	4	M16	68	2	24	32	60	4
32	42.4	155	110	22	4	M20	78	2	24	32	68	6
40	48.3	170	125	22	4	M20	88	3	26	34	80	6
50	60.3	195	145	26	4	M24	102	3	28	36	95	6
65	76.1	220	170	26	8	M24	122	3	30	40	118	6
80	88.9	230	180	26	8	M24	138	3	32	44	130	8
100	114.3	265	210	30	8	M27	162	3	36	52	158	8
125	139.7	315	250	33	8	M30	188	3	40	56	188	8
150	168.3	355	290	33	12	M30	218	3	44	60	225	10

3.2　用 Class 标记的带颈螺纹钢制管法兰的型式与尺寸

3.2.1　用 Class 标记的带颈螺纹钢制管法兰的密封面型式及适用的公称压力和公称尺寸范围按表 9 的规定。

表 9 Class 系列法兰的密封面型式及适用的公称压力和公称尺寸范围

密封面型式	公称压力					
	Class 150	Class 300	Class 600	Class 900	Class 1500	Class 2500
突面(RF)	NPS ½(DN 15)～NPS 24(DN 600)				NPS ½(DN 15)～NPS 2½(DN 65)	

3.2.2 用 Class 标记的带颈螺纹钢制管法兰的型式应符合图 3 的规定，法兰尺寸应符合表 10～表 15 的规定。

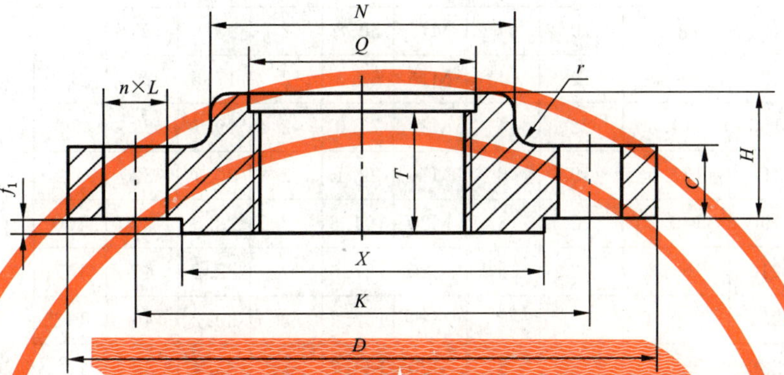

图 3 突面(RF)带颈螺纹钢制管法兰

(适用于 Class 150、Class 300、Class 600、Class 900、Class 1500 和 Class 2500)

表 10 Class 150 带颈螺纹钢制管法兰

公称尺寸		钢管外径 A/mm	连接尺寸					密封面		法兰厚度 C/mm	法兰高度 H/mm	法兰颈		最小螺纹长度 T_{min}/mm
			法兰外径 D/mm	螺栓孔中心圆直径 K/mm	螺栓孔直径 L/mm	螺栓								
NPS	DN					数量 n/个	螺纹规格	X/mm	f_1/mm			N/mm	r/mm	
½	15	21.3	90	60.3	16	4	M14	34.9	2	9.6	14	30		16
¾	20	26.9	100	69.9	16	4	M14	42.9	2	11.2	14	38		16
1	25	33.7	110	79.4	16	4	M14	50.8	2	12.7	16	49		17
1¼	32	42.4	115	88.9	16	4	M14	63.5	2	14.3	19	59		21
1½	40	48.3	125	98.4	16	4	M14	73.0	2	15.9	21	65		22
2	50	60.3	150	120.7	19	4	M16	92.1	2	17.5	24	78		25
2½	65	76.1	180	139.7	19	4	M16	104.8	2	20.7	27	90		29
3	80	88.9	190	152.4	19	4	M16	127.0	2	22.3	29	108		30
4	100	114.3	230	190.5	19	8	M16	157.2	2	22.3	32	135		33
5	125	139.7	255	215.9	22	8	M20	185.7	2	22.3	35	164	≥4	36
6	150	168.3	280	241.3	22	8	M20	215.9	2	23.9	38	192		40
8	200	219.1	345	298.5	22	8	M20	269.9	2	27.0	43	246		44
10	250	273.0	405	362.0	26	12	M24	323.8	2	28.6	48	305		49
12	300	323.9	485	431.8	26	12	M24	381.0	2	30.2	54	365		56
14	350	355.6	535	476.3	29	12	M27	412.8	2	33.4	56	400		57
16	400	406.4	595	539.8	29	16	M27	469.9	2	35.0	62	457		64
18	450	457	635	577.9	32	16	M30	533.4	2	38.1	67	505		68
20	500	508	700	635.0	32	20	M30	584.2	2	41.3	71	559		73
24	600	610	815	749.3	35	20	M33	692.2	2	46.1	81	663		83

表 11　Class 300 带颈螺纹钢制管法兰

公称尺寸		钢管外径 A/mm	连接尺寸					密封面		法兰厚度 C/mm	法兰高度 H/mm	法兰颈		最小螺纹长度 T_{min}/mm	最小沉孔直径 Q_{min}/mm
			法兰外径 D/mm	螺栓孔中心圆直径 K/mm	螺栓孔直径 L/mm	螺栓									
NPS	DN					数量 n/个	螺纹规格	R/mm	f_1/mm			N/mm	r/mm		
½	15	21.3	95	66.7	16	4	M14	34.9	2	12.7	21	38		16	23.6
¾	20	26.9	115	82.6	19	4	M16	42.9	2	14.3	24	48		16	29.0
1	25	33.7	125	88.9	19	4	M16	50.8	2	15.9	25	54		18	35.8
1¼	32	42.4	135	98.4	19	4	M16	63.5	2	17.5	25	64		21	44.4
1½	40	48.3	155	114.3	22	4	M20	73.0	2	19.1	29	70		23	50.3
2	50	60.3	165	127.0	19	8	M16	92.1	2	20.7	32	84		29	63.5
2½	65	76.1	190	149.2	22	8	M20	104.8	2	23.9	37	100		32	76.2
3	80	88.9	210	168.3	22	8	M20	127.0	2	27.0	41	117		32	92.2
4	100	114.3	255	200.0	22	8	M20	157.2	2	30.2	46	146		37	117.6
5	125	139.7	280	235.0	22	8	M20	185.7	2	33.4	49	178	≥4	43	144.4
6	150	168.3	320	269.9	22	12	M20	215.9	2	35.0	51	206		47	171.4
8	200	219.1	380	330.2	26	12	M24	269.9	2	39.7	60	260		51	222.2
10	250	273.0	445	387.4	29	16	M27	323.8	2	46.1	65	321		56	276.2
12	300	323.9	520	450.8	32	16	M30	381.0	2	49.3	71	375		61	328.6
14	350	355.6	585	514.4	32	20	M30	412.8	2	52.4	75	425		64	360.4
16	400	406.4	650	571.5	35	20	M33	469.9	2	55.6	81	483		69	411.2
18	450	457	710	628.6	35	24	M33	533.4	2	58.8	87	533		70	462.0
20	500	508	775	685.8	35	24	M33	584.2	2	62.0	94	587		74	512.8
24	600	610	915	812.8	42	24	M39	692.2	2	68.3	105	702		83	614.4

表 12　Class 600 带颈螺纹钢制管法兰

公称尺寸		钢管外径 A/mm	连接尺寸					密封面		法兰厚度 C/mm	法兰高度 H/mm	法兰颈		最小螺纹长度 T_{min}/mm	最小沉孔直径 Q_{min}/mm
			法兰外径 D/mm	螺栓孔中心圆直径 K/mm	螺栓孔直径 L/mm	螺栓									
NPS	DN					数量 n/个	螺纹规格	R/mm	f_1/mm			N/mm	r/mm		
½	15	21.3	95	66.7	16	4	M14	34.9	7	14.3	22	38		16	23.6
¾	20	26.9	115	82.6	19	4	M16	42.9	7	15.9	25	48		16	29.0
1	25	33.7	125	88.9	19	4	M16	50.8	7	17.5	27	54		18	35.8
1¼	32	42.4	135	98.4	19	4	M16	63.5	7	20.7	29	64		21	44.4
1½	40	48.3	155	114.3	22	4	M20	73.0	7	22.3	32	70	≥4	23	50.6
2	50	60.3	165	127.0	19	8	M16	92.1	7	25.4	37	84		29	63.5
2½	65	76.1	190	149.2	22	8	M20	104.8	7	28.6	41	100		32	76.2
3	80	88.9	210	168.3	22	8	M20	127.0	7	31.8	46	117		35	92.2

表 12（续）

公称尺寸		钢管外径 A/mm	连接尺寸					密封面		法兰厚度 C/mm	法兰高度 H/mm	法兰颈		最小螺纹长度 T_{min}/mm	最小沉孔直径 Q_{min}/mm
NPS	DN		法兰外径 D/mm	螺栓孔中心圆直径 K/mm	螺栓孔直径 L/mm	螺栓数量 n/个	螺栓螺纹规格	R/mm	f_1/mm			N/mm	r/mm		
4	100	114.3	275	215.9	26	8	M24	157.2	7	38.1	54	152		42	117.6
5	125	139.7	330	266.7	29	8	M27	185.7	7	44.5	60	189		48	144.4
6	150	168.3	355	292.1	29	12	M27	215.9	7	47.7	67	222		51	171.4
8	200	219.1	420	349.2	32	12	M30	269.9	7	55.6	76	273		58	222.2
10	250	273.0	510	431.8	35	16	M33	323.8	7	63.5	86	343		66	276.2
12	300	323.9	560	489.0	35	20	M33	381.0	7	66.7	92	400	≥4	70	328.6
14	350	355.6	605	527.0	39	20	M36	412.8	7	69.9	94	432		74	360.4
16	400	406.4	685	603.2	42	20	M39	469.9	7	76.2	106	495		78	411.2
18	450	457	745	654.0	45	20	M42	533.4	7	82.6	117	546		80	462.0
20	500	508	815	723.9	45	24	M42	584.2	7	88.9	127	610		83	512.8
24	600	610	940	838.2	51	24	M48	692.2	7	101.6	140	718		93	614.4

表 13 Class 900 带颈螺纹钢制管法兰

公称尺寸		钢管外径 A/mm	连接尺寸					密封面		法兰厚度 C/mm	法兰高度 H/mm	法兰颈		最小螺纹长度 T_{min}/mm	最小沉孔直径 Q_{min}/mm
NPS	DN		法兰外径 D/mm	螺栓孔中心圆直径 K/mm	螺栓孔直径 L/mm	螺栓数量 n/个	螺栓螺纹规格	R/mm	f_1/mm			N/mm	r/mm		
½	15	21.3	120	82.6	22	4	M20	34.9	7	22.3	32	38		23	23.6
¾	20	26.9	130	88.9	22	4	M20	42.9	7	25.4	35	44		26	29.0
1	25	33.7	150	101.6	26	4	M24	50.8	7	28.6	41	52		29	35.8
1¼	32	42.4	160	111.1	26	4	M24	63.5	7	28.6	41	64		31	44.4
1½	40	48.3	180	123.8	29	4	M27	73.0	7	31.8	44	70		32	50.6
2	50	60.3	215	165.1	26	8	M24	92.1	7	38.1	57	105		39	63.5
2½	65	76.1	245	190.5	29	8	M27	104.8	7	41.3	64	124		48	76.2
3	80	88.9	240	190.5	26	8	M24	127.0	7	38.1	54	127		42	92.2
4	100	114.3	290	235.0	32	8	M30	157.2	7	44.5	70	159		48	117.6
5	125	139.7	350	279.4	35	8	M33	185.7	7	50.8	79	190	≥4	54	144.4
6	150	168.3	380	317.5	32	12	M30	215.9	7	55.6	86	235		58	171.4
8	200	219.1	470	393.7	39	12	M36	269.9	7	63.5	102	298		64	222.2
10	250	273.0	545	469.9	39	16	M36	323.8	7	69.9	108	368		72	276.2
12	300	323.9	610	533.4	39	20	M36	381.0	7	79.4	117	419		77	328.6
14	350	355.6	640	558.8	42	20	M39	412.8	7	85.8	130	451		83	360.4
16	400	406.4	705	616.0	45	20	M42	469.9	7	88.9	133	508		86	411.2
18	450	457	785	685.8	51	20	M48	533.4	7	101.6	152	565		89	462.0
20	500	508	855	749.3	55	20	M52	584.2	7	108.0	159	622		93	512.8
24	600	610	1 040	901.7	67	20	M64	692.2	7	139.7	203	749		102	614.4

注：NPS ½(DN 15)～NPS 2½(DN 65)的法兰使用 Class 1500 法兰的尺寸。

表 14 Class 1500 带颈螺纹钢制管法兰

公称尺寸		钢管外径 A/mm	连接尺寸					密封面		法兰厚度 C/mm	法兰高度 H/mm	法兰颈		最小螺纹长度 T_{min}/mm	最小沉孔直径 Q_{min}/mm
NPS	DN		法兰外径 D/mm	螺栓孔中心圆直径 K/mm	螺栓孔直径 L/mm	螺栓 数量 n/个	螺栓 螺纹规格	R/mm	f_1/mm			N/mm	r/mm		
½	15	21.3	120	82.6	22	4	M20	34.9	7	22.3	32	38		23	23.6
¾	20	26.9	130	88.9	22	4	M20	42.9	7	25.4	35	44		26	29.0
1	25	33.7	150	101.6	26	4	M24	50.8	7	28.6	41	52		29	35.8
1¼	32	42.4	160	111.1	26	4	M24	63.5	7	28.6	41	64	≥4	31	44.4
1½	40	48.3	180	123.8	29	4	M27	73.0	7	31.8	44	70		32	50.6
2	50	60.3	215	165.1	26	8	M24	92.1	7	38.1	57	105		39	63.5
2½	65	76.1	245	190.5	29	8	M27	104.8	7	41.3	64	124		48	76.2

表 15 Class 2500 带颈螺纹钢制管法兰

公称尺寸		钢管外径 A/mm	连接尺寸					密封面		法兰厚度 C/mm	法兰高度 H/mm	法兰颈		最小螺纹长度 T_{min}/mm	最小沉孔直径 Q_{min}/mm
NPS	DN		法兰外径 D/mm	螺栓孔中心圆直径 K/mm	螺栓孔直径 L/mm	螺栓 数量 n/个	螺栓 螺纹规格	R/mm	f_1/mm			N/mm	r/mm		
½	15	21.3	135	88.9	22	4	M20	34.9	7	30.2	40	43		29	23.6
¾	20	26.9	140	95.2	22	4	M20	42.9	7	31.8	43	51		32	29.0
1	25	33.7	160	108.0	26	4	M24	50.8	7	35.0	48	57		35	35.8
1¼	32	42.4	185	130.2	29	4	M27	63.5	7	38.1	52	73	≥4	39	44.4
1½	40	48.3	205	146.0	32	4	M30	73.0	7	44.5	60	79		45	50.6
2	50	60.3	235	171.4	29	8	M27	92.1	7	50.9	70	95		51	63.5
2½	65	76.1	265	196.8	32	8	M30	104.8	7	57.2	79	114		58	76.2

4 技术要求

4.1 法兰的技术要求应符合 GB/T 9124 的规定。

4.2 PN 标记的螺纹法兰一般采用符合 GB/T 7306.1 规定的 55°圆柱管螺纹(Rp)或采用符合 GB/T 7306.2规定的 55°圆锥管螺纹(Rc),用户没有特殊要求,一般按 55°圆柱管螺纹(Rp)制造。

4.3 Class 标记的螺纹法兰一般采用符合 GB/T 12716 规定的 60°圆锥管螺纹(NPT),或采用用户规定的螺纹。

4.4 本标准规定的螺纹法兰仅适用于钢管外径为Ⅰ系列的钢管。

4.5 采用 55°管螺纹时,DN 150 法兰配用的钢管外径应为 165.1 mm。采用 60°圆锥管螺纹时,DN 65 法兰配用的钢管外径应为 73 mm,DN 125 法兰配用的钢管外径应为 141.3 mm。

4.6 螺纹法兰的内孔管螺纹加工,应使钢管拧入后的端部靠近但不超出法兰密封面。

4.7 螺纹轴线应与法兰轴线同心,其偏差不应超过 5 mm/m。

4.8 PN 标记的螺纹法兰不带埋头孔,螺纹应倒角至法兰背面的螺纹大径处,角度与螺纹轴线近似成 30°～50°。螺纹倒角应与螺纹同心。如果倒角的长度小于一个螺距,则此倒角长度计入螺纹长度。

4.9 Class 150 的螺纹法兰不带埋头孔,螺纹应倒角至法兰背面的螺纹大径处,角度与螺纹轴线近似成 45°;螺纹倒角应与螺纹同心,并计入螺纹长度。Class 300 及其以上压力等级的螺纹法兰背面应加工埋头孔，螺纹应倒角至埋头孔内径处，角度与螺纹轴线近似成45°；螺纹倒角和埋头孔均应与螺纹同心。

4.10　螺纹的检测应符合有关标准的规定。

5　标记及标记示例

5.1　标记

带颈螺纹钢制管法兰应按下列规定进行标记：

公称尺寸	-	公称压力	法兰型式代号(Th)	密封面型式代号	螺纹特性代号	材料代号	标准编号

5.2　标记示例

示例1：公称尺寸DN 80、公称压力PN 10、突面(RF)带颈螺纹钢制管法兰(Th)、螺纹采用55°圆锥管螺纹(Rc)、材料为20钢，其标记为：

法兰　DN 80-PN 10　Th　RF　Rc　20　GB/T 9114

示例2：公称尺寸NPS 8(DN 200)、公称压力Class 300、突面(RF)带颈螺纹钢制管法兰(Th)、螺纹采用60°圆锥管螺纹(NPT)、材料为06Cr19Ni10，其标记为：

法兰　NPS 8(或DN 200)-Class 300　Th　RF　NPT　06Cr19Ni10　GB/T 9114

ICS 23.040.60
J 15

中华人民共和国国家标准

GB/T 9115—2010
代替 GB/T 9115.1～9115.4—2000,GB/T 10746—1989

对焊钢制管法兰

Steel pipe welding neck flanges

2011-01-14 发布 2011-10-01 实施

中华人民共和国国家质量监督检验检疫总局
中国国家标准化管理委员会 发布

前　言

GB/T 9112～9124—2010《钢制管法兰》系列标准修改采用 ASME B16.5—2009《管法兰和法兰管件(NPS ½～NPS 24)》及 EN 1092-1:2007《法兰及其连接　管道、阀门、管配件及附件用圆形法兰，PN 标记　第 1 部分:钢制法兰》。ASME B16.5—2009 是关于 Class 标记法兰的一个完整的标准，EN 1092-1:2007是关于 PN 标记法兰的一个完整的标准。本系列标准综合采用了上述两个标准，包括了 Class 标记法兰和 PN 标记法兰的相关技术内容。本系列标准共有 13 项标准，本标准是其中的 1 项标准。

本标准与 ASME B16.5—2009 及 EN 1092-1:2007 标准的主要区别如下：

——本标准的编写格式与 ASME B16.5—2009 和 EN 1092-1:2007 标准不同；

——ASME B16.5—2009 标准包括了公称压力为 Class 400 的法兰数据，本系列标准没有纳入 Class 400 的法兰数据；

——ASME B16.5—2009 标准包括了公称尺寸为 NPS 3½的法兰数据，本系列标准没有 NPS 3½的法兰数据；

——ASME B16.5—2009 标准包括了法兰和法兰管件，本系列标准不包括法兰管件；

——ASME B16.5—2009 标准采用英制螺栓，螺栓孔径也采用英制尺寸，本系列标准改为公制螺栓，螺纹孔径也采用公制尺寸；

——根据我国用户的使用要求，本系列标准的 PN 标记法兰的公称尺寸范围在 EN 1092-1:2007 标准的基础上做了适当的扩充，包括增加了公称压力范围为 PN 160～PN 400 的 DN 20 和 DN 32 两个公称尺寸；

——EN 1092-1:2007 标准没有包括环连接面法兰，根据我国用户的使用要求，本系列标准增加了 PN 标记的环连接面法兰；

——EN 1092-1:2007 标准没有包括 DN 175 和 DN 225 两个公称尺寸，根据我国船用法兰用户的使用要求，本系列标准的 PN 标记法兰增加了仅用于船用法兰的 DN 175 和 DN 225 两个公称尺寸；

——本系列标准采用我国标准的法兰材料，压力-温度额定值参考 ASME B16.5—2009 及 EN 1092-1:2007 标准，另外将 ASME B16.5—2009 标准所涉及的法兰材料及法兰的压力-温度额定值作为资料性附录供参考。

本标准代替 GB/T 9115.1—2000《平面、突面对焊钢制管法兰》、GB/T 9115.2—2000《凹凸面对焊钢制管法兰》、GB/T 9115.3—2000《榫槽面对焊钢制管法兰》、GB/T 9115.4—2000《环连接面对焊钢制管法兰》及 GB/T 10746—1989《船用对焊钢法兰(四进位)》，与原标准相比主要变化如下：

——将原来的 4 项对焊钢制管法兰标准与 GB/T 10746—1989 整合为 1 项标准；

——根据 EN 1092-1:2007 标准，将 PN 标记的法兰公称尺寸范围从原来的 DN 10～DN 3000 扩大到 DN 10～DN 4000；

——根据 EN 1092-1:2007 标准，将 PN 标记的法兰公称压力范围从原来的 PN 2.5～PN 160 扩大到 PN 2.5～PN 400；

——根据 EN 1092-1:2007 标准，PN 标记的法兰增加了 O 形圈密封面型式；

——根据 EN 1092-1:2007 标准，对 PN 标记的法兰尺寸数据进行了全面的修改；

——根据 ASME B16.5—2009 标准，对 Class 标记的法兰尺寸数据进行了全面的修改；

——根据用户的使用要求，PN 标记的法兰增加了环连接面型式(RJ)；

——PN 标记的法兰增加了仅用于船用法兰的 DN 175 和 DN 225 两个公称尺寸；

——增加了各种密封面型式的适用范围表格；

——对标记进行了修订；

——根据 ASME B16.5—2009，将原标准中属于美洲体系的法兰公称压力标记进行了修改；PN 20 改为 Class 150，PN 50 改为 Class 300，PN 110 改为 Class 600，PN 150 改为 Class 900，PN 260 改为 Class 1500，PN 420 改为 Class 2500。

本标准由中国机械工业联合会提出。

本标准由全国管路附件标准化技术委员会归口。

本标准起草单位：江苏海达管件有限公司、河北圣天集团宝银高压法兰管件有限公司、蚌埠市管道配件厂、中机生产力促进中心、浙江超达阀门股份有限公司、保一集团有限公司、中国船舶工业综合技术经济研究院。

本标准主要起草人：邱晓来、李俊英、李建、李宝银、王清尧、冯峰、张晓忠、王汉洲、罗发元。

本标准所代替标准的历次版本发布情况为：

——GB/T 9115.1～9115.36—1988、GB/T 9115.1～9115.4—2000；

——GB/T 10746—1989。

对焊钢制管法兰

1 范围

本标准规定了公称压力用 PN 标记和用 Class 标记的对焊钢制管法兰的型式、尺寸、技术要求和标记。

本标准适用于公称压力为 PN 2.5～PN 400 以及 Class 150～Class 2500 的对焊钢制管法兰。

2 规范性引用文件

下列文件中的条款通过本标准的引用而成为本标准的条款。凡是注日期的引用文件，其随后所有的修改单(不包括勘误的内容)或修订版均不适用于本标准，然而，鼓励根据本标准达成协议的各方研究是否可使用这些文件的最新版本。凡是不注日期的引用文件，其最新版本适用于本标准。

GB/T 9112　钢制管法兰　类型与参数

GB/T 9124　钢制管法兰　技术条件

3 型式与尺寸

3.1 用 PN 标记的对焊钢制管法兰的型式与尺寸

3.1.1 用 PN 标记的对焊钢制管法兰的密封面型式及适用的公称压力和公称尺寸范围按表 1 的规定。

表 1　用 PN 标记的对焊钢制管法兰的密封面型式及适用的公称压力和公称尺寸范围

密封面型式	公称压力											
	PN 2.5	PN 6	PN 10	PN 16	PN 25	PN 40	PN 63	PN 100	PN 160	PN 250	PN 320	PN 400
平面(FF)	DN 10～DN 4000	DN 10～DN 3600	DN 10～DN 3000	DN 10～DN 2000	DN 10～DN 1000	DN 10～DN 600	—					
突面(RF)	DN 10～DN 4000	DN 10～DN 3600	DN 10～DN 3000	DN 10～DN 2000	DN 10～DN 1000	DN 10～DN 600	DN 10～DN 400	DN 10～DN 350	DN 10～DN 300	DN 10～DN 250		DN 10～DN 200
凹凸面(MF)	—		DN 10～DN 2000		DN 10～DN 1000	DN 10～DN 600	DN 10～DN 400	DN 10～DN 350	DN 10～DN 300	DN 10～DN 250		DN 10～DN 200
榫槽面(TG)	—		DN 10～DN 2000		DN 10～DN 1000	DN 10～DN 600	DN 10～DN 400	DN 10～DN 350	DN 10～DN 300	DN 10～DN 250		DN 10～DN 200
O形圈面(OSG)	—		DN 10～DN 2000		DN 10～DN 1000	DN 10～DN 600	—					
环连接面(RJ)	—		—		—	—	DN 15～DN 400	DN 15～DN 350	DN 15～DN 300	DN 15～DN 250		DN 15～DN 200

3.1.2 用PN标记的对焊钢制管法兰的型式应符合图1～图6的规定，法兰密封面尺寸应符合表2和表3的规定，法兰其他尺寸应符合表4～表15的规定，表中法兰颈部厚度尺寸 S 为最小值，实际尺寸应根据用户要求或钢管尺寸确定。

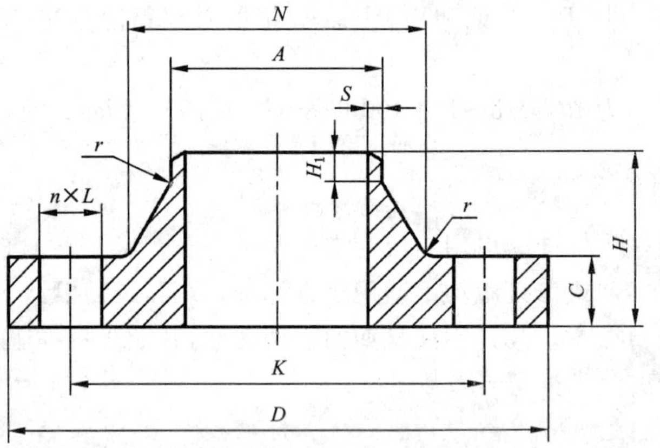

图1 平面(FF)对焊钢制管法兰

(适用于PN 2.5、PN 6、PN 10、PN 16、PN 25和PN 40)

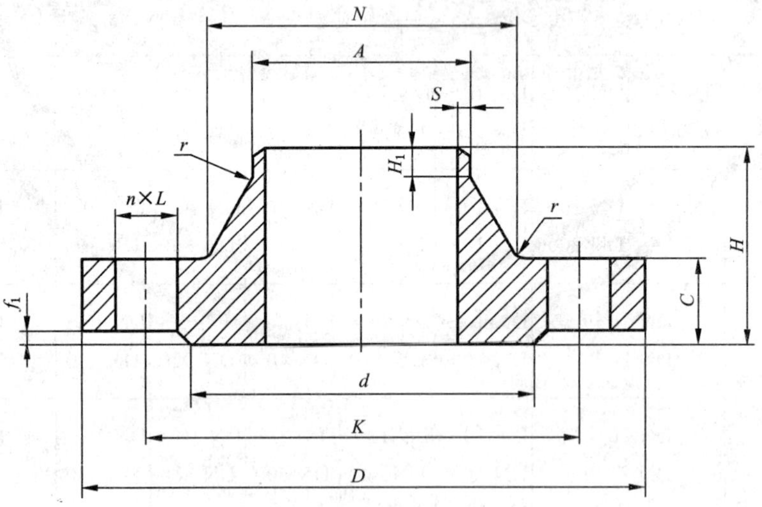

图2 突面(RF)对焊钢制管法兰

(适用于PN 2.5、PN 6、PN 10、PN 16、PN 25、PN 40、PN 63、PN 100、PN 160、PN 250、PN 320和PN 400)

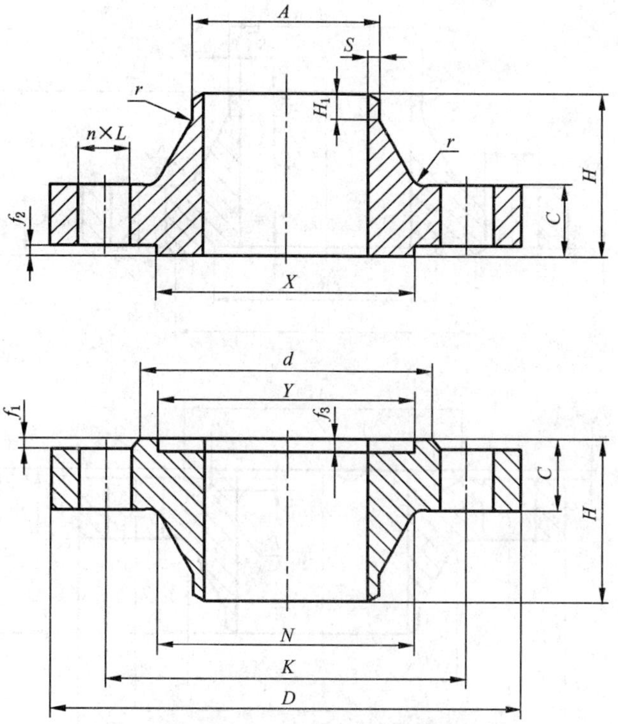

图 3　凹凸面(MF)对焊钢制管法兰

(适用于 PN 10、PN 16、PN 25、PN 40、PN 63、PN 100、PN 160、PN 250、PN 320 和 PN 400)

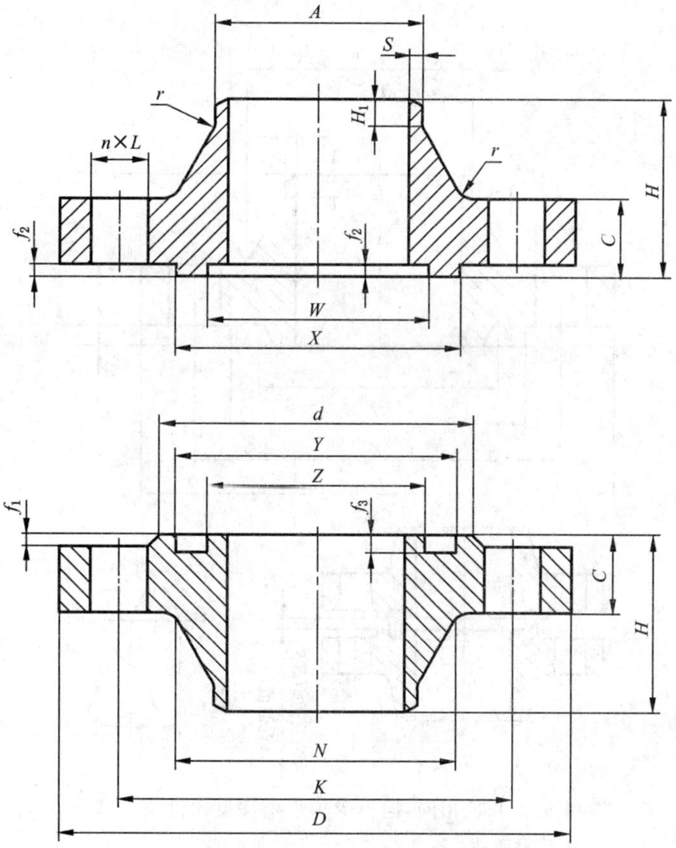

图 4　榫槽面(TG)对焊钢制管法兰

(适用于 PN 10、PN 16、PN 25、PN 40、PN 63、PN 100、PN 160、PN 250、PN 320 和 PN 400)

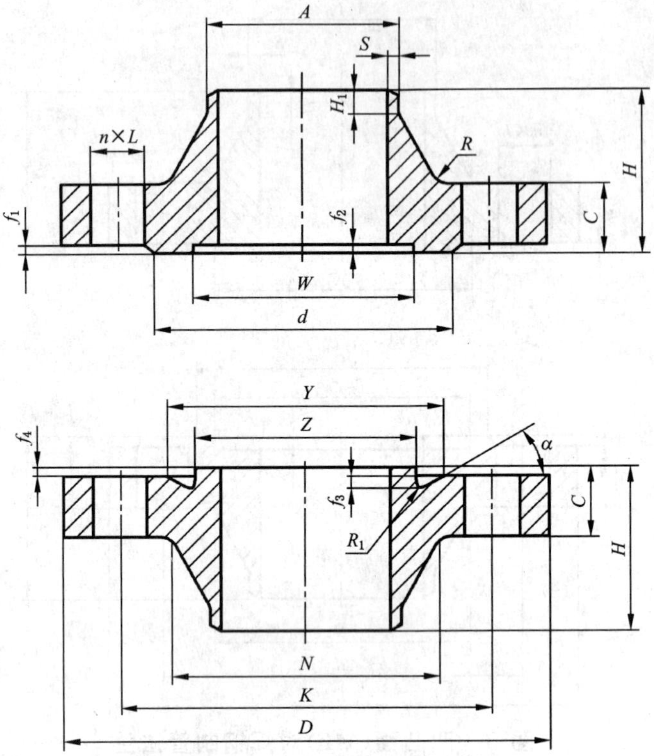

图 5　O 形圈面(OSG)对焊钢制管法兰

(适用于 PN 10、PN 16、PN 25 和 PN 40)

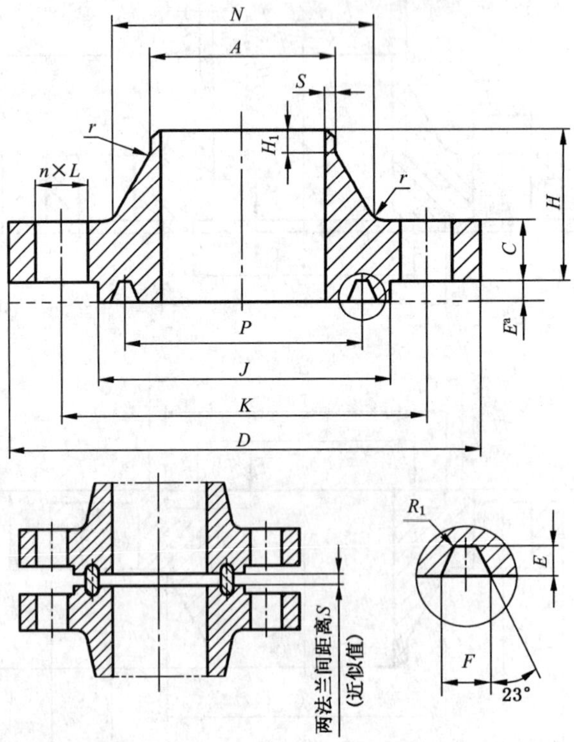

[a] 法兰凸出部分高度与梯形槽深度尺寸 E 相同，但不受梯形槽深度尺寸 E 公差的限制。

允许采用如虚线所示轮廓的全平面型式。

图 6　环连接面(RJ)对焊钢制管法兰

(适用于 PN 63、PN 100、PN 160、PN 250、PN 320 和 PN 400)

表 2 用 PN 标记的法兰密封面尺寸

公称尺寸 DN	公称压力 PN 2.5 d/mm	PN 6	PN 10	PN 16	PN 25	≥PN 40	f_1/mm	f_2/mm	f_3/mm	f_4/mm	W/mm	X/mm	Y/mm	Z/mm	α ≈	R_1/mm
10	35	35	40	40	40	40	2	4.5	4.0	2.0	24	34	35	23	—	2.5
15	40	40	45	45	45	45					29	39	40	28	—	
20	50	50	58	58	58	58					36	50	51	35	41°	
25	60	60	68	68	68	68					43	57	58	42		
32	70	70	78	78	78	78					51	65	66	50		
40	80	80	88	88	88	88	3				61	75	76	60		
50	90	90	102	102	102	102					73	87	88	72		
65	110	110	122	122	122	122					95	109	110	94		
80	128	128	138	138	138	138					106	120	121	105		
100	148	148	158	158	162	162		5.0	4.5	2.5	129	149	150	128	32°	3
125	178	178	188	188	188	188					155	175	176	154		
150	202	202	212	212	218	218					183	203	204	182		
(175)[a]	—	—	—	—	242	242					213	233	234	212		
200	258	258	268	268	278	285					239	259	260	238		
(225)[a]	—	—	—	—	305	315					266	286	287	265		
250	312	312	320	320	335	345					292	312	313	291		
300	365	365	370	378	395	410	4				343	363	364	342		
350	415	415	430	438	450	465		5.5	5.0	3.0	395	421	422	394	27°	3.5
400	465	465	482	490	505	535					447	473	474	446		
450	520	520	532	550	555	560					497	523	524	496		
500	570	570	585	610	615	615					549	575	576	548		
600	670	670	685	725	720	735	5				649	675	676	648		
700	775	775	800	795	820	840					751	777	778	750		
800	880	880	905	900	930	960					856	882	883	855		
900	980	980	1 005	1 000	1 030	1 070					961	987	988	960		
1 000	1 080	1 080	1 110	1 115	1 140	1 180		6.5	6.0	4.0	1 062	1 092	1 094	1 060	28°	4
1 200	1 280	1 295	1 330	1 330	1 350	1 380					1 262	1 292	1 294	1 260		
1 400	1 480	1 510	1 535	1 530	1 560	1 600					1 462	1 492	1 494	1 460		
1 600	1 690	1 710	1 760	1 750	1 780	1 815					1 662	1 692	1 694	1 660		
1 800	1 890	1 920	1 960	1 950	1 985	—					1 862	1 892	1 894	1 860		
2 000	2 090	2 125	2 170	2 150	2 210	—					2 062	2 092	2 094	2 060		
2 200	2 295	2 335	2 370	—	—	—		—	—	—	—	—	—	—	—	—
2 400	2 495	2 545	2 570	—	—	—		—	—	—	—	—	—	—	—	—
2 600	2 695	2 750	2 780	—	—	—		—	—	—	—	—	—	—	—	—
2 800	2 910	2 960	3 000	—	—	—		—	—	—	—	—	—	—	—	—
3 000	3 110	3 160	3 210	—	—	—		—	—	—	—	—	—	—	—	—
3 200	3 310	3 370	—	—	—	—		—	—	—	—	—	—	—	—	—
3 400	3 510	3 580	—	—	—	—		—	—	—	—	—	—	—	—	—
3 600	3 720	3 790	—	—	—	—		—	—	—	—	—	—	—	—	—
3 800	3 920	—	—	—	—	—		—	—	—	—	—	—	—	—	—
4 000	4 120	—	—	—	—	—		—	—	—	—	—	—	—	—	—

[a] 带括号尺寸不推荐使用，并且仅适用于船用法兰，其密封面型式仅有平面(FF)、突面(RF)和榫槽面(TG)。

表 3　用 PN 标记的法兰环连接面尺寸

单位为毫米

公称尺寸 DN	PN 63						PN 100						PN 160					
	J_{min}	P	E	F	R_{1max}	S	J_{min}	P	E	F	R_{1max}	S	J_{min}	P	E	F	R_{1max}	S
15	55	35	6.5	9	0.8	5	55	35	6.5	9	0.8	5	58	35	6.5	9	0.8	5
20	68	45	6.5	9	0.8	5	68	45	6.5	9	0.8	5	70	45	6.5	9	0.8	5
25	78	50	6.5	9	0.8	5	78	50	6.5	9	0.8	5	80	50	6.5	9	0.8	5
32	86	65	6.5	9	0.8	5	86	65	6.5	9	0.8	5	86	65	6.5	9	0.8	5
40	102	75	6.5	9	0.8	5	102	75	6.5	9	0.8	5	102	75	6.5	9	0.8	5
50	112	85	8	12	0.8	7	116	85	8	12	0.8	7	118	95	8	12	0.8	7
65	136	110	8	12	0.8	7	140	110	8	12	0.8	7	142	110	8	12	0.8	7
80	146	115	8	12	0.8	7	150	115	8	12	0.8	7	152	130	8	12	0.8	7
100	172	145	8	12	0.8	7	176	145	8	12	0.8	7	178	160	8	12	0.8	7
125	208	175	8	12	0.8	7	212	175	8	12	0.8	7	215	190	8	12	0.8	7
150	245	205	8	12	0.8	7	250	205	8	12	0.8	7	255	205	10	14	0.8	9
200	306	265	8	12	0.8	7	312	265	8	12	0.8	7	322	275	11	17	0.8	8
250	362	320	8	12	0.8	7	376	320	8	12	0.8	7	388	330	11	17	0.8	8
300	422	375	8	12	0.8	7	448	375	8	12	0.8	7	456	380	14	23	0.8	9
350	475	420	8	12	0.8	7	505	420	11	17	0.8	8	—	—	—	—	—	
400	540	480	8	12	0.8	7	—	—	—	—	—	—	—	—	—	—	—	

公称尺寸 DN	PN 250						PN 320						PN 400					
	J_{min}	P	E	F	R_{1max}	S	J_{min}	P	E	F	R_{1max}	S	J_{min}	P	E	F	R_{1max}	S
15	70	40	6.5	9	0.8	5	70	40	6.5	9	0.8	5	70	40	6.5	9	0.8	5
25	82	50	6.5	9	0.8	5	82	50	6.5	9	0.8	5	82	50	6.5	9	0.8	5
40	108	75	6.5	9	0.8	5	108	75	6.5	9	0.8	5	108	75	6.5	9	0.8	5
50	122	95	8	12	0.8	7	122	95	8	12	0.8	7	122	95	8	12	0.8	7
65	152	110	8	12	0.8	7	152	110	8	12	0.8	7	152	110	8	12	0.8	7
80	166	135	8	12	0.8	7	166	135	8	12	0.8	7	166	135	8	12	0.8	7
100	198	160	8	12	0.8	7	198	160	8	12	0.8	7	198	160	8	12	0.8	7
125	238	195	8	12	0.8	7	238	195	8	12	0.8	7	238	195	8	12	0.8	7
150	278	210	10	14	0.8	9	278	210	10	14	0.8	9	278	210	10	14	0.8	9
200	346	275	11	17	0.8	8	346	275	11	17	0.8	8	346	275	11	17	0.8	8
250	438	330	11	17	0.8	8	438	330	11	17	0.8	8	—	—	—	—	—	—

表 4 PN 2.5 对焊钢制管法兰

公称尺寸 DN	法兰焊端外径（钢管外径）A/mm 系列Ⅰ	法兰焊端外径（钢管外径）A/mm 系列Ⅱ	连接尺寸 法兰外径 D/mm	连接尺寸 螺栓孔中心圆直径 K/mm	连接尺寸 螺栓孔直径 L/mm	连接尺寸 螺栓 数量 n/个	连接尺寸 螺栓 螺纹规格	法兰厚度 C/mm	法兰高度 H/mm	法兰颈 N/mm 系列Ⅰ	法兰颈 N/mm 系列Ⅱ	法兰颈 S_{min}/mm	法兰颈 H_1/mm	法兰颈 r/mm
10	17.2	14	75	50	11	4	M10	12	28	26		2.0	6	4
15	21.3	18	80	55	11	4	M10	12	30	30		2.0	6	4
20	26.9	25	90	65	11	4	M10	14	32	38		2.3	6	4
25	33.7	32	100	75	11	4	M10	14	35	42		2.6	6	4
32	42.4	38	120	90	14	4	M12	14	35	55		2.6	6	6
40	48.3	45	130	100	14	4	M12	14	38	62		2.6	7	6
50	60.3	57	140	110	14	4	M12	14	38	74		2.9	8	6
65	76.1	76	160	130	14	4	M12	14	38	88		2.9	9	6
80	88.9	89	190	150	18	4	M16	16	42	102		3.2	10	8
100	114.3	108	210	170	18	4	M16	16	45	130		3.6	10	8
125	139.7	133	240	200	18	8	M16	18	48	155		4.0	10	8
150	168.3	159	265	225	18	8	M16	18	48	184		4.5	12	10
200	219.1	219	320	280	18	8	M16	20	55	236		6.3	15	10
250	273.0	273	375	335	18	12	M16	22	60	290		6.3	15	12
300	323.9	325	440	395	22	12	M20	22	62	342		7.1	15	12
350	355.6	377	490	445	22	12	M20	22	62	385	390	7.1	15	12
400	406.4	426	540	495	22	16	M20	22	65	438	440	7.1	15	12
450	457	480	595	550	22	16	M20	22	65	492	494	7.1	15	12
500	508	530	645	600	22	20	M20	24	68	538	545	7.1	15	12
600	610	630	755	705	26	20	M24	30	70	640	650	7.1	16	12
700	711	720	860	810	26	24	M24	30(26)[a]	76	740	740	7.1	16	12
800	813	820	975	920	30	24	M27	30(26)[a]	76	842	844	7.1	16	12
900	914	920	1 075	1 020	30	24	M27	30(26)[a]	78	942	944	7.1	16	12
1 000	1 016	1 020	1 175	1 120	30	28	M27	30(26)[a]	82	1 045		7.1	16	16
1 200	1 219	1 220	1 375	1 320	30	32	M27	32(26)[a]	94	1 245		8.0	16	16
1 400	1 422	1 420	1 575	1 520	30	36	M27	38(26)[a]	96	1 445		8.0	16	16
1 600	1 626	1 620	1 790	1 730	30	40	M27	46(26)[a]	102	1 645		8.8	20	16
1 800	1 829	1 820	1 990	1 930	30	44	M27	46(26)[a]	110	1 845		10.0	20	16
2 000	2 032	2 020	2 190	2 130	30	48	M27	50(26)[a]	122	2 045		11.0	22	16
2 200	2 235	2 220	2 405	2 340	33	52	M30	56(28)[a]	129	2 248		11.0	25	18
2 400	2 438	2 420	2 605	2 540	33	56	M30	62(28)[a]	143	2 448		11.0	25	18
2 600	2 620		2 805	2 740	33	60	M30	64(28)[a]	148	2 648		11.0	25	18
2 800	2 820		3 030	2 960	36	64	M33	74(30)[a]	161	2 848		11.0	25	18
3 000	3 020		3 230	3 160	36	68	M33	80(30)[a]	170	3 050		11.0	25	18
3 200	3 220		3 430	3 360	36	72	M33	84	180	3 250		11.0	25	20
3 400	3 420		3 630	3 560	36	76	M33	90	194	3 450		11.0	28	20
3 600	3 620		3 840	3 770	36	80	M33	96	201	3 652		11.0	28	20
3 800	3 820		4 045	3 970	39	80	M36	102	212	3 852		11.0	28	20
4 000	4 020		4 245	4 170	39	84	M36	106	226	4 052		11.0	28	20

注：公称尺寸 DN 10～DN 1000 的法兰使用 PN 6 法兰的尺寸。

[a] 括号内尺寸为原标准法兰厚度，对于现有设备或供需双方认可仍可采用括号内的法兰厚度尺寸。

表 5 PN 6 对焊钢制管法兰

公称尺寸 DN	法兰焊端外径（钢管外径）A/mm		连接尺寸					法兰厚度 C/mm	法兰高度 H/mm	法兰颈				
	系列Ⅰ	系列Ⅱ	法兰外径 D/mm	螺栓孔中心圆直径 K/mm	螺栓孔直径 L/mm	螺栓 数量 n/个	螺栓 螺纹规格			N/mm 系列Ⅰ	N/mm 系列Ⅱ	S_{min}/mm	H_1/mm	r/mm
10	17.2	14	75	50	11	4	M10	12	28	26		2.0	6	4
15	21.3	18	80	55	11	4	M10	12	30	30		2.0	6	4
20	26.9	25	90	65	11	4	M10	14	32	38		2.3	6	4
25	33.7	32	100	75	11	4	M10	14	35	42		2.6	6	4
32	42.4	38	120	90	14	4	M12	14	35	55		2.6	6	6
40	48.3	45	130	100	14	4	M12	14	38	62		2.6	7	6
50	60.3	57	140	110	14	4	M12	14	38	74		2.9	8	6
65	76.1	76	160	130	14	4	M12	14	38	88		2.9	9	6
80	88.9	89	190	150	18	4	M16	16	42	102		3.2	10	8
100	114.3	108	210	170	18	4	M16	16	45	130		3.6	10	8
125	139.7	133	240	200	18	8	M16	18	48	155		4.0	10	8
150	168.3	159	265	225	18	8	M16	18	48	184		4.5	12	10
200	219.1	219	320	280	18	8	M16	20	55	236		6.3	15	10
250	273.0	273	375	335	18	12	M16	22	60	290		6.3	15	12
300	323.9	325	440	395	22	12	M20	22	62	342		7.1	15	12
350	355.6	377	490	445	22	12	M20	22	62	385	390	7.1	15	12
400	406.4	426	540	495	22	16	M20	22	65	438	440	7.1	15	12
450	457	480	595	550	22	16	M20	22	65	492	494	7.1	15	12
500	508	530	645	600	22	20	M20	24	68	538	545	7.1	15	12
600	610	630	755	705	26	20	M24	30	70	640	650	7.1	16	12
700	711	720	860	810	26	24	M24	30(26)[a]	76	740	740	8.0	16	12
800	813	820	975	920	30	24	M27	30(26)[a]	76	842	844	8.0	16	12
900	914	920	1 075	1 020	30	24	M27	34(26)[a]	78	942	944	8.0	16	12
1 000	1 016	1 020	1 175	1 120	30	28	M27	38(26)[a]	82	1 045		8.0	16	16
1 200	1 219	1 220	1 405	1 340	33	32	M30	42(28)[a]	104	1 248		8.8	20	16
1 400	1 422	1 420	1 630	1 560	36	36	M33	56(32)[a]	114	1 452		8.8	20	16
1 600	1 626	1 620	1 830	1 760	36	40	M33	63(34)[a]	119	1 655		10.0	20	16
1 800	1 829	1 820	2 045	1 970	39	44	M36	69(36)[a]	133	1 855		11.0	20	16
2 000	2 032	2 020	2 265	2 180	42	48	M39	74(38)[a]	146	2 058		12.5	25	16
2 200	2 235	2 220	2 475	2 390	42	52	M39	81(42)[a]	154	2 260		14.0	25	18
2 400	2 438	2 420	2 685	2 600	42	56	M39	87(44)[a]	168	2 462		15.0	25	18
2 600	2 620		2 905	2 810	48	60	M45	91(46)[a]	175	2 665		16.0	25	18
2 800	2 820		3 115	3 020	48	64	M45	101(48)[a]	188	2 865		17.0	30	18
3 000	3 020		3 315	3 220	48	68	M45	102(50)[a]	192	3 068		20.0	30	18
3 200	3 220		3 525	3 430	48	72	M45	106	202	3 272		20.0	30	20
3 400	3 420		3 735	3 640	48	76	M45	110	214	3 475		22.0	35	20
3 600	3 620		3 970	3 860	56	80	M52	124	229	3 678		22.0	35	20

a 括号内尺寸为原标准法兰厚度，对于现有设备或供需双方认可仍可采用括号内的法兰厚度尺寸。

表 6 PN 10 对焊钢制管法兰

公称尺寸 DN	法兰焊端外径（钢管外径）A/mm		连接尺寸					法兰厚度 C/mm	法兰高度 H/mm	法兰颈				
			法兰外径 D/mm	螺栓孔中心圆直径 K/mm	螺栓孔直径 L/mm	螺栓				N/mm		S_{min}/mm	H_1/mm	r/mm
	系列Ⅰ	系列Ⅱ				数量 n/个	螺纹规格			系列Ⅰ	系列Ⅱ			
10	17.2	14	90	60	14	4	M12	16	35	28		2.0	6	4
15	21.3	18	95	65	14	4	M12	16	38	32		2.0	6	4
20	26.9	25	105	75	14	4	M12	18	40	40		2.3	6	4
25	33.7	32	115	85	14	4	M12	18	40	46		2.6	6	4
32	42.4	38	140	100	18	4	M16	18	42	56		2.6	6	6
40	48.3	45	150	110	18	4	M16	18	45	64		2.6	7	6
50	60.3	57	165	125	18	4	M16	18	45	74		2.9	8	6
65	76.1	76	185	145	18	8[a]	M16	18	45	92		2.9	10	6
80	88.9	89	200	160	18	8	M16	20	50	105		3.2	10	6
100	114.3	108	220	180	18	8	M16	20	52	131		3.6	12	8
125	139.7	133	250	210	18	8	M16	22	55	156		4.0	12	8
150	168.3	159	285	240	22	8	M20	22	55	184		4.5	12	10
200	219.1	219	340	295	22	8	M20	24	62	234		6.3	16	10
250	273.0	273	395	350	22	12	M20	26	68	292		6.3	16	12
300	323.9	325	445	400	22	12	M20	26	68	342		7.1	16	12
350	355.6	377	505	460	22	16	M20	26	68	385	400	7.1	16	12
400	406.4	426	565	515	26	16	M24	26	72	440	445	7.1	16	12
450	457	480	615	565	26	20	M24	28	72	488	500	7.1	16	12
500	508	530	670	620	26	20	M24	28	75	542	550	7.1	16	12
600	610	630	780	725	30	20	M27	30	82	642	650	8.0	18	12
700	711	720	895	840	30	24	M27	35(30)[b]	85	746		8.8	18	12
800	813	820	1 015	950	33	24	M30	38(32)[b]	96	850		8.8	18	12
900	914	920	1 115	1 050	33	28	M30	38(34)[b]	99	950		12.5	20	12
1 000	1 016	1 020	1 230	1 160	36	28	M33	44(34)[b]	105	1 052		12.5	20	16
1 200	1 219	1 220	1 455	1 380	39	32	M36	55(38)[b]	132	1 256		12.5	25	16
1 400	1 422	1 420	1 675	1 590	42	36	M39	65(42)[b]	143	1 460		14.2	25	16
1 600	1 626	1 620	1 915	1 820	48	40	M45	75(46)[b]	159	1 666		16.0	25	16
1 800	1 829	1 820	2 115	2 020	48	44	M45	85(50)[b]	175	1 868		17.5	30	16
2 000	2 032	2 020	2 325	2 230	48	48	M45	90(54)[b]	186	2 072		17.5	30	16
2 200	2 235		2 550	2 440	56	52	M52	100	202	2 275		20.0	35	18
2 400	2 438		2 760	2 650	56	56	M52	110	218	2 478		22.2	35	18
2 600	2 620		2 960	2 850	56	60	M52	110	224	2 680		25.0	40	18
2 800	2 820		3 180	3 070	56	64	M52	124	244	2 882		25.0	40	18
3 000	3 020		3 405	3 290	62	68	M56	132	257	3 085		32.0	45	18

注：公称尺寸 DN 10～DN 40 的法兰使用 PN 40 法兰的尺寸；公称尺寸 DN 50～DN 150 的法兰使用 PN 16 法兰的尺寸。

[a] 对于铸铁法兰和铜合金法兰，该规格的法兰可能是 4 个螺栓孔的，因此，当制造厂和用户协商同意后，与铸铁法兰和铜合金法兰配对使用的钢制法兰可以采用 4 个螺栓孔。

[b] 括号内尺寸为原标准法兰厚度，对于现有设备或供需双方认可仍可采用括号内的法兰厚度尺寸。

表 7　PN 16 对焊钢制管法兰

公称尺寸 DN	法兰焊端外径(钢管外径) A/mm		连接尺寸					法兰厚度 C/mm	法兰高度 H/mm	法兰颈				
	系列Ⅰ	系列Ⅱ	法兰外径 D/mm	螺栓孔中心圆直径 K/mm	螺栓孔直径 L/mm	螺栓 数量 n/个	螺栓 螺纹规格			N/mm 系列Ⅰ	N/mm 系列Ⅱ	S_{min}/mm	H_1/mm	r/mm
10	17.2	14	90	60	14	4	M12	16	35	28		2.0	6	4
15	21.3	18	95	65	14	4	M12	16	38	32		2.0	6	4
20	26.9	25	105	75	14	4	M12	18	40	40		2.3	6	4
25	33.7	32	115	85	14	4	M12	18	40	46		2.6	6	4
32	42.4	38	140	100	18	4	M16	18	42	56		2.6	6	6
40	48.3	45	150	110	18	4	M16	18	45	64		2.6	7	6
50	60.3	57	165	125	18	4	M16	18	45	74		2.9	8	6
65	76.1	76	185	145	18	8[a]	M16	18	45	92		2.9	10	6
80	88.9	89	200	160	18	8	M16	20	50	105		3.2	10	6
100	114.3	108	220	180	18	8	M16	20	52	131		3.6	12	8
125	139.7	133	250	210	18	8	M16	22	55	156		4.0	12	8
150	168.3	159	285	240	22	8	M20	22	55	184		4.5	12	10
200	219.1	219	340	295	22	12	M20	24	62	235		6.3	16	10
250	273.0	273	405	355	26	12	M24	26	70	292		6.3	16	12
300	323.9	325	460	410	26	12	M24	28	78	344		7.1	16	12
350	355.6	377	520	470	26	16	M24	30	82	390	400	8.0	16	12
400	406.4	426	580	525	30	16	M27	32	85	445	450	8.0	16	12
450	457	480	640	585	30	20	M27	34	83	490	506	8.0	16	12
500	508	530	715	650	33	20	M30	36	84	548	559	8.0	16	12
600	610	630	840	770	36	20	M33	40	88	670	670	10.0	18	12
700	711	720	910	840	36	24	M33	40(38)[b]	104	755	755	10.0	18	12
800	813	820	1 025	950	39	24	M36	41(38)[b]	108	855	855	12.5	20	12
900	914	920	1 125	1 050	39	28	M36	48(40)[b]	118	955	958	12.5	20	12
1 000	1 016	1 020	1 255	1 170	42	28	M39	59(42)[b]	137	1 058	1 060	12.5	22	16
1 200	1 219	1 220	1 485	1 390	48	32	M45	78(48)[b]	160	1 262		14.2	30	16
1 400	1 422	1 420	1 685	1 590	48	36	M45	84(52)[b]	177	1 465		16.0	30	16
1 600	1 626	1 620	1 930	1 820	56	40	M52	102(58)[b]	204	1 668		17.5	35	16
1 800	1 829	1 820	2 130	2 020	56	44	M52	110(62)[b]	218	1 870		20.0	35	16
2 000	2 032	2 020	2 345	2 230	62	48	M56	124(66)[b]	238	2 072		22.0	40	16

注：公称尺寸 DN 10～DN 40 的法兰使用 PN 40 法兰的尺寸。

[a] 对于铸铁法兰和铜合金法兰，该规格的法兰可能是 4 个螺栓孔的，因此，当制造厂和用户协商同意后，与铸铁法兰和铜合金法兰配对使用的钢制法兰可以采用 4 个螺栓孔。

[b] 括号内尺寸为原标准法兰厚度，对于现有设备或供需双方认可仍可采用括号内的法兰厚度尺寸。

表 8 PN 25 对焊钢制管法兰

公称尺寸 DN	法兰焊端外径（钢管外径）A/mm		连接尺寸					法兰厚度 C/mm	法兰高度 H/mm	法兰颈				
			法兰外径 D/mm	螺栓孔中心圆直径 K/mm	螺栓孔直径 L/mm	螺栓				N/mm		S_{min}/mm	H_1/mm	r/mm
	系列Ⅰ	系列Ⅱ				数量 n/个	螺纹规格			系列Ⅰ	系列Ⅱ			
10	17.2	14	90	60	14	4	M12	16	35	28		2.0	6	4
15	21.3	18	95	65	14	4	M12	16	38	32		2.0	6	4
20	26.9	25	105	75	14	4	M12	18	40	40		2.3	6	4
25	33.7	32	115	85	14	4	M12	18	40	46		2.6	6	4
32	42.4	38	140	100	18	4	M16	18	42	56		2.6	6	6
40	48.3	45	150	110	18	4	M16	18	45	64		2.6	7	6
50	60.3	57	165	125	18	4	M16	20	48	75		2.9	8	6
65	76.1	76	185	145	18	8	M16	22	52	90		2.9	10	6
80	88.9	89	200	160	18	8	M16	24	58	105		3.2	12	8
100	114.3	108	235	190	22	8	M20	24	65	134		3.6	12	8
125	139.7	133	270	220	26	8	M24	26	68	162		4.0	12	8
150	168.3	159	300	250	26	8	M24	28	75	192		4.5	12	10
(175)[a]	193.7	—	330	280	26	12	M24	29	78	217	—	5.6	14	10
200	219.1	219	360	310	26	12	M24	30	80	244		6.3	16	10
(225)[a]	245	—	395	340	30	12	M27	31	84	270	—	7.1	17	10
250	273.0	273	425	370	30	12	M27	32	88	298		7.1	18	12
300	323.9	325	485	430	30	16	M27	34	92	352		8.0	18	12
350	355.6	377	555	490	33	16	M30	38	100	398	406	8.0	20	12
400	406.4	426	620	550	36	16	M33	40	110	452	464	8.8	20	12
450	457	480	670	600	36	20	M33	46	110	500	514	8.8	20	12
500	508	530	730	660	36	20	M33	48	125	558	570	10.0	20	12
600	610	630	845	770	39	20	M36	48	125	660	670	11.0	20	12
700	711	720	960	875	42	24	M39	50(46)[b]	129	760	766	14.2	20	12
800	813	820	1 085	990	48	24	M45	53(50)[b]	138	864	874	16.0	22	12
900	914	920	1 185	1 090	48	28	M45	57(54)[b]	148	968	974	17.5	24	12
1 000	1 016	1 020	1 320	1 210	56	28	M52	63(58)[b]	160	1 070	1 074	20.0	24	16

注：公称尺寸 DN 10～DN 150 的法兰使用 PN 40 法兰的尺寸。

[a] 带括号尺寸不推荐使用，并且仅适用于船用法兰。

[b] 括号内尺寸为原标准法兰厚度，对于现有设备或供需双方认可仍可采用括号内的法兰厚度尺寸。

表 9 PN 40 对焊钢制管法兰

公称尺寸 DN	法兰焊端外径（钢管外径）A/mm		连接尺寸					法兰厚度 C/mm	法兰高度 H/mm	法兰颈				
			法兰外径	螺栓孔中心圆直径	螺栓孔直径	螺栓				N/mm		S_{min}/mm	H_1/mm	r/mm
	系列Ⅰ	系列Ⅱ	D/mm	K/mm	L/mm	数量 n/个	螺纹规格			系列Ⅰ	系列Ⅱ			
10	17.2	14	90	60	14	4	M12	16	35	28		2.0	6	4
15	21.3	18	95	65	14	4	M12	16	38	32		2.0	6	4
20	26.9	25	105	75	14	4	M12	18	40	40		2.3	6	4
25	33.7	32	115	85	14	4	M12	18	40	46		2.6	6	4
32	42.4	38	140	100	18	4	M16	18	42	56		2.6	6	6
40	48.3	45	150	110	18	4	M16	18	45	64		2.6	7	6
50	60.3	57	165	125	18	4	M16	20	48	75		2.9	8	6
65	76.1	76	185	145	18	8	M16	22	52	90		2.9	10	6
80	88.9	89	200	160	18	8	M16	24	58	105		3.2	12	8
100	114.3	108	235	190	22	8	M20	24	65	134		3.6	12	8
125	139.7	133	270	220	26	8	M24	26	68	162		4.0	12	8
150	168.3	159	300	250	26	8	M24	28	75	192		4.5	12	10
(175)[a]	193.7	—	350	295	30	12	M27	31	82	217	—	5.6	14	10
200	219.1	219	375	320	30	12	M27	34	88	244		6.3	16	10
(225)[a]	245	—	420	355	33	12	M30	36	96	275	—	6.3	17	10
250	273.0	273	450	385	33	12	M30	38	105	306		7.1	18	12
300	323.9	325	515	450	33	16	M30	42	115	362		8.0	18	12
350	355.6	377	580	510	36	16	M33	46	125	408	418	8.8	20	12
400	406.4	426	660	585	39	16	M36	50	135	462	480	11.0	20	12
450	457	480	685	610	39	20	M36	57	135	500	530	12.5	20	12
500	508	530	755	670	42	20	M39	57	140	562	580	14.2	20	12
600	610	630	890	795	48	20	M45	72	150	666	686	16.0	20	12

a 带括号尺寸不推荐使用，并且仅适用于船用法兰。

表 10 PN 63 对焊钢制管法兰

公称尺寸 DN	法兰焊端外径（钢管外径）A/mm		连接尺寸					法兰厚度 C/mm	法兰高度 H/mm	法兰颈				
			法兰外径	螺栓孔中心圆直径	螺栓孔直径	螺栓				N/mm		S_{min}/mm	H_1/mm	r/mm
	系列Ⅰ	系列Ⅱ	D/mm	K/mm	L/mm	数量 n/个	螺纹规格			系列Ⅰ	系列Ⅱ			
10	17.2	14	100	70	14	4	M12	20	45	32		2.0	6	4
15	21.3	18	105	75	14	4	M12	20	45	34		3.2	6	4
20	26.9	25	130	90	18	4	M16	22	48	42		3.2	8	4
25	33.7	32	140	100	18	4	M16	24	58	52		3.6	8	4
32	42.4	38	155	110	22	4	M20	24	60	62		3.6	8	6
40	48.3	45	170	125	22	4	M20	26	62	70		3.6	10	6
50	60.3	57	180	135	22	4	M20	26	62	82		4.0	10	6
65	76.1	76	205	160	22	8	M20	26	68	98		4.0	12	6
80	88.9	89	215	170	22	8	M20	28	72	112		4.5	12	8
100	114.3	108	250	200	26	8	M24	30	78	138		4.5	12	8
125	139.7	133	295	240	30	8	M27	34	88	168		5.6	12	8
150	168.3	159	345	280	33	8	M30	36	95	202		6.3	12	10
(175)[a]	193.7	—	375	310	33	12	M30	40	105	228		6.3	14	10
200	219.1	219	415	345	36	12	M33	42	110	256		7.1	16	10
(225)[a]	245	—	440	370	36	12	M33	44	118	286		8.0	16	10
250	273.0	273	470	400	36	12	M33	46	125	316		8.8	18	12
300	323.9	325	530	460	36	16	M33	52	140	372		11.0	18	12
350	355.6	377	600	525	39	16	M36	56	150	420	430	12.5	20	12
400	406.4	426	670	585	42	16	M39	60	160	475	484	14.2	20	12

注：公称尺寸 DN 10～DN 40 的法兰使用 PN 100 法兰的尺寸。

a 带括号尺寸不推荐使用，并且仅适用于船用法兰。

表 11　PN 100 对焊钢制管法兰

公称尺寸 DN	法兰焊端外径（钢管外径）A/mm		连接尺寸					法兰厚度 C/mm	法兰高度 H/mm	法兰颈			
	系列Ⅰ	系列Ⅱ	法兰外径 D/mm	螺栓孔中心圆直径 K/mm	螺栓孔直径 L/mm	螺栓 数量 n/个	螺栓 螺纹规格			N/mm	S_{min}/mm	H_1/mm	r/mm
10	17.2	14	100	70	14	4	M12	20	45	32	2.0	6	4
15	21.3	18	105	75	14	4	M12	20	45	34	3.2	6	4
20	26.9	25	130	90	18	4	M16	22	48	42	3.2	8	4
25	33.7	32	140	100	18	4	M16	24	58	52	3.6	8	4
32	42.4	38	155	110	22	4	M20	24	60	62	3.6	8	6
40	48.3	45	170	125	22	4	M20	26	62	70	3.6	10	6
50	60.3	57	195	145	26	4	M24	28	68	90	4.0	10	6
65	76.1	76	220	170	26	8	M24	30	76	108	4.0	12	6
80	88.9	89	230	180	26	8	M24	32	78	120	5.0	12	8
100	114.3	108	265	210	30	8	M27	36	90	150	5.6	12	8
125	139.7	133	315	250	33	8	M30	40	105	180	6.3	12	8
150	168.3	159	355	290	33	12	M30	44	115	210	8.0	12	10
200	219.1	219	430	360	36	12	M33	52	130	278	8.8	16	10
250	273.0	273	505	430	39	12	M36	60	157	340	10.0	18	12
300	323.9	325	585	500	42	16	M39	68	170	400	12.5	18	12
350	355.6	377	655	560	48	16	M45	74	189	460	14.2	20	12

表 12　PN 160 对焊钢制管法兰

公称尺寸 DN	法兰焊端外径（钢管外径）A/mm		连接尺寸					法兰厚度 C/mm	法兰高度 H/mm	法兰颈			
	系列Ⅰ	系列Ⅱ	法兰外径 D/mm	螺栓孔中心圆直径 K/mm	螺栓孔直径 L/mm	螺栓 数量 n/个	螺栓 螺纹规格			N/mm	S_{min}/mm	H_1/mm	r/mm
10	17.2	14	100	70	14	4	M12	20	45	32	2.0	6	4
15	21.3	18	105	75	14	4	M12	20	45	34	2.0	6	4
20	26.9	25	130	90	18	4	M16	24	52	42	2.9	6	4
25	33.7	32	140	100	18	4	M16	24	58	52	2.9	8	4
32	42.4	38	155	110	22	4	M20	28	60	60	3.6	8	5
40	48.3	45	170	125	22	4	M20	28	64	70	3.6	10	6
50	60.3	57	195	145	26	4	M24	30	75	90	4.0	10	6
65	76.1	76	220	170	26	8	M24	34	82	108	5.0	12	6
80	88.9	89	230	180	26	8	M24	36	86	120	6.3	12	8
100	114.3	108	265	210	30	8	M27	40	100	150	8.0	12	8
125	139.7	133	315	250	33	8	M30	44	115	180	10.0	14	8
150	168.3	159	355	290	33	12	M30	50	128	210	12.5	14	10
200	219.1	219	430	360	36	12	M33	60	140	278	16.0	16	10
250	273.0	273	515	430	42	12	M39	68	155	340	20.0	18	12
300	323.9	325	585	500	42	16	M39	78	175	400	22.2	18	12

表 13　PN 250 对焊钢制管法兰

公称尺寸 DN	法兰焊端外径（钢管外径）A/mm 系列Ⅰ	连接尺寸 法兰外径 D/mm	螺栓孔中心圆直径 K/mm	螺栓孔直径 L/mm	螺栓 数量 n/个	螺纹规格	法兰厚度 C/mm	法兰高度 H/mm	法兰颈 N/mm	S_{min}/mm	H_1/mm	r/mm
10	17.2	125	85	18	4	M16	24	58	44	2.6	6	4
15	21.3	130	90	18	4	M16	26	60	48	2.6	6	4
20	26.9	135	95	18	4	M16	28	62	54	3.2	8	4
25	33.7	150	105	22	4	M20	28	65	60	3.6	8	4
32	42.4	165	120	22	4	M20	32	70	72	4.0	8	4
40	48.3	185	135	26	4	M24	34	80	84	5.0	10	6
50	60.3	200	150	26	8	M24	38	85	95	6.3	10	6
65	76.1	230	180	26	8	M24	42	95	124	8.0	12	6
80	101.6	255	200	30	8	M27	46	102	136	11.0	12	8
100	127.0	300	235	33	8	M30	54	120	164	14.2	14	8
125	152.4	340	275	33	12	M30	60	140	200	16.0	16	8
150	177.8	390	320	36	12	M33	68	160	240	17.5	18	10
200	244.5	485	400	42	12	M39	82	190	305	25.0	25	10
250	298.5	585	490	48	16	M45	100	215	385	32.0	30	12

表 14　PN 320 对焊钢制管法兰

公称尺寸 DN	法兰焊端外径（钢管外径）A/mm 系列Ⅰ	连接尺寸 法兰外径 D/mm	螺栓孔中心圆直径 K/mm	螺栓孔直径 L/mm	螺栓 数量 n/个	螺纹规格	法兰厚度 C/mm	法兰高度 H/mm	法兰颈 N/mm	S_{min}/mm	H_1/mm	r/mm
10	17.2	125	85	18	4	M16	24	58	44	2.6	6	4
15	21.3	130	90	18	4	M16	26	60	48	3.2	6	4
20	26.9	145	100	22	4	M20	30	70	58	4.0	8	4
25	33.7	160	115	22	4	M20	34	78	68	5.0	8	4
32	42.4	175	130	26	4	M24	36	83	80	5.6	8	4
40	48.3	195	145	26	4	M24	38	88	92	6.3	10	6
50	60.3	210	160	26	8	M24	42	100	106	8.0	10	6
65	88.9	255	200	30	8	M27	51	120	138	11.0	12	6
80	101.6	275	220	30	8	M27	55	130	156	12.5	14	8
100	133.0	335	265	36	8	M33	65	145	186	16.0	16	8
125	168.3	380	310	36	12	M33	75	175	230	20.0	20	8
150	193.7	425	350	39	12	M36	84	195	265	25.0	25	10
200	244.5	525	440	42	16	M39	103	235	345	30.0	30	10
250	323.9	640	540	52	16	M48	125	300	428	40.0	40	12

表 15 PN 400 对焊钢制管法兰

公称尺寸 DN	法兰焊端外径（钢管外径）A/mm 系列Ⅰ	连接尺寸 法兰外径 D/mm	螺栓孔中心圆直径 K/mm	螺栓孔直径 L/mm	螺栓 数量 n/个	螺纹规格	法兰厚度 C/mm	法兰高度 H/mm	法兰颈 N/mm	S_{min}/mm	H_1/mm	r/mm
10	17.2	125	85	18	4	M16	28	65	48	3.6	8	4
15	26.9	145	100	22	4	M20	30	68	56	5.0	8	4
20	33.7	160	115	22	4	M20	34	80	70	6.3	10	4
25	42.4	180	130	26	4	M24	38	90	82	7.1	10	4
32	48.3	200	145	26	4	M24	43	100	94	8.8	12	6
40	60.3	220	165	30	4	M27	48	110	106	10.0	12	6
50	76.1	235	180	30	8	M27	52	120	120	12.5	15	6
65	101.6	290	225	33	8	M30	64	135	158	16.0	18	6
80	114.3	305	240	33	8	M30	68	150	174	17.5	20	8
100	139.7	370	295	39	8	M36	80	175	216	22.2	25	8
125	193.7	415	340	39	12	M36	92	200	258	30.0	30	8
150	219.1	475	390	42	12	M39	105	225	302	35.0	35	10
200	273.0	585	490	48	16	M45	130	280	388	40.0	40	10

3.2 用 Class 标记的对焊钢制管法兰的型式与尺寸

3.2.1 用 Class 标记的对焊钢制管法兰的密封面型式及适用的公称压力和公称尺寸范围按表 16 的规定。

表 16 用 Class 标记的对焊钢制管法兰的密封面型式及适用的公称压力和公称尺寸范围

密封面型式	公称压力 Class 150	Class 300	Class 600	Class 900	Class 1500	Class 2500
平面(FF)	NPS ½(DN 15)～NPS 24(DN 600)	—				
突面(RF)	NPS ½(DN 15)～NPS 24(DN 600)					NPS ½(DN 15)～NPS 12(DN 300)
凹凸面(MF)	—	NPS ½(DN 15)～NPS 24(DN 600)				NPS ½(DN 15)～NPS 12(DN 300)
榫槽面(TG)	—	NPS ½(DN 15)～NPS 24(DN 600)				NPS ½(DN 15)～NPS 12(DN 300)
环连接面(RJ)	NPS 1(DN 25)～NPS 24(DN 600)	NPS ½(DN 15)～NPS 24(DN 600)				NPS ½(DN 15)～NPS 12(DN 300)

3.2.2 用 Class 标记的对焊钢制管法兰的型式应符合图 7～图 11 的规定，法兰密封面尺寸应符合表 17和表 18 的规定，法兰其他尺寸应符合表 19～表 24 的规定，表中法兰内径 B 相当于采用标准管表号的尺寸，对于未规定的法兰内径 B 或采用其他管表号的钢管，应根据用户要求或钢管尺寸确定法兰内径 B。

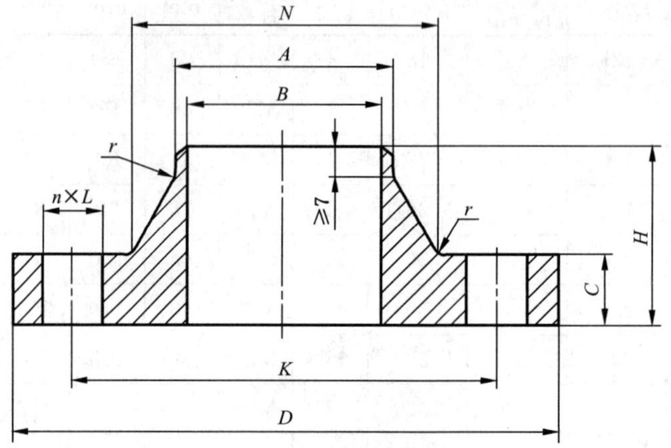

图 7　平面(FF)对焊钢制管法兰
(适用于 Class 150)

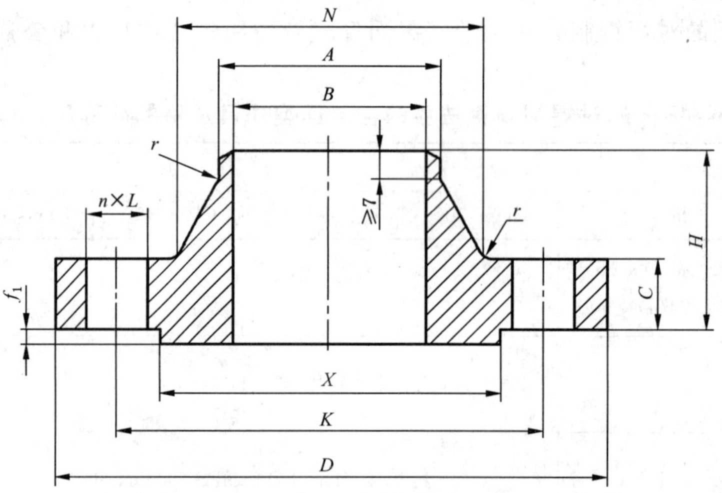

图 8　突面(RF)对焊钢制管法兰
(适用于 Class 150、Class 300、Class 600、Class 900、Class 1500 和 Class 2500)

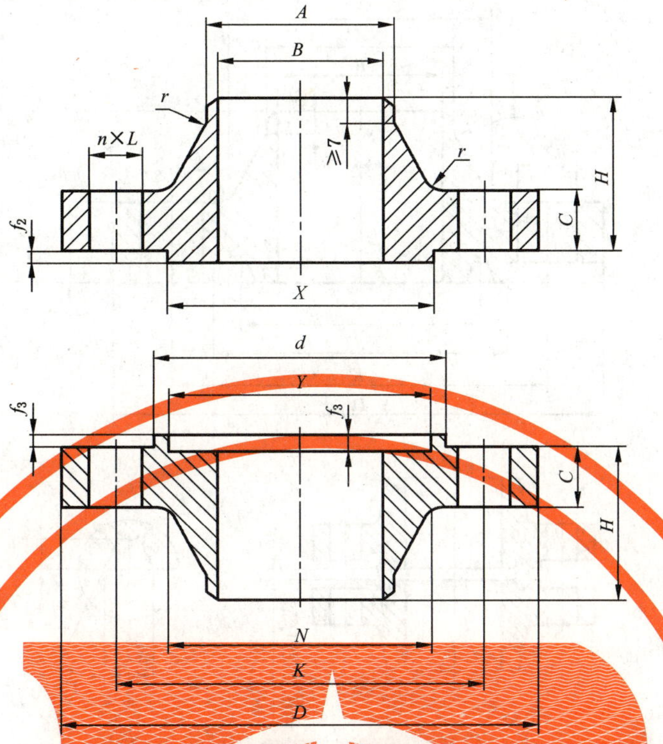

图 9　凹凸面(MF)对焊钢制管法兰

(适用于 Class 300、Class 600、Class 900、Class 1500 和 Class 2500)

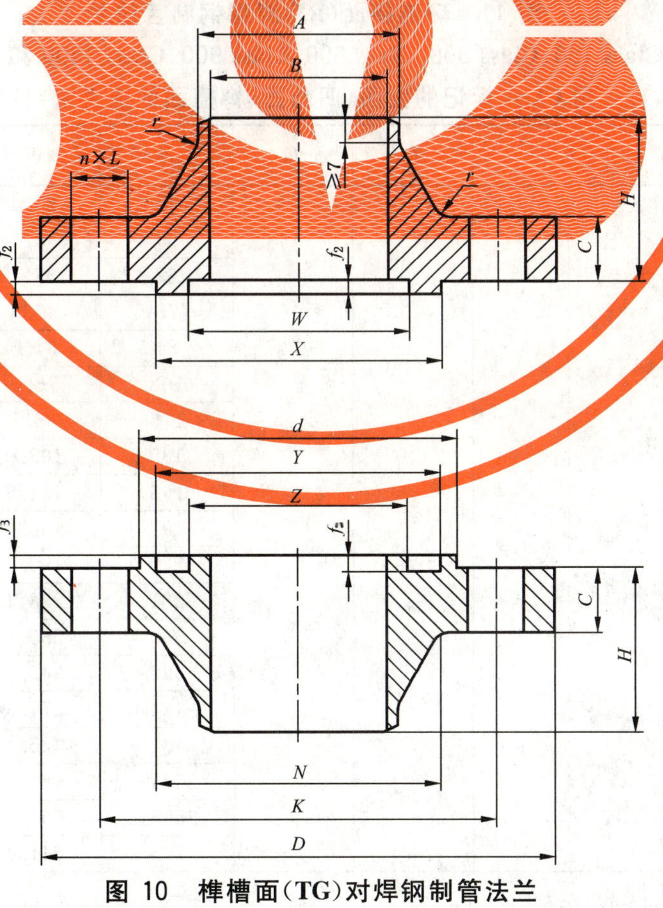

图 10　榫槽面(TG)对焊钢制管法兰

(适用于 Class 300、Class 600、Class 900、Class 1500 和 Class 2500)

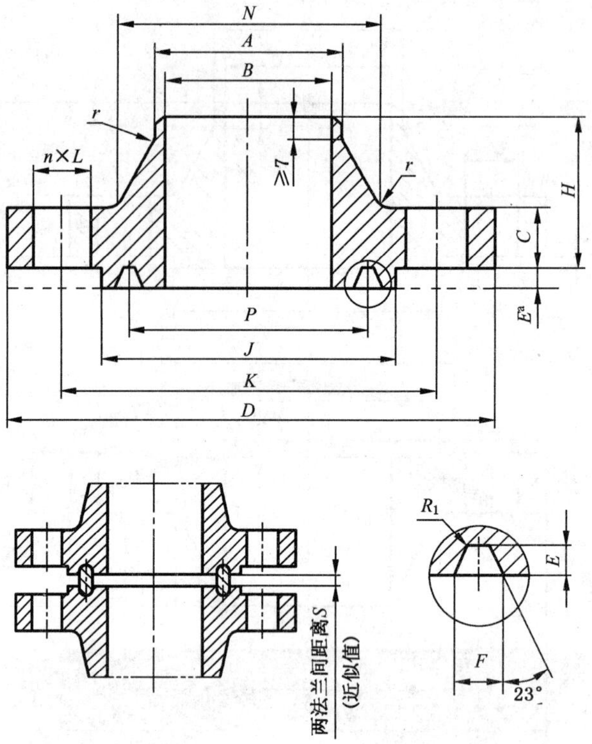

[a] 法兰凸出部分高度与梯形槽深度尺寸 E 相同，但不受梯形槽深度尺寸 E 公差的限制。

允许采用如虚线所示轮廓的全平面型式。

图 11　环连接面(RJ)对焊钢制管法兰

(适用于 Class 150、Class 300、Class 600、Class 900、Class 1500 和 Class 2500)

表 17　用 Class 标记的突面、凹凸面、榫槽面的法兰密封面尺寸　　单位为毫米

公称尺寸		X	f_1		f_2	f_3	d	W	Y	Z
NPS	DN									
½	15	34.9					46	25.4	36.5	23.8
¾	20	42.9					54	33.3	44.4	31.8
1	25	50.8					62	38.1	52.4	36.5
1¼	32	63.5					75	47.6	65.1	46.0
1½	40	73.0					84	54.0	74.6	52.4
2	50	92.1					103	73.0	93.7	71.4
2½	65	104.8					116	85.7	106.4	84.1
3	80	127.0					138	108.0	128.6	106.4
4	100	157.2					168	131.8	158.8	130.2
5	125	185.7	2[a]	7[b]	7	5	197	160.3	187.3	158.8
6	150	215.9					227	190.5	217.5	188.9
8	200	269.9					281	238.1	271.5	236.5
10	250	323.8					335	285.8	325.4	284.2
12	300	381.0					392	342.9	382.6	341.3
14	350	412.8					424	374.6	414.3	373.1
16	400	469.9					481	425.4	471.5	423.9
18	450	533.4					544	489.0	535.0	487.4
20	500	584.2					595	533.4	585.8	531.8
24	600	692.2					703	641.4	693.7	639.8

[a] 为 Class 150 和 Class 300 法兰的尺寸。

[b] 为 Class 600、Class 900、Class 1500 和 Class 2500 法兰的尺寸。

表 18　用 Class 标记的环连接面的法兰密封面尺寸　　单位为毫米

公称尺寸		Class 150							Class 300						
NPS	DN	环号	J_{min}	P	E	F	$R_{1\,max}$	S	环号	J_{min}	P	E	F	$R_{1\,max}$	S
½	15	—	—	—	—	—	—	—	R11	50.5[a]	34.14	5.54	7.14	0.8	3
¾	20	—	—	—	—	—	—	—	R13	63.5	42.88	6.35	8.74	0.8	4
1	25	R15	63.0[a]	47.63	6.35	8.74	0.8	4	R16	69.5[a]	50.80	6.35	8.74	0.8	4
1¼	32	R17	72.5[a]	57.15	6.35	8.74	0.8	4	R18	79.0[a]	60.33	6.35	8.74	0.8	4
1½	40	R19	82.0[a]	65.07	6.35	8.74	0.8	4	R20	90.5	68.27	6.35	8.74	0.8	4
2	50	R22	101[a]	82.55	6.35	8.74	0.8	4	R23	108	82.55	7.92	11.91	0.8	6
2½	65	R25	120[a]	101.60	6.35	8.74	0.8	4	R26	127	101.60	7.92	11.91	0.8	6
3	80	R29	133	114.30	6.35	8.74	0.8	4	R31	146	123.83	7.92	11.91	0.8	6
4	100	R36	171	149.23	6.35	8.74	0.8	4	R37	175	149.23	7.92	11.91	0.8	6
5	125	R40	193[a]	171.45	6.35	8.74	0.8	4	R41	210	180.98	7.92	11.91	0.8	6
6	150	R43	219	193.68	6.35	8.74	0.8	4	R45	241	211.12	7.92	11.91	0.8	6
8	200	R48	273	247.65	6.35	8.74	0.8	4	R49	302	269.88	7.92	11.91	0.8	6
10	250	R52	330	304.80	6.35	8.74	0.8	4	R53	356	323.85	7.92	11.91	0.8	6
12	300	R56	405[a]	381.00	6.35	8.74	0.8	4	R57	413	381.00	7.92	11.91	0.8	6
14	350	R59	425	396.88	6.35	8.74	0.8	3	R61	457	419.10	7.92	11.91	0.8	6
16	400	R64	483	454.03	6.35	8.74	0.8	3	R65	508	469.90	7.92	11.91	0.8	6
18	450	R68	546	517.53	6.35	8.74	0.8	3	R69	575	533.40	7.92	11.91	0.8	6
20	500	R72	597	558.80	6.35	8.74	0.8	3	R73	635	584.20	9.53	13.49	1.5	6
24	600	R76	711	673.10	6.35	8.74	0.8	3	R77	749	692.15	11.13	16.66	1.5	6

公称尺寸		Class 600							Class 900						
NPS	DN	环号	J_{min}	P	E	F	$R_{1\,max}$	S	环号	J_{min}	P	E	F	$R_{1\,max}$	S
½	15	R11	50.5[a]	34.14	5.54	7.14	0.8	3	R12	60.5	39.67	6.35	8.74	0.8	4
¾	20	R13	63.5	42.88	6.35	8.74	0.8	4	R14	66.5	44.45	6.35	8.74	0.8	4
1	25	R16	69.5[a]	50.80	6.35	8.74	0.8	4	R16	71.5	50.80	6.35	8.74	0.8	4
1¼	32	R18	79.0[a]	60.33	6.35	8.74	0.8	4	R18	81.0	60.33	6.35	8.74	0.8	4
1½	40	R20	90.5	68.27	6.35	8.74	0.8	4	R20	92.0	68.27	6.35	8.74	0.8	4
2	50	R23	108	82.55	7.92	11.91	0.8	5	R24	124	95.25	7.92	11.91	0.8	3
2½	65	R26	127	101.60	7.92	11.91	0.8	5	R27	137	107.95	7.92	11.91	0.8	3
3	80	R31	146	123.83	7.92	11.91	0.8	5	R31	156	123.83	7.92	11.91	0.8	4
4	100	R37	175	149.23	7.92	11.91	0.8	5	R37	181	149.23	7.92	11.91	0.8	4
5	125	R41	210	180.98	7.92	11.91	0.8	5	R41	216	180.98	7.92	11.91	0.8	4
6	150	R45	241	211.12	7.92	11.91	0.8	5	R45	241	211.12	7.92	11.91	0.8	4
8	200	R49	302	269.88	7.92	11.91	0.8	5	R49	308	269.88	7.92	11.91	0.8	4
10	250	R53	356	323.85	7.92	11.91	0.8	5	R53	362	323.85	7.92	11.91	0.8	4
12	300	R57	413	381.00	7.92	11.91	0.8	5	R57	419	381.00	7.92	11.91	0.8	4
14	350	R61	457	419.10	7.92	11.91	0.8	5	R62	467	419.10	11.13	16.66	1.5	4
16	400	R65	508	469.90	7.92	11.91	0.8	5	R66	524	469.90	11.13	16.66	1.5	4
18	450	R69	575	533.40	7.92	11.91	0.8	5	R70	594	533.40	12.70	19.84	1.5	5
20	500	R73	635	584.20	9.53	13.49	1.5	5	R74	648	584.20	12.70	19.84	1.5	5
24	600	R77	749	692.15	11.13	16.66	1.5	6	R78	772	692.15	15.88	26.97	2.4	6

表 18（续）

单位为毫米

公称尺寸		Class 1500							Class 2500						
NPS	DN	环号	J_{min}	P	E	F	$R_{1\,max}$	S	环号	J_{min}	P	E	F	$R_{1\,max}$	S
½	15	R12	60.5	39.67	6.35	8.74	0.8	4	R13	65.0	42.88	6.35	8.74	0.8	4
¾	20	R14	66.5	44.45	6.35	8.74	0.8	4	R16	73.0	50.80	6.35	8.74	0.8	4
1	25	R16	71.5	50.80	6.35	8.74	0.8	4	R18	82.5	60.33	6.35	8.74	0.8	4
1¼	32	R18	81.0	60.33	6.35	8.74	0.8	4	R21	101[a]	72.23	7.92	11.91	0.8	3
1½	40	R20	92.0	68.27	6.35	8.74	0.8	4	R23	114	82.55	7.92	11.91	0.8	3
2	50	R24	124	95.25	7.92	11.91	0.8	3	R26	133	101.60	7.92	11.91	0.8	3
2½	65	R27	137	107.95	7.92	11.91	0.8	3	R28	149	111.13	9.53	13.49	1.5	3
3	80	R35	168	136.53	7.92	11.91	0.8	3	R32	168	127.00	9.53	13.49	1.5	3
4	100	R39	194	161.93	7.92	11.91	0.8	3	R38	203	157.18	11.13	16.66	1.5	4
5	125	R44	229	193.68	7.92	11.91	0.8	3	R42	241	190.50	12.70	19.84	1.5	4
6	150	R46	248	211.14	9.53	13.49	1.5	3	R47	279	228.60	12.70	19.84	1.5	4
8	200	R50	318	269.88	11.13	16.66	1.5	4	R51	340	279.40	14.27	23.01	1.5	5
10	250	R54	371	323.85	11.13	16.66	1.5	4	R55	425	342.90	17.48	30.18	2.4	6
12	300	R58	438	381.00	14.27	23.01	1.5	5	R60	495	406.40	17.48	33.32	2.4	8
14	350	R63	489	419.10	15.88	26.97	2.4	6	—	—	—	—	—	—	—
16	400	R67	546	469.90	17.48	30.18	2.4	8	—	—	—	—	—	—	—
18	450	R71	613	533.40	17.48	30.18	2.4	8	—	—	—	—	—	—	—
20	500	R75	673	584.20	17.48	33.32	2.4	10	—	—	—	—	—	—	—
24	600	R79	794	692.15	20.62	36.53	2.4	11	—	—	—	—	—	—	—

[a] 本标准从 ASME B16.5—2009 标准的英制螺栓孔径转换成公制螺栓孔径，导致 J 尺寸与螺栓孔径有干涉，为了避免干涉，对 J 尺寸数据做了适当的调整，调整后的 J 尺寸与 ASME B16.5—2009 标准略有差异。

表 19　Class 150 对焊钢制管法兰

公称尺寸		法兰焊端外径（钢管外径）A/mm	连接尺寸					法兰厚度 C^{a}/mm	法兰高度 H/mm	法兰颈		法兰内径 B/mm
			法兰外径 D/mm	螺栓孔中心圆直径 K/mm	螺栓孔直径 L/mm	螺栓						
NPS	DN					数量 n/个	螺纹规格			N/mm	r/mm	
½	15	21.3	90	60.3	16	4	M14	9.6	46	30	≥4	15.8
¾	20	26.9	100	69.9	16	4	M14	11.2	51	38		20.9
1	25	33.7	110	79.4	16	4	M14	12.7	54	49		26.6
1¼	32	42.4	115	88.9	16	4	M14	14.3	56	59		35.1
1½	40	48.3	125	98.4	16	4	M14	15.9	60	65		40.9
2	50	60.3	150	120.7	19	4	M16	17.5	62	78		52.5
2½	65	76.1	180	139.7	19	4	M16	20.7	68	90		62.7
3	80	88.9	190	152.4	19	4	M16	22.3	68	108		77.9
4	100	114.3	230	190.5	19	8	M16	22.3	75	135		102.3
5	125	139.7	255	215.9	22	8	M20	22.3	87	164		128.2
6	150	168.3	280	241.3	22	8	M20	23.9	87	192		154.1
8	200	219.1	345	298.5	22	8	M20	27.0	100	246		202.7
10	250	273.0	405	362.0	26	12	M24	28.6	100	305		254.6
12	300	323.9	485	431.8	26	12	M24	30.2	113	365		304.8
14	350	355.6	535	476.3	29	12	M27	33.4	125	400		按用户规定或根据钢管尺寸确定
16	400	406.4	595	539.8	29	16	M27	35.0	125	457		
18	450	457	635	577.9	32	16	M30	38.1	138	505		
20	500	508	700	635.0	32	20	M30	41.3	143	559		
24	600	610	815	749.3	35	20	M33	46.1	151	663		

[a] 对于平面法兰，法兰厚度可以按本表规定，也可以在本表的法兰厚度数据上加 2 mm。

表 20　Class 300 对焊钢制管法兰

公称尺寸		法兰焊端外径（钢管外径）A/mm	连接尺寸					法兰厚度 C/mm	法兰高度 H/mm	法兰颈		法兰内径 B/mm
NPS	DN		法兰外径 D/mm	螺栓孔中心圆直径 K/mm	螺栓孔直径 L/mm	螺栓 数量 n/个	螺栓 螺纹规格			N/mm	r/mm	
½	15	21.3	95	66.7	16	4	M14	12.7	51	38	≥4	15.8
¾	20	26.9	115	82.6	19	4	M16	14.3	56	48		20.9
1	25	33.7	125	88.9	19	4	M16	15.9	60	54		26.6
1¼	32	42.4	135	98.4	19	4	M16	17.5	64	64		35.1
1½	40	48.3	155	114.3	22	4	M20	19.1	67	70		40.9
2	50	60.3	165	127.0	19	8	M16	20.7	68	84		52.5
2½	65	76.1	190	149.2	22	8	M20	23.9	75	100		62.7
3	80	88.9	210	168.3	22	8	M20	27.0	78	117		77.9
4	100	114.3	255	200.0	22	8	M20	30.2	84	146		102.3
5	125	139.7	280	235.0	22	8	M20	33.4	97	178		128.2
6	150	168.3	320	269.9	22	12	M20	35.0	97	206		154.1
8	200	219.1	380	330.2	26	12	M24	39.7	110	260		202.7
10	250	273.0	445	387.4	29	16	M27	46.1	116	321		254.6
12	300	323.9	520	450.8	32	16	M30	49.3	129	375		304.8
14	350	355.6	585	514.4	32	20	M30	52.4	141	425		按用户规定或根据钢管尺寸确定
16	400	406.4	650	571.5	35	20	M33	55.6	144	483		
18	450	457	710	628.6	35	24	M33	58.8	157	533		
20	500	508	775	685.8	35	24	M33	62.0	160	587		
24	600	610	915	812.8	42	24	M39	68.3	167	702		

表 21　Class 600 对焊钢制管法兰

公称尺寸		法兰焊端外径（钢管外径）A/mm	连接尺寸					法兰厚度 C/mm	法兰高度 H/mm	法兰颈		法兰内径 B/mm
NPS	DN		法兰外径 D/mm	螺栓孔中心圆直径 K/mm	螺栓孔直径 L/mm	螺栓 数量 n/个	螺栓 螺纹规格			N/mm	r/mm	
½	15	21.3	95	66.7	16	4	M14	14.3	52	38	≥4	按用户规定或根据钢管尺寸确定
¾	20	26.9	115	82.6	19	4	M16	15.9	57	48		
1	25	33.7	125	88.9	19	4	M16	17.5	62	54		
1¼	32	42.4	135	98.4	19	4	M16	20.7	67	64		
1½	40	48.3	155	114.3	22	4	M20	22.3	70	70		
2	50	60.3	165	127.0	19	8	M16	25.4	73	84		
2½	65	76.1	190	149.2	22	8	M20	28.6	79	100		
3	80	88.9	210	168.3	22	8	M20	31.8	83	117		
4	100	114.3	275	215.9	26	8	M24	38.1	102	152		
5	125	139.7	330	266.7	29	8	M27	44.5	114	189		
6	150	168.3	355	292.1	29	12	M27	47.7	117	222		
8	200	219.1	420	349.2	32	12	M30	55.6	133	273		
10	250	273.0	510	431.8	35	16	M33	63.5	152	343		
12	300	323.9	560	489.0	35	20	M33	66.7	156	400		
14	350	355.6	605	527.0	39	20	M36	69.9	165	432		
16	400	406.4	685	603.2	42	20	M39	76.2	178	495		
18	450	457	745	654.0	45	20	M42	82.6	184	546		
20	500	508	815	723.9	45	24	M42	88.9	190	610		
24	600	610	940	838.2	51	24	M48	101.6	203	718		

表 22　Class 900 对焊钢制管法兰

公称尺寸		法兰焊端外径（钢管外径）A/mm	连接尺寸					法兰厚度 C/mm	法兰高度 H/mm	法兰颈		法兰内径 B/mm
			法兰外径 D/mm	螺栓孔中心圆直径 K/mm	螺栓孔直径 L/mm	螺栓						
NPS	DN					数量 n/个	螺纹规格			N/mm	r/mm	
½	15	21.3	120	82.6	22	4	M20	22.3	60	38		
¾	20	26.9	130	88.9	22	4	M20	25.4	70	44		
1	25	33.7	150	101.6	26	4	M24	28.6	73	52		
1¼	32	42.4	160	111.1	26	4	M24	28.6	73	64		
1½	40	48.3	180	123.8	29	4	M27	31.8	83	70		
2	50	60.3	215	165.1	26	8	M24	38.1	102	105		
2½	65	76.1	245	190.5	29	8	M27	41.3	105	124		
3	80	88.9	240	190.5	26	8	M24	38.1	102	127		
4	100	114.3	290	235.0	32	8	M30	44.5	114	159		
5	125	139.7	350	279.4	35	8	M33	50.8	127	190	≥4	按用户规定或根据钢管尺寸确定
6	150	168.3	380	317.5	32	12	M30	55.6	140	235		
8	200	219.1	470	393.7	39	12	M36	63.5	162	298		
10	250	273.0	545	469.9	39	16	M36	69.9	184	368		
12	300	323.9	610	533.4	39	20	M36	79.4	200	419		
14	350	355.6	640	558.8	42	20	M39	85.8	213	451		
16	400	406.4	705	616.0	45	20	M42	88.9	216	508		
18	450	457	785	685.8	51	20	M48	101.6	229	565		
20	500	508	855	749.3	55	20	M52	108.0	248	622		
24	600	610	1 040	901.7	67	20	M64	139.7	292	749		

注：NPS ½(DN 15)～NPS 2½(DN 65)的法兰使用 Class 1500 法兰的尺寸。

表 23　Class 1500 对焊钢制管法兰

公称尺寸		法兰焊端外径（钢管外径）A/mm	连接尺寸					法兰厚度 C/mm	法兰高度 H/mm	法兰颈		法兰内径 B/mm
			法兰外径 D/mm	螺栓孔中心圆直径 K/mm	螺栓孔直径 L/mm	螺栓						
NPS	DN					数量 n/个	螺纹规格			N/mm	r/mm	
½	15	21.3	120	82.6	22	4	M20	22.3	60	38		
¾	20	26.9	130	88.9	22	4	M20	25.4	70	44		
1	25	33.7	150	101.6	26	4	M24	28.6	73	52		
1¼	32	42.4	160	111.1	26	4	M24	28.6	73	64		
1½	40	48.3	180	123.8	29	4	M27	31.8	83	70		
2	50	60.3	215	165.1	26	8	M24	38.1	102	105		
2½	65	76.1	245	190.5	29	8	M27	41.3	105	124		
3	80	88.9	265	203.2	32	8	M30	47.7	117	133		
4	100	114.3	310	241.3	35	8	M33	54.0	124	162		
5	125	139.7	375	292.1	42	8	M39	73.1	156	197	≥4	按用户规定或根据钢管尺寸确定
6	150	168.3	395	317.5	39	12	M36	82.6	171	229		
8	200	219.1	485	393.7	45	12	M42	92.1	213	292		
10	250	273.0	585	482.6	51	12	M48	108.0	254	368		
12	300	323.9	675	571.5	55	16	M52	123.9	283	451		
14	350	355.6	750	635.0	60	16	M56	133.4	298	495		
16	400	406.4	825	704.8	67	16	M64	146.1	311	552		
18	450	457	915	774.7	73	16	M70	162.0	327	597		
20	500	508	985	831.8	79	16	M76	177.8	356	641		
24	600	610	1 170	990.6	93	16	M90	203.2	406	762		

表 24 Class 2500 对焊钢制管法兰

公称尺寸		法兰焊端外径(钢管外径)A/mm	连接尺寸					法兰厚度C/mm	法兰高度H/mm	法兰颈		法兰内径B/mm
			法兰外径D/mm	螺栓孔中心圆直径K/mm	螺栓孔直径L/mm	螺栓						
NPS	DN					数量n/个	螺纹规格			N/mm	r/mm	
½	15	21.3	135	88.9	22	4	M20	30.2	73	43	≥4	按用户规定或根据钢管尺寸确定
¾	20	26.9	140	95.2	22	4	M20	31.8	79	51		
1	25	33.7	160	108.0	26	4	M24	35.0	89	57		
1¼	32	42.4	185	130.2	29	4	M27	38.1	95	73		
1½	40	48.3	205	146.0	32	4	M30	44.5	111	79		
2	50	60.3	235	171.4	29	8	M27	50.9	127	95		
2½	65	76.1	265	196.8	32	8	M30	57.2	143	114		
3	80	88.9	305	228.6	35	8	M33	66.7	168	133		
4	100	114.3	355	273.0	42	8	M39	76.2	190	165		
5	125	139.7	420	323.8	48	8	M45	92.1	229	203		
6	150	168.3	485	368.3	55	8	M52	108.0	273	235		
8	200	219.1	550	438.2	55	12	M52	127.0	318	305		
10	250	273.0	675	539.8	67	12	M64	165.1	419	375		
12	300	323.9	760	619.1	73	12	M70	184.2	464	441		

4 技术要求

法兰的类型与参数应符合 GB/T 9112 的规定,法兰的技术要求应符合 GB/T 9124 的规定。

5 标记及标记示例

5.1 标记

对焊钢制管法兰应按下列规定进行标记:

公称尺寸	-	公称压力	法兰型式代号(WN)	密封面型式代号	配管系列	管表号(可省略)	材料代号	标准编号

5.2 标记示例

示例 1:公称尺寸 DN 400、公称压力 PN 25、突面(RF)对焊钢制管法兰(WN)、配用米制管(系列Ⅱ),材料为 Q235A,其标记为:

法兰 DN 400-PN 25 WN RF Ⅱ Q235A GB/T 9115

示例 2:公称尺寸 NPS 6(DN 150)、公称压力 Class 900、环连接面(RJ)对焊钢制管法兰(WN)、配用英制管、管表号 Sch120、材料为 06Cr17Ni12Mo2,其标记为:

法兰 NPS 6(或 DN 150)-Class 900 WN RJ Sch120 06Cr17Ni12Mo2 GB/T 9115

ICS 23.040.60
J 15

中华人民共和国国家标准

GB/T 9116—2010
代替 GB/T 9116.1～9116.4—2000

带颈平焊钢制管法兰

Hubbed slip-on-welding steel pipe flanges

2011-01-14 发布　　2011-10-01 实施

中华人民共和国国家质量监督检验检疫总局
中国国家标准化管理委员会　发布

前　言

GB/T 9112～9124—2010《钢制管法兰》系列标准修改采用 ASME B16.5—2009《管法兰和法兰管件(NPS ½～NPS 24)》及 EN 1092-1:2007《法兰及其连接　管道、阀门、管配件及附件用圆形法兰，PN 标记　第 1 部分：钢制法兰》。ASME B16.5—2009 是关于 Class 标记法兰的一个完整的标准，EN 1092-1:2007 是关于 PN 标记法兰的一个完整的标准。本系列标准综合采用了上述两个标准，包括了 Class 标记法兰和 PN 标记法兰的相关技术内容。本系列标准共有 13 项标准，本标准是其中的 1 项标准。

本标准与 ASME B16.5—2009 及 EN 1092-1:2007 标准的主要区别如下：

——本标准的编写格式与 ASME B16.5—2009 和 EN 1092-1:2007 标准不同；

——ASME B16.5—2009 标准包括了公称压力为 Class 400 的法兰数据，本标准没有纳入 Class 400 的法兰数据；

——ASME B16.5—2009 标准包括了公称尺寸为 NPS 3½的法兰数据，本标准没有 NPS 3½的法兰数据；

——ASME B16.5—2009 标准采用英制螺栓，螺栓孔径也采用英制尺寸，本系列标准改为公制螺栓，螺纹孔径也采用公制尺寸；

——EN 1092-1:2007 标准没有包括环连接面法兰，根据我国用户的使用要求，本系列标准增加了 PN 标记的环连接面法兰。

本标准代替 GB/T 9116.1—2000《平面、突面带颈平焊钢制管法兰》、GB/T 9116.2—2000《凹凸面带颈平焊钢制管法兰》、GB/T 9116.3—2000《榫槽面带颈平焊钢制管法兰》及 GB/T 9116.4—2000《环连接面带颈平焊钢制管法兰》，与原标准相比主要变化如下：

——将原来的 4 项带颈平焊钢制管法兰标准整合为 1 项标准；

——根据 EN 1092-1:2007 标准，将 PN 标记的法兰公称压力范围从原来的 PN 6～PN 40 扩大到 PN 6～PN 100；

——根据 EN 1092-1:2007 标准，将 PN 标记的法兰公称尺寸范围从原来的 DN 10～DN 600 扩大到 DN 10～DN 1 000；

——根据 EN 1092-1:2007 标准，PN 标记的法兰增加了 O 形圈密封面型式；

——根据 EN 1092-1:2007 标准，对 PN 标记的法兰尺寸数据进行了全面的修改；

——根据 ASME B16.5—2009 标准，对 Class 标记的法兰尺寸数据进行了全面的修改；

——增加了各种密封面型式的适用范围表格；

——对标记进行了修订；

——根据 ASME B16.5—2009，将原标准中属于美洲体系的法兰公称压力标记进行了修改：PN 20 改为 Class 150，PN 50 改为 Class 300，PN 110 改为 Class 600，PN 150 改为 Class 900，PN 260 改为 Class 1500。

本标准由中国机械工业联合会提出。

本标准由全国管路附件标准化技术委员会归口。

本标准起草单位：河北圣天集团宝银高压法兰管件有限公司、浙江超达阀门股份有限公司、中机生产力促进中心、江苏海达管件集团有限公司。

本标准主要起草人：邱晓来、李俊英、李宝银、李建、王汉洲、冯峰。

本标准所代替标准的历次版本发布情况为：

——GB/T 9116.1～9116.25—1988、GB/T 9116.1～9116.4—2000。

带颈平焊钢制管法兰

1 范围

本标准规定了公称压力用 PN 标记和用 Class 标记的带颈平焊钢制管法兰的型式、尺寸、技术要求和标记。

本标准适用于公称压力为 PN 6～PN 100 以及 Class 150～Class 1500 的带颈平焊钢制管法兰。

2 规范性引用文件

下列文件中的条款通过本标准的引用而成为本标准的条款。凡是注日期的引用文件，其随后所有的修改单(不包括勘误的内容)或修订版均不适用于本标准，然而，鼓励根据本标准达成协议的各方研究是否可使用这些文件的最新版本。凡是不注日期的引用文件，其最新版本适用于本标准。

GB/T 9112　钢制管法兰　类型与参数

GB/T 9124　钢制管法兰　技术条件

3 型式与尺寸

3.1 用 PN 标记的带颈平焊钢制管法兰的型式与尺寸

3.1.1 用 PN 标记的带颈平焊钢制管法兰的密封面型式及适用的公称压力和公称尺寸范围按表 1 的规定。

表 1　用 PN 标记的带颈平焊钢制管法兰的密封面型式及适用的公称压力和公称尺寸范围

密封面型式	公称压力						
	PN 6	PN 10	PN 16	PN 25	PN 40	PN 63	PN 100
平面 (FF)	DN 10～DN 300	DN 10～DN 600	DN 10～DN 1000	DN 10～DN 600		—	
突面 (RF)	DN 10～DN 300	DN 10～DN 600	DN 10～DN 1000	DN 10～DN 600		DN 10～DN 150	
凹凸面 (MF)	—	DN 10～DN 600	DN 10～DN 1000	DN 10～DN 600		DN 10～DN 150	
榫槽面 (TG)	—	DN 10～DN 600	DN 10～DN 1000	DN 10～DN 600		DN 10～DN 150	
O 形圈面 (OSG)	—	DN 10～DN 600	DN 10～DN 1000	DN 10～DN 600		—	

3.1.2 用 PN 标记的带颈平焊钢制管法兰的型式应符合图 1～图 5 的规定，法兰密封面尺寸应符合表 2 的规定，法兰其他尺寸应符合表 3～表 9 的规定。

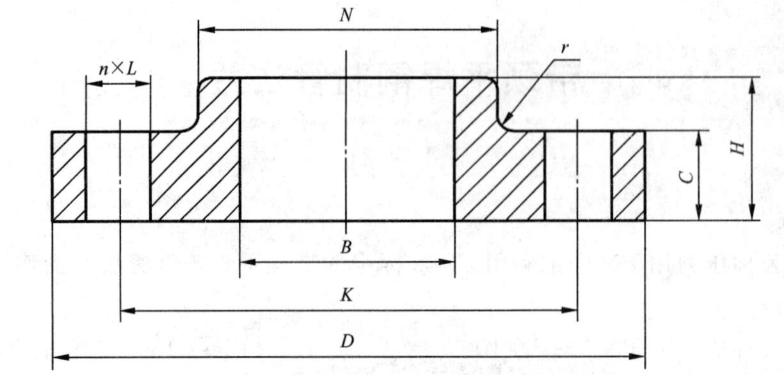

图 1　平面(FF)带颈平焊钢制管法兰

(适用于 PN 6、PN 10、PN 16、PN 25 和 PN 40)

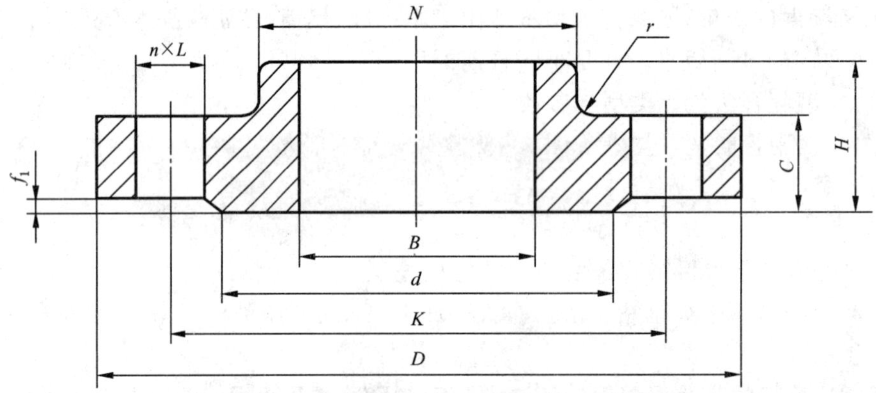

图 2　突面(RF)带颈平焊钢制管法兰

(适用于 PN 6、PN 10、PN 16、PN 25、PN 40、PN 63 和 PN 100)

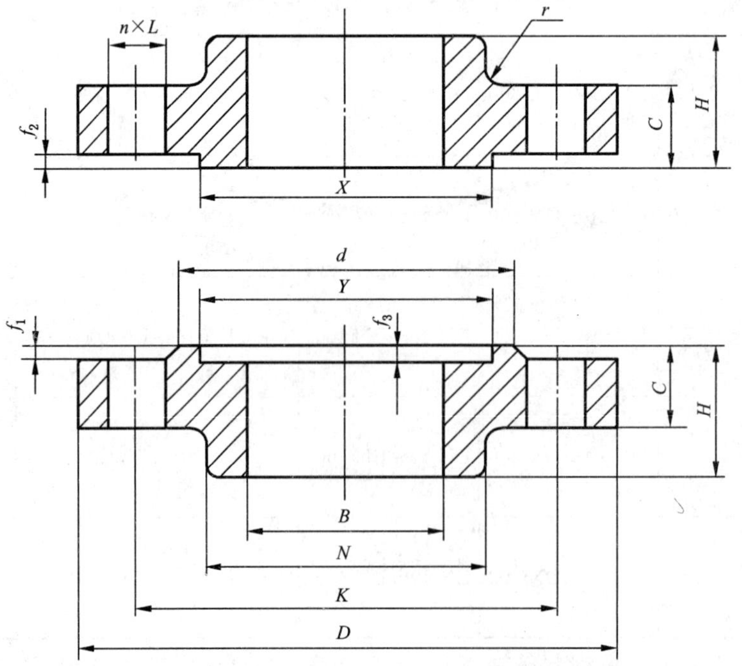

图 3　凹凸面(MF)带颈平焊钢制管法兰

(适用于 PN 10、PN 16、PN 25、PN 40、PN 63 和 PN 100)

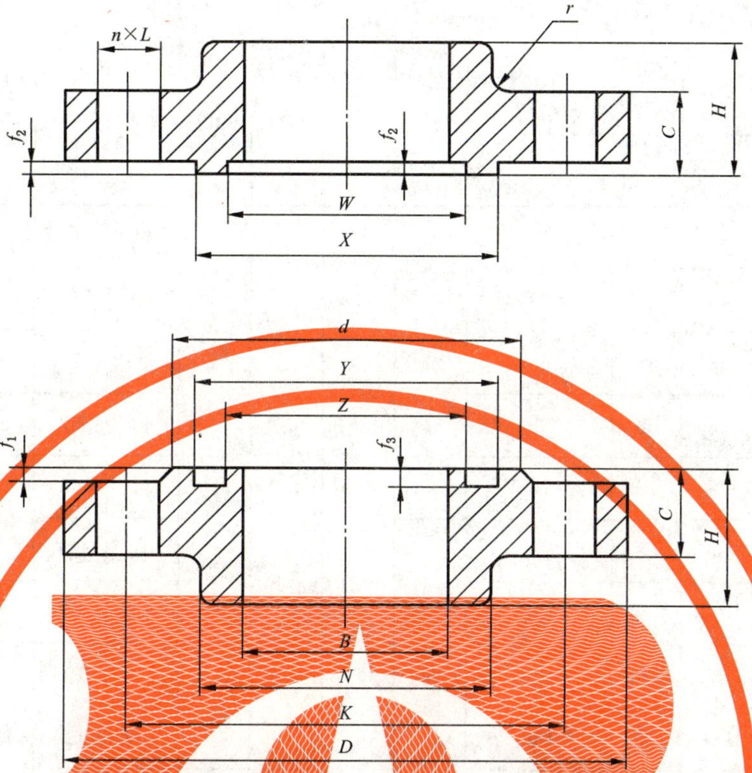

图 4　榫槽面(TG)带颈平焊钢制管法兰

(适用于 PN 10、PN 16、PN 25、PN 40、PN 63 和 PN 100)

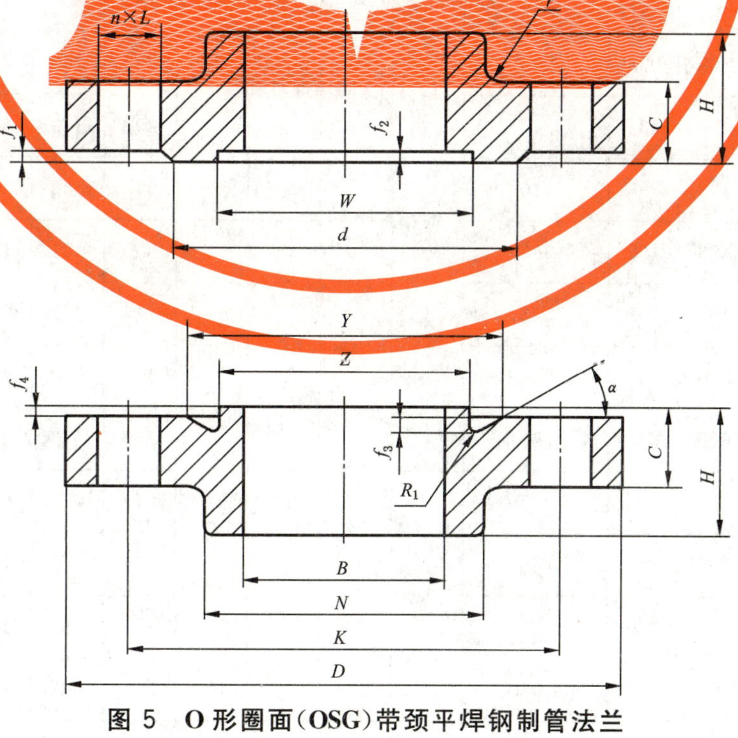

图 5　O 形圈面(OSG)带颈平焊钢制管法兰

(适用于 PN 10、PN 16、PN 25 和 PN 40)

表 2　用 PN 标记的法兰密封面尺寸

<table>
<tr><th rowspan="3">公称尺寸 DN</th><th colspan="5">公　称　压　力</th><th rowspan="3">f_1/mm</th><th rowspan="3">f_2/mm</th><th rowspan="3">f_3/mm</th><th rowspan="3">f_4/mm</th><th rowspan="3">W/mm</th><th rowspan="3">X/mm</th><th rowspan="3">Y/mm</th><th rowspan="3">Z/mm</th><th rowspan="3">α ≈</th><th rowspan="3">R_1/mm</th></tr>
<tr><th>PN 6</th><th>PN 10</th><th>PN 16</th><th>PN 25</th><th>PN 40、PN 63、PN 100</th></tr>
<tr><th colspan="5">d/mm</th></tr>
<tr><td>10</td><td>35</td><td>40</td><td>40</td><td>40</td><td>40</td><td rowspan="5">2</td><td rowspan="9">4.5</td><td rowspan="9">4.0</td><td rowspan="9">2.0</td><td>24</td><td>34</td><td>35</td><td>23</td><td>—</td><td rowspan="9">2.5</td></tr>
<tr><td>15</td><td>40</td><td>45</td><td>45</td><td>45</td><td>45</td><td>29</td><td>39</td><td>40</td><td>28</td><td>—</td></tr>
<tr><td>20</td><td>50</td><td>58</td><td>58</td><td>58</td><td>58</td><td>36</td><td>50</td><td>51</td><td>35</td><td rowspan="7">41°</td></tr>
<tr><td>25</td><td>60</td><td>68</td><td>68</td><td>68</td><td>68</td><td>43</td><td>57</td><td>58</td><td>42</td></tr>
<tr><td>32</td><td>70</td><td>78</td><td>78</td><td>78</td><td>78</td><td>51</td><td>65</td><td>66</td><td>50</td></tr>
<tr><td>40</td><td>80</td><td>88</td><td>88</td><td>88</td><td>88</td><td rowspan="9">3</td><td>61</td><td>75</td><td>76</td><td>60</td></tr>
<tr><td>50</td><td>90</td><td>102</td><td>102</td><td>102</td><td>102</td><td>73</td><td>87</td><td>88</td><td>72</td></tr>
<tr><td>65</td><td>110</td><td>122</td><td>122</td><td>122</td><td>122</td><td>95</td><td>109</td><td>110</td><td>94</td></tr>
<tr><td>80</td><td>128</td><td>138</td><td>138</td><td>138</td><td>138</td><td>106</td><td>120</td><td>121</td><td>105</td></tr>
<tr><td>100</td><td>148</td><td>158</td><td>158</td><td>162</td><td>162</td><td rowspan="7">5.0</td><td rowspan="7">4.5</td><td rowspan="7">2.5</td><td>129</td><td>149</td><td>150</td><td>128</td><td rowspan="7">32°</td><td rowspan="7">3</td></tr>
<tr><td>125</td><td>178</td><td>188</td><td>188</td><td>188</td><td>188</td><td>155</td><td>175</td><td>176</td><td>154</td></tr>
<tr><td>150</td><td>202</td><td>212</td><td>212</td><td>218</td><td>218</td><td>183</td><td>203</td><td>204</td><td>182</td></tr>
<tr><td>200</td><td>258</td><td>268</td><td>268</td><td>278</td><td>285</td><td>239</td><td>259</td><td>260</td><td>238</td></tr>
<tr><td>250</td><td>312</td><td>320</td><td>320</td><td>335</td><td>345</td><td>292</td><td>312</td><td>313</td><td>291</td></tr>
<tr><td>300</td><td>365</td><td>370</td><td>378</td><td>395</td><td>410</td><td rowspan="5">4</td><td>343</td><td>363</td><td>364</td><td>342</td></tr>
<tr><td>350</td><td>415</td><td>430</td><td>438</td><td>450</td><td>465</td><td rowspan="8">5.5</td><td rowspan="8">5.0</td><td rowspan="8">3.0</td><td>395</td><td>421</td><td>422</td><td>394</td><td rowspan="8">27°</td><td rowspan="8">3.5</td></tr>
<tr><td>400</td><td>465</td><td>482</td><td>490</td><td>505</td><td>535</td><td>447</td><td>473</td><td>474</td><td>446</td></tr>
<tr><td>450</td><td>520</td><td>532</td><td>550</td><td>555</td><td>560</td><td>497</td><td>523</td><td>524</td><td>496</td></tr>
<tr><td>500</td><td>570</td><td>585</td><td>610</td><td>615</td><td>615</td><td>549</td><td>575</td><td>576</td><td>548</td></tr>
<tr><td>600</td><td>670</td><td>685</td><td>725</td><td>720</td><td>735</td><td rowspan="5">5</td><td>649</td><td>675</td><td>676</td><td>648</td></tr>
<tr><td>700</td><td>775</td><td>800</td><td>795</td><td>820</td><td>840</td><td>751</td><td>777</td><td>778</td><td>750</td></tr>
<tr><td>800</td><td>880</td><td>905</td><td>900</td><td>930</td><td>960</td><td>856</td><td>882</td><td>883</td><td>855</td></tr>
<tr><td>900</td><td>980</td><td>1 005</td><td>1 000</td><td>1 030</td><td>1 070</td><td>961</td><td>987</td><td>988</td><td>960</td></tr>
<tr><td>1 000</td><td>1 080</td><td>1 110</td><td>1 115</td><td>1 140</td><td>1 180</td><td>6.5</td><td>6.0</td><td>4.0</td><td>1 062</td><td>1 092</td><td>1 094</td><td>1 060</td><td>28°</td><td>4</td></tr>
</table>

表 3　PN 6 带颈平焊钢制管法兰

公称尺寸 DN	钢管外径 A/mm 系列Ⅰ	钢管外径 A/mm 系列Ⅱ	连接尺寸 法兰外径 D/mm	连接尺寸 螺栓孔中心圆直径 K/mm	连接尺寸 螺栓孔直径 L/mm	连接尺寸 螺栓 数量 n/个	连接尺寸 螺栓 螺纹规格	法兰厚度 C/mm	法兰高度 H/mm	法兰颈 N/mm 系列Ⅰ	法兰颈 N/mm 系列Ⅱ	法兰颈 r/mm	法兰内径 B/mm 系列Ⅰ	法兰内径 B/mm 系列Ⅱ
10	17.2	14	75	50	11	4	M10	12	20	25		4	18.0	15
15	21.3	18	80	55	11	4	M10	12	20	30		4	22.0	19
20	26.9	25	90	65	11	4	M10	14	24	40		4	27.5	26
25	33.7	32	100	75	11	4	M10	14	24	50		4	34.5	33
32	42.4	38	120	90	14	4	M12	14	26	60		6	43.5	39
40	48.3	45	130	100	14	4	M12	14	26	70		6	49.5	46
50	60.3	57	140	110	14	4	M12	14	28	80		6	61.5	59
65	76.1	76	160	130	14	4	M12	14	32	100		6	77.5	78
80	88.9	89	190	150	18	4	M16	16	34	110		8	90.5	91
100	114.3	108	210	170	18	4	M16	16	40	130		8	116.0	110
125	139.7	133	240	200	18	8	M16	18	44	160		8	141.5	135
150	168.3	159	265	225	18	8	M16	18	44	185		10	170.5	161
200	219.1	219	320	280	18	8	M16	20	44	240		10	221.5	222
250	273.0	273	375	335	18	12	M16	22	44	295		12	276.5	276
300	323.9	325	440	395	22	12	M20	22	44	355		12	327.5	328

表 4　PN 10 带颈平焊钢制管法兰

公称尺寸 DN	钢管外径 A/mm 系列Ⅰ	钢管外径 A/mm 系列Ⅱ	连接尺寸 法兰外径 D/mm	连接尺寸 螺栓孔中心圆直径 K/mm	连接尺寸 螺栓孔直径 L/mm	连接尺寸 螺栓 数量 n/个	连接尺寸 螺栓 螺纹规格	法兰厚度 C/mm	法兰高度 H/mm	法兰颈 N/mm 系列Ⅰ	法兰颈 N/mm 系列Ⅱ	法兰颈 r/mm	法兰内径 B/mm 系列Ⅰ	法兰内径 B/mm 系列Ⅱ
10	17.2	14	90	60	14	4	M12	16	22	30		4	18.0	15
15	21.3	18	95	65	14	4	M12	16	22	35		4	22.0	19
20	26.9	25	105	75	14	4	M12	18	26	45		4	27.5	26
25	33.7	32	115	85	14	4	M12	18	28	52		4	34.5	33
32	42.4	38	140	100	18	4	M16	18	30	60		6	43.5	39
40	48.3	45	150	110	18	4	M16	18	32	70		6	49.5	46
50	60.3	57	165	125	18	4	M16	18	28	84		6	61.5	59
65	76.1	76	185	145	18	8[a]	M16	18	32	104		6	77.5	78
80	88.9	89	200	160	18	8	M16	20	34	118		6	90.5	91
100	114.3	108	220	180	18	8	M16	20	40	140		8	116.0	110
125	139.7	133	250	210	18	8	M16	22	44	168		8	141.5	135

表 4（续）

公称尺寸DN	钢管外径A/mm		连接尺寸					法兰厚度C/mm	法兰高度H/mm	法兰颈			法兰内径B/mm	
	系列Ⅰ	系列Ⅱ	法兰外径D/mm	螺栓孔中心圆直径K/mm	螺栓孔直径L/mm	螺栓 数量n/个	螺栓 螺纹规格			N/mm 系列Ⅰ	N/mm 系列Ⅱ	r/mm	系列Ⅰ	系列Ⅱ
150	168.3	159	285	240	22	8	M20	22	44	195		10	170.5	161
200	219.1	219	340	295	22	8	M20	24	44	246		10	221.5	222
250	273.0	273	395	350	22	12	M20	26	46	298		12	276.5	276
300	323.9	325	445	400	22	12	M20	26	46	350		12	327.5	328
350	355.6	377	505	460	22	16	M20	26	53	400	412	12	359.5	381
400	406.4	426	565	515	26	16	M24	26	57	456	465	12	411.0	430
450	457	480	615	565	26	20	M24	28	63	502	515	12	462.0	485
500	508	530	670	620	26	20	M24	28	67	559	570	12	513.5	535
600	610	630	780	725	30	20	M27	28	75	658	670	12	616.5	636

注：公称尺寸 DN 10～DN 40 的法兰使用 PN 40 法兰的尺寸；公称尺寸 DN 50～DN 150 的法兰使用 PN 16 法兰的尺寸。

[a] 对于铸铁法兰和铜合金法兰，该规格的法兰可能是 4 个螺栓孔的，因此，当制造厂和用户协商同意后，与铸铁法兰和铜合金法兰配对使用的钢制法兰可以采用 4 个螺栓孔。

表 5　PN 16 带颈平焊钢制管法兰

公称尺寸DN	钢管外径A/mm		连接尺寸					法兰厚度C/mm	法兰高度H/mm	法兰颈			法兰内径B/mm	
	系列Ⅰ	系列Ⅱ	法兰外径D/mm	螺栓孔中心圆直径K/mm	螺栓孔直径L/mm	螺栓 数量n/个	螺栓 螺纹规格			N/mm 系列Ⅰ	N/mm 系列Ⅱ	r/mm	系列Ⅰ	系列Ⅱ
10	17.2	14	90	60	14	4	M12	16	22	30		4	18.0	15
15	21.3	18	95	65	14	4	M12	16	22	35		4	22.0	19
20	26.9	25	105	75	14	4	M12	18	26	45		4	27.5	26
25	33.7	32	115	85	14	4	M12	18	28	52		4	34.5	33
32	42.4	38	140	100	18	4	M16	18	30	60		6	43.5	39
40	48.3	45	150	110	18	4	M16	18	32	70		6	49.5	46
50	60.3	57	165	125	18	4	M16	18	28	84		6	61.5	59
65	76.1	76	185	145	18	8[a]	M16	18	32	104		6	77.5	78
80	88.9	89	200	160	18	8	M16	20	34	118		6	90.5	91
100	114.3	108	220	180	18	8	M16	20	40	140		8	116.0	110
125	139.7	133	250	210	18	8	M16	22	44	168		8	141.5	135
150	168.3	159	285	240	22	8	M20	22	44	195		10	170.5	161
200	219.1	219	340	295	22	12	M20	24	44	246		10	221.5	222

表 5（续）

公称尺寸 DN	钢管外径 A/mm		连接尺寸					法兰厚度 C/mm	法兰高度 H/mm	法兰颈			法兰内径 B/mm	
			法兰外径 D/mm	螺栓孔中心圆直径 K/mm	螺栓孔直径 L/mm	螺栓				N/mm		r/mm		
	系列Ⅰ	系列Ⅱ				数量 n/个	螺纹规格			系列Ⅰ	系列Ⅱ		系列Ⅰ	系列Ⅱ
250	273.0	273	405	355	26	12	M24	26	46	298		12	276.5	276
300	323.9	325	460	410	26	12	M24	28	46	350		12	327.5	328
350	355.6	377	520	470	26	16	M24	30	57	400	412	12	359.0	381
400	406.4	426	580	525	30	16	M27	32	63	456	470	12	411.0	430
450	457	480	640	585	30	20	M27	34	68	502	525	12	462.0	485
500	508	530	715	650	33	20	M30	36	73	559	581	12	513.5	535
600	610	630	840	770	36	20	M33	40	83	658	678	12	616.5	636
700	711	720	910	840	36	24	M33	40	83	760	769	12	718.0	726
800	813	820	1 025	950	39	24	M36	41	90	864	871	12	820.0	826
900	914	920	1 125	1 050	39	28	M36	48	94	968	974	12	921.0	927
1 000	1 016	1 020	1 255	1 170	42	28	M39	59	100	1 072	1 076	16	1 023	1 027

注：公称尺寸 DN 10～DN 40 的法兰使用 PN 40 法兰的尺寸。

[a] 对于铸铁法兰和铜合金法兰，该规格的法兰可能是 4 个螺栓孔的，因此，当制造厂和用户协商同意后，与铸铁法兰和铜合金法兰配对使用的钢制法兰可以采用 4 个螺栓孔。

表 6 PN 25 带颈平焊钢制管法兰

公称尺寸 DN	钢管外径 A/mm		连接尺寸					法兰厚度 C/mm	法兰高度 H/mm	法兰颈			法兰内径 B/mm	
			法兰外径 D/mm	螺栓孔中心圆直径 K/mm	螺栓孔直径 L/mm	螺栓				N/mm		r/mm		
	系列Ⅰ	系列Ⅱ				数量 n/个	螺纹规格			系列Ⅰ	系列Ⅱ		系列Ⅰ	系列Ⅱ
10	17.2	14	90	60	14	4	M12	16	22	30		4	18.0	15
15	21.3	18	95	65	14	4	M12	16	22	35		4	22.0	19
20	26.9	25	105	75	14	4	M12	18	26	45		4	27.5	26
25	33.7	32	115	85	14	4	M12	18	28	52		4	34.5	33
32	42.4	38	140	100	18	4	M16	18	30	60		6	43.5	39
40	48.3	45	150	110	18	4	M16	18	32	70		6	49.5	46
50	60.3	57	165	125	18	4	M16	20	34	84		6	61.5	59
65	76.1	76	185	145	18	8	M16	22	38	104		6	77.5	78
80	88.9	89	200	160	18	8	M16	24	40	118		8	90.5	91
100	114.3	108	235	190	22	8	M20	24	44	145		8	116.0	110
125	139.7	133	270	220	26	8	M24	26	48	170		8	141.5	135
150	168.3	159	300	250	26	8	M24	28	52	200		10	170.5	161
200	219.1	219	360	310	26	12	M24	30	52	256		10	221.5	222

表 6（续）

公称尺寸 DN	钢管外径 A/mm		连接尺寸					法兰厚度 C/mm	法兰高度 H/mm	法兰颈			法兰内径 B/mm	
	系列Ⅰ	系列Ⅱ	法兰外径 D/mm	螺栓孔中心圆直径 K/mm	螺栓孔直径 L/mm	螺栓				N/mm		r/mm	系列Ⅰ	系列Ⅱ
						数量 n/个	螺纹规格			系列Ⅰ	系列Ⅱ			
250	273.0	273	425	370	30	12	M27	32	60	310		10	276.5	276
300	323.9	325	485	430	30	16	M27	34	67	364		10	327.5	328
350	355.6	377	555	490	33	16	M30	38	72	418	429	12	359.5	381
400	406.4	426	620	550	36	16	M33	40	78	472	484	12	411.0	430
450	457	480	670	600	36	20	M33	46	84	520	534	12	462.0	485
500	508	530	730	660	36	20	M33	48	90	580	594	12	513.5	535
600	610	630	845	770	39	20	M36	58	100	684	699	12	616.5	636

注：公称尺寸 DN 10～DN 150 的法兰使用 PN 40 法兰的尺寸。

表 7　PN 40 带颈平焊钢制管法兰

公称尺寸 DN	钢管外径 A/mm		连接尺寸					法兰厚度 C/mm	法兰高度 H/mm	法兰颈			法兰内径 B/mm	
	系列Ⅰ	系列Ⅱ	法兰外径 D/mm	螺栓孔中心圆直径 K/mm	螺栓孔直径 L/mm	螺栓				N/mm		r/mm	系列Ⅰ	系列Ⅱ
						数量 n/个	螺纹规格			系列Ⅰ	系列Ⅱ			
10	17.2	14	90	60	14	4	M12	16	22	30		4	18.0	15
15	21.3	18	95	65	14	4	M12	16	22	35		4	22.0	19
20	26.9	25	105	75	14	4	M12	18	26	45		4	27.5	26
25	33.7	32	115	85	14	4	M12	18	28	52		4	34.5	33
32	42.4	38	140	100	18	4	M16	18	30	60		6	43.5	39
40	48.3	45	150	110	18	4	M16	18	32	70		6	49.5	46
50	60.3	57	165	125	18	4	M16	20	34	84		6	61.5	59
65	76.1	76	185	145	18	8	M16	22	38	104		6	77.5	78
80	88.9	89	200	160	18	8	M16	24	40	118		8	90.5	91
100	114.3	108	235	190	22	8	M20	24	44	145		8	116.0	110
125	139.7	133	270	220	26	8	M24	26	48	170		8	141.5	135
150	168.3	159	300	250	26	8	M24	28	52	200		10	170.5	161
200	219.1	219	375	320	30	12	M27	34	52	260		10	221.5	222
250	273.0	273	450	385	33	12	M30	38	60	312		12	276.5	276
300	323.9	325	515	450	33	16	M30	42	67	380		12	327.5	328
350	355.6	377	580	510	36	16	M33	46	72	424	430	12	359.5	381
400	406.4	426	660	585	39	16	M36	50	78	478	492	12	411.0	430
450	457	480	685	610	39	20	M36	57	84	522	539	12	462.0	485
500	508	530	755	670	42	20	M39	57	90	576	594	12	513.5	535
600	610	630	890	795	48	20	M45	72	100	686	704	12	616.5	636

表 8　PN 63 带颈平焊钢制管法兰

公称尺寸 DN	钢管外径 A/mm		连接尺寸			螺栓		法兰厚度 C/mm	法兰高度 H/mm	法兰颈			法兰内径 B/mm	
	系列Ⅰ	系列Ⅱ	法兰外径 D/mm	螺栓孔中心圆直径 K/mm	螺栓孔直径 L/mm	数量 n/个	螺纹规格			N/mm 系列Ⅰ	N/mm 系列Ⅱ	r/mm	系列Ⅰ	系列Ⅱ
10	17.2	14	100	70	14	4	M12	20	28	40		4	18.0	15
15	21.3	18	105	75	14	4	M12	20	28	43		4	22.0	19
20	26.9	25	130	90	18	4	M16	20	30	52		4	27.5	26
25	33.7	32	140	100	18	4	M16	24	32	60		4	34.5	33
32	42.4	38	155	110	22	4	M20	24	32	68		6	43.5	39
40	48.3	45	170	125	22	4	M20	26	34	80		6	49.5	46
50	60.3	57	180	135	22	4	M20	26	36	90		6	61.5	59
65	76.1	76	205	160	22	8	M20	26	40	112		6	77.5	78
80	88.9	89	215	170	22	8	M20	28	44	125		8	90.5	91
100	114.3	108	250	200	26	8	M24	30	52	152		8	116.0	110
125	139.7	133	295	240	30	8	M27	34	56	185		8	141.5	135
150	168.3	159	345	280	33	8	M30	36	60	215		10	170.5	161

注：公称尺寸 DN 10～DN 40 的法兰使用 PN 100 法兰的尺寸。

表 9　PN 100 带颈平焊钢制管法兰

公称尺寸 DN	钢管外径 A/mm		连接尺寸			螺栓		法兰厚度 C/mm	法兰高度 H/mm	法兰颈		法兰内径 B/mm	
	系列Ⅰ	系列Ⅱ	法兰外径 D/mm	螺栓孔中心圆直径 K/mm	螺栓孔直径 L/mm	数量 n/个	螺纹规格			N/mm	r/mm	系列Ⅰ	系列Ⅱ
10	17.2	14	100	70	14	4	M12	20	28	40	4	18.0	15
15	21.3	18	105	75	14	4	M12	20	28	43	4	22.0	19
20	26.9	25	130	90	18	4	M16	22	30	52	4	27.5	26
25	33.7	32	140	100	18	4	M16	24	32	60	4	34.5	33
32	42.4	38	155	110	22	4	M20	24	32	68	6	43.5	39
40	48.3	45	170	125	22	4	M20	26	34	80	6	49.5	46
50	60.3	57	195	145	26	4	M24	28	36	95	6	61.5	59
65	76.1	76	220	170	26	8	M24	30	40	118	6	77.5	78

表 9（续）

公称尺寸 DN	钢管外径 A/mm		连接尺寸					法兰厚度 C/mm	法兰高度 H/mm	法兰颈		法兰内径 B/mm	
	系列Ⅰ	系列Ⅱ	法兰外径 D/mm	螺栓孔中心圆直径 K/mm	螺栓孔直径 L/mm	螺栓 数量 n/个	螺栓 螺纹规格			N/mm	r/mm	系列Ⅰ	系列Ⅱ
80	88.9	89	230	180	26	8	M24	32	44	130	8	90.5	91
100	114.3	108	265	210	30	8	M27	36	52	158	8	116.0	110
125	139.7	133	315	250	33	8	M30	40	56	188	8	141.5	135
150	168.3	159	355	290	33	12	M30	44	60	225	10	170.5	161

3.2 用 Class 标记的带颈平焊钢制管法兰的型式与尺寸

3.2.1 用 Class 标记的带颈平焊钢制管法兰的密封面型式及适用的公称压力和公称尺寸范围按表 10 的规定。

表 10 用 Class 标记的带颈平焊钢制管法兰的密封面型式及适用的公称压力和公称尺寸范围

密封面型式	公称压力				
	Class 150	Class 300	Class 600	Class 900	Class 1500
平面(FF)	NPS ½(DN 15)～NPS 24(DN 600)	—			
突面(RF)	NPS ½(DN 15)～NPS 24(DN 600)				NPS ½(DN 15)～NPS 2½(DN 65)
凹凸面(MF)	—	NPS ½(DN 15)～NPS 24(DN 600)			NPS ½(DN 15)～NPS 2½(DN 65)
榫槽面(TG)	—	NPS ½(DN 15)～NPS 24(DN 600)			NPS ½(DN 15)～NPS 2½(DN 65)
环连接面(RJ)	NPS 1(DN 25)～NPS 24(DN 600)	NPS ½(DN 15)～NPS 24(DN 600)			NPS ½(DN 15)～NPS 2½(DN 65)

3.2.2 用 Class 标记的带颈平焊钢制管法兰的型式应符合图 6～图 10 的规定，法兰密封面尺寸应符合表 11 和表 12 的规定，法兰其他尺寸应符合表 13～表 17 的规定。

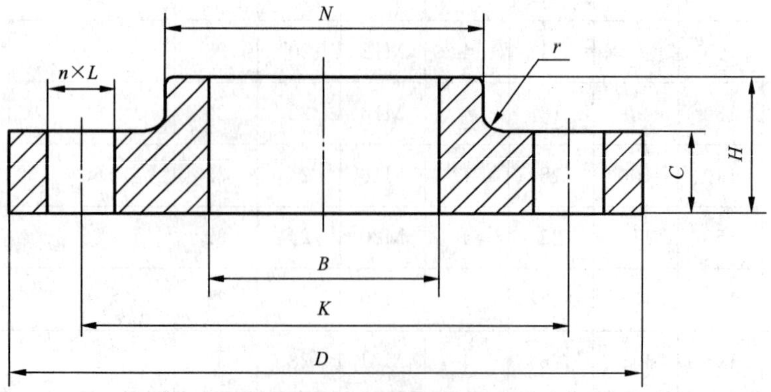

图 6 平面(FF)带颈平焊钢制管法兰

（适用于 Class 150）

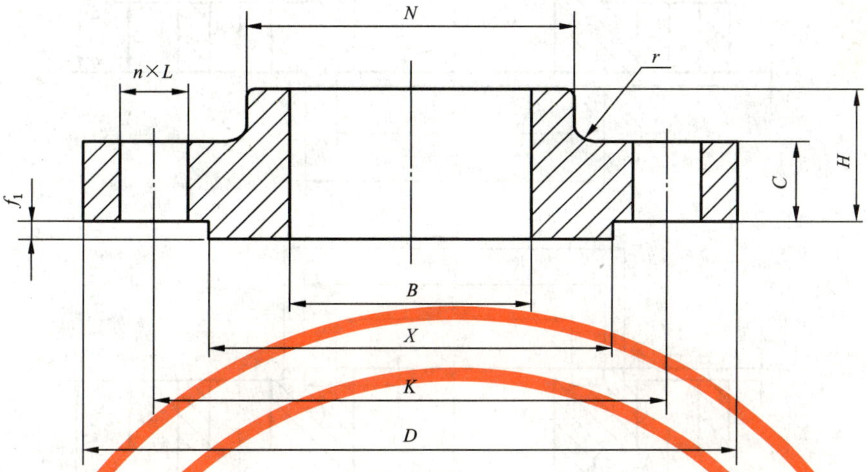

图 7　突面(RF)带颈平焊钢制管法兰
(适用于 Class 150、Class 300、Class 600、Class 900 和 Class 1500)

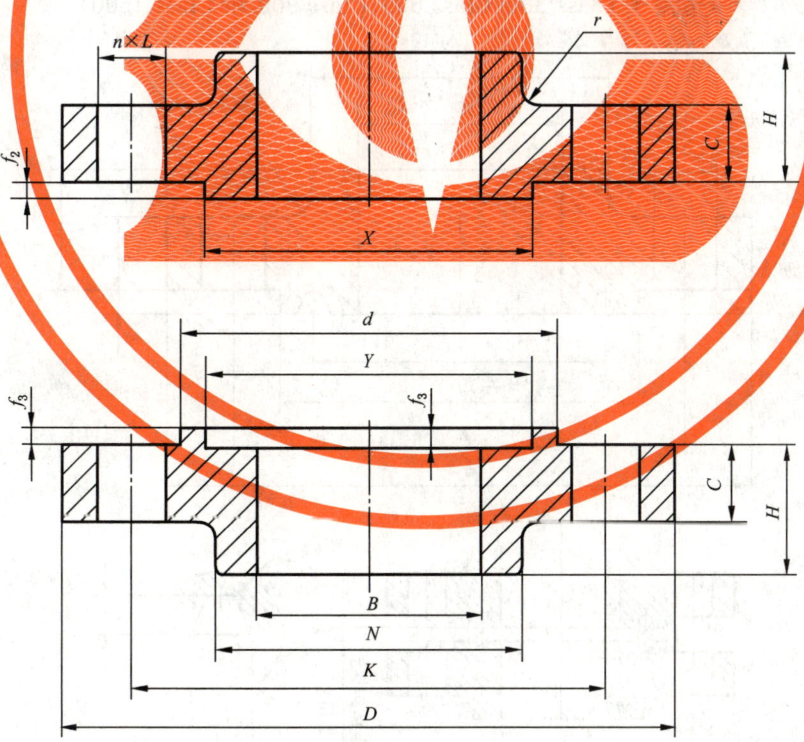

图 8　凹凸面(MF)带颈平焊钢制管法兰
(适用于 Class 300、Class 600、Class 900 和 Class 1500)

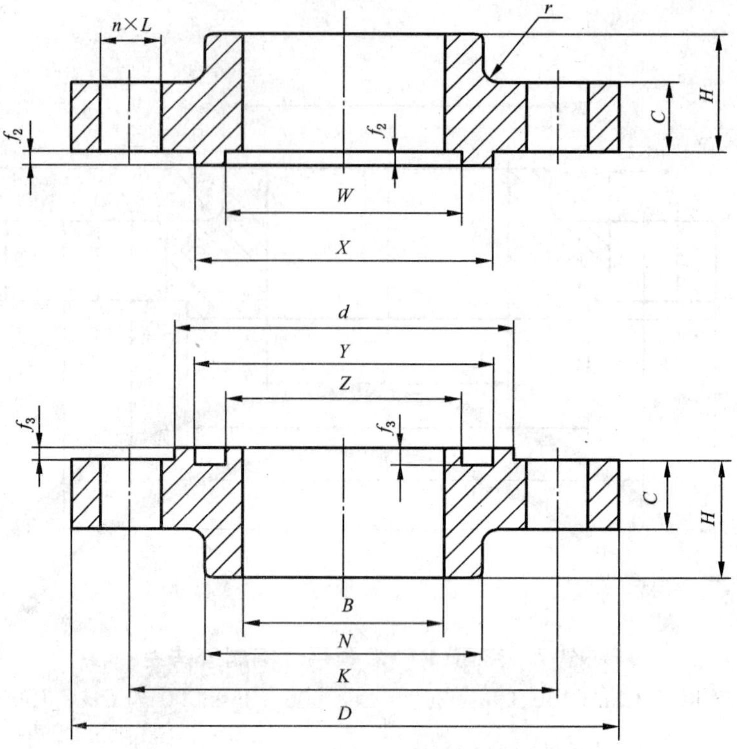

图 9　榫槽面(TG)带颈平焊钢制管法兰

(适用于 Class 300、Class 600、Class 900 和 Class 1500)

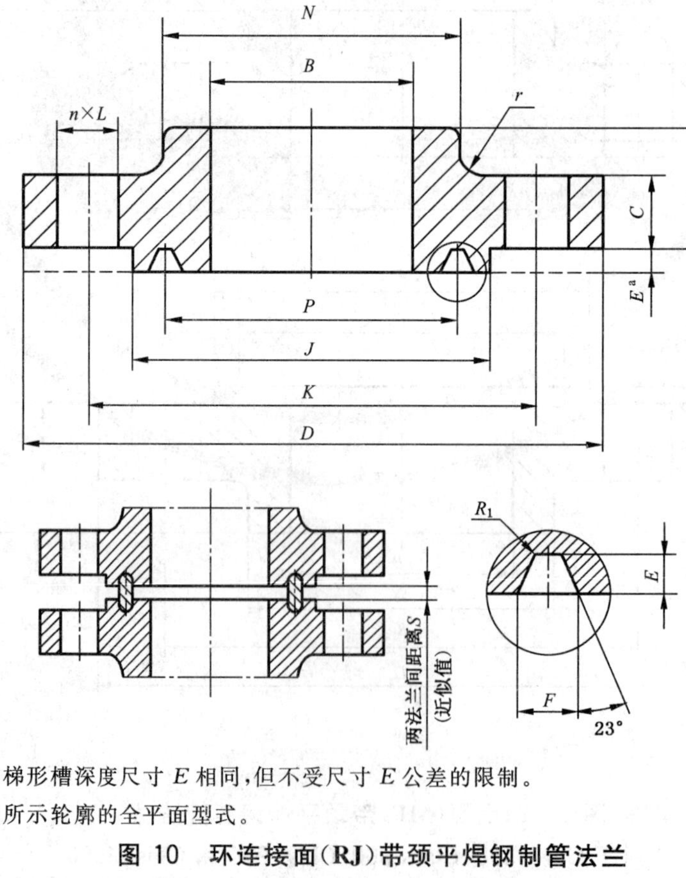

[a] 凸出部分高度与梯形槽深度尺寸 E 相同，但不受尺寸 E 公差的限制。

允许采用如虚线所示轮廓的全平面型式。

图 10　环连接面(RJ)带颈平焊钢制管法兰

(适用于 Class 150、Class 300、Class 600、Class 900 和 Class 1500)

表 11 用 Class 标记的突面、凹凸面、榫槽面的法兰密封面尺寸 单位为毫米

公称尺寸		X	f_1		f_2	f_3	d	W	Y	Z
NPS	DN									
½	15	34.9	2[a]	7[b]	7	5	46	25.4	36.5	23.8
¾	20	42.9					54	33.3	44.4	31.8
1	25	50.8					62	38.1	52.4	36.5
1¼	32	63.5					75	47.6	65.1	46.0
1½	40	73.0					84	54.0	74.6	52.4
2	50	92.1					103	73.0	93.7	71.4
2½	65	104.8					116	85.7	106.4	84.1
3	80	127.0					138	108.0	128.6	106.4
4	100	157.2					168	131.8	158.8	130.2
5	125	185.7					197	160.3	187.3	158.8
6	150	215.9					227	190.5	217.5	188.9
8	200	269.9					281	238.1	271.5	236.5
10	250	323.8					335	285.8	325.4	284.2
12	300	381.0					392	342.9	382.6	341.3
14	350	412.8					424	374.6	414.3	373.1
16	400	469.9					481	425.4	471.5	423.9
18	450	533.4					544	489.0	535.0	487.4
20	500	584.2					595	533.4	585.8	531.8
24	600	692.2					703	641.4	693.7	639.8

[a] 为 Class 150 和 Class 300 法兰的尺寸。

[b] 为 Class 600、Class 900、Class 1 500 和 Class 2 500 法兰的尺寸。

表 12 用 Class 标记的环连接面的法兰密封面尺寸 单位为毫米

公称尺寸		Class 150							Class 300						
NPS	DN	环号	J_{min}	P	E	F	R_{1max}	S	环号	J_{min}	P	E	F	R_{1max}	S
½	15	—	—	—	—	—	—	—	R11	50.5[a]	34.14	5.54	7.14	0.8	3
¾	20	—	—	—	—	—	—	—	R13	63.5	42.88	6.35	8.74	0.8	4
1	25	R15	63.0[a]	47.63	6.35	8.74	0.8	4	R16	69.5[a]	50.80	6.35	8.74	0.8	4
1¼	32	R17	72.5[a]	57.15	6.35	8.74	0.8	4	R18	79.0[a]	60.33	6.35	8.74	0.8	4
1½	40	R19	82.0[a]	65.07	6.35	8.74	0.8	4	R20	90.5	68.27	6.35	8.74	0.8	4
2	50	R22	101[a]	82.55	6.35	8.74	0.8	4	R23	108	82.55	7.92	11.91	0.8	6
2½	65	R25	120[a]	101.60	6.35	8.74	0.8	4	R26	127	101.60	7.92	11.91	0.8	6
3	80	R29	133	114.30	6.35	8.74	0.8	4	R31	146	123.83	7.92	11.91	0.8	6
4	100	R36	171	149.23	6.35	8.74	0.8	4	R37	175	149.23	7.92	11.91	0.8	6
5	125	R40	193[a]	171.45	6.35	8.74	0.8	4	R41	210	180.98	7.92	11.91	0.8	6

表 12（续） 单位为毫米

公称尺寸		Class 150							Class 300						
NPS	DN	环号	J_{min}	P	E	F	R_{1max}	S	环号	J_{min}	P	E	F	R_{1max}	S
6	150	R43	219	193.68	6.35	8.74	0.8	4	R45	241	211.12	7.92	11.91	0.8	6
8	200	R48	273	247.65	6.35	8.74	0.8	4	R49	302	269.88	7.92	11.91	0.8	6
10	250	R52	330	304.80	6.35	8.74	0.8	4	R53	356	323.85	7.92	11.91	0.8	6
12	300	R56	405[a]	381.00	6.35	8.74	0.8	4	R57	413	381.00	7.92	11.91	0.8	6
14	350	R59	425	396.88	6.35	8.74	0.8	3	R61	457	419.10	7.92	11.91	0.8	6
16	400	R64	483	454.03	6.35	8.74	0.8	3	R65	508	469.90	7.92	11.91	0.8	6
18	450	R68	546	517.53	6.35	8.74	0.8	3	R69	575	533.40	7.92	11.91	0.8	6
20	500	R72	597	558.80	6.35	8.74	0.8	3	R73	635	584.20	9.53	13.49	1.5	6
24	600	R76	711	673.10	6.35	8.74	0.8	3	R77	749	692.15	11.13	16.66	1.5	6

公称尺寸		Class 600							Class 900						
NPS	DN	环号	J_{min}	P	E	F	R_{1max}	S	环号	J_{min}	P	E	F	R_{1max}	S
½	15	R11	50.5[a]	34.14	5.54	7.14	0.8	3	R12	60.5	39.67	6.35	8.74	0.8	4
¾	20	R13	63.5	42.88	6.35	8.74	0.8	4	R14	66.5	44.45	6.35	8.74	0.8	4
1	25	R16	69.5[a]	50.80	6.35	8.74	0.8	4	R16	71.5	50.80	6.35	8.74	0.8	4
1¼	32	R18	79.0[a]	60.33	6.35	8.74	0.8	4	R18	81.0	60.33	6.35	8.74	0.8	4
1½	40	R20	90.5	68.27	6.35	8.74	0.8	4	R20	92.0	68.27	6.35	8.74	0.8	4
2	50	R23	108	82.55	7.92	11.91	0.8	5	R24	124	95.25	7.92	11.91	0.8	3
2½	65	R26	127	101.60	7.92	11.91	0.8	5	R27	137	107.95	7.92	11.91	0.8	3
3	80	R31	146	123.83	7.92	11.91	0.8	5	R31	156	123.83	7.92	11.91	0.8	4
4	100	R37	175	149.23	7.92	11.91	0.8	5	R37	181	149.23	7.92	11.91	0.8	4
5	125	R41	210	180.98	7.92	11.91	0.8	5	R41	216	180.98	7.92	11.91	0.8	4
6	150	R45	241	211.12	7.92	11.91	0.8	5	R45	241	211.12	7.92	11.91	0.8	4
8	200	R49	302	269.88	7.92	11.91	0.8	5	R49	308	269.88	7.92	11.91	0.8	4
10	250	R53	356	323.85	7.92	11.91	0.8	5	R53	362	323.85	7.92	11.91	0.8	4
12	300	R57	413	381.00	7.92	11.91	0.8	5	R57	419	381.00	7.92	11.91	0.8	4
14	350	R61	457	419.10	7.92	11.91	0.8	5	R62	467	419.10	11.13	16.66	1.5	4
16	400	R65	508	469.90	7.92	11.91	0.8	5	R66	524	469.90	11.13	16.66	1.5	4
18	450	R69	575	533.40	7.92	11.91	0.8	5	R70	594	533.40	12.70	19.84	1.5	5
20	500	R73	635	584.20	9.53	13.49	1.5	5	R74	648	584.20	12.70	19.84	1.5	5
24	600	R77	749	692.15	11.13	16.66	1.5	6	R78	772	692.15	15.88	26.97	2.4	6

表 12（续）

单位为毫米

公称尺寸		Class 1500							
NPS	DN	环号	J_{min}	P	E	F	R_{1max}	S	
½	15	R12	60.5	39.67	6.35	8.74	0.8	4	—
¾	20	R14	66.5	44.45	6.35	8.74	0.8	4	
1	25	R16	71.5	50.80	6.35	8.74	0.8	4	
1¼	32	R18	81.0	60.33	6.35	8.74	0.8	4	
1½	40	R20	92.0	68.27	6.35	8.74	0.8	4	
2	50	R24	124	95.25	7.92	11.91	0.8	3	
2½	65	R27	137	107.95	7.92	11.91	0.8	3	

a 本标准从 ASME B16.5—2009 标准的英制螺栓孔径转换成公制螺栓孔径，导致 J 尺寸与螺栓孔径有干涉，为了避免干涉，对 J 尺寸数据做了适当的调整，调整后的 J 尺寸与 ASME B16.5—2009 标准略有差异。

表 13 Class 150 带颈平焊钢制管法兰

公称尺寸		钢管外径 A/mm	连接尺寸					法兰厚度 C^a/mm	法兰高度 H/mm	法兰颈		法兰内径 B/mm
			法兰外径 D/mm	螺栓孔中心圆直径 K/mm	螺栓孔直径 L/mm	螺栓						
NPS	DN					数量 n/个	螺纹规格			N/mm	r/mm	
½	15	21.3	90	60.3	16	4	M14	9.6	14	30	≥4	22.0
¾	20	26.9	100	69.9	16	4	M14	11.2	14	38		27.5
1	25	33.7	110	79.4	16	4	M14	12.7	16	49		34.5
1¼	32	42.4	115	88.9	16	4	M14	14.3	19	59		43.5
1½	40	48.3	125	98.4	16	4	M14	15.9	21	65		49.5
2	50	60.3	150	120.7	19	4	M16	17.5	24	78		61.5
2½	65	76.1	180	139.7	19	4	M16	20.7	27	90		77.5
3	80	88.9	190	152.4	19	4	M16	22.3	29	108		90.5
4	100	114.3	230	190.5	19	8	M16	22.3	32	135		116.0
5	125	139.7	255	215.9	22	8	M20	22.3	35	164		143.5
6	150	168.3	280	241.3	22	8	M20	23.9	38	192		170.5
8	200	219.1	345	298.5	22	8	M20	27.0	43	246		221.5
10	250	273.0	405	362.0	26	12	M24	28.6	48	305		276.5
12	300	323.9	485	431.8	26	12	M24	30.2	54	365		327.5
14	350	355.6	535	476.3	29	12	M27	33.4	56	400		359.5
16	400	406.4	595	539.8	29	16	M27	35.0	62	457		411.0
18	450	457	635	577.9	32	16	M30	38.1	67	505		462.0
20	500	508	700	635.0	32	20	M30	41.3	71	559		513.5
24	600	610	815	749.3	35	20	M33	46.1	81	663		616.5

a 对于平面法兰，法兰厚度可以按本表规定，也可以在本表的法兰厚度数据上加上 2 mm。

表 14 Class 300 带颈平焊钢制管法兰

公称尺寸		钢管外径 A/mm	连接尺寸					法兰厚度 C/mm	法兰高度 H/mm	法兰颈		法兰内径 B/mm
			法兰外径 D/mm	螺栓孔中心圆直径 K/mm	螺栓孔直径 L/mm	螺栓						
NPS	DN					数量 n/个	螺纹规格			N/mm	r/mm	
½	15	21.3	95	66.7	16	4	M14	12.7	21	38	≥4	22.0
¾	20	26.9	115	82.6	19	4	M16	14.3	24	48		27.5
1	25	33.7	125	88.9	19	4	M16	15.9	25	54		34.5
1¼	32	42.4	135	98.4	19	4	M16	17.5	25	64		43.5
1½	40	48.3	155	114.3	22	4	M20	19.1	29	70		49.5
2	50	60.3	165	127.0	19	8	M16	20.7	32	84		61.5
2½	65	76.1	190	149.2	22	8	M20	23.9	37	100		77.5
3	80	88.9	210	168.3	22	8	M20	27.0	41	117		90.5
4	100	114.3	255	200.0	22	8	M20	30.2	46	146		116.0
5	125	139.7	280	235.0	22	8	M20	33.4	49	178		143.5
6	150	168.3	320	269.9	22	12	M20	35.0	51	206		170.5
8	200	219.1	380	330.2	26	12	M24	39.7	60	260		221.5
10	250	273.0	445	387.4	29	16	M27	46.1	65	321		276.5
12	300	323.9	520	450.8	32	16	M30	49.3	71	375		327.5
14	350	355.6	585	514.4	32	20	M30	52.4	75	425		359.5
16	400	406.4	650	571.5	35	20	M33	55.6	81	483		411.0
18	450	457	710	628.6	35	24	M33	58.8	87	533		462.0
20	500	508	775	685.8	35	24	M33	62.0	94	587		513.5
24	600	610	915	812.8	42	24	M39	68.3	105	702		616.5

表 15 Class 600 带颈平焊钢制管法兰

公称尺寸		钢管外径 A/mm	连接尺寸					法兰厚度 C/mm	法兰高度 H/mm	法兰颈		法兰内径 B/mm
			法兰外径 D/mm	螺栓孔中心圆直径 K/mm	螺栓孔直径 L/mm	螺栓						
NPS	DN					数量 n/个	螺纹规格			N/mm	r/mm	
½	15	21.3	95	66.7	16	4	M14	14.3	22	38	≥4	22.0
¾	20	26.9	115	82.6	19	4	M16	15.9	25	48		27.5
1	25	33.7	125	88.9	19	4	M16	17.5	27	54		34.5
1¼	32	42.4	135	98.4	19	4	M16	20.7	29	64		43.5
1½	40	48.3	155	114.3	22	4	M20	22.3	32	70		49.5
2	50	60.3	165	127.0	19	8	M16	25.4	37	84		61.5
2½	65	76.1	190	149.2	22	8	M20	28.6	41	100		77.5
3	80	88.9	210	168.3	22	8	M20	31.8	46	117		90.5

表 15（续）

公称尺寸 NPS	公称尺寸 DN	钢管外径 A/mm	连接尺寸 法兰外径 D/mm	螺栓孔中心圆直径 K/mm	螺栓孔直径 L/mm	螺栓 数量 n/个	螺栓 螺纹规格	法兰厚度 C/mm	法兰高度 H/mm	法兰颈 N/mm	法兰颈 r/mm	法兰内径 B/mm
4	100	114.3	275	215.9	26	8	M24	38.1	54	152	≥4	116.0
5	125	139.7	330	266.7	29	8	M27	44.5	60	189		143.5
6	150	168.3	355	292.1	29	12	M27	47.7	67	222		170.5
8	200	219.1	420	349.2	32	12	M30	55.6	76	273		221.5
10	250	273.0	510	431.8	35	16	M33	63.5	86	343		276.5
12	300	323.9	560	489.0	35	20	M33	66.7	92	400		327.5
14	350	355.6	605	527.0	39	20	M36	69.9	94	432		359.5
16	400	406.4	685	603.2	42	20	M39	76.2	106	495		411.0
18	450	457	745	654.0	45	20	M42	82.6	117	546		462.0
20	500	508	815	723.9	45	24	M42	88.9	127	610		513.5
24	600	610	940	838.2	51	24	M48	101.6	140	718		616.5

表 16 Class 900 带颈平焊钢制管法兰

公称尺寸 NPS	公称尺寸 DN	钢管外径 A/mm	连接尺寸 法兰外径 D/mm	螺栓孔中心圆直径 K/mm	螺栓孔直径 L/mm	螺栓 数量 n/个	螺栓 螺纹规格	法兰厚度 C/mm	法兰高度 H/mm	法兰颈 N/mm	法兰颈 r/mm	法兰内径 B/mm
½	15	21.3	120	82.6	22	4	M20	22.3	32	38	≥4	22.0
¾	20	26.9	130	88.9	22	4	M20	25.4	35	44		27.5
1	25	33.7	150	101.6	26	4	M24	28.6	41	52		34.5
1¼	32	42.4	160	111.1	26	4	M24	28.6	41	64		43.5
1½	40	48.3	180	123.8	29	4	M27	31.8	44	70		49.5
2	50	60.3	215	165.1	26	8	M24	38.1	57	105		61.5
2½	65	76.1	245	190.5	29	8	M27	41.3	64	124		77.5
3	80	88.9	240	190.5	26	8	M24	38.1	54	127		90.5
4	100	114.3	290	235.0	32	8	M30	44.5	70	159		116.0
5	125	139.7	350	279.4	35	8	M33	50.8	79	190		143.5
6	150	168.3	380	317.5	32	12	M30	55.6	86	235		170.5
8	200	219.1	470	393.7	39	12	M36	63.5	102	298		221.5
10	250	273.0	545	469.9	39	16	M36	69.9	108	368		276.5
12	300	323.9	610	533.4	39	20	M36	79.4	117	419		327.5
14	350	355.6	640	558.8	42	20	M39	85.8	130	451		359.5
16	400	406.4	705	616.0	45	20	M42	88.9	133	508		411.0